LaTeX

Helmut Kopka

LaTeX

Band 2

Ergänzungen – mit einer Einführung in METAFONT

ADDISON-WESLEY PUBLISHING COMPANY

Bonn · Paris · Reading, Massachusetts · Menlo Park, California · New York
Don Mills, Ontario · Wokingham, England · Amsterdam · Milan · Sydney
Tokyo · Singapore · Madrid · San Juan · Seoul · Mexico City · Taipei, Taiwan

Die Deutsche Bibliothek – CIP-Einheitsaufnahme

Kopka, Helmut:
LaTeX : Ergänzungen – mit einer Einführung in METAFONT /Helmut Kopka. –
Bonn ; Paris ; Reading, Mass. [u.a.] :
Addison-Wesley, 1995
ISBN 3-89319-665-X

1. Auflage 1995

Satz: Helmut Kopka. Gesetzt aus der Times 10/11 Pkt.
Belichtung: Richarz Publikations-Service, St. Augustin
Druck und Bindung: Bercker Graphischer Betrieb, Kevelaer
Produktion: Claudia Lucht, Bonn
Umschlaggestaltung: Justo Garcia Pulido AGD, Bonn –
unter Verwendung einer Zeichnung von Duane Bibby

Das verwendete Papier ist aus chlorfrei gebleichten Rohstoffen hergestellt und alterungsbeständig. Die Produktion erfolgt mit Hilfe umweltschonender Technologien und unter strengsten Auflagen in einem geschlossenen Wasserkreislauf unter Wiederverwertung unbedruckter, zurückgeführter Papiere.

Vorwort

Der vorliegende Band 2 der LaTeX-Buchserie erfuhr gegenüber der Ankündigung im Band 1 eine gewisse konzeptionelle Änderung. Unmittelbar nach der Drucklegung von Band 1 erschien die LaTeX-Testversion LaTeX 2_ε, die inzwischen die offizielle LaTeX-Version darstellt. Die frühere LaTeX-Version wird auf den öffentlichen TeX-Fileservern derzeit noch zusätzlich vorgehalten, dort aber unter dem Namen LaTeX 2.09 geführt, um deutlich zu machen, daß es sich um die veralterte Version handelt. Umgekehrt hat die vorangegangene, und zunächst als LaTeX 2_ε gekennzeichnete Testversion, ihren Test nach einigen Korrekturen und Verbesserungen erfolgreich bestanden und trägt nunmehr den Standardnamen LaTeX.

Mit Ausnahme der Zeichensatzauswahl sind die Anwendungsunterschiede zwischen der neuen LaTeX-Version und LaTeX 2.09 vergleichsweise gering. Trotzdem ermöglichen sie, insbesondere durch zusätzliche Ergänzungspakete, viele neue Möglichkeiten. Es besteht somit ein dringender Bedarf, die Neuerungen und Änderungen von LaTeX 2_ε dem bisherigen LaTeX-Anwender vorzustellen. Bei einer erneuten Auflage von Band 1 wird diese Vorstellung dort erscheinen, da sie den neuen LaTeX-Standard beschreibt. Als Übergangslösung habe ich sie an den Anfang des Kapitel 1 in Band 2 der LaTeX-Buchserie gesetzt, das weitere LaTeX-Ergänzungen vorstellt.

Die Kapitel 2 und 4 stellen, wie geplant, die Nutzung und Einbindung von TeX-Zusatz- und Sonderschriften sowie der breiten Palette der PostSchrift-Schriften mit LaTeX vor. Ein neues Zeichensatzauswahlverfahren, das bereits mit LaTeX 2.09 als Zusatz genutzt werden konnte, ist nunmehr Standardbestandteil von LaTeX. Es erleichtert den Zugang zu weiteren Schriften und deren Programmverwaltung. Die vorgestellten Schriften könnten auch mit LaTeX 2.09 verknüpft werden. Dies verlangt jedoch erheblich umfangreichere Anwenderanpassungen, falls sie nicht durch beigestellte Stilfiles unterstützt werden.

Kapitel 2 mit den TeX-Zusatz- und Sonderschriften sollte ursprünglich auch Hinweise zur Verwendung von Zeichensätzen für den Notensatz enthalten. Diese gediehen dann zu dem eigenen Kapitel 3, das das Ergänzungspaket MusicTeX vorstellt, mit dem komplexe polyphone Notensätze durch LaTeX erstellt werden können. Wenn man bedenkt, daß trotz der Erfindung der Druckkunst vor mehr als 500 Jahren, die Erstellung der Druckvorlagen für qualitativ hochwertigen Notensatz bis in die jüngste Zeit ein manueller Arbeitsvorgang war, so ist die jetzt möglich gewordene Automatisierung eine bewundernswerte Leistung.

Das Kapitel 4 über die PostScript-Schriften und die Einbindung von PostScript-Grafiken leitet über zu weiteren Kombinationen von Text und Grafik, für die TeX zunächst nicht vorgesehen war. Kapitel 5 stellt das Programm bm2fonts vor, das Grafikefiles aus verschiedensten Quellen für die TeX-Bearbeitung aufbereitet, die anschließend zwanglos mit dem Text verknüpft werden und zusammen mit dem Text auf jedem Drucker, der diesen Text ausgeben kann, dort ebenfalls erscheinen.

Kapitel 6 stellt als weiteres Grafikwerkzeug PICTEX vor, das komplexe zweidimensionsonale Digramme mit TEX-spezifischen Mitteln erstellt, bearbeitet und mit dem umgebenden Text verknüpft. Die erforderlichen Eingabebefehle werden dem LATEX-Anwender schnell vertraut werden, da sie formal und strukturell den bisherigen LATEX-Befehlen verwandt erscheinen.

Nach der breiten Palette von Schriften und Grafiken erschien es mir konsequent, den Band 2 mit einer Kurzvorstellung von METAFONT abzuschließen. Die Installation neuer Zeichensätze oder deren Umstellung auf einen neuen Druckertyp wird fast immer den Aufruf von METAFONT verlangen, mit dem die Zeichensatz-Quellenfiles auf die beim Anwender verfügbare Rechner- und Druckereinrichtung zielgerichtet zugeschnitten werden.

Bezüglich der neuen LATEX-Version empfehle allen LATEX-Anwendern die Umstellung hierauf, falls dies noch nicht geschehen ist. Sie kennt einen LATEX 2.09-Kompatibilitätsmodus, der sicherstellt, daß frühere Textfiles weiterhin bearbeitet werden, so als stände LATEX 2.09 ebenfalls zur Verfügung. Die Installation erfolgt mit den beigefügten Installationswerkzeugen nahezu automatisch. Der Anwender benötigt hierzu lediglich zweimal den Programmaufruf von initex.

Die Schnittstelle zwischen dem LATEX-Kern und den Ergänzungen ist deutlich verbessert und präzisiert worden. Dies läßt erwarten, daß weitere Ergänzungspakete für vielfältigste Sonderanwendung entstehen werden. Die meisten der bisherigen Stilfiles können auch mit der neuen LATEX-Version verknüpft werden, falls sie nicht durch eigene Klassen- und Optionsfiles abgelöst wurden. Die neuen sog. Ergänzungspakete sind dagegen inkompatibel für LATEX 2.09 und es ist kaum zu erwarten, daß äquivalente Stilfiles für LATEX 2.09 auch in Zukunft entstehen werden. Anwender, die die neue Installation scheuen, werden dies sehr bald bedauern, da sie auf die zu erwartenden Ergänzungen und Erweiterungen verzichten müssen.

Helmut Kopka, September 1994

Inhaltsverzeichnis

Kapitel 1

LaTeX-Weiterentwicklungen

1.1 Vorbemerkungen

Mit der Bereitstellung der LaTeX-Version 2.09 hat Leslie Lamport, der Autor des Originalprogramms von LaTeX, seine Tätigkeit an LaTeX-Fortentwicklungen definitiv eingestellt. Die Versionsnummer 2.09 war nahezu 8 Jahre aktuell, was aber nicht bedeutet, daß LaTeX-Pakete mit dieser Kennzeichnung identisch sind. Unter der gleichen Versionsnummer erschienen, durch ihre Erstellungsdaten gekennzeichnet, unterschiedliche Realisierungen. So wurde z. B. LaTeX, das von seinem Autor primär für die Bearbeitung englischer Texte eingerichtet wurde, internationalisiert. Trägt ein LaTeX-Paket 2.09 ein Erstellungsdatum ab dem 1. Dezember 1991, so handelt es sich um die internationale Version, die zusammen mit sprachspezifischen Dokumentstiloptionen, wie z. B. `german`, dann automatisch erscheinende Begriffe wie **Chapter**, **Contents** u. a. in deutsch als **Kapitel**, **Inhaltsverzeichnis** usw. ausgibt.

Die lange Lebensdauer der Version 2.09 beweist die Stabilität von LaTeX als Standard-Zugangspaket zu TeX. Die unterschiedlichen Varianten mit verschiedenen Erstellungsdaten haben den LaTeX-Kern, von Fehlerkorrekturen abgesehen, nie geändert. Die wesentlichen Änderungen erfolgten in den zusätzlichen Stilfiles. Andere Ergänzungen erforderten dagegen die Erstellung neuer oder weiterer Formatfiles. So war es bis zur Bereitstellung von TeX 3.0 stets erforderlich, bei mehrsprachigen Anwendungen je einen LaTeX-Formatfile (genauer, einen Formatfile aus `lplain.tex`) jeweils mit den sprachspezifischen Trennmusterfiles zu erstellen. Ab TeX 3.0 können im Prinzip bis zu 256 verschiedene Trennmusterfiles in einem Formatfile zusammengefaßt werden, wobei das jeweils zu aktivierende Trennmuster mit der Zuweisung `\language=`*sprache_no* oder mit einem sprachspezifischen Ergänzungspaket (Stilfile) über einen Sprachauswahlbefehl, wie z. B. `\selectlanguage{`*sprache*`}`, eingestellt wird.

Auch das seit längerem verbreitete neue Zeichensatzauswahlverfahren NFSS von Frank Mittelbach und Rainer M. Schöpf verlangt die Erzeugung eines weiteren oder ersetzenden Formatfiles. Die Verwendung verschiedener Formatfiles ist unproblematisch, solange die Bearbeitung nur lokal, also beim Anwender, der diese Formatfiles erzeugte, erfolgt. Sollen dagegen LaTeX-Textfiles im Originalzustand per e-mail oder als Diskettenkopien versandt und an anderer Stelle mit LaTeX bearbeitet werden, so kann dies wegen evtl. verschiedener Formatfiles auf Kompatibilitätsprobleme stoßen.

Damit geht evtl. eine Grundeigenschaft von LaTeX verloren: LaTeX sollte auf allen Rechnern und unter allen Betriebssystemen identische Ergebnisse liefern. Auf Initiative von Frank Mittelbach und Rainer Schöpf entstand die internationale Planungs- und Entwicklungsgruppe für das "LaTeX 3-Projekt", an dem sich auch Leslie Lamport beratend beteiligt. Zu den Zielen des LaTeX 3-Projekts gehört es, einen LaTeX-Kern zu entwickeln, der für alle zukünftigen Ergänzungen, wie immer sie auch geartet sein mögen, nur einen Formatfile vorhält. Das setzt voraus, daß die Schnittstelle zwischen dem eigentlichen LaTeX-Kern und den Ergänzungen klar, eindeutig und umfassend zu definieren und programmtechnisch zu realisieren ist.

Eine weitere Zielsetzung des LaTeX 3-Projekts ist die weitgehende Ersetzung der sog. Erklärungsbefehle (engl. declaration, [3a, Abschn. 2.3]) durch Befehle mit Argumenten. Erklärungen sind Befehle (Erklärungsbefehle), nach deren Aufruf bestimmte Bearbeitungseigenschaften lokal bis zum Ende der laufenden Umgebung oder bis zum nächsten umstellenden Erklärungsbefehl wirken. Damit wird dann z. B. statt der bisherigen Angabe `{\em Hervorhebung}` die sinnvollere Angabe `\emph{Hervorhebung}` möglich. Die Bereitstellung weiterer oder leistungsfähigerer Befehle wird ganz besonders die Zeichensatzauswahl betreffen. Eine modifizierte Form des Zeichensatzauswahlverfahren NFSS der Version 2 wird integraler Bestandteil künftiger LaTeX-Versionen werden.

Bei der Fort- und Weiterentwicklung großer Programmsysteme oder Programmiersprachen hat der Gesichtspunkt der Kompatibilität zu früheren Programmversionen stets einen sehr hohen Stellenwert. Genaugenommen ist es die sog. Aufwärtskompatibilität, deren Erhaltung stets gefordert wird. Diese erlaubt für Fortentwicklungen zwar neue und weitere Sprachelemente, durch die jedoch die Bearbeitung bestehender Programme oder Texte weiter unverändert möglich sein muß. Neue Texte und Programme, die von den neuen oder erweiterten Sprachelementen Gebrauch machen, können mit den älteren Programmversionen im allgemeinen nicht oder nicht im erweiterten Sinne bearbeitet werden.

Die Kompatibilitätsforderung steht einer Fortentwicklung oft sehr störend im Weg, bis hin zu der Folge, daß wünschenswerte Erweiterungen unterbleiben müssen, wenn sie die Kompatibilität aufheben. Um diese Schranke für Weiterentwicklungen zu durchbrechen, wird oft ein Kompromiß akzeptiert, bei dem der neuen Version eine oder einige Optionen zugefügt werden, nach deren Aktivierung frühere Programme oder Texte in herkömmlicher Weise bearbeitet werden können.

Viele LaTeX-Anwender würden vermutlich eine neue LaTeX-Version ablehnen, wenn ihre alten Texte damit nicht mehr bearbeitet werden könnten. Sie würden eine solche Version aber freudig begrüßen, wenn diese einerseits weitere leistungsfähige Möglichkeiten eröffnet und andererseits die Bearbeitung bestehender Dokumente sicherstellt. Die Erhaltung der Aufwärtskompatibilität muß deshalb auch für das LaTeX 3-Projekt zu fordern sein.

Der Arbeitskreis für das LaTeX3-Projekt hatte Ende 1993 eine neue LaTeX-Version mit der Bezeichnung LaTeX 2_ε als sog. Testversion auf den internationalen TeX-Servern bereitgestellt. Nach einer Erprobungsphase und einigen Korrekturen und Verbesserungen ist dies ab Juni 1994 die offizielle LaTeX-Version, die auf den TeX-Fileservern unter dem Verzeichnisnamen `latex` geführt wird. Die bisherige LaTeX-Version wird nunmehr explizit mit LaTeX 2.09 gekennzeichnet, die entsprechend auf den Filesevern nun unter `latex209` bis auf weiteres vorgehalten wird.

Ich stelle im Anschluß die neuen Eigenschaften und Änderungen unter dem Namen LaTeX2e vor. Diese Neuerungen sind nunmehr aber auch unter dem ungekennzeicheten Namen LaTeX bereitzustellen. Hinweise auf die frühere LaTeX-Version werden deshalb stets mit LaTeX 2.09 angeführt.

1.2 Die Grundeigenschaften von LaTeX 2_ε

Die neue Version LaTeX 2_ε realisiert bereits wichtige Zielsetzungen aus dem LaTeX 3-Projekt. Das variablere Zeichensatzauswahlverfahren NFSS und die klarer definierte Schnittstelle zum LaTeX-Kern sind Bestandteil der neuen Version. Einige Befehle wurden verallgemeinert und einige neue kommen hinzu. Die Kompatibilität zur identischen Bearbeitung früherer LaTeX-Eingabefiles ist gesichert. Das gesamte LaTeX-Bearbeitungsspektrum erfordert nur einen Formatfile.

1.2.1 Die Auswahl einer Bearbeitungsklasse

Der bisherige Befehl `\documentstyle`[*optionen*]{*haupt_stil*} wird ersetzt durch den neuen Befehl mit der Syntax

`\documentclass`[*optionen*]{*bearb_klasse*}[*version*]

Die Angabe für *bearb_klasse* entspricht der Angabe für *haupt_stil* beim bisherigen Auswahlbefehl `\documentstyle`. Wie dort muß auch bei dem neuen `\documentclass`-Befehl hier genau eine *Klassen*angabe eingetragen werden. LaTeX 2_ε stellt standardmäßig `article`, `book`, `report`, `letter` und `proc`[1] als Klassenangabe bereit.[2] Zusätzlich kann als Klassenangabe auch `slides` gewählt werden, womit das frühere SLITeX-Sonderformat entfällt, da es in LaTeX 2_ε als Bearbeitungsklasse realisiert wird.

Auch die optionalen Angaben für *optionen* entsprechen weitgehend denjenigen für die gleichartigen Optionen beim früheren `\documentstyle`-Befehl. Die Wirkung der Optionsangaben

`10pt`, `11pt`, `12pt`, `twocolumn`, `twoside`, `titlepage`, `leqno`, `fleqn` und `draft`

sollten dem bisherigen LaTeX-Anwender geläufig sein, weil sie unter den gleichen Namen bei der Version 2.09 verfügbar waren und in LaTeX 2_ε die gleiche Wirkung wie bei den früheren Versionen entfalten [3a, Abschn. 3.1]. Eine explizite Größenangabe `10pt` führte beim früheren `\documentstyle`-Befehl zu einer Fehlermeldung, da dies dort die Standardeinstellung *ohne* explizite Größenoption ist. Auch beim `\documentclass`-Befehl ist 10 pt die Standardvorgabe; hier ist jedoch die explizite Optionsangabe `10pt` erlaubt, wenn auch nicht erforderlich, falls die Bearbeitung in 10 pt erfolgen soll.

Beim neuen `\documentclass`-Befehl sind für die Standardklassen `article`, `book`, `report` und `letter` zusätzlich die Optionsangaben

`onecolumn`, `oneside`, `final` und `notitlepage`

erlaubt. Sie können normalerweise aber entfallen, da ohne explizite Angabe der komplementären Optionen `twocolumn`, `twoside` bzw. `draft` bei allen Bearbeitungsklassen sowie `titlepage` bei `article` die hier genannten Zusatzoptionen standardmäßig, also auch ohne explizite Angabe, aktiviert werden. Sie dienen eigentlich mehr zur internen Realisierung der Standardeinstellungen.

[1] In LaTeX 2.09 wurde mit `proc.sty` eine Stiloption bereitgestellt, die vorrangig mit dem Hauptstil `article` verwendet wird. Ein Stilfile dieses Namens entsteht auch bei der Installation von LaTeX 2_ε um die Kompatibilität (s. u.) zu LaTeX 2.09 sicherzustellen.

[2] Als Bearbeitungsklassen können außerdem `ltxdoc`, `ltxguide` und `ltxnews` gewählt werden. Sie werden bei der Erstellung der beigefügten LaTeX 2_ε-Dokumentation verwendet.

Schließlich erlauben die Standardklassen noch eine Optionsangabe zur Einstellung der Papiergrößen. Die entsprechenden Optionsnamen lauten

`a4paper`	297×210 mm	`letterpaper`	11×8.5 Zoll
`a5paper`	210×148 mm	`legalpaper`	14×8.5 Zoll
`b5paper`	250×176 mm	`executivepaper`	10.5×7.25 Zoll

Die Einstellung der Papiergröße kann ergänzt werden durch die Forderung nach einer Formatierung im Querformat. Die entsprechende Optionsangabe lautet `landscape`. Sie bewirkt eine Vertauschung von Seitenhöhe und Seitenbreite bei den vorangegangenen Papiergrößenoptionen.[3]

Die Angabe mehrerer Optionen erfolgt, wie beim früheren `\documentstyle`-Befehl, als eine durch Kommata getrennte Liste der entsprechenden Optionsnamen. Die Reihenfolge in dieser Optionsliste bleibt bei den Standardklassen ohne Wirkung, sie kann also beliebig gewählt werden.[4] Die optionale Angabe *version* beim `\documentclass`-Befehl besteht in einer Datumsangabe der Form *jahr*/*monat*/*tag* wie z. B. `1994/02/10`. Falls beim Anwender nur eine ältere Version existiert, so führt dies bei der LaTeX-Bearbeitung zu einer entsprechenden Warnung.

Die Bearbeitungsklassen werden durch zugehörige Klassenfiles realisiert, die durch den Anhang `.cls` gekennzeichnet werden. Die Standardklassenfiles tragen also die Namen `article.cls`, `book.cls`, `letter.cls`, `proc.cls`, `report.cls` und `slides.cls`. Sie ersetzen die bisherigen Hauptstilfiles mit den gleichen Grundnamen und dem Anhang `.sty` sowie das bei LaTeX 2.09 erforderliche Sonderformat `slitex.fmt`.

Optionen werden entweder durch vorbereitete Makrodefinitionen in den Klassenfiles realisiert, die durch die Optionsangabe aktiviert werden, oder, bei umfangreicheren Optionsanforderungen, durch eigenständige Files mit den erforderlichen Ergänzungs- oder Änderungsmakros angeboten. Für den letzteren Fall bewirkt die Optionsangabe das zusätzliche Einlesen des entsprechenden Optionsfiles, der durch den Namensanhang `.clo` gekennzeichnet ist. Bei den Standardklassenfiles werden die Größenoptionen durch eigenständige `.clo`-Files realisiert. Diese tragen die Namen `bk10.clo`, `bk11.clo` und `bk12.clo` sowie `size10.clo`, `size11.clo` und `size12.clo`. Die erste Gruppe wird für die Bearbeitungsklasse `book` eingelesen, die zweite für die Bearbeitungsklasse `article`, `proc` und `report`. Die Bearbeitungsklasse `letter` realisiert die Größenoptionen durch interne Makrodefinitionsgruppen. Die meisten der anderen Optionen werden durch interne Makrodefinitionen in den Klassenfiles realisiert.

1.2.2 Ergänzende Bearbeitungspakete

Spätestens am Ende des letzten Abschnitts wird der Leser fragen, was geschieht mit weiteren Stilfiles, die nicht durch neue Klassen- und Klassenoptionsfiles ersetzt wurden, z. B. mit dem vermutlich zwingend nötigen `german.sty`? Bei Durchsicht der bei der Installation angelegten Files wird er überdies feststellen, daß etliche Files mit dem Anhang `.sty` entstanden

[3] Die Optionsangabe `landscape` führt bei der Druckausgabe nicht automatisch zu der dann erforderlichen Drehung der Druckzeichen um 90°. Diese muß durch eine entsprechende Optionsangabe beim Aufruf des Druckertreibers aktiviert werden. Wie sie dort lautet, muß dem Treibermanual entnommen werden.

[4] Die Reihenfolge, in der Optionen behandelt werden, wird in den Klassenfiles festgelegt. Normalerweise erfolgt sie in der Reihenfolge, in der sie in den Klassenfiles erklärt wurden. Es ist jedoch möglich, sie dort so zu aktivieren, daß sie in der Reihenfolge der Optionsliste abgearbeitet werden. Dies ist für Anwender von Bedeutung, die selbst Klassenfiles und Optionen entwickeln wollen. Die erforderlichen Kenntnisse werden in [3c] vermittelt.

sind. Diese Stilfiles werden in LaTeX 2ε als *Ergänzungspakete* (engl. *packages*) bezeichnet. Ihre Aktivierung erfolgt mit dem neuen Vorspannbefehl `\usepackage{`*erg_paket*`}`, dessen vollständige Syntax lautet

`\usepackage[`*optionen*`]{`*erg_paket*`}[`*version*`]`

wobei *erg_paket* für den Grundnamen des Ergänzungspakets mit dem Anhang `.sty` steht. Auch beim `\usepackage`-Befehl sind Optionsangaben *optionen* erlaubt. Diese Optionsangaben bewirken eventuelle Bearbeitungsvarianten nur bei dem im gleichen Befehl angegebenen Ergänzungspaket. Im Vorspann eines LaTeX-Files sind beliebig viele `\usepackage`-Befehle erlaubt. Optionsangaben in `\usepackage`-Befehlen wirken also nur *lokal* auf das zugehörige Ergänzungspaket. Sie haben keine Auswirkung auf die Ergänzungspakete, die mit weiteren `\usepackage`-Befehlen zugefügt werden. Für die Angabe mehrerer Optionen und der Behandlung ihrer Reihenfolge gilt das gleiche, was hierzu bei den Klassenoptionen gesagt wurde.

Optionsangaben im `\documentclass`-Befehl bewirken zunächst einmal Bearbeitungsvarianten des zugehörigen Klassenfiles, auf den sie in diesem Sinne lokal wirken. Gleichzeitig können die dortigen Optionsangaben aber auch Wirkungen in allen nachfolgenden Ergänzungspaketen entfalten, wenn diese auf gleichnamige Optionsangaben vorbereitet sind. Die Optionsangaben im `\documentclass`-Befehl wirken also gleichzeitig *global* auf alle nachfolgenden Ergänzungspakete.

Entfallen die Optionsangaben beim `\documentclass`-Befehl oder bei nachfolgenden `\usepackage`-Befehlen, so können natürlich auch die umschließenden eckigen Klammern entfallen. Das gleiche gilt auch für die mögliche Versionsangabe dieser Befehle, die in beiden Fällen als Datumsangabe der Form [*jahr*/*monat*/*tag*] mit der Syntax [*yyyy*/*mm*/*dd*] erfolgt. Entfällt die Datumsangabe, so entfallen auch deren umschließende Klammern. Der Befehl zur Aktivierung von `german.sty` kann also einfach lauten: `\usepackage{german}`.

Um dem Leser ein Beispiel für die Nützlichkeit von Options- und/oder Versionsangaben auch beim `\usepackage`-Befehl zu geben, erinnere ich daran, daß `german.sty` ab Version 2.4a mit dem Erstellungsdatum vom 12. April 1992 standardmäßig den Formatierungsbefehl `\frenchspacing` einstellt, was bei vorangegangenen Versionen nicht der Fall war. Ab dieser Version sind bei der Bearbeitung deutscher Texte also die Wortabstände nach Satzzeichen die gleichen wie zwischen den Wörtern. Bei früheren Versionen wurde dagegen entsprechend dem LaTeX-Normalverhalten nach Satzzeichen ein satzzeichenspezifischer variabler Zusatzzwischenraum eingefügt.

Ich kenne viele LaTeX-Anwender, die auch für die Bearbeitung deutscher Texte vergrößerte Abstände nach Satzzeichen vorziehen, selbst wenn dies nicht durch die Duden-Richtlinien für den Schriftsatz abgedeckt ist. Mit Optionsangaben `french` und `nonfrench` könnte es möglich werden[5], mit z. B.

```
\usepackage[nonfrench]{german}[1992/04/12]
```

diese Einstellung durch den Anwender selbst zu steuern. Liegt beim Anwender das Erstellungsdatum von `german.sty` vor dem 12. 4. 1992, so wird mit dem vorstehenden Aufruf hierauf mit einer Bildschirmwarnung aufmerksam gemacht. Mit der Optionsangabe `french` würde umgekehrt `\frenchspacing` aktiviert. Da diese aber die Standardeinstellung ist, gilt `\frenchspacing` auch ohne Optionsangabe.

[5] Version 2.4a von `german.sty` ist auf diese Möglichkeit noch nicht vorbereitet. Ich hoffe, daß Bernd Raichle, der Betreuer von `german.sty`, sie mit der nächsten Version bereitstellt.

Das vorstehende fiktive Beispiel sollte Anwendern die Nützlichkeit von lokalen Optionsangaben als Wunschvorstellung an einen ihnen hinreichend bekannten Ergänzungsfile verdeutlichen, auch wenn sie dort noch nicht existieren. Das in 1.7.8.1 vorgestellte Ergänzungspaket `varioref` kennt mehrere Optionsangaben, auf die als reales Beispiel verwiesen wird.

Die Aufteilung der Auswahlwerkzeuge in Klassenfiles und Ergänzungspakete und ihr Ansprechen mit `\documentclass` und zusätzlichen `\usepackage`-Befehlen mag dem LaTeX 2.09-Anwender zunächst umständlicher erscheinen als die Einstellung allein mit dem `\documentstyle`-Befehl. Die neue Auswahlstruktur ist jedoch programmtechnisch viel klarer und flexibler, was zukünftige LaTeX-Ergänzungen rasch erkennen lassen werden.

Bei der Einrichtung des LaTeX 2_ε-Grundprogramms (s. 1.4.1) entstehen als Ergänzungspakete die folgenden Stilfiles

`doc.sty`	`latexsym.sty`	`syntonly.sty`	`bezier.sty`
`exscale.sty`	`newlfont.sty`	`t1enc.sty`	`ifthen.sty`
`flafter.sty`	`oldlfont.sty`	`tracefnt.sty`	`makeidx.sty`
`fontenc.sty`	`shortvrb.sty`		`showidx.sty`

die alle mit dem Befehl `\usepackage` aktiviert werden können.[6] Ihre Wirkung wird an anderen Stellen vorgestellt, wobei die in der letzten Spalte aufgelisteten Files dem Anwender bekannt sein sollten, da die gleichnamigen Stilfiles auch in LaTeX 2.09 enthalten waren. Grundsätzlich sollten alle sonstigen, beim Anwender verfügbaren Stilfiles mit `\usepackage` aktiviert werden können. Bei sehr speziellen und insbesondere bei nicht unterstützten (engl. *unsupported*) Stilfiles mag es aber zu Inkompatibilitäten mit LaTeX 2_ε kommen.

Die vorstehenden Ergänzungspakete entstanden bei der LaTeX 2_ε-Version mit dem Erstellungsdatum vom 1. 6. 1994. Bei späteren Versionen mögen evtl. weitere Ergänzungspakete zugefügt werden. Auch die Umbenennung soll für einige nicht ausgeschlossen werden. Das LaTeX 2_ε-Gesamtpaket enthält zusätzlich zum sog. Kern weitere Werkzeuge und Zusatzpakete, die ebenfalls als Ergänzungspakete mittels `.sty`-Files realisiert werden. Die Gliederung des LaTeX 2_ε-Gesamtpakets wird in 1.4.2 vorgestellt.

Der Befehl `\usepackage` wurde bei seiner Vorstellung als *Vorspannbefehl* bezeichnet. Damit sollte zum Ausdruck gebracht werden, daß er nur im Vorspann, also nur zwischen `\documentclass` und `\begin{document}` erlaubt ist. LaTeX 2_ε kennt eine Reihe weiterer Vorspannbefehle, die bei ihrer Vorstellung in diesem Buch dann als solche bezeichnet werden. Treten Vorspannbefehle im Textteil, also nach `\begin{document}`, aber vor `\end{document}` auf, dann hält LaTeX 2_ε die Bearbeitung mit der Ausgabe einer entsprechenden Fehlermeldung an.

1.2.3 Kompatibilitätsmodus

Im Abschnitt 1.1 wurde auf die Bedeutung der Aufwärtskompatibilität hingewiesen und zu Beginn des Abschnitts 1.2 erklärt, daß diese mit LaTeX 2_ε gesichert wird. LaTeX 2_ε kennt nach wie vor den durch `\documentclass` abgelösten Dokumentstilbefehl `\documentstyle`. Trifft LaTeX 2_ε auf diesen Befehl, so wird hieraus entnommen, daß es sich um einen File handelt, der ursprünglich zur Bearbeitung unter LaTeX 2.09 vorgesehen war. LaTeX 2_ε schaltet

[6] Zusätzlich entstehen bei der Installation noch die Stilfiles `article.sty`, `book.sty`, `letter.sty`, `proc.sty` `report.sty` und `slides.sty`. Diese sollten nicht durch `\usepackage`-Befehle angesprochen werden, da sie ja bereits als gleichnamige Klassenfiles zur Verfügung stehen. Sie sind lediglich zur Sicherung des Kompatibilitätsmodus (s. nächster Unterabschnitt) von Bedeutung.

dann in den sog. Kompatibilitätsmodus. Bei diesem werden alle Einstellwerte, die in LaTeX 2_ε unterschiedlich zu früheren Versionen sind, mit ihren ursprünglichen Werten bereitgestellt. Damit wird der zu bearbeitende File so behandelt, als träfe er zur Bearbeitung auf LaTeX 2.09.

Bei LaTeX-Files, die auf frühere *interne* Zeichensatzbefehlsnamen, wie `\tenrm`, `\ninebf`, `\egtsl` u. ä., zurückgreifen unterbricht LaTeX *auch* im Komptibilitätsmodus die Bearbeitung mit der Fehlermeldung `Undefined control sequence`. Eine Lösungsmöglichkeit kann mit der Optionsangabe `rawfont` (s. 1.7.10.3) im `\documentstyle`-Befehl versucht werden. Die andere Lösung liegt in der expliziten Definition dieser Zeichensatzbefehle mit `\newfont` im Vorspann des zu bearbeitenden Files. Die Verwendung der früheren *internen* Größenbefehle `\vpt`, `\vipt`, ..., `\xxvpt` ist dagegen im Kompatibilitätsmodus möglich.

1.2.4 Erweiterte Befehle in LaTeX 2_ε

Einige LaTeX-Befehle werden in LaTeX 2_ε mit erweiterten Eigenschaften angeboten. Sie werden hier mit ihrer neuen oder optional erweiterten Syntax vorgestellt, wobei die Kenntnis der bisherigen Eigenschaften vorausgesetzt wird. Zur Erinnerung wird mit entsprechenden Abschnittsangaben häufig auf die Literaturangabe [3a] verwiesen, wobei sich eine Angabe wie [3a, 4.6.2] auf den Abschnitt 4.6.2 aus [3a] bezieht.

Anwendereigene Befehlsdefinition: Die LaTeX-Definitionsbefehle zur Erzeugung eigener Befehle haben eine optional erweiterte Syntax erhalten:

`\newcommand{`*bef_name*`}[`*narg*`][`*standard*`]{`*definition*`}`
`\renewcommand{`*bef_name*`}[`*narg*`][`*standard*`]{`*definition*`}`

Sie gestatten nun die Definition eigener Befehle mit *einem* optionalen Argument, das beim Befehlsaufruf in eckigen Klammern anzugeben ist. Der Aufruf erfolgt damit als

bef_name `[`*opt_arg*`]{`*zw_arg1*`}{`*zw_arg2*`}`... bzw. als
bef_name`{`*zw_arg1*`}{`*zw_arg2*`}`....

Der erste Ersetzungsparameter `#1` im Definitionsfeld *definition* des `\newcommand`-Befehls übernimmt die Rolle des optionalen Arguments. Die weiteren Ersetzungsparameter `#2`, `#3`, ... übernehmen die zwingenden Argumente *zw_arg1*, *zw_arg2*.... Mit der Zahlenangabe n für *narg* werden somit $n - 1$ zwingende Argumente vorgegeben.

Enthält der Befehlsaufruf ein optionales Argument, so wird dieses mit seinem Inhalt in der Definition an den Stellen von `#1` eingetragen und abgearbeitet. Erfolgt der Aufruf ohne optionales Argument, so läuft an den mit `#1` gekennzeichneten Stellen der Definition die mit *standard* vorgegebene Aktion ab. Beispiel:

```
\newcommand{\myvector}[2][n]{\mbox{$#2_1,\ldots,#2_#1$}}
```

Die Aufrufe `\myvector{x}` und `\myvector{z}` erzeugen dann $x_1, \ldots, x_n$ bzw. $z_1, \ldots, z_n$, d. h., die letzte Vektorkomponente hat den Index n. Mit `\myvector[m]{y}` kann die letzte Vektorkomponente eigenständig gewählt werden: $y_1, \ldots, y_m$.

Die Standardaktion darf leer sein. Die Befehle `\newcommand` oder `\renewcommand` enthalten dann an der Stelle *standard* ein leeres eckiges Klammerpaar `[]`, was bewirkt, daß der Ersetzungsparameter `#1` in der Definition als optionaler Parameter betrachtet wird. Ein `\newcommand`-Befehl *ohne* ein zweites eckiges Klammerpaar entspricht der bisherigen

Form. Die Zahlenangabe n für *narg* bewirkt in diesem Fall n zwingende Argumente, da dann `#1` für das erste dieser Argumente steht. Für sonstige Hinweise zum `\newcommand`- und `\renewcommand`-Befehl wird auf [3a, 7.3] verwiesen.

Anwendereigene Umgebungen: Eine gleichartige Erweiterung hat das LaTeX-Befehlspaar zur Erzeugung anwendereigener Umgebungen erfahren, deren erweiterte Syntax nun lautet:

`\newenvironment{`*umg_name*`}[`*narg*`][`*standard*`]{`*begdef*`}{`*enddef*`}` bzw.
`\renewenvironment{`*umg_name*`}[`*narg*`][`*standard*`]{`*begdef*`}{`*enddef*`}`

Anwendereigene Umgebungen können nunmehr auch mit *einem* optionalen *und* bis zu acht zwingenden bzw. wie bisher mit bis zu 9 zwingenden Argumenten eingerichtet werden. Alle Erläuterungen zur erweiterten oder bisherigen Syntax beim `\newcommand`-Befehl können wörtlich zur Nutzung bei der `\newenvironment`-Struktur übernommen werden. Für allgemeine Hinweise wird auf [3a, 7.4] verwiesen.

LaTeX-Boxbefehle: Einige LaTeX-LR-Boxbefehle sowie die LaTeX-Absatzboxen [3a, 4.7] wurden ebenfalls erweitert. Die Syntax der LR-Boxbefehle `\makebox`, `\framebox` und `\savebox` ist unverändert:

`\makebox[`*breite*`][`*pos*`]{`*text*`}`
`\framebox[`*breite*`][`*pos*`]{`*text*`}`
`\savebox{\`*box_name*`}[`*breite*`][`*pos*`]{`*text*`}`

Neben den bisherigen Werten `[l]` bzw. `[r]` für den optionalen Positionierungsparameter *pos*, mit denen eine links- bzw. rechtsbündige Anordnung des mit *text* übergebenen Textes in der mit *breite* eingestellten Boxbreite bewirkt wird, kann nun auch noch `[s]` angegeben werden (`s` steht für 'stretched'). Die Wortabstände des übergebenen Textes werden dann so breit gewählt, daß die vorgegebene Boxbreite genau ausgefüllt wird.
Beispiel: `\framebox[5cm][s]{links und rechts b"undig}` erzeugt
| links und rechts bündig |

Die Breitenangabe *breite* bei den vorstehenden Boxen kann mit einem vorgegebenen Maß wie `5cm` erfolgen. Neu ist, daß bei der Breitenangabe auf vier interne Maßbefehle mit den Namen und der Bedeutung

`\width`	*natürliche* Breite des übergebenen Textes
`\height`	Abmessung des übergebenen Textes oberhalb der Grundlinie
`\depth`	Abmessung des übergebenen Textes unterhalb der Grundlinie
`\totalheight`	Gesamthöhe des übergebenen Textes

zurückgegriffen werden kann. Die hiermit bereitgestellten Maße sind die entsprechenden Abmessungen der internen TeX-Box, die durch den LaTeX-Boxbefehl `\mbox{`*text*`}` eingerichtet wird. Mit `\framebox[1.5\width]{Hallo}` entsteht z. B. | Hallo |, also eine umrahmte Box, die 1.5 mal so breit ist wie der übergebene Text 'Hallo'. Wegen des fehlenden Positionierungsparameters erscheint der Text in dieser Box horizontal zentriert. Die Bezugnahme auf einen der drei anderen Maßbefehle bei der Breitenangabe gestattet eine Breiteneinstellung, die sich aus den entsprechenden Höhenabmessungen des übergebenen Textes errechnet, wofür sicher nur in Ausnahmefällen ein Bedarf besteht.

Auch die LATEX-Absatzboxen kennen nunmehr eine erweiterte optionale Syntax mit

\parbox[*pos*][*höhe*][*ipos*]{*breite*}{*text*}
\begin{minipage}[*pos*][*höhe*][*ipos*]{*breite*} *text* \end{minipage}

Neu sind die optionalen Angaben [*höhe*] und [*ipos*]. Für *höhe* kann eine Maßangabe stehen, mit der eine Absatzbox mit dieser Höhe eingerichtet wird. Die Anordnung des übergebenen Textes, der beidbündig mit der eingestellten Boxbreite *breite* umbrochen wird, kann mit dem inneren Positionierungsparameter *ipos* gesteuert werden, für den t (top), b (bottom), c (centered) und s (stretched) erlaubt sind. Mit [t] beginnt der Text am oberen Boxrand, wobei unten evtl. zusätzlicher vertikaler Leerraum zugefügt wird, um die vorgegebene Boxhöhe zu erreichen. [b] bewirkt zunächst soviel vertikalen Leerraum, daß die vorgegebene Boxhöhe ausgefüllt wird und der anschließende Text am unteren Rand der Box endet. [c] fügt am oberen und unteren Boxrand jeweils gleich viel vertikalen Leerraum ein, so daß der Text in der vorgegebenen Boxhöhe vertikal zentriert erscheint. [s] wählt den Absatzzwischenraum des übergebenen Textes so groß, daß die vorgegebene Boxhöhe ausgefüllt wird, wobei der Text am oberen Rand beginnt und am unteren Rand endet.

Der Leser wird sich vermutlich hier fragen, worin der Unterschied zwischen dem neuen *inneren* Positionierungsparameter *ipos* und dem bisherigen und auch weiterhin möglichen Standardpositionierungsparameter *pos* liegt. Letzterer soll zukünftig auch als *äußerer* Positionierungsparameter bezeichnet werden. Zur Antwort verweise ich auf [3a, 4.7.3] und die dortigen Beispiele. Sie zeigen, daß die Wirkung des äußeren Positionierungsparameters *pos* in der Textausrichtung von nebeneinanderstehenden Absatzboxen liegt. Bei einer einzigen Absatzbox als vertikaler Textstruktur bleibt er ohne Wirkung. Der innere Parameter *ipos* wirkt dagegen auch bei einer solchen in bezug auf die vorgegebene Boxhöhe. Beide Parameter können unabhängig voneinander gewählt werden. Der Leser möge mit den Hinweisen aus [3a, 4.7.3] Absatzboxen nebeneinanderstellen und verschiedene Kombinationen des inneren und äußeren Positionierungsparameters ausprobieren.

Bei Absatzboxen kann zur Höhenangabe *höhe* wie bei den LR-Boxen auf die internen Maßbefehle \width, \height, \depth und \totalheight zurückgegriffen werden, die sich auf die entsprechenden Abmessungen der *natürlichen* Absatzbox beziehen, wie sie ohne Vorgabe einer Höhenangabe allein aus dem übergebenen Text entstehen würde.

Die Werte für die Maßbefehle \height und \depth hängen vom inneren Positionierungsparameter ab. Bei t liefern \height und \depth die Höhe über bzw. Tiefe unter der Grundlinie der ersten Zeile der Box zurück. Bei b und s sind dies die Höhen und Tiefen über bzw. unter der untersten Zeile der Box. \depth ist hier 0 pt, wenn die unterste Zeile keinen der Buchstaben *f, g, j, p, q* und *y* enthält. Anderenfalls entspricht \depth der größten Unterlänge dieser Buchstaben unterhalb der Grundlinie. Bei der Positionierungsangabe c bedeuten \height und \depth schließlich Höhe bzw. Tiefe bezüglich der vertikalen Mitte der natürlichen Absatzbox.

\parbox[2\width]{60mm}{*text*} erzeugt eine Absatzbox, deren Höhe doppelt so groß wie die eingestellte Breite ist (120 mm). Wenn, wie bei diesem Beispiel, die Positionierungsparameter fehlen, dann wird standardmäßig mit [c] positioniert, d. h. am oberen und unteren Boxende soviel vertikaler Leerraum zugefügt, daß der übergebene Text in der 120 mm hohen Box vertikal zentriert erscheint. Mit

\begin{minipage}[1.2\height][s]{50mm} *text* \end{minipage}

entsteht eine Minipage, deren Höhe das 1.2fache der Höhe ist, die der übergebene Text bei einer Boxbreite von 50 mm mit seinen *natürlichen* Absatzabständen einnehmen würde. Diese Abstände werden entsprechend `[s]` dann so vergrößert, daß der übergebene Text am oberen und unteren Boxrand bündig abschließt.

Erweiterte Steuerungsmöglichkeit für Gleitobjekte: Die `figure`- und `table`-Umgebungen erlauben den eingeschlossenen Bildern oder Tabellen, zu gleiten. Beide Umgebungen gestatten mit einer optionalen Parametergruppe eine gewisse Steuerung. Diese wird zusätzlich durch die in den Klassenfiles gesetzten Stilparameter beeinflußt bzw. begrenzt. Einzelheiten wird auf die Abschnitte 6.6.1 und 6.6.2 in [3a] verwiesen. Den Steuerungsparametern `h`, `t`, `b` und `p` kann ein Ausrufezeichen `!` nachgestellt werden. Für ein hiermit gekennzeichnetes Gleitobjekt werden die Begrenzungen aus den Stilparametern (max. Anzahl, max. bereitgestellter Platz, verbleibender Mindestplatz für Text auf der zugehörigen Seite u. a.) aufgehoben. Damit kann eine Positionierung erzwungen werden, wo diese ggf. durch die Vorgaben der Stilparameter verhindert würde.

Das LaTeX-Logo: Bisher erzeugte der Aufruf `\LaTeX` das LaTeX-Logo stets in der Standard-Roman-Schrift, unabhängig davon, welche umgebende Schrift gerade aktiv war. Die neue Definition in LaTeX 2_ε berücksichtigt die umgebende Schrift und es erscheint in dieser. Das geneigte Logo in der Kopfzeile dieser Seite und das fette Logo in dieser Absatzüberschrift sind Beispiele. Letzteres entstand mit `\paragraph*{Das \LaTeX-Logo:}`.

Frühzeitigere Fehlererkennung bei `\verb`-Strukturen: Der Befehl `\verb`*!text!* mit *!* für ein beliebiges Anfangs- und Endkennungszeichen für den eingeschlossenen Text führt zu einem Bearbeitungsfehler, wenn das Endkennungszeichen vergessen oder falsch geschrieben wurde. In LaTeX 2.09 wurde dieser Fehler oft erst mit dem Ende des laufenden Absatzes erkannt. Enthält ein Absatz viele `\verb`-Befehle, dann konnte die Suche der vergessenen oder falschen Endkennung mühevoll sein.

LaTeX 2_ε erkennt eine fehlende oder falsche Endkennung spätestens mit dem Ende der laufenden Eingabezeile und meldet dies mit einer Fehlernachricht unter Einschluß der aktuellen Zeilennummer zurück.

1.2.5 Neue Befehle in LaTeX 2_ε

Neben dem neuen Zeichensatzauswahlverfahren, das im nächsten Abschnitt vorgestellt wird, kennt LaTeX 2_ε einige neue Befehle. Sie werden in diesem Unterabschnitt aufgelistet.

Erweitertes Bearbeitungsprotokoll: Die Angabe des Vorspannbefehls `\listfiles` bewirkt am Ende der LaTeX-Bearbeitung eine Bildschirmausgabe über die internen Beararbeitungsfiles, die bei der Textbehandlung benutzt wurden. Diese Angabe wird zusätzlich im Protokollfile abgelegt.

Ein zusätzlicher Definitionsbefehl: Der Definitionsbefehl `\newcommand` ist bekanntlich nur für Befehlsnamen zulässig, die bis dahin noch nicht definiert wurden. Andererseits erwartet der Befehl für Definitionsänderungen `\renewcommand`, daß der angegebene Befehlsname bereits definiert war. Mit

`\providecommand{`*bef_name*`}[`*narg*`][`*standard*`]{`*definition*`}`

wird ein weiterer Definitionsbefehl bereitgestellt. Existiert an der Stelle dieses Definitionsbefehls noch kein Befehl mit dem angegebenen Namen *bef_name*, dann wird der Befehl definiert, so als stände hier ein `\newcommand` mit der gleichen Syntax. Gibt es dagegen bereits einen Befehl mit dem Namen *\bef_name*, so bleibt `\providecommand` ohne Wirkung, d. h. *\bef_name* behält seine derzeitige Bedeutung. Dieser Definitionsbefehl ist sehr praktisch für eigene Befehle, die in verschiedenen Makropaketen verwendet werden, wenn die Makropakete sowohl einzeln als auch in Kombination genutzt werden sollen.

Box-Speicherumgebung: In Ergänzung zum Box-Speicherbefehl `\sbox` [3a, 4.7.1] stellt LATEX 2ε die Umgebung `\begin{lrbox}{`*\box_name*`}` *text* `\end{lrbox}` bereit. Sie legt, wie der LATEX-Befehl `\sbox`, den eingeschachtelten Text unter dem Namen *\box_name* ab, der dann an beliebigen Stellen mit `\usebox{`*\box_name*`}` ausgegeben werden kann. Die neue Umgebung ist gegenüber dem `\sbox`-Befehl allgemeiner, da der eingeschachtelte Text auch `\verb`-Befehle und `\verbatim`-Umgebungen enthalten darf, was `\sbox` nicht erlaubt. Außerdem bleiben führende oder abschließende Leerzeichen beim eingeschlossenen Text im Gegensatz zu `\sbox` unwirksam.

Noch bedeutsamer ist, daß mit der neuen `lrbox`-Umgebung weitere Umgebungen mittels `\newenvironment` definiert werden können. Mit

```
\newsavebox{\mybox}
\newenvironment{fmpage}[1][\textwidth]{%
   \begin{lrbox}{\mybox}\begin{minipage}{#1}}
  {\end{minipage}\end{lrbox}\fbox{\usebox{\mybox}}}
```

wird eine Umgebung `fmpage` mit einem optionalen Argument zur Breiteneinstellung eingerichtet, in der der eingeschachtelte Text in eine `minipage`-Umgebung gefaßt und diese anschließend umrahmt wird. Die Breite der gerahmten `minipage`-Umgebung wird mit dem optionalen Breitenargument bzw. ohne diese Angabe mit der Breite für den Seitentext `\textwidth` eingestellt. Das Beispiel entstammt der Originaldokumentation von Frank Mittelbach und wurde hier etwas verallgemeinert. Ihr Aufruf kann somit als

`\begin{fmpage}` *text* `\end{fmpage}` bzw.
`\begin{fmpage}[`*breite*`]` *text* `\end{fmpage}`

erfolgen.

Zusätzliche Maßreferenzen: Der LATEX-Befehl `\settowidth{`*\lb_name*`}{`*lr_text*`}` übergibt die Breite, die der eingetragene Text *lr_text* von links nach rechts (LR-Modus) einnehmen würde, als Längenmaß an den anwendereigenen oder LATEX-Längenbefehl (elast. Maßregister) mit dem Namen *\lb_name* (s. [3a, 7.2]). LATEX 2ε ergänzt diesen Befehl durch

`\settoheight{`*\lh_name*`}{`*lr_text*`}`
`\settodepth{`*\lt_name*`}{`*lr_text*`}`

Diese Befehle übergeben die maximale Höhe bzw. Tiefe (max. Unterlängen) des eingetragenen Textes *lr_text* an die Längenbefehle (anwendereigen oder LATEX) mit den Namen *\lh_name* bzw. *\lt_name*.

Änderung der Texthöhe für die laufende Seite: Mit den neuen Befehlen

`\enlargethispage{`*änder_maß*`}`
`\enlargethispage*{`*änder_maß*`}`

ist es möglich, die mit `\textheight` vorgegebene Seitenhöhe für die laufende Seite zu verändern. Eine positive Maßangabe für *änder_maß* führt zur Vergrößerung um diesen Wert, eine negative zur entsprechenden Verkleinerung. Bei der *-Form des Befehls führt dies zusätzlich dazu, daß für die laufende Seite alle vertikalen elastischen Abstände mit ihrem Minimalwert auftreten, was zur maximal möglichen Textfüllung für diese Seite führt.

Diese beiden Befehle werden sich auch für Normalanwender als höchst nützlich erweisen. Nahezu alle Anwender verwenden statt des Originals einen benutzerspezifischen `letter.sty`-File, den sie zukünftig als `letter.cls`-File bereitzustellen haben. Dabei wird häufig die Forderung aufkommen, für die erste Seite wegen eines Briefkopfes und evtl. Fußes einen kleineren Seitenrumpf als für Folgeseiten zu wählen. Dies kann mit einer geänderten Vorgabe von `\textheight` für die erste Seite nicht erreicht werden.[7] Bei Briefen erfolgt bei der vorletzten Seite gelegentlich ein Seitenumbruch derart, daß die letzte Seite nur noch die Grußformel und den Platz für die Unterschrift enthält. Mit den bisherigen LaTeX-Möglichkeiten war ein solch unerwünschter Umbruch nicht zu unterbinden. Hier kann versucht werden, mit `\enlargethispage*{`*xxx*`}` gegen Briefende Abhilfe zu schaffen.

Verbot weiterer Gleitobjekte auf der laufenden Seite: Die Steuerung von Gleitobjekten kann mit dem neuen Befehl

`\suppressfloats[`*pos*`]`

zusätzlich beeinflußt werden. Er bewirkt, ohne optionales Argument `[`*pos*`]`, daß ab der Stelle seines Auftretens auf der laufenden Seite keine *weiteren* Gleitobjekte erscheinen. Als optionales Argument darf gewählt werden `[t]` oder `[b]` (aber nicht beide gleichzeitig). Damit beschränkt sich das Verbot weiterer Gleitobjekte für die laufende Seite auf den oberen bzw. unteren Seitenbereich.

Der zusätzliche Positionierungsparameter `!` für Gleitumgebungen (s. S. 10) hat für seine Gleitumgebung höhere Priorität als der Befehl `\suppressfloats`. Eine mit `!` gekennzeichnete Positionierungsangabe kann damit trotz eines `\suppressfloats` das zugehörige Gleitobjekt auf der laufenden Seite erscheinen lassen.

Verbesserung für anwendereigene mathematische Befehle: Eigene mathematische Befehle, die sowohl im Textmodus wie in mathematischen Bearbeitungsmodi aufgerufen werden sollen, enthalten gewöhnlich im Definitionsfeld die Angabe `\mbox{$`*definition*`$}` (s. Beispiel `\myvector` auf S. 7 sowie [3a, 7.3.1]). Das Ergebnis führt gelegentlich jedoch zu falsch gewählten Schriftgrößen. Die Erzeugung der Textformel durch die direkte Eingabe `$\frac{|x_1,\ldots,x_n|}{|z_1,\ldots,z_n|}$` führt mit $\frac{|x_1,\ldots,x_n|}{|z_1,\ldots,z_n|}$ zum erwarteten Ergebnis. Dagegen führt `$\frac{|\myvector{x}|}{|\myvector{z}|}$` als vermeintlich äquivalenter Aufruf nicht zum gleichen Ergebnis, sondern zu $\frac{|x_1,\ldots,x_n|}{|z_1,\ldots,z_n|}$.

LaTeX 2ε stellt deshalb den neuen Befehl

`\ensuremath{`*math_befehle*`}`

bereit, der die richtige Größenauswahl im Zusammenhang mit umschließenden Formelteilen sicherstellt. Mit der geänderten Definition für `\myvector` als

```
\renewcommand{\myvector}[2][n]{\ensuremath{#2_1\,ldots,#2_#1}}
```

führt nunmehr auch `$\frac{|\myvector{x}|}{|\myvector{z}|}$` zu $\frac{|x_1,\ldots,x_n|}{|z_1,\ldots,z_n|}$.

[7] Die Ursache liegt in den internen LaTeX-Abläufen. Die Einstellwerte aus `\thispagestyle{firstpage}` [3a, A.3.2] werden erst in der Ausgaberoutine aktiviert, dann aber ist der Seitenumbruch bereits erfolgt.

Das LaTeX 2ε- und SLITeX-Logo: Das LaTeX 2ε-Logo entsteht mit `\LaTeXe`. Es berücksichtigt hierbei die umgebende aktuelle Schrift, wie die fette Absatzüberschrift deutlich macht. Das bei der LaTeX 2ε-Testversion verfügbare SLITeX-Logo existiert nicht mehr. Man kann es bei Bedarf aber leicht mit `\textsc{Sli\TeX}` generieren.

Abspeicherung vorangestellter Makros: Gelegentlich soll ein Satz von Makrodefinitionen oder sonstiger Textstrukturen gemeinsam mit dem eigentlichen Bearbeitungstext in einen File zusammengefaßt werden, wobei der vorangestellte Makrosatz zugleich in einem eigenen File abgespeichert werden sollte. Dies kann mit der Umgebung

```
\begin{filecontents}{file_name}
  Makro- und/oder Textvorspann
\end{filecontents}
```

erreicht werden. Der eingeschlossene Text mit den Makrodefinitionen oder sonstiger Textstrukturen wird *unbearbeitet*, so als stände er in einer `verbatim`-Umgebung, in einen File mit als *file_name* angegebenen Namen abgelegt, falls ein solcher noch nicht existiert. Gibt es bereits einen File mit diesem Namen, so erfolgt darüber eine Bildschirmnachricht und der eingeschlossene Text bleibt unberücksichtigt. Dem erzeugten File wird zusätzlich eine Kommentarzeile mit dem Hinweis der Herkunft vorangestellt.

Die Umgebung existiert auch in der *-Form als `\begin{filecontents*}{...} ... \end{filecontents*}`. In dieser Form unterbleibt das Voranstellen einer Kommentarzeile im angelegten File. Die eingeschlossenen Makro- und Textstrukturen sollten nur *sichtbare* 7-bit-ASCII-Zeichen enthalten. Etwaige ASCII-Befehlszeichen wie `tab` oder `ff`, die evtl. der Editor einfügt, sind zu vermeiden.

Die `filecontent`-Umgebung darf nur *vor* dem LaTeX-Startbefehl `\documentclass` verwendet werden. Innerhalb des eigentlichen LaTeX-Textes kann mit `\input`-Befehlen auf den erzeugten File zurückgegriffen werden.

1.3 Ein neues Zeichensatz-Auswahlverfahren

1.3.1 Rückblick auf die Zeichensatzauswahl in LaTeX 2.09

LaTeX 2.09 stellt standardmäßig zur Schriftauswahl die Schriftartenbefehle `\rm`, `\bf`, `\sc` `\sl`, `\it`, `\sf` und `\tt` sowie die Schriftgrößenbefehle von `\tiny` bis `\Huge` bereit. Die Schriftartenbefehle aktivieren jeweils einen eigenen Zeichensatz, so daß sie sich gewissermaßen gegenseitig ausschließen. Die Schriftgrößenbefehle schalten auf eine andere Schriftgröße um und aktivieren zunächst den Roman-Zeichensatz `\rm` in der angesprochenen Größe. Die Umschaltung der Größe bei einer anderen Schrift verlangt, daß der Schriftgrößenbefehl dem Schriftartenbefehl vorangestellt wird, z. B. `\Large\sf`. Ein Aufruf in umgekehrter Reihenfolge `\sf\Large` hebt die Umschaltung auf `\sf` unmittelbar auf und stellt `\rm` in der Größe `\Large` bereit.

Man gewöhnt sich nach einiger Zeit an diese Einseitigkeit zwischen Größen- und Stilaufrufen, obwohl gerade Anfänger dies als erschwerend empfinden. Es wäre allgemein zu begrüßen, wenn Schriftgröße und Schriftart *unabhängige* Auswahleigenschaften wären, so daß das Auswahlergebnis unabhängig von der Reihenfolge von Größe und Art bliebe. Auch die Schriftartenbefehle erscheinen dem Anfänger keineswegs als sich gegenseitig ausschließend.

`\bf` und `\sl` wird zunächst eher als ein Schriftattribut empfunden, mit dem auf fette bzw. geneigte Schriften umgeschaltet wird, so daß `\bf\sf` eine fette serifenlose und `\sl\tt` eine geneigte Schreibmaschinenschrift erwarten läßt, was bisher leider nicht der Fall war. Die Aktivierung von fetten oder geneigten serifenlosen Schriften sowie fetten Kursivschriften, die alle als cm-Schriften existieren, ist in LaTeX 2.09 nur mit Hilfe von Vorabdefinitionen mit `\newfont`-Befehlen und anschließenden expliziten Aufrufen der so definierten Schriftbefehle möglich.

Die Wahl einer anderen Standardschrift als Roman, z. B. die Verwendung von serifenlosen Schriften für das ganze Dokument, ist ebenfalls nur durch Verwendung vorab definierter Schriftbefehle und deren expliziter Aufrufe möglich. Ihr Auftreten in den Gliederungsbefehlen verlangt gar die Bereitstellung eines speziellen Stilfiles. Die Auswahl der Schriften zur typografisch gut gestalteten Formatierung durch explizite Befehlsangaben widerspricht der LaTeX-Zielsetzung als Dokument-Bearbeitungssystem.

Man könnte daran denken, einen geänderten Schriftsatz durch einen weitgehend geänderten `lfonts.tex`-File zu realisieren und mit diesem einen neuen Formatfile zu erzeugen. Alternativ könnte man die Einstellungen eines solchen `lfonts.tex`-File auch in einem entsprechenden `.sty`-File vornehmen und diesen bei der Bearbeitung einbinden. Die Entwicklung der erforderlichen tieferliegenden Schriftauswahlmakros überfordert aber viele LaTeX-Anwender.

1.3.2 Die Grundidee des Zeichensatzauswahlverfahrens in LaTeX 2ε

Durch Übernahme des Zeichensatzauswahlverfahrens NFSS in der Version 2 von Frank Mittelbach und Rainer Schöpf beseitigt LaTeX 2ε die oben kritisierten Schwachstellen von LaTeX 2.09. Jeder Schrift werden in LaTeX 2ε die fünf Attribute *Kodierung*, *Familie*, *Serie*, *Form* und *Größe* zugeordnet, die mit den Grundbefehlen

`\fontencoding{`*code*`}` `\fontfamily{`*fam*`}` `\fontseries{`*st_br*`}`
`\fontshape{`*form*`}` und `\fontsize{`*größe*`}{`*z_abstand*`}`

eingestellt werden. Die Verwendung dieser Grundbefehle wird beim Normalanwender nur in Ausnahmefällen erforderlich werden. Sie sind jedoch für das Verständnis der Auswahlmechanismen durch NFSS von grundlegender Bedeutung.

Kodierungsattribut: Der Parameter *code* in `\fontencoding{`*code*`}` verweist auf die Kodiertabelle des anzusprechenden Zeichensatzes, d. h. auf die Plazierung der einzelnen Zeichen innerhalb des Zeichensatzes. Würde sich das Auswahlverfahren auf die TeX-`cm`-Zeichensätze beschränken, so könnte dieses Attribut entfallen, da TeX die Zeichensatzanordung innerhalb der cm-Zeichensätze kennt [3a, C6, Tab. 1–8]. Mit dem neuen Verfahren können jedoch beliebige Zeichensätze angesprochen werden, vorausgesetzt, daß für sie `.tfm`-Files existieren, was für eine große und ständig wachsende Zahl inzwischen der Fall ist. Dies schließt die PostScript-Zeichensätze ein. In TeX-fremden Zeichensätzen sind die einzelnen Zeichen teilweise anders angeordnet als bei den `cm`-Sätzen.

Auch die auf Anforderung europäischer TeX-Anwender entwickelten erweiterten `ec`-Zeichensätze mit 256 Zeichen, die in Kapitel 2 in ihrer vorläufigen Realisierung als `dc`-Zeichensätze vorgestellt werden, enthalten nicht nur doppelt so viele Zeichen wie die `cm`-Zeichensätze, sondern viele ihrer Zeichen sind auch anders plaziert. Mit der Bereitstellung des Kodierungsattributs wird die Universalität für Zeichensätze beliebiger Herkunft erleichtert, wenn nicht erst ermöglicht.

Das Kodierungsattribut besteht aus ein bis drei Großbuchstaben, wobei der letzte Buchstabe auch durch eine Ziffer ersetzt sein kann. LaTeX 2ε ist auf folgende Kodierkennungen vorbereitet:

Code	*Beschreibung*	*Quelle*
T1	Erweiterte TeX-Zeichensätze (`dc`, Cork, s. 2.1.3)	LK
OT1	TeX-Textzeichensätze (`cm`, [3a, C6, Tab. 1–5])	LK
OT2	Kyrillische Zeichensätze für TeX (s. 2.2.3)	EP
OT3	Internationale phonetische Zeichensätze (s. 2.3.4 IPA)	EP
OML	Math. TeX-Textzeichensätze (`cmmi`, [3a, C6, Tab. 6])	LK
OMS	Math. TeX-Symbolzeichensätze (`cmsy`, [3a, C6, Tab. 7])	LK
OMX	Erw. math. TeX-Zeichensatz (`cmex`, [3a, C6, Tab. 8])	LK
U	Für *unbekannte* Kodierung von Zeichensätzen	LK

Die Quellenangabe LK bedeutet, daß die Kodierkennung bereits im LaTeX 2ε-Kern definiert wird, während EP auf die zugehörige Definition in entsprechenden Ergänzungspaketen hinweist. Vom Anwender können weitere Kodierkennungen zugefügt werden (s. 1.4.3). Solche lokalen Kodierkennungen sollten durch den Anfangsbuchstaben `L` gekennzeichnet werden. Kodierkennungen mit den Anfangsbuchstaben `T`, `M`, `S`, `OT` und `OM` sind bereits für zukünftige LaTeX 2ε-Entwicklungen verplant und damit für anwendereigene Kodierkennungen untersagt.

Familienattribut: Der Parameter *fam* in `\fontfamily{`*fam*`}` kennzeichnet bestimmte Grundeigenschaften der Schriften (evtl. ihre Herkunft). Für die TeX-eigenen Schriften (sowohl die bisherigen wie für die in 2.1.3 vorgestellten erweiterten) sind in LaTeX 2ε die folgenden Familienkennungen definiert:

fam	*Schrift*	*Lit-Ref*
`cmr`	Computer Modern Roman	[3a, C.3.1]
`cmss`	Computer Modern Sans Serif	[3a, C.3.2]
`cmtt`	Computer Modern Typewriter	[3a, C.4]
`cmfib`	Computer Modern Fibonacci	[3a, C.3.1.4]
`cmfr`	Computer Modern Funny Roman	[3a, C.3.3]
`cmdh`	Computer Modern Dunhill	[3a, C.3.3]
`cmm`	Computer Modern Math. Text	[3a, C.5.1]
`cmsy`	Computer Modern Math. Symbol	[3a, C.5.2]
`cmex`	Computer Modern Math. Extension	[3a, C.5.3]
`lasy`	LaTeX-Zusatzsymbole	[3a, C.5.4.1]

Die erweiterten `dc`-Zeichensätze haben die gleichen Kennungsnamen für das Familienattribut, da sie sich von den `cm`-Schriften nur durch doppelte Zeichenanzahl und das Kodierschema unterscheiden. Sie stellen lediglich Erweiterungen der `cm`-Schriften dar und können deshalb bezüglich des Familien-, Serien- und Formattributes wie jene gegliedert werden. Die Kennungsnamen für das Familienattribut weiterer Schriften werden in Kapitel 2 und 3 bei der Vorstellung dieser Schriften angegeben.

Serienattribut: Der Parameter *st_br* in `\fontseries{`*st_br*`}` kennzeichnet die *Stärke* (engl. 'weight') und *Weite* oder *Breite* (engl. 'width') der anzuwählenden Schrift. Die Kennung erfolgt durch eine Gruppe von 1 bis 4 Buchstaben, die aus der nachfolgenden Tabelle zu entnehmen sind.

— *Stärke* —			— *Weite* —			
Ultralight	`ul`	(ultraleicht)	Ultracondensed	50%	`uc`	(u-gestaucht)
Extralight	`el`	(extraleicht)	Extracondensed	62.5%	`ec`	(e-gestaucht)
Light	`l`	(leicht/dünn)	Condensed	75%	`c`	(gestaucht)
Semilight	`sl`	(halbleicht)	Semicondensed	87.5%	`sc`	(s-gestaucht)
Medium	`m`	(normal)	Medium	100%	`m`	(normal)
Semibold	`sb`	(halbfett)	Semiexpanded	112.5%	`sx`	(s-gedehnt)
Bold	`b`	(fett)	Expanded	125%	`x`	(gedehnt)
Extrabold	`eb`	(extrafett)	Extraexpanded	150%	`ex`	(e-gedehnt)
Ultrabold	`ub`	(ultrafett)	Ultraexpanded	200%	`ux`	(u-gedehnt)

Die Kennungsgruppe für `\fontseries{`*st_br*`}` besteht aus den Kennbuchstaben für die Stärke, gefolgt von den Kennbuchstaben für die Weite. Mit `ebsc` wird die Stärke 'extrabold' mit der Weite 'semicondensed' und mit `bx` die Stärke 'bold' mit der Weite 'expanded' kombiniert. Der Buchstabe `m` entfällt, wenn die normale Stärke mit einer nichtnormalen Weite oder eine nichtnormale Stärke mit der normalen Weite kombiniert wird. Statt `bm` ist also einfach `b` und statt `mc` einfach `c` zu wählen. Für die Kombination der normalen Stärke mit der normalen Weite ist statt `mm` ein einfaches `m` anzugeben.

Formattribut: Für *form* in `\fontshape{`*form*`}` ist eine der Kennungen `n`, `it`, `sl`, `sc` oder `u` zu wählen. Damit wird als Schriftform 'normal' (aufrecht), 'italic' (kursiv), 'slanted' (geneigt) oder 'Kapitälchen' (verkleinerte Großbuchstaben anstelle der Kleinbuchstaben) gewählt. Mit der letzten Kennzeichnung `u` wird eine 'ungeneigte' Kursivschrift (upright italic) eingestellt.

Größenattribut: Der Attributbefehl `\fontsize{`*größe*`}{`*z_abstand*`}` hat zwei zwingende Argumente. Beide können als Zahlen- oder Maßangaben erfolgen. Bei reinen Zahlenangaben wird diesen intern die Maßeinheit 'pt' zugewiesen. Mit dem ersten Argument *größe* wird die Schriftgröße und mit dem zweiten *z_abstand* der Zeilenabstand eingestellt. Mit `\fontsize{12}{3ex}` wird die Schriftgröße 12 pt mit einem Zeilenabstand von 3 ex, also der dreifachen x-Höhe aus dem 12 pt-Zeichensatz angefordert.

Schriftaktivierung: Sind alle fünf Attribute eingestellt worden, dann kann die zugehörige Schrift mit dem Befehl `\selectfont` aktiviert werden. Das grundsätzlich Neue an diesem Auswahlverfahren ist die gegenseitige Unabhängigkeit der fünf Attribute. Werden eines oder mehrere mit neuen Attributbefehlen verändert, so bleiben die anderen erhalten. War z. B. gewählt worden:

```
\fontencoding{OT1} \fontfamily{cmr} \fontseries{bx}
\fontshape{n} \fontsize{12}{15}
```

womit die senkrechte, fette und gedehnte Romanschrift der Größe 12 pt mit einem Zeilenabstand von 15 pt eingestellt ist, so wird mit einem späteren `\fontfamily{cmss}` die serifenlose Schrift unter Beibehaltung der Serie (Stärke und Weite) '`bx`', Form '`n`', Größe und Zeilenabstand '`12pt/15pt`' voreingestellt und mit einem weiteren `\selectfont` aktiviert.

LaTeX 2_ε stellt zusätzlich noch den gemeinsamen Attributauswahl- und Schriftaktivierungsbefehl

`\usefont{`*code*`}{`*fam*`}{`*st_br*`}{`*form*`}`

bereit. Der Befehl ist gleichwertig mit der Einstellung der vier Attribute *Kodierung*, *Familie*, *Serie*, *Form* und dem unmittelbar darauffolgenden Befehl `\selectfont`.

Bei der Auswahl der Attribute sind formal alle angeführten Kennungen erlaubt. Dabei können Kombinationen gewählt werden, für die ein Zeichensatz nicht existiert. In solchen Fällen erzeugt LaTeX beim Aufruf von `\selectfont` eine Fehlermeldung oder eine Warnung und teilt mit, welcher Zeichensatz statt dessen gewählt wird. Für das Attribut `\fontsize` werden standardmäßig als Schriftgrößen die Werte 5, 6, 7, 8, 9, 10, 10.95, 12, 14.4, 17.28, 20.48 und 24.88 als vorhanden angesehen. Eine Erweiterung ist aber leicht vorzunehmen. Das zweite Argument von `\fontsize` ist beliebig zu wählen, da hiermit nicht eine Schrifteigenschaft, sondern der Zeilenabstand eingestellt wird.

Die nachfolgende Tabelle (Quelle: F. Mittelbach und R. Schöpf) stellt für die Computer-Modern-Zeichensätze die Kombinationen für `\fontfamily`, `\fontseries` und `\fontshape` zusammen, für die tatsächlich Zeichensätze existieren. Die Zulässigkeit von Kombinationen, für die keine cm-Zeichensätze existieren, mag zunächst als Mangel empfunden werden. Tatsächlich ist das neue Auswahlverfahren auf die Zukunft ausgerichtet, so daß es offen für weitere Zeichensätze ist. So können mit ihm auch die immer häufiger verwendeten PostScript-Zeichensätze in ihrer vollen Variabilität angesprochen werden.

series	**shape(s)**	**Beispiele für Zeichensatzfilenamen**
Computer Modern Roman — (`\fontfamily{cmr}`)		
m	n, it, sl, sc, u	cmr$x$, cmti$x$, cmsl$x$, cmcsc$x$, cmu$x$
bx	n, it, sl	cmbx$x$, cmbxti$x$, cmbxsl$x$
b	n	cmb$x$
Computer Modern Sans Serif — (`\fontfamily{cmss}`)		
m	n, sl	cmss$x$, cmssi$x$
bx	n	cmssbx$x$
sbc	n	cmssdc$x$
Computer Modern Typewriter — (`\fontfamily{cmtt}`)		
m	n, it, sl, sc	cmtt$x$, cmitt$x$, cmsltt$x$, cmtcsc$x$
Computer Modern Fibonacci — (`\fontfamily{cmfib}`)		
m	n	cmfib$x$
Computer Modern Funny — (`\fontfamily{cmfr}`)		
m	n, it	cmff$x$, cmfi$x$
Computer Modern Dunhill — (`\fontfamily{cmdh}`)		
m	n, it	cmdunh$x$, cmfi$x$

In Abhängigkeit vom aktiven Größenattribut wählt NFSS einen Zeichensatz in der gleichen Entwurfsgröße x aus, falls ein solcher existiert. Andernfalls wird der in der Größe benachbarte Zeichensatz auf die Größenangabe des `\fontsize`-Befehls skaliert. Die Information, welcher Zeichensatz für eine gegebene Attributkombination gewählt wird, entnimmt LaTeX 2_ε den sog. `.fd`-Files (Font Definition).

Mit `\begin{document}` setzt LaTeX folgende fünf Attribute als Standardwerte ein: `\fontencoding{OT1}`, `\fontfamily{cmr}`, `\fontseries{m}`, `\fontshape{n}`, sowie für `\fontsize{10}{12pt}` bzw. hier die entsprechenden Größen aus einer evtl. Größenoption.[8] Damit sind zu Beginn der LaTeX-Bearbeitung stets alle fünf Attribute gesetzt. Die Anfangsattribute können mit geeigneten Anweisungen im Vorspann verändert werden.

1.3.3 Vereinfachte Zeichensatzauswahl mit LaTeX 2_ε

Die Attributbefehle `\fontencoding`, `\fontfamily`, `\fontseries`, `\fontshape` und `\fontsize` stellen zusammen mit `\selectfont` gewissermaßen die Grundbefehle für das Zeichensatz-Auswahlschema von LaTeX 2_ε dar. Der Anwender braucht nicht unbedingt auf diese Attributbefehle zurückzugreifen, sondern kann sie aus höherer Ebene mit den nachfolgend vorgestellten Schriftartenbefehlen bzw. mit den ihm aus LaTeX 2.09 bekannten Schriftgrößenbefehlen ansprechen.

LaTeX 2_ε-Schrifterklärungen: Spezielle Attributeinstellungen mit anschließender Zeichensatzaktivierung können mit den LaTeX 2_ε-Schrifterklärungen (declarations)

```
\rmfamily  \sffamily  \ttfamily
\bfseries  \mdseries
\itshape   \slshape   \scshape   \upshape
```

vorgenommen werden. Diese Befehle sind mit ihren Namen selbsterklärend. So ist `\sffamily` in der Wirkung *standardmäßig* (s. u.) gleichbedeutend mit der Befehlsfolge `\fontfamily{cmss}\selectfont`. Wird anschließend `\bfseries` aufgerufen, so entspricht dies `\fontseries{bx}\selectfont`, womit nun ein fetter serifenloser Zeichensatz aktiv ist. Mit `\slshape` wird, entsprechend `\fontshape{sl}\selectfont`, schließlich nochmals auf einen geneigten, fetten serifenlosen Zeichensatz umgeschaltet. Mit `\mdseries` bzw. `\upshape` kann auf das normale Serienattribut `m` (medium) bzw. Formattribut `n` (upright) und den zugehörigen Zeichensatz zurückgeschaltet werden

Die mit den vorstehenden Schrifterklärungsbefehlen verknüpften Attribute bleiben so lange gültig, bis sie durch einen Erklärungsbefehl gleichen Typs (Familie, Serie, Form) abgelöst werden oder aber die laufende Umgebung endet, in der die Schrift umgeschaltet wurde. (s. [3a, Abschn. 2.3] zum Begriff *Erklärung*.)

Argumentbehaftete Schriftbefehle in LaTeX 2_ε: Sollen kürzere Textteile in einer anderen Schrift erscheinen, so kann dies mit den Schriftumschaltbefehlen aus LaTeX 2_ε erfolgen, bei denen der Text als Argument übergeben wird:

```
\textrm{text}  \textsf{text}  \texttt{text}
\textbf{text}  \textmd{text}
\textit{text}  \textsl{text}  \textsc{text}  \textup{text}
```

Damit erscheint der als Argument übergebene *Text* standardmäßig (s. u.) in der Schrift, die aus dem Befehlsnamen zu entnehmen ist. Diese Befehle sind für eine vorübergehende Schriftumschaltung sachgerechter als die vorangegangenen Erklärungsbefehle (declarations).

[8] Genaugenommen werden den Attributeinstellbefehlen die speziellen Attributbefehle `\encodingdefault`, `\familydefault`, `\seriesdefault` bzw. `\shapedefault` übergeben. Diese sind standardmäßig mit den angegebenen Attributkennungen belegt, sie können aber im Vorspann vom Anwender geändert werden.

Schrifthervorhebung in LaTeX 2ε: Zur vorübergehenden Schriftumschaltung auf eine hervorhebende Schrift stellt LaTeX 2ε zusätzlich den Befehl `\emph{`*text*`}` bereit, der den übergebenen *Text* in bezug auf die umgebende Schrift hervorhebt. Gilt außerhalb dieses Befehls das Formattribut `m`, so erfolgt die Hervorhebung mit dem Formattribut `it`. Gilt umgekehrt das Formattribut `it` oder `sl`, so erfolgt die Hervorhebung mit dem Formattribut `m` als aufrechte Schrift.

Automatische Italic-Korrektur: Bei der Umschaltung von einer geneigten auf eine aufrechte Schrift sollte in LaTeX 2.09 der Text der geneigten Schrift mit der Italic-Korrektur `\/` abgeschlossen werden, wobei letztere nach Satzzeichen wie Punkt oder Komma entfallen konnte. Die geschieht bei den vorstehenden `\text`xx-Befehlen sowie bei `\emph` automatisch an den richtigen Stellen, und zwar bei Bedarf sowohl am Ende des vorangehenden oder umgebenden Textes wie am Ende des hervorgehobenen oder geneigten Textes. Eine explizite Angabe der Italic-Korrektur durch den Anwender kann somit entfallen.

LaTeX 2ε fügt die Italic-Korrektur im vorangehenden oder umgebenden Text bzw. am Ende einer geneigten oder hervorhebenden Schrift stets ein, es sei denn, daß das jeweils letzte Zeichen in der internen Liste `\nocorrlist` auftritt. Diese enthält standardmäßig den Punkt und das Komma. Änderungen oder Ergänzungen mit zusätzlichen Zeichen können bei Bedarf mit `\renewcommand{\nocorrlist}{`*z_liste*`}` vorgenommen werden, wobei *z_liste* für eine Reihe unmittelbar aufeinanderfolgender Satzzeichen steht.

Soll die automatische Zufügung der Italic-Korrektur in Ausnahmefällen unterdrückt werden, so muß dies nunmehr durch den Anwender mit der expliziten Angabe des neuen Befehls `\nocorr` erfolgen. Dieser Befehl ist dann als erster oder letzter Eintrag beim übergebenen Textargument anzugeben, je nachdem, ob die Italic-Korrektur am Ende des vorangehenden oder am Ende des übergebenen Textes unterdrückt werden soll.

Schriftinitialisierungsbefehle in LaTeX 2ε: Bei der Vorstellung der Erklärungsbefehle `\rmfamily`, ..., `\upshape` sowie der argumentbehafteten Umschaltbefehle `\textrm`, ..., `\textup` wurde gesagt, daß die Schriftumschaltung *standardmäßig* auf die aus dem Namen hervorgehende Schrift erfolgt. Tatsächlich wird mit ihnen auf Schriften umgeschaltet, die mit den sog. Initialisierungsbefehlen unter den Namen `\`xxx`default` voreingestellt sind. Voreinstellung und Wirkung dieser Initialisierungsbefehle stellt die nachfolgende Tabelle dar:

Initialisierungsbefehl	*Voreinstellung*	*Bedeutung*
`\encodingdefault`	`OT1`	Kodierungsschema nach `\begin{document}`
`\familydefault`	`\rmdefault`	Familienattribut nach `\begin{document}`
`\seriesdefault`	`m`	Serienattribut nach `\begin{document}`
`\shapedefault`	`n`	Formattribut nach `\begin{document}`
`\rmdefault`	`cmr`	Familienattribut für `\rmfamily` und `\textrm`
`\sfdefault`	`cmss`	Familienattribut für `\sffamily` und `\textsf`
`\ttdefault`	`cmtt`	Familienattribut für `\ttfamily` und `\texttt`
`\bfdefault`	`bx`	Serienattribut für `\bfseries` und `\textbf`
`\mddefault`	`m`	Serienattribut für `\mdseries` und `\textmd`
`\itdefault`	`it`	Formattribut für `\itshape` und `\textit`
`\sldefault`	`sl`	Formattribut für `\slshape` und `\textsl`
`\scdefault`	`sc`	Formattribut für `\scshape` und `\textsc`
`\updefault`	`n`	Formattribut für `\upshape` und `\textup`

Diese Initialisierungsbefehle können mit `\renewcommand` verändert werden. Wird z. B. im Vorspann des zu bearbeitenden LaTeX-Textes

`\renewcommand{\rmdefault}{cmss}` `\renewcommand{\itdefault}{sl}`

geschrieben, so wird am Bearbeitungsbeginn (weil `\familydefault` standardmäßig gleich `\rmdefault` gesetzt wird) und nach `\rmfamily`- sowie in `\textrm`-Befehlen die Schriftfamilie `cmss` mit den serifenlosen Schriften als Roman-Standard bereitgestellt. Mit Aufrufen von `\itfamily` oder `\textit` wird nunmehr standardmäßig das Attribut `\fontshape{sl}` verknüpft. Mit der alleinigen Änderung

`\renewcommand{\familydefault}{cmss}`

würde als Anfangsschrift, also nach `\begin{document}`, ebenfalls `cmss` zur Verfügung stehen, während ein Aufruf von `\rmfamily` oder `\textrm` dagegen nach wie vor die Roman-Schriftfamilie aktiviert.

Neben den fetten und gedehnten `cmbx`-Schriften gibt es unter den cm-Schriften auch die fette Schrift in normaler Weite `cmb10`. Nach

`\renewcommand{\bfdefault}{b}`

wird nun mit `\bf` das Serienattribut `b` und damit evtl. die Schrift `cmb10` ausgewählt.

Schriftgrößenbefehle in LaTeX 2ε: Die bisherigen Schriftgrößenbefehle `\tiny` bis `\Huge` aus LaTeX 2.09 sind unter diesen Befehlsnamen auch in LaTeX 2ε bekannt und können genutzt werden. Hier entsprechen sie dem Attributbefehl `\fontsize` mit passenden Werten für dessen Argumente und einem nachfolgenden `\selectfont`. Als Größenattribut sind diese Befehle in LaTeX 2ε unabhängig von den sonstigen Schriftattributen, so daß die Einseitigkeit zwischen Schriftarten- und Schriftgrößenbefehlen aus LaTeX 2.09 nunmehr aufgehoben ist.

1.3.4 Schriftartenbefehle aus LaTeX 2.09 in LaTeX 2ε

Die Namen der Schriftartenbefehle aus LaTeX 2.09 bestehen jeweils aus zwei Buchstaben, nämlich `\bf`, `\it`, `\rm`, `\sc`, `\sl` und `\tt` sowie `\em`. Der letzte Befehl kann als Erklärungsbefehl in Ergänzung zu den LaTeX 2ε-Schrifterklärungen (S. 18) benutzt werden. Er bewirkt die Änderung des Formattributs in Abhängigkeit vom bisherigen Formattribut. Bei einem bestehenden Formattribut `n` (normal) wird mit `\em` auf `it` (italic) umgeschaltet, bei einem vorangehenden `it`- oder `sl`-Formattribut dagegen auf `n` (normal) zurückgeschaltet. Der zugeordnete Zeichensatz wird dann mit einem impliziten `\selectfont` aktiviert.

Ist ein anderes Familien- oder Serienattribut als `cmr` bzw. `bx` gesetzt, so bleibt dieses in LaTeX 2ε natürlich wirksam. Nach `\sffamily` und `\bxseries` wird mit `\em` in LaTeX 2ε bei der serifenlosen fetten Schrift zwischen den aufrechten und geneigten Varianten umgeschaltet, vorausgesetzt, daß solche Schriften existieren. Das ist bei den Standard-cm-Schriften nicht der Fall, wohl aber bei verwandten PostScript-Schriften. Mit etwas Kenntnis über METAFONT könnte man auch aus den bestehenden cm-METAFONT-Quellenfiles entsprechende Varianten ableiten.

Die sonstigen Zeichensatzbefehle `\bf`, ..., `\tt` aus LaTeX 2.09 sind in LaTeX 2ε im sog. Kompatibilitätsmodus (1.2.3) natürlich bekannt und entfalten dort die gleiche Wirkung wie in LaTeX 2.09. Mit dieser Wirkung werden sie außerdem in den Standardklassenfiles `article.cls`, `book.cls`, `report.cls`, `letter.cls` und `slides.cls` definiert. Sie können mit diesen Klassenangaben deshalb auch in LaTeX 2ε angesprochen werden. Wie in LaTeX 2.09 werden damit feste Zeichensätze ausgewählt und *keine* Zeichensatzattribute umgeschaltet!

NFSS 2 definierte in Verbindung mit LaTeX 2.09 auch die dortigen Zeichensatzbefehle neu. Diese Befehle, also `\bf`,...,`\tt`, verhielten sich dann genauso wie die Erklärungsbefehle `\bfdefault`,..., `\ttdefault` aus LaTeX 2ε. Ein solches Verhalten kann auch in LaTeX 2ε erzwungen werden, wenn im Vorspann mit `\usepackage{newlfont}` das Ergänzungspaket `newlfont.sty` geladen wird. Der Umsteiger von LaTeX 2.09 auf LaTeX 2ε sollte sich jedoch bemühen, zukünftig die Zeichensatzauswahl mit den LaTeX 2ε-eigenen Befehlen vorzunehmen, und der Neueinsteiger in LaTeX sollte für seine LaTeX 2ε-Installation die Hinweise aus diesem Unterabschnitt gar nicht zur Kenntnis nehmen bzw. sie sofort vergessen.

Die sog. *Zweibuchstaben*-Zeichensatzbefehle aus LaTeX 2.09 werden, wie eingangs erwähnt, nur in den Standardklassenfiles definiert. Dies kann für zukünftige oder aus anderen Quellen stammende Klassenfiles nicht garantiert werden. Auch darum sollte von der Verwendung der alten Zeichensatzbefehle in LaTeX 2ε abgesehen werden. Dies gilt natürlich nicht für alte Textfiles, die mit LaTeX 2ε im Kompatibilitätsmodus bearbeitet werden sollen.

1.3.5 Mathematische Zeichensätze

Die jeweils aktive Textschrift beeinflußt bei der LaTeX-Bearbeitung *nicht* die innerhalb von Formeln angesprochenen Zeichen und Zeichensätze, da beim Umschalten in einen mathematischen Bearbeitungsmodus die speziellen mathematischen Zeichensätze aktiviert werden. Soll eine Formel in Fettdruck erscheinen, so muß vorab der Befehl `\boldmath` gesetzt werden. Er bleibt so lange gültig, bis er durch den aufhebenden Befehl `\unboldmath` abgelöst wird. Beide Befehle dürfen bekanntlich nur außerhalb der mathematischen Bearbeitungsmodi verwendet werden.

In gleicher Weise können diese Befehle auch in LaTeX 2ε verwendet werden. Hier steht aber zusätzlich der Befehl

`\mathversion{`*vers_name*`}`

bereit, bei dem derzeit für *vers_name* als Versionsnamen `normal` bzw. `bold` erlaubt sind, mit der gleichen Wirkung, wie sie mit `\unboldmath` bzw. `\boldmath` erreicht wird. Die Versionseinstellung mit diesem Befehl ist gegenüber den Befehlsaufrufen `\boldmath` bzw. `\unboldmath` vorzuziehen. Mit den mathematischen NFSS-Interfacebefehlen, die in 1.4.4 vorgestellt werden, können vom Anwender weitere mathematische Versionen eingerichtet werden. Ebenso können Ergänzungspakete zur Einbindung weiterer Schriften zusätzliche mathematische Versionen bereitstellen. Solche zusätzlichen Versionen müßten stets mit dem Befehl `\mathversion{`*vers_name*`}` aktiviert werden, weil für sie kein eigener Einstellbefehl existiert. Es wäre dann inkonsequent, zusätzliche Versionen mit `\mathversion` und die Standardversionen mit den speziellen Befehlen `\boldmath` bzw. `\unboldmath` zu aktivieren.

Die beim Eintritt in einen mathematischen Bearbeitungsmodus anzusteuernden Zeichensätze werden durch den aktuellen Versionsnamen des letzten `\mathversion`-Befehls bestimmt. Die internen Mechanismen sind nur dann von Bedeutung, wenn zusätzliche Schriften für den Formelsatz zur Anwendung kommen sollen und der Anwender hierzu ein geeignetes Ergänzungspaket selbst beistellt (s. `\SetMathAlphabet` in 1.4.4 auf S. 33).

Innerhalb von Formeln, genauer innerhalb der math. Bearbeitungsmodi, können die sog. mathematischen Zeichensatzbefehle aufgerufen werden, wenn eine math. Formel ganz oder in

Teilen in einer anderen Schrift erscheinen soll. Bisher waren das die Schrifterklärungsbefehle `\cal` und `\mit`. LaTeX 2ε stellt die äquivalenten und weitere mathematische Zeichensatzbefehle als Befehle mit einem Argument bereit:

`\mathcal{`*f_text*`}`	`\mathnormal{`*f_text*`}`	
`\mathrm{`*f_text*`}`	`\mathsf{`*f_text*`}`	
`\mathbf{`*f_text*`}`	`\mathit{`*f_text*`}`	`\mathtt{`*f_text*`}`

Die ersten beiden Befehle `\mathcal` und `\mathnormal` sind die argumentbehafteten Befehlsäquivalente der bisherigen mathematischen Befehlserklärungen `\cal` und `\mit`. Die anderen Befehle sind selbsterklärend: Der übergebene Formeltext *f_text* erscheint in der aus dem Befehlsnamen erkennbaren Schrift. Bei Verwendung der `cm`-Zeichensätze sind den vorstehenden math. Schriftbefehlen in der mathematischen Version `normal` die Zeichensätze

`\mathcal` → `cmsy`	`\mathnormal` → `cmmi`	
`\mathrm` → `cmr`	`\mathsf` → `cmss`	
`\mathbf` → `cmbx`	`\mathit` → `cmti`	`\mathtt` → `cmtt`

zugeordnet. In der mathematischen Version `bold` führen die Befehle zu den äquivalenten fetten Schriften, wenn entsprechende Zeichensätze dafür existieren. Beispiel: $\sum\mathsf{A}_i = \tan\alpha$ wurde mit `$\sum\mathsf{A}_i = \tan\alpha$` erzeugt. Nach `\mathversion{bold}` führt derselbe Formeltext zu $\boldsymbol{\sum\mathsf{A}_i = \tan\alpha}$. Formelteile, die mit `\mathbf{`*teil_formel*`}` eingegeben werden, erscheinen dagegen in beiden Versionen in Fettdruck. Für weitere Details wird auf 1.4.4 verwiesen.

In [3a, Abschn. 5.4.9] wurde gesagt, daß die Schriftarterklärungsbefehle für die Textschriften, also `\rm`, `\bf`, `\sf` usw., auch innerhalb von Formeln verwendet werden dürfen. Dies ist auch in LaTeX 2ε möglich, doch sollte von dieser Form kein Gebrauch gemacht werden. Die Begrenzung auf die argumentbehafteten math. Schriftbefehle ist sicherer als die frühere Form, bei der die umgeschaltete Schrift so lange gilt, bis mit einem weiteren Umschaltbefehl eine nochmalige Änderung erfolgt oder eine einschließende Umgebung endet. Der Leser möge beim alten Verfahren versuchen, nach einem `\cal` Befehl so zurückzuschalten, daß für den Rest der Formel lateinische und kleine griechische Buchstaben kursiv, große griechische aber in Roman gesetzt werden. Es wird ihm kaum gelingen. Konsequenterweise waren diese Befehle in NFSS 2 auch nicht erlaubt, was gleichermaßen für LaTeX 2ε in Verbindung mit dem Vorspannbefehl `\usepackage{newlfont}` gilt. Die Verwendung der Schriftarterklärungsbefehle führt dann zu einer entsprechenden Fehlermeldung.

Die Verwendung nichtmathematischer Schriften innerhalb von mathematischen Formeln hatte in LaTeX 2.09 weitere Schwachstellen, die z. B. zu Fehlernmeldungen über unbekannte TeX-Zeichensätze führen konnte, falls der angeforderte Zeichensatz nicht vorab mit Angabe der gewünschten Größe mit dem `\load`-Befehl nachgeladen wurde (s. [3a, 8.5]). In LaTeX 2ε ist der Befehl `\load` überflüssig geworden. Außerdem erscheint mit den neuen `\math`xx-Befehlen der eingeschlossene Formeltext *f_text* auch bezüglich Indizes und Exponenten oder verschachtelter Brüche in der richtigen Größe, wie

`$\mathtt{|a_i + b_i \le |a_i| + |b_i|}$`
mit dem Ergebnis $\mathtt{|a_i + b_i| \le |a_i| + |b_i|}$

zeigt, was mit LaTeX 2.09 bei nachgeladenen Zeichensätzen nicht immer der Fall war.

1.4 Die Einrichtung von LATEX 2_ε

1.4.1 Standardeinrichtung von LATEX 2_ε

Das Programmpaket für LATEX 2_ε kann über die allgemein zugänglichen Fileserver (s. 1.8) sowie für Mitglieder der deutschsprachigen TEX-Anwendervereinigung über DANTE (s. 1.8.4) beschafft werden. Das LATEX 2_ε-Hauptverzeichnis ist in die Unterverzeichnisse `base`, `contrib` und `packages` gegliedert. Das erste enthält das LATEX 2_ε-Grundsystem, dem u. a. die nachfolgenden Informationsfiles mit dem Anhang `.txt` beigefügt sind.

`00readme.txt:` Kurze Literaturhinweise und Inhaltsbeschreibungen der nachfolgenden `.txt`-Files. Auflistung der Original-Quellenfiles mit Angabe ihres im ausführbaren Programm geführten Namens sowie sonstiger zum Programmpaket gehörender Makro-Quellenfiles. Für beide werden zusätzlich aktuelle Version und Erstellungsdatum aufgelistet.

`install.txt:` Ausführliche Installationsbeschreibung mit Hinweisen für anwenderspezifische Anpassungen.

`manifest.txt:` Nach Aufgabengruppe gegliederte Auflistung aller zum LATEX 2_ε-Paket gehörenden Ausgangsfiles.

`unpacked.txt:` Auflistung der beim ersten Installationsschritt (Entpacken) entstehenden Files.

`bugs.txt:` Hinweise zur Dokumentation und Meldung von eventuell auftretenden Fehlern. Hinweis auf `latexbug.tex` zur Erstellung eines Formulars für einen Fehlerbericht.

Dem Programmpaket sind eine Reihe Installationsfiles mit dem Anhang `.ins` beigefügt. Ihre LATEX-Bearbeitung könnte einzeln erfolgen, um die verschiedenen Programmteile zu entpacken, die der Anwender zu benutzen gedenkt, was voraussetzt, daß er die Aufgaben der diversen Programmteile überblickt. Die beigefügte Installationsunterstützung geht jedoch weiter. Der umfassende Installationsfiles `unpack.ins` gestattet eine quasi-automatische Installation, ohne daß der Anwender über die Aufgaben der Teilpakete nähere Kenntnis haben muß. Mit der `initex`-Bearbeitung von `unpack.ins`, bei den meisten Systemen also mit den Aufrufen

`initex unpack.ins` bzw. `tex /i unpack.ins` für emTEX

werden alle für die Einrichtung einer Standardversion von LATEX 2_ε erforderlichen Zusatzfiles entpackt. Es entstehen damit die erforderlichen Klassenfiles, gekennzeichnet durch den Anhang `.cls`, deren Optionsfiles mit dem Anhang `.clo` und die bereits in 1.2.2 auf S. 6 aufgelisteten Ergänzungspakete mit dem Anhang `.sty`. Außerdem werden die bisherigen LATEX-Hauptstilfiles zur Sicherung der Kompatibilität neben ihren Klassenfiles ebenfalls noch als *makroleere* `.sty`-Files eingerichtet. Weiterhin entsteht eine Reihe von Files mit dem Anhang `.fd` sowie Files mit dem Anhang `.ltx`, die den eigentliche LATEX 2_ε-Kern bilden. Schließlich werden durch den `initex`-Aufruf die Files `docstrip.tex`, `ltxcheck.tex`, `gind.ist`, `gglo.ist`, `latex209.def`, `OT1enc.def`, `sfonts.def`, `slides.def`, `T1enc.def` und `latex.log` eingerichtet. Der letzte File enthält das Bearbeitungsprotokoll, wie es bei jedem TEX-Aufruf entsteht.

Über die Aufgaben und den Inhalt etlicher der vorstehenden Files kann der Anwender hinweggehen. Sie werden mit dem zweiten Installationsschritt in den LaTeX 2ε-Kern eingebunden, den Normalanwender beim LaTeX 2ε-Aufruf benutzen, ohne die Programmdetails übersehen oder gar im Detail verstehen zu wollen. Im nächsten Unterabschnitt wird bei einigen der obigen Files kurz auf deren Aufgaben eingegangen, soweit dies für den Anwender von Bedeutung ist.

Der zweite Installationsschritt besteht wiederum in einer `initex`-Bearbeitung, diesmal mit dem aus dem ersten Schritt stammenden File `latex.ltx`. Für diesen Aufruf sind vorab anwenderspezifische Anpassungen möglich. Bei der Ersteinrichtung sollte davon zunächst abgesehen werden, um mit der Standardinstallation vertraut zu werden. Im übernächsten Unterabschnitt werden die wichtigsten anwenderspezifischen Anpassungen besprochen. Der Aufruf

`initex latex.ltx` unter UNIX oder
`tex /i latex.ltx` unter emTeX bzw.
`tex /i /mt:18000 latex.ltx` falls in den Formatfile sowohl das englische als auch das deutsche Trennmuster eingebunden werden soll (s. 1.4.5)

erfolgte bei mir ohne Probleme[9]. Als Bearbeitungsergebnis entsteht der File `latex.fmt`. Dieser File ist in das Verzeichnis zu verschieben, in dem TeX die Formatfiles erwartet, z. B.[10]

unter UNIX meistens	`/usr/local/lib/tex/formats`
und unter emTeX	`\emtex\texfmts` bzw. `\emtex\btexfmts`

Mit einer kleinen Befehlsdatei mit dem Namen `latex.bat` und dem Inhalt

```
tex &latex [/mt:18000] %1 %2 %3 %4 %5 %6 %7 %8 %9
```

erfolgt der Aufruf unter emTeX zur LaTeX 2ε-Bearbeitung dann als `latex`. Die Angabe `/mt:18000` ist erforderlich, wenn der Formatfile sowohl das englische als auch das deutsche Trennmuster enthält. Diese Befehlsdatei ist in einem Verzeichnis einzurichten, das in der Suchpfadvariablen auftritt, für emTeX üblicherweise `c:\emtex`. Unter UNIX kann der gleiche Bearbeitungsaufruf gewählt werden, wenn ein symbolischer Link mit diesem Namen auf den ausführbaren File `virtex` eingerichtet wird, was z. B. mit dem UNIX-Befehl `ln -s virtex latex` innerhalb des Verzeichnisses, das `virtex` enthält, erreicht wird. Der File `install.txt` enthält weitere Hinweis für die entsprechenden Schritte unter OzTeX und TeXtures.

Vor dem ersten Aufruf von `latex` sollten alle Files mit den Anhängen `.cls`, `.clo`, `.sty`, `.fd` und `.def` in das TeX-Standardeingabeverzeichnis verschoben werden, also z. B. nach `c:\emtex\texinput` bei emTeX oder `/usr/local/lib/tex/macros` unter UNIX. Im gleichen Verzeichnis ist endgültig auch der File `docstrip.tex` einzurichten. Schließlich sind noch die Files `gind.ist` und `gglo.ist` in das Verzeichnis zu verschieben, in dem MakeIndex seine Formatfiles erwartet. Unter UNIX und emTeX ist das üblicherweise ebenfalls das TeX-Standardeingabeverzeichnis. Für andere Betriebssysteme bzw. TeX-Implementierungen wird auf `install.txt` verwiesen.

---

[9] emTeXwird bei mir in der Version `tex386.exe` benutzt, die in `tex.exe` umbenannt wurde.

[10] In diesem Verzeichnis befindet sich unter dem gleichen Namen vermutlich der bisherige Formatfile für LaTeX 2.09. Soll LaTeX 2.09 auch weiterhin zusätzlich zur neuen LaTeX-Version bereitgehalten werden, so muß der bisherige Formatfile umbenannt werden, zweckmäßig in `latex209.fmt`. Für weitere Hinweise zur alternativen Nutzung von LaTeX 2.09 verweise ich auf Fußnote 11 auf der nächsten Seite.

Unter UNIX und neuerdings auch bei emTeX ab der Probeversion `texb9` darf das TeX-Standardeingabeverzeichnis Unterverzeichnisse enthalten, die bei der Suche nach den angeforderten Files ebenfalls durchmustert werden. Hier empfiehlt es sich, geeignete Unterverzeichnisse, z. B. `classes`, `packages`, `fntdef` und `other`, einzurichten und die vorstehenden Files nach Aufgabengruppen geordnet abzulegen.[11]

Nunmehr kann mit dem Aufruf `latex usrguide` der File `usrguide.tex` aus dem LaTeX 2ε-Originalpaket bearbeitet werden. Er enthält eine kurze englische Beschreibung der Eigenschaften von LaTeX 2ε. In gleicher Weise können die Files `fntguide.tex` und `clsguide.tex` bearbeitet werden, womit die Zusatzbeschreibungen "LaTeX 2ε font selection" und "LaTeX 2ε for class and package writers" entstehen.

Die Parallelverzeichnisse `contrib` und `packages` zum LaTeX 2ε-Grundsystem in `base` enthalten in eigenen Verzeichnisuntergliederungen weitere Werkzeuge und Ergänzungspakte, deren Einrichtungen bei ihrer Vorstellung im weiteren Verlauf dieses Buches dargestellt werden.

Es ist geplant, ein evtl. erforderliches Update für das LaTeX-Gesamtsystem zweimal im Jahr, und zwar jeweils im Juni und im Dezember, auf den offiziellen TeX-Fileservern vorzunehmen. Falls erforderlich, werden zwischenzeitlich Korrekturfiles mit dem Namen `ltpatch.ltx` bereitgestellt. Falls der Anwender auf einem TeX-Fileserver diesen File mit jüngerem Datum als auf seiner Anlage entdeckt, möge er ihn kopieren und mit

```
initex lpatch.ltx
```

bearbeiten. Damit wird unter Bezugnahme des bisherigen `latex.fmt`-Files ein neuer Formatfile gleichen Namens erstellt, in dem die Korrekturen eingefügt sind.

1.4.2 Strukturbeschreibung des LaTeX 2ε-Pakets

Die meisten Ausgangsfiles für LaTeX 2ε tragen den Anhang `.dtx`, der darauf hinweist, daß es sich um einen dokumentierten TeX-Makrofile handelt. Dieser enthält Makrodefinitionen und textliche Erläuterungen und eventuell auch Anwendungsbeispiele. Die Makrodefinitionen sind ihrerseits häufig durch eingeschachtelte Texterläuterungen unterbrochen.

Das Programmpaket enthält die beiden Bearbeitungswerkzeuge `docstrip.tex` und `doc.sty`. Sie sind gewissermaßen das Pendant zu den Web-Werkzeugen `tangle` und `weave` zur Pascal-Kodeerzeugung und Dokumentation von Web-Programmen, wie z. B. dem Originalquellenkode von TeX und dem der meisten TeX-Hilfsprogramme [3c, Anhang A].

---

[11] Bei der Verschiebung der oben aufgezählten Files für LaTeX 2ε in das TeX-Standardeingabeverzeichnis werden bisherige Files mit gleichen Namen durch die neuen Files überschrieben. Sie stehen damit für eine Bearbeitung mit dem bisherigen LaTeX-Aufruf nicht mehr zur Verfügung. Soll die bisherige LaTeX 2.09-Version erhalten bleiben, z. B. weil einige exotische und nicht unterstützte Makropakete durch den Kompatibilitätsmodus von LaTeX 2ε nicht abgedeckt werden, dann sollte man die alten `.sty`-Files aus LaTeX 2.09 vorab in ein anderes Verzeichnissystem kopieren.

Das Kopieren in ein Parallelverzeichnis zum bisherigen `.sty`-Verzeichnis sollte unterbleiben, da neuere TeX-Versionen bei der Suche nach den angeforderten Files evtl. parallele Verzeichnisse unter einem gemeinsamen Oberzeichnis nacheinander durchmustern. Der bei dieser Suche zuerst gefundene File wird dann benutzt und dieser könnte bei gleichen Filenamen der falsche sein. Es ist deshalb sicherer, ein neues Oberverzeichnis, z. B. unter dem Namen `oldlatex`, anzulegen und hierunter die alten Files in geeigneten Unterverzeichnissen einzurichten.

Der alte LaTeX-Formatfile kann, nach seiner Umbenennung in `latex209.fmt` im TeX-Formatverzeichnis verbleiben. Damit beim Bearbeitungsaufruf die nun verschobenen Stilfiles gefunden werden, muß vorab die Umgebungsvariable `TEXINPUT` neu gesetzt, später aber wieder zurückgesetzt werden, um die neue Version richtig zu versorgen. Das geschieht am einfachsten mit zwei kleinen Befehlsdateien, z. B. mit `set-otex.bat` und `set-ntex.bat`, in denen die Umgebungsvariable `TEXINPUT` auf die jeweils erforderlichen Verzeichnisse gesetzt wird.

Der Zweck des Programms docstrip.tex liegt darin, dokumentierte TEX-Makrofiles von allen Kommentaren (textlichen Erläuterungen) zu befreien und nur den reinen Makrokode bereitzustellen. Dokumentierte TEX-Makrofiles werden üblicherweise durch den Anhang .dtx gekennzeichnet. Der Aufruf zur TEX-Bearbeitung des Files docstrip.tex führt zu einem interaktiven Dialog, bei dem man zunächst aufgefordert wird, den oder die zu bearbeitenden dokumentierten Makrofiles zu benennen sowie den Namen für den zu erzeugenden File mit dem reinen Makrokode anzugeben.

Alternativ kann auch eine TEX-Befehlsdatei (Batch-File) eingerichtet werden, die ihrerseits docstrip.tex einliest und die zu bearbeitenden Makrofiles sowie den zu erzeugenden Filenamen vorgibt. Dabei können bedingungsabhängige Entscheidungen berücksichtigt werden, z. B. einen File mit einem bestimmten Namen einzubinden, wenn ein solcher existiert, bzw. einen vorgegebenen anderen File statt dessen zuzufügen, wenn ersterer nicht existiert. Die sog. Installationsfiles mit dem Anhang .ins aus dem LATEX 2ε-Paket sind genau solche Befehlsdateien. Das docstrip.tex-Werkzeug wird unter allgemeineren Gesichtspunkten ausführlich in 1.6 vorgestellt.

Der Hauptinstallationsfile aus dem LATEX 2ε-Paket, unpack.ins, ist eine TEX-Befehlsdatei, die *nacheinander* Gruppen von Eingabefiles jeweils einem Ausgabefile zuordnet und somit die verschiedenen Ausgabefiles erzeugt. Dies sind einmal die Files mit dem Anhang .ltx, die, zusammen mit den zusätzlich entstehenden Makrofiles latex209.def, OT1enc.def und T1end.def, den eigentlichen LATEX 2ε-Kern bilden, der anschließend als Formatfile eingerichtet wird. Die zweite Kategorie von Ausgabefiles sind diejenigen mit dem Anhang .cls und .clo, also die Klassenfiles und ihre Optionsfiles. Als dritte Abteilung werden die Ergänzungspakete mit dem Anhang .sty erzeugt. Weiterhin entstehen die Files mit dem Anhang .fd, die die sog. Zeichensatzdefinitionen (font definitions) bereitstellen. Ihr Ausgangsfile ist cmfonts.fdd, ebenfalls ein dokumentierter Makrofile, aber speziell für die Zeichensatzdefinitionen. Die Files gind.ist und gglo.ist entstehen als spezieller Auszug aus doc.dtx.

Das zweite Bearbeitungswerkzeug doc.sty kann als Ergänzungspaket genutzt werden, um aus den dokumentierten Makrofiles eine wohlformatierte Dokumentation zu erstellen. Der Erläuterungstext (Kommentar) erscheint hierbei, bündig in Zeilen umbrochen, in der LATEX-Standardschrift. Die Makrodefinitionen bzw. deren Fragmente werden dagegen, mit einer vorangesetzten laufenden Zeilennummer, wörtlich ausgegeben. Im Erläuterungstext erscheinen Makro- und Umgebungsnamen sowie evtl. weitere Stichworte gewöhnlich an der Stelle ihres ersten Auftretens als Randnotiz. Für Makrodefinitionen und Makroaufrufe sowie eventuell weitere vom Entwickler des Makrofiles vorgegebene Stichworte wird automatisch ein Indexregister angelegt. Das Ergänzungspaket doc.sty wird meistens mit einem sog. *Treiberfile* (s. 48f) zur Bearbeitung eines dokomentierten Makrofiles veranlaßt.

Weiter oben wurde gesagt, daß die beim ersten Installationsschritt entstehenden .ltx-Files zusammen mit latex209.def, OT1enc.def und T1enc.def die Quellenfiles für den LATEX-Kern bilden, der mit dem zweiten Installationsschritt bei der initex-Behandlung von latex.ltx als Formatfile eingerichtet wird. Die beiden zuletzt genannten Files machen die unterschiedlichen Belegungen zwischen den ursprünglichen cm-Zeichensätzen und den erweiterten dc-Zeichensätzen dem LATEX 2ε-Kern bekannt. Der beigefügte File source2e.tex ist ein Treiberfile zur Dokumentation des LATEX 2ε-Kerns. Er enthält als Eröffungsbefehl \documentclass{ltxdoc}, womit die Bearbeitungsklasse ltxdoc gewählt wird. Sie bewirkt u. a. die automatische Aktivierung des Ergänzgungspakets doc.sty. Mit dem Aufruf latex source2e entsteht somit die wohlformatierte Dokumntation des LATEX 2ε-Kerns.

Oben wurde gesagt, daß `doc.sty` ein Indexregister automatisch erstellen kann. Eventuell kommt noch ein Pseudoglossar mit einer stichwortartigen Entwicklungsgeschichte des betrachteten Programms hinzu. Bei der ersten LaTeX-Behandlung eines TeX-Files entsteht noch kein Indexregister. Die hierfür erforderliche Information wird zunächst in Files mit dem gleichen Grundnamen (beim laufenden Beispiel `source2e`) und dem Anhang `.idx` und ggf. auch `.glo` abgelegt. Diese sind vorab mit MakeIndex zu bearbeiten und zwar als

`makeindex -s gind.ist` *file_name* und evtl.
`makeindex -s gglo.ist -o` *file_name*`.gls` *file_name*`.glo`

Der erste Aufruf bezieht sich auf den bei der LaTeX-Bearbeitung entstehenden `.idx`-File, der zweite auf den `.glo`-File. Unterbleibt die Erstellung eines `.glo`-Files, so entfällt natürlich auch der zweite MakeIndex-Aufruf. (Bei emTeX ist, wie bei allen MS-DOS-Systemen, der Befehlsname für MakeIndex mit `makeindx` auf acht Buchstaben gekürzt worden.) Nunmehr kann mit einem zweiten LaTeX-Lauf der endgültige `.dvi`-File für die Dokumentation erstellt werden.

Die `.dtx`-Files aus dem LaTeX 2ε-Grundpaket enthalten alle bereits die Anweisungen eines Treiberfiles. Sie können deshalb mit den Berabeitungsaufrufen '`latex` *grund_name*`.dtx`' zur Erstellung ihrer wohlformatierten Dokumentation veranlaßt werden. Vor einem solchen Bearbeitungsaufruf möge sich der Anwender im Verzeichnis mit den `.dtx`-Files einen File mit dem Namen `ltxdoc.cfg` und dem Inhalt

```
\PassOptionToClass{a4paper}{article}
\AtBeginDocument{CodelineIndex}
```

erstellen. Damit erfolgt die Formatierung der Dokumentation entsprechend dem Papierformat DIN A4 und es wird stets auch ein Indexregister für die jeweilige Dokumentation erzwungen. Anwender, die ein einer vollständigen Makrodokumentation nicht interessiert sind, sondern nur eine kurze Nutzungsbeschreibung wünschen, können dies mit der Änderung der zweiten Zeile im vorstehenden des File `ltxdoc.cfg` in

```
\AtBeginDocument{\OnlyDescription}
```

erreichen.

1.4.3 Zeichensatz-Interface-Befehle für NFSS

LaTeX 2ε kennt mehrere Interface-Ebenen zwischen dem Kern und den Anwenderanforderungen. Die Kenntnis über die Beziehungen zwischen dem Kern und den Klassenfiles sowie den Ergänzungspaketen ist nur erforderlich, wenn eigene Klassenfiles oder Ergänzungspakete entwickelt werden sollen. Sie werden deshalb erst in [3c] vorgestellt. Geänderte oder neue Interface-Vorgaben bezüglich des Zeichensatzauswahlverfahrens werden erforderlich, wenn weitere, insbesondere TeX-fremde, Zeichensätze angesprochen oder der mathematische Formelsatz verändert werden sollen. Solche Anforderungen stellen sich auch auf der Anwenderebene.

Die Namen für reine LaTeX-Anwenderbefehle, von den Sonder- und Einzeichenbefehlen abgesehen, bestehen ausschließlich aus Kleinbuchstaben. Interfacebefehle sind daran zu erkennen, daß in ihren Namen Groß- und Kleinbuchstaben gemischt auftreten. Sie können, anders als die sog. internen Befehle, in deren Namen ein oder mehrere `@`-Zeichen auftreten, auch von der Anwenderebene aus angesprochen werden. Die auch für den Normalanwender gelegentlich erforderlichen NFSS-Interfacebefehle werden nachfolgend kurz vorgestellt.

Kodierungsattribut-Erklärungen: Die zulässigen Kodierschlüssel für das Kodierungsattribut werden mit dem Vorspannbefehl

`\DeclareFontEncoding{`*code*`}{`*text_erkl*`}{`*math_erkl*`}`

erklärt. Hierin steht *code* für den Kodierschlüssel (Kodierkennung), wie z. B. `T1` oder `OT1` (s. S. 14 für die in LaTeX 2ε bekannten Kodierkennungen). *Text_erkl* steht für eine Liste von Erklärungen, die bereitgestellt werden, wenn mit `\fontencoding` auf das Kodierattribut *code* umgeschaltet wird und dieses sich vom vorangegangenen Kodierattribut unterscheidet. Typische Vertreter für die Erklärungen in *text_erkl* sind Verknüpfungen von spez. Akzent- und Sonderzeichenbefehlen mit den Positionen der einzelnen Zeichen in den unter dem Kode-Attribut zusammengefaßten Zeichensätzen. *Math_erkl* steht für eine weitere Liste von Erklärungen, die für dieses Kodierattribut in mathematischen Bearbeitungsmodi eingestellt werden. Etwas genauer: sie werden eingestellt, wenn ein math. Alphabet (s. u.) mit diesem Kodierattribut aufgerufen wird.

Leerzeichen in den übergebenen Listenerklärungen *text_erkl* und *math_erkl* bleiben unberücksichtigt, um unerwünschte und im Ergebnis dann unerklärliche Leerzeichen zu vermeiden. Soll ein Leerzeichen explizit berücksichtigt werden, dann ist es mit dem Befehl `\space` anzugeben.

Als Beispiel seien die Kodierattribut-Erklärungen für `T1`, `OT1` und `OML` aus LaTeX 2ε, die dort mit dem File `fontdef.ltx` bereitgestellt werden, hier etwas vereinfacht angeführt:

```
\DeclareFontEncoding{T1}{\input t1.def}{}
\DeclareFontEncoding{OT1}{\input ot1.def}{}
\DeclareFontEncoding{OML}{}{}
```

Die Eingabe für *text_erkl* erfolgt hier für `T1` und `OT1` durch das Einlesen der Files `t1.def` bzw. `ot1.def`. Ein Blick in diese Files macht deutlich, welche Erklärungen hiermit bereitgestellt werden. In mathematischen Bearbeitungsmodi werden für beide Kodekennungen keinerlei Einstellungen vorgenommen, da der jeweilige Eintrag für *math_erkl* leer bleibt. Bei der Deklaration von `OML` bleiben beide Argumente leer, mit der Wirkung, daß das Kode-Attribut nur mit seinem Kennwert bekannt ist, ohne daß hiermit zusätzliche Einstellungen erfolgen. In gleicher Weise werden in `fontdef.ltx` auch die Kodierschlüssel `OMS` und `OMX` erklärt. Der Grund für diese Leereinstellungen liegt letztlich darin, daß für die genannten Kodierkennungen die mathematischen TeX-Zeichensätze `cmmi`, `cmsy` und `cmex` mit ihnen verknüpft werden, deren Zeichenbelegung TeX-intern bekannt ist. Bei der Zufügung weiterer mathematischer Zeichensätze (s. 2.2) werden entsprechende Zusätze ggf. in zugehörigen Ergänzungspaketen nachgetragen.

Die Einführung neuer Kodierattribute (Kodierkennungen) wird aus der normalen Anwenderebene kaum erforderlich werden. Die Nutzung aller in Kapitel 2 und 3 vorgestellten Zusatzzeichensätze kann mit den in LaTeX 2ε bereits vorgegebenen Kodierattributen (s. S. 14f.) erfolgen. Der Bedarf für neue Kodierattribute ist allenfalls für sehr exotische oder völlig anders organisierte Zeichensätze denkbar.

Nur der Vollständigkeit halber sei ein weiterer Kodier-Erklärungsbefehl, der ebenfalls nur im Vorspann erlaubt ist, hier vorgestellt:

`\DeclareFontEncodingDefaults{`*text_erkl*`}{`*math_erkl*`}`

Mit ihm werden Einstellerklärungen mit der gleichen Bedeutung wie beim vorangegangenen Befehl `\DeclareFontEncoding` vorgegeben, die für *alle* Kode-Attribute gelten. Dahinter verbirgt sich die Absicht, die häufigsten oder wichtigsten Einstellerklärungen nur *einmal* vorzunehmen und Besonderheiten für die einzelnen Kodierattribute durch die mit `\DeclareFontEncoding` eingestellten speziellen Vorgaben bei deren Aktivierung temporär auszuführen.

Der Befehl `\DeclareFontEncodingDefaults` darf mehrfach auftreten. Es gelten ab der Stelle eines wiederholten Aufrufs die neuen Erklärungslisten *text_erkl* und *math_erkl*. Bleibt eine dieser Listen leer, so wird die vorangegangene entsprechende Liste gelöscht. Mit der Angabe `\relax` für *xxx_erkl* bleibt dagegen die vorangegangene Erklärungsliste erhalten und ist damit weiterhin gültig.

Familienattribut-Erklärungen: Die Namen der Familienattribute werden LATEX 2ε mit dem Befehl

`\DeclareFontFamily{`*code*`}{`*fam*`}{`*lade_erkl*`}`

bekannt gemacht. Damit wird der Familienattributname *fam* in Kombination mit dem angegebenen Kodierattribut *code* für LATEX 2ε bekannt gemacht. Der Parameter *lade_erkl* steht für eine optionale Liste von Erklärungen, die jeweils dann bereitgestellt werden, wenn ein Zeichensatz geladen wird, für den die hier vorgegebene Kode-Familie-Kombination gilt. Vorab wird geprüft, ob das angegebene Kodierattribut zulässig, also für LATEX 2ε bekannt, ist. Bei Beschränkung auf die LATEX 2ε-Standard-Kodierattribute gemäß S. 14f. ist das stets der Fall. Weitere Kodierattribute müßten vorab mit `\DeclareFontEncoding` erklärt werden. Bei Angabe eines für LATEX 2ε unbekannten Attributs erfolgt eine Fehlermeldung.

Im LATEX 2ε-Paket existiert für jede zulässige Kombination von Kode und Familie ein File mit dem Namen *codefam*`.fd`, z. B. `OT1cmr.fd`. Diese Files entstehen beim ersten Installationsschritt aus den Vorgaben in `cmfonts.fdd`. Bei den dortigen `\DeclareFontFamily`-Erklärungen sind alle Einträge für *lade_erkl*, mit Ausnahme der Familie `cmtt`, leer. Die Erklärungen für `cmtt` lauten dort sinngemäß

`\DeclareFontFamily{`*code*`}{cmtt}{\hyphenchar\font=-1}`

mit `T1`, `OT1` und `U` für *code*. Damit ist das Familienattribut `cmtt` in Kombination mit den Kodierattributen `T1`, `OT1` und `U` für LATEX 2ε bekannt, und alle Zeichensätze, die diese Kode-Familie-Kombination erfüllen, erlauben wegen der Angabe `\hyphenchar\font=-1` für *lade_erkl* keine Worttrennung beim Zeilenumbruch.

Zeichensatzrealisierung für die Attributvorgabe: Die Einstellung der fünf Zeichensatzattribute verlangt zur Aktivierung des Zeichensatzes, der diese Attribute erfüllt, einen Zuordnungsmechanismus. Er wird mit einer Liste von Befehlen

`\DeclareFontShape{`*code*`}{`*fam*`}{`*serie*`}{`*form*`}{`*lade_info*`}{`*lade_erkl*`}`

bereitgestellt. Mit jedem dieser Befehle wird jeweils ein Attributquartett mit den eingetragenen Werten für *code*, *fam*, *serie* und *form* verfügbar gemacht. `\DeclareFontShape`-Befehle mit den gleichen Einträgen für *code* und *fam* definieren jeweils eine Zeichensatzgruppe, die vorab mit dem zugehörigen Befehl `\DeclareFontFamily` eröffnet wurde.

Der Parameter *lade_erkl* wird meistens leer bleiben. Er hat die gleiche Bedeutung wie der gleichnamige Parameter in `\DeclareFontFamily`. Seine Wirkung liegt darin, daß beim Laden des Zeichensatzes, der das vorgegebene Attributquartett erfüllt, bestimmte Einstellungen, die für alle Zeichensätze mit dem gleichen Kode-Familie-Attribut vorgegeben wurden, bei dem speziellen Zeichensatz des Attributquartetts mit der angegebenen *lade_erkl* überschrieben werden.

Der Parameter *lade_info* legt fest, welche Zeichensatzgrößen als erklärt gelten und durch welchen realen Zeichensatz die entsprechende Größe in Kombination mit dem vorgegebenen Attributquartett das vollständige Attributquintett *code*, *fam*, *serie*, *form* und *größe* realisiert wird. Der Eintrag für diesen Parameter besteht aus beliebig vielen Informationspaaren der Form *gr_info zs_info*.

Die Größeninformation *gr_info* besteht im einfachsten Fall aus einer oder mehreren in Winkelklammern gefaßten Zahlenangaben `<`*nn*`>`, die die zulässigen Größen in der Maßeinheit 'pt' erklären. Ein zulässiger Eintrag für *gr_info* wäre damit z. B. `<10> <10.95> <12> <14.4>`, womit 10 pt, 10.95 pt, 12 pt und 14.4 pt als bekannte Schriftgrößen erklärt werden. Die Größeninformation darf auch in der Form `<`n_a`-`n_e`>` sowie `<-`n_e`>`, `<`n_a`->` oder `<->` erfolgen. Sie bedeuten eine *von–bis*-Größenangabe, wobei `<-`n_e`>` gleichbedeutend mit `<0-`n_e`>`, `<`n_a`->` gleichbedeutend mit `<`n_a`-`∞`>` und `<->` gleichbedeutend mit `0-`∞ ist. Innerhalb der *von–bis*-Angabe ist für die Wahl des Größenattributs mit `\fontsize{`*größe*`}{`*z_abstand*`}` jede Größenangabe mit Ausnahme des *bis*-Endwertes erlaubt.

Die Zeichensatzinformation *zs_info* besteht im einfachsten Fall aus dem Grundnamen der Zeichensatzfiles (`.tfm`-Files). Der Befehl

```
\DeclareFontShape{OT1}{cmr}{bx}{sl}{%
   <8> <9> <10> <10.95> <12> <14.4> cmbxsl10}{}
```

erklärt die Attributkombination OT1/cmr/bx/sl in den Größen 8 pt, 9 pt, 10 pt, 10.95 pt, 12 pt und 14.4 pt und realisiert sie durch den Zeichensatz `cmbxsl10`. Der Zeichensatz für diese Schrift steht bei den cm-Schriften nur in der Entwurfsgröße 10 pt zur Verfügung, womit zunächst nur das Größenattribut `<10>` abgedeckt ist. Für die anderen angeführten Größenattribute wird die Schrift `cmbxsl10` automatisch mit dem erforderlichen Faktor skaliert.[12] Würde beim vorstehenden Befehl als Einstellung `<-> cmbxsl10` gewählt, so würde mit dem ersten Aufruf von `\fontsize{7.5}{10pt}` der Zeichensatz `cmbxsl10 scaled 750` geladen.[13]

Die vollständige Syntax für die Zeichensatzinformation ist komplexer und gestattet sehr variable Kombinationen bei gleichzeitig sehr kompakter Schreibweise. Für *zs_info* kann eingesetzt werden

[*gr_funktion* *][[*opt_skal*]] *zs_name*

die in [ ] stehenden Angaben sind optional. Werden sie verwendet, so müssen aber zwingend die inneren Angaben in Schreibmaschinenschrift auftauchen. Wird für *gr_funktion* einer der nachfolgend aufgezählten Funktionsnamen verwendet, so muß hierauf zwingend das *-Zeichen folgen. Ebenso ist die Angabe *opt_skal* optional. Erfolgt eine solche, so muß sie zwingend in eckigen Klammern eingeschlossen sein. Als optionale Größenfunktion *gr_funktion* kann gewählt werden:

nichts Die fehlende Angabe kann formal auch als *leere* Größenfunktion angesehen werden. Die Angabe für *zs_name* muß dann durch den Grundnamen eines `.tfm`-Files erfolgen. Bei expliziten Größenangaben im vorangehenden *gr_info*-Feld wird der `.tfm`-File automatisch für die angegebenen Größen skaliert, in denen sie dann für diese Attributkombination zur Verfügung stehen. Bei einer *von–bis*-Angabe im *gr_info*-Feld sind alle Größenangaben innerhalb des *von–bis*-Intervalls erlaubt. Die erforderliche Skalierung erfolgt für die vom Anwender mit `\fontsize` verlangte Größe.

Die optionale Angabe [*opt_scal*] ist bei dieser Funktion ein zusätzlicher Faktor, mit dem die obigen Sollskalierungen nochmals multipliziert werden. Mit `<10> <10.95> [1.05] cmtt10` würde die angeforderte Schreibmaschinenschrift von 10 pt bzw. 10.95 pt tatsächlich in den Größen 1.05×10 pt bzw. 1.05×10.95 pt erscheinen.

`s *` Die *leere* Größenfunktion erzeugt ggf. Bildschirmwarnungen oder Mitteilungen, die bei der `s`-Funktion unterbleiben. Die unterdrückten Bildschirmmeldungen werden jedoch im `.log`-File abgelegt. Der Name `s` soll auf 'silent' (still, stumm) verweisen. Ansonsten ist sie mit der *leeren* Funktion identisch.

`gen *` Bei dieser Größenfunktion erfolgt die Angabe von *zs_name* aus dem Grundnamen *ohne* Größenkennung, also nur aus dem Buchstabenteil des Grundnamens. Die vorangehenden Größenwerte aus *gr_info* werden durch die Zeichensatzfiles in gleicher Entwurfsgröße realisiert. `<8> <9> <10> gen * cmtt` realisiert die Anforderung der Schreibmaschinenschrift für 8 pt durch `cmtt8`, 9 pt durch `cmtt9` und 10 pt durch `cmtt10`. Die Bedeutung für die optionale Angabe [*opt_skal*] ist die gleiche wie bei der *leeren* Größenfunktion.

`sgen *` Realisiert die *stumme* Version der Größenfunktion `gen`.

`subf *` Jedem Zeichensatz der cm-Schriften kann eindeutig ein Attributquintett, das ihn exakt charakterisiert, zugeordnet werden. Umgekehrt steht aber nicht jeder denkbaren Attributkombination ein sie optimal realisierender Zeichensatz gegenüber. Die geneigten Schriften der `cmss`-Familie

[12]Bei der LaTeX 2ε-Bearbeitung bezieht sich die Skalierung auf die `.tfm`-Files mit der anschließenden Bedarfsanforderung für entsprechend skalierte `.pk`-Files in der `.dvi`-Ausgabe. Solche geeignet skalierten `.pk`-Files müssen ggf. — unabhängig von der problemfreien LaTeX 2ε-Bearabeitung — vor der Druckausgabe mit METAFONT generiert werden. Ein DVI-Treiber, der fehlende Druckerzeichensätze automatisch generiert und anschließend dauerhaft ablegt, wie z. B. `dvips` von Thomas Rokicki oder neuerdings auch die Treiber von Eberhard Mattes aus emTeX, ist dabei enorm hilfreich.

[13]Genauer: Alle Zeichensatzabmessungen aus `cmbxsl10.fmt` würden mit dem Faktor 750/1000 skaliert und dem Zeichensatz mit der Attributkombination OT1/cmr/bx/sl in der Größe 7.5 pt zugeordnet.

werden durch das Formattribut sl gekennzeichnet und durch die cmssi-Schriften realisiert. Kursivschriften mit dem Attribut it gibt es bei den cmss-Schriften nicht. Man kann es formal mit einem \DeclareFontShape{OT1}{cmss}{m}{it}{...}{} Befehl verfügbar machen und ebenfalls durch die cmssi-Schriften realisieren. Wird hierbei die Funktion subf verwendet, so erscheint gleichzeitig eine Bildschirmwarnung, daß die gewählte Attributkombination hilfsweise durch die angegebene Schrift realisiert wird.

Die hilfsweise Zuordnung einer anderen Schrift erfolgt häufig nur für bestimmte Größen. Mit

```
\DeclareFontShape{OT1}{cmr}{m}{ui}{
  <7> subf* cmti7 <8> subf* cmti8 <9> subf* cmti9
  <10> <10.95> <12> <14.4> <17.28> <20.74> <24.88} cmu10}{}
```

wird die angeforderte ungeneigte Italic-Schrift ab 10 pt durch die geeignet skalierte cmu10-Schrift realisiert, die kleineren Größen 7 pt, 8 pt und 9 pt jedoch hilfsweise durch die Italic-Schrift gleicher Entwurfsgröße ersetzt, was mit einer entsprechenden Bildschirmwarnung begleitet wird.

ssubf * Die stumme Version von subf. Die unterdrückten Bildschirmwarnungen werden aber im .log-File protokolliert.

sub * Die Ersetzung aller oder einer größeren Zahl von Schriften für das Attributquartett erfolgt effizienter mit der sub-Funktion als mit der expliziten Zuordnung einer benachbarten Schrift. Die Angabe von *zs_name* erfolgt bei Verwendung der sub-Funktion durch das ersetzende Attributtripel *fam*/*serie*/*form*. Das obige Beispiel der Ersetzung durch cmssi für das Formattribut it bei den serifenlosen Schriften würde man besser mit

```
\DeclareFontShape{OT1}{cmss}{m}{it}{<-> sub * cmss/m/sl}{}
```

erreichen. Hiermit wird auf den \DeclareFontShape-Befehl mit dem gleichen Kodeattribut und cmss, m sowie sl als Familien-, Serien- bzw. Formattribut verwiesen.

ssub * Die stumme Version der sub-Funktion.

fixed * Der vorangehende Größeneintrag *gr_info* wird mit der fixed-Funktion *ohne* Skalierung durch den nachfolgend erklärten Zeichensatz *zs_name* realisiert, der mit seinem vollen Grundnamen anzugeben ist. Mit <5> <7> <10> fixed * cmex10 würde der Symbolzeichensatz cmex10 unabhängig von den angeforderten Größen 5 pt, 7 pt oder 10 pt stets nur in der Entwurfsgröße von 10 pt erscheinen.

sfixed * Die stumme Version der fixed-Funktion.

Wie schon vorher erwähnt, enthält das LaTeX 2ε-Paket für jede definierte Kode-Familie-Kombination einen File mit dem Namen *codefam*.fd, also dem Namen, der aus der hintereinandergestellten Kode- und Familienkennung und dem Anhang .fd besteht. Beispiel: OT1cmss.fd oder OMLcmm.fd. Jeder dieser Files enthält genau einen \DeclareFontFamily-Befehl mit dem entsprechenden Kode- und Familienattribut sowie eine Folge von \DeclareFontShape-Befehlen, mit denen die Zeichensatzgruppe für das Kode-Familien-Paar definiert wird. Nach dem Muster der dortigen .fd-Files und mit den hier gegebenen Erläuterungen sollte es leichtfallen, für weitere Schriften entsprechende eigene .fd-Files zu erstellen.

Attributersetzungen: Wird eine Attributkombination angefordert, für die kein sie erklärender \DeclareFontShape-Befehl existiert, so führt LaTeX 2ε eine Ersetzungsstrategie durch, bei der zunächst das angeforderte Formattribut durch ein bestimmtes Standard-Formattribut ersetzt wird. Ist das so geänderte Attributquartett definiert, d. h. existiert dafür ein \DeclareFontShape-Befehl, so wird der dort zugeordnete Zeichensatzfile verwendet. Anderenfalls wird das angeforderte Serienattribut durch ein Standard-Serienattribut ersetzt und die Suche wiederholt. Bleibt auch diese erfolglos, so wird schließlich das Familienattribut durch ein Standard-Familienattribut ersetzt.

Die Standardattribute, auf die bei dieser Suchstrategie zurückgegriffen wird, können mit dem Vorspannbefehl

\DeclareFontSubstitution{*std_code*}{*std_fam*}{*std_serie*}{*std_form*}

auch vom Anwender vorgegeben werden. Die Parameter *std_xxx* bedürfen keiner weiteren Erklärungen. Die Vorgaben sind bezüglich des Kodierattributs lokal, da das Kodierattribut bei der beschriebenen Ersetzungsstrategie nicht ausgetauscht wird. Dies verlangt ggf. mehrere \DeclareFontSubstitution-Befehle, nämlich je einen für jedes erlaubte Kodierattribut. Dieser Befehl bewirkt gleichzeitig, daß die Attributvorgabe mit \begin{document} bereitsteht, so als wäre sie mit einem expliziten \DeclareFontShape-Befehl im Vorspann erklärt worden.

Bleibt die vorstehende Attributersetzungsstrategie insgesamt erfolglos, z. B. weil die angeforderte Größe nicht mit den Standardattributen zu realisieren ist, so kann mit der Vorspannerklärung

\DeclareErrorFont{*code*}{*fam*}{*serie*}{*form*}{*größe*}

der abschließende Ersatz vorgegeben werden. LaTeX 2_ε setzt hierfür in nfsscode.ltx die Kombination OT1/cmr/m/n/10 ein, die mit diesem Vorspannbefehl jedoch geändert werden kann. Auch dieser Befehl hat zur Folge, daß seine Attributvorgabe mit \begin{document} bereitsteht. Die vorstehenden Ersetzungserklärungen werden im LaTeX 2_ε-Paket in fontdef.dtx bzw. fontdef.ltx verwendet, wobei letzterer Bestandteil des Formatfiles wird.

Sonstige Zeichensatzerklärungen: Ein Attributquintett kann unter einem Zeichensatzbefehlsnamen mit

\DeclareFixedFont{*zs_bef_name*}{*code*}{*fam*}{*serie*}{*form*}{*größe*}

zusammengefaßt und der zugehörige Zeichensatz dann unter diesem Namen aktiviert werden. Dieser Befehl entspricht in seiner Wirkung dem bisherigen Befehl \newfont. Wie bei diesem, so ist auch der neue Befehl \DeclareFixedFont nicht mit einem zugehörigen Zeilenabstand, also einer passenden Erklärung für \baselineskip verknüpft. Diese muß vom Anwender ggf. selbst vorgenommen werden.

Der LaTeX 2_ε-Formatfile enthält bereits einige Zeichensatzfiles, die mit dem LaTeX 2_ε-Bearbeitungsaufruf dann stets geladen sind. Hierzu dient die Erklärung

\DeclarePreloadSize{*code*}{*fam*}{*serie*}{*form*}{*größen_liste*}

von der im LaTeX 2_ε-Paket in preload.dtx bzw. preload.ltx Gebrauch gemacht wird.

1.4.4 Mathematische Interface-Befehle für NFSS

Sollen die Bearbeitungseigenschaften für den mathematischen Formelsatz verändert oder TeX-fremde mathematische Zeichensätze verfügbar gemacht werden, so werden Anwenderaufrufe der mathematischen Interface-Befehle erforderlich. Anwender ohne solche Forderungen mögen diesen Abschnitt überspringen.

Vorbemerkungen: Die in mathematischen Formeln auftretenden Zeichen können, etwas grob differenziert, in zwei Klassen aufgeteilt werden, zum einen in die reinen Buchstaben und Ziffern, die direkt über die Tastatur eingegeben werden, und zum anderen in die mathematischen Symbole, von denen die meisten unter einem Befehlsnamen einzugeben sind. Die in Formeln auftretenden Buchstaben und Ziffern entstammen den sog. mathematischen Alphabeten, Symbole den sog. Symbolsätzen. Die hier verwendeten Begriffe *Alphabet* und *Symbolsatz* sind nicht identisch mit dem allgemeineren Begriff *Zeichensatz*. So enthält die mathematische cm-Zeichensatzfamilie cmsy zwar vorrangig mathematische Symbole, mit den kalligraphischen Buchstaben aber auch ein mathematisches Alphabet. Die hier verwendeten Begriffe *Alphabet* und Symbolsatz stehen damit für Teilmengen aus realen Zeichensätzen.

Intern ordnet LaTeX 2_ε beim Formelsatz die Zeichen in acht interne Bearbeitungsklassen, denen die Klassennummern 0–7 oder äquivalente Klassenbefehle[14] zugeordnet sind.

[14] Um Leser mit TeX-Kenntnissen nicht zu Protesten zu veranlassen: Die den Bearbeitungsklassen 0–6 zugeordneten Klassenbefehle sind TeX-Grundbefehle. Der zusätzliche Befehl \mathalpha zur Klasse 7 wird mit LaTeX 2_ε bereitgestellt.

Nr	*Kl-Befehl*	*Bedeutung*	*Beisp.*	*Nr*	*Kl-Befehl*	*Bedeutung*	*Beisp.*
0	`\mathord`	allgemein	/	4	`\mathopen`	linke Klammer	(
1	`\mathop`	Var. Symbole	`\int`	5	`\mathclose`	rechte Klammer	)
2	`\mathbin`	bin. Operator	+	6	`\mathpunct`	Satzzeichen	,
3	`\mathrel`	Beziehungsop.	<	7	`\mathalpha`	Variable	x

Weitere Erläuterungen, die vertiefte TEX-Kenntnisse voraussetzen, müssen hier entfallen. Die Auflistung erfolgt hier nur, weil der weiter unten vorgestellte Befehl `\DeclareMathSymbol` darauf zurückgreift.

Mathematische Versionen: Mathematische Versionen wie `normal` und `bold` werden durch den Vorspannbefehl

`\DeclareMathVersion{`*versions_name*`}`

erklärt. In LATEX 2ε werden die Standardversionen mit `\DeclareMathVersion{normal}` und `\DeclareMathVersion{bold}` innerhalb von `nfsscode.ltx` bereitgestellt. Weitere Versionsnamen können bei Bedarf vom Anwender für eine anwenderspezifische Installation bereitgestellt werden.

Mathematische Alphabete: Mathematische Alphabete können mit

`\DeclareMathAlphabet{`*\alph_name*`}{`*code*`}{`*fam*`}{`*serie*`}{`*form*`}`

erklärt werden. Das mathematische Alphabet kann dann unter dem Namen *\alph_name* aktiviert werden, wobei zu einer Realisierung auf den Zeichensatz zurückgegriffen wird, der das angegebene Attributquartett erfüllt. Dieses Attributquartett wird gleichzeitig *allen* mathematischen Versionen bekannt gemacht, so daß das hiermit definierte mathematische Alphabet *\alph_name* in allen Versionen zum gleichen Ergebnis führt, falls nicht eine spezielle Zuordnung mit dem nachfolgend vorgestellten Befehl `\SetMathAlphabet` erfolgt.

Bleibt die Angabe für das Kodierattribut bzw. für das Familien-, Serien- und Formattribut leer, so wird das mit dem Namen *\alph_name* gekennzeichnete mathematische Alphabet in allen mathematischen Versionen zunächst als ungültig erklärt, bis es mit `\SetMathAlphabet` (s. u.) einer oder mehreren mathematischen Versionen bekannt gemacht wird.

In LATEX 2ε werden in `fontdef.ltx` mit diesem Befehl die mathematischen Alphabete

```
\DeclareMathAlphabet{\mathbf}{OT1}{cmr}{bx}{n}
\DeclareMathAlphabet{\mathsf}{OT1}{cmss}{m}{n}
\DeclareMathAlphabet{\mathit}{OT1}{cmr}{m}{it}
\DeclareMathAlphabet{\mathtt}{OT1}{cmtt}{m}{n}
```

erklärt, deren Nutzung in 1.3.5 vorgestellt wurde. Kapitel 2 und 3 enthalten weitere Beispiele zur Erklärung von mathematischen Alphabeten, die auf ergänzende Zeichensätze zurückgreifen.

Soll ein mit `\DeclareMathAlphabet` unter dem Namen *\alph_name* erklärtes Alphabet in verschiedenen mathematischen Versionen zu unterschiedlichen Schriften führen, so kann dies anschließend mit Befehlen der Form

`\SetMathAlphabet{`*\alph_name*`}{`*version*`}{`*code*`}{`*fam*`}{`*serie*`}`*form*`}`

erreicht werden. Es werden für *\alph_name* abweichende Vorgaben für das Attributquartett, das für diese mathematische Alphabet bei der mit *version* vorgegebenen Version zum Tragen kommen soll, gemacht. In `fontdef.ltx` wird für LATEX 2ε standardmäßig

```
\SetMathAlphabet{\mathsf}{bold}{OT1}{cmss}{bx}{n}
\SetMathAlphabet{\mathit}{bold}{OT1}{cmti}{bx}{n}
```

gesetzt. Nachdem die mathematischen Alphabete `\mathbf`, `\mathsf`, `\mathit` und `\mathtt` mit der ersten Befehlsgruppe erklärt wurden, wonach sie für die mathematischen Standardversionen `normal` und `bold` mit den dortigen Attributquartetten bereitstehen. Mit der zweiten Befehlsgruppe wird dann für die Version `bold` den Alphabeten `\mathsf` und `\mathit` das geänderte Serienattribut `bx` zugeordnet.

Damit erscheinen die Argumente der `\mathsf`- und `\mathit`-Befehle in Abhängigkeit von der gewählten mathematischen Version entweder in normaler Stärke bzw. in Fettdruck. Das Argument von `\mathbf` erscheint in beiden Versionen in Fettdruck. Das aber ist auch genau die Aufgabe von `\mathbf`. Sein Argument erscheint in der Version `normal` gegenüber dem Rest der Formel in Fettdruck, während in der Version `bold` die gesamte Formel in Fettdruck gestaltet wird, so daß `\mathbf` keine zusätzliche Abhebung bewirkt.[15] Das gleichartige Verhalten von `\mathtt` in beiden Versionen ist letztlich darin begründet, daß die cm-Schriften für die Familie `cmtt` keine unterschiedlichen Stärken kennen.

Die beiden hier vorgestellten Befehle prüfen bei ihren Aufrufen, ob der angegebene Alphabetname erlaubt ist. Für `\DeclareMathAlphabet` bedeutet dies, daß kein Befehl mit dem gleichen Namen existieren darf, während `\SetMathAlphabet` voraussetzt, daß der angegebene Alphabetname vorab mit `\DeclareMathAlphabet` erklärt und für zulässig befunden wurde. Beide Befehle setzen überdies voraus, daß das angegebene Kodierattribut zulässig ist, also für LaTeX 2ε vorab mit dem Befehl `\DeclareFontEncoding` bekannt gemacht worden war. `\SetMathAlphabet` prüft zusätzlich noch, ob der angegebene Versionsname zulässig ist. Bei Nichterfüllung dieser Voraussetzungen generieren beide Befehle präzise und leicht verständliche Fehlermeldungen. Beide Befehle sind nur im Vorspann erlaubt.

Mathematische Symbolsätze: Mathematische Symbolsätze werden intern durch symbolische Namen gekennzeichnet. Diese Namen werden mit

`\DeclareSymbolFont{`*symb_zs_name*`}{`*code*`}{`*fam*`}{`*serie*`}{`*form*`}`

erklärt und mit einem Attributquartett verknüpft. Die so eingeführten Symbolsätze sind mit ihrem Attributquartett allen mathematischen Versionen, die mit `\DeclareMathVersion` eingerichtet wurden, bekannt und führen somit zunächst in allen Versionen zum gleichen Ergebnis.

LaTeX 2ε kennt die Symbolsatznamen `operators`, `letters`, `symbols` und `largesymbols`, die in `fontdef.dtx` bzw. `fontdef.ltx` mit

```
\DeclareSymbolFont{operators}{OT1}{cmr}{m}{n}
\DeclareSymbolFont{letters}{OML}{cmm}{m}{it}
\DeclareSymbolFont{symbols}{OMS}{cmsy}{m}{n}
\DeclareSymbolFont{largesymbols}{OMX}{cmex}{m}{n}
```

erklärt wurden. Der erste Symbolsatz `operators` wird zur Erzeugung von Funktionsnamen wie 'sin', 'inf' usw. benötigt. Er liefert aber auch die in mathematischen Formeln standardmäßig erscheinenden aufrechten griechischen Großbuchstaben. Mit dem zweiten Symbolsatz `letters` werden u. a. die mathematischen Variablen und griechischen Kleinbuchstaben bereitgestellt. Der dritte Symbolsatz `symbols` stellt die meisten speziellen mathematischen Symbole bereit, und solche, die in mehreren Größen benötigt werden, entstammen dem vierten Symbolsatz `largesymbols`.

Zusätzlich können einzelne Symbolsätze speziellen mathematischen Versionen mit der Erklärung

`\SetSymbolFont{`*symb_zs_name*`}{`*version*`}{`*code*`}{`*fam*`}{`*serie*`}{`*form*`}`

zugeordnet werden. Die Erläuterungen zum Wirkungsmechanismus von `\DeclareMathAlphabet` und `\SetMathAlphabet` können hier übernommen werden. In `fondef.ltx` werden als Standard für LaTeX 2ε gesetzt:

```
\SetSymbolFont{operators}{bold}{OT1}{cmr}{bx}{n}
\SetSymbolFont{letters}  {bold}{OT1}{cmm} {b}{n}
\SetSymbolFont{symbols}  {bold}{OT1}{cmsy}{b}{n}
```

[15] Bei Verwendung von Schriften mit mehr als zwei Stärken könnte man natürlich auch für das math. Alphabet `\mathbf` eine versionsabhängige Abstufung vornehmen, z. B. für die Version `bold` das Serienattribut mit `ubex` vorgeben. Die Einstellungen in `fontdef.ltx` berücksichtigen die mit den cm-Zeichensätzen zur Verfügung stehenden Möglichkeiten.

Die Zeichen aus den Symbolsätzen `operators`, `letters` und `symbols` erscheinen damit bei der mathematischen Version `bold` in Fettdruck und bei der Version `normal` in normaler Stärke, während die Zeichen aus `largesymbols` in beiden Versionen unverändert bleiben.

Die Attributquartette für die vier Standardsymbolsätze aus LaTeX 2ε lassen erkennen, daß ihre realisierenden Zeichensätze auch Buchstaben enthalten, die beiden ersten sogar überwiegend und `symbols` mindestens die kalligrafischen Buchstaben. Um diese als mathematische Alphabete bereitzustellen, braucht nicht auf zusätzliche `\DeclareMathAlphabet`-Erklärungen zurückgegriffen zu werden, sondern für einmal erklärte Symbolsätze können darin enthaltene Alphabete mit der Erklärung

`\DeclareSymbolFontAlphabet{`*alph_name*`}{`*symb_zs_name*`}`

effizienter eingerichtet werden. Standardmäßig geschieht dies in `fontdef.ltx` für LaTeX 2ε als

```
\DeclareSymbolFontAlphabet{\mathrm}{operators}
\DeclareSymbolFontAlphabet{\mathnormal}{letters}
\DeclareSymbolFontAlphabet{\mathcal}{symbols}
```

Die hiermit erklärten mathematischen Alphabete berücksichtigen die mathematischen Versionen wie ihre Erzeugungsquellen, also wie die Symbolsätze. Das hier erklärte Alphabet `\mathnormal` entspricht in LaTeX 2.09 der Schriftumschaltung in Formeln mit `\mit`.

Wie `\DeclareMathAlphabet` und `\SetMathAlphabet` führen auch die Erklärungsbefehle für Symbolsätze gewisse Zulässigkeitsprüfungen durch. Wie dort, muß das angegebene Kodierattribut bekannt sein, also vorab mit`\DeclareFontEncoding` erklärt worden sein, und `\SetSymbolFont` verlangt für den angegebenen symbolischen Namen die Voraberklärung mit `\DeclareSymbolFont`-Befehlen sowie die Existenz der zugeordneten Version. `\DeclareMathAlphabet` prüft die Zulässigkeit des gewählten Alphabetnamens und die Existenz des referierten Symbolsatzes. Bei Nichterfüllung einer dieser Voraussetzungen wird eine fehlerspezifische Bildschirmmeldung ausgegeben. Alle drei Befehle sind nur im Vorspann erlaubt.

Für Leser mit vertieften TeX-Kenntnissen sei hier vermerkt: Die `\DeclareSymbolFont`-Erklärungen allokieren in der Reihenfolge ihres Auftretens jeweils ein weiteres TeX-`\fam`-Register. Die Standard-Symbolsätze sind damit den TeX-`\fam`-Registern 0–3 zugeordnet, wie dies bereits früher in `plain.tex` für die dort explizit genannten Zeichensätze der Fall war.

Mathematische Symbole: Nur wenige Symbole, die in mathematischen Formeln benötigt werden, können *direkt* über die Tastatur eingegeben werden. Die meisten verlangen die Eingabe mit einem symbolspezifischen LaTeX-Befehlsnamen. Die Verknüpfung dieser Befehlsnamen sowie der Tastenzeichen mit dem zugeordneten Symbolsatz und der Position des angeforderten Zeichens innerhalb der realisierenden Zeichensatzes geschieht mit Befehlen der Form

`\DeclareMathSymbol{`*symbol*`}{`*kl_typ*`}{`*symb_zs_name*`}{`*position*`}`

Hierin steht *symbol* für das Tastenzeichen wie z. B. `<` oder den Befehlsnamen wie `\sum`. Mit *kl_typ* ist die Klassennummer oder deren äquivalenter Klassenbefehl für die zugeordnete mathematische Bearbeitungsklasse vorzugeben (s. die Vorbemerkungen zu diesem Abschnitt auf S. 33). Die Symbolsatzangabe *symb_zs_name* bedarf keiner Erläuterung. Die Positionsangabe *pos* kann als dezimale, oktale oder hexadezimale Zahl erfolgen, wie z. B. `10`, `'12` oder `"0A`. Beispiele für diesen Zuordnungsbefehl findet man im LaTeX 2ε-Paket in `latexsym.sty` bzw. seinem Ausgangsfile `latexsym.dtx`, womit die speziellen mathematischen Symbole aus LaTeX eingeführt werden.[16]

Mathematische Klammerzeichen, die in variablen Größen, abhängig vom eingeschlossenen Formelteil, erscheinen sollen, können mit dem Befehl

---

[16] Grundsätzlich könnten alle mathematischen Symbole mit diesem Befehl zugeordnet werden. In `lplain.dtx` werden sie jedoch unmittelbar mit dem TeX-Grundbefehl `\mathchardef` definiert, auf den letztlich auch `\DeclareMathSymbol` zurückgreift.

\DeclareMathDelimiter{*kl_bef_name*}{*kl_typ*}{*symb_zs_name*$_1$}{*pos*$_1$}
{*symb_zs_name*$_2$}{*pos*$_2$} oder
\DeclareMathDelimiter{*kl_zeichen*}{*symb_zs_name*$_1$}{*pos*$_1$}{*symb_zs_name*$_2$}{*pos*$_2$}

definiert werden. Bei der ersten Form wird das Klammerzeichen durch einen Befehlsnamen, bei der zweiten Form als ein Tastenzeichen vorgegeben. Die Bedeutung der anderen Parameter ist die gleiche wie beim vorangegangenen \DeclareMathSymbol-Befehl. Der Index 1 bzw. 2 kennzeichnet den Symbolsatz und die Position für die kleine bzw. große Variante des variablen Klammersymbols. Für ein weiteres Verständnis muß auf die Kenntnis der TeX-Grundbefehle \delcode und \delimiter verwiesen werden, auf die der obige Befehl zurückgreift.

Klammerzeichen bzw. Klammerbefehle entfalten ihre Größenvariation nur, wenn ihnen für den Formelsatz ein \left oder \right vorangesetzt wird. Ohne diesen Vorsatz stellen sie einfache mathematische Symbole dar. Mit der ersten Befehlsform wird gleichzeitig das mathematische Symbol gleichen Befehlsnamens eingerichtet, wie es mit dem Befehl \DeclareMathSymbol und den Angaben für den Index 1 bereitgestellt würde. Für die zweite Befehlsform kann das Tastenzeichen sowohl mit \DeclareMathSymbol als gewöhnliches mathematisches Symbol *und* zusätzlich als Klammersymbol erklärt werden, das damit, je nach Aufgabe, ganz unterschiedlich in Erscheinung treten kann. Beispiel: \$0<x>a\$ ergibt $0 < x > a$, aber \$\left<z\right>\$ kann zu $\langle z \rangle$ führen, falls für < und > eine entsprechende Definition mit \DeclareMathDelimiter vorgenommen wurde.

Ein formal ähnlicher Befehl dient zur Bereitstellung des in der Größe variablen Wurzelsymbols mit

\DeclareMathRadical{*bef_name*}{*symb_zs_name*$_1$}{*pos*$_1$}{*symb_zs_name*$_2$}{*pos*$_2$}

der seinerseits auf den TeX-Grundbefehl \radical zurückgreift. Als letzter Einrichtungsbefehl dieser Gruppe wird

\DeclareMathAccent{*akz_bef_name*}{*kl_typ*}{*symb_zs_name*}{*pos*}

vorgestellt. Er stellt Akzentbefehle unter den Namen *akz_bef_name* mit einem beliebigen Symbol als Argument bereit. Das Zeichen in der Position *pos* des den Symbolsatz *symb_zs_name* realisierenden Zeichensatzes wird als Akzent benutzt und über das angegebene Argument des Akzentbefehls *akz_bef_name* gesetzt. Der Befehl greift auf den TeX-Grundbefehl \mathaccent zurück.

Der erfolgreiche Einsatz der vorstehenden Befehle verlangt vermutlich tiefere Kenntnisse über die realisierenden TeX-Grundbefehle. Bei der Vorstellung der $\mathcal{AMS}$-Zeichensätze in Kapitel 2 können die dort angeführten .sty-Files als Beispiele für vielfache Nutzung dieser Befehle durchmustert werden.

Auch die Symbolerklärungsbefehle führen bei ihren Aufrufen eine Prüfung durch, ob der mit ihnen erklärte Befehlsname nicht schon anderweitig vergeben ist und ob die angeführten Symbolsätze vorab erklärt worden waren. Bei Verstößen gegen diese Voraussetzungen generieren sie eine präzise und leicht verständliche Fehlermeldung. Wie alle bisher vorgestellten mathematischen Erklärungsbefehle sind auch die Symbolerklärungsbefehle nur im Vorspann erlaubt.

Mathematische Schriftgrößen: Die in mathematischen Formeln auftretenden Schriften stehen üblicherweise in drei Größen bereit, die in Abhängigkeit von der zu formatierenden Teilformel automatisch gewählt werden. Der Zuordnungsmechanismus ist ausführlich in [3a, Abschn. 5.5.2] beschrieben, wobei dort gleichzeitig die expliziten Größenbefehle \displaystyle und \textstyle sowie \scriptstyle und \scriptscriptstyle vorgestellt werden. In LaTeX 2$_\varepsilon$ können sie mit

\DeclareMathSize{*text_größe*}{*mt_größe*}{*s_größe*}{*ss_größe*}

absoluten Einstellwerten zugeordnet werden. Die vier Angaben für *xxx_größe* sind Zahlenangaben, die die Schriftgrößen in der Maßeinheit 'pt' festlegen. Der Parameter *mt_größe* bestimmt die Schriftgröße für \displaystyle und \textstyle, *s_größe* diejenige für \scriptstyle und schließlich *ss_größe* die für \scriptscriptstyle. Diese Größen werden innerhalb mathematischer Bearbeitungsmodi gewählt, wenn die umgebende Textschrift, also für den aktuellen Bearbeitungsmodus außerhalb der mathematischen Modi, die aktuelle Schriftgröße *text_größe* ist.

Die Einstellwerte für *text_größe* und *mt_größe* sind üblicherweise identisch, zumindest bei Beschränkung der Schriften auf die cm- oder auf Kombinationen von cm- und dc-Schriften. Bei Verwendung von PostScript-Schriften als Textschriften lassen letztere aber eine beliebige Größenabstufung zu, für die entsprechende Größenstufen für die mathematischen Schriften nicht gleichermaßen zur Verfügung stehen.[17] Als formales Beispiel für mathematische Größenvorgaben möge gelten:

```
\DeclareMathSize{9.5}{10}{7}{5}  % f"ur PS mit 10pt cm-math Basis
\DeclareMathSize{12}{12}{8}{6}   % f"ur cm in Gr"o"se \large
```

Wird innerhalb des zu bearbeitenden Textes als umgebende Textschrift eine Größe gewählt, die nicht mit einem `\DeclareMathSize`-Befehl beim Parameter *text_größe* definiert wurde, so bestimmt LATEX 2ε die in mathematischen Bearbeitungsmodi zu wählenden Schriftgrößen aufgrund eines internen Algorithmus, was bei der LATEX 2ε-Bearbeitung evtl. zu einigen Warnungsmeldungen führt.

1.4.5 Benutzerangepaßte LATEX 2ε-Installation

Der File `latex.ltx` sowie einige der anderen `.ltx`-Files enthalten weitere Lesebefehle, mit denen alle den LATEX-Kern bildenden Quellenfiles bei der `initex`-Bearbeitung eingelesen werden. Einige dieser Lesebefehle sind mit der Abfrage verknüpft, ob für den angeforderten Grundnamen ein File mit diesem Namen und dem Anhang `.cfg` existiert. Ist das der Fall, so wird dieser sog. Konfigurationsfile eingelesen. Im anderen Fall wird als Standard der entsprechende File mit dem Anhang `.ltx` verwendet. Ein existierender File `latex209.cfg` wird am Ende von `latex209.def` hinzugefügt. Durch Bereitstellung entsprechender Konfigurationsfiles kann eine anwenderspezifische Anpassung für den LATEX-Kern erfolgen.

Deutsches Trennmuster: Der erste und für deutschsprachige LATEX-Bearbeitungen notwendige Kandidat für eine solche Anpassung ist `lthyphen.cfg`. Am einfachsten wird er aus einer Kopie von `lthyphen.ltx` erstellt. Sollen mit der beim Anwender erforderlichen LATEX 2ε-Installation ausschließlich deutsche Texte bearbeitet werden, so genügt der Austausch des englischen Trennmusterfiles durch einen deutschen Trennmusterfile. Der aktuelle deutsche Trennmusterfile steht auf den öffentlichen Fileservern unter dem Namen `ghyph31.tex` zur Verfügung.[18] Er schließt bei Verwendung der dc=Zeichensätze Trennungen an umlautbehafteten Silben ein. Solche unterbleiben zwar bei Verwendung der cm-Zeichensätze, doch sind die verbleibenden Trennungsmöglichkeiten präziser als bei den vorangegangenen Trennmusterfiles.

In der Kopie des Files `lthyphen.ltx` mit dem Namen `lthyphen.cfg` ist das am Ende des Files mit der Zeile

```
\InputIfFileExists{hyphen.tex}%
```

eingeleitetete Makro geringfügig zu ändern. Hierin ist `hyphen.tex` in `ghyph31.tex` abzuändern. In den Folgezeilen erscheint zweimal `US english`, was beide Male durch `german` zu ersetzen ist. In der vierten Zeile ist die Zuordnung `\righthyphenmin=3` in `\righthyphenmin=2` zu ändern.

---

[17] Mit METAFONT könnten alle mathematischen cm-Zeichensätze natürlich ebenfalls in allen erforderlichen Größen durch geeignete Skalierungen bereitgestellt werden. Dagegen spricht einerseits der erforderliche Plattenspeicherbedarf, anderseits die Zeichensatzqualität, da die cm-Zeichensätze in skalierten Größen ihre Originalqualität mindern.

[18] Mit der Bereitstellung von `ghyph31.tex` sind die früheren Trennmusterfiles `ghyphen.max`, `ghyphen.min` und `ghyhen3` obsolet geworden.

Die Installation erfolgt anschließend mit der `initex`-Bearbeitung von `latex.ltx` in gleicher Weise wie in 1.4.1 für die Standardinstallation beschrieben. Für emTeX sollte der Aufruf lauten:

```
tex /i /mt:10000 /c850_tex latex.ltx
```

womit zusätzlich die Umlauttasten sowie die ß-Taste bei einer deutschen Tastatur zur direkten Umlaut- und ß-Eingabe genutzt werden können.

Mehrsprachige Trennmuster: Bei vielen Anwendern werden neben deutschen Texten auch fremdsprachige Texte anfallen, die mit LaTeX 2_ε bearbeitet werden sollen. Bis zur Bereitstellung von TeX 3.0 war es erforderlich, für jede Sprache einen eigenen Formatfile mit dem jeweiligen sprachspezifischen Trennmusterfile zu erstellen, so wie dies soeben für ein rein deutsches `latex.fmt` beschrieben wurde. Die verschiedensprachigen Formatfiles wurden dann durch einen sprachspezifischen Kennbuchstaben am Anfang oder Ende des Grundnamens unterschieden. Ab TeX 3.0 können bis zu 256 verschiedene Trennmusterfiles in *einen* Formatfile eingebunden werden, wobei die Umschaltung zur Aktivierung eines bestimmten Trennmusters mit dem neuen TeX-Befehl `\language=`n mit $n = 0, \ldots, 255$ erfolgt.

Das nachfolgende Beispiel zur Erzeugung eines zweisprachigen Formatfiles für Englisch und Deutsch kann leicht um weitere Sprachen ergänzt oder für andere Sprachkombinationen abgeändert werden. Der hierfür erforderliche File `lthyphen.cfg` basiert ebenfalls auf einer Kopie aus `lthyphen.ltx`. Mit dem Editor wird das Makro `\InputIfFileExists` kopiert, d. h. die mit diesem Makronamen beginnende Zeile sowie die anschließenden nächsten 10 Zeilen nochmals vor der Endzeile `\endinput` eingefügt. Der erste Makrosatz bleibt dann im Original erhalten. Im zweiten, also der Kopie des ersten, werden, bis auf die vierte Zeile, die gleichen Änderungen vorgenommen, wie sie oben für den rein deutschen Konfigurationsfile beschrieben wurden. Die vierte Zeile mit den Zuweisungen an `\lefthyphenmin` und `\righthyphenmin` ist im zweiten Makro zu entfernen. Zusätzlich ist hier die Zeile `\language=0` in `\language=1` abzuändern. Abschließend ist nach dem zweitem Makro, aber vor der Zeile `\endinput` eine weitere Zeile mit `\language=0` einzufügen. Sie bewirkt, daß nach dem Programmaufruf von LaTeX 2_ε zunächst das englische Trennmuster aktiv ist.

Die vorgeschlagene Zuordnung von `\language=0` für Englisch und `\language=1` für Deutsch ist mit den Vorgaben aus `german.sty` (ab Version 2.4a) kompatibel. Mit dem Befehl `\selectlanguage` aus `german.sty` führen der Aufruf `\selectlanguage{german}` bzw. `\selectlanguage{english}` intern auf die vorgeschlagenen Werte für `\language`. Gleichzeitig erfolgt mit diesen Aufrufen (s. [3a, D.2.2]) eine sprachspezifische Wertzuweisung an `\lefthyphenmin` und `\righthyphenmin`, nämlich 2 und 3 für Englisch bzw. 2 und 2 für Deutsch. Zwischen beiden Sprachen kann auch mit den Befehlen `\germanTeX` oder `\originalTeX` aus `german.sty` umgeschaltet werden.

Die Erweiterung auf zusätzliche Sprachen verlangt für jede weitere Sprache eine nochmalige Kopie des `\InputIfFileExists`-Makros und die anschließende geringfügige analoge Änderung in den zusätzlichen Makrokopien. Der Anpassungsfile `german.sty` erwartet für Französisch übrigens den Einstellwert `\language=2`, der mit dem dortigen Einstellbefehl `\selectlanguage{french}` dann lokal aktiviert werden kann. Für einen Englisch-Deutschen-Formatfile sollte beim `initex`-Aufruf für emTeX die Option `/mt:18000` und bei zusätzlicher Einbindung des französischen Trennmusters `/mt:24000` lauten. Bei anderen TeX-Systemen müßten entsprechende Änderung im `tex.ch`-File für `trie_size` vorgenommen werden. UNIX-TeX stellt standardmäßig bereits 30 000 bereit, was in der Mehrzahl der Fälle für mehrsprachige Anwendungen ausreichen sollte.

Weitere Anwenderanpassungen: Anders als die Einbindung eines deutschen Trennmusterfiles in den zu erzeugenden Formatfile `latex.fmt` sind weitere anwenderspezifische Anpassungen kaum erforderlich. Zur Erhaltung einer weltweiten Kompatibilität sollte aus grundsätzlichen Erwägungen davon abgesehen werden. Anwenderspezifische Forderungen können eigentlich immer auch mit einem Ergänzungspaket als `.sty`-File erfüllt werden. Da `install.txt` jedoch auf weitere Möglichkeiten hinweist, seien solche hier erwähnt.

Der File `fontdef.ltx` definiert die standardmäßig in LaTeX 2_ε verfügbaren Kodierattribute (S. 14), die Suchstrategie für Attributersetzungen bei undefinierten Attributkombinationen (S. 31), liest die `.fd`-Files ein, die alle für Standard-LaTeX 2_ε bereitgestellten Attributkombinationen mit expliziten Zeichensatzfiles verknüpfen, und initialisiert alle sonstigen Zeichensatzbefehle, die in 1.3 als aufrufbare anwendernahe LaTeX 2_ε-Befehle vorgestellt wurden. Die mit `fontdef.ltx` eingestellten Vorgaben sind als Bestandteil von `latex.fmt` beim LaTeX 2_ε-Aufruf damit ohne zusätzliche Klassen- oder Paketfiles stets bekannt.

Sollen zusätzliche oder geänderte Anfangsvorgaben beim LaTeX 2_ε-Aufruf bereitgestellt werden, so kann das mit einem `fontdef.cfg`-File beim zweiten Installationsschritt erreicht werden. Die Angaben aus den beiden vorangegangenen Unterabschnitten und der Vergleich mit dem Inhalt aus `fontdef.ltx` sollten die gewünschten Änderungen erlauben.

Der File `preload.ltx` bestimmt diejenigen Zeichensätze, die beim Aufruf von LaTeX 2_ε bereits im Formatfile vorgeladen bereitstehen. Alle weiteren Zeichensätze, die aufgrund der Anforderungen aus dem zu bearbeitenden Textfile benötigt werden, werden zur Bearbeitungszeit von der Platte nachgeladen. Beim Original `preload.ltx` werden einmal die bereits für INITEX zwingend benötigten Zeichensätze und weiterhin diejenigen Zeichensätze vorgeladen, die die für den Standardaufruf im Dokumentklassenbefehl ohne Größenoption mit `\begin{document}` eingestellten Startschriften enthalten. Letztere sind die dort mit

```
\DeclarePreloadedSizes{OT1}{cmr}{m}{n}{5,7,10}
\DeclarePreloadedSizes{OML}{cmm}{m}{it}{5,7,10}
\DeclarePreloadedSizes{OMS}{cmsy}{m}{n}{5,7,10}
```

charakterisierten Zeichensätze.

Im Formatfile vorgeladene Zeichensätze stehen bei ihrer Aktivierung sofort zur Verfügung. Nachzuladende Zeichensätze müssen bei ihrer ersten Anforderung zunächst von der Platte eingelesen werden, was etwas mehr Zeit benötigt. Vorgeladene Zeichensätze belegen andererseits Hauptspeicherplatz, auch wenn sie für die aktuelle Textformatierung überhaupt nicht verlangt werden. Mit den inzwischen verfügbaren schnellen Plattenzugriffen kann der zusätzliche Zeitbedarf für das nachträgliche Einlesen vernachlässigt werden und allein der verfügbare Hauptspeicher zum Kriterium gemacht werden. Bei sehr großem Hauptspeicher können, ohne praktisch meßbare Erhöhung der Bearbeitungsgeschwindigkeit, mehr Zeichensätze durch entsprechende `\DeclarePreloadedSizes`-Befehle im Formatfile eingebunden werden. Bei wirklich knapper Hauptspeicherausstattung ist eher daran zu denken, die vorgeladenen Zeichensätze auf das absolute Minimum zu beschränken. Dies kann mit einem `preload.cfg`-File erreicht werden, bei dem die im letzten Absatz angeführten drei `\DeclarePreloadedSizes`-Befehle aus dem Original `preload.ltx` entfernt werden.

Als letzte anwenderspezifische Installationsvorgabe könnte ein File `latex209.cfg` dienen. Ein solcher wird nur dann erforderlich, wenn der Anwender für LaTeX 2.09 Formatfiles eingerichtet hatte, die auf Änderungen beim früheren `latex.tex`-File basierten, also tiefliegende LaTeX-Strukturen veränderten. Anwender, bei denen dies wirklich der Fall war, brauchen von mir keine Erläuterungen für einen ergänzenden `latex209.cfg`-File.

1.5 Vorstellung einiger LaTeX 2_ε-Ergänzungspakete

In diesem Abschnitt werden die meisten der bei der Installation des LaTeX 2_ε-Grundsystems entstehenenden und bereits in 1.2.2 auf S. 6 aufgelisteten Ergänzungspakete vorgestellt. Eine Beschreibung der dort genannten `makeidx.sty` und `showidx.sty` kann entfallen, da ihre Wirkung vollständig mit den gleichnamigen Dokumentstiloptionen aus LaTeX 2.09 übereinstimmt. Ebenso entfällt eine weitere Vorstellung von `newlfont.sty`, da dessen Aufgabe bereits auf S. 21 und 22 beschrieben wurde. Weitere Ergänzungspakete, die aus anderen Quellen stammen, werden, entsprechend ihren Aufgabenstellungen gegliedert, im Abschnitt 1.7, sowie in den Kapiteln 2 und 4 beschrieben. Das doc-Paket, das als eigenständiges Entwicklungswerkzeug dem LaTeX 2_ε-Grundpaket beigefügt ist, wird in Abschnitt 1.6 vorgestellt.

1.5.1 Das Ergänzungspaket bezier

LaTeX 2.09 kannte bereits die Dokumentstiloption `bezier`, mit der innerhalb der `picture`-Umgebung Bezierkurven 2. Grades mit dem Befehl

`\bezier{`n`}(`x_a, y_a`)(`x_b, y_b`)(`x_c, y_c`)`

erstellt werden können, s [3a, 6.4.7]. Das Ergänzungspaket `bezier.sty`, das nunmehr mit `\usepackage{bezier}` aktiviert wird, stellt diesen Befehl weiterhin bereit und ergänzt ihn durch den zusätzlichen Befehl

`\qbezier[`n`](`x_a, y_a`)(`x_b, y_b`)(`x_c, y_c`)`

Die beim ersten Befehl zwingende Vorgabe für die Anzahl der Kurvenpunkte `{`n`}` ist bei dem zweiten Befehl optional. Entfällt sie, so erscheint eine durchgezogene Kurve, anderenfalls werden, wie beim ersten Befehl, $n+1$ Punkte entlang der mathematischen Kurve verteilt.

```
\begin{picture}(100,60)
  \thicklines\qbezier(0,0)(20,60)(100,60)
             \qbezier[30](0,0)(80,0)(100,60)
  \thinlines\put(0,0){\line(1,3){20}}
    \put(100,60){\line(-1,0){80}
  . . . . . . . . . . . . . . . . . . . . . . . .
\end{picture}
```

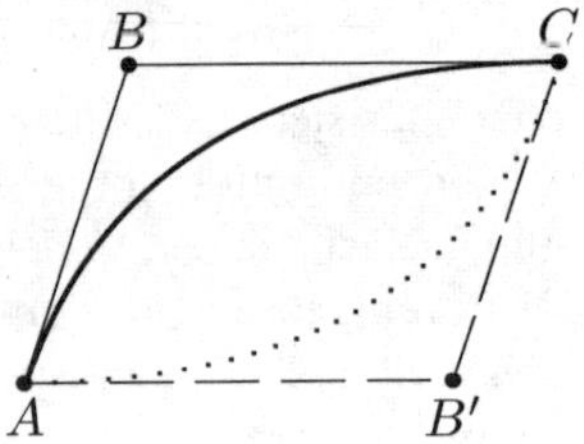

1.5.2 Beseitigung einer LaTeX-Schwäche mit exscale

Bei mathematischen Formeln werden die aus dem Zeichensatz `cmex10` entnommenen Symbole — dies sind im wesentlichen die in zwei Größen auftretenden Symbole wie $\textstyle\sum$ und $\displaystyle\sum$ oder $\textstyle\int$ und $\displaystyle\int$ und andere, z. B. die Wurzelzeichen und diverse Klammerzeichen verschiedener Größe — unabhängig von der gewählten Größenoption 10 pt (Standard), 11 pt oder 12 pt stets in derselben Größe ausgegeben. Die sonstigen mathematischen Symbole und Schriften werden dagegen entsprechend der gewählten Größenoption erzeugt. Dies führt zu Disproportionen bei 11 pt und ganz besonders bei 12 pt, wie am Beispiel der BRONVINschen Quadraturformel demonstriert wird. Der Leser möge sein Augenmerk auf das Verhältnis der Summen- und Intgralzeichen zum sonstigen Formeltext beim Ergebnis der Originalbearbeitung und bei der nachfolgenden Korrektur richten.

$$\int_{-1}^{+1} \frac{f(x)}{\sqrt{1-x^2}}\,dx \approx \frac{\pi}{n}\sum_{i=1}^{n} f\left(\cos\left(\frac{2i-1}{2n}\pi\right)\right) \qquad \text{(10pt)}$$

$$\int_{-1}^{+1} \frac{f(x)}{\sqrt{1-x^2}}\,dx \approx \frac{\pi}{n}\sum_{i=1}^{n} f\left(\cos\left(\frac{2i-1}{2n}\pi\right)\right) \qquad \text{(11pt)}$$

$$\int_{-1}^{+1} \frac{f(x)}{\sqrt{1-x^2}}\,dx \approx \frac{\pi}{n}\sum_{i=1}^{n} f\left(\cos\left(\frac{2i-1}{2n}\pi\right)\right) \qquad \text{(12pt)}$$

Der Grund für diese Schwäche liegt darin, daß Leslie Lamport bei der Entwicklung von LaTeX der Zeichensatz `cmex10` zunächst nur in der Entwurfsgröße zur Verfügung stand. Inzwischen ist dieser Zeichensatz bei fast allen Implementierungen in verschiedenen Vergrößerungsstufen vorhanden oder kann leicht mit METAFONT bereitgestellt werden. Das Ergänzungspaket `exscale.sty` aus LaTeX 2ε beseitigt diese Schwäche:

$$\int_{-1}^{+1} \frac{f(x)}{\sqrt{1-x^2}}\,dx \approx \frac{\pi}{n}\sum_{i=1}^{n} f\left(\cos\left(\frac{2i-1}{2n}\pi\right)\right) \qquad \text{(10pt)}$$

$$\int_{-1}^{+1} \frac{f(x)}{\sqrt{1-x^2}}\,dx \approx \frac{\pi}{n}\sum_{i=1}^{n} f\left(\cos\left(\frac{2i-1}{2n}\pi\right)\right) \qquad \text{(11pt)}$$

$$\int_{-1}^{+1} \frac{f(x)}{\sqrt{1-x^2}}\,dx \approx \frac{\pi}{n}\sum_{i=1}^{n} f\left(\cos\left(\frac{2i-1}{2n}\pi\right)\right) \qquad \text{(12pt)}$$

1.5.3 Das Ergänzungspaket flafter

Die Haupteigenschaften der Gleitumgebungen `figure` und `table` wurden in [3a, 6.6] vorgestellt. Mit LaTeX 2ε wurden die Steuerungsmöglichkeiten durch `\suppressfloats` (S. 12) und `!` (S. 10) erweitert. Mit den bisher bereitgestellten Steuerungsmöglichkeiten kann nicht verhindert werden, daß ein Gleitobjekt im laufenden Text vorangestellt wird, und zwar nach oben auf der laufenden Seite.

Mit der Einbindung des Ergänzungspakets durch `\usepackage{flafter}` wird das Voranstellen eines Gleitobjekts verhindert. Hiermit kann ein Gleitobjekt frühestens an der Stelle seines Aufrufs erscheinen, falls als Positionierungparameter ‘h’ auftritt und der Platz auf der Seite das zuläßt. Ansonsten ist der Platz unten auf der laufenden Seite oder oben auf der nächsten Seite die früheste Möglichkeit für das aktuelle Gleitobjekt.

1.5.4 Das Ergänzungspaket fontenc

Hiermit kann kann ein vom Anwender gewähltes Kodierungsattribut für die LaTeX-Bearbeitung vorgegeben werden, wenn es vom Standard des LaTeX-Formatfile abweichen soll:

`\usepackage[`*code*`]{fontenc}`

Das verwandte Ergänzungspaket t1enc zur Nutzung der dc-Zeichensätze wird im Zusammenhang mit diesen Zeichensätzen erst in 2.1.6 vorgestellt.

1.5.5 Erweiterungen bei ifthenelse

Die Dokumentstiloption `ifthen` wurde bereits in LaTeX 2.09 mit dem Stilfile `ifthen.sty` bereitgestellt. Für seine Nutzung wird auf [3a, 7.4] verwiesen. Die dort vorgestellte Syntax

`\ifthenelse{`*test*`}{`*wenn_zweig*`}{`*sonst_zweig*`}` bzw.
`\whiledo{`*test*`}{`*schleifen_text*`}`

ist in LaTeX 2_ε weiterhin gültig. Das gleichnamige Ergänzungspaket aus LaTeX 2_ε erweitert die Abfragebedingungen für *test*. Neben den bisherigen Abfragen `\equal{`s_1`}{`s_2`}` zum Vergleich von zwei Zeichenketten sowie den numerischen Vergleichen der Form $n_1 < n_2$, $n_1 = n_2$ und $n_1 > n_2$ kommen mit LaTeX 2_ε hinzu:

`\boolean{`*schalter*`}` Hiermit kann der logische Wert einer TeX-, LaTeX- oder anwendereidgenen Schaltervariablen *schalter* abgefragt werden. Als TeX-Schalter sind hier bekannt:

- `hmode` liefert den Wert *wahr* zurück, wenn TeX oder LaTeX sich derzeit im horizontalen Bearbeitungsmodus befindet, andernfalls *falsch*.
- `vmode` liefert den Wert *wahr* zurück, wenn TeX oder LaTeX sich derzeit im vertikalen Bearbeitungsmodus befindet, andernfalls *falsch*.
- `mmode` liefert den Wert *wahr* zurück, wenn TeX oder LaTeX sich derzeit in einem mathematischen Bearbeitungsmodus befindet, andernfalls *falsch*.

Anwender können eigene Schalter einrichten und setzen:

- `\newboolean{`*schalter*`}` richtet einen anwendereigenen Schalter unter dem Namen *schalter* ein. Der logische Wert des neu eingerichteten Schalters steht anfänglich auf `false` (*falsch*).
- `\setboolean{`*schalter*`}{`*wert*`}` setzt den Schalter mit dem Namen *schalter* auf den übergebenen Wert. Für *wert* sind nur die Angaben `true` (*wahr*) und `false` (*falsch*) erlaubt.

`\lengthtest{`*dim_vergl*`}` erlaubt einen Längenvergleich als Testabfrage *test*. Hiermit können Längenregister (Längenbefehle) und/oder Längenmaße auf kleiner (<), gleich (=) oder größer (>) miteinander verglichen werden. Beispiele:

```
\lengthtest{\textwidth > 150mm}
```

`\isodd{`*zahl*`}`[19] erlaubt als Testabfrage *test* die Prüfung ob eine Zahl oder der Wert eines Zahlenregisters (Zählers) *zahl* ungerade ist. Der Wert eines Zahlenregisters muß dabei mit `\value{`*zahl*`}` abgerufen werden.

[19] Der hier angeführte Befehlsname `\isodd` ist *kein* Schreibfehler! Der hier vermutlich erwartete Name `\ifodd` ist bereits als TeX-Grundbefehl vergeben, auf den der LaTeX 2_ε-Befehl `\isodd` seinerseits zurückgreift.

Alle logischen Ausdrücke für die Testabfrage *test* können *geklammert*, *verneint* (`\not`) sowie mit *und* (`\and`) und *oder* (`\or`) zu komplexeren logischen Ausdrücken verknüpft werden (s. [3a, 7.4]). Die Klammerung von logischen Teilauwsdrücken erfolgt mit `\(`*log_ausdr*`\)`. Beispiel:

```
\ifthenelse{\boolean{@twoside}\and\isodd{\value{page}}}%
   {\typeout{linke Seite}}{\typeout{rechte Seite}}

\newboolean{german}
\ifthenelse{\language=1}{\setboolean{german}{true}}%
                        {\setboolean{german}{false}}

\ifthenelse{\testlength{\textheight < \textwidth}%
          {Querformat}{Hochformat}
```

1.5.6 Das Ergänzungspaket latexsym

Die LaTeX-Version 2.09 stellte zusätzlich zu TeX die 11 weiteren mathematische Symbole

`\Box`	$\Box$	`\Diamond`	$\Diamond$	`\Join`	$\Join$	`\leadsto`	$\leadsto$
`\lhd`	$\lhd$	`\unlhd`	$\unlhd$	`\rhd`	$\rhd$	`\unrhd`	$\unrhd$
`\mho`	$\mho$	`\sqsubset`	$\sqsubset$			`\sqsupset`	$\sqsupset$

bereit. In LaTeX 2ε sind sie nicht mehr Bestandteil des LaTeX-Kerns. Sie können aber mit dem Ergänzungspaket `latexsym.sty` aktiviert werden. Falls der Anwender diese und weitere mathematische Symbole benötigt, sei hier auf die AMS-Symbolzeichensätze verwiesen, die in Kapitel 2 vorgestellt werden. Sie enthalten neben den LaTeX-Zusatzsymbolen viele weitere mathematische Symbole, die mit den zugehörigen Ergänzungspaketen universell genutzt werden können.

1.5.7 Das Ergänzungspaket oldlfont

Die alten Zeichensatzauswahlbefehle (die sog. Zweizeichenbefehle) aus LaTeX 2.09 werden mit den Standardklassenfiles auch in LaTeX 2ε in gleicher Weise bereitgestellt (s. 1.3.4). Bei Klassenfiles aus anderen Quellen kann dies nicht garantiert werden. In solchen Fällen kann mit `\usepackage{oldlfont}` kann eine Übereinstimmung mit der früheren Form erzwungen werden.

1.5.8 Das Ergänzungspaket tracefnt

Das Ergänzungspaket `tracefnt.sty` erlaubt eine genauere Fehler- und Schwachstellen-Analyse bei der Auswahl der Zeichensätze in LaTeX 2ε. Das Ergänzungspaket kennt eine Reihe lokaler Optionen, die einzeln oder als eine durch Kommata getrennte Liste mit `\usepackage[`*opt_liste*`]{tracefnt}` im Vorspann aktiviert werden können. Als Optionen können angegeben werden:

`errorshow` Mit dieser Option werden alle Hinweise und Warnungen, die LaTeX 2ε standardmäßig auf dem Bildschirm ausgibt, unterdrückt. Sie werden aber nach wie vor im Protokollfile abgelegt. Die Bildschirmausgabe beschränkt sich auf reine Fehlermeldungen bei der Zeichensatzauswahl.

`warningshow` Mit dieser Option werden alle Warnungen und Fehlermeldungen neben der Aufnahme im Protokollfile zusätzlich auch auf dem Bildschirm ausgegeben. Der Meldungsumfang entspricht der LaTeX 2ε-Standardbearbeitung *ohne* das Ergänzungspaket `tracefnt.sty`.

`infoshow` Dies ist gleichzeitig die Standardeinstellung für `tracefont.sty`. Meldungen, die LaTeX 2ε standardmäßig *nur* im Protokollfile ablegt, werden hiermit auch auf dem Bildschirm ausgegeben.

`debugshow` Mit dieser Option werden alle mit dem Wechsel von Textzeichensätzen verknüpften Informationen protokolliert und zusätzlich auf dem Bildschirm ausgegeben. Hierzu gehört auch die Wiederherstellung der Schriftattribute nach der Beendigung einer Umgebung (lokalen Gruppe), wenn innerhalb dieser Schriftwechsel ausgeführt wurden. Diese Option sollte mit Vorsicht eingesetzt werden, da sie zu extrem großen Protokollfiles führen kann.

`pausing` Mit dieser Option werden Warnungen in Fehlermeldungen mit Bearbeitungshalt umgewandelt, auf die der Anwender wie bei allgemeinen Fehlermeldungen reagieren kann.

`loading` Mit dieser Option wird die Information über nachzuladende Zeichensätze mitgeteilt. Zeichensätze, die bereits mit den Klassenfiles angefordert wurden, bleiben hiervon unberührt.

1.5.9 Das Ergänzungspaket syntonly

Das Ergänzugungspaket `syntonly` führt eine schnelle Syntaxüberprüfung für den zu bearbeitenden Textfile durch, die bis zu viermal schneller als die vollsändige Bearbeitung ist. Bei langen Textfiles kann damit vorab eine rasche formale Fehlerbeseitigung erzielt werden.

1.5.10 Das Ergänzungspaket shortvrb

Für Texte mit vielen `\verb!`*orig_text*`!`-Befehlen bietet das Ergänzungspaket `shortverb.sty` eine Vereinfachung. Es stellt die Befehle

`\MakeShortVerb{\`*z*`}` und `\DeleteShortVerb{\`*z*`}`

bereit, mit denen das Einschlußzeichen *z* eingerichtet oder gelöscht wird, das beim `\verb`-Befehl den Originaltext einschließt. Nach `\MakeShortVerb{\!}` erzeugt die Eingabe `!`*orig_text*`!` dasselbe Ergebnis wie `\verb!`*orig_text*`!`. Nach `\DeleteShortVerb{\!}` steht das Ausrufezeichen anschließend wieder als normales Textzeichen zur Verfügung. Die Makrodefinitionen aus `shortvrb.sty` sind Bestandteil des des dokumentierten Makrofiles `doc.dtx` (s. 1.6.3), aus dem es bei der Installation als eigenständiges Ergänzungspaket extrahiert wird.

Der Befehl `\verb` darf bekanntlich nicht als Argument in einem LaTeX-Befehl verwendet werden. Dies ist z. B. für den Fußnotentext beim `\footnote`-Befehl eine arge Einschränkung. Sollen dort Befehlsnamen auftauchen, so verlangt dies eine Angabe wie `\texttt{\symbol{92}`*name*`}`, um den Rückstrich vor dem Befehlsnamen *name* zu erzeugen. Mit dem Ergänzungspaket `shortvrb.sty` dürfen die äquivalenten Kurzformen als Argumente in weiteren LaTeX-Befehlen auftreten und entfalten dort ihre verbatime Wirkung. Dies alleine ist mir die Einbindung von `shortvrb.sty` mit `\usepackage{shortvrb}` in einem LaTeX-File oft wert.

1.6 Das Doc-Paket

Die Aufgaben der Files `\docstrip.tex` und `\doc.sty` aus dem Doc-Paket wurden bereits kurz in 1.4.2 vorgestellt. Das Paket stellt zusätzlich noch `shortvrb.sty` bereit, das in 1.5.10 vorgestellt wurde. Die Doc-Werkzeuge sind zur Installation und Dokumentation des LaTeX 2ε-Pakets essentiell. Sie werden zur Installation und Dokumentation einer Reihe weiterer Ergänzungspakete, wie den im nächsten Abschnitt beschriebenen Makropaketen, ebenfalls benötigt.

Auch LaTeX-Anwender, die eigene Makropakete für sich selbst oder für einen größeren Anwenderkreis entwickeln, sollten sich mit den Möglichkeiten aus dem Doc-Paket vertraut machen. Leichtere Lesbarkeit und besseres Makroverständnis sowie einfachere Programmwartung, bei gleichzeitig maximaler Kompaktheit in den mit `docstrip.tex` bearbeiteten Makropaketen sind die Folge.

1.6.1 Allgemeine Erläuterungen zu Makropaketen

Makrodefinitionen, vermischt mit Kommentaren, die mit dem `%`-Zeichen eingeleitet werden, sind bei der Entwicklung von Makropaketen weitgehend gebräuchlich. Die Kommentare enthalten gewöhnlich kurze Hinweise zur Erläuterung bestimmter Makrostrukturen oder zur Zweckbestimmung des Makros. Druckt man einen solchen Makrofile aus, so ist die Mischung von Kommentaren und Definitionen in der gleichen Schreibmaschinenschrift für die leichte Lesbarkeit nicht gerade förderlich. Erläuternde Kommentare sind überdies meistens nur sehr kurz, um die eigentliche Zweckbestimmung des Makrofiles nicht mit kommentierendem Text zu überfrachten, da damit das Einlesen während der Bearbeitung verlängert wird.

Eine Ausnahme bildete der Hauptfile `latex.tex` aus dem früheren LaTeX 2.09-Paket. Er bestand zu fast zwei Dritteln aus Kommentarzeilen und nur zu einem Drittel aus Makrodefinitionen. Dieser File wird aber nur einmal zur Erzeugung des Formatfiles eingelesen. Dabei bleiben die Kommentare im Originalfile unberücksichtigt, während die eigentlichen Makrodefinitionen in maschinenspezifischer Form vorbearbeitet und im Formatfile abgelegt werden. Der zur LaTeX-Bearbeitung verwendete Formatfile ist somit frei von jedem erläuternden Textballast.

Anders sieht es bei den Klassenfiles und Ergänzungspaketen aus. Diese werden bei jedem Aufruf neu eingelesen. Bei ihren Vorgängern in LaTeX 2.09 hatte Leslie Lamport die äquivalenten Files in zwei Versionen als `.sty`- und `.doc`-Files bereitgestellt. Erstere enthielten keinerlei Kommentarzeilen und wurden zur LaTeX-Bearbeitung verwendet. Die `.doc`-Files enthielten zusätzlich zu den Makrodefinitionen umfassenden Erläuterungskommentar, der für anwenderspezifische Abänderungen heranzuziehen war. Der Nachteil dieser doppelten Vorhaltungen ist für den Entwickler sofort klar: er muß zwei Programmfiles gleichzeitig pflegen. Eine Änderung im unkommentierten `.sty`-File muß anschließend auch im kommentierten `.doc`-File vorgenommen werden.

1.6.2 Dokumentierte Makrofiles

Bei Einhaltung weniger Regeln bei der Mischung von Erläuterungstext als Kommentarzeilen und den eigentlichen Makrodefinitionen gestatten die Werkzeuge `docstrip.tex` und `doc.sty` aus dem Doc-Paket eine systematische Vorbehandlung des dokumentierten Makrofiles. Das Programm `docstrip.tex` erkennt alle Kommentarzeilen und entfernt sie, so daß als Ergebnis die reinen Makrodefinitionen übrig bleiben. Das Herausfiltern von Makrodefinitionen kann bedingungsabhängig erfolgen, so daß, abhängig vom Bearbeitungsaufruf, nur bestimmte Definitionen und Makroaufrufe verbleiben. Es ist auch möglich, mehrere dokumentierte Makrofiles in einem Bearbeitungsvorgang zusammenzubinden und hieraus einen File zu generieren, der den reinen Makrokode enthält.

Das Ergänzungspaket `doc.sty` erkennt ebenfalls die Kommentarzeilen, bei denen die einleitenden %-Zeichen entfernt werden, so daß der verbleibende Text wie gewöhnlicher LaTeX-Eingabetext formatiert wird. Der ursprüngliche Kommentartext darf LaTeX-Befehle enthalten, die nach der Entfernung der einleitenden Kommentarzeichen bei der LaTeX-Bearbeitung dann wie gewohnt berücksichtigt werden. Die Makrodefinitionen bzw. Makroaufrufe sind im Eingabetext dadurch gekennzeichnet, daß ihnen kein %-Zeichen zeilenweise vorangestellt ist. Solche Zeilen werden mit `doc.sty` so bearbeitet, als stünden sie in einer `verbatim`-Umgebung. Als Bearbeitungsergebnis erscheint eine wohlformatierte Ausgabe, bei der sich Erläuterungstext und Makrodefinitionen bzw. Makroaufrufe deutlich voneinander abheben, was die Lesbarkeit sehr verbessert und gleichzeitig das Verständnis für den Makrokode erleichtert.

Erläuterungstext wird im Eingabefile dadurch gekennzeichnet, daß seine Zeilen mit einem %-Zeichen in Spalte 1 beginnen. Alle Zeilen, die nicht mit dem %-Zeichen in Spalte 1 beginnen, werden als Definitionsteile bezeichnet. Der Erläuterungstext darf beliebige LaTeX-Befehle und TeX-Grundbefehle sowie alle TeX-Befehle aus `plain.tex` enthalten, soweit sie in LaTeX nicht ausdrücklich verboten sind [3a, Verbotene TeX-Befehle]. Zusätzlich stellen `doc.sty` und `docstrip.tex` einige weitere Befehle bereit, die zur zielgerichteten Bearbeitung ebenfalls im Erläuterungstext benutzt werden können.

Das LaTeX-Kommentarzeichen % ist zur Kennzeichnung des Erläuterungstextes in dokumentierten Makrofiles vergeben. Soll der Erläuterungstext seinerseits Kommentar (*Pseudokommentar*) enthalten, der bei der ausgegebenen Dokumentation als interner Kommentar unterdrückt werden soll, dann kann solcher Pseudokommentar durch ein vorangestelltes `^^A` gekennzeichnet werden. Pseudokommentar, der sich über mehrere Zeilen im Erläuterungstext erstreckt, kann auch mit den beiden Erläuterungszeilen `% \iffalse ... % \fi` eingeschachtelt werden.

Definitionsteile, die in der Dokumentation wie im Original (*verbatim*[20]) erscheinen sollen, müssen mit den Erläuterungszeilen

```
%␣␣␣␣\begin{macrocode}
```
Definitionsteile
```
%␣␣␣␣\end{macrocode}
```

eingeschachtelt werden. Die vier Leerzeichen zwischen dem %-Zeichen und dem Umgebungsanfang `\begin` bzw. Umgebungsende `\end` sind zwingend! Als Umgebungsname kann hierbei auch `macrocode*` gewählt werden, mit der Folge, daß Leerzeichen im verbatim ausgegebenen Definitionsteil als '␣' erscheinen. Den verbatim ausgegebenen Zeilen wird bei der Bearbeitungsklasse `ltxdoc` (s. u.) außerdem eine laufende Zeilennummer vorangestellt, die bei der ersten dokumentierten Makrozeile mit 1 beginnt.

Definitionsteile, die nicht mit diesen beiden Erläuterungszeilen eingeschachtelt werden, erscheinen als Makrokode im `docstrip.tex`-Bearbeitungsergebnis, jedoch nicht in der Dokumentationsausgabe. Auf solchen *verborgenen* Makrokode kann jedoch im Erläuterungstext Bezug genommen werden. Der File `doc.dtx`, also der dokumentierte Makrofile für das `doc`-

[20] Für Textausgaben, die wie beim eingegebenen Original erfolgen, so als ständen sie in einer `verbatim`-Umgebung, verwende ich im nachfolgenden Text häufig den Ausdruck 'verbatim'.

Ergänzungspaket, enthielt bei einer früheren Version (Mitte Februar 1994) kurz nach dem Fileanfang die undokumentierten Definitionszeilen

```
\def\fileversion{v1.9i}
\def\filedate{1994/02/11}
\def\docdate{1994/02/10}
```

die zwar im damaligen `doc.sty` auftraten, in der Dokumentation aber nicht erscheinen. In einer Fußnote im Erläuterungstext tauchte dann die Angabe `... version number \fileversion{} dated \filedate. ... revised on \docdate.` auf, die in der Dokumentation die entsprechenden Versionsangaben und Datumswerte ausgab.

Erläuterungstext, mit dem ein bestimmtes Makro oder eine bestimmte Umgebung beschrieben wird, sollte die Erläuterungszeile mit dem Inhalt `% \DescribeMacro{\`*macro_name*`}` bzw. `% \DescribeEnv{`*umg_name*`}` vorangestellt werden. Dies bewirkt zunächst, daß der Makro- bzw. Umgebungsname in der Dokumentation als Randnotiz zu Beginn der nachfolgenden Makro- oder Umgebungsbeschreibung erscheint. Außerdem wird der Makro- bzw. Umgebungsname ins Stichwortverzeichnis aufgenommen, wo er mit der Seitennummer (kursiv) erscheint, auf der dieser Befehl verwendet wird.

Den eigentlichen Makrodefinitionen ist häufig ein Erläuterungstext vorangestellt, der evtl. Hinweise zur Definition enthält. Dieser Erläuterungstext zusammen mit dem nachfolgenden Definitionsteil sollte durch die Erläuterungszeilen `% \begin{macro}{\`*makro_name*`}` und `% \end{macro}` eingeschachtelt werden. Die unmittelbare Umgebung eines Definitionsteils sieht in einem dokumentierten Makrofile damit üblicherweise so aus:

```
% \begin{macro}{makro_name}
% nähere Hinweise zur nachfolgenden Definition
% \begin{macrocode}
\def\makro_name ...
% \end{macrocode}
% \end{macro}
```

Damit erscheint der angegebene Makroname ebenfalls zu Beginn des nachfolgenden Erläuterungstextes oder des verbatim ausgegebenen Definitionsteils als Randnotiz. Außerdem wird er ins Stichwortverzeichnis aufgenommen, diesmal aber mit der Zeilennummer der ersten Zeile des nachfolgenden Definitionsteils, die im Stichwortverzeichnis außerdem unterstrichen wird, um dort auf die tatsächliche Makrodefinition zu verweisen. Enthält der Definitionsteil die Einrichtung einer neuen Umgebung, also die LaTeX-Struktur `\newenvironment{...}`, dann sollte statt dessen das äquivalente Zeilenpaar `% \begin{environment}{`*umg_name*`}` und `% \end{environment}` verwendet werden.

Der Unterschied zwischen diesen Kennzeichnungsstrukturen und den vorangegangenen Befehlen `\DescribeMacro` und `\DescribeEnv` liegt einmal in den unterschiedlichen Indexeinträgen als Seiten- bzw. Zeilennummerreferenz. Zum anderen sind die beiden letzten Kennzeichnungsbefehle für Erläuterungstext vorgesehen, mit dem die Anwendung oder Nutzung von Makros oder Umgebungen beschrieben wird. Diese sind oft in einen LaTeX-Text eingebettet, der mit `\titlepage`, `\section`, `\subsection` gegliedert ist und eine Nutzungsbeschreibung aller Makros aus dem File vorstellt. Die Makro- und Umgebungsdefinitionen folgen dann oft mit einer eigenen Gliederungsüberschrift, die auf die Bereitstellung der Definitionen verweist. Der File `doc.dtx` ist in dieser Form gegliedert. Der Leser möge seine Dokumentation erstellen (s. u.) und sie mit `doc.dtx` vergleichen.

Es ist möglich, die Dokumentation auf die Anwendungsbeschreibung der Makros zu begrenzen und die nachfolgenden Definitionsbeschreibungen und Definitionen selbst zu unterdrücken. Eine solche begrenzte Dokumentation ist für Anwender gedacht, die sich nicht mit den Interna der Definitionen selbst befassen möchten. Bei einer solchen begrenzten Dokumentation bleiben die Kennzeichnungsbefehle `\begin{macro} ... \end{macro}` und ihre Umgebungsäquivalente ohne Wirkung.

Definitionsteile in einem dokumentierten Makrofile enthalten oft die Definitionen mehrerer Makros unmittelbar aufeinanderfolgend. In diesem Fall kann dieser Definitionsteil und seine evtl. vorangehende Definitionserläuterung durch mehrere Kennungszeilen der Form `% \begin{macro}{`*makro_name*`}` mit entsprechenden Einträgen für *makro_name* eingeleitet werden. Nach dem entsprechenden Definitionsteil sind dann gleich viele Kennungszeilen `% \end{macro}` erforderlich, wie zur Einleitung aufgeführt. Die entsprechende Aussage bezüglich der äquivalenten Umgebungskennung `% \begin{environment}` versteht sich von selbst.

1.6.3 Das doc-Ergänzungspaket

Dokumentation aus einem dokumentierten Makrofile verlangt die Bereitstellung eines sog. Treiberfiles, der mindestens die nachstehenden LaTeX-Befehlszeilen enthalten muß:

```
\documentclass[optionen]{bearb_klasse}
\usepackage{doc}
  evtl. weitere Vorspannbefehle
\begin{document}
  spezielle Eingabebefehle
\end{document}
```

Als Bearbeitungsklasse *bearb_klasse* kann jede der Standardklassen gewählt werden. LaTeX 2_ε stellt als speziellen Klassenfile zusätzlich `ltxdoc.cls` bereit. Wird für *bearb_klasse* `ltxdoc` gewählt, dann kann der Vorspannbefehl `\usepackage{doc}` entfallen, da das Ergänzungspaket `doc.sty` durch den speziellen Klassenfile `ltxdoc.cls` automatisch eingelesen wird. Ansonsten greift dieser spezielle Klassenfile auf die Standardklasse `article` zurück, so als wäre diese im Dokumentklassenbefehl gewählt worden.

Der Textteil *spezielle Eingabebefehle* besteht meistens nur aus den in `doc.sty` bereitgestellten Lesebefehlen `\DocInput{`*doc_makro_file*`}` mit dem Filenamen des dokumentierten Makrofiles. Beim Auftreten mehrerer `\DocInput`-Lesebefehle werden entsprechend mehrere dokumentierte Makrofiles eingelesen und für die Dokumentation zu einer Einheit verbunden. Hierauf folgt eventuell noch der ebenfalls aus `doc.sty` stammende Befehl `\PrintIndex`, der die Ausgabe des Indexregisters bewirkt.

Weiter oben wurde dargestellt, daß mit den Befehlen `\DescribeMacro`, `\DescribeEnv`, `\begin{macro}` und `\begin{environment}` der dort angegebene Makro- oder Umgebungsname im Inhaltsverzeichnis aufgenommen wird. Enthält der Vorspann des Treiberfiles den Befehl `\EnableCrossrefs`, so werden zusätzlich *alle* in Definitionsteilen auftretenden Makro- oder Umgebungsnamen im Indexregister aufgenommen, falls diese Definitionsteile mit `% \begin{macrocode} ... \end{macrocode}` eingeschachtelt sind. Umgekehrt kann mit `\DisableCrossrefs` diese Zusatzaufnahme von Makro- und Umgebungsnamen unterbunden werden.

Die Gestaltung des Indexregisters erfolgt mit einem der beiden Befehle `\CodelineIndex` oder `\PageIndex` im Vorspann des Treiberfiles. Die mit `\DescribeMacro` und `\DescribeEnv` erzeugten Stichworteinträge verweisen, unabhängig von den vorstehenden Steuerbefehlen, stets auf die Seitennummer. Nach `\CodelineIndex` werden die Kodezeilen aus den Definitionsteilen fortlaufend durchnumeriert, auf die alle sonstigen Stichworteinträge dann verweisen. `\PageIndex` unterbindet die fortlaufende Numerierung der Kodezeilen und alle weiteren Stichworteinträge verweisen ebenfalls auf die zugehörigen Seitennummern. Ein `.idx`-File mit den Einträgen der internen `\index`-Befehlen entsteht bei der LaTeX-Bearbeitung nur, wenn einer dieser beiden Befehle im Treibervorspann auftritt. Eine fortlaufende Numerierung der Kodezeilen im Dokumentationstext *ohne* gleichzeitige Erzeugung eines `.idx`-Files kann mit `\CodelineNumbered` erreicht werden.

Mit `\DoNotIndex{`*macro_namen_liste*`}` kann eine durch Kommata getrennte Liste von Makronamen übergeben werden, die dann nicht im Indexregister erscheinen. Das wird für die Erstellung eines sinnvollen Indexregisters praktisch immer erforderlich werden. Man stelle sich nur vor, wie oft der Befehlsname `\def` als Folge von `EnableCrossrefs` im Indexregister erscheinen würde, wenn er mit dem vorstehenden Befehl `\DoNotIndex` nicht explizit unterdrückt wird.

Mit der Angabe `\RecordChanges` im Vorspann des Treiberfiles wird ein zweiter Hilsfile mit dem Anhang `.glo` erzeugt, in dem alle mit Einträge eines dokumentierten Makrofiles der Form `\changes{`*vers_nr*`}{`*datum*`}{`*kurz_beschr*`}` abgelegt werden. Die hier mit *vers_nr*, *datum* und *kurz_beschr* gekennzeichneten Einträge für 'Versions-Nummer', 'Datum der Änderung' und 'Kurzbeschreibung der Änderung' bedürfen keiner Erläuterung. Mit der auf S. 27 beschriebenen speziellen Makeindex-Bearbeitung des erzeugten `.glo`-Files entsteht der gleichnamig File mit dem Anhang `.gls`, der dann an der Stelle des Befehls `\PrintChanges` als alphabetisch geordnetes Pseudoglossar mit der stichwortartigen Entwicklungsgeschichte des dokumentierten Makrofiles ausgegeben wird.

Neben dem bereits oben vorgestellten Filelesebefehl `\DocInput`, mit dem in Treiberfiles üblicherweise die dokumentierten Makrofiles zur Erstellung ihrer Dokumentation eingelesen werden, stellt `doc.sty` stellt als weiteren Lesebefehl noch `\IndexInput{`*makro_file*`}` bereit. Hiermit können beliebige Makrofiles eingelesen werden, also auch solche, die sich nicht an die Regeln der doc-Formen halten. Ein solcher File wird dann als ganzes in der Dokumentation verbatim ausgegeben. Gleichzeitig werden alle in ihm auftretenden Befehls- und Umgebungsnamen in einem Stichwortverzeichnis untergebracht. Für ein praktisch nutzbares Stichwortverzeichnis sollte auch hierbei mit `\DoNotIndex` eine Beschränkung auf die wesentlichen Befehlsstrukturen vorgenommen werden.

Im Erläuterungstext eines dokumentierten Makrofiles wird man häufig Befehlsnamen in Schreibmaschinenschrift erscheinen lassen wollen. Die Aufrufe mit `\verb{`*\bef_name*`}` sind bei der erforderlichen Häufigkeit recht lästig. `doc.sty` gestattet eine verkürzte Eingabe mit |*orig_text*| mit der gleichen Wirkung, wie dies mit `\verb`|*orig_text*| geschehen würde. Statt | können auch andere Einschlußzeichen gewählt werden, wie in 1.5.10 dargestellt wird.

Soll die Dokumentation auf die Anwenderbeschreibung der mit dem Makrofile bereitgestellten Makros beschränkt werden, so kann dies mit der Erklärung `\OnlyDescription` im Treiberfile erreicht werden. Die Nutzung dieses Befehls verlangt im dokumentierten Makrofile die Angabe des Befehls `\StopEventually{`*abschl_aktionen*`}` an geeigneter Stelle, üblicherweise am Ende des Erläuterungstextes mit den Anwendungsbeschreibungen und vor den eigentlichen Makrodefinitionen. Der File `doc.dtx` beschreibt zunächst in den Abschnitten 1 und 2 die bereitgestellten Zusatzmakros und Umgebungen und leitet mit Abschnitt 3 die eigentlichen Definitionen und die Definitionserläuterungen ein. Der Befehl `\StopEventually` erscheint folgerichtig unmittelbar vor dem `\section`-Befehl für den Abschnitt 3.

Das mit *abschl_aktionen* gekennzeichnete Argument von `\StopEventually` steht für diejenigen Aktionen, die am Ende der eingeschränkten Dokumentation noch ausgeführt werden sollen. Dies werden häufig die Befehlsfolgen zur Erzeugung eines Literaturverzeichnisses sowie der anschließende Befehl `\PrintIndex` zur Ausgabe des Stichwortverzeichnisses sein. Entfällt der Befehl `\DescriptionOnly` im Treiberfile, so wird das Argument des `\StopEventually`-Befehls an den Befehl `\Finale` weitergereicht, der in dokumentierten Makrofiles gewöhnlich am Ende des Files auftritt.

Alle `.dtx`-Files aus dem LaTeX 2ε-Grundpaket enthalten, wie bereits in 1.4.2 dargestellt, den Eröffnungsbefehl `\documentclass{ltxdoc}`. Damit können diese dokumentierten Makrofiles direkt, also ohne Bereitstellung eines Treiberfiles, mit LaTeX-bearbeitet werden, wobei als Folge der Berabeitungsklasse `ltxdoc`, das Ergänzungspaket `doc.sty` automatisch zugeladen wird. Die Bearbeitungsklasse `ltxdoc` bewirkt weiterhin das Einlesen des Files `ltxdoc.cfg`, falls ein solcher existiert. Damit können weitere Bearbeitungsbedingungen vorgegeben werden. Das doc-Paket kennt die Befehle

`\AtBeginDocument{`*bef_eintr*`}` und `\AtEndDocument{`*bef_eintr*`}`

die im Vorspann eines Treiberfiles oder in `ltxdoc.cfg` verwendet werden können. Sie bewirken die Einfügung der übergebenen Befehlsstrukturen *bef_eintr* unmittelbar *nach* `\begin{document}` bzw. *vor* `\end{document}` des zu bearbeitenden dokumentierten Makrofiles. Damit werden die Beispiele für `ltxdoc.cfg` von S. 27 verständlich, die dort ohne Erläuterung zur Erstellung der Dokumentation vorgeschlagen wurden.

Zur Darstellung des vollen Bearbeitungsspektrums zur Dokumentation von Makrofiles wird auf die Dokumentation von `doc.dtx` selbst verwiesen. Der Leser möge sich bei Bedarf mindestens die eingeschränkte Dokumentation mit dem Aufruf '`latex doc.dtx`' mit einem entsprechenden `ltxdoc.cfg` selbst erstellen.

Bei der LaTeX-Bearbeitung von Treiberfiles entsteht meistens auch ein Indexregister und häufig auch eine Entwicklungsgeschichte in Form eines Pseudoglossars. Dies verlangt nach der ersten LaTeX-Bearbeitung die MakeIndex-Bearbeitung der evtl. erzeugten `.idx`- und `.glo`-Files und anschließend eine zweite LaTeX-Bearbeitung des Treiberfiles. Die Einzelheiten wurden bereits bei der Installation von LaTeX 2ε in 1.4.2 auf Seite 27 vorgestellt, so daß sie hier nicht nochmals wiederholt werden.

1.6.4 Die Erzeugung kompakter Makrofiles mit docstrip

Dokumentierte Makrofiles sollten grundsätzlich auch als einlesbare Makrofiles für eine LaTeX-Bearbeitung genutzt werden können. Wegen der vielen Erläuterungszeilen führt dies aber zu unnötigen Verzögerungen. Außerdem enthalten dokumentierte Makrofiles häufig bedingungsabhängige Definitionsteile, die mit dem einfachen LaTeX-`\input`-Befehl nicht berücksichtigt werden.

Mit dem docstrip-Werkzeug aus LaTeX 2ε wird es möglich, aus dokumentierten Makrofiles ein oder mehrere kompakte Makropakete als Klassen-, Klassenoptions- und Ergänzungsfiles zu erstellen, bei denen alle Kommentarzeilen, die mit dem Kommentarzeichen `%` in Spalte 1 beginnnen, entfernt werden, falls dies nicht durch andere spezielle `docstrip`-Befehle ausdrücklich abgeändert wird.

Der Bearbeitungsaufruf kann mit `\latex docstrip` interaktiv erfolgen. Danach erscheinen auf dem Bildschirm eine Reihe von Abfragen. Mit dem vorstehenden Bearbeitungsaufruf sucht das Programm zunächst nach einer Datei mit dem Namen `docstrip.cmd`. Gibt es beim Anwender eine solche, so erwartet `docstrip.tex`, daß es sich um eine Befehlsdatei mit weiteren Bearbeitungsangaben (s. u.) handelt. Die erste Bildschirmabfrage lautet dann, ob diese Befehlsdatei verwendet werden soll. Wird hierauf mit 'y' (yes) geantwortet, so erfolgt die Bearbeitung entsprechend den Vorgaben aus der Befehlsdatei `docstrip.cmd`.

Wird dagegen mit 'n' (no) oder einfach mit der Eingabetaste (↵) geantwortet, bzw. gibt es beim Anwender keine Datei mit dem Namen `docstrip.cmd`, so erfolgt als nächste Abfrage, welcher oder welche File(s) als dokumentierte Makrofiles eingelesen und unter welchem Namen das Bearbeitungsergebnis abgelegt werden soll. Außerdem wird nach eventuellen Bearbeitungsoptionen (s. u.) gefragt. Nach Beantwortung dieser Fragen erfolgt dann die zielgerichtete Bearbeitung.

Der Bearbeitungsaufruf kann auch als '`latex` *bef_dat.anh*' erfolgen, wobei *bef_dat* und *anh* für den Grundnamen und den Namensanhang einer Befehlsdatei steht, die ihrerseits `docstrip.tex` einliest und die erforderlichen Anweisungen an `docstrip.tex` hinzufügt. Alle Installationsfiles aus LaTeX 2ε mit dem Anhang `.ins` sind solche Befehlsdateien für `docstrip.tex`.

Eine Befehlsdatei für `docstrip.tex` beginnt, nach einem eventuellen internen Textvorspann (s. u.), mit den beiden Zeilen

```
\def\batchfile{bef_dat.anh}
\input docstrip
```

Mit der ersten Definition wird der Name der Befehlsdatei auch intern bekannt gemacht. Der nächste Befehl liest dann das Programm `docstrip.tex` ein. Hierauf folgen gewöhnlich ein oder mehrere Befehle der Form

```
\generateFile{erg_file}{akt}{\from{doc_makro_file}{ausw_liste}}
```

Hierin steht *erg_file* für den Filenamen (Grundname und Anhang), unter dem das Bearbeitungsergebnis abgelegt werden soll. Mit *akt* wird die Aktion bestimmt, die ablaufen soll, wenn ein File mit dem Namen *erg_file* beim Anwender bereits existiert. Erlaubte Einträge für *akt* sind `f` oder `t`, mit der Wirkung, daß mit `f` ein existierender File gleichen Namens mit dem Bearbeitungsergebnis ohne Warnung überschrieben wird. Die Angabe `t` erzeugt dagegen eine entsprechende Warnung und fragt ab, ob der bereits existierende File mit dem Ergebnisfile überschrieben werden soll.

Das erste Argument *doc_makro_file* im darauffolgenden `\from`-Befehl enthält den Filenamen des zu bearbeitenden dokumentierten Makrofiles und das zweite Argument *ausw_liste* eine sog. Auswahlliste, die auch leer sein darf. Der `\from`-Befehl darf mit unterschiedlichen Argumenten im vorstehenden `generateFile` mehrfach auftreten, mit der Wirkung, daß mehrere dokumentierte Makrofiles zu einem Ergebnisfile zusammengebunden werden.

Das `docstrip.tex`-Programm gestattet eine Auswahl von Definitionsteilen zur Ablage in den Ergebnisfile. Damit können aus einem dokumentierten Makrofile evtl. mehrere unterschiedliche Ergebnisfiles erzeugt werden. Wird ein Definitionsteil oder eine Gruppe von Definitionsteilen von den zwei Erläuterungszeilen `%<*`*auswahl*`>` und `%</`*auswahl*`>` umschlossen, so werden die eingeschlossenen Definitionsteile im Ergebnisfile nur dann abgelegt, wenn dies durch die entsprechende Auswahlangabe in *ausw_liste* beim `\from`-Befehl innerhalb von `\generateFile` erklärt wurde.

Für *auswahl* kann im einfachsten Fall ein einfacher Name gewählt werden, wobei das Namenswort auch Ziffern enthalten darf, z. B. book oder bk10. Die mit %<**name*> … %</*name*> eingeschlossenen Definitionsteile werden im Ergebnisfile nur abgelegt, wenn der gleiche Name in der Auswahlliste beim \from-Befehl erscheint. Diese Liste darf mehrere durch Kommata getrennte Auswahlnamen enthalten.

Für *auswahl* können in den umschließenden Erläuterungszeilen auch komplexere Ausdrücke gebildet werden: Mit $ausw_1$ | $ausw_2$ entsteht die Auswahlbedingung *oder*, die zum Tragen kommt ('wahr ist'), wenn wenigstens eine der Angaben $ausw_1$ oder $ausw_2$ in der Auswahlliste des \from-Befehls auftritt. Mit $ausw_1$ & $ausw_2$ wird die Auswahlbedingung *und* gebildet, die verlangt, daß sowohl $ausw_1$ als auch $ausw_2$ in der Auswahlliste erscheinen müssen, damit der eingeschlossene Definitionstext in den Ergebnisfile übernommen wird. Schließlich führt !*auswahl* (*logische Verneinung*) im umschließenden Erläuterungszeilenpaar dazu, daß der eingeschlossene Definitionstext *nur* dann in den Ergebnisfile übernommen wird, wenn der entsprechende Ausdruck für *auswahl* *nicht* in der Auswahlliste bei from erscheint.

Mit den vorstehenden einfachen logischen Kombinationen dürfen komplexere Ausdrücke gebildet werden. Dabei hat & höhere Priorität als | und !. Der Leser möge sich die Auswahlangabe $ausw_a$ & $ausw_b$ | ! $ausw_c$ selbst erklären.

Ein dokumentierter Makrofile sollte grundsätzlich auch durch direktes Einlesen mit \input in einem LaTeX-File verwendet werden dürfen. Hierbei werden dann zwar alle mit dem Kommentarzeichen beginnenden Erläuterungszeilen mit eingelesen, als Kommentarzeilen bleiben sie bei der Bearbeitung aber ohne Wirkung. Das gilt auch für die vorgestellten kommentierten Auswahlzeilen. Der eingeschlossene Definitionstext wird damit stets übernommen, was unter Umständen nicht gewollt ist. Das Programm docstrip.tex stellt deshalb bedingungsabhängige Erläuterungszeilen noch in einer zweiten Form vor:

%<±*auswahl*> *makro_text*

Wegen des Kommentarzeichens in Spalte eins bleibt bei einem unbearbeiteten Makrofile diese Zeile ohne Wirkung. Das docstrip.tex-Programm erkennt jedoch, daß es sich um eine Abfragebedingung handelt. Der nachfolgende Text *makro_text*, der Makroaufrufe, Makrodefinitionen oder Teile von Definitionen enthalten darf, wird als solcher in den Ergebnisfile eingefügt, wenn <+*auswahl*> gesetzt war *und* die entsprechende Angabe für *auswahl* in der Auswahlliste des zugehörigen \from-Befehls erscheint. Mit der Angabe <-*auswahl*> im Makrofile erscheint der nachfolgende Makrotext genau dann *nicht* im Ergebnisfile, wenn die entsprechende Angabe in der Auswahlliste auftritt und *immer* dann, wenn sie dort fehlt.

Die kommentierten Makrofiles aus dem LaTeX 2_ε-Paket enthalten bereits als bedingungsabhängige Erläuterungszeilen den Kode, der zur Erzeugung der zugehörigen Treiberfiles für die Dokumentation mit dem doc.sty-Ergänzungspaket genutzt werden kann. Diese lauten für doc.dtx auszugsweise z. B.

```
%<+driver>\documentclass{ltxdoc}
%<+driver>\EnableCrossrefs
%<+driver>%\OnlyDescription % comment out for implementations details
%<+driver>\begin{document}
%<+driver>   \DocInput{doc.dtx}
%<+driver>\end{document}
```

Mit der Befehlszeile \generateFile{doc.drv}{t}{\from{doc.dtx}{driver}} in einer passenden Befehlsdatei ist klar, was geschieht. Der nach %<+driver> angeführte Makrotext wird in dem File mit dem Namen doc.drv abgelegt. Die dritte Zeile erscheint dabei als `%\OnylDescription`, der Befehl ist damit herauskommentiert. Mit der nachträglichen Entfernung des Kommentarzeichens kann eine verkürzte Dokumentation, wie sie oben beschrieben wurde, erstellt werden.

Mit den vorstehend beschriebenen Strukturen sind die wichtigsten Bearbeitungseigenschaften des Programms `docstrip.tex` bereits abgedeckt. Ich stelle im folgenden, ohne Anspruch auf Vollständigkeit, kurz einige weitere vor. Für eine vollständige Darstellung aller Möglichkeiten aus `docstrip.tex` möge der Leser sich die Dokumentation mit dem Aufruf `latex docstrip.drv` erzeugen, evtl. nachdem in `docstrip.drv` der herauskommentierte Befehl `\OnlyDescription` durch Entfernen des Kommentarzeichens aktiviert wurde, falls nur die reine Anwendungsdokumentation gewünscht wird.

Enthält die Befehlsdatei den Aufruf `\showprogress`, dann wird bei der Ausführung der nachfolgenden Erzeugungsbefehle `\generateFile` der Bearbeitungsfortschritt auf dem Bildschirm durch Prozentzeichen, Punkte und Schrägstriche symbolisch mitgeteilt. Jedes `%`-Zeichen steht dabei für eine Erläuterungszeile, die entfernt wurde, jeder Punkt '`.`' steht für eine Kodezeile, die im Ergebnisfile abgelegt wurde, und `/` signalisiert, daß im Ausgangsfile eine Leerzeile gefunden wurde, die ebenfalls entfernt wird. Trifft `docstrip.tex` eine Erläuterungszeile, die die nachfolgenden Definitionsteile als bedingungsabhängig erklärt, so erscheint auf dem Bildschirm <*auswahl*, mit der entsprechenden Auswahlkennung für *auswahl*, gefolgt von obigen Fortschrittszeichen für die bedingungsabhängigen Definitionsteile, bis schließlich mit > das Ende des bedingten Eingabeteils symbolisiert wird.

War mit `\showprogress` die symbolische Kennzeichnung des Bearbeitungsfortschritts auf dem Bildschirm aktiviert worden, so kann diese mit der Erklärung `\keepsilent` für weitere `\generateFile`-Erzeugungsbefehle wieder abgeschaltet werden. Unabhängig hiervon erscheint am Ende der Erzeugung eines kompakten Makrofiles die Mitteilung, wieviele Zeilen insgesamt behandelt wurden, wieviele Erläuterungszeilen entfernt, wieviele beibehalten und wieviele Kodezeilen insgesamt abgelegt wurden. Eine entsprechende Statistik erscheint nochmals am Ende der Befehlsdatei, mit der ja mehrere kompakte Makrofiles erzeugt werden können. Die Schlußstatistik gibt zunächst an, wieviele Files insgesamt bearbeitet wurden, gefolgt von der Gesamtzahl aller entfernten bzw. abgelegten Zeilen für die behandelten Files.[21]

Eine Befehlsdatei zum Aufruf des Programms `docstrip.tex` darf ihrerseits weitere Befehlsdateien einlesen. Dies geschieht mit dem speziellen Lesebefehl:

`\batchinput{`*bef_datei*`}`

Befehlsdateiaufrufe dürfen bis zu einer Tiefe von 10 geschachtelt werden. Der Hauptinstallationsfile `unpack2e.ins` aus dem LaTeX 2_ε-Paket ist ein Beispiel für das Einlesen weiterer Befehlsdateien.

Jede Befehlsdatei enthält ihrerseits den Befehl `\input{docstrip}`, womit zum Einlesen des Programms `docstrip.tex` aufgefordert wird. In `docstrip.tex` ist aber sichergestellt, daß das Programm nicht nochmals eingelesen wird, wenn es bereits mit einer äußeren Befehlsdatei eingelesen worden war.

Befehlsdateien für `docstrip.tex` enthalten oft Bildschirmmitteilungen, die z. B. mit dem LaTeX-Befehl `\typeout{`*nachricht*`}` erzeugt werden. Bei etlichen Befehlsdateien wer-

[21] Die hier beschriebene Wirkung von `\showprogress` und `\keepsilent` sowie der nachfolgenden Statistikangaben setzt voraus, daß bei der Generierung von `docstrip.tex` aus `docstrip.dtx` die Auswahlangabe `stats` gesetzt war. Das aber ist im Installationsfile `docstrip.ins` der Fall. Die beschriebenen Eigenschaften bilden also den Bearbeitungsstandard von `docstrip.tex`, wenn bei der Installation hiervon nicht ausdrücklich abgewichen wurde.

den häufig gleichartige Bildschirmmitteilungen ausgegeben. Bei verschachtelten Befehlsdateien ist die wiederholte gleiche Bildschirmmitteilung unerwünscht. Mit dem Befehl

`\ifTopLevel{`*befehls_liste*`}`

wird erreicht, daß die als Argument übergebene Befehlsliste, also eine Folge von LaTeX-Befehlen, nur dann ausgeführt wird, wenn die Befehlsdatei die äußerste der Aufrufverschachtelung ist.

Das Programm `docstrip.tex` stellt für Befehlsdateien schließlich noch die Befehlspaare

`\preamble` *beliebiger Text* `\endpreamble` und
`\postamble` *beliebiger Text* `\endpostamble`

bereit. Der eingeschachtelte Text erscheint auch im komprimierten Makrofile, dort aber mit *zwei* vorangestellten Kommentarzeichen `%%`. Das erste Befehlspaar ist gedacht für Kommentartext, der zu Beginn des komprimierten Makrofiles, also vor den eigentlichen Makrodefinitionen erscheinen soll. Dieser enthält häufig Copyright-Hinweise und weitere Schutzvorschriften. Das zweite Befehlspaar hängt den eingeschlossenen Text als Kommentartext an das Ende des File hinter die Makrodefinitionen an.

1.7 Weitere nützliche Makropakete

Das LaTeX 2ε-Gesamtpaket gliedert sich zunächst in die drei Parallelverzeichnisse `base`, `contrib` und `packages`. Das letzte enthält als weiterers Unterverzeichnis `tools` unter dem sich die dokumentierten Makrofiles mit den Grundnamen

```
afterpage  enumerate  hhline      rawfonts  theorem   xr
array      fileerr    identfirst  showkeys  varopref
dccolumn   fontsmpl   longtable   somedefs  verbatim
delarray   ftnright   multicol    tabularx  xspace
```

und dem Anhang `.dtx`. Das Verzeichnis enthält die docstrip-Befehlsdatei `tools.ins` deren LaTeX-Bearbeitung aus diesen dokumentierten Makrofiles die gleichnamigen Ergänzungspakete herausfiltert und unter den gleichen Grundnamen mit dem Anhang `.sty` ablegt. Zusätzlich entstehen einige Files mit dem Anhang `.tex`. Die `.sty`- und `.tex`-Files sind in das TeX-Standareingabeverzeichnis zu verschieben. Mit der LaTeX-Bearbeitung der `.dtx`-Files kann, evtl. mit einem anwenderspezifischen `ltxdoc.cfg`-File (s. S. 50), deren Dokumentation erstellt werden.

1.7.1 Verbesserte und erweiterte Tabellenumgebungen

Die Ergänzungspakete `array.sty` von FRANK MITTELBACH sowie `longtable.sty`, `delarray.sty`, `tabularx.sty`, `dcolumn.sty` und `hhline.sty` von DAVID P. CARLISLE, Universität Manchester, stellen Verbesserungen und Ergänzungen zur LaTeX-`tabular`-Umgebung dar, die teilweise aufeinander aufbauen und deshalb in diesem Unterabschnitt gemeinsam vorgestellt werden.

1.7.1.1 Das Ergänzungspaket array

Frank Mittelbach stellt mit `array.sty` ein Ergänzungspaket mit erweiterten Tabellenstrukturen gegenüber dem LaTeX-Original bereit. Es gestattet, Tabellenstrukturen wie bisher mit den `array`- und `tabular`-Umgebungen zu erzeugen. Die Spaltenformatierungsparameter `l`, `c` und `r` für linksbündigen, zentrierten und rechtsbündigen Spaltentext behalten dabei ihre bekannte Wirkung. Der Formatierungsparameter `p{`*breite*`}` für mehrzeilige Spalteneinträge mit der vorgegebenen Spaltenbreite erhält zwei Ergänzungen, die die vertikale Ausrichtung bezüglich der horizontalen Nachbareinträge verändern. Die Wirkung der Formatierungssymbole `|` und `||` zur Erzeugung vertikaler Striche und Doppelstriche ist geringfügig geändert.

<table>
<tr><td><code>l c r</code></td><td>linksbündiger, zentrierter oder rechtsbündiger Spalteneintrag wie beim <code>tabular</code>-Original.</td></tr>
<tr><td><code>p{</code>breite<code>}</code></td><td>Definiert eine Spalte für mehrzeiligen Eintrag, der entsprechend der eingestellten breite umbrochen wird. Mehrzeiliger Text wird in bezug auf die Nachbarspalten auf die erste Zeile ausgerichtet. Entspricht der Wirkung von <code>\parbox[t]{</code>breite<code>}</code>.</td></tr>
<tr><td><code>m{</code>breite<code>}</code></td><td>Wie <code>p</code>, mehrzeiliger Text wird mit der vertikalen Mitte auf die Eintragungen der Nachbarspalten ausgerichtet. Entspricht der Wirkung von <code>\parbox{</code>breite<code>}</code>.</td></tr>
<tr><td><code>b{</code>breite<code>}</code></td><td>Wie <code>p</code>, mehrzeiliger Text wird mit der letzten Zeile auf die Eintragungen der Nachbarspalten ausgerichtet. Entspricht der Wirkung von <code>\parbox[b]{</code>breite<code>}</code>.</td></tr>
<tr><td><code>>{</code>erkl<code>}</code></td><td>Kann direkt vor eine <code>l</code>, <code>c</code>, <code>r</code>, <code>p{..}</code>, <code>m{..}</code> oder <code>b{..}</code> Formatierungsangabe gesetzt werden und fügt den Inhalt von erkl vor jedem Spalteneintrag ein. Die Erklärung erkl steht hierbei für gewöhnlichen Text, Befehlsfolgen oder eine Mischung aus beiden. Beispiel: <code>>{\bf}c</code> formatiert die entsprechende Spalte mit einem horizontal zentrierten Eintrag in der Schriftart <code>\bf</code>.</td></tr>
<tr><td><code><{</code>erkl<code>}</code></td><td>Kann direkt nach einer <code>l</code>, <code>c</code>, <code>r</code>, <code>p{..}</code>, <code>m{..}</code> oder <code>b{..}</code> Formatierungsangabe gesetzt werden und fügt den Inhalt von erkl nach jedem Spalteneintrag ein. Beispiel: <code>l<{!!!}</code> linksbündiger Spalteneintrag, an den jeweils !!! angehängt wird.</td></tr>
<tr><td><code>|</code></td><td>Fügt eine vertikale Linie ein. Der standardmäßige Spaltenzwischenraum wird hierbei im Gegensatz zum Original um die Breite der Linie vergrößert.</td></tr>
<tr><td><code>||</code></td><td>Fügt eine vertikale Doppellinie ein und vergrößert den Spaltenzwischenraum um die Breite der Doppellinie.</td></tr>
<tr><td><code>@{</code>erkl<code>}</code></td><td>Entfernt den Standardzwischenraum und ersetzt ihn durch den Inhalt von erkl. Beispiel: <code>r@{.}l</code> formatiert die benachbarten Spalten für die Eingabe <code>1 & 5</code> als 1.5. (Originalbefehl)</td></tr>
<tr><td><code>!{</code>erkl<code>}</code></td><td>Fügt den Inhalt von erkl zwischen benachbarten Spalten bzw. vor der ersten oder nach der letzten Spalte hinzu, ohne den zusätzlichen Spaltenzwischenraum zu entfernen.</td></tr>
</table>

Die vorstehende Tabelle wurde demgemäß mit

`\begin{tabular}{|>{\tt}c||m{105mm}|}` *Tabellentext* `\end{tabular}` erzeugt. Für die linke Spalte wird damit als Standardschrift `\tt` gewählt. Um die kursiven Textteile innerhalb dieser Spalte zu erzeugen, wurde lokal auf `\emph` umgeschaltet: `m\{\emph{breite}\}` ⇒ `m{`*breite*`}`[22].

Die rechte Spalte ist als `m{105mm}` erklärt worden. Mehrzeiliger Text wird gegenüber der linken Spalte auf die vertikale Mitte zentriert. Das gilt natürlich auch für die Angaben `p{`*breite*`}` bzw. `b{`*breite*`}`. In der vorstehenden Tabelle wurde die vertikale Verschiebung durch zugefügte `\raisebox`-Befehle bewirkt, um die Wirkung der `p`- bzw. `b`-Formatierung zu demonstrieren.

Der Nutzen des Formatierungsparameters `>{`*erkl*`}` wird mit dem in der Tabelle angegebenen Beispiel sofort offenkundig. Dagegen erscheint das Beispiel für das `<{`*erkl*`}` Format etwas gekünstelt. Tatsächlich kann man mit der Kombination beider Parameter erstaunlich geschickte Formatierungsmöglichkeiten erschließen.

Für Tabellen, bei denen einige Spalten durch Dezimalzahlen mit unterschiedlich vielen Stellen sowohl vor als auch nach dem Dezimalpunkt besetzt sind, besteht in der Praxis meist die Forderung einer Ausrichtung auf den Dezimalpunkt (oder Komma). Dies kann mit einer Aufteilung auf zwei Spalten der Form `r@{.}l` und Zahleneingaben der Form *x* & *y* zwar erreicht werden, doch erscheint diese Form der Eingabe für eine Dezimalzahl recht ungewöhnlich. Das Formatierungspaar `>` `<` der erweiterten `tabular`-Umgebung läßt eine elegantere Lösung zu, etwa von der Form

```
...>{\centerdots}c<{\endcenterdots}...
```

vorausgesetzt, daß die Macros `\centerdots` und `\endcenterdots` als

```
{\catcode`\.=\active\gdef.{\egroup\setbox2=\hbox\bgroup}}
\def\centerdots{\catcode`\.=\active\setbox0=\hbox{bgroup}}
\def\endcenterdots{\egroup\ifvoid2 \setbox2=\hbox{0}\fi
  \ifdim \wd0>\wd2 \setbox2=\hbox to\wd0{\unhbox0\hfill}
  \else  \setbox0=\hbox to\wd2{\hfill\unhbox0}\fi
  \catcode`\.=12 \box0.\box2}
```

definiert worden waren. Spalteneingaben wie 1.23 und 123.456 werden damit auf den Dezimalpunkt ausgerichtet. Auch dieser Vorschlag stammt von Frank Mittelbach, der den `array.sty`-File beim 7. Deutschen TeX-Treffen in Freiburg vorstellte und samt Dokumentation allgemein verfügbar machte. Der Leser möge das Beispiel für ein Dezimalkomma modifizieren. Eine noch bessere Lösung wird mit dem Ergänzungspaket `dcolumn.sty` erreicht.

Eine weiterer nützlicher Befehl, der nur außerhalb der Tabellenumgebung auftreten darf und der an `\newcommand` erinnert, ist

`\newcolumntype{`*p*`}[`*n*`]{`*sp_form*`}`

Er richtet unter dem Zeichen *p* einen Spaltenformatierungsparameter ein, der einen oder mehrere oder auch Teile und Kombinationen der Standardparameter zur Spaltenformatierung bereitstellt. Dabei sind wie bei `\newcommand` bis zu 9 freie Parameter erlaubt, deren Zahl mit *n* vorgegeben wird und die innerhalb von *sp_form* an den mit `#1`, ..., `#9` gekennzeichneten Stellen mit ihrem aktuellen Argument übergeben werden. Damit kann ein Positionierungsparameter '`Z`' sowie '`d`' als

[22] Genaugenommen wurde `m\symbol{123}\emph{breite}\symbol{125}` eingegeben, da `\{` bzw. `\}` auch innerhalb des `\tt`-Zeichensatzes die geschweifte Klammer dem `\rm`-Zeichensatz entnimmt.

`\newcolumntype{Z}{|ll|cc|rr|}` sowie
`\newcolumntype{d}{>{\centerdots} c <{\endcenterdots}`

eingerichtet werden, so daß mit der Angabe `\begin{tabular}{Z}` eine verkürzte Schreibweise für `\begin{tabular}{|ll|cc|rr}` möglich und mit `\begin{tabular}{..d..}` in der mit '`d`' gekennzeichneten Spalte der jeweilige Eintrag auf den Dezimalpunkt zentriert wird. Die Dokumentation aus `array.drv` enthält auf S. 3 ein weiteres Beispiel für einen Positionierungsparameter d mit einem Parameter

```
\newcolumntype{d}[1]{\rightdots{#1} r <{\endrightdots}}
```

mit dem die maximale Anzahl von Stellen nach dem Dezimalpunkt mit `d{`*n*`}` im Spaltenfeld bei der `tabular`-Umgebung vorgegeben werden kann. Die Definitionen für `\rightdots` und `\endrightdots` mögen der angeführten Dokumentation entnommen werden. Eine Anpassung auf die Ausrichtung nach einem Dezimalkomma sollte nicht schwerfallen.

Eine andere nützliche Anwendung liegt in der Formatangabe `..>{$}c<{$}...` Damit wird für die entsprechende Spalte in den mathematischen Bearbeitungsmodus umgeschaltet und der Spaltentext als Formel zentriert. Dieselbe Formatierungsangabe innerhalb der `array`-Umgebung — für die alle vorgestellten Formatierungserweiterungen gleichermaßen gelten — hat die entgegengesetzte Wirkung. Für die zugehörige Spalte wird in den Textmodus umgeschaltet, weil die zugefügten `$`-Zeichen die in der `array`-Umgebung standardmäßig angebrachten `$`-Zeichen jeweils aufheben. Auch hier kann mit `\newcolumntype` eine Kurzform für den Spaltenparameter eingerichtet werden.

```
\newcolumntype{C}{>{$}c<{$}}
\newcolumntype{L}{>{$}l<{$}}
\newcolumntype{R}{>{$}r<{$}}
```

stellen die Spaltenpositionierungsparameter '`C`', '`L`' und '`R`' bereit, mit denen im Formatierungsfeld der `tabular`-Umgebung die Einträge als 'zentrierte', 'linksbündige' bzw. 'rechtsbündige' Textformel interpretiert werden. Umgekehrt erscheint in einer `array`-Umgebung mit diesen Positionierungsparametern der entsprechende Spalteneintrag als analog ausgerichteter Texteintrag und nicht als math. Formel.

Mit der Erklärung `\showcol` werden alle zu diesem Zeitpunkt mit `\newcolumntype` eingerichteten Positionierungsparameter mit ihrer Definition auf dem Bildschirm ausgegeben und gleichzeitig im Protokollfile abgelegt.

Werden Tabellenzeilen durch horizontale Linien getrennt, so reichen diese Linien beim Original zu nahe an die Oberlängen großer Buchstaben heran. Diese Schwäche könnte man durch Einbau einer *Stütze* (das sind `\rule{0pt}{`*höhe*`}`-Befehle der Breite 0pt und einer passenden Höhe) in jeder Zeile mühsam beheben. Die erweiterte `tabular`-Umgebung kennt dafür die Erklärung `\extrarowheight`. Eine Zuweisung mit einem positiven Wert, z. B. `\setlength{\extrarowheight}{1pt}`, vergrößert alle Zeilenhöhen um den eingestellten Wert. Diese Erklärung muß außerhalb der `tabular`-Umgebung erfolgen und wirkt auf alle folgenden Tabellen, bis sie geändert wird.

Bei der Formatierung von Spalten mittels der Formate `p{..}`, `m{..}` oder `b{..}` darf der jeweilige Spaltentext aus mehreren Absätzen bestehen. Für solche Absätze ist intern `\parindent0pt` eingestellt, d. h., die ersten Zeilen der Absätze werden nicht eingerückt. Dies kann vom Anwender mit einer Formatierungsangabe wie `..>{\parindent1em}p..` verändert werden. Hiermit würden z. B. die ersten Zeilen der Spaltenabsätze um den Wert 1 em eingerückt.

1.7.1.2 Das Ergänzungspaket longtable

Die Erstellung von Tabellen ist mit der `tabular`-Standardumgebung auf Tabellen beschränkt, deren Länge die vorgegebene Seitenhöhe nicht überschreitet. Längere Tabellen müssen auf mehrere `tabular`-Umgebungen aufgeteilt werden. Das verlangt gewöhnlich mehrere Versuche, da die passende Tabellenlänge für die einzelne Seite beim Eingabetext zu Beginn kaum richtig abgeschätzt und erst nach mehreren Probeausdrucken optimal ermittelt werden kann. Dabei tritt eine weitere Unzulänglichkeit auf: Die zusammengehörenden Spalten unterscheiden sich häufig auf den verschiedenen Seiten, da die Spaltenbreite durch den maximalen Eintrag der jeweiligen Teiltabelle bestimmt wird, der auf verschiedenen Seiten sehr unterschiedlich ausfallen kann. Dasselbe Problem tritt auch bei kürzeren Tabellen auf, wenn diese innerhalb der umgebenden Texte auf der Seite umbrochen werden müssen.

Das Ergänzungspaket `longtable.sty` (unter DOS `longtabl.sty`) von D. P. CARLISLE löst diese Schwäche. Der Aufruf erfolgt mit

`\begin{longtable}{`*sp_form*`}` *Zeilen* `\end{longtable}`

genauso wie mit der einfachen `tabular`-Umgebung, wobei im Spaltenformatierungsfeld *sp_form* dieselben Angaben wie bei jener zulässig sind.

Die `longtable`-Umgebungen beginnen häufig mit einem Kopf- und Fußdoppelvorspann. Der Kopfdoppelvorspann kann zweimal den Befehl `\caption` enthalten. Dieser sollte dem Anwender von den Gleitumgebungen `table` und `figure` her bekannt sein. Er erzeugt mit `\caption{`*überschrift*`}` oberhalb der Tabelle eine Überschrift der Form 'Table n: *überschrift*' mit dem als *überschrift* übergebenen Text für die Überschrift und der laufenden Tabellennummer n.

Der Vorspann kann weiterhin eine Tabellenkopfzeile enthalten, die gewöhnlich über die gesamte Tabelle reicht und mit einem oder mehreren `\multicolumn{`n`}{c}{`*kopf_zeile*`}`-Befehlen erzeugt wird. Für n wird bei dieser Form die Gesamtspaltenanzahl der Tabelle eingesetzt, damit die Kopfzeile über die gesamte Tabellenbreite eingerichtet wird. Der Formatierungsparameter 'c' könnte auch als 'l' oder 'r' gewählt werden, obwohl der zentrierte Text aus *kopf_zeile* der Regelfall sein wird. Eine andere Form der Kopfzeile ist bei Beibehaltung der einzelnen Spalten eine kurze Überschrift für jede einzelne Spalte. Der oder den Kopfzeilen gehen evtl. `\hline`-Befehle voran und/oder folgen ihr. In der `longtable`-Umgebung wird der erste Vorspannteil nach dem `\caption` und/oder der oder den Kopfzeilen abgeschlossen mit dem Befehl `\endfirsthead`.

Der evtl. `\caption`-Befehl sowie die Kopfzeilen aus dem ersten Vorspannteil erscheinen als Überschrift und Kopfzeilen auf der ersten Tabellenseite. Nach `\endfirsthead` darf der `\caption`-Befehl ein zweites Mal mit einer geänderten Überschrift auftreten, und es dürfen weitere Kopfzeilen entsprechend dem ersten Vorspannteil, auch mit geänderten Inhalten, eingerichtet werden. Sie werden abgeschlossen mit dem Befehl `\endhead`. Der zweite `\caption`-Befehl erzeugt die Überschriften auf den Folgeseiten oberhalb der Teiltabellen auf diesen Seiten. Entsprechend erscheinen die Kopfzeilen aus dem zweiten Vorspannteil als Kopfzeilen in allen Teiltabellen auf den Folgeseiten.

Der darauffolgende Fußdoppelvorspann ist ähnlich aufgebaut. Er besteht aus einer oder mehreren Tabellenzeilen, die mit dem Befehl `\endfoot` abgeschlossen werden. Diese Tabellenzeilen erscheinen am unteren Tabellenende jeder Teiltabelle auf der ersten bis zur vorletzten Tabellenseite. Weitere Tabellenzeilen, die mit `\endlastfoot` abgeschlossen werden, erscheinen schließlich am Ende der Tabelle auf der letzten Tabellenseite.

Erst hiernach folgen die laufenden Tabelleneinträge, die vollständig denen der herkömmlichen `tabular`-Umgebung entsprechen. Die `longtable`-Umgebung darf aber beliebig viele Tabellenzeilen enthalten, da der Tabellentext bei Bedarf automatisch in Seiten umbrochen wird. Bei der LaTeX-Behandlung erscheinen evtl. Bildschirmwarnungen, mit dem Hinweis, daß bei einer gewissen Zeilennummer die Spaltenbreite verändert wurde. Dahinter verbirgt sich die Absicht, zunächst den erforderlichen Speicherbedarf gering zu halten. Bei der Bearbeitung der Tabelle werden zunächst standardmäßig bis zu 20 Tabellenzeilen als Bearbeitungseinheit zusammengefaßt, die Spaltenbreiten für diese Zeilengruppen aus den jeweils längsten Spalteneinträgen ermittelt und die Teiltabelle hiermit erstellt. Die Spaltenbreite für die nächste Gruppe mag von der vorangehenden abweichen, was mit einer Bildschirmwarnung mitgeteilt wird.

Die Zeilenanzahl, die bei der Tabellenkonstruktion als Bearbeitungseinheit zusammengefaßt wird, kann vom Anwender mit der Anweisung `\LTchunksize=`n mit einem beliebigen Wert für n verändert werden. Voreingestellt ist $n = 20$. Bei einer geänderten Zuweisung sollte n nicht kleiner als die Spaltenanzahl der Tabelle gewählt werden. Mit BIGTeX und ausreichender Hauptspeicherkapazität kann ein deutlich größerer Wert, z. B. 50 oder 100, gewählt werden. Die gruppenweise ermittelten Spaltenbreiten werden im `.aux`-File abgespeichert. Bei der abschließenden LaTeX-Bearbeitung ist im Vorspann der Befehl `\setlongtables` anzugeben. Damit wird die Tabelle endgültig mit den breitesten Spaltenwerten der Gesamttabelle erstellt, so daß die Spaltenbreiten auf allen Tabellenseiten übereinstimmen.

Falls die Tabelle bei einer späteren Überarbeitung schmaler gemacht wird, nimmt die erzeugende `longtable`-Umgebung darauf keine Rücksicht. Die einmal ermittelten Weiten der breitesten Spalten werden im `.aux`-File abgelegt und bleiben dort erhalten. Um eine Neubestimmung der maximalen Spaltenbreiten zu erzielen, muß entweder der zugehörige `.aux`-File gelöscht oder in diesem File der zugehörige Eintrag `\gdef\LT@`n`{\omit\kern...}` entfernt werden. Dabei steht n als kleine römische Zahl für die laufende Nummer der mit der `longtable`-Umgebung erzeugten Tabelle. Nach einem solchen Eingriff ist zur endgültigen Tabellenerzeugung eine zweimalige LaTeX-Bearbeitung erforderlich.

Das Ergänzungspaket `longtable.sty` gestattet zur Tabellenerzeugung einige weitere Feinabstimmungen, mit denen vorgegebene Einstellungen verändert werden können. Der rechte und linke Rand zu beiden Seiten der Tabelle wird durch `\LTleft` und `\LTright` bestimmt. Diese internen Register sind mit `\fill` voreingestellt, so daß die Tabelle standardmäßig horizontal zentriert erscheint. Dies kann vom Anwender mit einer elastischen Maßzuweisung geändert werden. Nach `\LTleft=\parindent` wird als linker Rand die Tiefe der Zeileneinrückung der ersten Zeile eines Absatzes gewählt.

Die `longtable`-Umgebung kann auch mit `\begin{longtable}[`*pos*`]{`*sp_form*`}` eingeleitet werden. Als Positionierungsparameter darf für *pos* `l`, `c` oder `r` gewählt werden, womit die Tabelle auf den einzelnen Seiten linksbündig, zentriert oder rechtsbündig angeordnet wird. Ohne Angabe des optionalen Positionierungsparameters *pos* erfolgt die Anordnung entsprechend den Einstellungen für `\LTleft` und `\LTright`.

Zwischen dem vorangehenden und dem nachfolgenden Text und der Tabelle wird vertikaler elastischer Zwischenraum eingefügt, der durch `\LTpre` und `\LTpost` festgelegt wird. Diese internen Maßregister sind mit `\bigskipamount` voreingestellt, womit vor und nach der Tabelle vertikaler Zwischenraum eingefügt wird, so als wäre an diesen Stellen der Befehl `\bigskip` angebracht worden. Auch diese Voreinstellungen können vom Anwender mit eigenen Längenzuweisungen geändert werden.

Die Breite für eine etwaige Tabellenüberschrift mit dem `\caption`-Befehl wird durch `\LTcapwidth` festgelegt. Voreingestellt ist hierfür 4 in (4 Zoll). Mit der Zuweisung

```
\setlength{\LTcapwidth}{\textwidth}
```

wird sie gleich der Seitenbreite für den umgebenden Text gewählt.

Innerhalb der `longtable`-Umgebung ist der Befehl `\newpage` erlaubt. Er erzwingt an der Stelle seines Auftretens einen Seitenumbruch in der Tabelle. Außerdem sind in absatzartigen Spalten `\footnote`-Befehle zur Erzeugung und Markierung von Fußnoten erlaubt, was die Standardtabellenumgebung nicht gestattet.

Bei früheren Versionen von `longtable.sty` mußte zur Gesamteinstellung für die Spaltenbreiten eine Musterzeile vorgegeben werden, die mit dem abschließenden Befehl `\kill` wieder entfernt wurde. Dies ist aus Kompatibilitätsgründen auch für die aktuelle Version 3.06 von `longtable` erlaubt, durch die Abschlußbehandlung mit Vorspannerklärung `\setlongtables` aber überflüssig. Als Folge des komplizierten Abgleichverfahrens zur Ermittlung der Spaltenbreiten über mehrere Seiten wird bei Ermittlung der richtigen Breite für Kopfzeilen evtl. eine abschließende dreimalige LaTeX-Bearbeitung erforderlich, falls mit `\LTchunksize=`n für n ein kleinerer Wert als die Spaltenanzahl der Tabelle gewählt wurde. Ein solcher Wert sollte deshalb, wie bereits oben erwähnt, vermieden werden.

1.7.1.3 Das Ergänzungspaket delarray

Diese Ergänzung ist vorrangig für die `array`-Umgebung und damit für den Formelsatz zur Erzeugung von Feldstrukturen [3a, 5.4.3] gedacht. Dabei ist die Syntax der bisherigen `array`-Umgebung verändert worden. Sie lautet nun

`\begin{array}[`*pos*`]` *lkl* `{`*sp_form*`}` *rkl* *Zeilen* `\end{array}`

mit der gleichen Wirkung, als hätte man bei der `array`-Standardumgebung geschrieben

`\left` *lkl* `\begin{array}[`*pos*`]{`*sp_form*`}` *Zeilen* `\end{array}` `\right` *rkl*

mit *lkl* und *rkl* für ein linkes und rechtes mathematisches Klammersymbol. Die Eingabe

```
$ \begin{array}({cc}) a&b\\ c&d \end{array} $
```

erzeugt die Formel $\begin{pmatrix} a & b \\ c & d \end{pmatrix}$ und nach `\newcolumntype{L}{>{$}l<{$}}` erhält man mit

```
\[ f(x) = \begin{array}\{{lL}.
   0 & wenn $x=0$\\ \sin(x)/x & andernfalls \end{array} \]
```

die abgesetzte Formel

$$f(x) = \left\{ \begin{array}{ll} 0 & \text{wenn } x = 0 \\ \sin(x)/x & \text{andernfalls} \end{array} \right.$$

Als Folge der `\left`-`\right`-Paarbedingung [3a, 5.4.1] muß der linken öffnenden Klammer `\{` eine *unsichtbare* rechte schließende Klammer zugeordnet werden, was beim vorstehenden Spaltenfeld mit dem nachfolgenden '`.`' geschieht. Der vorstehend eingeführte Spaltenpositionierungsparameter `L` beendet mit dem anfänglichen `$`-Zeichen den mathematischen Bearbeitungsmodus innerhalb der `array`-Umgebung. Mit dem nachfolgenden `$`-Zeichen wird anschließend wieder in den mathematischen Modus zurückgeschaltet.

Der optionale Parameter *pos* gestattet mit den Werten '`t`' und '`b`' eine vertikale Ausrichtung nebeneinanderstehender `array`-Umgebungen bezüglich der obersten oder untersten Feldzeile [3a, 4.8.1]. Dies gilt auch für das Ergänzungspaket `tabularx.sty`:

```
\begin{array}[t] ({c}) 1\\2\\3 \end{array}
\begin{array}({c})     1\\2\\3 \end{array}
\begin{array}[b] ({c}) 1\\2\\3 \end{array}
```

$$\begin{pmatrix}1\\2\\3\end{pmatrix}\begin{pmatrix}1\\2\\3\end{pmatrix}\begin{pmatrix}1\\2\\3\end{pmatrix}$$

Bei Verwendung des vertikalen Positionierungsparameters unterscheidet sich das Ergebnis gegenüber der Standardumgebung, die mit `\left(` und `\right)` umschlossen wird:

```
\left(\begin{array}[t]{cc} 1\\2\\3 \end{array}\right)
\left(\begin{array}{cc}    1\\2\\3 \end{array}\right)
\left(\begin{array}[b]{cc} 1\\2\\3 \end{array}\right)
```

$$\left(\begin{array}[t]{cc} 1\\2\\3 \end{array}\right)\left(\begin{array}{cc} 1\\2\\3 \end{array}\right)\left(\begin{array}[b]{cc} 1\\2\\3 \end{array}\right)$$

Alle hier vorgestellten Beispiele zur Verwendung von `delarray` wurden, mit freundlicher Genehmigung durch den Autor, aus der Originaldokumentation `delarray.drv` übernommen.

1.7.1.4 Das Ergänzungspaket tabularx

Die Standardumgebung `tabular` erlaubt in der *-Form die Vorgabe für die Gesamtbreite der Tabelle in der Form [3a, 4.8.1]

`\begin{tabular*}{`*breite*`}[`*pos*`]{`*sp_form*`}` *Zeilen* `\end{tabular*}`

Die Spaltenbreiten werden dabei in der gewohnten Form ermittelt bzw. für absatzartige Spalteneinträge mit `p{`*sp_breite*`}` vorgegeben. Die *-Form der `tabular`-Umgebung beginnt im Spaltenformatierungsfeld gewöhnlich mit der Angabe `@{\extracolsep\fill}`, womit ein beliebig dehnbarer Spaltenzwischenraum gewählt wird, mit dem die vorgegebene Tabellenbreite aufgefüllt wird.

Die `tabularx`-Umgebung hat dieselbe Syntax wie die *-Form der `tabular`-Umgebung (natürlich mit dem eigenen Umgebungsnamen `tabularx`). Zusätzlich stellt sie den Spaltenformatierungsparameter '`X`' bereit. Dieser ist für absatzartige Spalteneinträge vorgesehen, wobei die Spaltenbreite so ermittelt wird, daß die vorgegebene Tabellenbreite ohne zusätzlichen Spaltenzwischenraum erreicht wird. Mit `\begin{tabularx}{120mm}{lXcXr}` wird eine 120 mm breite Tabelle erzeugt, deren erste, dritte und fünfte Spalte für einzeilige Spalteneinträge mit linksbündiger, zentrierter bzw. rechtsbündiger Anordung vorgesehen ist. Die Breiten dieser Spalten werden durch die jeweils breitesten Einträge bestimmt. Die Spalten zwei und vier werden durch absatzartige Spalteneinträge geprägt, wobei die Breite so gewählt wird, daß die Tabellenbreite von 120 mm gerade ausgefüllt wird. Der Zeilenumbruch erfolgt entsprechend der errechneten Breite automatisch und beidseitig bündig.

Ein bündiger Zeilenumbruch ist bei schmalen Spalten oft schwer zu realisieren. Der Formatierungsparameter '`X`' wird deshalb gern mit zusätzlichen Vorgaben verknüpft. Mit '`>{\small}X`' wird für die absatzartigen Spalteneinträge als Schriftgröße `\small` gewählt. Mit '`>{\raggedright}X`' erfolgt der Umbruch in der nachfolgenden Spalte nur linksbündig. Diese Wahl für die Spaltenformatierung führt dann aber beim Auftreten von `\\` zur Beendigung der gesamten Tabellenzeile zu einem Bearbeitungsfehler, da der LaTeX-Befehl

`\raggedright` (ebenso wie `\raggedleft` und `\centering`) den Zeilenendbefehl `\\` umdefiniert. Dies kann mit der Zusatzangabe `\arraybackslash`, also mit der Spaltenvorgabe '`>{\raggedright\arraybackslash}X`' (und entsprechend für `\raggedleft` bzw. `\centering`) korrigiert werden. Werden solche Vorgaben häufiger benötigt, so empfiehlt es sich, diese mit z. B.

```
\newcolumntype{R}{>{\raggedright\arraybackslash}X}
```

als eigene Formatierungsparameter, wie hier für `R`, bereitzustellen. Hiernach kann `R` als Kurzform im Spaltenformatierungsfeld der `tabularx`-Umgebung mit der entsprechenden Wirkung angegeben werden,

Der Formatierungsparameter `X` stellt Spalten mit absatzartigen Einträgen für Tabellen bereit. Dabei wird die jeweils erste Zeile eines Absatzeintrages auf die einzeiligen Einträge anderer Spalten ausgerichtet. Diese Eigenschaft wird durch die interne Definition von `\tabularxcolumn` bestimmt, die mit `\newcommand{\tabularxcolumn}[1]{p{#1}}` vorgegeben ist. Mit den Definitionsänderungen außerhalb der `tabularx`-Umgebung

`\renewcommand{\tabularxcolumn[1]{m{#1}` bzw.
`\renewcommand{\tabularxcolumn[1]{b{#1}` oder auch
`\renewcommand{\tabularxcolumn[1]{>{\small}b{#1}}`

erfolgt die Ausrichtung durch den Parameter `X` auf die vertikale Mitte oder auf die unterste Zeile der Spaltenabsätze, wobei mit der letzten Form gleichzeitig auf die Schriftgröße `\small` umgeschaltet wird.

Die Breiten der mit `X` eingerichteten Spalten sind innerhalb der Tabelle gleich. Die intern errechnete Breite wird in dem Register `\hsize` abgelegt. Mit Einträgen wie

```
...>{\hsize=.6667\hsize}X ... >{\hsize=1.3333\hsize}X ...
```

im Spaltenformatierungsfeld kann man für die verschiedenen X-Spalten unterschiedliche Breiten verlangen; bei diesem Beispiel wird die erste X-Spalte halb so breit wie die zweite X-Spalte gewählt. Bei einer solchen Vorgabe ist darauf zu achten, daß die Summe der Breiten der unterschiedlichen X-Spalten genau $n\times$`\hsize` ergibt, wenn die Tabelle insgesamt n X-Spalten enthält. Bei unterschiedlichen Breiten für die X-Spalten sollten zudem keine `\multicolumn`-Befehle auftreten, die X-Spalten einschließen.

Mit der Vorspannerklärung `\tracingtabularx` erreicht man, daß bei der Bearbeitung von `tabularx`-Umgebungen die errechneten Breiten als Bildschirmnachrichten ausgegeben und zusätzlich im Protokollfile abgelegt werden. Abschließend sei noch vermerkt, daß `tabularx.sty` und `delarray.sty` ihrerseits das Ergänzungspaket `array.sty` einlesen, das somit zur Nutzung von `tabularx` und `delarray` verfügbar sein muß. Damit stehen alle Erweiterungen aus `array.sty` auch in `tabularx` und `delarray` zur Verfügung.

Trotz der gleichen Syntax für die `tabularx`- und die `tabular*`-Umgebung unterscheiden sich beide strukturell. Die Standardumgebungen `tabular` und `tabular*` können beliebig verschachtelt werden. Bei verschachtelten `tabularx`-Umgebungen ist darauf zu achten, daß die inneren Umgebungen ihrerseits jeweils in ein `{ }`-Paar eingeschlossen werden müssen! Die Verwendung von `\verb`-Befehlen führt innerhalb der `tabularx`-Umgebung nur mit Einschränkungen zu richtigen Ergebnissen. Eingeschlossene Leerzeichen werden teilweise unterdrückt, `%-Zeichen` sind nicht erlaubt, und geschweifte Klammern dürfen nur paarweise auftreten. Die `tabularx`-Umgebung erlaubt in `X`-Spalten die Verwendung von `\footnote`-Befehlen, was in der `tabular*`-Umgebung nicht möglich ist.

1.7.1.5 Das Ergänzungspaket dcolumn

Das Paket `dcolumn.sty` stellt zunächst den Spaltenformatierungsparameter `D` mit der Syntax

`D{`*eing_zeichen*`}{`*ausg_zeichen*`}{`*dez_stellen*`}`

bereit. Hierin steht *eing_zeichen* für das Eingabezeichen, das im Text verwendet wird, und *ausg_zeichen* für das Ausgabezeichen, das bei der Textausgabe verwendet wird und nach dem die Ausrichtung innerhalb der mit `D` gekennzeichneten Spalte erfolgt. Die maximale Anzahl von Stellen nach dem Dezimalzeichen kann mit *dez_stellen* vorgegeben werden, wobei hier die Angabe einer negativen Zahl bei der Texteingabe eine beliebige Anzahl von Stellen nach dem Dezimalzeichen erlaubt. Mit `D{.}{\cdot}{3}` ist das Ausrichtungszeichen bei der Eingabe der normale Punkt, der bei der Ausgabe als hochgestellter Punkt erscheint, wobei bis zu drei Stellen nach dem Punkt bei der Eingabe erlaubt sind: `345.12` erscheint damit als 345·12.

Die Formatierungsangabe kann mit `D` im Formatierungsfeld der `tabular`- oder `array`-Umgebung in der beschriebenen Form erfolgen. Bei häufiger Verwendung gleicher oder ähnlicher Spaltenformatierung empfiehlt sich die Bereitstellung spezieller Formatierungszeichen mit `\newcolumntype`. Mit

```
\newcolumntype{d}[1]{D{.}{\cdot}{#1}}
\newcolumntype{.}{D{.}{.}{3}}
\newcolumntype{,}{D{,}{,}{2}}
```

stehen '`d`, '`.`' und '`,`' als neue Spaltenformatierungszeichen zur Verfügung. Mit ihnen wurde

1·2	1·2	1.2	1,2
1·23	1·23	2.4	100,00
12345·678	12345·67	10.000	1,09
−0·01	−·01	−.999	−,99
100	100	25	25

durch `\begin{tabular}{|d{-1}|d{2}|.|,|}` erzeugt, wobei die Spalteneingaben mit `1.2`, ... `1,2` usw. erfolgten. Bei der ersten Spalte fällt auf, daß rechts ein größerer freier Platz als bei den anderen Spalten erscheint. Der Grund liegt in den unterschiedlichen Zuordnungen für negative bzw. positive Stellenangaben. Bei einer negativen Angabe realisiert `dcolumn.sty` die Spalte mit `>{\centerdots}c{\endcenterdots}` aus `array.sty`. Hiermit erscheint der Dezimalpunkt in der Spaltenmitte. Treten in einer solchen Spalte vor dem Dezimalpunkt mehr Stellen auf, als nach ihm, so wird der links vom Dezimalpunkt benötigte Platz auch für den Platz rechts vom Dezimalpunkt bereitgestellt und umgekehrt.

Bei einer positiven Angabe für die Stellen nach dem Dezimalzeichen erfolgt die interne Realisierung mit `>{\rightdots}r<{\endrightdots}` aus `array.sty`. Hiermit wird rechts vom Dezimalzeichen der angeforderte Maximalplatz eingerichtet, unabhängig davon, wieviele Stellen vor dem Dezimalzeichen verwendet werden.

1.7.1.6 Das Ergänzungspaket hhline

Das Paket gestattet flexiblere Einfach- und Doppelumrandungen innerhalb von Tabellen und Feldern, als dies mit den Standardeinstellungen `|`, `||`, `\vline`, `\hline` und `\cline` [3a, 4.8.1] möglich ist. Das Paket stellt für die `array`- und `tabular`-Umgebung zusätzlich den

Befehl `\hhline{`*lsp_form*`}` bereit, in der *lsp_form* für die Spalten- und Zwischenspaltengestaltung der damit erzeugten Linienstruktur steht. Zum Verständnis möge man annehmen, daß das Spaltenformatierungsfeld die spaltenweise Gestaltung der herkömmlichen Zeileneinträge bestimmt. Mit `\begin{tabular}{||cc||c|c||}` wird eine Tabelle erzeugt, deren einzelne Zeilen von vertikalen Doppellinien umschlossen werden. Zwischen Spalte 2 und 3 wird eine weitere vertikale Doppellinie und zwischen Spalte 3 und 4 eine einfache vertikale Linie eingefügt. Der Eintrag `a & b & c & d \\` erscheint in der Tabelle damit als ‖ a b ‖ c | d ‖.

Die mit `\hhline{`*lsp_form*`}` erzeugte Linienstruktur möge man sich nun als eigenständigen Zeileneintrag vorstellen, und zwar zusätzlich zu den herkömmlichen Textzeilen der Tabelle. Ein solcher zusätzlicher Zeileneintrag muß ebenfalls eine spaltenweise Kennung erhalten, die unabhängig von den Vorgaben aus dem Spaltenformatierungsfeld für die herkömmlichen Texteinträge ist. Als Kennungszeichen stehen zur Verfügung:

= erzeugt eine horizontale Doppellinie von der Breite der zugehörigen Spalte.

- erzeugt eine horizontale Einfachlinie von der Breite der zugehörigen Spalte.

~ unterdrückt die horizontale Linienstruktur für die zugehörige Spalte.

| erzeugt eine vertikale Linie zwischen zwei Spalten von der Höhe der horizontalen Doppellinie.

: erzeugt eine *unsichtbare* vertikale Linie zwischen zwei Spalten von der Höhe einer horizontalen Doppellinie, an die sich die nächste horizontale Linie anschließt oder an der die vorangehende horizontale Linie endet.

erzeugt ein horizontales Doppelliniensegment von der Breite einer vertikalen Doppellinie.

`t` erzeugt die obere Linie eines horizontalen Doppelliniensegments von der Breite einer vertikalen Doppellinie.

`b` wie `t`, jedoch für die untere Linie des horizontalen Doppelliniensegments

* Mit `*{`*n*`}{`*tsp*`}` wird das angegebene Teilspaltenformat *tsp* n-mal wiederholt: `*{3}{|==|}` steht also für `|==||==||==|`.

Die vorstehende Beschreibung klingt komplizierter, als es sich nach kurzer Nutzung erweist. Die Angaben '`=`', '`-`' und '`~`' dienen zur Erzeugung horizontaler Linien innerhalb einer Spalte, die Angaben '`|`' und '`:`' zur Erzeugung vertikaler Strukturen zwischen zwei Spalten und '`#`', '`t`' sowie '`b`' zur Erzeugung kurzer horizontaler Linien für die Zwischenspaltenstrukturen. Die Kombination `|t:` und `|b:` erzeugt die kleine linke obere bzw. linke untere Ecke für eine evtl. anschließende horizontale Doppellinie; mit `:t|` und `:b|` wird die rechte obere bzw. rechte untere Ecke zum Abschluß der vorangehenden horizontalen Doppellinie erzeugt. Mit diesen Erläuterungen sollte das Verstehen des abschließenden Beispiels aus `hhline.dtx` nicht schwerfallen:

```
\begin{tabular}{||cc||c|c||}
  \hhline{|t:==:t:==:t|} a&b&c&d\\
  \hhline{|:==:|~|~||}   1&2&3&4\\
  \hhline{#==#~|=#}      i&j&k&l\\
  \hhline{||--||--||}    w&x&y&z\\
  \hhline{|b:==:b:==:b|}
\end{tabular}
```

a	b	c	d
1	2	3	4
i	j	k	l
w	x	y	z

Zur Übung möge der Leser die einzelnen `\hhline`-Befehle nacheinander aktivieren und das Formatierungsfeld bei der `tabular`-Umgebung zunächst nur als `{cccc}` wählen. Die Wirkung der einzelnen `\hhline`-Befehle wird dann rasch klar. So erzeugt die erste Tabelleneingabezeile mit dem verkürzten Formatierungsfeld a b c d . Wird nun das Formatierungsfeld auf `{||cc||c|c||}` erweitert, dann werden der Textzeile die vertikalen Doppel- und Einfachstriche zugefügt, die sich mit der vorangehenden *Linien*zeile korrekt ergänzen: ‖ a b ‖ c | d ‖.

1.7.2 Seitensteuerung mit afterpage

Das Ergänzungspaket `afterpage.sty` (Autor: David P. Carlisle) stellt den Befehl

`\afterpage{`*bef_ und text_strukt*`}`

bereit, dessen als Argument übergebene Befehls- und Textstrukturen nach Ausgabe der laufenden Seite als erstes ausgeführt werden. Der Befehl wurde primär dazu entwickelt, um Schwächen des internen LaTeX-Mechanismus zur Behandlung von Gleitobjekten zu begegnen. Bei mehreren rasch aufeinander folgenden Gleitobjekten im Eingabetext passiert es häufig, daß diese Gleitobjekte auf eigenen Seiten gesammelt werden und erst am Ende des gesamten Eingabetextes bei der Ausgabe erscheinen. Mit dem Befehl `\clearpage` kann man zwar die unverzügliche Ausgabe aller bis dahin angesammelten Gleitobjekte erzwingen, doch beendet dieser Befehl auch die laufende Seite, ohne sie mit nachfolgendem Text aufzufüllen.

Mit `\afterpage{\clearpage}` wird dagegen die laufende Seite mit nachfolgendem Text aufgefüllt und nach der Seitenausgabe der Befehl `\clearpage` ausgeführt, der dann die unmittelbare Ausgabe aller anstehenden Gleitobjekte erzwingt. Bei langen Tabellen, die mit der `longtable`-Umgebung erstellt werden, wünschen Anwender häufig, daß die Tabelle mit Beginn der nächsten Seite startet. Die Behandlung einer `longtable`-Umgebung als Gleitobjekt innerhalb einer `table`-Umgebung scheitert häufig an fehlendem Speicherplatz, da der Inhalt der `table`-Umgebung in den dafür vorgesehenen Pufferspeicher passen muß, der von einer langen Tabelle leicht überschritten wird. Wird die `longtable`-Umgebung mit ihrer Tabelle in einem eigenen File *ltab*`.tex` abgelegt, dann kann mit

`\afterpage{\clearpage\input{`*ltab*`.tex}}` oder
`\afterpage{\clearpage\input{`*ltab*`.tex}\clearpage}`

das gewünschte Ziel erreicht werden. Die laufende Seite wird zunächst mit nachfolgendem Text aufgefüllt; die nächste Seite beginnt evtl. mit noch unbearbeiteten Gleitobjekten, gefolgt von der langen Tabelle. Die letzte Tabellenseite wird bei der ersten Form mit weiterem nachfolgenden Text bis zum Seitenumbruch aufgefüllt. Bei der zweiten Form startet der nachfolgende Text eine neue Seite nach der Tabellenausgabe.

1.7.3 Ergänzung der enumerate-Umgebung

Das Ergänzungspaket `enumerate.sty` (Autor: David P. Carlisle) gestattet eine flexiblere Handhabung der `enumerate`-Umgebung. Die `enumerate`-Umgebung des Ergänzungspakets kennt einen optionalen Parameter in der Form

`\begin{enumerate}[{`*opt_atxt*`}` *k* `{`*opt_etxt*`}] ... \end{enumerate}`

Hierin steht k für eines der Kennzeichen `A`, `a`, `I`, `i` oder `1`, womit Zählweise der eingeschlossenen `\item`-Befehle mit fortlaufenden Großbuchstaben (`A`), Kleinbuchstaben (`a`), großen römischen Zahlen, (`I`), kleinen roömischen Zahlen oder mit arabischen Zahlen (`1`) erfolgt. Der Zählerkennung kann ein optionaler Text vorangestellt `{`*atxt*`}` und/oder nachgestellt `{`*etxt*`}` werden, der dann ebenfalls mit allen `\item`-Befehlen erscheint. Textzeichen in solchem optionalen Text, die mit den Zeichen für die Zählerkennung übereinstimmen, müssen in geschweiften Klammern eingegeben werden. Es empfielt sich deshalb, solchen optionalen Text stets in `{}`-Paare einzuschließen.

```
\begin{enumerate}[{Beisp.} a)]   ... \end{enumerate}  und
\begin{enumarate}{1. {Beispiel}] ... \end{enumarate}
```

gibt im ersten Fall die `\item`-Befehle nacheinander als Beisp. a), Beisp. b), Beisp. c), ... aus, während sie im zweiten Fall als 1. Beispiel, 2. Beispiel, 3. Beispiel, ... erscheinen.

Innerhalb der erweiterten `enumarate`-Umgebung können, wie bei ihrer Standardform, mit `\label`-Befehlen Markierungen angebracht werden, die sich auf den Zählerstand des jeweils vorangehenden `\item`-Befehl beziehen. Referenzierungen mit `\ref`-Befehlen, erscheinen in der eingestellten Zählweise, so beim ersten Beispiel als a, b, c, ..., bzw. als 1, 2, 3, ... beim zweiten Beispiel. Die optionalen Texteinträge erscheinen bei den Referenzierungen dagegen nicht. Sie müßten bei Bedarf manuell zugefüigt werden, z. B. wie `s.~Beisp.~\ref{...}`.

1.7.4 Das Ergänzungspaket **identfirst**

Der Name dieses Ergänzungspakets beschreibt bereits seine Wirkung. Mit ihm erscheinen alle ersten Absätze nach einer Gliederungsüberschrift mit den Befehlen `\chapter{...}`, `\section{...}`, ... ebenfalls eingerückt, was standardmäßig nicht der Fall ist, da die vorangehende Gliederungsüberschrift den nachfolgenden Text hinreichend deutlich als neuen Absatz kennzeichnet. Soll der erste Absatz trotzdem eingerückt erscheinen, wie nach der vorangehenden Überschrift, so ist `\usepackage{idenfirst}` im Vorspann anzugeben. Eine direkte Lösung ist sonst nur mit geänderten Makrodefinitionen für die Gliederungsbefehle zu erreichen, was die Mehrzahl der Anwender sicher überfordert.

1.7.5 Mehrspaltenformatierungen mit **multicol**

Das Ergänzungspaket `multicol.sty` von FRANK MITTELBACH wurde bereits als Stilfile für LaTeX 2.09 bereitgestellt und ist von dort her vielleicht bekannt. Es stellt eine Verallgemeinerung des LaTeX-Befehls `\twocolumn` dar, mit der

1. eine n-spaltige Seitenaufteilung erreicht werden kann, bei der
2. der Text *gleichmäßig* auf die n Spalten aufgeteilt wird und
3. auf einer Seite mehrfach zwischen ein- und mehrspaltiger Formatierung umgeschaltet werden kann.

Die beiden nachfolgenden Beispiele demonstrieren und erläutern gleichzeitig die Haupteigenschaft der mit `multicol.sty` bereitgestellten `multicols`-Umgebung.

Beispiel für dreispaltigen Textsatz:

Der mehrspaltig zu formatierende Text ist mit

`\begin{multicols}{`*n*`}`
mehrspaltiger Text
`\end{multicols}`

einzuschließen, wobei die Zahlenangabe für n die Anzahl der Spalten bestimmt. (In diesem Beispiel $n = 3$)

Der Aufruf kennt einen optionalen Parameter im Anschluß an den Spaltenparameter `{`*n*`}`

`{`*n*`}[`*volltext*`]`

mit dem der Inhalt von *volltext* über die volle Seitenbreite oberhalb der n Spalten angeordnet wird.

Der erzeugende Text für diese Spalten braucht nicht erläutert zu werden. Ausnahme: Der optionale Text ist bei einer Schriftänderung, wie hier für die Fettschrift

`[{{\bf Beispiel...}}]`

in geschweifte Doppelklammern einzuschließen!

Beispiel für zweispaltigen Textsatz:

Ein guter Zeilenumbruch wird für schmale Spalten sehr erschwert. Der seit TEX 3.0 neue Befehl

`\emergencystretch`*maß*

kann sich hier als nützlich erweisen. Wird ihm ein Maß größer 0pt zugewiesen, so führt TEX bei der Absatzformatierung einen dritten Umbruchversuch durch, wenn der Satz mit den Standardregeln nicht ordnungsgemäß zu erreichen ist. Bei diesem dritten Umbruchversuch kann der Gesamtzwischenraum einer Zeile bis zu dem an `\emergencystretch` übergebenen Maß zusätzlich erweitert werden.

Der File `multicol.sty` macht intern hiervon bereits Gebrauch, indem `\emergencystretch` auf $4 \times n$pt gesetzt wird, wobei n die übergebene Spaltenanzahl bedeutet. Frühere TEX-Versionen bleiben hiervon unbeeinflußt.

Der Erzeugungstext für die vorangehenden drei- und zweispaltigen Beispiele wurde im laufenden Text als

```
\begin{multicols}{3}[\noindent\textbf{Beispiel f"ur dreispaltigen ...}]
   fortlaufender Spaltentext   \end{multicols}
\begin{multicols}{2}[\noindent\textbf{Beispiel f"ur zweispaltigen ...}]
   fortlaufender Spaltentext   \end{multicols}
```

eingegeben[23]. Bei Eintritt in die `multicols`-Umgebung wird geprüft, ob auf der laufenden Seite noch vertikaler Platz vom Betrag `\premulticols=50pt` zur Verfügung steht. Ist das nicht der Fall, so findet für den vorangehenden Text ein Seitenumbruch statt. Anderenfalls wird zwischen dem vorangehenden Text und dem anschließenden n-spaltigen Text der vertikale Zwischenraum `\multicolsep=12pt plus4pt minus3pt` eingefügt. Am Ende der `multicols`-Umgebung wird geprüft, ob auf der laufenden Seite noch vertikaler Platz vom Betrag `postmulticols=20pt` vorhanden ist. Falls nicht, findet ein Seitenumbruch vor dem nachfolgenden Text statt, anderenfalls wird wiederum vertikaler Zwischenraum vom Betrag `multicolsep` zum nachfolgenden Text eingefügt.

Die Standardwerte für `\premulticols`, `\postmulticols` und `\multicolsep` können vom Anwender vor Eintritt in die `multicols`-Umgebung durch Längenzuweisungen

[23] Die Schriftumschaltung verlangte in LATEX 2.09 den Einschluß in ein doppeltes geschweiftes Klammerpaar als

```
\begin{multicols}[\noindent{{symbol92bf Beispiel f"ur ... }}]
```

da eine Schriftumschaltung innerhalb der optionalen Gesamtüberschrift global und damit auch auf den nachfolgenden Text wirkt. Erst bei Einschluß in ein geschweiftes Doppelklammerpaar beschränkte sich die Schriftumschaltung auf die Überschrift! Mit den LATEX 2ε-Schriftbefehlen `\text`*xx*`{`*text_arg*`}` entfällt dieses Problem.

geändert werden. Dies wird häufig bei gemeinsamen Überschriften mit dem optionalen Überschriftparameter erforderlich, insbesondere wenn die Überschrift sehr kurz oder sehr lang ist, so daß der Standardwert `premulticols50pt` hierfür eigentlich zu groß oder zu klein ist. Zur Vereinfachung kennt die `multicols`-Umgebung einen zweiten optionalen Parameter

`\begin{multicols}{`*n*`}[`*überschrift*`] [`*maß_angabe*`]`

mit einer Maßangabe für *maß_angabe*. Sie bewirkt, daß das übergebene Maß so verwendet wird, als wäre für diese Umgebung der Wert für `\premulticols` lokal mit *maß_angabe* eingestellt worden, während für alle anderen `multicols`-Umgebungen die globale Vorgabe für `\premulticols` gilt.

Das Ausbalancieren eines Textes innerhalb der `multicols`-Umgebung auf gleiche Texthöhen für alle Spalten gelingt nicht immer, insbesondere wenn der eingeschlossene Text über keinen oder nur geringen vertikalen elastischen Zwischenraum verfügt. Man stelle sich z. B. vor, daß der eingeschlossene Text einer dreispaltigen Umgebung insgesamt 10 Zeilen erzeugt, zwischen denen keine Absatzunterteilungen auftreten. Diese lassen sich auf drei Spalten nur als zweimal drei und einmal vier Zeilen aufteilen.

Mit den LaTeX-Erklärungen `\columnsep` und `\columnseprule` kann der Spaltenzwischenraum bzw. die Stärke eines vertikalen Trennstrichs zwischen den Spalten eingestellt werden, die standardmäßig mit 10 pt für den Zwischenraum und 0 pt für die Strichstärke besetzt sind. Für weitere Eigenheiten und evtl. Einschränkungen der `multicols`-Umgebung verweise ich auf die Dokumentation aus `multicol.dtx`.

1.7.6 Das Ergänzungspaket ftnright

Fußnoten bei der Klassenoption `twoside` oder innerhalb der `multicols`-Umgebung werden am unteren Ende der Seite gesammelt und reichen über die ganze Seitenbreite.[24] Als Alternative hat Frank Mittelbach das Ergänzungspaket `ftnright` bereitgestellt. Dieses war ursprünglich für die LaTeX-Klassenoption `twocolumn` entwickelt worden und bewirkt, daß Fußnoten auf jeder Seite am unteren Ende der rechten Spalte eingerichtet werden.[21] Es `ftnright` kann aber auch mit dem Ergänzungspaket `multicol` verknüpft werden, wenn eine `multicols`-Umgebung über mehrere Seiten reicht oder eine Seite bis zum unteren Seitenende prägt.

Die Anordnung der Fußnoten bei mehrspaltigem Text in dieser Form wird vielen Anwendern zweckmäßiger erscheinen.[25] Der Leser möge dies selbst beurteilen. Zur Demonstration sind die Fußnoten hier zweimal plaziert worden, einmal in der Standardform am unteren Seitenende und zum anderen am Ende der rechten Spalte, wie es durch die Option `fntright` erreicht wird.

Mit `\columnseprule0.4pt` wird zusätzlich der sichtbare Spaltentrennstrich demonstriert.

21. Was mit der alternativen Plazierung der Fußnote an dieser Stelle demonstriert wird.

22. Dies hat auch strukturelle Vorteile. Beim Auftreten vieler Fußnoten kann es bei der Standardanordnung gelegentlich vorkommen, daß als Folge des komplizierten Balancierungsvorgangs zur gleichmäßigen vertikalen Ausfüllung der Spalten mit gleichzeitigem Seitenumbruch eine Fußnote fehlerhaft erst auf der nächsten Seite erscheint. Diese Schwäche wird mit der `ftnright`-Option vermieden.

[24] Was mit der Fußnote an dieser Stelle demonstriert wird.

[25] Dies hat auch strukturelle Vorteile. Beim Auftreten vieler Fußnoten kann es bei der Standardanordnung gelegentlich vorkommen, daß als Folge des komplizierten Balancierungsvorgangs zur gleichmäßigen vertikalen Ausfüllung der Spalten mit gleichzeitigem Seitenumbruch eine Fußnote fehlerhaft erst auf der nächsten Seite erscheint. Diese Schwäche wird mit der `ftnright`-Option vermieden.

1.7.7 Erweiterte Regelsätze mit theorem

Das Ergänzungspakets `theorem.sty` von FRANK MITTELBACH ermöglicht variablere Regelsatzstrukuren gegenüber dem LaTeX-Standard. Beim Durchlesen dieses Abschnitts sollte sich der Leser nochmals die Eigenschaften des LaTeX-Definitionsbefehls `\newtheorem` vor Augen führen. Diese sind in [3a, Abschn. 4.5] dargestellt. Der Befehl kennt drei Syntaxformen

`\newtheorem{`*strukt_name*`}{`*regel_begriff*`}`
`\newtheorem{`*strukt_name*`}{`*regel_begriff*`}` [*zusatz_zähler*]
`\newtheorem{`*strukt_name*`}` [*ersatz_zähler*] `{`*regel_begriff*`}`

Die Befehle richten neue Umgebungen mit dem Namen *strukt_name* ein, die dann mit

`\begin{`*strukt_name*`}` [*zusatz*] *regel_text* `\end{`*strukt_name*`}`

angesprochen werden. Mit `\newtheorem{satz}{Satz}` werden Regelsätze der Form

Satz 1 (Bolzano-Weierstraß) *Jede beschränkte unendliche Punktmenge besitzt mindestens einen Häufungspunkt.*

möglich, die mit der Eingabe wie

```
\begin{satz}[Bolzano-Weierstra"s] Jede beschr"ankte unendl...\end{satz}
```

erzeugt werden.

Mit jedem neuen Aufruf `\begin{satz}` wird die laufende Satznummer um eins erhöht und dem Regelbegriff **Satz** nachgefügt. Enthält der Aufruf die optionale Angabe [*zusatz*] wie bei dem Beispiel `Bolzano-Weierstra"s`, so folgt dieser Zusatz in Klammern und ebenfalls in Fettdruck dem durchnumerierten Regelbegriff. Der Regeltext erscheint in der Schriftart `\it` bzw. in LaTeX 2_ε mit dem Formattribut `it`.

Bei der zweiten Syntaxform, bei der *zusatz_zähler* ein Gliederungszähler wie `chapter` oder `section` ist, wird der Inhalt dieses Gliederungszählers dem Regelzähler, durch einen Punkt getrennt, vorangestellt. Bei der dritten Syntaxform wird als Regelzähler der Zähler einer anderen Regelstruktur verwendet. Mit

```
\newtheorem{hilfs}[satz]{Hilfssatz}
```

wird die Regel-Umgebung `hilfs` eingerichtet, mit deren Aufruf als Regelbegriff **Hilfssatz** erscheint, dessen Numerierung aber durch den Regelzähler von `satz` erfolgt.

Mit dem Ergänzungspaket `theorem.sty` und seinen weiteren Hilfs-`.sty`-Files, das mit dem Vorspannbefehl `\usepackage{theorem}` aktiviert wird, können diese Regelstrukturen gegenüber dem Standard weitgehend verändert werden. Mit den Erklärungen

`\theorembodyfont{`*\schrift*`}` *und* `\theoremheaderfont{`*\schrift*`}`

können die Schriften für den Regeltext und den Regelbegriff eingestellt werden. Für den Regeltext wird die Schrift verwendet, die zum Zeitpunkt der zugehörigen Definition mit `\newtheorem` aktiv war. Mit

```
{\theorembodyfont{\sf}  \newtheorem{satz}{Satz}}
{\theorembodyfont{\sl}  \newtheorem{hilfs}[satz]{Hilfssatz}}
```

erscheint der Regeltext der Regelumgebung `satz` in `\sf` und der der Regelumgebung `hilfs` in `\sl`. Mit LaTeX 2_ε wird man hier zweckmäßiger `\sffamily` bzw. `\slshape` einsetzen. Die Schrift für den Regelbegriff kann für alle Regelstrukturen nur *einheitlich* gewählt werden. Ihre

Erklärung darf nur *einmal* im Vorspann erscheinen. Mit `\theoremheaderfont{\sc}` (mit LaTeX 2_ε besser `\sc` durch `\scshape` ersetzt) erscheinen alle Regelbegriffe in der Schriftart `\sc` (bzw. mit LaTeX 2_εmit dem Formattribut `sc`).

Die Anordnung des Regelbegriffs mit der Numerierung und bezüglich des nachfolgenden Regeltextes kann mit Erklärungen von

`\theoremstyle{`*stil*`}`

gesteuert werden. Für *stil* können gewählt werden:

`plain`	Bewirkt Regelsätze entsprechend dem LaTeX-Standard.
`break`	Der Regeltext beginnt in einer neuen Zeile unterhalb des darüberstehenden Regelbegriffs.
`marginbreak`	Die laufende Nummer des Regelbegriffs erscheint im linken Rand vor dem linksbündigen Regelbegriff. Der Regeltext beginnt mit einer neuen Zeile wie bei `break`.
`changebreak`	Die laufende Nummer erscheint linksbündig *vor* dem Regelbegriff. Der Regeltext beginnt mit einer neuen Zeile wie bei `break`.
`change`	Die laufende Nummer erscheint *vor* dem Regelbegriff, an den sich der Regeltext in der gleichen Zeile anschließt.
`margin`	Die laufende Nummer erscheint im linken Rand vor dem linksbündigen Regelbegriff. Der Regeltext füllt zunächst die gleiche Zeile bis zum evtl. rechtsbündigen Umbruch wie bei `plain` und `change`.

Die jeweils aktuelle Einstellung von `\theoremstyle` bestimmt das Verhalten der anschließend mit `\newtheorem` eingerichteten Regelumgebungen. Mit

```
\theoremstyle{break}  \newtheorem{satz}{Satz}
                      \newtheorem{lem}{Lemma}[chapter]
\theoremstyle{change} \newtheorem{hilfs}[satz]{Hilfssatz}
```

werden die Regelumgebungen `satz` und `lem` im Stil `break` und die Umgebung `hilfs` im Stil `change` gesetzt. Die Einstellung der Schriften für die Regeltexte kann hiervon unabhängig mit `\theorembodyfont` erfolgen, wie bereits oben dargestellt.

Die Erklärungen von `\newtheorem`, `\theoremstyle`, `\theorembodyfont` und `\theoremheaderfont` sind nur im Vorspann eines LaTeX-Files erlaubt, wobei die letzte nur einmal auftreten darf. Ohne eine explizite Angabe der Einstellererklärungen werden Standardeinstellungen gewählt, z. B. `plain` für die Stileinstellung. Ohne explizite Einstellungen der Schriften für den Regeltext werden hierfür Standardschriften mit den Stileinstellungen vorgegeben, nämlich `\it` für den Stil `plain` und `\sl` für alle anderen Stilarten. Die Standardschrift für die Regelbegriffe ist `\bf`.

`theorem.sty` kennt noch zwei weitere Einstellbefehle für den vertikalen Zwischenraum *vor* und *nach* einer Regelumgebung zum umgebenden Text. Dies sind, mit gleichzeitiger Angabe ihrer Standardwerte:

```
\theorempreskipamount  = 12pt plus5pt minus3pt  und
\theorempostskipamount =  8pt plus3pt minus1.5pt
```

Änderungserklärungen mit diesen Befehlen sind an beliebigen Stellen im Text erlaubt. Die elastischen Maßzuweisungen erfolgen mit `\setlength`. Die neuen Einstellungen gelten für *alle* nachfolgenden Regelumgebungen.

Für weitere Information empfehle ich, den Dokumentationsfile `theorem.dtx` mit LaTeX zu bearbeiten. Er enthält neben der Programmdokumentation etliche Beispiele für Regelsatzformate, die ich hier nicht wiederholen will. Die LaTeX-Bearbeitung von `theorem.drv` stellt gleichzeitig einen Test für `theorem.sty` mit seinen Hilfsfiles `thb.sty`, `thc.sty`, `thcb.sty`, `chm.sty`, `chmb.sty` und `thp.sty` dar.

1.7.8 Erweiterung von Querverweisen

Die neue LaTeX-Version stellt zur Erweiterung von Querverweisen die beiden Ergänzungspakete `varioref.sty` von FRANK MITTELBACH und `xr.sty` von D. P. CARLISLE bereit.

1.7.8.1 Das Ergänzungspaket varioref

Das Ergänzungspaket `varioref.sty` stellt als Ergänzung zu den Standardreferenzbefehlen `\ref` und `\pageref` zusätzlich `\vref` und `\vpageref` sowie als Variante zu `\vref` noch `\fullref` bereit. Die Syntax von `\vref` und `\fullref` lautet wie bei den Standardbefehlen

`\vref{`*marke*`}` bzw. `\fullref{`*marke*`}`

mit dem Eintrag für *marke*, wie er in `\label{`*marke*`}` auftritt, auf den sich die neuen Referenzbefehle beziehen. In der Wirkung entspricht `\fullref` der Befehlsdefinition

```
\newcommand{\fullref}[1]{\ref{#1} auf Seite \pageref{#1}}
```

Er ruft also seinerseits die LaTeX-Standardbefehle `\ref` und `\pageref` mit dem gleichen Argument *marke* auf und verknüpft sie mit dem Text 'auf Seite'.

Der Befehl `\vref{`*marke*`}` hat die gleiche Wirkung, wenn er bei der Textausgabe zwei oder mehr Seiten vom markierenden `\label{`*marke*`}`-Befehl entfernt liegt. Fallen `\vref{`*marke*`}` und `\label{`*marke*`}` auf die gleiche Ausgabeseite, so ist der `\vref`-Aufruf gleichwertig mit `\ref{`*marke*`}`, da eine Seitenangabe für die laufende Seite überflüssig, wenn nicht gar irritierend ist.

Stehen `\vref`-Befehle und die zugehörige Markierung `\label` auf unmittelbar benachbarten Seiten, so führt der Aufruf von `\vref{`*marke*`}` zur Ausgabe "`\ref{`*marke*`}` auf der vorherigen Seite" bzw. "`\ref{`*marke*`}` auf der nächsten Seite" je nachdem ob der `\vref`-Befehl seiner `\label`-Markierung vorangeht oder ihr nachfolgt. Bei der Einbindung des `\vref`-Befehls in einen erläuternden Text sollte der entstehende Gesamttext bedacht werden, um sprachliche Holprigkeiten zu vermeiden. So wäre die Eingabe "Das vorherige Beispiel `\vref{`*marke*`}` zeigt ..." mit dem Ergebnis "Das vorherige Beispiel xxx auf der vorherigen Seite zeigt ..." sicherlich nicht der Text, an den der Autor ursprünglich dachte. Bei der Klassenoption `twoside` erscheint evtl. "auf der gegenüberliegenden Seite", wenn `\label` und `\vref` um eine Seite differieren und beide Befehle in einem *aufgeschlagenen* Seitenpaar auftreten.

Erfolgt die Seitennumerierung als Folge eines `\pagenumbering{`*num_stil*`}` mit einem anderen Eintrag als `arabic` für *num_stil*, z. B. mit `roman` in kleinen römischen Ziffern, so entfällt die spezielle Seitenreferenz für Bezüge auf die Nachbarseiten. Hier bleibt es bei der Angabe 'auf Seite nn' mit der speziellen Numerierung für nn.

Die `\vref`-Befehle erzeugen bei jedem Aufruf intern zwei Makronamen zur Buchhaltung der Seitenzuordnungen. Dies kann bei intensivem Gebrauch von Querverweisen mit

`\vref` zum Überlaufen interner TeX-Pufferspeicher führen. Ist man sicher, daß der zugeordnete `\label`-Befehl *mindestens* zwei Ausgabeseiten entfernt liegt, so ist der Referenzbefehl `\fullref` vorzuziehen, da dieser keine zusätzlichen internen Befehlsstrukturen erzeugt.

Der Befehl `\vpageref{`*marke*`}` erzeugt einen Seitenbezug mit den gleichen Variationen wie der `\vref`-Befehl, ohne dessen intern aufgerufenen und vorangestellten `\ref`-Befehl. Steht der Referenzbefehl `\vpageref` auf der gleichen Ausgabeseite wie der zugehörige Markierungsbefehl `\label`, so erzeugt er die Referenzangabe "auf dieser Seite". Beim Referenzbefehl `\vref` unterblieb in diesem Fall der Seitenbezug.

Der `\vpageref`-Befehl kennt eine erweiterte Syntax, mit der die vorgestellte Ausgabe aufrufspezifisch verändert werden kann:

`\vpageref[`*gl_seite*`][`*fr_seite*`]{`*marke*`}`

Mit dem ersten optionalen Argument *gl_seite* kann die Standardausgabe für die Angabe "auf dieser Seite" bei `\vpageref` und zugehörigem `\label` auf gleicher Seite überschrieben werden. In Englisch ist die Eingabe "The example `\vpageref[above]{`*marke*`}`" vernünftig. Sie erzeugt, in Abhängigkeit vom Abstand zwischen `\vpageref` und zugehörigem `\label` "The example above", "The example on the previous page", "The example on the next page", evtl. "The example on the facing page" oder "The example on page *nn*". In Deutsch würde dagegen "Das Beispiel `\vpageref[oben]{`*marke*`}`" mit den Ausgaben "Das Beispiel oben", "Das Beispiel auf der vorherigen Seite" usw. zwar verstanden werden, hier würde man aber lieber eine Unterscheidung als "Das obige Beispiel" und "Das Beispiel auf ..." vorziehen. Das kann mit der Verwendung beider optionaler Parameter erreicht werden. Mit "Das `\vpageref[obige Beispiel][Beispiel]{`*marke*`}`" erzielt man bei gleicher Markierung/Referenzseite "Das obige Beispiel" bzw. sonst "Das Beispiel auf der vorherigen Seite", ..., "Das Beispiel auf Seite *nn*".

Das Ergänzungspaket `varioref` kennt optionale Argumente. Bei der vorangegangenen Vorstellung war stillschweigend davon ausgegangen worden, daß der Vorspannaufruf `\usepackage[german]{varioref}` lautete, wobei statt `german` auch eine andere Sprachkennung erlaubt ist. Derzeit ist als Sprachoption neben `german` nur `english` wirksam, alle anderen Sprachkennungen führen zu einer Warnung über die noch nicht implementierte Sprache und der Ersetzung durch die entsprechenden englischen Varianten.

Die mit `\vref` und `\vpageref` erzeugten Textstrukturen werden intern durch die Befehle

`\reftextfaceafter` Ausgabetext für aufgeschlagenes Seitenpaar mit Referenzbefehl auf linker und Markierungsbefehl auf rechter Seite.

`\reftextfacebefore` Ausgabetext für aufgeschlagenes Seitenpaar mit Referenzbefehl auf rechter und Markierungsbefehl auf linker Seite.

`\reftextafter` Ausgabetext für Referenzbefehl, wenn Markierungsbefehl auf nachfolgender Seite steht.

`\reftextbefore` Ausgabetext für Referenzbefehl, wenn Markierungsbefehl auf unmittelbar vorangehender Seite steht.

`\reftextcurrent` Ausgabetext für `\vpageref`-Befehl, wenn der Markierungsbefehl auf der gleichen Seite steht.

`\reftextfaraway` Ausgabetext für Referenzbefehl, wenn der Markierungsbefehl um zwei oder mehr Seiten entfernt liegt. Der Befehl enthält zusätzlich einen Parameter, mit dem die übergebene Markierung an `\pageref` weitergeleitet wird.

In `varioref.sty` erfolgt die Zuordnung für die Option `german` als

```
\def\reftextfaceafter {auf der n\"achsten Seite}
\def\reftextfacebefore{auf der vorherigen Seite}
\let\reftextafter     \reftextfaceafter
\let\reftextbefore    \reftextfacebefore
\def\reftextcurrent   {auf dieser Seite}
\def\reftextfaraway##1{auf Seite~\pageref{##1}}
```

Damit entfällt bei der deutschen Sprachoption eine Differenzierung zwischen benachbarten, aufgeschlagenen Seiten bei der Klassenoption `twoside` und den sonstigen Einseiten-Differenzen bei Referenz- und Markierungsbefehlen, wie sie bei den englischen Äquivalenten erfolgt. Falls deutschsprachige Anwender eine entsprechende Änderung wünschen, können sie diese durch eigene Definition der vorstehenden Befehle erhalten. Mit

```
\renewcommand{\reftextfaceafter}{auf der rechten Seite}
\renewcommand{\reftextfacebefore}{auf der linken Seite}
\renewcommand{\reftextafter}{auf der nachfolgenden Seite}
\renewcommand{\reftextbefore}{auf der vorangehenden Seite}
```

erscheint eine stärkere Differenzierung als beim deutschen Standard für `varioref`. Das Ergänzungspaket kennt als zusätzlichen Variationsbefehl noch

`\reftextvario{`*text_var_1*`}{`*text_var_2*`}`

der innerhalb der Einträge für die obigen Textbefehle auftreten darf. Mit

```
\renewcommand{\reftextfacebefore}{auf der
    \reftextvario{gegen\"uberliegenden Seite}{Nachbarseite}}
```

würde bei Aufruf der Referenzbefehle für den Fall des Markierungsbefehls auf der rechten Nachbarseite eine der beiden Textvarianten gewählt. Die einzelnen Referenzbefehle werden intern mitgezählt. Ist die laufende Nummer ungerade, so wird die erste, anderenfalls die zweite Textvariante gewählt, um einen gewissen Ausdruckswechsel im laufenden Text zu erhalten. Der Leser möge in den File `varioref.sty` hineinsehen. Er findet dort knapp 30 `\DeclareOption{`*sprache*`}`-Makrogruppen, innerhalb derer die vorstehenden Befehle sprachspezifisch gesetzt werden. Das Beispiel für die englische Sprachversion wird ihm alle Varianten erschließen.

1.7.8.2 Das Ergänzungspaket xr

Die LaTeX-Referenzbefehle `\ref` und `\pageref` korrespondieren mit den Markierungen aus den `\label`-Befehlen nur *innerhalb* eines Dokuments. Das Gesamtdokument darf zwar aus mehreren Files bestehen, doch müssen diese mit `\input`- oder `\include`-Befehlen innerhalb `\begin{document} ... \end{document}` eingelesen werden. Die Markierungen aus den `\label`-Befehlen eines anderen Dokuments bleiben für die Referenzbefehle bei einer normalen LaTeX-Bearbeitung unzugänglich.

Der Text dieses Buches enthält viele Verweise auf Band 1 und Band 3 der Buchserie. Diese mußte ich bisher manuell eintragen, mit dem Risiko, daß sich bei einer Überarbeitung von Band 1 und 3 bei einer späteren Auflage dieses Bandes hier Referenzfehler einschleichen, wenn nicht alle manuellen Einträge ebenfalls korrigiert werden. Hier wird mir das neue Ergänzungspaket `xr.sty` eine große Hilfe sein, da es Verweise mit `\ref`-

und `\pageref`-Befehlen auf andere Dokumente möglich macht. Nach der Aktivierung mit `\usepackage{xr}` können mit einem oder mehreren Vorspannbefehlen

`\externaldocument[`*K*`]{`*ext_file_grd_name*`}`

der oder die Filegrundnamen der externen Dokumente bekanntgemacht werden. Nunmehr kann im Textteil des zu bearbeitenden Dokuments mit `\ref`- und `\pageref`-Befehlen auf alle mit `\label`-Befehlen gesetzten Markierungen der externen Files zurückgegriffen werden.

Treten in verschiedenen externen Files und im aktuellen Dokument gleichnamige Markierungen auf, so führt dies zu dem gleichen Fehler, wie mehrere `\label`-Befehle mit gleichen Markierungen innerhalb eines Dokuments. Die Gefahr gleichnamiger Markierungen ist bei mehreren externern Files eines Autors zweifellos höher, da dieser vermutlich seine persönliche Systematik bei den Markierungen wiederholen wird.

Dieses Problem kann mit dem optionalen Argument K gelöst werden Hiermit können den externen Files beliebige Kurzkennungen K zugeordnet werden, auf die dann mit Referenzbefehle in der Form `\ref{`*Kmarke*`}` problemfrei zurückgegriffen werden. Die Grundnamen der Hauptbearbeitungsfile für die drei Bände dieser Serie lauten `latexa`, `latexb` und `latexc`. Mit dem Vorspannbefehl `\externaldocuement[A-]{latexa}` kann ich dann mit den Referenzbefehlen `\ref{A-`*marke*`}` und `\pageref{A-`*marke*`}` auf Makierungen in Band 1 verweisen, auch wenn gleichnamige Markierung im laufenden oder in Band 3 auftreten.

1.7.9 Das Ergänzungspaket verbatim

Die ursprüngliche Version von `verbatim.sty` stammt von von RAINER M. SCHÖPF. Ergänzungen und Verbesserungen stammen von BERND REICHLE, Uni-Stuttgart, und CHRIS ROWLEY, Parsifal College, London, so daß alle drei nunmehr als Programmautoren genannt sind. Das Ergänzungspaket `verbatim.sty` erlaubt neben der Verwendung der `verbatim`-Umgebung in der gewohnten Form

`\begin{verbatim}` *Originaltext* `\end{verbatim}` oder
`\begin{verbatim*}` *Originaltext* `\end{verbatim*}`

auch die Definition von anwendereigenen Umgebungen zur Ausgabe von Originaltext. Zusätzlich stellt es den Befehl

`\verbatiminput{`*file_name*`}`

bereit, der einen File mit dem Namen *file_name* einliest und seinen Inhalt im Original ausgibt. Typisch für eine solche Originalausgabe ist z. B. der Quellenkode eines Programms. Dieser liegt im allgemeinen als eigener File vor. Eine Originalausgabe kann mit den LaTeX-Standardbefehlen nur durch einen Eingriff in den File selbst erreicht werden, indem man dem Programmtext die Zeile `\begin{verbatim}` voransetzt und das Ende des Files mit `\end{verbatim}` abschließt. Vergißt man, im Anschluß an die LaTeX-Bearbeitung, diese Zeilen zu entfernen, so wird bei der nächsten Übersetzung vermutlich der Compiler diese Zeilen bemängeln.[26] Der Filelesebefehl steht auch in der *-Form als `\verbatiminput*` zur Verfügung, so daß Leerzeichen im eingelesenen File bei der Ausgabe als ␣ erscheinen.

[26] Bei genügender Plattenkapazität könnte man daran denken, den Originalfile mit dem Quellenprogramm zu kopieren und die zusätzlichen LaTeX-Zeilen in der Kopie zuzufügen. Es ist dann nur eine Frage der Zeit, bis Quellen- und Dokumentationskode voneinander abweichen, da man beim Quellenkode sicher nicht daran denkt, jede Programmänderung unverzüglich auch in der Kopie nachzuvollziehen.

Neben dem Befehl `\verbatiminput` enthält die Dokumentation aus `verbatim.dtx` Beispiele für die Einrichtung weiterer Befehle die Definitionen für `\verbatiminputlineno` und `\verbatimboxed`. Das erste Beispiel liest einen File mit dem übergebenen Filenamen ein und gibt ihn wie beim Original, aber mit vorangestellten Zeilennummern, aus. Das zweite Beispiel umgibt den Inhalt der `verbatim`-Umgebung mit einem Rahmen. Die Dokumentation aus `verbatim.dtx` enthält den erforderlichen Definitionstext für diese sicher nützlichen Erweiterungen. Der Anwender möge sie bei Bedarf durch Entfernung der Kommentarzeichen oder mit einem eigenen kleinen Ergänzungspaket mit den dortigen Hinweisen bereitstellen.

Mit der neuen `verbatim`-Umgebung können nun auch anwendereigene Umgebungen definiert werden. Mit

```
\newenvironment{myverbatim}[1]%
  {\par\noindent#1:\par\small\verbatim}{\endverbatim}
```

wird die Umgebung `myverbatim` mit einem Übergabeparameter eingerichtet, in der der eingeschlossene Text in der kursiven Schreibmaschinenschrift `\itshape` unverändert ausgegeben wird. Die Eingabe

```
\begin{myverbatim}{\today}Mein Originaltext ...\end{myverbatim}
```

führt zur Ausgabe
13. September 1994:

`Mein Originaltext vom heutigen Tage!`

Als weitere Umgebung wird `\begin{comment}` *text* `\end{comment}` bereitgestellt. Der gesamte Text innerhalb dieser Umgebung wird als Kommentar betrachtet und bei der LaTeX-Behandlung *überlesen*. Diese Struktur hat auf den ersten Blick scheinbar nichts mit der Originalausgabe zu tun. Die internen Abläufe bei der TeX-Bearbeitung zur Erkennung eines Textes zur anschließenden unbearbeiteten Direktausgabe *oder* zur Unterdrückung sind aber so ähnlich, daß Rainer Schöpf die `comment`-Umgebung in `verbatim.sty` fast zwangsläufig beigefügt hat.

Die neue `verbatim`-Umgebung hat *zwei* geringfügige Syntaxabweichungen gegenüber dem Original. Beim Original darf zwischen `\end` und `{verbatim}` kein Leerzeichen auftreten, was bei der neuen Umgebung erlaubt ist. Beim Original wird etwaiger Text, der auf `\end{verbatim}` in der gleichen Zeile folgt, so behandelt, als stände er in der folgenden Zeile. Bei der neuen `verbatim`-Umgebung wird solcher Text unterdrückt, was mit einer Bildschirmwarnung begleitet wird.

1.7.10 Die verbleibenden Zusatzwerkzeuge

Die auf S. 54 aufgelisteten Ergänzungspakete verwiesen noch auf `fileerr`, `fontsmpl`, `rawfont`, `showkeys`, `somedefs` und `xspace`. Dies sind keine Ergänzungspakete zur endgültigen Textformatierung, sondern Hilfswerkzeuge zur Aufdeckung oder Vermeidung von Fehlern, die später entfallen können. Sie werden deshalb hier gebündelt dargestellt.

1.7.10.1 Bearbeitungsfortsetzung mit fileerr

Trifft LaTeX bei der Bearbeitung eines Text- oder Makrofiles auf einen Filelesebefehl, so wird dieser ausgeführt, wenn der angegebene File existiert und von LaTeX zu finden ist. Anderenfalls hält LaTeX die Bearbeitung an und fordert den Anwender auf, einen gültigen Filenamen einzugeben. Eine versuchsweise

Fortsetzung der Bearbeitung ist ohne korrekte Beantwortung nach einem existierenden und von LaTeX akzeptierten Files nicht möglich. Versuche mit den herrkömlichen Fehlerreaktionen, wie der Betätigung der Return-Taste oder der Antwort mit H, X, E oder S bleiben fruchtlos, da diese als Grundnamen für den einzulesenden File interpretiert werden, der mit dem zugefügten Anhang `.tex` nach einem solchen File sucht, was natürlich nicht gelingt, falls nicht zufällig ein solcher File tatsächlich existiert, was aber die Folgen möglicherweise noch verschlimmert.

Mit dem Ergänzungspaket `fileerr.sty` von Frank Mittelbach wird in solchen Fällen eine gezielte Programmfortsetzung möglich. Die erfolglose Filesuche produziert dann eine *normale* Fehlermeldung, mit dem Hinweis der erfolglosen Suche. Hierau kann mit der Return-Taste oder mit H, X, E oder S reagiert werden, womit LaTeX die Bearbeitung entsprechend der gewählten Reaktion, s. [3a, 9.1], versuchsweise fortsetzt.

1.7.10.2 Zeichensatzbeurteilungen mit fontsmpl

Bei der Installation der Ergänzungswerkzeuge mit der LaTeX-Bearbeitung von `tools.ins` entstand neben dem Ergänzungspaket `fontsml.sty` auch der Textfile `fontsmpl.tex`. Seine LaTeX-Bearbeitung verlangt die interaktive Eingabe einer Zeichensatzfamilienkennung, für die eine Reihe von Zeichensatztextbeispiele generiert werden. Das Ergänzungspspaket `fontsml.sty` wird dabei intern eingelesen und ist für sonstige Anwendungen irrelevant.

1.7.10.3 Aufruf interner Zeichensatzbefehle aus LaTeX 2.09

Die internen Zeichensatzbefehlsnamen aus LaTeX 2.09, wie `\ninit`, `\tenrm`, `elvbf` usw., sind existieren nicht mehr in LaTeX 2_ε. Die Verwendung solcher Befehlsnamen sollte vermieden werden. Ist das nicht möglich, sollte man sie mit `\newfont`-Befehlen im Vorspann erklären. Alternativ kann das Ergänzungspaket `rawfont.sty` zugefügt werden, womit, wie in LaTeX 2.09, 70 Zeichensätze zustzlich geladen werden, von denen vermutlich nur wenige tatsächlich benötigt werden. Eine Beschränkung auf weniger Zeichensätze ist mit der Optionsangabe

`\usepackage[only,,`zs_1`,`zs_2`,...]{rawfont}`

möglich, bei der die benötigten Zeichensätze mit ihren alten Namen explizit anzugeben sind. Das Ergänzungspaket `rqwfont.sty` greift seinerseits auf `somedefs.sty` zurück.

1.7.10.4 Ausgabe von Markierungs- und Referenzbefehlen

Mit dem Ergänzungspaket `showkeys` werden die Markierungen aus `\labe`- und `\bibitem`-Befehlen im Seitenrand ausgegeben. Die Markierungen aus `\ref`-, `\pageref`- und `\cite`-Befehlen erscheinen in der Größe der Fußnotenschrift zwischen den Textzeilen an der Stelle dieser Befehle. Als Beispiel möge sich der Leser das LaTeX-Bearbeitungsergebnis von `showkeys.dtx` ausdrucken.

1.7.10.5 Vermeidung von Zwischenraumfehlern nach Befehlsnamen

Viele LaTeX-Befehle ohne Argumente, wie z. B. die Logo-Befehle `\LaTeX` oder `\TeX`, interpretieren ein nachfolgedes Leerzeichen als Ende der Befehlseingabe und unterdrücken den Zwischenraum zum nachfolgenden Text. Die Lösung liegt bekanntlich in der Einschachtelung des Befehlsaufrufs in ein geschweiftes Klammerpaar oder in dem Anhängen von `\␣` an den Befehlsnamen. Bei anwendereigenen einfachen Makrodefinitionen ist mit `xspace.sty` der Abschluß des Definitionstextes mit `\xspace` möglich, womit dieser Fehler vermieden wird. Nach

```
\newcommand{\de}{Deutschland\xspace}
```

wird nach dem Aufruf von `\de` ein Leerzeichen zum nachfolgenden Text automatisch eingefügt, falls auf den Befehlsaufruf nicht ein Satzzeichen folgt.

1.8 Öffentliche Fileserver als Beschaffungsquellen

Einige nationale TEX-Anwendervereinigungen stellen Fileserver bereit, die über das weltweite Computer-Netzwerk 'Internet' angewählt und deren bereitgestellte Files abgerufen werden können. Das TEX-System ist unter dem Kürzel CTAN für "Comprehensive TEX Archive Network" organisiert. Die Fileserver der Sam Houston State University sowie der englischen und deutschen TEX-Anwendervereinigungen in Aston und Heidelberg sind so miteinander vernetzt, daß Änderungen oder Ergänzungen auf einem dieser drei Server innerhalb von 24 Stunden auf den anderen nachvollzogen werden. Die dort bereitgestellten TEX-Systeme sind also wechselseitige Abbildungen.

Neben diesen drei offiziellen TEX-Fileservern gibt es weitere, die häufig von Rechenzentren der Universitäten vorgehalten werden, die ebenfalls Abbilder der offiziellen TEX-Fileserver oder Teile hiervon, ggf. mit eigenen Zusatzentwicklungen, bereitstellen. Die Internet-Adressen der offiziellen Fileserver lauten

Ort	Netzwerk-Adresse	IP-Nummer
Houston	`pip.shsu.edu`	`192.92.115.10`
Aston	`ftp.tex.ac.uk`	`134.151.79.32`
Heidelberg[27]	`ftp.dante.de`	`129.206.100.192`

Das Filesystem auf diesen Servern ist hierarchisch entsprechend der Unix-Notation aufgebaut. Das TEX-Eingangsverzeichnis lautet üblicherweise `/tex-archive`. Alle drei Server enthalten unter dem TEX-Eingangsverzeichnis ein Unterverzeichnis `/help`, in dem sich u. a. der File `TeX-index` befindet. Er stellt einen Katalog mit Herkunfts- und Aufgabenbeschreibungen der wichtigsten TEX- und LATEX-Ergänzungen dar.

1.8.1 Filetransfer mit dem ftp-Programm

Ist beim Anwender das `ftp`-Fileübertragungsprogramm (File Transfer Protocoll) verfügbar, was unter Unix stets der Fall ist, weil es Bestandteil des Unix-Systems ist, so kann der Aufbau der Verbindung mit dem Aufruf

`ftp` *Internet-Adresse* bzw. `ftp` *IP-Nummer*

eingeleitet werden. Nach Aufbau der Verbindung erscheint die Meldung

`Connected to` *Internet-Adresse* bzw. *IP-Nummer*
`220` *local* `FTP server (`*aktuelle Versionsnummer und Datum*`) ready`
`Name (`*vorschlag*`):`

wobei *local* für eine lokale Angabe des angewählten Rechners steht; meistens erscheint dort nochmals die Internet-Adresse. Der lokale Namensvorschlag *vorschlag* bei der Aufforderung zur Namenseingabe ist zu übergehen, denn als Namenseingabe ist `anonymous` einzugeben (falls der Anwender beim angewählten Rechner nicht über eine explizite lokale Benutzerkennung verfügt). Nach der Namenseingabe fordert der angewählte Rechner zur Eingabe eines Paßwortes mit der Bildschirmnachricht `password:` auf. Dieses kann beliebig sein, man sollte hierfür die eigene Internet-e-mail Anschrift wählen. Wird das Paßwort akzeptiert, so erscheinen anschließend aktuelle Hinweise zum CTAN-System, die mit der Zeile `ftp>` enden. Dies ist die allgemeine Eingabeaufforderung des `ftp`-Programms auf dem angewählten Rechner, die nach jeder Befehlsausführung wiederkehrt.

Mit der Befehlseingabe `dir` wird der Inhalt des aktuellen Verzeichnisses des angewählten Rechners auf dem Bildschirm des Anwenders aufgelistet, wonach eine weitere Eingabeaufforderung `ftp>` folgt. Mit der Befehlseingabe '`cd` *Pfadname/Unterverzeichnis*' wechselt man in das angegebene Unterverzeichnis. Für *Pfadname* kann der volle Name, ausgehend vom Eingangsverzeichnis `/tex-archive/.../...`, oder ein *relativer* Pfadname (relativ zum aktuellen Verzeichnis) angegeben werden.

Sucht man einen File, dessen Namen man kennt, von dem man aber nicht weiß, in welchem Unterverzeichnis er abgelegt ist, so kann mit der Befehlseingabe nach der Eingabeaufforderung

`ftp> site index` *file_name* oder
`fpt> quote site index` *file_name*

gesucht werden. Für *file_name* kann auch ein Unterverzeichnisname verwendet werden, von dem man nicht weiß, wie sein voller Pfadname lautet. Nach kurzer Suche meldet der angewählte Rechner dann den angegebenen Filenamen mit seinem vollen Pfadnamen unterhalb des CTAN-Eingangsverzeichnisses zurück. War ein Unterverzeichnisname angegeben, so wird dieser mit seinem vollen Namen und dem Inhalt ausgegeben. Die Ausgabe beschränkt sich hierbei auf die ersten 20 Filenamen des Unterverzeichnisses. Diese Beschränkung erfolgt sinngemäß auch für die Angabe eines reinen Filenamens, wenn ein File mit diesem Namen mehrfach im CTAN-System auftritt. Im CTAN-Eingangsverzeichnis gibt es einen File mit dem Namen `FILES.byname`, der die vollen Namen aller Files des gesamten CTAN-Systems enthält. Der Inhalt des jeweiligen Unterverzeichnisses ist dabei alphabetisch geordnet, ebenso wie die Verzeichnisstruktur mit ihren verschachtelten Unterverzeichnisnamen. Bleibt die Suche mit `site index` erfolglos, dann sollte vorab dieser File kopiert werden. Da er mehr als 2 MByte umfaßt, muß man sich auf eine längere Übertragungszeit einstellen. Das Eingangsverzeichnis enthält zusätzlich noch `FILES.bydate` und `FILES.bysize`, deren Ordnungsschemata aus den Namen ableitbar sind und deshalb nicht erläutert werden müssen.

Das `ftp`-Programm kennt zwei Übertragungsmodi für Files: 'ASCII' und 'BINARY'. Etliche Files auf den Servern stehen dort in *gepackter* Form. Solche komprimierten Files verlangen stets den binären Übertragungsmodus. In diesem können aber auch reine Textfiles übertragen werden, so daß die Umschaltung auf den Modus 'BINARY' der Regelfall sein sollte. Standardmäßig stellt `ftp` nach dem Aufbau der Verbindung den Übertragungsmodus 'ASCII' bereit. Mit der Befehlseingabe '`mode`' meldet `ftp` zurück, welcher Übertragungsmodus eingestellt ist. Die Umschaltung auf den binären Übertragungsmodus kann mit der Befehlseingabe

`ftp> set image` oder `set binary`

erfolgen. Weiß man den Fundort für den oder die gewünschten Files, so sollte man mit Befehl `cd` in das gesuchte Verzeichnis wechseln. Das Abrufen eines Files erfolgt mit der Befehlseingabe '`get` *file_name*' (aber ohne die hier zur Hervorhebung angegebnen Quotes ' '). Die Übertragung von mehreren Files kann mit dem Befehl '`mget` *file_namen_liste*' erfolgen, bei der die Liste aus mehreren durch Leerzeichen getrennten Filenamen besteht. Die Befehlseingabe '`mget *`' fordert zur Übertragung *aller* Files aus dem aktuellen Verzeichnis des angewählten Rechners auf.

Nach der Anmeldung befindet sich `ftp` im sog. *Bestätigungsmodus*. In diesem erfolgt vor der Übertragung der Files aus der Fileliste vor Versendung der einzelnen Files die Abfrage, ob der jeweilige File tatsächlich abgerufen werden soll. Der Bestätigungsmodus kann mit dem

Befehl `prompt` abgeschaltet werden. Eine anschließend angeforderte Mehrfachübertragung erfolgt danach ohne Rückfrage. Der Befehl `prompt` hat Schalterwirkung, bei mehrfachem Absetzen dieses Befehls wird jeweils zwischen Bestätigungsmodus und seiner Aufhebung umgeschaltet.

Beim Rechner des Anwenders werden alle übertragenen Files in das momentane Verzeichnis abgelegt, aus dem die `ftp`-Anmeldung erfolgte. Nach Aufbau der Verbindung kann man auf die `ftp>` Eingabeaufforderung mit '`lcd` *lok_verzeichnis*' auch das lokale Verzeichnis wechseln, mit der Wirkung, daß anschließend übertragene Files im geänderten lokalen Verzeichnis abgelegt werden. Eine `ftp`-Sitzung wird mit dem Befehl `quit` beendet. Anschließend befindet man sich in dem Verzeichnis, aus dem die Verbindung aufgebaut wurde, nicht dagegen in einem während der Sitzung geänderten lokalen Verzeichnis.

Nach mehrfachen Verzeichniswechseln sowohl beim angewählten wie beim eigenen Rechner verliert man manchmal die Übersicht, in welchem Verzeichnis sich man gerade befindet. Der `ftp`-Befehl `pwd` meldet das momentane Verzeichnis beim angewählten Rechner zurück. Mit dem Befehl `lcd .` (Achtung, der anschließende Punkt ist zwingend!) erscheint der momentane Verzeichnisname beim eigenen Rechner auf dem Bildschirm. Vergißt man den nachfolgenden Punkt, gibt also nur `lcd` ein, so wird beim eigenen Rechner in das Anmeldeverzeichnis, also das Verzeichnis, das nach einem `login` zur Verfügung steht, gewechselt!

Die Übertragungsanforderung '`mget *`' zur Übertragung aller Files aus einem Verzeichnis sollte vermieden werden. Das CTAN-System gestattet eine effiziente Übertragung ganzer Verzeichnisse und Verzeichnisbäume. Zu diesem Zweck geht man in dem Filesystem mit '`cd ..`' zunächst um eine Stufe höher in das Elternverzeichnis. Nunmehr kann mit der Aufforderung '`get` *verz.pack*' ein ganzes Verzeichnis mit dem Namen *verz* in komprimierter und evtl. archivierter Form übertragen werden. Das Komprimierungs- und evtl. Archivierungsschema wird mit der Angabe für *pack* vorgegeben. Für *pack* können gewählt werden:

`zip   zoo   tar   tar.Z   und   tar.gz`

Die ersten beiden Komprimierungsformate `zip` und `zoo` sollten dem PC-Betreiber vertraut sein. `tar` kennzeichnet das Unix-Archive-Format, das gleichzeitig mit dem Unix-Standardkomprimierungsprogramm `compress` (`tar.Z`) oder dem noch leistungsfähigeren GNU-Komprimierungsprogramm `gzip` (`tar.gz`) gepackt werden kann. Das letztere verlangt beim Anwender die Verfügbarkeit des Entpackungsprogramms `gunzip`. Z-gepackte Programm können unter Unix immer entpackt werden, da das erforderliche Entpackungsprogramm `uncompress` Standardbestandteil von Unix ist. `tar.Z`- und `tar.gz`-gepackte Files müssen nach dem Entpacken noch entarchiviert werden. Das Unix-Standardwerkzeug `tar` sollte dem Unix-Betreiber geläufig sein.

Mit dem Aufruf `get latex.zip` bzw. `get latex.tar.gz` aus dem Verzeichnis `/tex-archive/macros` erhält man alle Files aus dem LaTeX 2_ε-Paket, und zwar beim ersten Aufruf als `zip`-gepackten File bzw. beim zweiten Aufruf als archivierten und `gz`-gepackten File, der beim Anwender unter dem Namen `latex.tar.gz` abgelegt wird. Nach dem Entpacken und Entarchivieren entsteht beim Anwender das LaTeX 2_ε-Filesystem unter dem lokalen Verzeichnisnamen `latex`.

Das `ftp`-Programm kennt eine Hilfe-Unterstützung. Mit dem Befehlsaufruf `help` im Anschluß an die Eingabeaufforderung `ftp>` erscheint eine Liste aller beim angewählten Rechner verfügbaren `ftp`-Befehle. Mit dem Aufruf '`help` *bef_name*' erhält man eine detaillierte Beschreibung für den mit *bef_name* angegebenen Befehl.

1.8.2 Fileanforderungen mittels e-mail

Viele PC-Betreiber verfügen nicht über das `ftp`-Programm, wohl aber über ein Modem und die Möglichkeit, e-mails zu versenden und zu empfangen. Diese können Files auch per e-mail von den TEX-Fileservern abfordern. Die e-mail-Adressen lauten bei den TEX-Fileservern

Ort	e-mail-Anschrift
Houston	`ftpmail@shsu.edu`
Aston	`texserver@tex.ac.uk`
Heidelberg	`ftpmail@dante.de`

Anwender ohne Erfahrung mit e-mail-Anforderungen sollten zunächst eine e-mail mit einer Hilfe-Anforderung versenden. Diese e-mail besteht nur aus zwei Zeilen mit dem alleinigen Inhalt `help` für die erste und `end` für die zweite Zeile. Der Absender erhält hierauf an seine eigene e-mail-Absenderadresse eine Antwort-e-mail mit Hinweisen, wie die Anforderungen zur Übersendung von Makropaketen per e-mail zu gestalten sind. Leider unterscheiden sich diese bei den verschiedenen Servern, so daß die Beschränkung auf einen Server zu empfehlen ist, um ausreichende Vertrautheit zu erlangen. Die empfangenen e-mails werden vom angewählten Rechner ohne Zwischenschaltung eines Menschen gelesen und interpretiert. Schreib- und Syntaxfehler bei den abgesandten e-mails können also nur durch die eingebaute Intelligenz der Maschine abgefangen werden.

Die e-mails an diese Server bestehen ausschließlich aus sog. Befehlszeilen mit jeweils einem Befehl pro Zeile. Das vorstehende Beispiel für die Hilfe-Anforderung bestand aus zwei Befehlszeilen, die jeweils nur das Befehlswort 'help' und 'end' enthielten. Auf einige Befehlswörter dürfen Argumente, z. B. Filenamen folgen. Die Liste der zulässigen Befehle und ihrer Syntax sollte mit der Hilfe-Anforderung zu erhalten sein.

Binäre Files können über die meisten e-mail-Netze nicht versandt werden. Sie verlangen eine vorherige Umkodierung in ASCII-Files. Verbreitung haben für diesen Zweck die Programme `btoa/atob`, `UUENCODE/UUDECODE` und `XXENCODE/XXDECODE` gefunden. Werden per e-mail binäre Files angefordert, so werden sie vom Server standardmäßig mit einem dieser Programme in ASCII-Files umkodiert, beim Heidelberger-Server z. B. derzeit mit `UUENCODE`. Das e-mail-System des Servers erlaubt meistens, daß mit einem Befehlswort das Kodierverfahren vom Anforderer vorgegeben werden kann. Das gleiche gilt auch für das beim Server vorgenommene Archivierungs- und Packungsprogramm bei der Versendung von Verzeichnissen oder ganzen Verzeichnisbäumen.

e-mails unterliegen häufig der weiteren Beschränkung, daß ihre Größe 64 KByte nicht überschreiten dürfen. Größere Files werden deshalb in Teilfiles aufgesplittet, die nach dem Empfang wieder zusammengesetzt werden müssen. Die Programme `UUDECODE` und `XXDECODE` erledigen das automatisch nach dem Dekodieraufruf für den ersten Teilfile. Über das Programm `atob` kann ich aus eigener Erfahrung nichts sagen.

Als Beispiel (ohne Allgemeinverbindlichkeit) für eine anfordernde e-mail an den Heidelberger Server `ftpmail@dante.de` sei hier angeführt

```
PATH hk@linhp.gwdg.de
XXENCODE
PACK tar.Z
SEND latex
END
```

Die Befehlswörter dieser e-mail wurden hier groß geschrieben. Sie dürfen beim angesprochenen Server aber auch in Kleinschrift oder gemischt auftreten. Filenamen müssen dagegen genau so geschrieben werden, wie sie in ihren Verzeichnissen aufgeführt sind, da alle der vorstehenden Server auf Unix-Maschinen basieren und Unix bei Filenamen zwischen Groß- und Kleinbuchstaben unterscheidet.

Die erste Befehlszeile dieser anfordernden Beispiel-e-mail kennzeichnet die Rücksendeadresse. Wird sie nicht explizit innerhalb der e-mail angegeben, so erfolgt die Rücksendung an die im e-mail-Kopf angeführte `Reply-to-` oder `from`-Anschrift. Mit der zweiten Zeile wird als ASCII-Kodierprogramm `XXENCODE` vorgeschrieben, dessen erzeugte Teilfiles durch die Anhänge `.xxa`, `.xxb`, `.xxc`, … gekennzeichnet werden. Die dritte Zeile verlangt das `tar`-Archiv in gepackter Z-Form für die nachfolgend angeforderten Verzeichnisse. Als solches wird mit der nächsten Befehlszeile das LaTeX 2_ε-Verzeichnis angefordert. Alle e-mails müssen mit der `END`-Befehlszeile abgeschlossen werden.

Für weitere und gleichzeitig serverspezifische Details muß auf die Rücksendung der `HELP`-Anforderung verwiesen werden. Sie wird beim Heidelberger Server in Kürze auch in deutsch zur Verfügung stehen.

1.8.3 Weitere TeX-Fileserver

Zu Beginn dieses Abschnitts wurde auf weitere Universitäten und Hochschulen verwiesen, die ebenfalls TeX-Fileserver vorhalten. Ich nenne hier einige weitere in Deutschland und im benachbarten Ausland, ohne Anspruch auf Vollständigkeit und Gewichtung.

Ort	Internet-Adresse	TeX-Eingangsverz.
Bielefeld	`ftp.uni-bielefeld.de`	`/pub/tex`
Chemnitz	`ftp.tu-chemnitz.de`	`/pub/tex`
Darmstadt	`ftp.th-darmstadt.de`	`/pub/text/tex`
Göttingen	`ftp.gwdg.de`	`/pub/dante`
Saarbrücken	`fpt.mpi-sb.mpg.de`	`/pub4/tex/mirror`
Stuttgart	`ftp.uni-stuttgart.de`	`/tex-archive (/pub/tex)`
Niederlande	`ftp.cs.ruu.nl`	`/pub/tex-archive`
Schweiz	`nic.switch.ch`	`/mirror/tex`
Tschech. Rep.	`ftp.muni.cz`	`/pub/tex/CTAN`

Der Anwender ist gut beraten, wenn er sich auf die für ihn nächstliegendsten Server konzentriert. Die Transferanforderungen sind bei den offiziellen Servern sehr hoch, so daß die Rückwirkung auf die Übertragungsgeschwindigkeit merklich ist. Auch die Leitungskosten, selbst wenn sie in Hochschuleinrichtungen anonym verwaltet werden und beim einzelnen scheinbar nicht anfallen, lassen diese Beschränkung rechtfertigen.

In vielen wissenschaftlichen Instituten steht auf VAX-Rechnern das SPAN-Netz zur Verfügung. Für dieses Netz wurde mir für einen TeX-Server die SPAN-Adresse

```
39003::$1$dia1:
```

genannt. Der TeX-Index-Katalog soll sich hier unter `[tex]0000tex-index` befinden.

1.8.4 TeX-Anwendervereinigungen

Die internationale TeX-Anwendervereinigung "TeX Users Group" gibt drei- bis viermal jährlich das Informationsjournal TUGBOAT [23] heraus. Für fortgeschrittene TeX- und LaTeX-Anwender erweist sich dieses Journal als höchst nützliche und bedeutsame Informationsquelle. Der Bezug ist im Mitgliedsbeitrag eingeschlossen. Die Anschrift für das Büro der TUG lautet:

TeX Users Group	Telefon:	+1(805) 963-1338
Post Office Box 869	Fax:	+1(804) 963-8358
Santa Barbara, CA 93 102	e-mail:	tug@tug.org
USA		

Viele deutschsprachige TeX- und LaTeX-Anwender aus Deutschland, Österreich und der Schweiz haben sich in DANTE, deutschsprachige Anwendervereinigung TeX e. V., organisiert. Die Anschrift lautet:

DANTE, Deutschsprachige Anwendervereinigung TeX e. V.
Postfach 101 840
D-69008 Heidelberg

e-mail:	dante@dante.de
Fax:	06221-16 79 06
Tel.:	06221-2 97 66

DANTE e. V. ist kein Konkurrenzverein zur internationalen TeX Users Group (TUG), sondern eine sinnvolle und notwendige Ergänzung zur Vertretung der deutschen und europäischen Interessen an TeX-Entwicklungen. Daneben veranstaltet DANTE e. V. kostenlose Schulungen über allgemeine und spezielle TeX-, LaTeX- und METAFONT-Themen. Die Herausgabe einer Mitgliederzeitschrift und die Bereitstellung von Programmen auf Disketten für diejenigen, die keinen Zugang zu den öffentlichen TeX-Fileservern haben, sind weitere Leistungen. Dieser Dienst ist auf Mitglieder beschränkt und wird zunehmend in Anspruch genommen. Vereinsmitglieder können sich auch auf dem vereinseigenen Rechner einloggen. Als Benutzeridentifikation ist die Mitgliedsnummer und als Paßwort die Nummer der Beitragsquittung anzugeben. Über DANTE e. V. kann auch die gesamte TeX-Literatur beschafft werden. Bei deutschen Büchern gilt wegen der gesetzlichen Preisbindung der Buchhandelspreis. Fremdsprachige TeX-Fachbücher werden dagegen zum Selbstkostenpreis abgegeben.

Angesichts des für Schüler und Studenten, Privatpersonen, öffentliche Institutionen und Firmen gestaffelten und damit für jeden erschwinglichen Jahresbeitrages empfehle ich jedem LaTeX-Anwender die Mitgliedschaft bei DANTE e. V.

In vielen Städten treffen sich TeX- und LaTeX-Anwender zu offenen und regelmäßigen Gesprächsabenden. Über solche Gesprächskreise, ihre Treffpunkte und Termine wird regelmäßig in „Die TeXnische Komödie", der Vereinszeitschrift von DANTE e. V., berichtet. Entsprechende Kontaktadressen können bei DANTE e. V. erfragt werden.

Kapitel 2

TEX-Zusatzzeichensätze

Die cm-Zeichensätze von Donald Knuth sind gewissermaßen die TEX-Originalschriften, weil sie vom TEX-Programmautor selbst entworfen und dem TEX-Programm von Anbeginn an zugeordnet wurden. Inzwischen wurden viele weitere Zeichensätze mit METAFONTentwickelt, die vorrangig, wenn nicht ausschließlich, zur Nutzung mit TEX vorgesehen sind. Sie werden in diesem Kapitel deshalb als TEX-Zusatzzeichensätze bezeichnet. Sie stehen in diesem Sinne im Gegensatz zu Schriften, die völlig unabhängig von TEX entwickelt wurden und deshalb mit vielen anderen Programmen genutzt werden können, wie z. B. die im übernächsten Kapitel vorgestellten PostScript-Schriften und deren Nutzung mit TEX.

2.1 Erweiterte Zeichensätze für TEX 3.x

Die Ausschöpfung der erweiterten Möglichkeiten ab TEX 3.0 setzt die Bereitstellung von erweiterten Zeichensätzen voraus, in denen die diakritischen Zeichen, also die Kombination von Buchstaben mit Akzenten oder sonstigen Anhängen, wie Cedille oder Ogonek (Krummhaken), als eigene Buchstabenzeichen verfügbar sind.

2.1.1 Grenzen und Mängel der cm-Schriften

Viele, aber keineswegs alle in europäischen Sprachen auftretenden diakritischen Zeichen in lateinischer Grundschrift lassen sich aus den cm-Zeichensätzen durch Kombination des Grundbuchstabens mit dem Akzent oder Anhang durch *Übereinanderschieben* erzeugen. Soweit diese nicht bereits durch LATEX mit einem eigenen Befehlsnamen bereitgestellt werden, lassen sich weitere Kombinationen durch anwendereigene Makros erzeugen, z. B. mit

```
\newcommand{\Dk}{%
   D\hspace{-0.7em}\rule[0.8ex]{0.30em}{0.08ex}\hspace{0.40em}}
\newcommand{\dk}{%
   d\hspace{-0.35em}\rule[1.2ex]{0.3em}{0.08ex}\hspace{0.05em}}
```

für die im Serbokroatischen auftretenden diakritischen Zeichen Đ und đ, die dann mit den Aufrufen `\Dk` bzw. `\dk` erzeugt werden. Diakritische Zeichen mit einem Krummhaken (Ogonek), wie sie bei polnischen oder litauischen Texten als Ą, ą, Ę und ę benötigt werden, lassen sich aus den cm-Schriften nicht konstruieren, da in diesen das Zeichen für den Krummhaken nicht enthalten ist.

Die Erzeugung von diakritischen Zeichen als Kombination von Buchstaben mit Sonderzeichen hat für die TEX-Bearbeitung einen gravierenden Nachteil: Wörter mit solchen Kombinationszeichen können nicht an den Silben mit diesen Zeichen getrennt werden, da die Trennmuster in den Trennmusterfiles nur eigenständige Zeichen erlauben. Zur Einbeziehung von diakritischen Zeichen in die Trennmusterfiles, z. B. unserer Umlaute in einem deutschen Trennmusterfile `ghyphen.tex`, sind diese als eigenständige Zeichen in den Zeichensätzen bereitzustellen.

Neben den diakritischen Zeichen kennen etliche europäische Sprachen zusätzlich zu den lateinischen Grundbuchstaben einige nationale Sonderbuchstaben, wie z. B. das deutsche ß oder die französischen oder skandinavischen Zeichen Æ, æ, Œ, œ, Ø und ø. Die soeben genannten Sonderbuchstaben sind zwar Bestandteil der cm-Schriften, weitere europäische Sonderbuchstaben wie Ŋ, ŋ, Þ, þ oder ð fehlen dagegen.

2.1.2 Der Erweiterungsvorschlag von Cork

Auf der internationalen TEX-Konferenz in Cork, Irland, wurde deshalb 1990 eine Zeichensatzbelegung mit einem erweiterten lateinischen Zeichensatz von 256 Zeichen vorgeschlagen und allgemein akzeptiert. Bei diesem erweiterten Zeichensatz sind für die Mehrzahl der auf der lateinischen Schrift aufbauenden Schriftsprachen deren Sonder- und diakritische Zeichen als eigenständige Symbole vorhanden. Die folgenden Sprachen sind mit diesem Zeichensatz vollständig abgedeckt:

> Afrikaans, Albanisch, Bretonisch, Dänisch, Deutsch, Englisch, Estnisch, Färöisch, Finnisch, Französisch, Friesisch, Gälisch, Indonesisch, Irisch, Isländisch, Italienisch, Katalanisch, Madagassisch, Niederländisch, Niedersorbisch, Norwegisch, Obersorbisch, Polnisch, Portugiesisch, Rätoromanisch, Rumänisch, Schwedisch, Serbokroatisch, Slowakisch, Slowenisch, Somali, Spanisch, Suaheli, Tschechisch, Türkisch und Ungarisch.

Bei diesen Sprachen können damit alle Sonder- und diakritischen Zeichen in zugehörigen Trennmusterfiles eingebunden und damit eine optimale Trenntechnik bei der TEX- und LATEX-Bearbeitung erzielt werden.

Der vorgeschlagene erweiterte Zeichensatz enthält die meisten der auftretenden Akzente auch als eigenständige Symbole. Damit ist es möglich, weitere diakritische Zeichen, die nicht als eigenständige Zeichen bereitgestellt werden, zusätzlich, wie bei den cm-Schriften, als Kombination aus Buchstaben und Akzentzeichen zu erstellen, freilich mit dem Mangel der Trennmöglichkeit für diese Zeichen. Bei den folgenden Sprachen sind einige der auftretenden diakritischen Zeichen zusätzlich als Kombination zu erzeugen:

> Baskisch, Esperanto, Lettisch, Litauisch, Maltesisch, Samoanisch, Tagalog und Walisisch.

Das Verhältnis von eigenständigen diakritischen Zeichen zu solchen, die als Kombination zu bilden sind, ist für die genannten Sprachen recht unterschiedlich. So enthält der erweiterte Zeichensatz für die lettische Sprache lediglich 6 eigenständige diakritische Zeichen, während weitere 18 aus Kombinationen zu bilden sind. Für Tagalog, die Hauptsprache auf den Philippinen, sind 30 eigenständige Zeichen vorhanden, lediglich 2 sind als Kombination zu erzeugen.

Die vietnamesische Schrift wird mit dem erweiterten Zeichensatz nicht vollständig abgedeckt, da diese diakritische Zeichen kennt, deren Akzente nicht vorhanden sind, so daß sie auch nicht als Kombination zu erzeugen sind.

Zeichensätze, die dem Vorschlag der TEX-Tagung von Cork entsprechen, sollen durch die Anfangsbuchstaben 'ec' für 'Extended Computer' statt 'cm' für die klassischen 'Computer Modern'-Schriften gekennzeichnet werden.

2.1.3 Die dc-Schriften von Norbert Schwarz

Der Vorschlag für den erweiterten Zeichensatz gemäß der Empfehlung von Cork wurde von Norbert Schwarz, Bochum, durch die Entwicklung geeigneter METAFONT-Quellenfiles realisiert. Die nachfolgende Tabelle gibt den erweiterten Zeichensatz zu `cmr10` wieder. Er steht unter dem Namen `dcr10` bereit, wie ganz generell alle weiteren erweiterten Zeichensätze von Norbert Schwarz in ihren Namen mit `dc` beginnen.

Die Kennzeichnung mit 'dc' wurde von Norbert Schwarz als Vorläufer der ec-Schriften gewählt, da seine Schriften nach seiner Meinung in ihrer Feinstruktur noch verbessert werden könnten. Zeichenauswahl und Anordnung entsprechen jedoch vollständig dem Vorschlag von Cork und damit den endgültigen ec-Schriften. Damit kann die nachfolgende Tabelle auch als Muster für den Umfang und die Anordnung der endgültigen ec-Schriften betrachtet werden.

Für die erweiterten Schriften hat Norbert Schwarz die METAFONT-Quellenfiles mit den Namen `dc`*xx nn*`.mf` bereitgestellt, wobei, wie bei den cm-Schriften, *xx* die Schriftstilkodierung durch einen bis vier Buchstaben und *nn* die Entwurfsgröße durch eine Zahl in den Einheiten 'pt' kennzeichnet. Die verfügbaren Quellenfiles gibt die nachfolgende Tabelle wieder, in der die vorhandenen Files mit einem • in den entsprechenden Spalten für die Entwurfsgröße gekennzeichnet sind.

dc*xx*	5	6	7	8	9	10	12	17
dcr	•	•	•	•	•	•	•	•
dcsl	•	•	•	•	•	•	•	•
dcdunh	•	•	•	•	•	•	•	•
dcb	•	•	•	•	•	•	•	•
dcbx	•	•	•	•	•	•	•	
dcbxsl	•	•	•	•	•	•	•	
dcti			•	•	•	•	•	•
dcu			•	•	•	•	•	•
dcss				•	•	•	•	•
dcssi				•	•	•	•	•
dcitt				•	•	•	•	•

dc*xx*	8	9	10	12	17
dcfib	•	•	•	•	
dctt	•	•	•	•	
dcvtt	•	•	•	•	
dcsltt	•	•	•	•	
dcssbx		•	•	•	•
dcbxti			•	•	•
dccsc			•	•	•
dctcsc			•	•	•
dcff			•		
dcfi			•		

Ein Vergleich mit den Grundnamen der cm-Schriften aus der Tabelle 19 aus [3a, Befehlsindex] und deren Inhaltsabdruck in [3a, C.3 und C.4] läßt die zugeordneten dc-Schriften leicht erkennen. Der Vergleich zeigt weiter, daß die dc-Schriften in weit mehr Entwurfsgrößen existieren, als dies für die cm-Schriften der Fall ist. Mit den von Norbert Schwarz vorgelegten Zeichensätzen werden alle cm-Textschriften mit Ausnahme von `cmssq8`, `cmssqi8` und `cmssdc10` als erweiterte dc-Schriften bereitgestellt. Auch diese können mit den Hinweisen aus 2.1.5 als dc-Schriften eingerichtet werden. Eine Erweiterung der mathematischen cm-Zeichensätze ist für die Zukunft geplant, derzeit aber noch nicht aktuell.

okt.	0	1	2	3	4	5	6	7	hex.
'00x	` 0	´ 1	ˆ 2	˜ 3	¨ 4	˝ 5	˚ 6	ˇ 7	"0x
'01x	˘ 8	¯ 9	˙ 10	¸ 11	˛ 12	‚ 13	‹ 14	› 15	
'02x	“ 16	” 17	„ 18	« 19	» 20	– 21	— 22	23	"1x
'03x	0 24	1 25	ȷ 26	ff 27	fi 28	fl 29	ffi 30	ffl 31	
'04x	␣ 32	! 33	" 34	# 35	$ 36	% 37	& 38	’ 39	"2x
'05x	(40	) 41	* 42	+ 43	, 44	- 45	. 46	/ 47	
'06x	0 48	1 49	2 50	3 51	4 52	5 53	6 54	7 55	"3x
'07x	8 56	9 57	: 58	; 59	< 60	= 61	> 62	? 63	
'10x	@ 64	A 65	B 66	C 67	D 68	E 69	F 70	G 71	"4x
'11x	H 72	I 73	J 74	K 75	L 76	M 77	N 78	O 79	
'12x	P 80	Q 81	R 82	S 83	T 84	U 85	V 86	W 87	"5x
'13x	X 88	Y 89	Z 90	[91	\ 92	] 93	^ 94	_ 95	
'14x	‘ 96	a 97	b 98	c 99	d 100	e 101	f 102	g 103	"6x
'15x	h 104	i 105	j 106	k 107	l 108	m 109	n 110	o 111	
'16x	p 112	q 113	r 114	s 115	t 116	u 117	v 118	w 119	"7x
'17x	x 120	y 121	z 122	{ 123	| 124	} 125	~ 126	- 127	
'20x	Ă 128	Ą 129	Ć 130	Č 131	Ď 132	Ě 133	Ę 134	Ğ 135	"8x
'21x	Ĺ 136	Ľ 137	Ł 138	Ń 139	Ň 140	Ŋ 141	Ő 142	Ŕ 143	
'22x	Ř 144	Ś 145	Š 146	Ş 147	Ť 148	Ţ 149	Ű 150	Ů 151	"9x
'23x	Ÿ 152	Ź 153	Ž 154	Ż 155	IJ 156	İ 157	đ 158	§ 159	
'24x	ă 160	ą 161	ć 162	č 163	ď 164	ě 165	ę 166	ğ 167	"Ax
'25x	ĺ 168	ľ 169	ł 170	ń 171	ň 172	ŋ 173	ő 174	ŕ 175	
'26x	ř 176	ś 177	š 178	ş 179	ť 180	ţ 181	ű 182	ů 183	"Bx
'27x	ÿ 184	ź 185	ž 186	ż 187	ij 188	¡ 189	¿ 190	£ 191	
'30x	À 192	Á 193	Â 194	Ã 195	Ä 196	Å 197	Æ 198	Ç 199	"Cx
'31x	È 200	É 201	Ê 202	Ë 203	Ì 204	Í 205	Î 206	Ï 207	
'32x	Ð 208	Ñ 209	Ò 210	Ó 211	Ô 212	Õ 213	Ö 214	Œ 215	"Dx
'33x	Ø 216	Ù 217	Ú 218	Û 219	Ü 220	Ý 221	Þ 222	SS 223	
'34x	à 224	á 225	â 226	ã 227	ä 228	å 229	æ 230	ç 231	"Ex
'35x	è 232	é 233	ê 234	ë 235	ì 236	í 237	î 238	ï 239	
'36x	ð 240	ñ 241	ò 242	ó 243	ô 244	õ 245	ö 246	œ 247	"Fx
'37x	ø 248	ù 249	ú 250	û 251	ü 252	ý 253	þ 254	ß 255	
okt.	8	9	A	B	C	D	E	F	hex.

Zeichenumfang und Belegung für den erweiterten Zeichensatz `dcr10`.

Während die Zeichen der cm-Schriften bei den verschiedenen Schrifttypen in der Belegung geringfügig differieren, wie die Tabellen 1–4 in [3a, C.6] wiedergeben, ist dies bei den dc-Schriften nicht der Fall. Alle dc-Schriften variieren nur im Schrifttyp und in der Entwurfsgröße. Die einzelnen Zeichen und ihre Anordnung stimmen bei allen dc-Schriften in ihrer Bedeutung mit der nebenstehenden Tabelle für die dcr10-Schrift überein.

2.1.4 Ordnungsprinzip der erweiterten Schriften

Die ec- bzw. dc-Schriften sind in ihrer Anordnung so aufgebaut, daß die Stellen 0–12 bzw. "00–"0C (hex.) mit eigenständigen Akzenten besetzt sind. Auf diese folgen an den Stellen 13–22 bzw. "0D–"16 die Satzzeichen. Die Stelle 23 bzw. "17 ist leer und wird bei Worttrennungen *ohne* Trennzeichen benutzt. 24 bzw. "18 ist mit einer kleinen Null besetzt, durch die das %-Zeichen zum ‰-Zeichen ergänzt werden kann. Die beiden nächsten Stellen 25 und 26 bzw. "19 und "1A enthalten das punktlose ı bzw. ȷ, die mit den Akzenten aus 0–12 zu weiteren diakritischen Symbolen kombiniert werden können, soweit sie nicht im späteren Teil durch eigenständige Zeichen realisiert sind. Auf 27–31 bzw. "1B–"1F sind die Ligaturen ff, fi, fl, ffi und ffl angeordnet, die bei den cm-Schriften die Plätze 11 bis 15 einnehmen.

Die Stellen 32–126 bzw. "20–"7E entsprechen der Kodebelegung der ISO Latin 1 Norm. Diese entspricht für 33–126 der herkömmlichen ASCII-Tabelle. Das ASCII-Leerzeichen von 32 bzw. "20 wird bei der angeführten Norm durch das Leerzeichensymbol ␣ und das ASCII-Steuerzeichen DEL auf 127 bzw. "7F durch den Trennstrich - ergänzt.

Auf den Plätzen 128–255 bzw. "80–FF folgen die diakritischen und nationalen Sonderzeichen. Die Zeichen auf 192–255 bzw. C0–FF entsprechen ebenfalls der ISO Latin 1 Norm, während diejenigen auf 160–191 bzw. "A0–"BF teilweise von dieser Norm abweichen und die Zeichen von 128–159 bzw. "80–"9F diese ergänzen.

2.1.5 Beschaffung und Einrichtung der dc-Zeichensätze

Anwender mit ftp- oder e-mail-Zugang können sich die METAFONT-Quellenfiles für die dc-Zeichensätze mit den in 1.8.1 bzw. 1.8.2 gegebenen Hinweisen leicht über das Datennetz beschaffen. Die offiziellen TEX-Fileserver stellen unter `tex-archive/fonts` eine Vielzahl von Unterverzeichnissen mit vielen weiteren Schriften bereit. Die dc-Zeichensätze befinden sich dort in dem Unterverzeichnis mit dem naheliegenden Namen `dc`. DANTE-Mitglieder können sie auf Disketten erhalten. Andere Anwender sind auf sonstige Kopierquellen angewiesen.

Norbert Schwarz hat dem Programmpaket mit den METAFONT-Quellenfiles die Informationsfiles `doc.tex`, `help.eng`, `help.fre` und `help.ger` beigefügt. Die drei letzteren enthalten Hinweise zur Generierung der Schriften mittels METAFONT in englisch, französisch bzw. deutsch. Ihnen ist zu entnehmen, daß und wie die dc-Schriften für beliebige Entwurfsgrößen zu erstellen sind. `doc.tex` enthält ergänzende Dokumentation zu den dc-Schriften. So wird für alle unterstützten Sprachen im einzelnen aufgelistet, welche diakritischen Zeichen als eigenständige Zeichen für die jeweilige Sprache verfügbar und welche evtl. durch Kombination von Akzenten mit Grundbuchstaben zu erzeugen sind.

Schließlich hat Norbert Schwarz dem dc-Paket den Trennmusterfile `ghyph31.tex` beigefügt, mit dem die bisherige Schwäche von Trennungen an umlautbehafteten Silben bei deutschen Texten beseitigt wird. Hinweise zu seiner Aktivierung stehen in 1.4.5 auf S. 38.

Das dc-Paket enthält einen Installationsfile `dcstdedt.tex` zur Erzeugung der sog. `mf`-Treiberfiles und zur Erzeugung einer kleinen Befehlsdatei `mfbatch.bat`. Mit der TEX-Bearbeitung von `dcstdedt.tex`, also mit dem Aufruf '`tex dcstdedt`', entstehen die Quellenfiles (Treiberfiles) `dc`*xxnn*`.mf` in all den Entwurfsgrößen *nn*, wie sie in der Tabelle auf Seite 85 mit dem • gekennzeichnet sind.

Der Installationsfile `dcstdedt.tex` kann leicht editiert werden, um die Treiberfiles für weitere oder andere Entwurfsgrößen zu erstellen. So enthält er drei herauskommentierte Zeilen

```
% \makefont dcssdc (      10    )
% \makefont dcssq  (   8        )
% \makefont dcssqi (   8        )
```

Wird das Kommentarzeichen entfernt, so entstehen auch die Treiberfiles `dcssdc10.mf`, `dcssq8.mf` und `dcssq8.mf`, auf deren Fehlen im Anschluß an die Tabelle auf Seite 85 hingewiesen wurde. Mit der Änderung in `\makefont dcssdc (   8 9 10 12 17)` würde `dcssdc`*nn*`.mf` in den Entwurfsgrößen 8, 9, 10, 12 und 17 pt bereitgestellt werden.

Die Treiberfiles können nun zur Erzeugung der zugehörigen `.tfm`-Files mit METAFONT bearbeitet und deren zusätzliche `.gf`-Files mit `gftopk` in die `.pk`-Files zur Druckausgabe umgewandelt werden. Ein Treiber wie `dvips` von Thomas Rokicki oder die Treiber von Eberhard Mattes aus dem emTEX-Paket sind dabei sehr praktisch, da sie die `.pk`-Zeichensätze in den angeforderten Vergrößerungsstufen automatisch generieren und dauerhaft ablegen, falls sie noch nicht vorhanden waren. Die `pk`-Zeichensätze werden damit entsprechend dem tatsächlichen Bedarf angelegt.

In ihrer Entwurfsgröße *ohne* Skalierung sollten aber alle dc-Zeichensätze einmal erzeugt werden, damit die zugehörigen `.tfm`-Files, die für die TEX- und LATEX-Bearbeitung benötigt werden, bereitstehen. Bei der TEX-Bearbeitung von `dcstdedt.tex` entsteht die Befehlsdatei `mfbatch.bat`, die das genau leistet. Sie besteht aus einer Vielzahl von Zeilen der Form

```
mf "&plain \mode:=oce; input dcxxnn"
```

womit die `.tfm`- und `.gf`-Zeichensätze für die Schrift `dc`*xx* in der Entwurfsgröße *nn* entstehen. Die vorstehenden METAFONT-Aufrufe sind systemabhängig. In der angegebenen Form sind sie sowohl für Unix als auch für MSDOS auf dem PC verwendbar. In `\mode:=oce` muß aber `oce` durch die Kennung für den lokalen Drucker, z. B. `hplaser` oder evtl. `localfont` ersetzt werden. Das könnte mit dem Editor innerhalb von `mfbatch.bat` geschehen. Noch einfacher ist es, den File `dcstdedt.tex` *vor* der TEX-Bearbeitung zu editieren und dort in der Definition von `\def\BatchOutput` in der Zeile

```
\BatchLine{mf "&plain \string\mode:=oce; input #1"}
```

`ocen` durch die Kennung für den lokalen Drucker zu ersetzen sowie wneitere systemspezifische Änderungen für den METAFONT-Aufruf vorzunehmen. Die erzeugte Befehlsdatei `mfbatch.bat` entsteht dann mit diesen Änderungen. Man kann leicht weitere Befehlszeilen für die Befehlsdatei generieren. Bei mir lautet die Definition von `\BatchOutput`:

```
\def\BatchOutput#1{
    \BatchLine{mf '\mode:=localfont; input #1'}
    \BatchLine{gftopk #1.\PrRes gf #1.\PrRes pk}
    \BatchLine{mv #1.tfm /usr/local/lib/tex/fonts}
```

```
    \BatchLine{mv #1.\PrRes pk /usr/lib/tex/pkfonts/PrRes dpi}
    \BatchLine{rm #1.log}
    \BatchLine{rm #1.\PrRes gf}
}
\def\PrRes{600}
```

Damit werden in der Befehlsdatei Befehlsgruppen mit je 6 Befehlen eingerichtet, deren erste den `mf`-Aufruf erzeugt, mit dem bei mir `&plain` automatisch zugeladen wird, so daß diese Angabe im Befehlsaufruf entfallen kann. Anschließend läuft die Zeile `gftopk dc`*xxnn*`.600gf dc`*xxnn*`.600pk` ab, die den `.gf`-File in den zugehörigen `.pk`-Druckerfile umwandelt. Mit den beiden nächsten Zeilen werden die `tfm`- und `.pk`-Files in die endgültigen Zielverzeichnisse verschoben und mit den letzten beiden Zeilen die nun überflüssigen `.log` und `.gf`-Files gelöscht. Die für Unix erzeugte Befehlsdatei, kann vom Anwender leicht für die Belange von DOS und die lokale Druckerkennung und Auflösung `\PrRes` abgeändert werden. Die Unix-Befehle `mv` und `rm` sind durch die DOS-Befehle `copy` und `del` zu ersetzen, sowie zwei weitere Befehlszeilen zur Entfernung der verbleibenden Files `.tfm`- und `.gf`-Files zuzufügen.

Mit dem Aufruf der Befehlsdatei entstehen für alle `dc`-Zeichensätze in der Entwurfsgröße die `.tfm`-Files sowie die `.pk`-Druckerfiles, die bei dem obigen Vorschlag gleichzeitig im endgültigen Zielverzeichnis abgelegt werden. Weitere skalierte Druckerzeichensätze werden bei Bedarf eventuell durch den Druckertreiber zugefügt.

2.1.6 Aufruf und Anwendung der dc-Zeichensätze

Die Nutzung der dc-Zeichensätze erfolgt am einfachsten mit LaTeX 2_ε. Hierzu ist lediglich im Vorspann `\usepackage{t1enc}` anzugeben. Alle Zeichensatz- und Attributbefehle beziehen sich dann auf die entsprechenden dc-Zeichensätze, die damit die bisherigen cm-Textzeichensätze bei der Textbearbeitung für die eingelesenen Files ablösen.

Man könnte daran denken, den Formatfile für LaTeX 2_ε so einzurichten, daß die dc-Zeichensätze standardmäßig angesprochen werden, ohne daß es des Vorspannbefehls `\usepackage{t1enc}` bedarf. Dies wird in absehbarer Zeit auch bei der Standardinstallation von LaTeX 2_ε mit dem dann beigefügten Installationsfile der Fall sein, spätestens, wenn auch für die mathematischen cm-Zeichensätze äquivalente dc-Zeichensätze existieren. Es gibt gute Gründe, das schon heute zu tun. Dies bedeutet zwar nicht, daß man schon heute auf die cm-Textzeichensätze verzichten kann, es macht aber die Einbindung des Trennmusterfiles `ghyphen3` zum Bearbeitungsstandard und führt somit zu verbesserten Trennungen bei der Textverarbeitung.

In 1.4.5 wurden die anwenderspezifischen Einstellungsanforderungen bei der Installation von LaTeX 2_ε vorgestellt. Die Bereitstellung von dort angeführten `.cfg`-Files wird hier konkretisiert. Man möge sich zunächst den aus dem ersten Installationsschritt für LaTeX 2_ε entstandenen File `fontdef.ltx` nach `fontdef.cfg` kopieren. Die Originalzeilen mit den Zeilennummern[1] 68–71 sowie 107 und sind wie folgt zu ändern:

```
57:  \fontencoding{OT1}  ⇒  \fontencoding{T1}
75:  \input OT1cmss.fd   ⇒  \input T1cmss.fd
76:  \input OT1cmtt.fd   ⇒  \input T1cmtt.fd
```

[1] Die Zeilennummern aus `fontdef.ltx` mögen bei zukünftigen `fontdef.ltx`-Files hiervon abweichen. Die hier angegebenenen Zeilennummern beziehen sich auf das Filedatum vom 16. Mai. 1994.

77: `\DeclareErrorFont{OT1}{cmr}{m}{n}{10}`
$\Rightarrow$ `\DeclareErrorFont{T1}{cmr}{m}{n}{10}`
113: `\newcommand\encodingdefault{OT1}`
$\Rightarrow$ `\newcommand\encodingdefault{T1}`

Abschließend sollte der Filekommentar editiert werden und den Hinweis aufnehmen, daß es sich bei dem vorliegenden File `fontdef.cfg` um eine Modifikation des Originalfiles `fontdef.ltx` handelt, wobei dieser Name an den erforderlichen Stellen im Kommentar durch `fontdef.cfg` zu ersetzen ist. Auch das mit `\filedate` angegebene Erstellungsdatum sollte aktualisiert werden.

In 1.4.5 wurde bereits vorgeschlagen, zur LaTeX-Einrichtung einen File `lthyphen.cfg` beizustellen. Die dort auf S. 37f. vorgeschlagenen Maßnahmen zur Erstellung eines Formatfiles mit mehrsprachigen Trennmustern unter Einschluß des deutschen Trennmusterfiles `ghyph31.tex` können unverändert übernommen werden. Ist dieser Trennmusterfile nicht dem dc-Zeichensatzpaket beigefügt, so findet man ihn auf den TeX-Fileservern unter `/tex-archive/language/hyphenation`

Mit einer erneuten INITEX-Bearbeitung von `latex.ltx` wird nun ein Formatfile `latex.fmt` erzeugt, der die dc-Zeichensätze als die Standardschriften bereitstellt, die mit `\begin{document}` verfügbar sind und mit den Schriftbefehlen `\text`*xx*`{`*text*`}` sowie den Schrifterklärungen, wie `\rmfamily`, `\bfseries`, `\itshape` usw., lokal angesprochen werden.

Als Ergänzungspaket für deutsche Anpassungen sollte `german3.sty` statt `german.sty`, Version 2.4a, verwendet werden. Dieses Anpassungspaket findet man auf den TeX-Fileservern unter `/tex-archive/language/german`. Die aktuelle Version für `german3.sty` ist 1.0c mit dem Erstellungsdatum vom 8. 4. 1992.

Bei der Durchsicht der Kopiervorlage für `fontdef.cfg` wird der aufmerksame Anwender finden, daß die Definitionen für die mathematischen Schriften, auch wenn diese auf Textschriften wie für `\mathbf` oder `\mathsf` zurückgreifen, als Kodierattribut `OT1` verwenden, also hierfür die cm-Zeichensätze verwenden. Man kann damit leider noch nicht auf die cm-Textschriften verzichten, auch wenn diese weitgehend eine Untermenge der dc-Schriften darstellen.

Die Betonung liegt hierbei auf *weitgehend*. Vergleicht man die Tabelle für den Inhalt der dc-Schriften von Seite 86 mit der Tabelle 1 aus [3a, C.6] für die äquivalenten cmr10-Zeichensätze, so stellt man fest, daß dort auf den Plätzen 0–10 die großen griechischen Buchstaben stehen, die in der dc-Tabelle ganz fehlen und hier durch eigenständige Akzentzeichen ersetzt sind. Würde man in `fontdef.cfg` bei der Definition der mathematischen Schriften `T1` als Kodierattribut vorgeben, so hätte das zur Folge, daß `$\Theta$` als ˆ statt Θ erscheinen würde!

Die Verwendung der dc-Schriften als LaTeX-Standardschriften gehört zwar zum Entwicklungsziel für das LaTeX 3-Projekt. Eine entsprechende Vorgabe für LaTeX 2_ε wird vermutlich dann erfolgen, wenn die mathematischen Zeichensätze auch als dc-Schriften zur Verfügung stehen und die großen griechischen Buchstaben dann innerhalb der mathematischen dc-Schriften bereitstehen.

2.1.7 Erschwerte Nutzung der dc-Schriften mit LaTeX 2.09

Die hier so einfach und problemlos dargestellte Nutzung der dc-Schriften mit LaTeX 2_ε erweist sich für LaTeX 2.09 als viel umständlicher. Man könnte zunächst daran denken, daß nach der Erklärung eines erweiterten Zeichensatzes, z. B. mit

```
\newfont{\tendcr}{dcr10}
```

dieser mit dem Aufruf `\tendcr` aktiviert werden kann. Solange der zu bearbeitende Text nur aus Groß- und Kleinbuchstaben, Ziffern und Satzzeichen besteht, führt die Bearbeitung zum erwarteten Ergebnis. Spätestens aber beim Aufruf nationaler Sonderzeichen mit `\ss`, `\ae`, `\oe`, `\o`, `\AE`, `\OE` und `\O` erscheint das auf den ersten Blick überraschende Ergebnis ı, ȷ, ff, fi, fl, ffi bzw. ffl. Ebenso führt der Versuch, Umlaute oder sonstige Akzente in der gewohnten Weise als `"A`, `\'A` oder `\'A` einzugeben, zu dem absurden Ergebnis A, A und A.

Nach kurzem Nachdenken wird jedoch klar, was geschehen ist. Der Versuch, die nationalen Sonderzeichen mit den zugehörigen Befehlswörtern zu erzeugen, führt zu den TEX bisher bekannten Ausgabekodes für diese Zeichen, nämlich 25–31 bzw. 24. Ein Blick auf die Tabelle 1 aus [3a, C.6] zeigt, daß auf diesen Positionen bei den cm-Zeichensätzen die angeforderten Sonderzeichen stehen. Dagegen enthalten die dc-Zeichensätze, wie aus der Tabelle auf Seite 86 zu entnehmen ist, an diesen Stellen das punktlose ı und ȷ sowie die Ligaturen ff, fi, fl, ffi und ffl. Da TEX nicht über die geänderte Zeichenordnung bei den dc-Zeichensätzen informiert ist, wird das Ergebnis zwar verständlich, bleibt aber falsch.

Die Befehlsdefinitionen für die nationalen Sonderzeichen erfolgen in `lplain.tex`. Dieser File müßte, ebenso wie `lfonts.tex`, zur Übernahme der dc-Zeichen als Text-Standardzeichensätze überarbeitet werden, so daß die herkömmlichen Schriftartbefehle aus LATEX 2.09 die entsprechenden dc-Zeichensätze aktivieren. Anschließend müßte mit diesen geänderten Files `lplain.tex` und `lfonts.tex` ein neuer Formatfile für LATEX 2.09 generiert werden. Ich rate den Anwendern von dieser Lösung ab, sondern empfehle ihnen, auf LATEX 2ε umzuwechseln. Ich gebe deshalb hier auch keine Hinweise zu den erforderlichen Änderungen für `lplain.tex` und `lfonts.tex`.

2.2 AMS-TEX und seine Zeichensätze

AMS-TEX ist ein Makropaket der *American Mathematical Society*, mit dem die an sich schon sehr hohe Leistung von TEX zur Formatierung von mathematischen Formeln noch weiter gesteigert wird. AMS-TEX hat viele strukturelle Ähnlichkeiten zu LATEX. Eine umfassende Beschreibung und Einführung wird mit [18] gegeben. Das Paket kann im LATEX 2ε-Kompatibiltätsmodus mit `\documentstyle[amstex]{`*haupt_stil*`}` genutzt werden. Ich beschränke mich hier auf die Vorstellung weiterer Zeichensätze aus dem AMS-Paket und ihrer Nutzung mit LATEX 2ε.

2.2.1 AMS-Symbolzeichensätze

AMS-TEX definiert eine Vielzahl weiterer mathematischer Symbole und stellt diese mit den Files `msam`*n*`.mf` und `msbm`*n*`.mf` bereit ($n = 5, 6, 7, 8, 9, 10$). Nach der METAFONT-Bearbeitung können diese Zeichensätze auch von LATEX 2ε genutzt werden. Dies wird mit dem Ergänzungspaket `amssymb.sty` durch

```
\usepackage{amssymb}
```

möglich, das seinerseits `amsfonts.sty` einliest.[2]. Beide `.sty`-Files findet man im AMS-TEX-Paktet, das im neuen LATEX-Gesamtpaket unter `./latex/packages/amstex` angeordnet ist.

[2]Unter LATEX 2.09 mußten mit `\input`-Befehlen die beiden Files `amsym.def` und `amsym.tex` eingelesen werden. Diese sind im neuen AMSTEX-Paket nicht mehr enthalten. Die Nutzung von `amssymb.sty` per Stiloption für LATEX 2.09 setzt voraus, daß NFSS für LATEX 2.09 bereitgestellt wurde.

Im Parallelverzeichnis `./latex/packages/mfnfss` findet man die Installationsfiles `amsfonts.ins`, `eufrak.ins`, `euscript.ins`, `oldgerm.ins` und `pandora.ins`. Die Nutzung der $\mathcal{A}\!\mathcal{M}\!\mathcal{S}$-Symbole verlangt vorab die Installation des ersten durch den Aufruf '`latex amsfonts.ins`'. Die erzeugten Files `Umsa.fd`, `Umsb.fd`, `Ueuex.fd`, `Ueuf.fd` `Ueur.fd` und `Ueus.fd` sind anschließend in das TEX-Standardeingabeverzeichnis zu verschieben.

2.2.1.1 Blackboard-Großbuchstaben

In mathematischen Vorlesungen werden häufig fette Buchstaben an der Tafel als $\mathbb{A} \ldots \mathbb{Z}$ symbolisiert. In der Mengenlehre werden sie z. T. als spezielle Symbole benutzt. Der Wunsch, diese Symbole auch für den Textsatz bereitzustellen, ist verständlich. $\mathcal{A}\!\mathcal{M}\!\mathcal{S}$-TEX erzeugt solche Symbole innerhalb von Formeln mit dem Befehl `\Bbb{`*N*`}`, in der *N* für einen oder mehrere Großbuchstaben steht.

$$\mathbb{A}\ \mathbb{B}\ \mathbb{C}\ \mathbb{D}\ \mathbb{E}\ \mathbb{F}\ \mathbb{G}\ \mathbb{H}\ \mathbb{I}\ \mathbb{J}\ \mathbb{K}\ \mathbb{L}\ \mathbb{M}\ \mathbb{N}\ \mathbb{O}\ \mathbb{P}\ \mathbb{Q}\ \mathbb{R}\ \mathbb{S}\ \mathbb{T}\ \mathbb{U}\ \mathbb{V}\ \mathbb{W}\ \mathbb{X}\ \mathbb{Y}\ \mathbb{Z}$$

In gleicher Weise können sie auch von LATEX aus erzeugt werden, wenn, wie oben beschrieben, `amssymb.sty` mit `\usepackage{amssymb}` bekannt gemacht wurde. Sie stehen dann, wie alle weiteren vorgestellten Symbole, mit dem angegebenen Namen in LATEX zur Verfügung.

`$\Bbb{ABC}$` und `$\Bbb{X}+ \Bbb{Y}$` erzeugen damit $\mathbb{ABC}$ bzw. $\mathbb{X} + \mathbb{Y}$.

2.2.1.2 Binäre Operatoren

$\ltimes$	`\ltimes`	$\leftthreetimes$	`\leftthreetimes`	$\circledcirc$	`\circledcirc`
$\rtimes$	`\rtimes`	$\rightthreetimes$	`\rightthreetimes`	$\circledast$	`\circledast`
$\curlywedge$	`\curlywedge`	$\barwedge$	`\barwedge`	$\circleddash$	`\circleddash`
$\curlyvee$	`\curlyvee`	$\veebar$	`\veebar`	$\boxplus$	`\boxplus`
$\Cap$	`\Cap`, `\doublecap`	$\doublebarwedge$	`\doublebarwedge`	$\boxminus$	`\boxminus`
$\Cup$	`\Cup`, `\doublecup`	$\dotplus$	`\dotplus`	$\boxtimes$	`\boxtimes`
$\centerdot$	`\centerdot`	$\smallsetminus$	`\smallsetminus`	$\boxdot$	`\boxdot`
$\intercal$	`\intercal`	$\divideontimes$	`\divideontimes`		

2.2.1.3 Vergleichsoperatoren

$\leqq$	`\leqq`	$\geqq$	`\geqq`	$\doteqdot$	`\doteqdot`, `\Doteq`
$\leqslant$	`\leqslant`	$\geqslant$	`\geqslant`	$\circeq$	`\circeq`
$\eqslantless$	`\eqslantless`	$\eqslantgtr$	`\eqslantgtr`	$\eqcirc$	`\eqcirc`
$\lesssim$	`\lesssim`	$\gtrsim$	`\gtrsim`	$\triangleq$	`\triangleq`
$\lessapprox$	`\lessapprox`	$\gtrapprox$	`\gtrapprox`	$\risingdotseq$	`\risingdotseq`
$\lessdot$	`\lessdot`	$\gtrdot$	`\gtrdot`	$\fallingdotseq$	`\fallingdotseq`
$\lll$	`\lll`, `\llless`	$\ggg$	`\ggg`, `\gggtr`	$\backsim$	`\backsim`
$\lessgtr$	`\lessgtr`	$\gtrless$	`\gtrless`	$\backsimeq$	`\backsimeq`
$\lesseqgtr$	`\lesseqgtr`	$\gtreqless$	`\gtreqless`	$\thicksim$	`\thicksim`

$\lesseqqgtr$	\lesseqqgtr	$\gtreqqless$	\gtreqqless	$\thickapprox$	\thickapprox
$\subseteqq$	\subseteqq	$\supseteqq$	\supseteqq	$\approxeq$	\approxeq
$\Subset$	\Subset	$\Supset$	\Supset	$\bumpeq$	\bumpeq
$\sqsubset$	\sqsubset	$\sqsupset$	\sqsupset	$\Bumpeq$	\Bumpeq
$\preccurlyeq$	\preccurlyeq	$\succcurlyeq$	\succcurlyeq	$\between$	\between
$\curlyeqprec$	\curlyeqprec	$\curlyeqsucc$	\curlyeqsucc	$\pitchfork$	\pitchfork
$\precsim$	\precsim	$\succsim$	\succsim	$\varpropto$	\varpropto
$\precapprox$	\precapprox	$\succapprox$	\succapprox	$\backepsilon$	\backepsilon
$\vartriangleleft$	\vartriangleleft	$\vartriangleright$	\vartriangleright	$\blacktriangleleft$	\blacktriangleleft
$\trianglelefteq$	\trianglelefteq	$\trianglerighteq$	\trianglerighteq	$\blacktriangleright$	\blacktriangleright
$\vDash$	\vDash	$\Vdash$	\Vdash	$\Vvdash$	\Vvdash
$\smallsmile$	\smallsmile	$\shortmid$	\shortmid	$\therefore$	\therefore
$\smallfrown$	\smallfrown	$\shortparallel$	\shortparallel	$\because$	\because

2.2.1.4 Negierte Vergleichssymbole

$\nless$	\nless	$\ngtr$	\ngtr	$\nsim$	\nsim
$\nleq$	\nleq	$\ngeq$	\ngeq	$\ncong$	\ncong
$\nleqslant$	\nleqslant	$\ngeqslant$	\ngeqslant	$\nshortmid$	\nshortmid
$\nleqq$	\nleqq	$\ngeqq$	\ngeqq	$\nshortparallel$	\nshortparallel
$\lneq$	\lneq	$\gneq$	\gneq	$\nmid$	\nmid
$\lneqq$	\lneqq	$\gneqq$	\gneqq	$\nparallel$	\nparallel
$\lvertneqq$	\lvertneqq	$\gvertneqq$	\gvertneqq	$\nvdash$	\nvdash
$\lnsim$	\lnsim	$\gnsim$	\gnsim	$\nvDash$	\nvDash
$\lnapprox$	\lnapprox	$\gnapprox$	\gnapprox	$\nVdash$	\nVdash
$\nprec$	\nprec	$\nsucc$	\nsucc	$\nVDash$	\nVDash
$\npreceq$	\npreceq	$\nsucceq$	\nsucceq	$\ntriangleleft$	\ntriangleleft
$\precneqq$	\precneqq	$\succneqq$	\succneqq	$\ntriangleright$	\ntriangleright
$\precnsim$	\precnsim	$\succnsim$	\succnsim	$\ntrianglelefteq$	\ntrianglelefteq
$\precnapprox$	\precnapprox	$\succnapprox$	\succnapprox	$\ntrianglerighteq$	\ntrianglerighteq
$\nsubseteq$	\nsubseteq	$\nsupseteq$	\nsupseteq	$\varsubsetneq$	\varsubsetneq
$\nsubseteqq$	\nsubseteqq	$\nsupseteqq$	\nsupseteqq	$\varsupsetneq$	\varsupsetneq
$\subsetneq$	\subsetneq	$\supsetneq$	\supsetneq	$\varsubsetneqq$	\varsubsetneqq
$\subsetneqq$	\subsetneqq	$\supsetneqq$	\supsetneqq	$\varsupsetneqq$	\varsupsetneqq

2.2.1.5 Zeigersymbole

$\leftleftarrows$	\leftleftarrows	$\rightrightarrows$	\rigthrightarrows	$\Lleftarrow$	\Lleftarrow
$\leftrightarrows$	\leftrightarrows	$\rightleftarrows$	\rightleftarrows	$\Rrightarrow$	\Rrightarrow
$\twoheadleftarrow$	\twoheadleftarrow	$\twoheadrightarrow$	\twoheadrightarrow	$\looparrowleft$	\looparrowleft

$\leftarrowtail$	\leftarrowtail	$\rightarrowtail$	\rightarrowtail	$\looparrowright$	\looparrowright
$\curvearrowleft$	\curvearrowleft	$\curvearrowright$	\curvearrowright	$\Lsh$	\Lsh
$\circlearrowleft$	\circlearrowleft	$\circlearrowright$	\circlearrowright	$\Rsh$	\Rsh
$\leftrightharpoons$	\leftrightharpoons	$\rightleftharpoons$	\rightleftharpoons	$\multimap$	\multimap
$\upharpoonleft$	\upharpoonleft	$\upharpoonright$	\upharpoonright	$\upuparrows$	\upuparrows
$\downharpoonleft$	\downharpoonleft	$\downharpoonright$	\downharpoonright	$\downdownarrows$	\downdownarrows
$\rightsquigarrow$	\rightsquigarrow	$\leftrightsquigarrow$	\leftrightsquigarrow	$\restriction$	\restriction
$\nleftarrow$	\nleftarrow	$\nrightarrow$	\nrightarrow	$\nleftrightarrow$	\nleftrightarrow
$\nLeftarrow$	\nLeftarrow	$\nRightarrow$	\nRightarrow	$\nLeftrightarrow$	\nLeftrightarrow

2.2.1.6 Sonstige AMS-Symbole

Allgemeine Zeichen:

$\square$	\square	$\blacksquare$	\blacksquare	$\varnothing$	\varnothing
$\vartriangle$	\vartriangle	$\blacktriangle$	\blacktriangle	$\circledS$	\circledS
$\triangledown$	\triangledown	$\blacktriangledown$	\blacktriangledown	$\mho$	\mho
$\lozenge$	\lozenge	$\blacklozenge$	\blacklozenge	$\bigstar$	\bigstar
$\angle$	\angle	$\measuredangle$	\measuredangle	$\sphericalangle$	\sphericalangle
$\backprime$	\backprime	$\nexists$	\nexists	$\complement$	\complement
$\hbar$	\hbar	$\hslash$	\hslash	$\eth$	\eth
$\digamma$	\digamma	$\varkappa$	\varkappa	$\diagup$	\diagup
$\Finv$	\Finv	$\Game$	\Game	$\diagdown$	\diagdown
$\beth$	\beth	$\daleth$	\daleth	$\gimel$	\gimel

Textsymbole:

Alle der bisher vorgestellten AMS-TEX-Zusatzsymbole sind nur in mathematischen Bearbeitungsmodi, also nur als Symbole in mathematischen Formeln erlaubt. Zusätzlich stellt AMS-TEX vier weitere Symbole bereit, die sowohl in normalen Textmodi als auch in mathematischen Bearbeitungsmodi verwendet werden können. Diese sind

✓	\checkmark	®	\circledR	✠	\maltese	¥	\yen

Achtung: Bei der Verwendung von `german.sty` ist vor Aufruf dieser Textsymbole mit `\originalTeX` vorübergehend in den Originalbearbeitungsmodus zurückzuschalten!

Klammersymbole:

$\ulcorner$	\ulcorner	$\urcorner$	\urcorner
$\llcorner$	\llcorner	$\lrcorner$	\lrcorner

Einige wenige der vorstehenden Symbole standen unter denselben Namen bereits in LATEX 2.09 zur Verfügung. Wenn der File `amssymb` eingelesen ist, werden die Zeichen aus den AMS-Files statt der Originalzeichen benutzt. In LATEX 2_ε werden die speziellen mathematischen LATEX-Symbole mit dem Ergänzungspaket `latexsym.sty` (s. 1.5.6) bereitgestellt. Das umfassendere Ergänzungspaket `amssymb.sty` macht `latexsym.sty` damit überflüssig.

2.2.2 Frakturschriften — Eulersche Schriften

In älteren deutschen naturwissenschaftlichen Büchern findet man häufig Vektoren und Tensoren mit Frakturbuchstaben (gotische Buchstaben) dargestellt. Auch heute werden gelegentlich Frakturbuchstaben zur Kennzeichnung und Unterscheidung bestimmter mathematischer Elemente gewünscht. $\mathcal{A}\!\mathcal{M}\!\mathcal{S}$ stellt sie unter den Eulerschen Schriften bereit. Innerhalb von Formeln können sie mit `\frak{`*x*`}` oder `\goth{`*x*`}` erzeugt werden. Der Befehlsname `\goth` wurde zusätzlich eingeführt, da `\frak` leicht beim Schreiben mit `\frac` verwechselt wird. Die Eingabe von `$\frak{Goethe}$` und `$\goth{Schiller}$` und `$\goth{X}=\frak{G}+\frak{S}$` erzeugt: $\mathfrak{Goethe}$ und $\mathfrak{Schiller}$ bzw. $\mathfrak{X} = \mathfrak{G} + \mathfrak{S}$.

Die Frakturschrift kann innerhalb von Formeln auch als Index und Exponent verwendet werden. Die hoch- und tiefgestellten Zeichen der Frakturschrift erscheinen entsprechend der Umstellungsstufe verkleinert: mit `$\frak{A^{2i}_{m_k,n_l}}$` erzeugt $\mathfrak{A}^{2i}_{m_k,n_l}$. Die automatische Größenanpassung für Exponenten und Indizes erfolgt neben den Zeichen der Frakturschrift auch für alle in 2.2.1.1–2.2.1.6 vorgestellten $\mathcal{A}\!\mathcal{M}\!\mathcal{S}$-Symbole.

Die vorgestellte Frakturschrift wird von der $\mathcal{A}\!\mathcal{M}\!\mathcal{S}$ unter der Gruppe der Eulerschen Schriften bereitgestellt. Diese besteht zum einen aus der normalen (`eufm`*n*) und fetten (`eufb`*n*) Frakturschrift sowie der normalen (`eurm`*n*) und fetten (`eurb`*n*) Eulerschen Roman-Schrift, die eigentlich eine ungeneigte Italic-Schrift darstellt. Beide Schriftgruppen enthalten die Klein- und Großbuchstaben sowie die Ziffern. Die Frakturschriften enthalten auf den Stellen 0–7 Varianten einiger Kleinbuchstaben. Die Eulerschen Roman-Schriften stellen zusätzlich die griechischen Groß- und Kleinbuchstaben als eigene Variante für den Formelsatz bereit. Beide Zeichensatzgruppen enthalten zusätzlich einige Satzzeichen. Insgesamt besteht der Zeichenvorrat dieser Zeichensätze aus:

$\mathfrak{ABCDEFGHIJKLMNOPQRSTUVWXYZ}$ 0123456789
$\mathfrak{abcdefghijklmnopqrstuvwxyz}$ $\mathfrak{bdffgktu}$ ‘’!&'()*+,−./:;=?[]^"1

--- `eufm1`

ABCDEFGHIJKLMNOPQRSTUVWXYZ ΓΔΘΛΞΠΣΥΦΨΩ 0123456789
abcdefghijklmnopqrstuvwxyz ıȷ℘ αβγδεζηθικλμνξπρστυφχψωεϑϖφ .,</>

--- `eurm1`

Zusätzlich wird mit `eusm`*n* und `eusb`*n* die normale bzw. fette sog. Script-Schrift bereitgestellt, die als Ergänzung der kalligrafischen Buchstaben aus dem Standardzeichensatz für mathematische Formeln betrachtet werden kann. Sie enthält nur Großbuchstaben und einige Zusatzzeichen:

$\mathscr{ABCDEFGHIJKLMNOPQRSTUVWXYZ}$ ℜℑℵ § −∼¬∧∨{}|\

--- `eusm1`

Die Fettversionen dieser Zeichensätze enthalten die gleichen Zeichen wie die hier abgedruckten Zeichensätze der Normalversionen. Bei den angegebenen Zeichensatznamen `eu`*xx n* steht *n* für 5, 6, 7, 8, 9 und 10, mit denen die Entwurfsgröße der entsprechenden Zeichensätze gekennzeichnet wird.

Schließlich werden die meisten Symbole, die beim normalen Formelsatz mit der Schrift `cmex10` bereitgestellt werden, zur Anpassung an die Stärke der Eulerschen Schriften mit `euex10` wiederholt.

Die Eulerschen Zeichensätze wurden von Hermann Zapf im Auftrag der $\mathcal{AMS}$ für die Verwendung beim Formelsatz entworfen. Für die `eufm`-Zeichensatzgruppe wurde in `amssym.def` unter dem Namen `\frak` das Umschaltmakro für die normale Frakturschrift beim Formelsatz bereitgestellt. Es wurde dort mit

```
\font\teneufm=eufm10   \font\seveneufm=eufm7    \font\fiveeufm=eufm5
\newfam\eufmfam
\textfont=\teneufm     \scriptfont=\seveneufm   \scriptscriptfont=\fivefm
\def\frak#1{\fam\eufmfam\relax #1}              \let\goth\frak
```

eingerichtet. Zur Erläuterung für diese TEX-Makros sei dem reinen LATEX-Anwender gesagt, daß die TEX-Struktur `\font`*bef_name*=*zs_file_name* gleichwertig mit der ihm bekannten LATEX-Befehlsstruktur `\newfont{`*bef_name*`}{`*zs_file_name*`}` ist und mit `\newfam` mit dem darauffolgenden Befehlsnamen (hier `\eufmfam`) ein Zeichensatztripel zu einer *TEX-Familie* zusammengefaßt wird, womit beim Formelsatz die Schriften in Normalgröße und den Größen für ein- und zweifache Umstellungen (Exponenten und Indizes) bereitgestellt werden. Mit der letzten TEX-Struktur `\let\goth\frak` wird die vorab definierte Umschaltstruktur `\frak` auch unter dem Namen `\goth` bereitgestellt. Nach dem gleichen Muster können Umschaltmakros für die anderen Eulerschen Schriften beim Formelsatz eingerichtet werden.

Eleganter und gleichzeitig flexibler erfolgt die Verwendung der Eulerschen Schriften im Zusammenhang mit LATEX 2$_\varepsilon$. Sie sind hier mit den Attributvorgaben `U` für das Kodierattribut, `euf`, `eur`, `eus` und `euex` für das Familienattribut, `m` und `b` für das Serienattribut und `n` für das Formattribut bekannt. Mit diesen Attributnamen können leicht anwendereigene Namen für mathematische Alphabete und Symbolsätze mit den Erklärungen `\DeclareMathAlphabet`, `\SetSymbolFont` und/oder `\DeclareSymbolFontAlphabet` (s. 1.4.4) für die Eulerschen Zeichensätze eingerichtet werden. Die vorstehenden Namen für die Eulerschen Familienattribute sind selbsterklärend und bedürfen keiner zusätzlichen Erläuterung.

Das Verzeichnis `./latex/packages/mfnfss` enthält u. a. die Installationsfiles `eufrak.ins` und `euscript.ins`. Deren LATEX-Bearbeitung erstellt die Ergänzungspakete `eufrak.sty` und `euscript.sty`. Mit `eufrak.sty` können die Frakturschriften (normal und fett) innerhalb von Formeln als mathematische Schrift `\EuFrak{`*text*`}` benutzt werden. Mit `euscript.sty` gilt das Gleiche bezüglich der Script-Schriften `eusm`*n* und `eusb`*n* unter dem mathematischen Schriftnamen `\EuScript{`*text*`}`. Mit `euler.sty`[3] stehen sie unter den Schriftnamen `\frak{`*text*`}` bzw. `\scr{`*text*`}` bereit. Außerdem werden einige mathematische Symbole beim Formelsatz dem Zeichensatz `euex10` statt dem äquivalenten cm-Zeichensatz `cmex10` entnommen. Bei den vorstehenden Eulerschen Schriften werden die Normalschriften benutzt, wenn als mathematische Version `normal` eingestellt ist. Mit der mathematischen Version `bold` wird dagegen auf die fetten Eulerschen Schriften umgeschaltet.

In 2.3.1 wird auf das Ergänzungspaket `concrete.sty` verwiesen, mit dem die Concrete-Schriften von Donald Knuth als die Standardschriften für die LATEX 2$_\varepsilon$-Bearbeitung genutzt werden. In diesem Ergänzungspaket wird als weitere mathematische Version `euler` bereitgestellt. Nach `\mathversion{euler}` werden alle nachfolgenden mathematischen Formeln unter Verwendung der Eulerschen Schriften gestaltet.

---

[3] Den Stilfile `euler.sty` gab es in einem früheren NFSS 2-Paket. Es fehlt derzeit im LATEX-Paket. Ich habe mir den File `nfeuler.sty` aus dem älteren NFSS 2-Paket unter dem Namen `euler.sty` kopiert. Dies erforderte dort gleichzeitig die Änderung der Befehlsnamen `\mediumseriesdefault` und `\normalshapedefault` in die äquivalenten LATEX 2$_\varepsilon$-Befehlsnamen `\mddefault` und `\updefault` sowie des internen Befehlsnamens `\euler@fraktur` in `\frak`.

2.2.3 Kyrillische Zeichensätze

Von der University of Washington wurden kyrillische Zeichensätze entwickelt und die METAFONT-Quellenfiles über die American Mathematical Society der Allgemeinheit zur Verfügung gestellt. Sie stehen als aufrechte, fette und kursive Schriften in den Entwurfsgrößen 5pt, 6pt, 7pt, 8pt, 9pt und 10pt unter den Namen `wncyr5.mf`, ..., `wncyr10.mf`, `wncyb5.mf`, ..., `wncyb10.mf` und `wncyi5.mf`, ..., `wncyi10.mf` zur Verfügung. Zusätzlich gibt es die kyrillische Kapitälchenschrift `wncysc10.mf` sowie die serifenlosen Schriften `wncyss8.mf`, `wncyss9.mf` und `wncyss10.mf`.

Zu ihrer Aktivierung stellt das $\mathcal{A}\mathcal{M}\mathcal{S}$-Paket den File `cyracc.def` bereit, der im TEX-Eingabeverzeichnis eingerichtet werden muß. Soll ein Textfile mit LATEX 2.09 und der Anforderung auf kyrillische Zeichensätze bearbeitet werden, so muß er vorab mit `\input{cyracc.def}` eingelesen werden. Anschließend kann mit

```
\newfont{\cyrfnt}{wncyr10}
\newcommand{\cyr}{\baselineskip12.5pt\cyrfnt\cyracc}
```

durch Aufruf von `\cyr` der entsprechende Zeichensatz aktiviert werden. Mit LATEX 2_ε können elegantere und flexiblere Lösungen erreicht werden. Derzeit existiert noch kein Ergänzungspaket mit geeigneten Schrifterklärungen und argumentbehafteten Schriftbefehlen. Dies wird jedoch nur eine Frage der Zeit sein. Ich stelle am Ende dieses Unterabschnitts einen Vorschlag für ein einfaches Ergänzungspaket `cyrillic.sty` vor, das die Schrifterklärungen und argumentbehafteten Schriftbefehle

`\cyrmfamily`	`\cysffamily`	`\textcyrm{...}`	`\textcysf{...}`
`\cybfseries`	`\cymdseries`	`\textcybf{...}`	`\textcymd{...}`
`\cyitshape`	`\cyscshape`	`\textcyit{...}`	`\textcysc{...}`
`\cyupshape`		`\textcyup{...}`	

bereitstellt. Sie stehen in völliger Analogie zu den entsprechenden Zeichensatzerklärungen und argumentbehafteten Zeichensatzbefehlen aus 1.3.3 für die cm- oder dc-Zeichensätze. Wie dort für Schrifthervorhebungen zusätzlich noch `\emph{...}` bereitgestellt wurde, geschieht dies hier mit `\emcyr{...}`. Die russische Bezeichnung für 'kyrillische Schrift' kann damit einfach als `\textcyrm{Kirillitsa Shrift}` eingegeben werden und erzeugt Кириллица Шрифт bzw. mit `\textcyit{Kirillitsa Shrift}` oder `\emcyr{Kirillitsa Shrift}` die Kursivform *Кириллица Шрифт*.

Die nachfolgende Tabelle gibt die Tastenzuordnung einer herkömmlichen ASCII-Tastatur zu den kyrillischen Zeichen wieder. Die erste Doppelspalte enthält die kyrillischen Groß- und Kleinbuchstaben, die zweite die erforderliche Tasteneingabe und die dritte eine evtl. mögliche Alternativeingabe. Das Problem der größeren Zahl von kyrillischen Buchstaben gegenüber den lateinischen (das russisch-kyrillische Alphabet kennt 32 Klein- und Großbuchstaben) wird bei der Eingabe über die ASCII-Tastatur durch die Behandlung als Ligatur gelöst. Die lateinische Buchstabenkombination `zh` wird als Ligatur betrachtet und erzeugt ж. Entsprechendes gilt für die Kombinationen `kh`, `ts`, `ch`, `sh`, `shch`, `ya` und deren Großformen `Kh`, ... , `Ya`.

Die kyrillischen Zeichensätze der $\mathcal{A}\mathcal{M}\mathcal{S}$ sind sehr umfassend. So enthalten sie zum Beispiel auch die nur im Serbischen verwendeten kyrillischen Zeichen Ђ, ђ, J, j, Љ, љ, Њ, њ, Ћ, ћ, die teilweise auch über Ligaturen entstehen. Sollen die Ligaturen aufgelöst werden, so kann das mit dem zwischengesetzten `\cydot`-Befehl erreicht werden: `t\cydot s` oder `t{\cydot}s` erzeugen тс statt ц mit `ts`.

Kyrillische Zeichenzuordnung der mcy-Files											
cyr		Eingabe		Alt.		cyr		Eingabe		Alt.	
А	а	A	a			Р	р	R	r		
Б	б	B	b			С	с	S	s		
В	в	V	v			Т	т	T	t		
Г	г	G	g			Ћ	ћ	\'C	\'c	C1	c1
Д	д	D	d			Ќ	ќ	\'K	\'k		
Ђ	ђ	Dj	dj	D1	d1	У	у	U	u		
Ѓ	ѓ	\'G	\'g			Ў	ў	\u{U}	\u{u}		
Е	е	E	e			Ф	ф	F	f		
Ё	ё	\"E	\"e			Х	х	Kh	kh	H	h
Є	є	\=E	\=e	E2	e2	Ц	ц	Ts	ts	C	c
Ж	ж	Zh	zh	Z1	z1	Ч	ч	Ch	ch	Q	q
З	з	Z	z			Џ	џ	\Dzh	\dzh	D2	d2
И	и	I	i			Ш	ш	Sh	sh	X	x
І	і	\=I	\=\i	I1	i1	Щ	щ	Shch	shch	W	w
Ї	ї	\"I	\"i			Ъ	ъ	\Cdprime	\cdprime	P2	p2
J	j	J	j			Ы	ы	Y	y		
Й	й	\u{I}	\u\i			Ь	ь	\Cprime	\cprime	P1	p1
К	к	K	k			Э	э	\'E	\'e	E1	e1
Л	л	L	l			Ю	ю	Yu	yu	J2	j2
Љ	љ	Lj	lj	L1	l1	Я	я	Ya	ya	J1	j1
М	м	M	m			Ѕ	ѕ	\Dz	\dz	D3	d3
Н	н	N	n			№				NO	
Њ	њ	Nj	nj	N1	n1	«		<			
О	о	O	o			»		>			
П	п	P	p								

Vorschlag für ein cyrillic-Ergänzungspaket: Aus Platzgründen stelle ich ihn als unkommentierten `cyrillic.sty`-File vor. Bei der Übernahme sollte der Leser versuchen, ihn als dokumentierten Makrofile gemäß 1.6.2 (S. 45) zu erstellen. Ergänzungspakete sollten stets mit einer Selbstidentifikation beginnen und die Verfügbarkeit von LaTeX 2_ε prüfen. Das geschieht mit den Befehlszeilen:

```
\def\fileversion{1.0}
\def\filedate{1994/3/12}
\def\docdate {1994/3/12}
\NeedsTeXFormat{LaTeX2e}
\ProvidesPackage{cyrillic}[\filedate\space\fileversion\space
standard LaTeX2e package]
\typeout{Standard Package: `cyrillic' \fileversion\space<\filedate>}
```

Hierauf sind eine Reihe von Befehlen aus `cyracc.def` zu übernehmen. Am sichersten geschieht dies durch Kopieren der entsprechenden Befehlszeilen mit dem Editor aus `cyracc.def` in den neuen File `cyrillic.sty`. Ich gebe die erforderlichen Befehlszeilen hier wieder, wenn die Definitionen sich auf einzelne Zeilen beschränken. Bei längeren Definitionen gebe ich nur die erste und letzte Zeile der Definition wieder. Zusätzlich werden diese Zeilen am Zeilenende mit `%% cyracc` gekennzeichnet:

```
\chardef\tempcat=\the\catcode`\@                                   %% cyracc
\catcode`\@=11                                                     %% cyracc

\def\@gobble#1{}                                                   %% cyracc
\def\@testgrave{\`}                                                %% cyracc
\def\@stressit{\futurelet\chartest\@stresschar }                   %% cyracc

\def\@stresschar#1{%                                               %% cyracc
  . . . . . . . . . . . . . . . . \result }                        %% cyracc

\def\@yligature{%                                                  %% cyracc
  . . . . . . . . . . . . . . . . \result }                        %% cyracc

\def\@Yligature{%                                                  %% cyracc
  . . . . . . . . . . . . . . . . \result }                        %% cyracc

\def\!{\ifmmode \mskip-\thinmuskip \fi}                            %% cyracc

\def\cyracc{\chardef\i="10%                                        %% cyracc
  . . . . . . . . . . . . . . . . . . . . . . . . . . . . .
    \def\!{\ifmmode \def\result{\mskip-\thinmuskip}%               %% cyracc
      \else \def\result{\@stressit}\fi \result}}                   %% cyracc

\def\keep@cyracc{\let\cyr=\relax \let\i=\relax                     %% cyracc
  . . . . . . . . . . . . . . . . . . . . . . . . . . . . .
        \let\u=\relax \let\"=\relax \let\!=\relax }                %% cyracc
```

Der File `cyracc.def` enthält vor, nach und zwischen diesen Definitionen erläuternde Kommentare, die für den oben vorgeschlagenen dokumentierten Makrofile genutzt werden können. Hiernach wird zunächst als neues Kodierattribut `OT2` mit

```
\DeclareFontEncoding{OT2}{\cyracc}{}
```

eingeführt. `OT2` ist in LaTeX 2_ε bereits genau für diesen kyrillischen Nutzungszweck vorgesehen, aber noch nicht eingeführt. Mit der vorstehenden Erklärung wird bei jeder Aktivierung des Kodierattributs `OT2` in Textmodi das vorab definierte Makro `\cyracc` zum Ablauf gebracht und steht dann mit seinen internen Definitionen zur Verfügung.

Das vorgeschlagene `cyrillic`-Ergänzungspaket soll die lokale Option `cyronly` erlauben, die bewirkt, daß die kyrillischen Schriften als Standardschriften zu `\begin{document}` bereitstehen. Diese Option ist nützlich, wenn der gesamte Text oder zumindest der größere Teil davon in kyrillisch gesetzt werden soll. Die bisherigen Schriftbefehle `\rmfamily`, `\sffamily`, ... sowie `\textrm{...}`, `\textsf{...}`, ... beziehen sich dann auf die entsprechenden kyrillischen Schriften. Damit lokal auch die lateinische Schrift aktiviert werden kann, werden zusätzliche Schriftumschaltbefehle `\lrmfamily`, `\lsffamily`, `\lbfseries`, `\lmdseries`, `\litshape` `\lslshape`, `\lscshape` und `\lupshape` eingerichtet, zusammen mit den entsprechenden argumentbehafteten Befehlen `\textlrm{...} ... \textlup{...}`. Dies geschieht mit der Befehlsgruppe

```
\DeclareOption{cyronly}{%
  \renewcommand{\encodingdefault}{OT2}
  \newcommand{\lrmfamily}{\fontencoding{OT1}\fontfamily{\rmdefault}\selectfont}
  \newcommand{\lsffamily}{\fontencoding{OT1}\fontfamily{\sfdefault}\selectfont}
  \newcommand{\lbfseries}{\fontencoding{OT1}\fontseries{\bfdefault}\selectfont}
  \newcommand{\lmdseries}{\fontencoding{OT1}\fontseries{\mddefault}\selectfont}
  \newcommand{\litshape}{\fontencoding{OT1}\fontshape{\itdefault}\selectfont}
  \newcommand{\lslshape}{\fontencoding{OT1}\fontshape{\sldefault}\selectfont}
  \newcommand{\lscshape}{\fontencoding{OT1}\fontshape{\scdefault}\selectfont}
  \newcommand{\lupshape}{\fontencoding{OT1}\fontshape{\updefault}\selectfont}
  \newcommand{\lem}{\fontencoding{OT1}\em}
  \DeclareTextFontCommand{\textlrm}{\lrmfamily}
   . . . . . . . . . . . . . . . . . . .
  \DeclareTextFontCommand{\textlup}{\lupshape}
  \DeclareTextFontCommand{\lemph}{\lem}
}
```

Der hier verwendete Befehl mit der Syntax `\DeclareOption{`*option*`}{`*code*`}` gehört zu den sog. Interface-Befehlen aus LaTeX 2_ε. Sie werden systematisch in Band 3 dieser Buchserie vorgestellt. Hier sei nur gesagt, daß der unter *code* angegebene Kode mit der zugeordneten Optionsangabe *option* bereitgestellt wird. Bei der vorgeschlagenen Option `cyronly` ist das zunächst der Aufruf `\fontencoding{OT2}`, also die Aktivierung des Kodierattributs OT2. Hierauf folgen die Definitionsbefehle zur Bereitstellung der Zeichensatzumschaltbefehle `\lrmfamily ... \lem`. Die nächste Definitionsgruppe mit den Befehlen `\DeclareTextFontCommand{`*\arg_bef*`}{`*bef_def*`}` entspricht in der Wirkung weitgehend der LaTeX-Definition `\newcommand{`*\arg_bef*`}[1]{{`*bef_def zusammen mit* `#1}}`, zum Beispiel `\newcommand{\textlrm}[1]{{\lrmfamily#1}}`, womit der Befehl `\textlrm` mit einem Argument bereitgestellt wird. Bei dessen Aufruf wird *lokal* auf die vorher definierte Schriftauswahl `\lrmfamily` umgeschaltet und für das übergebene Argument verwendet. Die lokale Begrenzung der Schriftumschaltung wird durch das innere Klammerpaar `{ }` im Definitionsteil erzwungen.

Der Interface-Befehl `\DeclareTextFontCommand` führt überdies noch einige interne Zulässigkeitsüberprüfungen durch, so daß er gegenüber dem verständlicheren `\newcommand` bevorzugt wird. Die hier vorgestellten Schriftbefehle zur Umschaltung auf lateinische Schriften stehen nur mit der Optionsangabe `cyronly` zur Verfügung. Ohne diese Optionsangabe haben sie auch keinen Sinn, da dann als Standardschriften für die Dokumentbearbeitung die lateinischen Schriften bereitstehen, aus denen lokal oder mit expliziten Umschaltbefehlen auf kyrillische Schriften umgeschaltet wird. Hierzu dient die nächste Definitionsgruppe:

```
\DeclareOption{cyrpart}{%
  \providecommand{\cyrmfamily}{\fontencoding{OT2}\fontfamily{cmr}\selectfont}
  \providecommand{\cysffamily}{\fontencoding{OT2}\fontfamily{cmss}\selectfont}
  \providecommand{\cybfseries}{\fontencoding{OT2}\fontseries{b}\selectfont}
```

```
  \providecommand{\cymdseries}{\fontencoding{OT2}\fontseries{m}\selectfont}
  \providecommand{\cyitshape}{\fontencoding{OT2}\fontshape{it}\selectfont}
  \providecommand{\cyscshape}{\fontencoding{OT2}\fontshape{sc}\selectfont}
  \providecommand{\cyupshape}{\fontencoding{OT2}\fontshape{up}\selectfont}
  \providecommand{\cyem}{\fontencoding{OT2}\em}
  \DeclareTextFontCommand{\textcyrm}{\cyrmfamily}
  \DeclareTextFontCommand{\textcysf}{\cysffamily}
  . . . . . . . . . . . . . . . . . . . . . . . . . .
  \DeclareTextFontCommand{\emcyr}{\cyem}
}
```

Die vorstehende Befehlsgruppe bedarf nach den Erläuterungen zur Option `cyronly` keiner weiteren Erklärung. Die hier eingeführten Befehle stehen nach der Optionsangabe `cyrpart` zur Verfügung. Die letzte Option soll gleichzeitig auch der Standard für das Ergänzungspaket `cyrillic.sty` sein, d. h. auch ohne explizite Optionsangabe zur Verfügung stehen. Dies wird mit dem weiteren LaTeX 2_ε-Interfacebefehl `\ExecuteOptions{`*opt_standard_liste*`}`, hier also

```
\ExecuteOptions{cyrpart}
```

erreicht. Die vorstehenden `\DeclareOption`-Befehle stellen den Zusatz- oder Änderungskode bereit, der mit der zugeordneten Optionsangabe bereitgestellt werden soll. Dieser Kode wird damit aber noch nicht aktiviert. Hierfür ist der zusätzliche Optionskode-Aktivierungsbefehl

```
\ProcessOptions
```

erforderlich. Er bewirkt, daß bei der entsprechenden Optionsangabe im `\usepackage`-Befehl der Kode aus dem zugeordneten `\DeclareOption`-Befehl aktiviert wird und damit zur Verfügung steht. Kurz nach Beginn dieses Ergänzungsbefehls wurde der Kategoriekode für das Zeichen `@` als Buchstabe erklärt, damit es in Befehlsnamen für interne Befehle verwendet werden kann. Dieses ist abschließend wieder rückgängig zu machen. Das Ergänzungspaket `cyrillic.sty` sollte deshalb mit den Befehlen

```
\catcode`\@=\tempcat                                    %% cyracc
\endinput                                               %% cyracc
```

abgeschlossen werden. Die Beschreibung für das hier vorgeschlagene Ergänzungspaket `cyrillic.sty` erfolgte deshalb so ausführlich, weil es als Muster für Ergänzungspakete anderer Schriften dienen kann. Für die meisten der nachfolgend vorgestellten Schriften sowie die PostScript-Schriften im übernächsten Kapitel ist dies nicht erforderlich, weil das LaTeX 2_ε-Paket bereits geeignete Ergänzungspakete beisteuert.

2.2.4 $\mathcal{AMS}$-Ergänzungen zu den cm-Zeichensätzen

Der Standardumfang der cm-Schriften enthält die Zeichensätze `cmcsc`, `cmmib`, `cmbsy` und `cmex`, also die Roman-Kapitälchen, die fetten mathematischen Text- und Symbolzeichensätze und den Zeichensatz für die Symbole in mehreren Größen, nur in der Entwurfsgröße für 10 pt. Deren METAFONT-Quellenfiles liegen somit nur als `cmcsc10.mf`, `cmmib10.mf`, `cmbsy10.mf` und `cmex10.mf` vor.

Das $\mathcal{AMS}$-Zeichensatzpaket enthält für diese Schriften METAFONT-Quellenfiles für weitere Entwurfsgrößen, und zwar `cmcsc`n`.mf` mit $n = 8, 9$ und 10, `cmmib`n`.mf` und `cmbsy`n`.mf` mit $n = 5, 6, 7, 8, 9$ und 10 sowie `cmex`n`.mf` mit $n = 7, 8, 9$ und 10.

Das $\mathcal{AMS}$-Zeichensatzpaket enthält den File `userdoc.tex`, dessen TEX-Bearbeitung eine Dokumentation mit dem Titel "User's Guide to $\mathcal{AMS}$Fonts Version 2.1" erstellt. `userdoc.tex` liest während der TEX-Bearbeitung die weiteren Dokumentationsfiles `userdoc.cyr`, `userdoc.def` und `userdoc.fnt` ein. Der letzte File kann auch eigenständig mit TEX bearbeitet werden. Er dokumentiert alle 10 pt-Zeichensätze in Form einer Belegungstabelle für die vorhandenen Zeichen, wie sie auch im Anhang der erstgenannten Dokumentation erscheinen.

2.3 Weitere Zeichensätze

Mit der Verfügbarkeit von METAFONT ist inzwischen eine fast unübersehbare Zahl weiterer Zeichensätze entwickelt worden, viele davon zur Dokumentation spezieller Texte, z. B. zur Schachdokumentation oder zum Musiksatz mit Noten. Für Sprachspezialisten oder Anwender in fast allen Ländern mit nicht auf der lateinischen Schrift aufbauenden Schriftsprachen stehen inzwischen geeignete Zeichensätze für die TEX- und LATEX-Bearbeitung zur Verfügung.

In [23] und auf TEX-Tagungen wurden inzwischen Schriften für Arabisch, Hebräisch, Armenisch, Georgisch, für Thai-Sprachen u. a. vorgestellt. Auch für Chinesisch, Japanisch, Koreanisch stehen geeignete Schriftzeichenfiles zur Verfügung. Die Bereitstellung von griechischen oder kyrillischen Schriften erscheint demgegenüber bereits als selbstverständlich. Aber auch für die klassischen europäischen Sprachen sind weitere Schriften entstanden, die zusammen mit den cm-Zeichensätzen oder auch statt ihnen genutzt werden können. Aufgrund häufiger Anfragen stelle ich einige hiervon vor. Ihre Aktivierung kann mit `\newfont`-Befehlen oder eleganter mit dem neuen Zeichensatzauswahlverfahren aus LATEX 2_ε (s. 1.3.2 und 1.3.3) erfolgen. Weitere Änderung in TEX oder LATEX sind dazu nicht erforderlich[4].

2.3.1 Concrete-Zeichensätze

Donald E. Knuth, von dem die TEX-Standardzeichensätze der cm-Schriften stammen, hat für das Buch "Concrete Mathematics" als Co-Autor eine weitere Zeichensatzgruppe entwickelt. Hermann Zapf, ein weltweit bekannter deutscher Zeichensatzdesigner, hatte für die amerikanische mathematische Gesellschaft ($\mathcal{AMS}$) eine neue Gruppe von Zeichensätzen für den Formelsatz entwickelt, die unter dem Namen "Eulersche Zeichensätze" zur Verfügung stehen.

---

[4]Die Verwendung vieler nichteuropäischer Schriften macht dagegen Änderungen für TEX und/oder die Bereitstellung zusätzlicher Makropakete erforderlich. Man denke z. B. an die Zeichenanordnung von rechts nach links für Arabisch oder Hebräisch. Ein relativ universelles Werkzeug zur Behandlung vieler exotischer Sprachen wurde mit ScholarTEX von Yannis Haralambous entwickelt. Bei diesem handelt es sich um ein geschütztes Lizenzprodukt, das gegen Einsendung einer Lizenzgebühr von 150 US$ bezogen werden kann:

Dr. Yannis Haralambous
101/11, rue Breughel
F-59 650 Villeneuve d'Ascq
Fax: (33) 20 91 05 64
email: `yannis@gat.citilille.fr`

Die Kombination der cm-Zeichensätze mit den Eulerschen Schriften für den Formelsatz erzeugt im Verhältnis zu den cm-Schriften zu kräftige Formeln, was ganz besonders bei Textformeln unangenehm auffällt. Um ein harmonischeres Druckbild zwischen Formeln und Text zu erhalten, hat Donald E. Knuth die Zeichensatzklasse der "Concrete-Schriften" entwickelt, deren Filenamen mit 'cc' beginnen und ansonsten bei den Namen mit den cm-Schriften übereinstimmt. Auch die Belegung innerhalb der Zeichensätze stimmt mit den in [3a, C.6, Tab. 1 – Tab. 3] vorgestellten Belegungsmustern überein. Verbesserte Lesbarkeit galt als weiteres Entwicklungskriterium der CC-Schriften, was als gelungen zu bezeichnen ist.

ABCDEFGHIJKLMNOPQRSTUVWXYZ ÆŒØ @#$%&
abcedfghijklmnopqrstuvwxyz ff fi fl ffi ffl æœøßıȷ 0123456789
ΓΔΘΛΞΠΣΥΦΨΩ ` ´ ˇ ˘ ¯ ˚ ˆ ˙ ¨ ˝ ˜ ¸ -.,;:¿?¡!' ' " " - – — *+/=()[]

--- ccr10

ABCDEFGHIJKLMNOPQRSTUVWXYZ ÆŒØ @#$%&
ABCEDFGHIJKLMNOPQRSTUVWXYZ FF FI FL FFI FFL ÆŒØSSIJ 0123456789
ΓΔΘΛΞΠΣΥΦΨΩ ` ´ ˇ ˘ ¯ ˚ ˆ ˙ ¨ ˝ ˜ ¸ -.,;:>?<!' ' " " - – — *+/=()[]

--- cccsc10

ABCDEFGHIJKLMNOPQRSTUVWXYZ ÆŒØ @#$%&
abcedfghijklmnopqrstuvwxyz ff fi fl ffi ffl æœøßıȷ 0123456789
*ΓΔΘΛΞΠΣΥΦΨΩ ` ´ ˇ ˘ ¯ ˚ ˆ ˙ ¨ ˝ ˜ ¸ -.,;:¿?¡!' ' " " - – — *+/=()[]*

--- ccsl10

ABCDEFGHIJKLMNOPQRSTUVWXYZ ÆŒØ @#$%&
abcedfghijklmnopqrstuvwxyz ff fi fl ffi ffl æœøßıȷ 0123456789
*ΓΔΘΛΞΠΣΥΦΨΩ ` ´ ˇ ˘ ¯ ˚ ˆ ˙ ¨ ˝ ˜ ¸ -.,;:¿?¡!' ' " " - – — *+/=()[]*

--- ccslc9

ABCDEFGHIJKLMNOPQRSTUVWXYZ ÆŒØ @#$%&
abcedfghijklmnopqrstuvwxyz ff fi fl ffi ffl æœøßıȷ 0123456789
*ΓΔΘΛΞΠΣΥΦΨΩ ` ´ ˇ ˘ ¯ ˚ ˆ ˙ ¨ ˝ ˜ ¸ -.,;:¿?¡!' ' " " - – — *+/=()[]*

--- ccti10

$\Gamma\Delta\Theta\Lambda\Xi\Pi\Sigma\Upsilon\Phi\Psi\Omega\alpha\beta\gamma\delta\epsilon\zeta\eta\theta\iota\kappa\lambda\mu\nu\xi\pi\rho\sigma\tau\upsilon\phi\chi\psi\omega\varepsilon\vartheta\varpi\varrho\varsigma\varphi\leftharpoonup\leftharpoondown\rightharpoonup\rightharpoondown$ ʿʾ ▷◁
0123456789.,</>⋆∂*ABCDEFGHIJKLMNOPQRSTUVWXYZ*
♭♮♯⌣⌢ℓ*abcdefghijklmnopqrstuvwxyz*ıȷ℘ ⃗ ͡

--- ccmi10

Die METAFONT-Quellenfiles für `cccsc`, `ccti` und `ccmi` stehen nur in der Entwurfsgröße 10pt als `cccsc10.mf`, `ccti10.mf` und `ccmi10.mf` zur Verfügung. Die geneigte Schrift steht als `ccsl10.mf` (normal) und `ccslc9.mf` (schmal) bereit, und für die Roman-Schrift gibt es `ccr5.mf` – `ccr10.mf`, abgestuft in 1 pt-Schritten. Zur Beschaffung gelten die Hinweise aus 1.8 gleichermaßen. Das Unterverzeichnis des DANTE-TEX-Servers lautet dabei naheliegend: `/tex-archive/fonts/concrete`. Es enthält neben den METAFONT-Quellenfiles das Makropaket `gkpmac.tex`, das die Makros zur Kombination der Eulerschen Zeichensätze mit den Concrete-Schriften sowie die Einführung geeigneter Befehlsnamen für die Schriftenaufrufe bereitstellt. Zusätzliche Informationen zu den CC-Schriften können dem

Artikel von Donald E. Knuth "Typesetting Concrete Mathematics" aus [23, Vol. 10, S. 31–36] entnommen werden.

Das neue Zeichensatzauswahlverfahren aus LaTeX 2ε ist bereits auf die Einbindung der Concrete-Schriften ausgerichtet. Das gleiche gilt auch für die nachfolgend vorgestellten Pandora- und altdeutschen Schriften. Sie alle können mit geeigneten Attributkombinationen, die in 2.3.5 zusammengefaßt sind, unmittelbar angesprochen und aktiviert werden. Ohne dieses Auswahlverfahren müssen alle Zusatzschriften vor ihrer Verwendung unter einem geeigneten Befehlsnamen mit

`\newfont{\`*zs_bef_name*`}{`*zs_file_name* `[scaled` *factor*`]}`

als *zs_bef_name* für die LaTeX-Bearbeitung bekannt gemacht werden. Das LaTeX 2ε-Paket enthält das Ergänzungspaket `concrete.sty`[5]. Es stellt die Schrifterklärung (Schriftumschaltbefehl) `\grafitti` bereit, die die kompakte Schrift `ccslc9` aktiviert. Zusätzlich richtet es als weitere mathematische Version `euler` ein, die gleichzeitig zur aktiven Version erklärt wird, womit mathematische Formeln unter Verwendung der Eulerschen Schriften gestaltet werden.

Das Ergänzungspaket `concrete.sty` ist ein Musterpaket, bei dem der Anwender ausdrücklich zu Änderungen und Ergänzungen aufgefordert wird. Mit dem Zusatz

```
\renewcommand{\rmdefault}{ccr}
```

werden die cc-Textschriften als Standardschriften verwendet. Der zugehörige Definitionsfile `OT1ccr.fd` enthält keine Definition für die Attributkombination `OT1/ccr/m/sl`. Diese könnte leicht mit

```
\DeclareFontShape{OT1}{ccr}{m}{sl}{<10> <10.95> <12> ccsl10}{}
```

zugefügt werden, womit alle Schriftarten der Concrete-Schriften als Standardschriften zur Verfügung stehen. Bei Bedarf können die in `OT1ccr.fd` vorgegebenen Zeichensatzgrößen mit den Hinweisen aus 1.4.3 auf S. 29f. zum `\DeclareFontShape`-Befehl leicht erweitert werden.

2.3.2 Pandora-Schriften

Die unter diesem Namen bereitgestellten Schriften stammen von NEENIE BILLAWALA [23, Vol. 10, S. 481–489]. Der Name dieser Schriften wurde gewählt, um anzudeuten, daß mit den METAFONT-Quellenfiles durch Parameteränderungen die Büchse der Pandora für eine schier unbegrenzte Vielfalt von Zeichensätzen geöffnet werden kann. Das Originalpaket stellt jeweils drei Serifen- und serifenlose Schriften in normaler, geneigter und fetter Version bereit. Diese tragen die Namen `pnr10`, `pnsl10`, `pnb10` sowie `pnss10`, `pnssi10` und `pnssb10`. Diese Schriften stehen demzufolge nur in der Entwurfsgröße 10pt zur Verfügung. Der kennzeichnende Buchstabe 'sl' bzw. 'i' und 'b' steht für *slanted* (geneigt) bzw. *italic* sowie *bold* (fett) zur Kennung einer geneigten, kursiven oder fetten Schrift. Als letzte Schrift dieser Gruppe wird mit `pntt9` eine Schreibmaschinenschrift bereitgestellt. Zeichenumfang und Zeichenbelegung innerhalb der Pandora-Zeichensätze entsprechen vollständig den cm-Schriften.

---

[5] Auch hier gilt derzeit sinngemäß die Aussage der Fußnote 3 auf S. 96.

ABCDEFGHIJKLMNOPQRSTUVWXYZ ÆŒØ @#$%&
abcdefghijklmnopqrstuvwxyz ff fi fl ffi ffl æœøßıȷ 0123456789
ΓΔΘΛΞΠΣΥΦΨΩ ˋˊˇ˘¯˚ˆ˙¨˝˜ ¸-.,;:¿?¡!‘’“”-–—*+/=()[]

pnr10

ABCDEFGHIJKLMNOPQRSTUVWXYZ ÆŒØ @#$%&
abcdefghijklmnopqrstuvwxyz ff fi fl ffi ffl æœøßıȷ 0123456789
ΓΔΘΛΞΠΣΥΦΨΩ ˋˊˇ˘¯˚ˆ˙¨˝˜ ¸-.,;:¿?¡!‘’“”-–—+/=()[]*

pnsl10

ABCDEFGHIJKLMNOPQRSTUVWXYZ ÆŒØ @#$%&
abcdefghijklmnopqrstuvwxyz ff fi fl ffi ffl æœøßıȷ 0123456789
ΓΔΘΛΞΠΣΥΦΨΩ ˋˊˇ˘¯˚ˆ˙¨˝˜ ¸-.,;:¿?¡!‘’“”-–—*+/=()[]

pnb10

ABCDEFGHIJKLMNOPQRSTUVWXYZ ÆŒØ @#$%&
abcdefghijklmnopqrstuvwxyz ff fi fl ffi ffl æœøßıȷ 0123456789
ΓΔΘΛΞΠΣΥΦΨΩ ˋˊˇ˘¯˚ˆ˙¨˝˜ ¸-.,;:¿?¡!‘’“”-–—*+/=()[]

pnss10

ABCDEFGHIJKLMNOPQRSTUVWXYZ ÆŒØ @#$%&
abcdefghijklmnopqrstuvwxyz ff fi fl ffi ffl æœøßıȷ 0123456789
ΓΔΘΛΞΠΣΥΦΨΩ ˋˊˇ˘¯˚ˆ˙¨˝˜ ¸-.,;:¿?¡!‘’“”-–—+/=()[]*

pnssi10

ABCDEFGHIJKLMNOPQRSTUVWXYZ ÆŒØ @#$%&
abcdefghijklmnopqrstuvwxyz ff fi fl ffi ffl æœøßıȷ 0123456789
ΓΔΘΛΞΠΣΥΦΨΩ ˋˊˇ˘¯˚ˆ˙¨˝˜ ¸-.,;:¿?¡!‘’“”-–—*+/=()[]

pnssb10

`ABCDEFGHIJKLMNOPQRSTUVWXYZ ÆŒØ @#$%& ΓΔΘΛΞΠΣΥΦΨΩ 0123456789 -+*<=> ¸_␣`
`abcdefghijklmnopqrstuvwxyz æœø ßıȷ¡¿ ()[]{}\|/↑↓ ˋˊˇ˘¯˚ˆ'"¨ .,;:!?‘’˜`

pntt9

Das LaTeX 2_ε-Paket enthält das Ergänzungspaket `pandora.sty`, das die Pandora-Schriften zu den Standardschriften für die Textbearbeitung macht, indem den Standardeinstellbefehlen `\rmdefault`, `\sfdefault`, `\bfdefault` und `\itdefault` mit `\renewcommand` die Werte `panr`, `pss`, `b` bzw. `sl` zugeordnet werden. Die Zeichensatzdefinition für die erlaubten Attributkombinationen erfolgt in den Definitionsfiles `OT1panr.fd` bzw. `OT1pss.fd`.

Das Ergänzungspaket `pandora.sty` stellt die Pandora-Schreibmaschinenschrift `pntt9` noch nicht bereit. Dies kann mit dem Zusatz von `\renewcommand{\ttdefault}{ptt}` in `pandora.sty` nachgetragen werden. Zusätzlich ist ein kleiner Definitionsfile `OT1ptt.fd` zu erstellen, der mit dem `\DeclareFontShape`-Befehl die Attributkombination `OT1/ptt/m/n` mit dem Zeichensatzfile `pntt9` in den gewünschten Größen verknüpft (s. 1.4.3 auf S. 29f.). Damit wird für die Textbearbeitung als Schreibmaschinenschrift standardmäßig ebenfalls `pntt9` in geeigneter Skalierung verwendet.

2.3.3 Altdeutsche Schriften

Die meisten der im modernen Buchdruck verwendeten Schriften werden als "Antiqua-Schriften" klassifiziert. Dies ist für den schriftsetzerischen Laien zunächst überraschend, da diese Bezeichnung im wörtlichen Sinne "alte Schriften" bedeutet. In Deutschland werden die Druckschriften durch DIN 16 518 (Klassifikation der Schriften) in 11 Klassen eingeteilt, von denen allein 8 Klassen den sog. Antiqua-Schriften zugeordnet sind, die hierdurch entsprechend untergliedert werden.

Die bereits im Altertum und seit dem frühen Mittelalter im romanischen Sprachraum verwendeten Antiqua-Schriften gehen mit ihren Kleinbuchstaben auf die sog. karolingischen Minuskeln (Kleinbuchstaben) und mit ihren Großbuchstaben auf die lateinischen Kapitalien (Majuskeln) zurück.

Daneben entwickelte sich schon frühzeitig die gotische Schrift. Die erste Bibelübersetzung in die gotische Sprache von Bischof Ulfila (†338) erfolgte in frühgotischer Schrift. Eine Abschrift aus dem Jahr um 500 ist in großen Teilen als "Silberbibel" (Codex Argenteus) in silberner und teilweise goldener gotischer Schrift auf Purpurpergament erhalten geblieben und stellt den größten Buchschatz der Universitätsbibliothek Uppsala dar.

Im Gegensatz zu den flüssigen und runden Formen der Antiquaschriften zeichnen sich die gotischen Schriften durch strenge, hochstrebende Zeichen aus, bei der die runden Schriftzüge der Antiqua-Schriften durch gebrochene gerade Linien ersetzt sind, die zumindest formale Verwandtschaft zu den Runenzeichen nahelegen. Die DIN-Klassifikation faßt diese in die Klasse X als "gebrochene Schriften" zusammen, die ihrerseits in die Unterklassen Xa (gotische Schriften), Xb (rundgotische Schriften), Xc (Schwabacher Schriften) und Xd (Fraktur-Schriften) untergliedert ist, die in einem historischen Entwicklungszusammenhang stehen.

Im germanischen und teilweise auch im slawischen Sprachraum beherrschten die gebrochenen Schriften das Druckbild seit dem ausgehenden Mittelalter bis teilweise ins heutige Jahrhundert. Für die deutsche Sprache war bis 1941 Fraktur die beherrschende Druckschrift, die erst 1941 durch Anordnung 2/41 der Reichsleitung der damaligen Staatspartei NSDAP bekämpft und untersagt wurde.

Die Wiederbereitstellung von gebrochenen altdeutschen Schriften ist ein vielgehegter Wunsch von Germanisten, Historikern, Theologen und vielen anderen geisteswissenschaftlichen Disziplinen. Es ist das Verdienst von Yannis Haralambous, altdeutsche Schriften in Gotischer-, Schwabacher- und Fraktur-Variante mit METAFONT nachgebildet und wiederbelebt zu haben. Außerdem stammt von ihm ein wunderschöner Satz von Initialen, also von ausgeschmückten Großbuchstaben, mit denen in alten Schriften häufig Kapitelanfänge eingeleitet wurden. Für die kostenfreie Bereitstellung auf den öffentlichen Fileservern gebührt ihm zusätzlicher Dank. Die deutschsprachige TEX-Anwendervereinigung DANTE e. V. hat ihren Dank durch die Ehrenmitgliedschaft für Yannis Haralambous zum Ausdruck gebracht.

2.3.3.1 Gotische Schrift

Die von Yannis Haralambous bereitgestellte gotische Schrift entspricht mit ihren Kleinbuchstaben und Ligaturen der von Johannes Gutenberg für den ersten Bibeldruck verwendeten Schrift. Die Großbuchstaben sind dagegen einer anderen Quelle, aber auch aus dem 15. Jahrhundert, entnommen. Zur Verdeutlichung der Einzelheiten drucke ich diese Schriften in vergrößerter Form als 14 pt-Schrift ab.

A B C D E F G H J K L M N O P Q R S T U V W X Y Z
a b c d e f g h i j k l m n o p q r ſ s t u v w x y z ä ë ö ü
ae ba be bo ch ck ct da de do ha he ho ff fi fl ffi ffl ij ll oe pa pe po pp qq qz
ſſ ſſi ſt ß tz va ve vu ſſ ſſi ſt ı ȷ 0 1 2 3 4 5 6 7 8 9 . , : ; ! ? :

Die gotische Schrift besteht, wie alle gebrochenen Schriften, aus 25 Großbuchstaben und 27 Kleinbuchstaben. Bei den Großbuchstaben wird nicht zwischen 'I' und 'J' unterschieden. Andererseits enthalten die Kleinbuchstaben zwei Formen für das 's', das sog. 'lange s' ſ und das 'runde oder scharfe s' s. Das lange ſ wird im Wortinnern und am Wortanfang, das runde s am Wortende verwendet. Bei den vielen zusammengesetzten Wörtern der deutschen Sprache ist jedoch zu beachten, daß diese die s-Grundeigenschaften mitbringen, z. B. Ausgang aber Anſpruch.

Da ein Rechnerprogramm diese Regeln kaum voll beherrschen kann, muß zwischen beiden Formen bei der Eingabe unterschieden werden. Dies geschieht durch ein nachgestelltes ':' für das runde 's' gemäß `Aus:gang` aber `Anspruch`.

Die gotische Schrift kennt eine große Zahl von Ligaturen, die in der dritten und zu Beginn der 4. Zeile vorgestellt werden. Die Eingabe erfolgt als `ae ba be bo ch ck ct da de do ha he ho ff fi fl ffi ffl ij ll oe pa pe po pp qq qz` (3.) und `ss ssi st sz tz va ve vu` (4. Zeile). Die Ligaturen können wie beim LaTeX-Standard durch den zwischengeschalteten Befehl `\/` aufgehoben werden: `c\/t` erzeugt ct statt der Ligatur ct als Folge von `ct`.

Die drei Ligaturen ſſ ſſi ſt stehen auch in einer Variantenform als ſſ ſſi ſt zur Verfügung. Diese können mit `\symbol{'052}`, `\symbol{'057}` und `\symbol{'075}` bzw. mit ihrem Dezimaläquivalent `\symbol{42}`, `\symbol{47}` oder `\symbol{61}` entsprechend ihrer Stellung im Zeichensatz `ygoth` angesprochen werden.

Die Umlaute ä ë ö ü werden wie bei der Verwendung der Stiloption `german` als `"a "e "o` und `"u` eingegeben. Ihre interne Realisierung erfolgt als Ligatur der Zeichenfolgen `"` und Vokal und damit nicht nach den Mechanismen aus `german.sty`. Wird zur Textbehandlung die Option `german` verwendet, so muß zur korrekten Erzeugung der Umlaute für die gotische Schrift vorab mit `\originalTeX` auf die TeX-Originalbehandlung zurückgeschaltet werden. (Dies gilt für alle gebrochenen Schriften von Yannis Haralambous.) Das ß kann alternativ als Buchstabenfolge `sz` oder wie bei `german.sty` als `"s` eingegeben werden.

Der Zeichensatz für die gotische Schrift enthält neben den Ziffern und Satzzeichen noch die punktlosen ı und ȷ, die wie beim Standard als `\i` bzw. `\j` einzugeben sind. Zusätzlich enthält der Zeichensatz noch einige Klammer- und Akzentsymbole, die dem Roman-Zeichensatz entnommen sind und deshalb hier nicht wiedergegeben werden. Die altdeutschen Schriften unterscheiden nicht zwischen den Großbuchstaben 'I' und 'J'. Demzufolge enthält die gotische Schrift das gleiche Zeichen J für die Eingabe von I wie für J.

2.3.3.2 Schwabacher Schrift

Mit dem Ende des 15. und zu Beginn des 16. Jahrhunderts kam zusätzlich die Schwabacher Schrift auf, bei der die strengen gebrochenen Linien teilweise in runde Formen mit gewissen handschriftlichen Charakteristiken übergingen, so z. B. beim 'a' und 'd'. Aber auch bei ihr wechseln sich Rundungen mit scharfen Kanten ab, so daß sie zu Recht zu den gebrochenen Schriften gezählt wird. Die Schwabacher Schrift gilt als kräftige, volkstümliche Schrift.

A B C D E F G H I K L M N O P Q R S T U V W X Y Z
a b c d e f g h i j k l m n o p q r ſ s t u v w x y z ä ë ö ü ä ë ö ü
ch ck ff ſf ſſ ſt ß ı ȷ § 0 1 2 3 4 5 6 7 8 9 . , : ! ? -

Die Schwabacher Schrift hat nur 7 Ligaturen ch ck ff ſf ſſ ſt ß, die als `tt`, `ch`, `ck`, `ff`, `sf`, `ss`, `st` und `sz` bzw. `"s` einzugeben sind. Die Umlaute erscheinen in zwei Varianten. Die neuere Form mit den darüberstehenden Doppelpunkten ä ë ö ü wird erwartungsgemäß als `"a` `"e` `"o` und `"u` eingegeben. Die ältere Form mit einem sehr kleinen übergestellten 'e', wie besser aus der nebenstehenden stark vergrößerten Form erkennbar, kann mit `*a` `*e` `*o` und `*u` erzeugt werden.

aͤ eͤ oͤ uͤ

Der Zeichensatz für die Schwabacher Schrift enthält neben schriftspezifischen Satzzeichen und den Ziffern noch die punktlosen ı und ȷ sowie ein spezielles Paragraf-Symbol §, das mit `\symbol{60}` ausgegeben werden kann. Das Trennungszeichen erscheint als -. Weitere Zeichen für Klammern, Akzente, Striche und sonst. Sonderzeichen wie % oder # sind dem Roman-Zeichensatz entnommen und hier nicht ausgedruckt.

2.3.3.3 Fraktur-Schrift

Die volkstümliche Schwabacher Schrift galt für das ästhetische Gefühl der damaligen Zeit möglicherweise als zu derb und einfach. Parallel zu ihr entwickelte sich seit dem Beginn des 16. Jahrhunderts die Frakturschrift mit weniger Rundungen und sehr schmalen Kleinbuchstaben. Viele Großbuchstaben wurden zusätzlich durch den sog. Elefantenrüssel ausgeschmückt, so z. B. beim A, B, M, N und weiteren Großbuchstaben dieser Schrift.

Die erste Frakturschrift für den Buchdruck wurde bereits 1513 von Johann Schönsperger in Augsburg entworfen. Ihre ästhetische Vollendung erfuhr sie durch Schriftschneider im 18. Jahrundert wie G. I. Breitkopf und J. F. Unger. Die von Yannis Haralambous für die TEX-Welt bereitgestellte Frakturschrift geht auf Vorlagen von Gottlob Immanuel Breitkopf (1719–1794) zurück.

A B C D E F G H I J K L M N O P Q R S T U V W X Y Z
a b c d e f g h i j k l m n o p q r ſ s t u v w x y z ä ë ö ü ä ë ö ü
ch ck ff ſf ſſ ſt ß tz J etc. ı ȷ § 0 1 2 3 4 5 6 7 8 9 . , : ; ! ? -

Die Frakturschrift enthält alle Zeichen der Schwabacher Schrift und zusätzlich die Ligatur tz als Folge von `tz`. Das Zeichen J wurde gelegentlich benutzt, um das J vom I zu unterscheiden. Es kann mit `\symbol{36}` eingegeben werden. Die unterschiedlichen Zeichen für I und J als I bzw. J wurden jedoch nie Allgemeingut.

Das Symbol etc. (`\symbol{201}`) wurde in frühen Zeiten der Frakturschrift gelegentlich für die Abkürzung 'etc.' (usw.) benutzt. Für die Varianten der Umlaute gelten dieselben Hinweise wie bei der Schwabacher Schrift. Die Fraktur enthält gegenüber dieser noch das Semikolon als eigenes Satzzeichen. Fraktur und Schwabacher Schrift wurden gelegentlich in Texten kombiniert, wobei die viel kräftigere Schwabacher Schrift die hervorhebende Rolle einer zugeordneten Fettschrift annahm. Ein Textbeispiel folgt am Ende dieses Unterabschnitts.

Das LATEX 2ε-Paket enthält das Ergänzungspaket `oldgerm.sty`. Dieses stellt die Schrifterklärungen (Schriftumschaltbefehle) `\gothfamily`, `\frakfamily` und `\swabfamily` sowie die argumentbehafteten Schriftbefehle `\textgoth{...}`, `\textfrak{...}` und `\textswab{...}` bereit.

2.3.3.4 Initialen

In alten Schriften ist der Anfangsbuchstabe eines neuen Abschnitts oder Kapitels häufig als besonders kunstvolle Initiale herausgehoben. Solche Ausschmückungen findet man heute noch häufig in älteren Gesangs- und Gebetbüchern, die in den Kirchen noch oft im Umlauf sind. Das Ergebnis des METAFONT-Initialenfiles `yinit` von Yannis Haralambous ist ebenfalls eher als Kunstwerk denn als profanes Rechnerprogramm zu bezeichnen:

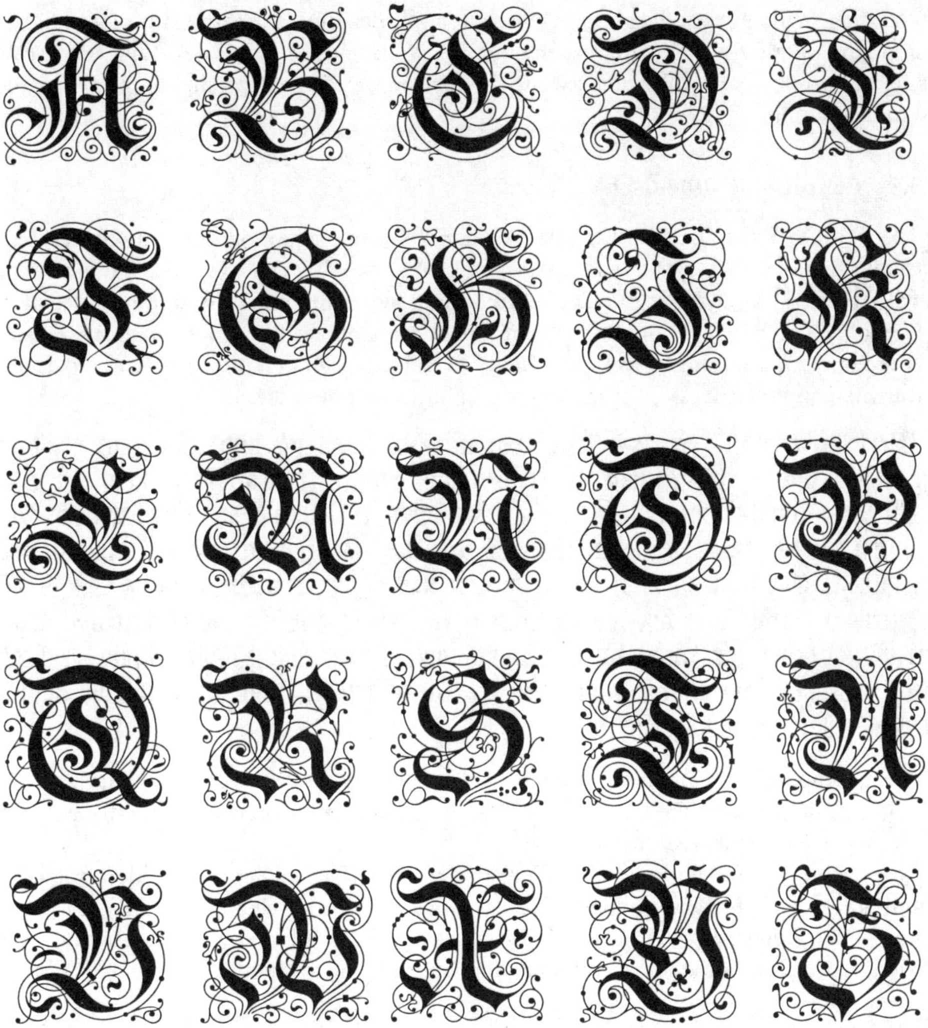

Die vorstehenden Initialen wurden aus dem Quellenfile `yinit.mf` mit METAFONT mit der Vergrößerung von 1.44 erzeugt. Der File `yinitJ.mf` enthält gegen Ende einen Fehler, in der Programmzeile `if not unknown testing:` muß `unknown` durch `known` ersetzt werden. Ein weiterer Bearbeitungsfehler mit der Fehlernachricht `! Inconsistent equation ...` tritt beim Buchstaben S auf. Dieser kann durch zweimalige Betätigung der Eingabetaste übersprungen werden.

Der Artikel von Yannis Haralambous aus [22, Vol. 12, p. 129–138] ist dem Zeichensatzpaket old-german als corkpaper.tex-File beigefügt. Die dort vorgeschlagene Bereitstellung der Initialen in zwei Versionen mit den Vergaben von zero_depth:=true bzw. zero_depth:=false in yinit.mf führt bei mir nur für die erste Einstellung zum beschriebenen Ergebnis, bei dem die Unterkante der Initiale und die Grundlinie der anschließenden Textzeile zusammenfallen. Bei der zweiten Version sollten die Initialen eine fiktive Höhe von der Größe der Großbuchstaben aus dem cmr10-Zeichensatz einnehmen, so daß der weit größere Teil der Initiale unter ihrer Grundlinie liegt. Nach dieser Darstellung sollten die darauffolgenden Zeilen ungefähr in den Oberkanten mit der Initiale übereinstimmen. Für diese Version gibt Yannis ein Makro an, das in einfacher Weise das Ergebnis des Beispiels von J. S. Bach (s. u.) produzieren sollte. Die zweite Zeichensatzversion entspricht bei mir leider nicht dieser Darstellung.

2.3.3.5 Beispiel mit altdeutschen Schriften

Die METAFONT-Quellenfiles der altdeutschen Schriften stehen in der Entwurfsgröße für 10pt unter den Namen ygoth.mf, yswab.mf, yfrak.mf und yinit.mf zur Verfügung. Mit METAFONT können sie in jeder gewünschten Vergrößerungsstufe erzeugt werden.

Die folgenden Beispiele stammen von Yannis Haralambous. Sie benutzen die altdeutschen Schriften in der Skalierungstufe 1440. Das erste Beispiel gibt den ersten Absatz aus Luthers Taufbüchlein in gotischer Schrift in der Originalorthographic wieder:

Weyl ich teglich sehe vnd hore wie gar mit vnvleyß vnd wenigem ernst will nicht sagen mit leychtfertickeit man das hohe heylige trostlich sacrament der tauffe handellt vber den kindeln wilchs vrsach ich achte der auch eyne sey das die so da bey stehen nichts dauon verstehen was da geredt vnd gehandellt wirt Dunckt michs nicht alleyne nütz sondern auch not seyn das mans ynn deutsche sprache thue. Vnd habe darumb solchs wie biß her zu latin geschehen verdeutscht anzufahen auff deutsch zu teuffen da mit die paten vn beystehende deste mehr zum glauben vnnd ernstlicher andacht gereytzt werden vnnd die priester so da teuffen deste mehr vleyß vmb der zuhörer willen haben müssen.

Die Eingabe erfolgt für die Umlaute in der gewohnten Weise als "u. Zur Erzeugung des runden s ist s: einzugeben. Die vielfältigen Ligaturen entstehen automatisch aus den eingegebenen Buchstabenkombinationen.

Das zweite Beispiel verknüpft Fraktur mit der Schwabacher Schrift und den Initalen. Es stammt aus einer Schrift von Johann Sebastian Bach. Die Initialen aus yinit.mf wurden bei mir in der Standardform mit zero_depth:=true generiert, so daß die Unterkante der Initiale mit der Grundlinie der anschließenden Textzeile zusammenfällt.

Die Orgel, der Flügel, das Fortepiano und das Clavicord sind die gebräuchlichsten Clavierinstrumente zum Accompagnement. Es ist Schade, daß die schöne Erfindung des Holfeldischen Bogenclaviers noch nicht gemeinnützig geworden ist; man kann dahero dessen besondere Vorzüge hierinnen noch nicht genau bestimmen. Es ist gewiß zu glauben, daß es sich auch bey der Begleitung gut ausnehmen werde.

Das Ergänzungspaket `oldgerm.sty` aus dem LaTeX 2ε-Paket habe ich bei mir um die Schrifterklärung (Schriftumschaltbefehl) `\initfamily` und den argumentbehafteten Schriftbefehl `\textinit{...}` durch die beiden Zeilen

```
\def\initfamily{\usefont{U}{yinit}{m}{n}
\@newtextcmd{\textinit}{\initfamily}
```

erweitert, damit auch für die Initialen geeignete Schriftbefehle zur Verfügung stehen. Zur einfacheren Eingabe eines Absatzes mit einer vorangestellten Initiale, wie beim vorstehenden Beispiel, habe ich dort das Makro `\initpar` mit

```
\newdimen\ytmp
\newcommand{\yinitpar}[1]{\setbox0=\hbox{\textinit{#1}}%
\hangindent=\wd0\hangafter=-4 \advance\hangindent by .25em
\ytmp=-.65\ht0 \hskip-\wd0 \hskip-.25em
\raisebox{\ytmp}[0pt][0pt]{\unhbox0}\hskip.25em}
```

ebenfalls zugefügt. Die Eingabe für das vorangegangene Beispiel erfolgt nach Umstellung der Schriftgröße mit `\fontsize{14.4}{15pt}` dann einfach als

```
\yinitpar{D}{\frakfamily ie \textswab{Orgel}, der \textswab{Fl*ugel},
das: \textswab{Fortepiano} und das: \textswab{Clavicord} sind die
gebr*auchlichsten Clavierinstrumente zum Accompagnement. Es: ist Schade,
da"s die sch*one Erfindung des: \textswab{Holfeldischen Bogenclaviers:
noch nicht gemeinn*utzig geworden ist; man kann dahero dessen besondere
Vorz*uge hierinnen noch nicht genau bestimmen. Es: ist gewi"s zu
glauben, da"s es: sich auch bey der Begleitung gut aus:nehmen werde.}
```

Das Makro `\yinitpar` übernimmt als Argument den Buchstaben für die Initiale. Es formatiert den nächsten Absatz so, daß seine ersten vier Zeilen um den Betrag der Breite der Initiale plus .25 em nach rechts eingerückt werden. Die erste Zeile wird dann genau um diesen Betrag nach links verschoben, so daß sie mit der vorangestellten Initiale wieder linksbündig wird. Die Initiale wird um das 0.65fache ihrer Höhe nach unten verschoben, so daß ihre Oberkante ungefähr mit der Oberkante der nachfolgenden Textzeile und ihre Unterkante mit der Grundlinie der vierten Zeile übereinstimmt. Weitere Textzeilen reichen über die gesamte Textbreite. Die Wirkung des Makros endet mit dem Ende des laufenden Absatzes.

2.3.3.6 Sütterlin-Schrift

Das Unterverzeichnis `.../oldgerman` der TeX-Fileserver enthält zusätzlich noch zwei Varianten der Sütterlin-Schrift. Sie stammen von Berthold Ludewig, Universität Siegen. Diese Zuordnung erfolgte vermutlich unter dem Gesichtspunkt, daß die Sütterlin-Schrift ebenfalls der Vergangenheit angehört. Sie wurde von dem deutschen Pädagogen und Grafiker Ludwig Sütterlin (1865–1917) entworfen und 1915 in Preußen und später auch in anderen deutschen Ländern als Schreibschrift in den Schulen eingeführt. Mir wurde sie noch in meinen allerersten Schuljahren beigebracht; 1941 wurde sie in den deutschen Schulen durch die Lateinische Schreibschrift abgelöst.

Die beiden Varianten der Sütterlin-Schriften werden mit den METAFONT-Quellenfiles `suet14.mf` und `schwell.mf` bereitgestellt. Die erste Form ist die eigentliche Sütterlin-Schreibschrift, die eine Feder mit runder Spitze voraussetzt und fast aufrecht geschrieben wird. Die zweite Form ist geneigter und betont die Ober- und Unterlängen. Als Schreibgerät wird eine schräggestellte Feder vorausgesetzt, die den sog. Schwellzug bewirkt.

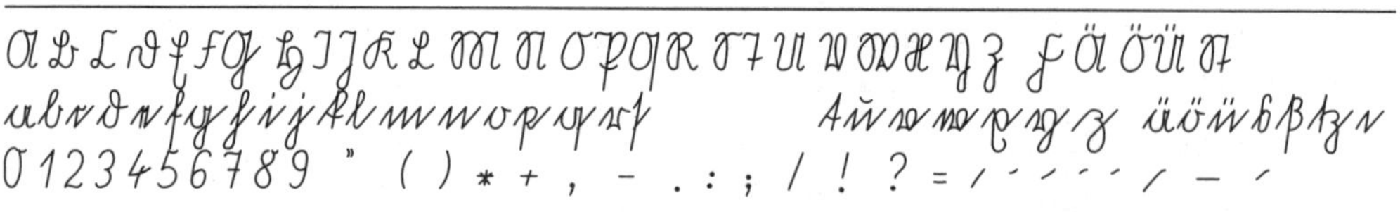

suet14

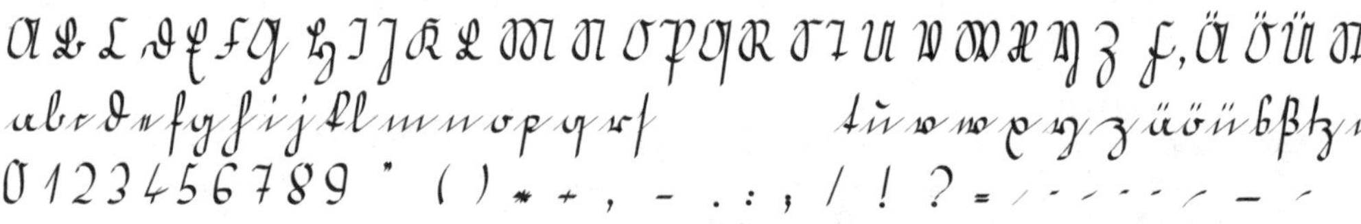

schwell

Die letzten acht Zeichen der jeweils dritten Zeile werden als Verbindungsstriche zwischen den Buchstaben der Schreibschrift benutzt. Beide Zeichensätze enthalten eine Vielzahl von zweistelligen Zeichenkombinationen, denen als vorangesetzte, zwischengefügte oder nachfolgende Ligatur der entsprechende Verbindungsstrich zugeordnet wird. Vorangestellt oder angefügt werden Verbindungsstriche evtl. dann, wenn ihnen ein Leerzeichen vorangeht oder folgt, da Leerzeichen bei den Ligaturkombinationen mit berücksichtigt werden. Einige Buchstabenkombinationen wie `tz` und `St` stehen als eigenständige Ligatur tz bzw. St bereit. Beispiel: `Stadt` und `Katze` als Stadt und Katze. Das Zeichen e wird statt des e in Kombination mit dem ch wie in Schule und Dach (`Schule` bzw. `Dach`) benutzt.

Das 's' erscheint bei gleicher Eingabe als `s` am Wortanfang und im Wortinneren als *langes* ſ und am Wortende als *rundes* s. So erzeugt "`sie ist aus:`" ſie iſt aus. Das runde s muß aber auch bei Wortverbindungen aus seinem Wortstamm beibehalten werden. So ist die Ausgabe von `Hauskauf` oder `aussitzen` als Hauſkauf bzw. auſſitzen falsch; sie müssen richtig als Hauskauf bzw. ausſitzen erscheinen. Das runde s hat den Kodewert 28 ('34, "1c). Eine Möglichkeit zur richtigen Ausgabe für Hauskauf oder ausſitzen könnte damit durch `Hau\symbol{28}kauf` bzw. `au\symbol{28}sitzen` erfolgen.

Eine bessere Lösung wäre meines Erachtens die Übernahme der Ligatur `s:`, wie bei den altdeutschen Schriften von Yannis Haralambous. Dies verlangt die Eingabe `s\/:`, falls auf das lange s tatsächlich ein Doppelpunkt folgt, was jedoch bei `\textfrak` und `\textswab` ebenfalls erforderlich ist und somit bei allen altdeutschen Schriften angestrebt werden sollte, zumal die Kombination ſ : orthografisch kaum zulässig sein dürfte.

Das große F gibt es in zwei Versionen als F und F. Mir ist nur die zweite Form in Erinnerung. Ihr Kodewert ist 26 ('32, "1a). Soll F bevorzugt verwendet werden, dann sollten die Zeichendefinition von F und F im METAFONT-File `su-upp.mf` vertauscht werden: Dazu sind in den Programmzeilen `beginchar("F",...)` und `beginchar(26,...)` die Angaben `"F"` und `26` gegeneinander zu vertauschen.

Die Umlaute und das ß sowie die Satzzeichen sind bei den Sütterlin-Schriften entsprechend dem Vorschlag von Cork angeordnet. Mit dem Ergänzungspaket `german3.sty` für die dc-Zeichensätze können sie damit als `"u` bzw. `"s` eingegeben werden, z. B. `s"u"s` für ſüß.

Die Sütterlin-Schriften können nach `\newfont{\suet}{suet14 scaled` *nnnn*`}` und `\newfont{\schwell}{schwell scaled` *nnnn*`}` mit den Umschaltungen `\suet` oder `\schwell` aktiviert werden. LaTeX 2ε gestattet aber elegantere Lösungen. Für LaTeX 2ε sollte man sich vorab den Definitionsfile `T1suet.fd` mit dem Inhalt

```
DeclareFontFamily{T1}{suet}
DeclareFontShape{T1}{suet}{m}{n}{%
  <8> <9> <10> <10.95> <12> <14.4> <17.28> <20.74> <24.88>  suet14}{}
DeclareFontShape{T1}{suet}{bx}{n}{%
  <8> <9> <10> <10.95> <12> <14.4> <17.28> <20.74> <24.88>  schwell}{}
```

erstellen. Diesem Kode sollte ein Vorspann mit den Definitionen für `\fileversion`, `\filedate` und evtl. `\docdate` vorangestellt sowie mit `\wlog` ein entsprechender Eintrag ins Bearbeitungsprotokoll geschrieben werden. Den Abdruck für diesen Vorspann erübrige ich mir hier, ein Blick in einen der Standard-`.fd`-Files reicht aus, um den äquivalenten Eintrag für `T1suet.fd` zu erstellen.

Wird LaTeX 2_ε bereits standardmäßig mit den dc-Zeichensätzen genutzt, so genügt die Umdefinition `\renewcommand{\rmdefault}{suet}` im Vorspann, damit der gesamte Bearbeitungstext in der Standard-Sütterlin-Schrift erscheint. Mit der Umschaltung `\bfseries` kann zusätzlich die `schwell`-Variante aktiviert oder mit `\textbf{...}` für kurze Hervorhebungen lokal umgeschaltet werden. Wird LaTeX 2_ε dagegen mit den cm-Schriften genutzt, so verlangt die Umschaltung auf die Sütterlin-Schrift die Aktivierung des Ergänzungspakets `t1enc.sty`.

Alternativ und zielgerichteter kann man auch ein Ergänzungspaket `suettlin.sty` bereitstellen. Neben einem Vorspann, ähnlich wie dem für `cyrillic.sty` auf S. 98, besteht er lediglich aus den Kodezeilen

```
\chardef\tempcat=\the\catcode`\@ \catcode`\@=11
\ProvideOption{suetonly}{%
  \renewcommand{\encodingdefault{T1}
  \renewcommand{\rmdefault}{suet}}
\ProvideOption{suetpart}{%
  \providecommand{\suetfont}{\usefont{T1}{suet}{m}{n}}
  \providecommand{\schwfont}{\usefont{T1}{suet}{m}{sl}}
  \@newtextcmd{\textsuet}{\suetfont}
  \@newtextcmd{\textschw}{\schwfont}}
\ExecuteOptions{suetpart}
\ProcessOptions
\catcode`\@=\tempcat
\endinput
```

Das Ergänzungspaket `suettlin` kennt die lokalen Optionen `suetonly` und `suetpart`, wobei die letzte standardmäßig, also auch ohne explizite Optionsangabe wirkt. Hiermit werden die Schrifterklärungen (Umschaltbefehle) `\suetfont` und `\schwfont` sowie die argumentbehafteten Schriftbefehle `\textsuet{...}` und `\textschw{...}` bereitgestellt, mit denen innerhalb eines Blocks bzw. für das Textargument auf die Sütterlin-Schriften umgeschaltet werden kann. Außerhalb dieser Befehle gelten die cm- oder dc-TeX-Standardschriften. Mit `\textsuet{S"utterlin-Schrift}` erscheint Sütterlin-Schrift und die Schwell-Variante entsteht mit `\textschw{Schwell-Variante}`.

Mit dem Aufruf `\usepackage[suetonly]{suettlin}` wird die lokale Option `suetonly` aktiviert. Sie bewirkt, daß der gesamte zu bearbeitende Text in der Sütterlin-Schrift gesetzt wird. Mit den Aufrufen `\bfseries` und `\textbf{...}` kann überdies global oder lokal die Schwell-Variante aktiviert werden. Für weitere Erläuterungen zum Inhalt von `suettlin.sty` sollten die äquivalenten Erläuterungen für `cyrillic.sty` auf S. 98 herangezogen werden.

2.3.4 Die internationale Lautschrift

Die 'Washington State University' (WSU) hat die TEX-Zeichensätze für die internationale Lautschrift entwickelt und der Allgemeinheit zur Verfügung gestellt. Als Grundlage diente das Buch *Phonetic Symbol Guide* von GEOFFREY K. PULLUM und WILLIAM A. LADUSAW. Die Zeichensätze stehen in drei Varianten als aufrechte, geneigte und aufrecht fette Schrift zur Verfügung, wobei alle drei Varianten in den Entwurfsgrößen 8 pt, 9 pt, 10 pt, 11 pt, 12 pt und 17 pt bereitstehen. Die Quellenfiles tragen die Namen `wsuipa`*nn*`.mf`, `wslipa`*nn*`.mf` und `wbxipa`*nn*`.mf`, wobei *nn* für eine der genannten Maßzahlen 8, ..., 17 steht. Die phonetischen Zeichensätze der WSU findet man auf den TEX-Fileservern im Unterverzeichnis `/tex-archive/fonts/wsuipa`.

Dem Schriftpaket mit den METAFONT-Quellenfiles ist das Makropaket `ipamacs.tex` beigefügt, das die einzelnen Symbole der internationalen Lautschrift unter geeigneten Befehlsnamen ansprechen läßt. Die Befehlsnamen gehen weitgehend auf die verbale Bezeichnung der Symbole aus dem oben genannten *Phonetic Symbol Guide* zurück. Linguisten, denen diese Bezeichnungen vertraut sind, werden die Befehlsnamen leicht wiedererkennen. Diese Zeichenbefehle aktivieren intern jeweils einen Zeichensatz unter dem Namen `\ipa`. In `ipamacs.tex` ist `\ipa` vorab mit dem Zeichensatz `wsuipa12` belegt. Der Aufruf `[\eng]` erzeugt damit das Symbol [ŋ] aus dem aufrechten Lautschrift-Zeichensatz in der Entwurfsgröße 12 pt, ohne daß es einer expliziten Schriftumschaltung bedarf.

Das Zeichensatzpaket der WSU enthält den Dokumentationsfile `ipaman.ltx`, dessen LATEX-Bearbeitung eine 10seitige Dokumentation mit dem Titel "Using the WSU International Phonetic Alphabet" erstellt. Sie enthält eine Auflistung aller Befehlsnamen mit der Zuordnung des entsprechenden phonetischen Symbols und seiner Anordnung innerhalb des Zeichensatzes, ähnlich wie die nachfolgende Tabelle. Zusätzlich stellt sie einige Makrovorschläge zur erweiterten Nutzung der phonetischen Zeichensätze vor.

Internationale Lautschrift der WSU

hex. Kode	phon. Symbol	Befehlsname nach WSU-Vorschlag	PULLUM und LADUSAW Bezeichnung (engl.)
"00	ɐ	`\inva`	turned a
"01	ɑ	`\scripta`	script a
"02	α	`\nialpha`	lowercase non-italic alpha
"03	ɒ	`\invscripta`	turned script a
"04	ʌ	`\invv`	inverted v
"05	ƀ	`\crossb`	crossed b
"06	ƀ	`\barb`	barred b
"07	b̸	`\slashb`	slashed b
"08	ɓ	`\hookb`	hooktop b
"09	β	`\nibeta`	non-italic lowercase beta
"0a	¢	`\slashc`	slashed c
"0b	ɕ	`\curlyc`	curly-tail c
"0c	ʗ	`\clickc`	stretched c
"0d	đ	`\crossd`	crossed d
"0e	đ	`\bard`	barred d
"0f	d̸	`\shlashd`	slashed d

hex. Kode	phon. Symbol	Befehlsname nach WSU-Vorschlag	PULLUM und LADUSAW Bezeichnung (engl.)
"10	ɗ	\hookd	hooktop d
"11	ɖ	\taild	right-tail d
"12	ʤ	\dz	d-yogh ligature
"13	ð	\eth	eth
"14	ᴅ	\scd	small capital D
"15	ə	\schwa	schwa
"16	ɚ	\er	right-hook schwa
"17	ɘ	\reve	reversed e
"18	ɛ	\niepsilon	non-italic greek epsilon
"19	ɜ	\revepsilon	reversed non-italic epsilon
"1a	ɝ	\hookrevepsilon	right-hook reversed non-italic epsilon
"1b	ɞ	\closedrevepsilon	closed reversed non-italic epsilon
"1c	ɡ	\scriptg	lowercase variant g
"1d	ɠ	\hookg	hooktop g
"1d	ɢ	\scg	small capital G
"1f	γ	\nigamma	non-italic gamma
"20	ɣ	\ipagamma	IPA Gamma
"21	ɤ	\babygamma	baby gamma
"22	ƕ	\hv	h-v ligature
"23	ħ	\crossh	crossed h
"24	ɠ	\hookg	hooktop g
"25	ɧ	\hookheng	hooktop heng
"26	ɥ	\invh	turned h
"27	ɨ	\bari	barred i
"28	ɨ	\dlbari	barred dotless i
"29	ι	\niiota	non-italic greek iota
"2a	ɪ	\sci	small capital I
"2b	ᵻ	\barsci	barred small capital I
"2c	ɟ	\invf	barred dotless j
"2d	ɫ	\tildel	l with tilde
"2e	ƚ	\barl	barred l
"2f	ɬ	\latfric	belted l
"30	ɭ	\taill	l with right tail
"31	ɮ	\lz	l-yogh ligature
"32	λ	\nilambda	non-italic greek lambda
"33	ƛ	\crossnilambda	crossed lambda
"34	ɱ	\labdentalnas	m with leftward tail at right
"35	ɯ	\invm	turned m
"36	ɰ	\legm	turned m with long right leg
"37	ɲ	\nj	n with leftward hook at left
"38	ŋ	\eng	eng
"39	ɳ	\tailn	n with right tail

hex. Kode	phon. Symbol	Befehlsname nach WSU-Vorschlag	PULLUM und LADUSAW Bezeichnung (engl.)
"3a	ɴ	\scn	small capital N
"3b	ʘ	\clickb	bull's eye
"3c	ɵ	\baro	barred o
"3d	ɔ	\openo	open o
"3e	ω	\niomega	non-italic lowercase greek omega
"3f	ɷ	\closedniomega	closed omega
"40	ꝏ	\oo	double o
"41	ᵽ	\barp	barred p
"42	þ	\thorn	thorn
"43	ɸ	\niphi	non-italic lowercase greek phi
"44	ɾ	\flapr	fish hook r
"45	ɼ	\legr	r with long leg
"46	ɽ	\tailr	r with right tail
"47	ɹ	\invr	turned r
"48	ɻ	\tailinvr	turned r with right tail
"49	ɺ	\invlegr	turned long-legged r
"4a	ʀ	\scr	small capital R
"4b	ʁ	\invscr	inverted small capital R
"4c	ʂ	\tails	s with right tail
"4d	ʃ	\esh	esh
"4e	ʆ	\curlyesh	curly-tail esh
"4f	σ	\nisigma	non-italic lowercase greek sigma
"50	ʈ	\tailt	t with right tail
"51	ʧ	\tesh	t-esh ligature
"52	ʇ	\clickt	turned t
"53	θ	\nitheta	non-italic lowercase greek theta
"54	ʉ	\baru	barred u
"55	ꞹ	\slashu	slashed u
"56	ʊ	\niupsilon	non-italic lowercase greek upsilon
"57	ᴜ	\scu	small capital U
"58	ᵾ	\barscu	barred small capital U
"59	ʋ	\scriptv	script v
"5a	ʍ	\invw	inverted w
"5b	χ	\nichi	non-italic lowercase greek chi
"5c	ʎ	\invy	turned y
"5d	ʏ	\scy	small capital Y
"5e	ʑ	\curlyz	curly-tail z
"5f	ʐ	\tailz	z with right tail
"60	ʒ	\yogh	yogh
"61	ʓ	\curlyyogh	curly-tail yogh
"62	ʔ	\glotstop	glottal stop
"63	ʕ	\revglotstop	reversed glottal stop

hex. Kode	phon. Symbol	Befehlsname nach WSU-Vorschlag	PULLUM und LADUSAW Bezeichnung (engl.)
"64	ʖ	\invglotstop	inverted glottal stop
"65	ˀ	\ejective	ejective
"66	ˁ	\reveject	reversed ejective
"67	̪	\dental#1	subscript bridge
"68	ˈ	\stress	vertical stroke (superior)
"69	ˌ	\secstress	vertical stroke (inferior)
"6a	̩	\syllabic	syllabicity mark
"6b	┐	\corner	corner
"6c	⊥	\upt	IPA pointer
"6d	⊤	\downt	IPA pointer
"6e	⊣	\leftt	IPA pointer
"6f	⊢	\rightt	IPA pointer
"70	ˑ	\halflength	half-length mark
"71	ː	\length	length mark
"72	̤	\underdots	subscript umlaut
"73	ʿ	\ain	reversed apostrophe
"74	˄	\upp	pointer
"75	˅	\downp	pointer
"76	˂	\leftp	pointer
"77	˃	\rightp	pointer
"78	˚	\overring	over-ring
"79	˳	\underring	under-ring
"7a	̜	\open	subscript left half ring
"7b	~	\midtilde	superimposed (mid-) tilde
"7c	̰	\undertilde	subscript tilde
"7d	ˬ	\underwedge	subscript wedge
"7e	̨	\polishhook	polish hook
"7f	̯	\underarch#1	subscript arch

Die Verwendung der vorstehenden Befehlsnamen für die phonetischen Symbole verlangt vorab, zweckmäßig im Vorspann, das Einlesen des Files `ipamacs.tex`, was mit `\input{ipamacs}` geschehen kann. Jeder dieser Symbolbefehle speichert den jeweils aktiven Zeichensatz ab, ruft dann intern einen Zeichensatz mit dem Befehlsnamen `\ipa` auf, aus dem das angeforderte Symbol entnommen wird und reaktiviert anschließend den zwischengespeicherten Zeichensatz. Unter dem Befehlsnamen `\ipa` wird in `ipamacs.tex` der Zeichensatz `wsuipa12`, also der aufrechte phonetische Zeichensatz in der Entwurfsgröße 12 pt voreingestellt. Damit erscheinen, unabhängig von der umgebenden Schriftgröße oder von der Größenoption des Dokumentstilbefehls, die phonetischen Symbole aus diesem Zeichensatz.

Der Anwender kann natürlich global oder lokal mit der Umdefinition von `\ipa` eine andere Version oder Größe einstellen, die dann mit den Symbolbefehlen verwendet wird:

```
\newfont{\zs_bef_name}{wnniparr scaled ssss}
\renewcommand{\ipa}{\zs_bef_name}
```

bewirkt eine solche Umdefinition von `\ipa`, wobei *nn* für die Zeichensatzversion `su`, `sl` oder `bx` und *rr* für die Entwurfsgröße als 8, ..., 17 steht. Die beigefügte Dokumentation aus `ipaman.ltx` enthält auf S. 10 einen universelleren Änderungsvorschlag, nach dem entsprechend der umgebenden Schrift als `\rm`, `\it` oder `\bf` die phonetischen Symbole automatisch den aufrechten, geneigten oder fetten phonetischen Zeichensätzen in der Entwurfsgröße 12 pt entnommen werden. Eine Änderung dieses Vorschlags auf eine andere Entwurfsgröße sollte keine Schwierigkeiten bereiten. Ich gehe hierauf nicht weiter ein, da ich unten einen noch flexibleren Vorschlag zur Nutzung der phonetischen Zeichensätze mit LaTeX 2ε vorstelle.

Die phonetischen Zeichensätze enthalten an den Stellen "67–"7f Akzente, die mit den phonetischen Hauptsymbolen sowie mit den Zeichen aus den cm-Zeichensätzen verknüpft werden können, ebenso wie die Akzente der cm-Zeichensätze zwanglos mit den phonetischen Symbolen verwendet werden können. So erscheint mit `[\~\scripta]` die Tilde zur Kennzeichnung des nasalen ɑ als [ɑ̃] und `[\^\openo]` erzeugt [ɔ̂].

Die Zeichenbefehle `\dental` und `\underarch` sind als Befehle mit einem Argument eingerichtet. So erscheint `[\dental{\reve}]` als [ɘ̪] und `[\underarch{e}]` als [e̯]. Die LaTeX-Akzentbefehle werden in `lplain.tex` als

`\def\`*akz_bef*`#1{{\accent"`*hex_code*`\#1}}`

definiert. Sie bewirken, daß das Akzentzeichen mit dem hexadezimalen Kode *hex_code*, mit dem Aufruf *akz_bef*{*zeichen*} *über* das als Argument übergebene Zeichen gesetzt wird. In gleicher Weise können Akzentbefehle zur Anordnung von Akzentzeichen aus den phonetischen Zeichensätzen oberhalb des nachfolgenden Symbols definiert werden. Mit

```
\def\ocirc#1{{\edef\next{\the\font}\ipa\accent"78\next#1}}
```

wird das Symbol "78, das mit `[\overring]` als [˚] bereitgestellt wird, über das nachfolgende Argument angeordnet. Mit der Schachtelung von `{\edef\next{\the\font} ... \next}` wird der aktuelle Zeichensatz zwischengespeichert und nach der Bereitstellung des phonetischen Symbols anschließend wieder aktiviert. In genau dieser Weise werden alle Symbolbefehle aus `ipamacs.tex` realisiert. Anschließend kann mit `[\ocirc{y}]` oder `[\ocirc{\eng}]` dieser *Ring*akzent als [ẙ] bzw. [ŋ̊] ausgegeben werden.

Die meisten diakritischen Zeichen der phonetischen Zeichensätze sind zur Anordnung unterhalb des nachfolgenden Symbols vorgesehen. `lplain.tex` sieht hierfür die Befehle `\oalign` in Verbindung mit `\hidewidth` und dem TeX-Grundbefehl `\crcr` in der Kombination

`\def\`*u_bef*`{\oalign{#1\crcr\hidewidth` *z* `\hidewidth}}`

vor. Hierin steht *z* für das Zeichen, das unter das übergebene Argument angeordnet wird. Der Befehl `\d` zur Erzeugung eines Unterpunktes ụ (`\d{u}`) ist genau auf diese Weise in `lplain.tex` definiert worden, wobei an Stelle von *z* der '`.`' steht. Entsprechend wird mit

```
\def\ucirc#1{\oalign{#1\crcr\hidewidth\underring\hidewidth}}
```

ein entsprechender Unterakzentbefehl für den Unterring bereitgestellt, so daß `[\ucirc{r}]` oder `[\ucirc{\schwa}]` [r̥] bzw. [ə̥] erzeugen. Entsprechende Akzent- und Unterakzentbefehle können für alle weiteren diakritischen Zeichen aus den phonetischen Zeichensätzen bei Bedarf eingerichtet werden.

Das Makropaket `ipamacs.tex` stellt ein Makro mit der Syntax `\diatop[`*arg_o*`|`*arg_g*`]` bereit. Es setzt das erste Argument *arg_o* über das Grundzeichen, das mit dem zweiten Argument *arg_g* übergeben wird. Der Einschluß der Argumente in ein eckiges Klammerpaar und ihre Trennung durch das `|`-Zeichen sind zwingender Bestandteil der Syntax, die im Ergebnis nicht erscheinen. So erzeugt `\diatop[\overring|g]` g̊ und nicht [g̊]. Zur Ausgabe der umschließenden eckigen Klammern muß der vorstehende Aufruf selbst in eckigen Klammern eingeschlossen werden.

Der `\diatop`-Befehl macht eigenständige Akzentbefehle für die phonetischen Akzente entbehrlich, falls die eigenwillige Syntax nicht stört. `\diatop`-Befehle können verschachtelt werden. Die Eingabe `\diatop[{\diatop[\^|\overring]}|s]` ist erlaubt und erzeugt s̊̂ . In Analogie zu `\diatop` könnte man sich auch einen allgemeinen Unterakzent-Befehl mit

```
\def\diabot[#1|#2]{\oalign{#2\crcr\hidewidth#1\hidewidth}}
```

erstellen. Er erlaubt die Eingabe `[\diabot[\underring|\openo]]` mit dem Ergebnis [ɔ̥], womit ein spezieller `\ucirc`-Befehl evtl. entbehrlich wird. Auch für `\diabot` ist eine Verschachtelung mit sich selbst oder mit `\diatop` erlaubt. Die sicherlich sehr spezielle Anforderung [r̥̊] könnte z. B. mit `[\diatop[\overring|{\diabot[\underring|r]}]]` erzeugt werden.

Phonetische Zeichensätze mit LaTeX 2ε: Zur Nutzung der phonetischen Zeichensätze der WSU sollte vorab der Zeichensatzdefinitionsfile `OT3cmr.fd` eingerichtet werden:

```
\def\fileversion{vers_no}
\def\filedate{yyyy/mm/dd}
\wlog{Fontdef\space file:\space\string`OT3cmr.fd\string'\space
      \string<\filedate\string>}
\DeclareFontFamily{OT3}{cmr}{}
\DeclareFontShape{OT3}{cmr}{m}{n}{<8> <9> <10> <11> <12> gen * wsuipa
       <14.4> wsuipa12   <17.28> <20.74> <24.88> wsuipa17}{}
\DeclareFontShape{OT3}{cmr}{bx}{n}{<8> <9> <10> <11> <12> gen * wbxipa
       <14.4> wbxipa12   <17.28> <20.74> <24.88> wbxipa17}{}
\DeclareFontShape{OT3}{cmr}{m}{sl}{<8> <9> <10> <11> <12> gen * wslipa
       <14.4> wslipa12   <17.28> <20.74> <24.88> wslipa17}{}
\DeclareFontShape{OT3}{cmr}{m}{it}{<-> sub * cmr/m/sl}{}
\endinput
```

Die phonetischen Zeichensätze werden mit dem Ergänzungspaket `ipa.sty` für die LaTeX 2ε-Bearbeitung bereitgestellt. Es beginnt mit einem analogen Vorspann wie dem auf S. 98 für `cyrillic.sty` vorgestellten. Daran schließt sich an:

```
\DeclareFontEncoding{OT3}{hyphenchar\font=-1}{}
\def\ipa#1\next{{\fontencoding{OT3}\selectfont#1}}
```

An diesen Kode wird nun `ipamacs.tex` angehängt, z. B. mit `cat ipamacs.tex >> ipa.sty` unter Unix oder mit `COPY IPA.STY+IPAMACS.TEX` unter DOS. Aus dem angehängten Kode sind die zwei benachbarten Zeilen '`\font\ipatwelverm=wsuipa12`' und '`\def\ipa{ipatwelverm}`' zu entfernen. Falls gewünscht, könnte andererseits die oben vorgeschlagene Makrodefinition für `\diabot` zugefügt werden. Das ursprüngliche Makropaket `ipamacs.tex` enthält insgesamt 126 Makrodefinitionen der Form

```
\def\sym_bef{\edef\next{\the\font}\ipa\char'xxx\next}
```

die nach dem Kopieren nun auch in `ipa.sty` stehen. Mit der vorangegangenen Definition für `\ipa` sind die `\edef\next{\the\font}`-Anteile überflüssig geworden. Sie sind deshalb zu entfernen. Die beiden Symbolbefehle `\dental` und `\underarch` sind als Befehl mit einem Argument definiert. Bei diesen ist der interne Aufruf `{\ipa\char'xxx}` mit `\next` als `{\ipa\char'nnn\next}` abzuschließen. Zum Abschluß wird der File `ipa.sty` mit der zusätzlichen Zeile `\endinput` beendet.

Mit dem Vorspannbefehl `\usepackage{ipa}` können die phonetischen Zeichenbefehle nun unmittelbar genutzt werden. Sie stehen ab `\begin{document}` zur Verfügung und verwenden standardmäßig die Symbole aus dem aufrechten phonetischen Zeichensatz `wsuipa`. Nach einer Schriftumschaltung mit `\bfseries` bzw. `\slshape` oder `\itshape` sowie innerhalb von `\textbf{...}`, `\textsl{...}`, `\textit{...}` und `\emph{...}` erscheinen auch die phonetischen Symbole in fetter bzw. geneigter Version.

2.3.5 Zusatzschriften mit LaTeX 2ε

LaTeX 2ε ist bereits auf viele der vorgestellten Zusatzschriften vorbereitet, für die es geeignete Ergänzungspakete und Zeichensatzdefinitionsfiles bereitstellt. Bei anderen Schriften, wie z. B. den kyrillischen und den phonetischen Schriften, wurden Vorschläge für anwendereigene Ergänzungspakete vorgestellt. Professionellere Ergänzungspakete für diese Schriften werden sicherlich in einiger Zeit auf den TEX-Fileservern zur Verfügung stehen.

Die nachfolgenden Tabellen geben wieder, welche Attributkombinationen zu welchen Zeichensätzen führen. Bei allen anderen Attributkombinationen erfolgt eine Ersatzstrategie, die für jedes Kodierattribut mit `\DeclareFontSubstitution`-Befehlen (s. 1.4.3 auf S. 31) bereits im LaTeX 2ε-Kern oder in zugefügten Ergänzungspaketen vorgegeben wird. Bleibt die Suche nach einem ersetzenden Zeichensatz erfolglos, so wird für eine solche Attributkombination der mit `\DeclareErrorFont` vorgegebene Zeichensatz (s. ebenfalls S. 31) verwendet.

Attributzuordnungen für die dc-Schriften

Schrift-name	*Attributzuordnung* code	*fam*	*ser*	*form*	*Schrift-name*	*Attributzuordnung* code	*fam*	*ser*	*form*
dcr*n*	T1	cmr	m	n	dcss*n*	T1	cmss	m	n
dcsl*n*	T1	cmr	m	sl	dcssi*n*	T1	cmss	m	sl
dcti*n*	T1	cmr	m	it	dcssi*n*	T1	cmss	m	it
dccsc*n*	T1	cmr	m	sc	dcssdc10	T1	cmss	sbc	n
dcu*n*	T1	cmr	m	ui	dcssbx*n*	T1	cmss	bx	n
dcb*n*	T1	cmr	b	n	dctt*n*	T1	cmtt	m	n
dcbx*n*	T1	cmr	bx	n	dcitt*n*	T1	cmtt	m	it
dcbxsl*n*	T1	cmr	bx	sl	dcsltt*n*	T1	cmtt	m	sl
dcbxit*n*	T1	cmr	bx	it	dctcsc*n*	T1	cmtt	m	sc
dcfib*n*	T1	cmfib	m	n	dcff10	T1	cmfr	m	n
dcdunh*n*	T1	cmdh	m	n	dcfi10	T1	cmfr	m	it

Die cm-Textzeichensätze kennen die gleichen Kombinationen für die Familien-, Serien- und Formattribute und kombinieren diese mit dem Kodierungsattribut `OT1`. Die zugehörigen

Filenamen unterscheiden sich von den vorstehenden dc-Namen nur dadurch, daß die Anfangsbuchstaben dc durch cm ersetzt sind. Bei Verwendung der dc-Zeichensätze werden einige cm-*Text*zeichensätze beim Formelsatz zusätzlich benötigt, um große griechische Buchstaben bereitzustellen.

Außerdem verlangen die dc-Zeichensätze für den Formelsatz bisher noch die Bereitstellung der *mathematischen* cm-Zeichensätze Für diese existieren Zeichensatzdefinitionsfiles, die die nebenstehenden Attributkombinationen mit Zeichensatzfiles verknüpfen und sowohl mit den dc-Zeichensätzen wie mit den cm-Textzeichensätzen beim Formelsatz verwendet werden.

Mathematische Zeichensätze

Schrift-name	*Attributzuordnung*			
	code	*fam*	*ser*	*form*
cmmi$n$	OML	cmm	m	it
cmmib[n]	OML	cmm	b	it
cmsy$n$	OMS	cmsy	m	n
cmbsy[n]	OMS	cmsy	b	n
cmex[n]	OMX	cmex	m	n

Bei den Angaben für die Schriftnamen in den vorstehenden und der nachfolgenden Tabelle bedeutet ein angehängtes n, daß Zeichensatzfiles in verschiedenen Entwurfsgrößen existieren und in deren Namen als Zahl, z. B. dcr5, dcr6 usw. auftreten. Schriftnamen ohne den Anhang n existieren nur in einer Entwurfsgröße, die entweder durch die nachfolgende Zahl direkt gekennzeichnet wird oder implizit im METAFONT-Quellenfile festgelegt wurde. Die Anhänge [n] kennzeichnen Zeichensatzfiles, die als Standard nur in 10 pt zur Verfügung stehen, für die aber die $\mathcal{AMS}$ Zeichensätze auch in weiteren Entwurfsgrößen bereitstellt (s. 2.2.4).

Attributzuordnungen der Zusatzschriften

Schrift-name	*Attributzuordnung*				*Schrift-name*	*Attributzuordnung*			
	code	*fam*	*ser*	*form*		*code*	*fam*	*ser*	*form*
msa$n$	U	msa	m	n	ccr$n$	OT1	ccr	m	n
msb$n$	U	msb	m	n	ccsl10	OT1	ccr	m	sl
eurm$n$	U	eur	m	n	ccit10	OT1	ccr	m	it
eurb$n$	U	eur	b	n	cccsc10	OT1	ccr	m	sc
eufm$n$	U	euf	m	n	ccslc9	OT1	ccr	c	sl
eufb$n$	U	euf	b	n	ccmi10	OML	ccm	m	it
eusm$n$	U	eus	m	n	pnr10	OT1	panr	m	n
eusb$n$	U	eus	b	n	pnb10	OT1	panr	b	n
wncyr$n$	OT2	cmr	m	n	pnsl10	OT1	panr	m	sl
wncyb$n$	OT2	cmr	b	n	pnss10	OT1	pss	m	n
wncyi$n$	OT2	cmr	m	it	pnssb10	OT1	pss	b	n
wncysc10	OT2	cmr	m	sc	pnssi10	OT1	pss	m	sl
wncyss$n$	OT2	cmss	m	n	pntt9	OT1	pntt	m	n
					suet14	T1	suet	m	n
yfrak	U	yfrak	m	n	schwell	T1	suet	b	n
ygoth	U	ygoth	m	n	wsuipa$n$	OT3	cmr	m	n
yswab	U	yswab	m	n	wbxipa$n$	OT3	cmr	bx	n
yinit	U	yinit	m	n	wslipa$n$	OT3	cmr	m	sl

Falls die Concrete-Schriften auch als erweiterte dc-Schriften vorhanden sind, so sind ihre Schriftnamen durch ein vorangestelltes d gekennzeichnet. Ihre Attributzuordnung unterscheidet sich von der Tabelle nur durch das Kodeattribut T1 statt OT1.

In welchen Größen die Schriften mit LATEX 2ε bereitgestellt werden, kann durch Einblick in die zugehörigen `.fd`–Definitionsfiles festgestellt werden. Sie tragen Namen, die aus den Kode- und Familienkennungen zusammengesetzt sind, z. B. `Umsb.fd`, `OT1panr.fd`, `OT2cmss.fd` usw. Für jede Kode-Familien-Kombination existiert genau ein `.fd`-File, dessen Inhalt in den vorstehenden Tabellen durch horizontale Trennlinien gekennzeichnet ist.

Jeder in LATEX 2ε verwendete Zeichensatz erhält intern einen Befehlsnamen, der sich, durch Schrägstriche getrennt, aus den in den Tabellen aufgelisteten Atttributkennungen zusammensetzt, z. B. `\T1/cmr/m/n` für den Standard-Roman-Zeichensatz aus den dc-Schriften. Diese internen Zeichensatznamen werden auf dem Bildschirm und im Protokollfile ausgegeben, wenn zur Fehlersuche der Befehl `\showthe\font` eingesetzt wird.

2.4 Sonderschriften

Auf den öffentlichen TEX-Fileservern findet man inzwischen für nahezu alle Anwendungen geeignete Schriften. Dies gilt auch für Spezialanwendungen, wie Preisauszeichnungen mit dem sog. Strichkode (barcode), astronomische Sonderzeichen, germanische Runen und vieles mehr. Für die drei genannten Anwendungszwecke stelle ich Sonderzeichensätze beispielhaft vor. Nach diesen Beispielen können vom Anwender weitere, für ihn wichtige Sonderschriften, in analoger Weise in die LATEX-Bearbeitung einbezogen werden. Auch die in Abschnitt 2.5 bzw. Kapitel 3 vorgestellten Zeichensätze zur Schachdokumentation und zum Musiknotensatz sind solche Sonderschriften. Sie werden nur deshalb eigenständig dargestellt, weil dort gleichzeitig die umfangreichen Ergänzungspakete zu ihrer Nutzung beschrieben werden.

2.4.1 Sonderschriften mit LATEX 2ε und LATEX 2.09

Die in den nachfolgenden Unterabschnitten vorgestellten Sonderschriften verlangen bei einer Anwendung mit LATEX 2.09 die Bereitstellung mit

`\newfont{\`*zs_befehl*`}{`*zs_name* `[scaled` *nnnn*`]}`

unter einem Zeichensatzbefehlsnamen *zs_befehl*. Anschließend kann mit dem Aufruf des Zeichensatzbefehls der Sonderzeichensatz aktiviert werden. Da mit der vorstehenden Befehlseinrichtung für den Sonderzeichensatz kein besonderer Zeilenabstand verknüpft wird, empfiehlt es sich häufig, ein weiteres Zeichensatzmakro mit

`\newcommand{\`*zs_makro*`}{\`*zs_befehl*`\setlength{\baselineskip}{`*z_abst*`}}`

einzurichten. Sein Aufruf stellt den Sonderzeichensatz zusammen mit dem vorgegebenen Zeilenabstand bereit. Dies ist nur dann sinnvoll, wenn ganze Absätze mit der Sonderschrift gestaltet werden sollen. Da die Sonderzeichensätze gewöhnlich nur zur Ausgabe eines oder einiger weniger Zeichen benötigt werden, wird ihr Aufruf meistens mit dem zugeordneten Text in einem `{ }`-Klammerpaar erfolgen.

In gleicher Weise könnten die Sonderzeichensätze auch in LATEX 2ε verwendet werden. Besser ist es jedoch, für jeden Sonderzeichensatz einen kleinen Definitionsfile mit dem Inhalt

```
\DeclareFontFamily{U}{fam}{\hypenchar\font=-1}
\DeclareFontShape{U}{fam}{m}{n}{<5> <6> <7> <8> <9> <10>
    <10.95> <12> <14.4> <17.28> <20.74> <24.88> zs_name}{}
\endinput
```

unter dem Namen U*fam*`.fd` einzurichten, wobei *fam* für eine vom Anwender zu wählende Familienkennung steht. Zusätzlich wird ein kleines Ergänzungspaket mit dem Inhalt

```
\newcommand{\zs_erkl}{\usefont{U}{fam}{m}{n}}
\newcommand[1]{\textzs}{{\zs_erkl #1}}
\endinput
```

benötigt, das man zweckmäßig unter dem Namen *zs_erkl*`.sty` ablegt. Für *fam* ist die gleiche Kennung wie beim zugehörigen `.fd`-File zu verwenden. Beiden Files sollte ein kurzer Vorspann mit Versionsangaben, Erstellungsdatum, Bildschirmhinweisen u. ä. vorangestellt werden. Für die `.fd`-Files kann der Vorspann für `OT3cmr.fd` auf S. 119 und für die `.sty`-Files derjenige für `cyrillic.sty` von S. 98 als Muster dienen.

2.4.2 Strichkode-Zeichensatz

Die TEX-Fileserver enthalten unter dem Unterverzeichnisnamen `.../barcodes` einen Zeichensatz für den sog. Strichkode (barcode). Sein METAFONT-Quellenfile hat den Namen `barcodes.mf`, woraus der Zeichensatz mit dem gleichen Grundnamen entsteht. Er stammt von Dimitri Vulis, Stanford, und enthält für die Großbuchstaben, die Ziffern 0–9 und die Zeichen `+ - . / * $ %` sowie für das Leerzeichen ␣ den zugehörigen Strichkode.

A: B: ... Z: 0: 1: ... 9: +: −: ... ␣:

Die hier abgedruckten Zeichen entsprechen dem Zeichensatz in der Entwurfsgröße. Mit dem oben vorgeschlagenen Definitionsfile unter dem naheliegenden Namen `Ubar.fd` werden sie in dort vorgegebenen Abstufungen ab halber Größe bis zur ungefähr 2.5fachen Größe vorausgesetzt.

Als Befehlsnamen *zs_befehl* für LaTeX 2.09 bzw. als Zeichensatzerklärung *zs_erkl* für LaTeX 2ε wird man zweckmäßig `\barcode` und als argumentbehafteten Textbefehl `\textbar{...}` wählen. Zur Familienkennung bietet sich `bar` an. Der Strichkode für das Leerzeichen muß mit `\symbol{32}` aufgerufen werden. Hier bietet sich an, eine einfache Befehlsdefinition, z. B. `\newcommand{\ws}{\symbol{32}}` (white space), in das Ergänzungspaket `barcode.sty` aufzunehmen. Damit könnte in LaTeX 2ε die Kennzeichnung '2.52 DM -2%' als `\textbar{2.52\ws DM\ws-2\%}` eingegeben werden, was als Ausgabe bewirkt:

2.4.3 Sonderzeichensatz für astronomische Symbole

Unter dem Unterverzeichnis `.../astro` findet man auf den TEX-Fileservern einen Zeichensatz-Quellenfile mit dem Namen `astrosym.mf`. Es stammt von Peter Schmitt, Universität Wien, und stellt die astronomischen Planeten- und Tierkreissymbole in drei Varianten bereit:

☉☿♀♁♂♃♄♅♆♇☾♈♉♊♋♌♍♎♏♐♑♒♓ ♄♆♅♎≈♒

☉☿♀♁♂♃♄♅♆♇☾♈♉♊♋♌♍♎♏♐♑♒♓ ♄♆♅♎≈♒

☉☿♀♁♂♃♄♅♆♇☾♈♉♊♋♌♍♎♏♐♑♒♓ ♄♆♅♎≈♒

Die Symbole der ersten Zeile werden im Quellenfile als die kalligrafische Version bezeichet. Sie haben die Zeichenkodewerte 0–28. Die Symbole der zweiten und dritten Zeile werden intern als die fette bzw. dünne Version bezeichnet und haben die Kodewerte 100–128 bzw. 200–228. Die astronomischen Symbole wurden hier als das 0.8fache ihrer Entwurfsgröße ausgedruckt.

Astronomische Symbole							
Planeten-Symbole				Tierkreis-Symbole			
dez. Kode	Symbol	deutscher Name	astron. Bezeichn.	dez. Kode	Symbol	deutscher Name	Bezeichnung Bezeichn.
0	☉	Sonne	Sol	11	♈	Widder	Aries
1	☿	Merkur	Mercurius	12	♉	Stier	Taurus
2	♀	Venus	Venus	13	♊	Zwillinge	Gemini
3	♁	Erde	Terra	14	♋	Krebs	Cancer
4	♂	Mars	Mars	15	♌	Löwe	Leo
5	♃	Jupiter	Iupiter	16	♍	Jungfrau	Virgo
6	♄	Saturn	Saturnus	17	♎	Waage	Libra
7	⛢	Uranus	Uranus	18	♏	Skorpion	Scorpio
8	♆	Neptun	Neptunus	19	♐	Schütze	Sagittarius
9	♇	Pluto	Pluto	20	♑	Steinbock	Capricornus
10	☾	Mond	Luna	21	♒	Wassermann	Aquarius
Planeten-Varianten				22	♓	Fische	Pisces
23	♄	Saturn	Saturnus	Tierkreis-Varianten			
24	♆	Neptun	Neptunus	26	♎	Waage	Libra
25	♇	Pluto	Pluto	27	♒	Wassermann	Aquarius
				28	♒	Wassermann	Aquarius

Die fetten und dünnen Varianten haben dieselbe Anordnung, nur daß ihre Kodewerte um 100 bzw. 200 erhöht sind. Für LaTeX 2ε wird man den Zeichensatz zweckmäßig durch das Familienattribut `ast` kennzeichnen und mit dem File `Uast.fd` definieren. Das zugehörige Ergänzungspaket, z. B. `astrosym.sty` wird zunächst lediglich die Schrifterklärung `\astrosym` und den argumentbehafteten Schriftbefehl `\textast{...}` bereitstellen. Nach lokaler Umschaltung mit `\astrosym` oder innerhalb von `\textast`-Befehlen können die astronomischen Symbole mit `\symbol{`n`}` ausgeben werden, wobei n für einen der Zahlenwerte 0–28, 100–128 oder 200-228 steht.

Bei intensiverer Nutzung der astronomischen Symbole wird eine solche Eingabe rasch als lästig empfunden. Mit der Bereitstellung von Symbolbefehlen in `astrosym.sty`, z. B. als

```
\newcommand{\sol}{\textast{0}}              usw. bis
\newcommand{\pisces}{\textast{22}}              sowie
\newcommand{\varsaturn}{\textast{23}}       usw. bis
\newcommand{\varaquarius}{\textast{28}}
```

können die astronomischen Symbole mit speziellen Befehlen ausgegeben werden. Dies gilt zunächst nur für die kalligrafische Version der astronomischen Symbole. Man könnte daran denken, für die fette bzw. dünne Version zweimal je 29 analoge Symbolbefehle bereitzustellen. Da man innerhalb eines Textes die Versionen kaum mischen wird, ist es zu empfehlen, für die gewünschte Version einen Erklärungsbefehl einzurichten und die Auswahl bei Verwendung nur eines Befehlssatzes an LaTeX zu übertragen.

Hierfür sind mehrere Lösungen möglich. Ich beschränke mich auf einen Vorschlag, der mit Ausnahme von `\def`-Befehlen nur LaTeX-Strukturen verwendet, obwohl mit TeX-Strukturen evtl. kürzere Realisierungen denkbar sind. Es wird in `astrosymb.sty` eine Versionserklärung `\astroversion{`*vers*`}` zugefügt, bei der für *vers* `cal`, `bold` oder `thin` gewählt werden darf. Entsprechend der gewählten Version erscheinen dann mit nachfolgenden Symbolbefehlen `\sol`, `\mercurius`, ... die zugeordeten astronomischen Symbole in der eingestellten Schriftversion.

```
\newcommand{\astroversion}[1]{%
  \ifthenelse{\equal{#1}{cal}}{\def\sol{\textast{0}}
    \def\mercurius{\textast{1}} . . . . \def\varaquarius{\textast{28}}}{%
  \ifthenelse{\equal{#1}{bold}{\def\sol{\textast{100}}
    \def\mercurius{\textast{101}} . . . \def\varaquarius{\textast{128}}}{%
  \ifthenelse{\equal{#1}{thin}{\def\sol{\textast{200}}
    \def\mercurius{\textast{201}} . . . \def\varaquarius{\textast{228}}}{%
  \typeout{Warning: Unknown astroversion ‘#1’. Astroversion not changed!}}

\astroversion{cal}  % Default will be ‘cal’
```

Der Aufruf von `\astroversion` bewirkt die Definition eines Satzes von astronomischen Symbolbefehlen, und zwar für die Schriftversion, die als Argument angegeben wird. Bei einer fehlerhaften Versionsangabe, also einem anderen Argument als `cal`, `bold` oder `thin`, erfolgt eine Bildschirmwarnung und der Hinweis, daß die bestehende astronomische Version nicht geändert wurde. Der anschließende Aufruf von `\astroversion{cal}` in `astrosym.sty` bewirkt, daß die Symbolbefehle definiert sind, und zwar als Standard für die Version `cal`. Der Anwender kann damit unmittelbar nach `\begin{document}` über die Symbolbefehle verfügen und bei Bedarf die Version mit eigenen `\astroversion`-Aufrufen wechseln.

Auf den TeX-Fileservern findet man ein weiteres Unterverzeichnis `.../cmastro`, das METAFONT-Quellenfiles für die Planetensymbole sowie die Symbole für den aufsteigenden und absteigenden Ekliptikknoten (Drachenkopf und -schwanz) und die Frühjahrs- und Herbst-Äquinoktien (Stier und Waage) in den Entwurfsgrößen 5–10 pt bereitstellt. Es enthält zusätzlich ein kleines Ergänzungspaket `astro.sty`, das Symbolbefehle mit ihren englischen Bezeichnungen definiert.

2.4.4 Runen als Sonderschriften

Auf den TeX-Fileservern findet man mehrere Unterverzeichnisse wie `.../futhark`, `.../futhorc`, `.../rune` und `.../srune` mit Runen-Zeichensätzen. Ich stelle hier nur den letzten Symbolsatz `srune.mf` von Jobst-Hartmut Lüddecke, Hamburg, vor. Als Lautschriften gehören sie eigentlich nicht in die hier vorgestellte Kategorie der Sonderschriften, sondern eher in die der nicht-lateinischen Sprachschriften. Andererseits stellten Runen ursprünglich Symbole für eigenständige Begriffe dar, deren Anlaute die phonetische Bedeutung der Runen übernahmen. Der Name *Runa* bedeutet in der gotischen Sprache ‘Geheimnis’. Es gibt Runeninschriften, die zur Geheimnisbewahrung verschlüsselt wurden, wobei bestimmte Runenzeichen als Zahlen verwendet wurden. Eine Form der Verschlüsselung lag darin, daß Runenpaare als Zahlenpaare interpretiert wurden, die auf die Runen im dreizeilig angeordneten Futhark-Alphabet verweisen (Geheimrunen). Auch die sog. Runenmagie mag ihre Zuordnung zu den Sonderschriften rechtfertigen.

Der Runensatz `srune.mf` von Jobst-Hartmut Lüddecke enthält einmal das alte Futharc-Alphabet (nach der Anordnung der ersten sechs Runenzeichen f, u, th, a, r und c so genannt) der sächsischen Runen. Sie werden ergänzt um weitere angelsächsische und markomannische Runen sowie von Wiking-Runen (f u th a r k mit dem k an sechster Stelle). [6]

ᚠ	ᚢ	ᚦ	ᚨ	ᚱ	ᚲ	ᚷ	ᚹ	ᚺ	ᚾ	ᛁ	ᛃ	ᛇ	ᛈ	ᛉ	ᛋ	ᛏ	ᛒ	ᛖ	ᛗ	ᛚ	ᛜ	ᛞ	ᛟ
f	u	th	a	r	c	g	w	h	n	i	j	ee	p	z	s	t	b	e	m	l	ng	d	o

ᚴ	ᛩ	ᚡ	ᛪ	ᚣ	ᚪ	ᚫ	ᛤ	ᛠ	ᛇ	ᛡ	ᚸ	ᛡ	ᛦ	ᛥ	ᛥ	ᚣ
k	q	v	x	y	aa	ae	ck	ea	eo	ge	gg	io	rr	st	ts	ue

Die Runen der ersten Zeile enthalten die Runen des ursprünglichen sächsischen Futharc-Alphabets. In der zweiten Zeile stehen die oben genannten Ergänzungen. Die vorstehenden Runen können mit Klein- oder Großbuchstaben angesprochen werden. Etliche Runen verlangen die Eingabe von Doppelbuchstaben, die im Runen-Alphabet als Ligatur behandelt werden. Statt `ee` und `aa` sind als Eingaben auch `eh` und `ah` erlaubt, deren Ligaturen zu den gleichen Runenzeichen führen.

Einige Runen können auch die Bedeutung von Zahlen annehmen (umstritten). Dabei gilt folgende Zuordnung:

ᚠ 1 [F]	ᚢ 2 [U]	ᚦ 3 [TH]	ᚨ 4 [A]	ᚱ 5 [R]
ᚴ 6 [K]	ᛡ 7 [IO]	ᚾ 8 [N]	ᛁ 9 [I]	◊ 0 ?

Diese Runen können nach Umschaltung auf den Runenzeichensatz auch mit 0–9 ausgegeben werden. Beim Zahlenwert 0 habe ich Zweifel, da die Null erst im 15. Jahrhundert in Europa durch die Arbeiten der Rechenmeister, wie Adam Riese, Allgemeingut wurde.

Die Bereitstellung des Runenzeichensatzes `srune` in LaTeX 2.09 unter einem geeigneten Zeichensatzbefehlsnamen bzw. in LaTeX 2ε mit einem Definitionsfile U*rune*`.fd` und eines Ergänzungspakets *rune*`.sty` bedarf mit den Angaben aus 2.4.1 hier keiner zusätzlichen Erläuterungen. Befehlsnamen in LaTeX 2.09 sowie eine passende Namenswahl für eine Zeichensatzerklärung *rune_erkl* und für einen argumentbehafteten Befehl `\text`*rune* möge sich der Anwender selbst wählen.

Die vorstehende Auswahl an Sonderschriften erfolgte ganz willkürlich. Sie enthält keine Bedeutungswertung, sondern erfolgte nach einem kurzen Blick in das Unterverzeichnis `/tex-archive/fonts` im DANTE-TeX-Fileserver. Hätte ich dort einen Zeichensatz mit meteorologischen Zeichen gefunden, so hätte ich vermutlich letzteren statt des Runen-Zeichensatzes vorgestellt, da ich hierfür einen Anwendungsbedarf habe. Ich bin sicher, daß es TeX-Zeichensätze für metereologische Anwendungen gibt, auch wenn ich auf dem DANTE-Fileserver bisher keinen gefunden habe. Die ganz unterschiedlichen Sonderschriften sind als Muster für eine einheitliche Nutzung in LaTeX 2.09 oder besser in LaTeX 2ε ausgewählt und vorgestellt worden.

[6] Ein Hinweis zum etymologischen Einfluß der Runen auf unsere Sprachen: Der vertikale Hauptstrich der Runen hieß im Altgermanischen *stab*, was in unserem Wort 'Buchstabe' erhalten blieb. Das englische Wort 'write' geht auf die ursprüngliche Bedeutung *ritzen* zurück, weil Runen in Holz oder Stein *eingeritzt* wurden.

2.5 Schach-Dokumentation mit LaTeX

Schachspieler wünschen zur Dokumentation oder Interpretation die Bereitstellung spezieller Zeichensätze, mit denen sie eine Situation auf dem Schachbrett wiedergeben und/oder im Text als Figuren ansprechen können.

2.5.1 Schachzeichen

Zur vollständigen Darstellung einer gegebenen Situation auf dem Schachbrett sind 26 Zeichen erforderlich, nämlich die 6 weißen und schwarzen Schachfiguren jeweils auf einem weißen und einem schwarzen Feld sowie je ein weißes und schwarzes Leerfeld.

Ein schöner Satz von Schachzeichen stammt von PIET TUTELAERS. Dessen Symbole sind den folgenden Buchstaben zugeordnet:

-P	♙	O	♙	p	♟	o	♟	(Pawn)
N	♘	M	♘	n	♞	m	♞	(kNight)
B	♗	A	♗	b	♝	a	♝	(Bishop)
R	♖	S	♖	r	♜	s	♜	(Rook)
Q	♕	L	♕	q	♛	l	♛	(Queen)
K	♔	J	♔	k	♚	j	♚	(King)
				0		Z		(Empty)

Die Schachzeichen auf weißen Feldern sind den Anfangsbuchstaben der englischsprachigen Schachfiguren (bis auf kNight für den Springer) zugeordnet. Für die weißen Figuren sind die Großbuchstaben, für die schwarzen Figuren die Kleinbuchstaben gewählt. Für die entsprechenden Schachzeichen auf dunklen Feldern ist, bis auf Q/L und R/S, der jeweils vorangehende Buchstabe gewählt worden.

Piet Tutelaers hat die vorgestellten Schachzeichen in den drei Entwurfsgrößen 10 pt, 20 pt und 30 pt als METAFONT-Quellenfiles

`chess10.mf chess20.mf chess30.mf` sowie `chessf10.mf`

zur Verfügung gestellt. Sie stehen auf den TeX-Fileservern unter

`/tex-archive/fonts/chess/mf`

bereit. Innerhalb des Textes werden die 6 Schachfiguren mit geänderten Referenzpunkten benötigt, um Darstellungen wie 12.♗×e5 zu ermöglichen. Diese Zeichen werden mit `chessf10.mf` als K: ♔, Q: ♕, R: ♖, B: ♗, N: ♘ und p: ♙ bereitgestellt.

Achtung: Man beachte den Kleinbuchstaben 'p' zur Erzeugung des Bauernsymbols. Dieses wird nach der üblichen Schachkonvention kaum verwendet, da mit Bauern besetzte Felder üblicherweise nur durch die Feldangabe wie 'e3' oder 'h5' gekennzeichnet werden.

Anmerkung: Piet Tutelaers weist in der beigefügten Dokumentation `TUGboat.ltx` darauf hin, daß das Design dieser Schachzeichen nicht von ihm stammt. Er hatte den Zeichensatz lange zuvor als Pixelfile von einem holländischen Schachhändler gekauft. Es war ihm nicht möglich, den Designer für das Original zu ermitteln. Vom Nachfolger des Verkäufers wurde ihm gestattet, seine METAFONT-Files zu publizieren, da die Originalzeichen nicht mehr verkauft werden. Hinweis: Die Zeitschrift „Der Stern“ verwendet bei ihren veröffentlichten Schachaufgaben offensichtlich dieselben Zeichen!

Mit den vorgestellten Schachzeichen ließe sich jede Situation auf dem Schachbrett wiedergeben. Mit

```
\newfont{\chess}{chess20}
\newcommand{\chf}{\baselineskip20pt\lineskip0pt]\chess}
{\chf rmblkans\\ opopopop\\ 0Z0Z0Z0Z\\ Z0Z0Z0Z0\\
     0Z0Z0Z0Z\\ Z0Z0Z0Z9\\ POPOPOPO\\ SNAQJBAR}
```

könnte durch explizite Angaben der Kennungszeichen für die Schachfiguren und leeren Felder die Anfangsposition erzeugt werden. In gleicher Weise kann jede beliebige Situation auf dem Schachbrett nachgestellt werden. Auf Dauer wäre diese Art der Positionsnachbildung aber ermüdend und fehleranfällig. Durch Ausnutzung der Programmierfähigkeit von TEX lassen sich Makros bilden, die den Anwender entlasten.

Piet Tutelaers hat das entsprechende Werkzeug mit dem Ergänzungspaket `chess.sty` bereitgestellt. Wolfgang Appelt hatte in [schach 1][7] eine Reihe von Makros zur Positionierung von Schachfiguren auf dem Schachbrett sowie zur Dokumentation vorgestellt. Die dortigen Ideen wurden von Piet Tutelaers in `chess.sty` aufgegriffen und ergänzt bzw. erweitert.

`chess.sty` greift seinerseits auf `babel.sty` von Johannes Braams [3c] zur Internationalisierung von LATEX dient. Ein verkleinertes Babel-System ist dem Schach-Programmpaket beigefügt. Es gestattet die Schachdokumentation auf Deutsch, Englisch, Französisch und Holländisch. Für deutsche Anwender wird das Schach-Makropaket durch

`\documentstyle[...,germanb,chess,...]{`*haupt_stil*`}`

unter LATEX 2.09, bzw. mit dem Vorspannbefehl

```
\usepackage{germanb, chess}
```

unter LATEX 2_ε aktiviert. Damit wird der File `germanb.sty` zusätzlich eingelesen, der sich von dem standardmäßigen deutschen Stilfile `german.sty` teilweise unterscheidet. In den Anwendungseigenschaften zur vereinfachten Eingabe der Umlaute und des ß sowie der Trennhilfen, Anführungsstriche u. a. stimmen sie jedoch überein.

Mit der Angabe `germanb` im Dokumentstilbefehl werden die Schachfiguren mit den Anfangsbuchstaben ihrer deutschen Namen als ‘K/k’ (König), ‘D/d’ (Dame), ‘T/t’ (Turm), ‘L/l’ (Läufer), ‘S/s’ (Springer) und ‘B/b’ (Bauer) gekennzeichnet. Ohne eine Sprachangabe im Dokumentstilbefehl wird auf Englisch geschaltet, so daß die Figuren als ‘K/k’ (King), ‘Q/q’ (Queen), ‘R/r’ (Rook), ‘B/b’ (Bishop), ‘N/n’ (kNight) bzw. ‘P/p’ (Pawn) anzusprechen sind. Auf die entsprechenden Kennzeichnungen für Französisch oder Holländisch wird hier verzichtet.

Als Alternative stelle ich in 2.5.5 eine Änderung von `chess.sty` als `gchess.sty` vor, die mit dem üblicherweise verwendeten deutschen Ergänzungspaket `german.sty` die Umschaltung auf die deutschen Schachnamen bewirkt, wobei mit dem eigenen Sprachschalter `\selectlanguage{`*sprache*`}` aus `german.sty` aber auch auf die englischen und französischen Schachbegriffe umgeschaltet werden kann.

[7] In diesem Abschnitt treten häufig Literaturhinweise in der Form [schach n] auf. Sie beziehen sich auf 2.5.7, S. 142, das ein kurzes Verzeichnis für die in diesem Abschnitt angesprochenen Literaturstellen enthält. Eine Aufnahme dieser Literaturstellen in das allgemeine Literaturverzeichnis dieses Buches schien mir angesichts der sehr speziellen Natur nicht passend.

2.5.2 Schachdokumentation mit chess.sty

2.5.2.1 Spielbeginn und Schachbrettausgabe

Ein neues Spiel wird mit dem Befehl

`\newgame`

initialisiert. Das Schachbrett mit dem aktuellen Spielstand kann jederzeit mit dem Befehl

`\showboard`

ausgegeben werden. Mit der Befehlsfolge

`\newgame \showboard`

erfolgt die nebenstehende Ausgabe. Die horizontale und vertikale Randmarkierung mit a–h bzw. 1–8 unterbleibt, da sie jedem Schachspieler hinreichend vertraut ist.

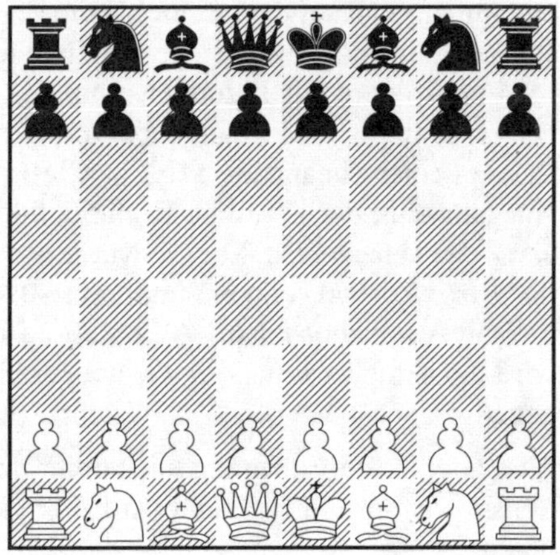

2.5.2.2 Zugdokumentation

Für die Darstellung der Schachzüge werden die Makros

`\move` *w_zug s_zug* — für Zugpaare und
`\ply` *w_zug* bzw. `\ply` *s_zug* — für Halbzüge

bereitgestellt. Hierin steht *w_zug* bzw. *s_zug* für die Angaben des weißen bzw. schwarzen Zuges in der Form *von_nach*, wobei für *von_nach* die Positionsangaben

[a-h1-8][a-h1-8] *opt_fig opt_comment*

zu wählen sind. Die in der Syntax in eckigen Klammern angeführten Positionsangaben sind *zwingend*. Zulässige Angaben für *von_nach* sind damit: `e2e4` oder `g8e7`. Auf diese Angaben kann optional eine Figurenangabe der Form `D|T|L|S` (`|` steht für *oder*), die bei Erreichen der gegnerischen Grundlinie durch einen Bauern für den Austausch erforderlich wird, und/oder ein Bewertungskommentar wie `!` für einen guten bzw. `?` für einen schlechten Zug oder gar `!!` bzw. `??` sowie das `+` für die Schachwarnung folgen.

Nach `\newgame` erzeugen die Angaben	die folgende Dokumentation:		
`\move e2e4 e7e5`	1.	e2–e4	e7–e5
`\move f2f4 e5f4`	2.	f2–f4	e5×f4
`\move g1f3 d7d5`	3.	♘g1–f3	d7–d5
`\move e4d5 f8d6`	4.	e4×d5	♗f8–d6
`\move b1c3 g8e7`	5.	♘b1–c3	♘g8–e7
`\move d2d4 e8g8`	6.	d2–d4	0–0
`\move f1d3 b8d7`	7.	♗f1–d3	♘b8–d7
`\ply e1g1`	8.	0–0	

Die Dokumentation erfolgt als dreispaltige Tabelle, deren erste Spalte die laufende Zugnummer enthält. Bei der *von_nach*-Positionierungsangabe wird der Bindestrich oder das Schlagsymbol × eingefügt. Das letztere geschieht automatisch, da der `\move`- oder `\ply`-Befehl erkennt, ob sich auf dem Zielfeld eine gegnerische Figur befindet (s. 2s und 4w). Eine Prüfung auf Zulässigkeit der angegebenen Züge findet allerdings nicht statt.

Ebenso wird das Figurensymbol des Ausgangsfeldes (*von*-Position), mit Ausnahme des Bauernsymbols, der Zugangabe vorangestellt. Schließlich erkennen beide Befehle, daß es sich bei einer Zugangabe `e1g1` bzw. `e8g8` um die kleine Rochade handelt, falls sich auf dem Ausgangsfeld der jeweilige König befindet. Die kleine Rochade wird in der Schachliteratur als 0–0 gekenzeichnet. Ebenso würde aus `e1c1` bzw. `e8c8` mit dem König in Anfangsposition die große Rochade erkannt und mit 0–0–0 in der Dokumentation symbolisiert.

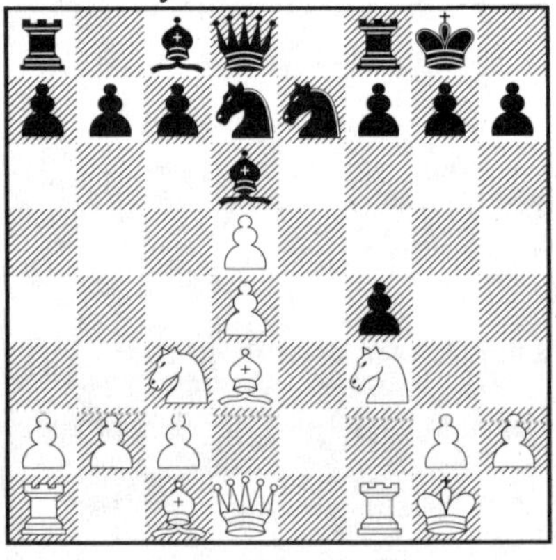

Mit `\showboard` im Anschluß an den Zug 8w wird die aktuelle Situation, wie nebenstehend, ausgegeben:

(Die angeführte Eröffnung entstammt der Partie von Spassky-Bronstein 1960 und wird Königs-Gambit genannt.)

Anschließend kann die Dokumentation mit der Angabe der weiteren Züge fortgesetzt werden. Da im vorangegangenen Teil die Darstellung mit dem Halbzugbefehl `\ply` endete, muß mit einem weiteren `\ply` Befehl zunächst die Anwort von Schwarz benannt werden.

`\ply`	`h7h6?`	8.	...	h7–h6?
`\move c3e4`	`e7d5`	9.	♘c3–e4	♘e7×d5
`\move c2c4`	`d5e3`	10.	c2–c4	♘d5–e3
`\move c1e3`	`f4e3`	11.	♗c1×e3	f4×e3
`\move c4c5`	`d6e7`	12.	c4–c5	♗d6–e7
`\move d3c2!`	`f8e8`	13.	♗d3–c2!	♖f8–e8
`\move d1d3`	`e3e2`	14.	♕d1–d3	e3–e2
`\move e4d6!?`	`d7f8?`	15.	♘e4–d6!?	♘d7–f8?

Hier unterlief Schwarz ein Entscheidungsfehler, der die anschließende schöne Kombination ermöglicht. Richtig wäre hier 15. ..., ♗×d6 gewesen.

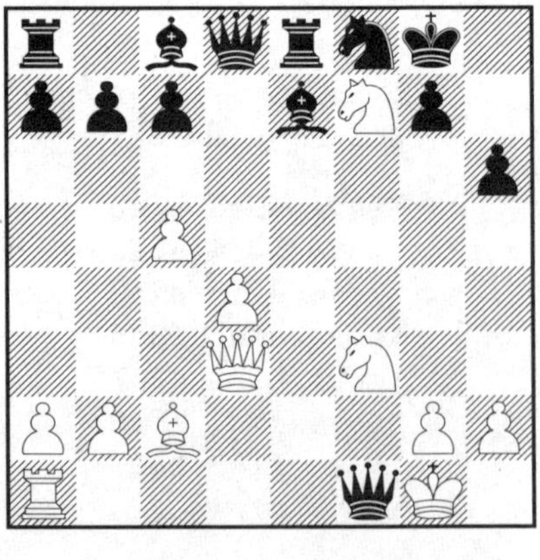

Die prompte Antwort ließ nicht auf sich warten:

16. ♘d6×f7! e2×f1♕+

erscheint als Folge der Eingabe

```
\move d6f7! e2f1D+
```

Zur Erbauung der Schachfreunde hier nochmals die aktuelle Situation mit

```
\showboard
```

Der scheinbare Figurenvorteil von Schwarz wird durch den Positionsvorteil von Weiß mehr als ausgeglichen!

Mit dem letzten Zug 16. . . ., e2×f1 erreicht der schwarze Bauer die gegnerische Grundlinie. Diesem Zug muß deshalb das Austauschkennzeichen `D|T|L|S` für die auszutauschende Figur angehängt werden, evtl. mit einem nachfolgenden Kommentar. Im vorliegenden Fall lautete die schwarze Zugbewegung im `\move`-Befehl deshalb `e2f1D+`. Ohne Angabe der Austauschfigur wird standardmäßig die Dame eingesetzt. Mit der Angabe `e2f1` wäre bei der Ausgabe ebenfalls 16. . . ., e2×f1♕ erzeugt worden.

Zur Vollständigkeit hier der Fortgang der Partie

```
\move a1f1  c8f5    \move d3f5  d8d7    \move f5f4  e7f6
\move f3e5  d7e7    \move c2b3  f6e5    \move f7e5+ g8h7
\ply  f4e4+         \showboard
```

17.	♖a1×f1	♗c8–f5
18.	♕d3×f5	♕d8–d7
19.	♕f5–f4	♗e7–f6
20.	♘f3–e5	♕d7–e7
21.	♗c2–b3	♗f6×e5
22.	♘f7×e5+	♔g8–h7
23.	♕f4–e4+	

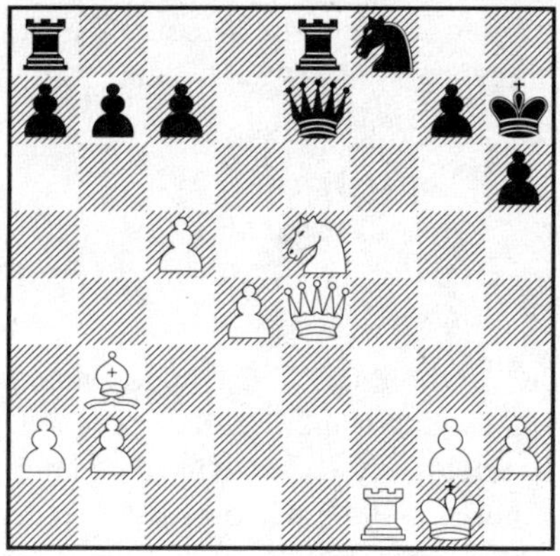

Schwarz gibt hiernach auf, da das Matt nach spätestens 2 Zügen unausweichlich ist.

2.5.2.3 Partielle Spieldokumentation

Im vorangegangenen Beispiel war die gesamte Partie, beginnend mit der Initialisierung durch `\newgame`, vom 1. bis zum letzten Zug mit den Zugbefehlen `\move` und `\ply` dargestellt worden.

In der Schachliteratur wird häufig der Spielverlauf ab einer bestimmten Phase dargestellt und kommentiert, ohne auf die Entstehungsgeschichte einzugehen. Dies verlangt die Einstellung einer bestimmten Position als Anfangsstellung. Hierzu dient die `position`-Umgebung:

```
\begin{position}
  \White{w_pos_liste}
  \Black{s_pos_liste}
\end{position}
```

Hierin steht *w_pos_liste* und *s_pos_liste* für die weiße und schwarze Positionierungsliste, die die durch Kommata getrennte Stellung der einzelnen Figuren enthält. Die Figurenkennung erfolgt mit `germanb` durch die Buchstaben 'K' (König), 'D' (Dame), 'T' (Turm), 'L' (Läufer) und 'S' (Springer), an die sich die Positionsangabe, wie `c3` oder `g7`, unmittelbar anschließt. Positionsangaben ohne vorangehende Figurenkennung legen die Bauernpositionen fest. Die vorletzte Schachstellung auf S. 130 hätte damit auch durch

```
\White(Ta1,Kg1,a2,b2,Lc2,g2,h2,Dd3,Sf3,d4,c5,Sf7)
\Black(Ta8,Lc8,Dd8,Te8,Sf8,Kg8,a7,b7,c7,Le7,g7,h6,Df1)
```

eingestellt werden können. Im Anschluß an die `position`-Umgebung sind, vor dem nächsten `\move`- oder `\ply`-Befehl, die beiden Erklärungen zu setzen:

`\Whitetrue` oder `\Whitefalse`

je nachdem, ob die Partie mit einem weißen oder schwarzen Zug fortgesetzt wird. Mit der anderen Erklärung wird die Nummer des letzten Zuges mitgeteilt:

`\movecount=`*n*

Nunmehr kann die Partie mit `\move`- und `\ply`-Befehlen fortgesetzt und der aktuelle Stand mit `\showboard` ausgegeben werden.

Die `position`-Umgebung mit der Positionseinstellung durch `\White` und `\Black` ist erforderlich, wenn der Fortgang der Partie mit `\move`- und `\ply`-Befehlen dokumentiert werden soll. Für die Wiedergabe einer bestimmten Spielposition, z. B. der beliebten Schachaufgaben wie Matt in n Zügen, stellt `chess.sty` zusätzlich den Befehl `\board` bereit. Dieser hat die Syntax

```
\board{zeile_1}
      {zeile_2}
        ........
      {zeile_8}
```

Jede Zeile *zeile_n* besteht aus genau 8 Zeichen, die aus ␣, `*`, `K`, `k`, `D`, `d`, `T`, `t`, `L`, `l`, `S`, `s`, `B` und `b` zu wählen sind. Das Leerzeichen ␣ steht für ein weißes Leerfeld, der `*` für ein schwarzes Leerfeld. Die Kennbuchstaben sind selbsterklärend, wobei die Großbuchstaben den weißen Figuren und die Kleinbuchstaben den schwarzen Figuren entsprechen. Die Zeile

ist damit als `␣*␣s␣*L*` einzugeben.

```
\board{ *T* * *}
      {*s*b* * }
      {K* S * T}
      {*bBk* *B}
      { * *tB *}
      {S * L *L}
      { * * *D*}
      {l * s *l}
```

definiert das nebenstehende *Matt in 2 Zügen* Problem.
Quelle: Stern Nr. 43 1991

2.5.3 Schachkommentierung

In der Schachliteratur wird gewünscht, innerhalb des erläuternden oder kommentierenden Textes Darstellungen wie 12. ♗×e5, 15. . . ., ♗×d6, 20. . . ., e2×f1♕+ u. ä. in einfacher Weise zu ermöglichen. `chess.sty` gestattet dies durch einfache Einschachtelung mit `|...|`. Der eingeschachtelte Text wird als spezielle Schachdarstellung interpretiert. So erscheint der Text

```
Korrekt w"are gewesen: |14. Le3!, Sc5; 15. Dh5!, Tg6|
(falls |15.: L*a4, dann 16. L*a7, e*d5; 17. Tae1+) 16. Tae1!|
wonach alle wei"sen Figuren den schwarzen K"onig attackieren.
```

als

> Korrekt wäre gewesen: 14. ♗e3!, ♘c5; 15. ♕h5!, ♖g6 (falls 15. ..., ♗×a4, dann 16. ♗×a7, e×d5; 17. ♖ae1+) 16. ♖ae1! wonach alle weißen Figuren den schwarzen König attackieren.

Innerhalb der `|...|` erscheinen die Angaben `14. Le3!, Sc5;` erwartungsgemäß als 14. ♗e3!, ♘c5;. Das Schlagsymbol wird mit `*` eingegeben, z. B. `16. L*a7, e*d5` für 16. ♗×a7, e×d5. Der Doppelpunkt erscheint als Folge von drei Punkten, gefolgt von einem Komma, wie bei `15.: L*a4` als 15. ..., ♗×a4.

Soll das Zeichen `|` für LaTeX seine Originalbedeutung zurückerhalten, z. B. innerhalb der `tabular`-Umgebung für die Spaltenformatierung, aber auch bei der Direktausgabe in `\verb`-Befehlen oder innerhalb der `verbatim`-Umgebung, dann müssen solche Strukturen bei Verwendung der Dokumentstiloption `chess` mit

`\begin{nochess} ... \end{nochess}` Umgebungen

eingeschachtelt werden. Bei der vorangegangenen Ausgabe `Korrekt w"are ...` war die erzeugende `verbatim`-Umgebung deshalb ihrerseits in eine `nochess`-Umgebung eingefaßt worden.

Im Anhang wird auf eine Reihe von Symbolen verwiesen, die als Kurzzeichen in der Schachliteratur verwendet werden [schach 5, S. 10–12]. `chess.sty` stellt sie unter selbsterklärenden Befehlsnamen zur Verfügung.

2.5.4 Installation von chess.sty

Auf den öffentlichen TeX-Fileservern steht das gesamte Schachpaket unter

`/tex-archive/fonts/chess`

bereit. Es enthält die Informationsfiles `CHANGES12`, `CopyRight`, `INSTALLATION`, `README` und `Makefile` sowie die weiteren Unterverzeichnisse `./doc`, `./fonts`, `./inputs`, `./mf` und `./pkfonts` sowie (s. 2.5.6) `./bdfchess`.

`CHANGES12` dokumentiert die Änderungen zwischen Version 1.1 und 1.2. `README` und `INSTALLATION` enthalten Information zum Programm und seiner Einrichtung. `Makefile` enthält die UNIX-Anweisungen zur Einrichtung mit dem UNIX-Werkzeug `make`. Die Einrichtung kann jedoch leicht von jedem Anwender eigenhändig vorgenommen werden.

Die METAFONT-Quellenfiles befinden sich im Unterverzeichnis `../mf`. Ist METAFONTauf dem Rechner des Anwenders verfügbar, dann sollte er mindestens die Zeichensätze `chess20.mf` und `chessf10.mf` in der Entwurfsgröße und in den Skalierungsstufen 1095 und 1200, also mit `magstep0.5` und `magstep1` erzeugen. Die entstehenden Files `chess20.tfm` und `chessf10.tfm` sind in das TeX-Standardverzeichnis mit den `.tfm`-Files und die `.pk`-Druckerfiles in das zugehörige `.pk`-Dateiensystem zu verschieben.

Das Ergänzungspaket `chess.sty` verwendet eigenständig nur die Zeichensätze `chess20` und `chessf10`. Die Zeichensätze `chess10` und `chess30` werden nur benötigt, falls sie der Anwender mit eigenen `\newfont`-Erklärungen in seinen Texten aktiviert.

Ist METAFONT beim Anwender nicht verfügbar, so kann er die `.tfm`-Files dem beigefügten Unterverzeichnis `../fonts` entnehmen. Für Drucker vom Typ Canon CX (z. B. Apple LaserWriter, HP Laserjet u. a.) mit der Auflösung von 300 dpi können die Druckerzeichensätze in der Entwurfsgröße dem Unterverzeichnis `../pkfonts` entnommen werden. Skalierte Zeichensätze für die Größenoptionen 11 pt und 12 pt stehen derzeit aber noch nicht zur Verfügung.

Das Schach-Ergänzungspaket `chess.sty` ist in `./inputs` abgelegt. Es ist in das TEX-Standardverzeichnis für die Ergänzungspakete zu kopieren oder zu verschieben. Ist beim Anwender bereits das Babel-System installiert, so kann die Schachoption `chess` zusammen mit einer etwaigen Sprachoption `germanb` sogleich benutzt werden. Die Verwendung der deutschen Sprachoption `germanb` für das Babel-System verlangt vorab eine kleine Korrektur in `chess.sty`. Der deutsche Ergänzungsfile des Babel-Systems trägt den Namen `germanb.sty`, um ihn vom deutschen Original `german.sty` zu unterscheiden. In `chess.sty` wird aber nach der Sprachoption `german` abgefragt. Das geschieht in `chess.sty` an zwei Stellen jeweils mit dem Befehl

```
\ifcurrentlanguage{german}{...}
```

Dies ist in `\ifcurrentlanguage{germanb}{...}` zu ändern, um eine korrekte Zusammenarbeit mit dem Babel-System sicherzustellen.

Im Unterverzeichnis `../inputs` findet sich ein verkleinertes Babel-System, das genutzt werden kann, wenn das Original-Babel-System beim Anwender noch nicht eingerichtet wurde. Der für deutschsprachige Anwender besonders wichtige Anpassungsfile `germanb.sty` ist (Mai 1994), anders als noch einige Monate vorher, nicht mehr Bestandteil des verkleinerten Systems. Für deutschsprachige Anwender, deren fremdsprachige Anforderungen nicht über Englisch und Französisch hinausgehen, kann auf das Babel-System zur Nutzung von `chess.sty` verzichtet werden, wenn dort die nachfolgend beschriebenen Änderungen vorgenommen werden.

2.5.5 Spezialanpassung für deutsche Anwender

Der im deutschsprachigen Raum gebräuchliche Anpassungsfile `german.sty` ist zum Babel-System inkompatibel, auch wenn dessen deutscher Anpassungsfile weitgehend auf den deutschen Originalfile zurückgeht. Das Schachprogramm `chess.sty` greift seinerseits auf das Babel-System zurück. Mit einer geringfügigen Modifikation in `chess.sty` ist es jedoch für deutschsprachige Anwendungen möglich, auf das Babel-System zu verzichten. Dazu ist in `chess.sty` in der im Anschluß an den Kommentar

```
% Do we have languagage support? Otherwise take default language!
```

folgenden Programmzeile

```
\ifx\undefined\babel@core@loaded\input english.sty\fi
```

`\babel@core@loaded` durch `\mdqon` zu ersetzen. Die letzte Zeile in `chess.sty` lautet `\resetat`. Dieser Befehl ist durch `\makeatother` zu ersetzen.

Erfolgt die LATEX-Bearbeitung ohne die Sprachauswahl `\usepackage{german}` (bzw. Dokumentstiloption `german` bei LATEX 2.09), so wird Englisch als die Standardsprache vorausgesetzt und der Babel-File `english.sty` eingelesen. Dieser lädt seinerseits `babel.sty` und `babel.switch` hinzu, mit denen die Bearbeitung dann unter Nutzung des Babel-Systems erfolgt. Dazu sind aus dem Schach-Paket die Files `babel.sty` und `babel.switch`[8] sowie mindestens `english.sty` in das Standardverzeichnis für die Stilfiles zu kopieren. Wird außerdem noch `dutch.sty` und `french.sty` dorthin kopiert, dann können mit `\usepackage{dutch}` oder `\usepackage{french}` (bzw. den Sprachoptionen `dutch` bzw. `french` bei LaTeX 2.09) auch korrekte Bearbeitungen für diese Sprachen erfolgen.

Wird dagegen das Sprachergänzungspaket `german` gewählt, so erfolgt die Bearbeitung mit dem deutschen Anpassungsfile `german.sty` *ohne* Rückgriff auf das Babel-System. Mit den vorgeschlagenen Änderungen in `chess.sty` arbeitet letzteres auch einwandfrei mit dem ersteren zusammen. Dies setzt den File `german.sty` in der Version 2.4a oder später voraus. Außerdem hat die im letzten Abschnitt genannte Korrektur von `german` nach `germanb` in `chess.sty` hier natürlich zu unterbleiben, da genau nach der Sprache `german` abzufragen ist.

Der File `german.sty` stellt zusätzlich die Umschaltbefehle

`\selectlanguage{`*sprache*`}` und
`\originalTeX` bzw. `\germanTeX`

zur vorübergehenden Umschaltung auf eine andere Sprache oder auf das LaTeX-Original bereit. Eine solche Umschaltung führt in Verbindung mit `chess.sty` zu Schwierigkeiten. Die Kombination von `german` und `chess` verlangt im Dokumentstilbefehl oder in den `\usepackage`-Vorspannbefehlen zwingend die Reihenfolge `...german,chess...`, womit zunächst der File `german.sty` und erst danach `chess.sty` eingelesen wird.

Bei der Initialisierung von `chess` werden die anfänglichen Vorgaben aus `german` benutzt. Eine spätere Sprachumschaltung führt dann zu Widersprüchen mit dem initialisierten Schachsystem. Abhilfe schafft hier nur ein nochmaliges Einlesen von `chess.sty`, im Anschluß an einen Sprachumschaltbefehl, durch

```
\input chess.sty
```

Die gleiche Schwierigkeit würde auch mit dem Babel-System bei vorübergehender Umschaltung auf eine andere Sprache auftreten, so daß dies nicht als Mangel des deutschen Standardfiles `german.sty` angesehen werden kann.

Wird beim Anwender zur Textbearbeitung ausschließlich LaTeX verwendet, so sind weitere Änderungen nicht erforderlich. Erfolgt die Textbearbeitung dagegen auch mit TeX oder genauer unter Verwendung von `plain.tex`, dann ist eine weitere Änderung erforderlich. Der File `chess.sty` beginnt mit der Definition `\def\format{plain}`, an die sich eine verschachtelte `\ifx`-Abfrage anschließt. Innerhalb dieser ist die Zeile

`\gdef\resetat{\catcode‘@=12\relax}` durch
`\gdef\makeatother{\catcode‘@=12\relax}`

zu ersetzen.

Achtung: Die vorgeschlagene Änderung in `chess.sty` ist für eine private Nutzung zulässig. Eine Weitergabe des Schachpaketes von Piet Tutelaers ist entsprechend den Copyright-Hinweisen jedoch nur im Original und vollständig erlaubt. Eine entsprechende Anpassung muß also von deutschsprachigen Anwendern jeweils eigenständig vorgenommen werden.

---

[8] Für Anwender, die immer mit einem TeX-System vor 3.0 arbeiten, muß `babel22.switch` verwendet werden, das zu diesem Zweck in `babel.switch` umzubenennen ist.

2.5.6 Fernschach mit **bdfchess.sty**

Das Unterverzeichnis `/tex-archive/fonts/chess/bdfchess` enthält das Ergänzungspaket `bdfchess.sty` von Frank Hassel, Wörrstadt, das vorrangig zur Gestaltung von Fernschach-Postkarten gedacht ist, wobei einige seiner Ergänzungen aber auch zur allgemeinen Schachdokumentation genutzt werden können. Der zusätzliche Zeichensatz `chess15` wird für die Postkartendarstellung benötigt. Er ist als METAFONT-Quellenfile sowie als `.tfm`- und `.pk`-File für 300 dpi-Drucker beigefügt. Das gleiche gilt für den Zeichensatz `chess10f`, der als Alternative zu `chessf10` bei der Schachkommentierung gedacht ist. Mit `bdfengl.tex` und `bdfgerm.tex` ist eine englisch- bzw. deutschsprachige Erläuterung beigefügt.

`bdfchess.sty` stellt als Ergänzung zur Brettausgabe mit `\showboard` die weiteren Ausgabebefehle `\showboardwithnotation`, `\showinversboardwithnotation` und `\showinversboard` bereit. Die ersten beiden Befehle erzeugen zum Spielbeginn ein Schachbrettdiagramm mit horizontaler und vertikaler Randnotation a–h bzw. 1–8, und zwar das Standarddiagramm aus der Sicht des weißen Spieler mit dem ersten Befehl und das inverse Diagramm aus der Sicht des schwarzen Spielers mit dem zweiten Befehl:

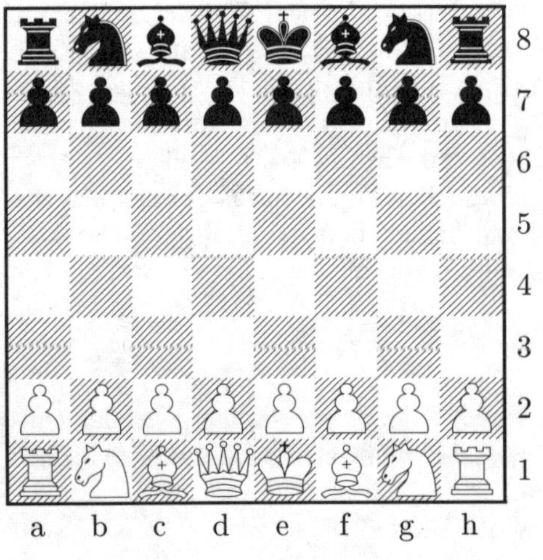

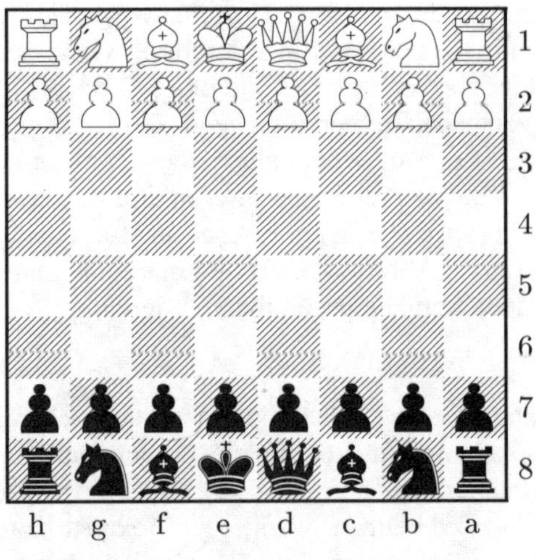

Der Befehl `\showinversboard` ist der Komplementärbefehl zu `\showboard` zur inversen Brettausgabe *ohne* Randnotation. Alle drei Befehle können, wie `\showboard`, innerhalb der Schachpartie an beliebigen Stellen abgesetzt werden, womit sie den jeweils aktuellen Spielstand dokumentieren.

Zur Beschreibung des Spielverlaufs von Fernschachpartien stellt `\bdfchess` die Befehle

`\postply` *empf_dat␣bed_zeit␣zug*
`\postmove␣`*w_dat␣w_zeit␣w_zug␣s_zug␣s_dat␣s_zeit*

zur Verfügung. Hierin bedeuten *empf_dat* das Empfangsdatum des letzten gegnerischen Zuges im Format *dd.mm.yyyy*, *bed_zeit* die vom Empfänger hierauf angeforderte Bedenkzeit *bed_zeit* in Tagen und *zug* die Reaktion auf den letzten gegnerischen Zug. Die Angabe für *zug* entspricht genau der in 2.5.2.2 auf S. 129 für `\move` und `\ply` beschriebenen Zugsyntax. Die entsprechenden Angaben beim Vollzug `\postmove` für den weißen und schwarzen Spieler bedürfen keiner Zusatzerklärung. Die explizit gekennzeichneten Leerstellen ␣ sind als Argumenttrennzeichen syntaktisch zwingend. Die alternative Übergabe innerhalb von `{ }`-Paaren, wie sie die allgemeine LaTeX-Syntax empfehlen würde, führt zu Fehlermeldungen.

In Fernschachturnieren spielt jeder Spieler zwei Partien, nämlich sowohl Weiß und parallel dazu auch Schwarz. Hierfür stellt `bdfchess.sty` die Umgebungen `gameone` und `gametwo` bereit. Innerhalb dieser Umgebungen werden beide Fernschachpartien mit eigenständigen `\postmove`- und/oder `\postply`-Befehlen dokumentiert.

Mit `\begin{gameone}` bzw. `\begin{gametwo}` wird intern jeweils `\newgame` aufgerufen, womit innerhalb beider Umgebungen jeweils der Spielanfang initialisiert wird. Die Spielfortschritte werden mit den nachfolgenden `\postmove`- und/oder `\postply`-Befehlen beschrieben. Mit `\end{gameone}` bzw. `\end{gametwo}` werden die internen Befehle `\savegameone` und `\savegametwo` abgesetzt, die die aktuellen Spielzustände nach dem jeweils letzten `\postmove`- oder `\postply`-Befehlen abspeichern *und* gleichzeitig die jeweils letzten Zugangaben zusammen mit ihren Empfangs- und Versendedaten in TeX-Boxen ablegen. Das nachfolgende Beispiel stammt von Frank Hassel; der Abdruck erfolgt mit seiner freundlicher Genehmigung:

```
\begin{gameone}
   \postmove 03.09.1987 0 e2e4 d7d6 11.09.1987 0
   \postmove 12.09.1987 2 d2d4 g8f6 15.09.1987 1
   \postmove 17.09.1987 2 b1c3 g7g6 21.09.1987 1
\end{gameone}
\begin{gametwo}
   \postmove 11.09.1987 0 d2d4 g8f6 12.09.1987 2
   \postmove 15.09.1987 1 c2c4 g7g6 17.09.1987 2
   \postply  21.09.1987 1 b1c3
\end{gametwo}
```

entsteht zunächst die Dokumentation

Datum						Datum		
Ankunft	Abgang	$\sum$	**Weiß**		**Schwarz**	Ankunft	Abgang	$\sum$
3.9.87	3.9.87	0	e2–e4	1.	d7–d6	11.9.87	11.9.87	0
12.9.87	14.9.87	2	d2–d4	2.	♘g8–f6	15.9.87	16.9.87	1
17.9.87	19.9.87	4	♘b1–c3	3.	g7–g6	21.9.87	22.9.87	2

Datum						Datum		
Ankunft	Abgang	$\sum$	**Weiß**		**Schwarz**	Ankunft	Abgang	$\sum$
11.9.87	11.9.87	0	d2–d4	1.	♘g8–f6	12.9.87	14.9.87	2
15.9.87	16.9.87	1	c2–c4	2.	g7–g6	17.9.87	19.9.87	4
21.9.87	22.9.87	2	♘b1–c3	3.				

Das jeweilige Abgangsdatum wird aus dem Ankunftsdatum und der verbrauchten Bedenkzeit errechnet. In den mit $\sum$ überschriebenen Spalten erscheint die bis dahin angefallene Gesamtbedenkzeit. Die mittlere Spalte kennzeichnet die jeweilige Zugnummer. Diesen Dokumentationstabellen kann eine Überschrift vorangestellt werden, indem innerhalb der `gameone`- bzw. `gametwo`-Umgebungen als erster Befehl `\centerline{`*überschrift*`}` mit geeigneten Überschriften, z. B. in der Form `\textbf{`*s_spieler – w_spieler*`}` für die erste Partie und `\textbf{`*w_spieler – s_spieler* `}` für die zweite gewählt wird.

Die Rückseite der Fernschachkarte wird mit dem Befehl `\postcard[f]`(*x_dim,y_,dim*) ausgegeben. Die optionale Angabe `[f]` bewirkt eine Postkartenumrandung; die nachfolgende Maßangabe stellt die horizontale und vertikale Verschiebung für die ausgegebene Postkarte ein. Mit `\postcard[f](0mm,0mm)` entsteht

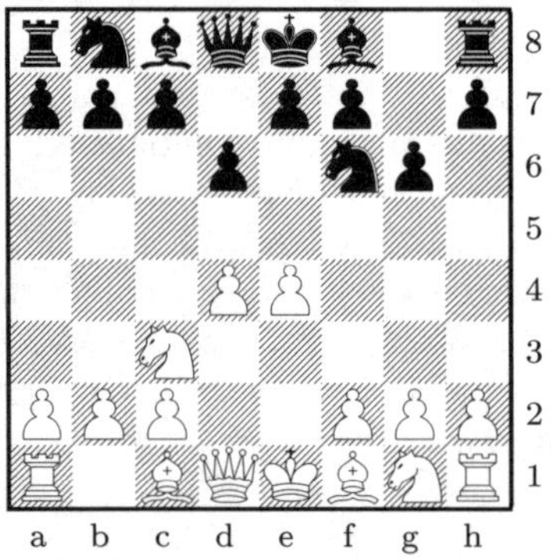

Partie 1

Nr.	Ihr Zug	Nr.	Mein Zug
3	♘b1–c3	3	g7–g6

Empfangen am 21.9.87
Beantwortet am 22.9.87
Meine Bedenkzeit 1 Tag(e)
Meine Gesamtbedenkzeit 2 Tage

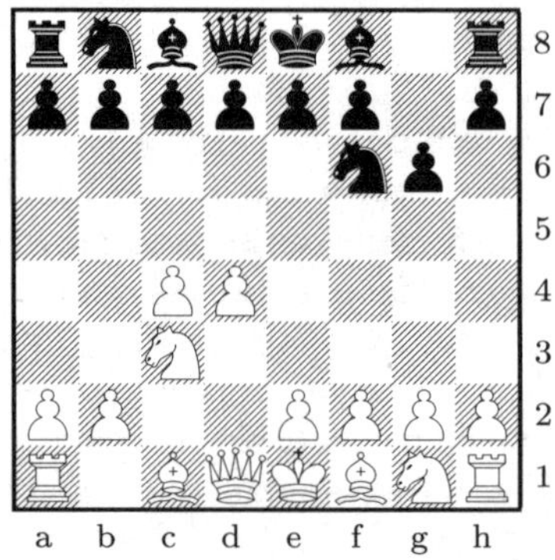

Partie 2

Nr.	Ihr Zug	Nr.	Mein Zug
2	g7–g6	3	♘b1–c3

Ihr Poststempeldatum 19.9.87
Ihre Bedenkzeit 2 Tag(e)
Ihre Gesamtbedenkzeit 4 Tage

Freundliche Grüße

Die Brettdiagramme sowie die sonstigen Angaben auf dieser Postkarte entstehen automatisch aus den vorstehenden Angaben der `gameone`- und `gametwo`-Umgebungen. Die Zugvorschläge werden bei der Partie 1 dem letzten `\postmove`-Befehl und bei der Partie 2 dem zweiten Halbzug aus dem vorangehenden `\postmove`- sowie dem letzten `\postply`-Befehl entnommen.

Eine Postkarte benötigt auch eine Vorderseite. Für deren Gestaltung stellt `bdfchess.sty` die drei Befehle

`\sender{`*abs_name*`\\`*abs_anschrift*`}`
`\receiver{`*empf_name*`\\`*empf_anschrift*`}`
`\cardmessage{`*zus_nachricht*`}`

bereit. Das übergebene Argument unterliegt keiner Syntaxvorschrift. Die hier beispielhaft angegebenen Argumente werden der Regelfall sein, wobei die jeweiligen Anschriften durch weitere Zeilenendbefehle in Straßen- und Ortsangaben aufgeteilt werden. Das Beispiel von Frank Hassel enthält hier

```
\receiver{\parskip5mm\bfseries\Large Dante e.\,V.\\[-5mm]\hrule
    Postfach 10 18 40\\[-5mm]\hrule 69008 Heidelberg\\[-5mm]\hrule}
\sender{\begin{minipage}{55mm}\centering{\small Absender}\\[1ex]
    \large\bfseries Frank Hassel\\[1ex]
    Im Kirschgarten 14\\ 55286 W"orrstadt\end{minipage}}
\cardmessage{\noindent Ich habe Urlaub vom\\30.09.87 bis 14.10.87}
```

Die Postkartenvorderseite wird mit dem Befehl `\postcardaddress[tf]`(*x_dim,y_dim*) ausgegeben. Die Bedeutung seiner Argumente ist gleich denjenigen beim `\postcard`-Befehl. Der zusätzliche optionale Parameter `t` teilt die Karte durch eine senkrechte Linie und fügt das Wort "Postkarte" oberhalb des Adressfeldes hinzu. Mit den vorstehenden Angaben für `\sender`, `\receiver` und `\cardmessage` erzeugt `\postcardaddress[tf]{0mm,0mm}`

Absender **Frank Hassel** **Im Kirschgarten 14** **55286 Wörrstadt** Ich habe Urlaub vom 30.09.87 bis 14.10.87	**Postkarte** **Dante e. V.** **Postfach 10 18 40** **69008 Heidelberg**

Die Kombination der Ergänzungspakete bzw. Stiloptionen verlangt die Einhaltung der Reihenfolge *sprache*, `chess`, `bdfchess`, also z. B.

`\documentstyle[...,german,...,chess,bdfchess,...]{`*haupt_stil*`}`

mit LaTeX 2.09 bzw.

```
\usepackage{german} ... \usepackage{chess,bdfchess}
```

mit LaTeX 2_ε. Mit der Einbindung von `german.sty` überrascht es nicht, daß die Nachrichten auf der Rückseite der Fernschachpostkarte in deutsch erscheinen. Auch die Zug- und Kommentareingabe erwartet die deutsche Kennzeichnung. Bei der Einbindung von `english.sty` bzw. `french.sty` aus dem Babel-Paket erfolgt die Eingabe in der entsprechenden Sprachnotation und die Mitteilungen auf der Rückseite der Fernschachpostkarte erscheinen in der gewählten Sprache.[9] `bdfchess.sty` stellt als zusätzlichen Befehl

`\postcardlanguage{`*sprache*`}`

[9] Mit LaTeX 2_ε kann bei Verwendung des Ergänzungspaketes `german.sty` ohne Rückgriff auf die Babel-Files `english.sty` bzw. `french.sty` dauerhaft auf Englisch oder Französisch umgeschaltet werden, indem nach `\usepackage{german}` zunächst mit `\selectlanguage{`*sprache*`}` *vor* dem nachfolgenden `\usepackage{chess,bdfchess}` die gewünschte Sprache eingestellt wird.

bereit. Er gestattet die eigentliche Schachbearbeitung in der als Ergänzungspaket oder Dokumentstiloption gewählten Sprache vorzunehmen, die Postkartenrückseite aber in einer anderen Sprache auszugeben. `bdfchess` ist für eine solche lokale Sprachumschaltung auf Deutsch, Englisch und Französisch mit den Angaben `german`, `english` und `french` für *sprache* beim vorstehenden Befehl vorbereitet. Eine Erweiterung auf andere Sprachen ist leicht möglich. `bdfchess.sty` enthält bereits entsprechende Leerdefinitionen für die fiktive Sprache `xxxx`. Es müssen lediglich alle mit `xxxx` gekennzeichneten Stellen durch die entsprechenden sprachspezifischen Namen oder Begriffe ersetzt werden. `bdfchess` stellt einige weitere Befehle bereit, die hier kurz aufgelistet werden:

`\holidaywhite` n Hiermit kann die Gesamtbedenkzeit für den weißen Spieler korrigiert werden, falls zwischen Ankunft und Abgabe des Zuges eine n-tägige Unterbrechung durch Urlaub, Dienstreise, Krankheit u.ä. auftrat.

`\holidayblack` n Entsprechende Regelung für den schwarzen Spieler.

`\ifmove`xxx Beim Fernschach werden dem gegnerischen Spieler häufig Eventualzugfolgen vorgeschlagen und die eigene Antwort auf diese Eventualzüge mitgeteilt. xxx steht dabei für `one` bzw. `two` mit entsprechenden Vorschlägen für die Partie 1 bzw. 2. Die Eingabe muß im Kommentarmodus (s. 2.5.3) erfolgen, also in `|...|` eingeschlossen werden. Beispiel: `| \ifmoveone 5 Sf3-g5 5 h7-h6 |`.

Auf der Postkartenrückseite reicht der vorhandene Platz für maximal zwei Eventualzugfolgen für jede der beiden Partien. Eventuelle weitere Vorschläge können auf der Vorderseite mit `\cardmessage{`*vorschlag*`}` angebracht werden. `\ifmove`xxx-Befehl sind außerhalb der `game`xxx-Umgebungen anzuordnen.

`\acceptmove`xxx Akzeptierte Eventualzugfolgen müssen auf der Anwortkarte wiederholt werden, wozu dieser Befehl dient. Die Syntax entspricht dem `\ifmove`xxx-Befehl, wobei wiederum xxx für `one` oder `two` steht. Auf der Postkarte erscheinen seine Angaben vor der jeweils letzten Zugentscheidung.

`\finishgame`xxx Das zuerst beendete Spiel einer Doppelfernschachpartie ist mit diesem Befehl abzuschließen (`one` bzw. `two` für xxx). Beim verbleibenden Spiel erscheint die beendete Partie auf der Postkarte als Anfangsdiagramm.

`\tabularheader` Bei einer längeren Partie, deren Dokumentation sich über mehrere Seiten erstreckt, kann mit diesem Befehl für die neue Seite ein weiterer Tabellenkopf vorangestellt werden.

`\storeboard{`*file_name*`}` Innerhalb der `game`xxx-Umgebungen kann die aktuelle Figurenstellung mit diesem Befehl als File abgespeichert werden. Die Figurenstellung wird als `position`-Umgebung mit anschließendem `\white`*info* und `\movecount=`n abgespeichert (s. 2.5.2.3). Diesen Speicherbefehl wird man zweckmäßig unmittelbar vor `\end{gameone}` und `\end{gametwo}` anbringen, um den jeweils letzten Stand eines Fernschachturniers als File für andere Bearbeitungs- und Darstellungszwecke bereitzuhalten. Bei einer späteren Nutzung des erzeugten Files ist `chess.sty` mit derselben Spracheinestellung zu verwenden, die bei seiner Erstellung aktiv war!

Die meisten der vorstehend vorgestellten Befehle sollen in einem abschließenden Beispiel demonstriert und mit einer Fernschachpostkarte in Französisch ausgegeben werden:

```
\postcardlanguage{french}\finishgametwo
\begin{gameone}
\postmove 24.02.1990 2 c2c4 e7e5 27.02.1990 2
\postmove 02.03.1990 1 b1c3 g8f6 04.03.1990 1
\postmove 02.03.1990 2 g1f3 b8c6 11.03.1990 1
\holidaywhite 7 \postmove 14.03.1990 9 d2d4 e5e4 28.03.1990 1
\centerline{\textbf{Zugvorschlag}} | \ifmoveone 5 Sf3-g5 5 h7-h6 |
\end{gameone}\par \postcard[f]{0mm,5mm}
```

Datum						Datum		
Ankunft	Abgang	∑	**Weiß**		**Schwarz**	Ankunft	Abgang	∑
24.2.90	26.2.90	2	c2–c4	1.	e7–e5	27.2.90	1.3.90	2
2.3.90	3.3.90	3	♘b1–c3	2.	♘g8–f6	4.3.90	5.3.90	3
2.3.90	4.3.90	5	♘g1–f3	3.	♘b8–c6	11.3.90	12.3.90	4
14.3.90	23.3.90	7	d2–d4	4.	e5–e4	28.3.90	29.3.90	5
			Zugvorschlag					
		5	♘f3–g5	5	h7–h6			

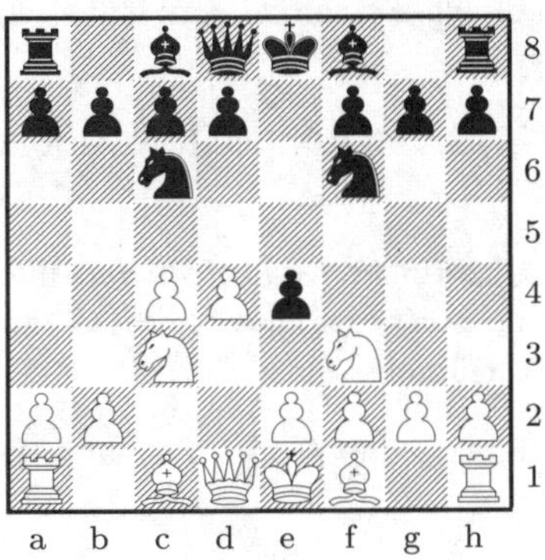

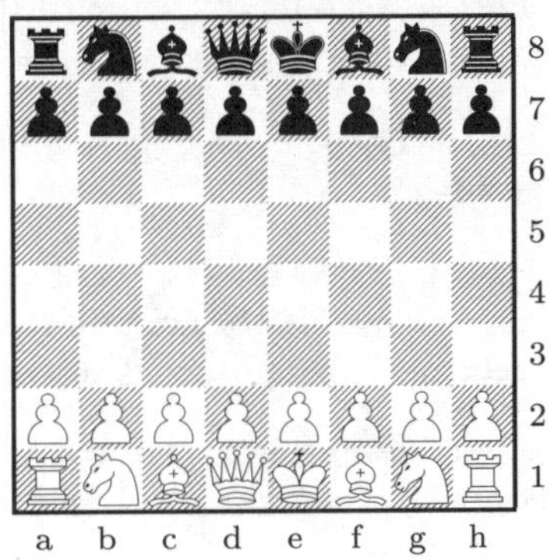

Partie 1

No.	Votre coup	No.	Mon coup
4	d2–d4	4	e5–e4
que 5	♘f3–g5	5	h7–h6

Arrivée 28.3.90
Départ 29.3.90
Mon temps 1 jour(s)
Mon temps total 5 jours

Votre date de la poste 23.3.90
Votre temps 2 jour(s)
Votre temps total 7 jours

Salutations

Die in 2.5.2.3 vorgestellte `position`-Umgebung kann, zusammen mit `\white`*info* und `\movecount=`n, auch innerhalb der `game`xxx-Umgebungen zur Initialisierung verwendet werden. Damit fehlt aber die bis dahin angelaufene Gesamtbedenkzeit. Diese muß mit

`\global\considersumwhite=`x und `\global\considersumblack=`x

angegeben werden, bevor mit anschließenden `\postmove`- bzw. `\postply`-Befehlen die Fernschachdokumentation fortgesetzt wird.

Hinweis zum Zeichensatz `chess10f`: Der Zeichensatz ist als Alternative zum Zeichensatz `chessf10` gedacht. Seine sechs Schachsymbole stehen etwas höher als beim Original und der Springer schaut nach rechts statt nach links. Vergl. ♔♕♖♗♘♙ aus `chess10f` mit ♔♕♖♗♘♙ aus `chessf10`.

Hinweis zur Anwenderanpassung von bdfchess.sty: Erfolgt die Nutzung von `chess.sty` unter Rückgriff auf das Babel-System, dann kann `bdfchess.sty` für die Sprachen Deutsch, Englisch und Französisch sofort verwendet werden. Wird für Französisch auf den File `french.sty` aus dem verkleinerten Babel-System des `chess`-Pakets zurückgegriffen, so ist dessen vorletzter Befehlsaufruf `\setlanguage{french}` durch `\selectlanguage{french}` zu ersetzen. Wird das Schachpaket entsprechend dem Vorschlag aus 2.5.5 als `gchess.sty` genutzt, dann ist in `bdfchess.sty` der Name `germanb` überall durch `german` zu ersetzen.

2.5.7 Schach-Literaturreferenzen

1. Appelt, Wolfgang. *Typesetting Chess.* TUGBOAT 9#3 pp 284–287, 1988.

2. Tutelaers, Piet. *A Font and a Style for Typesetting Chess using LaTeX or TeX.* TUGBOAT 13#1 pp 85–90, 1992. Die Veröffentlichung ist gleichzeitig unter dem Unterverzeichnis `./doc` als LaTeX-File `tugboat.ltx` beigefügt.

3. Hassel, Frank. *Schachfigurensatz mit TeX und LaTeX.* DIE TEXNISCHE KOMÖDIE 1993/4, S. 11–25, 1994.

4. Hassel, Frank. *Erweiterung des CHESS-STYLES für Fernschachspieler.* Interne Dokumentation des `bdfchess`-Pakets als TeX-File `bdfgerm.tex`. Die Dokumentation steht auch in Englisch als `bdfengl.tex` zur Verfügung.

5. *Chess Informant 51*, ed. by Aleksander Matanović, Šahovski Informator, Belgrade. 1991

Anhang: Das Informator-Kode-System

In [schach 5, S. 10–12] werden ca. 40 Symbole empfohlen, die zur Schachdokumentation und Schachkommentierung verwendet werden sollten. Sie stehen in `chess.sty` unter weitgehend selbsterklärenden Befehlsnamen zur Verfügung. Mit der LaTeX-Bearbeitung des Files `symbols.ltx` aus dem Unterverzeichnis `./doc` können sie in Form einer dreispaltigen Tabelle als

symbol	**(La)TeX**	**meaning**
±	`\wbetter`	White stands slightly better
∓	`\bbetter`	Black stands slightly better
. . .	. . .	. . .
—	`\see`	see

ausgegeben werden. Der schachspielende Anwender sollte davon Gebrauch machen und die bereitgestellten Symbole in seinen Kommentaren verwenden.

Kapitel 3

Musiknotensatz mit LaTeX

Trotz der Erfindung der Druckkunst mit beweglichen Lettern durch Gutenberg vor mehr als 550 Jahren gelang es nicht, ein vergleichbares Verfahren für den Notensatz zu entwickeln, das die Qualitätsanforderungen der Drucker und die praktischen Erfordernisse der Setzer gleichermaßen erfüllte. Selbst mit der Bereitstellung leistungsfähiger Satzautomaten blieb die Erstellung der Druckvorlagen für den Notensatz bis in die jüngste Zeit ein manueller Vorgang. Für die praktische Nutzung hatten sich hierfür zwei Verfahren entwickelt: der *Plattenstich* und die *Autographie*.

Beim Plattenstich erfolgt nach der *Rastrierung* der Notenlinien in hochglänzende Kupfer-, Zinn- oder Zinkplatten das Einschlagen von Noten, Zeichen und Buchstaben mit Stahlstempeln. Anschließend erfolgt das eigentliche *Stechen* der Taktstriche, Stiele, Balken, Crescendozeichen und Bögen. Die Autographie ist ein zeichnerisches Verfahren, bei dem die Noten in eine Zeichenpapiervorlage von Hand eingezeichnet und anschließend auf lichtempfindliche Offset-Druckplatten kopiert werden. Beide Verfahren sind arbeitsaufwendig und damit kostspielig. Der Arbeitsaufwand ist bei der Autographie zwar geringer als beim Plattenstich, dafür bleibt ihre Qualität aber auch deutlich unter derjenigen des Plattenstichs.

3.1 Automatischer Notensatz mit TeX

Der Grund für das Scheitern mechanischer Automaten für den Notensatz liegt in der Vielfalt der Notenschriftelemente und ihrer zweidimensionalen Anordnung auf dem Notenblatt zusammen mit einer Vielzahl zusätzlicher Schriftzeichen. Ein wirklich brauchbarer Lösungsansatz für einen automatischen Notensatz wurde erst mit der Bereitstellung von TeX möglich. Die Erzeugung von klaren und ausreichend vielen *Lettern* für den Notensatz ist für METAFONT kein Problem. Ihre Kombination und präzise Positionierung ist dann die Aufgabe für TeX. Die Hauptaufgabe für den Notensatz mit TeX liegt in der Entwicklung einer Eingabesprache, die alle Anforderungen für den Notensatz abdeckt und in die erforderlichen TeX-Anweisungen übersetzt.

Auf den öffentlichen TeX-Fileservern existieren seit einigen Jahren zwei Notensatzprogramme einschließlich der zu ihrer Nutzung erforderlichen speziellen Zeichensätze: mtex und musictex. Das erste baut auf den Diplomarbeiten von Angelika Schofer und Andrea Steinbach, Universität Bonn, auf. Die Entwicklung der Eingabesprache für den Notensatz erfolgt mit den

Methoden der Informatik auf der Grundlage der formalen Sprachen mit einer kontextfreien eindeutigen Grammatik. Die Syntax der Eingabesprache kann präzise in der sog. Backus-Naur-Form dargestellt werden. Da die Mehrzahl der LaTeX-Anwender nicht über ein Informatik-Fachstudium verfügt, sehe ich von weiteren Details ab, zumal der erforderliche Präprozessor zur Umsetzung dieser Syntax in die gestaltenden TeX-Befehle noch nicht existiert.

Die Möglichkeiten des Musiknotensatzes mit mtex beschränkt sich auf den Notensatz mit einem Liniensystem. Die erforderliche Eingabesprache ist derzeit zwar noch recht mühevoll, aber mit `mtexinfo.tex` gut dokumentiert, so daß der Musiknotensatz auch für Anwender möglich wird, die wie ich, absolute Musiklaien sind.[1]

Das zweite System musictex stammt von Daniel Taupin, Frankreich. Es baut auf dem ersten auf und gestattet, hochkomplizierte Musikstücke (polyphone und Instrumental-Musik) mit mehreren (bis zu neun) Liniensystemen professionell zu setzen. Der Autor arbeitet hauptberuflich in einem Forschungsinstitut für Festkörperphysik, ist aber auch Komponist von eigenen Klavier- und Orgelwerken, die neben klassischen Beispielen, im Programmpaket vorgestellt werden.

Ich beschränke mich hier auf die Vorstellung von musictex von D. Taupin, da es problemlos mit LaTeX 2.09 und LaTeX 2_ε kombiniert werden kann und gleichzeitig das leistungsfähigere System für den Musiknotensatz darstellt. mtex kann zwar mit LaTeX 2.09 verknüpft werden, in der derzeitigen Version ist es aber inkompatibel mit LaTeX 2_ε.

3.2 Das MusicTeX-Paket

3.2.1 Strukturbeschreibung von musictex

Das Paket enthält die `.sty`-Files `musictex`, `musictrp`, `musicper`, `musicvbm`, `orsayreg` und `bigmusic`. Bei einer LaTeX-Behandlung mit Version 2.09 sollte stets `musictex` als Optionsname im Dokumentstilbefehl angegeben werden bzw. bei LaTeX 2_ε mit `\usepackage` eingelesen werden. Der File `musictex.sty` besteht nur aus `\input`-Befehlen, mit denen die `.tex`-Files mit den Grundnamen `musicpre`, `musicnft`, `musictex`, `musicvbm` und `musicpos` eingelesen werden. `bigmusic.sty` ist zusätzlich dann zu verwenden, wenn umfangreiche Partituren erstellt werden sollen und die Papiergröße bis nahe an die Blattränder ausgenutzt werden soll, um das Umblättern zu minimieren.

Die Zeichensätze für den Notensatz sind als `.tfm`-Files und als `.pk`-Files für eine Druckerauflösung von 300 dpi beigefügt. Sie tragen die Grundnamen `beamn`*n*, `musicbra`, `musicn`*n*, `musikn`*n*, `slurn`*n*, `slurdd16`, `slurdu16`, `slurud16` und `sluruu16`. Hierin steht n für die Entwurfsgrößen 11, 13, 16 und 20, wobei `slurn`*n* auf 16 und 20 beschränkt ist. Unter den gleichen Grundnamen sind auch die METAFONT-Quellenfiles mit dem Anhang `.mf` zugefügt, so daß der Anwender Druckerzeichensätze für seinen lokalen Drucker erzeugen kann, falls dessen Auflösung von 300 dpi abweicht. Für Anwender, deren Druckerauflösung hiervon abweicht und die nicht über METAFONT verfügen, steht ein gepackter File `musicpk.zip` zur Verfügung, der Druckerzeichensätze für weitere Auflösungen bereitstellt. Ein weiterer Zusatzfile `musicexa.zip` enthält eine Vielzahl umfangreicher Beispiele

[1] Bei den zugefügten Demonstrationsbeispielen mit `mtexdemo.tex` unterscheidet sich der ausgedruckte Eingabetext vom tatsächlichen Erzeugungstext. Die dargestellte Eingabe setzt die Verfügbarkeit des oben genannten Präprozessors voraus, der noch nicht beigefügt ist. Der Anwender möge den tatsächlichen Erzeugungstext mit den korrekten Hinweisen aus `mtexinfo.tex` durchmustern.

für polyphonen und orchestralen Musiknotensatz.

Der File musicdoc.tex enthält eine englischsprachige Beschreibung von musictex. Seine LaTeX-Bearbeitung führt zur entsprechenden Dokumentation. Das Paket enthält bereits das Bearbeitungsergebnis musicdoc.dvi sowie für PostScript-Drucker den Ausgabefile musicdoc.ps, so daß die Dokumentation vor der Einrichtung von musictex ausgegeben werden kann. Eine kürzere Beschreibung wird mit euromtex.tex bzw. euromtex.dvi gegeben. Sie enthalten den Vortrag des Autors auf der europäischen TeX-Tagung 1992 in Prag. Schließlich kann mit musicref.tex bzw. musicref.dvi eine einseitige Referenz aller Befehle aus musictex mit den zugehörigen Musiksymbolen ausgegeben werden.

musictex wurde von seinem Autor mehrfacht aktualisiert und verbessert. Die derzeitige (April 1994) Version ist 5.02 mit dem Erstellungsdatum vom 20. März 1994.

3.2.2 Grundlagen von musictex

Das Programmpaket musictex ist für polyphonen Musiksatz mit bis zu neun Liniensystemen vorbereitet. Dies schließt mehrere Liniensysteme für die einzelnen Instrumente ein. Für ein einzelnes Instrument können bis zu vier Liniensysteme gewählt werden. Orchestermusiker lesen Partituren nicht innerhalb eines Liniensystems von links nach rechts, sondern zunächst Notengruppen für die verschiedenen Instrumente oder die mehrfachen Liniensysteme einzelner Instrumente von oben nach unten und erst nach deren geistiger oder musikalischer Verarbeitung die nächste vertikale Notengruppe.

Notengruppe 1.1	Notengruppe 2.1	Notengruppe 3.1	Notengruppe 4.1
Notengruppe 1.2	Notengruppe 2.2	Notengruppe 3.2	Notengruppe 4.2
Notengruppe 1.3	Notengruppe 2.3	Notengruppe 3.3	Notengruppe 4.3

musictex stellt für die vertikale Anordnung von Notengruppen die Struktur

```
\notes ... & ... & ... & ... \enotes
```

bereit, bei der die &-Zeichen als Trennungszeichen für die Notengruppen in den übereinanderstehenden Liniensystemen verwendet werden. Der erste Eintrag bezieht sich auf das unterste Liniensystem, derjenige nach dem ersten Trennungszeichen auf das zweitunterste usw. Der Eintrag nach dem letzten Trennungszeichen kommt in das oberste Liniensystem. Enthält die Partitur bei einigen Instrumenten für das Einzelinstrument selbst mehrere Liniensysteme, so ist für deren vertikale Einträge als Trennungszeichen | statt & zu verwenden. Die Anzahl der Liniensysteme wird mit den unten vorgestellten Erklärungen von \nbinstruments und \nbportees*r* eingestellt.

Die Befehlsstruktur \notes ... \enotes hat gleichzeitig eine zweite Aufgabe: sie bestimmt den horizontalen Abstand der Einzelnoten innerhalb der jeweiligen Notengruppe. Insgesamt stehen hier

```
\notes ... & ... & ... \enotes   1.0 LE
\Notes ... & ... & ... \enotes   1.4 LE
\NOtes ... & ... & ... \enotes   2.0 LE
\NOTes ... & ... & ... \enotes   2.8 LE
\NOTEs ... & ... & ... \enotes   4.0 LE
\NOTES ... & ... & ... \enotes   5.6 LE
```

zur Verfügung. Als Längeneinheit LE findet das interne Maßregister `\elemskip` Anwendung, das standardmäßig mit 10 pt voreingestellt ist. Der Anwender kann es mit einer Längenzuweisung `\setlength{\elemskip}{`*maß*`}` jederzeit verändern. Mit der Erklärung von `\autolines` (s. 3.5.7) kann die Einstellung von `\elemskip` intern so errechnet werden, daß die Notenabstände jeweils zu ganzen Taktzahlen pro Linienzeile führen.

Die Umschaltung vom normalen Textsatz auf Musiknotensatz erfolgt mit der Umgebung

`\begin{music}` *system_erkl* *noten_eing* `\end{music}`

Sie beginnt gewöhnlich mit sog. Systemerklärungen *system_erkl*, z. B. der Wahl für die Anzahl der Liniensysteme und ihre Aufteilung auf die verschiedenen Instrumente, deren Notenschlüssel und Tonarten u. ä. Erst hiernach erfolgt die eigentliche Noteneingabe *noten_eing*, eventuell mit zwischengestellten Taktunterteilungen, Wiederholungszeichen u. ä. Die eigentliche Noteneingabe erfolgt innerhalb der *notes* `...` `\enotes`-Strukturen.

3.2.3 Systemerklärungen

Ohne explizite Größenangabe erfolgt der Notensatz mit den Zeichensätzen in 20 pt-Entwurfsgröße. Mit `\musicsize=16` können die kleineren Zeichensätze vorgegeben werden. Eine hiermit zu Beginn eingestellte Größe kann auch später verändert werden. Das verlangt außerhalb von `\debutmorceau ... \finmorceau`-Strukturen (s. u.) die Befehlsfolgen

`\musicsize=16\computespecifics` bzw.
`\musicsize=20\computespecifics`

Nach einer eventuellen globalen Größeneinstellung wird als erste Systemerklärung zwingend

`\def\nbinstruments{`*n*`}\relax`

verlangt. Mit der Zahlenangabe für n wird das Notensystem für die Anzahl der Instrumente definiert. Dieser Definitionsbefehl muß auch bei nur einem Instrument mit $n = 1$ vorgegeben werden. Werden für einzelne Instrumente mehrere Liniensysteme benötigt, so müssen diese anschließend mit

`\nbportees`*r*`=`*s*`\relax`

vorgegeben werden. Hierin steht r für eine kleine römische Zahlenangabe, wie `i`, `ii` usw., die sich auf das r-te Instrument bezieht. Für jedes Instrument können mit dem vorstehenden Befehl bis zu $s = 4$ Liniensysteme eingerichtet werden. Sie werden am Zeilenbeginn jeweils durch eine vorangestellte große geschweifte Klammer miteinander verbunden.

Die Angabe `\nbporteesi` bezieht sich hierbei auf das erste Instrument, das im Liniensystem am unteren Ende beginnt. Für die römische Zahl r können so viele verschiedene Werte auftreten, wie bei `\def\nbinstruments{`*n*`}` vorgegeben wurden. Bei Instrumenten mit nur einem Liniensystem kann die Angabe für `\nbportees`*r* entfallen.

Es ist erlaubt, `\nbportees`*r*`={0}\relax` anzugeben. Bei dem hiermit angesprochenen fiktiven Instrument r entfällt das Liniensystem. Der freibleibende Platz kann zur Aufnahme von Liedtexten genutzt werden, wie in einem Beispiel weiter unten gezeigt wird.

Mehrfache Liniensysteme für ein Instrument werden durch eine vorangestellte große, geschweifte öffnende Klammer zusammengefaßt. Beim Choralgesang ist es üblich, die einzelnen Stimmen als Instrumente zu definieren und deren Liniensysteme am linken Seitenrand mit einem vertikalen stärkeren Balken zu verbinden. Dies wird mit

\lowersonginstrum=u \uppersonginstrum=o

erreicht, worin u und o die unterste bzw. oberste Instrumentenstimme bedeuten.

Als Notenschlüssel wird standardmäßig der Violinschlüssel vorgegeben. Soll hiervon abgewichen werden, so kann dies mit den Einstellungen

\cleftoks$r$={{s_1}{s_2}{s_3}{s_4}}% oder \cleftoks$r$={$s_1 s_2 s_3 s_4$}%

erreicht werden. Hierin steht r wie beim vorangegangenen Befehl \nbportees$r$ für eine römische Zahlenangabe, mit der der Notenschlüssel für das r-te Instrument festgelegt wird. Die Angaben für $s_1, \ldots, s_4$ stehen für die Notenschlüssel der maximal vier Liniensysteme des r-ten Instruments, wobei s_1 für das unterste, s_2 für das zweitunterste usw. Liniensystem des Instruments verwendet wird.

Für s_i ist eine Zahl von 0 bis 6 einzutragen. Mit 0 wird der Violinschlüssel, mit 6 der Baßschlüssel gekennzeichnet. Die Zahlenwerte 1–4 stellen den C-Schlüssel auf die entsprechende Linie, mit der Zählweise von unten nach oben. Ihnen entsprechen somit Sopranschlüssel (1), Mezzosopranschlüssel (2), Altschlüssel (3) und Tenorschlüssel (4). Mit 5 wird der Baßschlüssel auf die Mittellinie (Baritonschlüssel) gestellt.

Die vierziffrige Angabe beim \cleftoks$r$-Befehl ist stets erforderlich, auch wenn für das Instrument r weniger als vier Liniensysteme mit \nbportees$r$ eingestellt wurden. In diesem Fall haben nur die entsprechenden ersten Ziffern Einstellwirkung für die Tonschlüssel. Gibt es z. B. für das Instrument 2 nur ein Liniensystem, für das der Baßschlüssel gewählt werden soll, so muß dies mit \cleftoksii={{6}{0}{0}{0}} oder \cleftoksii={6000} erfolgen, wobei nur die erste Ziffer 6 zum Tragen kommt.

Als Tonart wird standardmäßig für das Gesamtsystem, also ohne explizite Vorgabe mit dem nachfolgenden Befehl, C-Dur bzw. a-Moll gewählt. Mit

\generalsignature{*t*}\relax

kann die Tonart für das Gesamtsystem eingestellt werden. Für t ist eine positive oder negative ganze Zahl anzugeben, die die Anzahl der $\sharp$ ($t > 0$) oder $\flat$ ($t < 0$) bestimmt. Soll für einzelne Instrumente die Tonart gewechselt werden, so geschieht das mit

\sign$r$=*t*\relax

mit der gleichen Bedeutung für t wie beim \generalsignature-Befehl. Die Angabe der Instrumentennummer r als kleine römische Zahl bedarf ebenfalls keiner weiteren Erklärung. Verschiedene Tonarten in verschiedenen Linien *eines* Instruments sind nicht möglich. Diese Forderung wird in der Musik auch kaum vorkommen.

Soll das Liniensystem am Beginn zusätzlich eine Taktangabe erhalten, so kann das mit dem Aufruf

\generalmeter{*takt_erkl*}

erreicht werden. Für *takt_erkl* ist bei den speziellen Taktsymbolen ₵ und **C** \allabreve bzw. \meterC anzugeben. Soll die Taktangabe als Zahlenbruch erfolgen, so ist für *takt_erkl* \meterfrac{z}{n} anzugeben. Die 3/4-Taktangabe für das gesamte System wird also mit

\generalmeter{\meterfrac{3}{4}}%

erreicht. Soll für einzelne Liniensysteme eine andere Taktangabe gewählt werden, so geschieht dies mit

`\metertoks`r`={{`m_1`}{`m_2`}{`m_3`}{`m_4`}}`

wobei m_i die gleiche Bedeutung wie *takt_erkl* beim globalen Befehl `\generalmeter` hat und die Taktvorgaben für die bis zu vier Liniensysteme des Instruments r bestimmt. Enthält ein Instrument weniger als vier Liniensysteme, so sind gleichwohl vier geschweifte Klammerpaare in `\metertoks`r anzugeben, von denen die letzten leer bleiben dürfen. So erklärt

```
\nbporteesiii=2\relax
\metertoksiii={{\meterfrac{12}{8}}{\allabreve}{}{}}
```

für das Instrument 3 (iii) zwei Liniensysteme, deren erstes (das untere) die Taktangabe 12/8 und deren zweites (das obere) die Taktangabe *alla breve* zugewiesen bekommt. Die beiden weiteren leeren geschweiften Klammerpaare sind syntaktisch zwingend, um die Forderung nach vier Klammerpaaren zu erfüllen.

Die Befehle `\cleftoks`r, `\sign`r und `\metertoks`r wurden hier als Befehle beschrieben, mit denen am Beginn der `music`-Umgebung die Einstellungen der Systeme für das ganze Musikstück vorgenommen werden. Sie können aber auch nach Beginn der eigentlichen Noteneingabe zwischen *notes* `... \enotes`-Strukturen auftreten, um *innerhalb* der Partitur Systemeinstellungen zu verändern. Solche Änderungen werden für die Tonart aber erst mit dem Befehl `\changesignature` und für die Notenschlüssel mit dem Befehl `\changeclefs` an der Stelle dieser Befehle wirksam. Mit dem Befehl `\changecontext` werden evtl. Tonart- und Taktänderungen nach dem nächsten einfachen Taktstrich und mit `\Changecontext` nach dem nächsten Doppeltaktstrich wirksam.

Häufig soll beim polyphonen Notensatz am Beginn der Partitur den Liniensystemen der Name der Instrumente und/oder der Stimmen vorangestellt werden. Dies kann mit den Definitionen

`\def\instrument`r{*instr_name*}

erreicht werden, wobei r wieder für die kleine römische Zahlenangabe für das r-te Instrument und *instr_name* für den Instrumenten- oder Stimmennamen steht. Dabei empfiehlt es sich, innerhalb der `music`-Umgebung den Wert für `\parindent` zu vergrößern, damit die vorangestellten Instrumentennamen nicht zu weit in den linken Seitenrand hineinragen. Umgekehrt sollte `\parindent` evtl. auf 0 pt eingestellt werden, wenn auf vorangestellte Instrumentnamen verzichtet wird, da der Wert von `\parindent` die Einrücktiefe für das erste Gesamtliniensystem (das als eine Textzeile betrachtet wird) vorgibt.

Die Systemeinstellungen innerhalb der `music`-Umgebung enden gewöhnlich mit dem Befehl `\debutmorceau`. Nach diesem Befehl beginnt die eigentliche Partitureingabe, die ihrerseits mit dem Befehl `\finmorceau` oder `\suspmorceau` (s. 3.5.1, 3.5.7 und 3.7.2) beendet wird. Das vorgestellte Befehlspaar zur Einleitung und Beendigung der Partitureingabe ist für den Satz ganzer Musikstücke gedacht. Häufig soll innerhalb des umgebenden Textes als Beispiel ein kurzer Notenauszug vorgestellt werden. Für diesen Zweck steht innerhalb der `music`-Umgebung das Befehlspaar `\debutextrait` und `\finextrait`[2] zur Verfügung. Das damit eingeschlossene Beispiel erscheint mit seinem Liniensystem dann horizontal zentriert.

[2] Das französische Wort 'morceau' hat die Bedeutung von 'das Stück'; 'extrait' diejenige von 'Auszug' (Extrakt).

```
\begin{music}
  \def\nbinstruments{2}\relax
  \generalmeter{\meterfrac{4}{4}}%
  \generalsignature{0}\relax
  \nbporteesi=1\nbporteesii=2\relax
  \cleftoksi={6000}\cleftoksii={6000}%
  \debutextrait   % Starting the score
  \normal         % Initialize spacing
    \NOtes ... & ... | ... \enotes
  \finextrait
\end{music}
```

Die hier verwendete music-Umgebung steht in einer 50 mm breiten minipage-Umgebung. Als Folge des Befehlspaars `\debutextrait` und `\finextrait` erscheint das ausgegebene Beispiel innerhalb seiner minipage-Umgebung horizontal zentriert. Die Angabe `\generalsignature{0}` hätte auch entfallen können, da dies die Standardeinstellung ist.

Die meisten der in diesem kleinen Beispiel vorgestellten Befehlszeilen schließen mit einem %-Zeichen oder dem Leerbefehl `\relax` ab. Dies geschah bereits bei der Vorstellung dieser Befehle, ohne daß es erläutert wurde. Der Grund liegt darin, daß Leerzeichen innerhalb der music-Umgebung vermieden werden sollen, wenn sie nicht ausschließlich das Ende des Befehlsnamens kennzeichnen. Bei den hier verwendeten Befehlen ist das Ende des Befehlsnamens durch das nachfolgende Gleichheitszeichen oder die öffnende Klammer eindeutig bestimmt. Leerzeichen nach den übergebenen Argumenten oder Einstellwerten sind zu unterlassen. Das verlangt am Zeilenende ein %-Zeichen oder besser den Leerbefehl `\relax`. Eine solche Zeilenbeendigung empfielt sich innerhalb der music-Umgebung grundsätzlich. Falls sie nicht erforderlich ist, bleibt sie wirkungslos, dort aber, wo das Leerzeichen unterbleiben muß, und dies gilt gleichermaßen für die Zeilenumschaltung, garantiert sie die korrekte Bearbeitung.

3.3 Noten- und Pauseneingaben

Die Noteneingabe erfolgt, wie bereits in 3.2.2 auf S. 146 beschrieben, üblicherweise innerhalb von *notes* `... \enotes`-Strukturen, wobei *notes* für `\notes`, `\Notes`, ... `\NOTES` steht. Diese Strukturen sind zunächst zu initialisieren. Das geschieht mit dem Befehlsaufruf `\normal`, mit dem der Noteneingabeteil der music-Umgebung gewöhnlich beginnt. Der Leser möge dies zunächst akzeptieren, eine Erläuterung folgt später (s. 3.3.6).

3.3.1 Noteneingabe zur Melodiekennzeichnung

Zur Noteneingabe sind Dauer und Höhe des Tones zu kennzeichnen. Das geschieht mit Befehlen der Form *td*{*h*}, also durch einen Befehlsnamen, der die Notendauer bestimmt, gefolgt von einem Argument in Form eines oder mehrerer Buchstaben zur Kennzeichnung der Tonhöhe:

- `\wh`{*h*} : Ganze Note der Tonhöhe *h*.
- `\hu`{*h*} : Halbe Note *h* mit Notenhals oben.
- `\hl`{*h*} : Halbe Note *h* mit Notenhals unten.
- `\qu`{*h*} : Viertel Note *h* mit Notenhals oben.
- `\ql`{*h*} : Viertel Note *h* mit Notenhals unten.

`\cu{`*h*`}` : Achtel Note *h* mit Notenhals und Fähnchen oben.
`\cl{`*h*`}` : Achtel Note *h* mit Notenhals und Fähnchen unten.
`\ccu{`*h*`}` : 16tel Note *h* mit Hals und Doppelfähnchen oben.
. . . .
`\ccccl{`*h*`}` : 64tel Note *h* mit Hals und Vierfachfähnchen unten.

Die ausgelassenen Befehlsnamen `\ccl`, `\cccu`, `\cccl` und `\ccccu` sind nach der vorangegangenen Aufzählung selbsterklärend. Die Notenhöhe *h* wird beim Violinschlüssel mit einem kleinen Buchstaben `a` bis `z` gekennzeichnet:

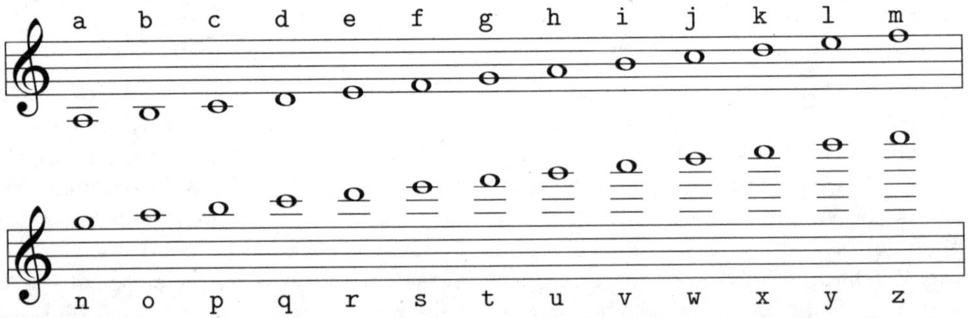

Die Höheneingabe `h` entspricht der Note für den Kammerton a′ mit der Frequenz 440 Hz und die Eingabe `a` dem eine Oktave tieferen Ton a. Tiefere Töne können mit der Höheneingabe als Großbuchstabe `A` bis `N` gekennzeichnet werden. Dabei entspricht der Eingabe `A` der Ton, der um drei Oktaven unter dem Kammerton a′ liegt (55 Hz). Dies ist die unterste Oktave eines modernen Klaviers. Noten für noch tiefere Töne können als absolute Höheneingabe in Form einer negativen Zahl erzeugt werden (s. u.).

Beim Baßschlüssel erfolgt die Höheneingabe als `!‘A` bis `!‘G`, `A` bis `N` und `a` bis `e`, was zu folgender Notenausgabe führt:

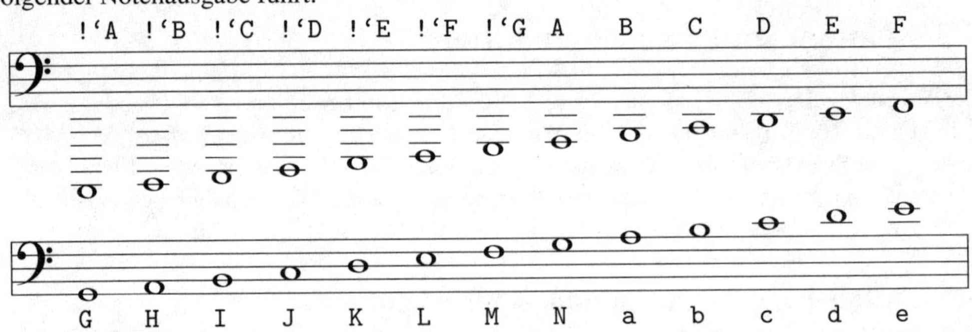

Die Höheneingabe kann auch in absoluter Form als negative oder positive Zahl erfolgen. Diese Form ist unabhängig vom gewählten Notenschlüssel. Der Zahlenwert 0 entspricht der Anordnung des Notenkopfes auf der untersten Linie, also dem Notenwert e beim Violinschlüssel, der Wert 8 dem Notenwert f′ beim Violinschlüssel bzw. dem Notenwert a beim Baßschlüssel. Die Zahleneingabe −4 entspricht wieder dem Ton a beim Violinschlüssel bzw. dem Tonwert C beim Baßschlüssel.

Die vorgestellten Notenbefehle `\wh` bis `\ccccl` bewirken einen nachfolgenden Zwischenraum durch den internen Aufruf des Befehls `\noteskip`. Der hiermit erzeugte Notenabstand hängt von der gewählten `\`*notes* `...` `\enotes`-Struktur ab:

```
\begin{music}
   \def\nbinstruments{1}\debutextrait\normal
   \NOTES\hu{c}\hl{j}\enotes\barre \NOTEs\qu{c}\ql{j}\enotes\barre
   \NOTes\qu{c}\ql{j}\enotes
   \finextrait\debutextrait\normal\barno=4
   \NOtes\ccu{c}\ccl{jk}\ccu{d}\enotes\barre
   \Notes\cccu{c}\cccl{jk}\cccu{d}\enotes\barre
   \notes\ccccu{c}\ccccl{jk}\ccccu{d}\enotes\barre
   \notes\ccccu{c}\temps\ccccl{j}\enotes
   \finextrait
\end{music}
```

Das Beispiel demonstriert die verschiedenen Abstände der *notes* `...` `\enotes`-Strukturen. Es enthält zusätzlich den bisher noch nicht vorgestellten Befehl `\barre`. Er erzeugt einen vertikalen Taktstrich, der ab dem zweiten Takt gleichzeitig durchlaufend numeriert wird. Das Beispiel zeigt weiter, daß der Abstand in `\notes ... \enotes`-Strukturen zu gering ausfällt, wenn Noten mit Fähnchen in der Folge oben/unten nebeneinanderstehen (Takt 6). Mit dem zwischengeschalteten Befehl `\temps` kann zusätzlicher Zwischenraum eingefügt werden (Takt 7). Das Beispiel zeigt weiter, daß die jeweiligen Notenköpfe gleich weit voneinander plaziert werden.

Die zwei Notenzeilen dieses Beispiels wurden mit zwei `\debutextrait ... \finextrait`-Paaren erzeugt. Sie starten den Taktzähler jeweils neu, so daß dieser in der zweiten Zeile standardmäßig nach dem ersten vertikalen Taktstrich wieder mit 2 begonnen würde. Mit der Angabe `\barno=4` wurde er für die zweite Zeile als Takt 4 für den Zeilenanfang voreingestellt, um die Numerierung korrekt fortzusetzen. Diese manuelle Korrektur ist nur für nachfolgende `\debutextrait ...\finextrait`-Strukturen erforderlich. Bei der Eingabe der Partitur innerhalb von `\debutmorceau ... \finmorceau` (s. S. 148) erfolgt ein automatischer Zeilenumbruch der Liniensysteme mit fortlaufender Taktnumerierung durch die gesamte Partitur.

Durch einen nachgestellten Punkt wird die Tondauer der Noten um die Hälfte ihres Grundwertes verlängert. Dies kann durch das *Voran*stellen eines Punktes vor die Tonhöhenangabe bei den Notenbefehlen erreicht werden, z. B. als `\ql{.i}` wie beim nachfolgenden realen Beispiel für eine Melodie (Hugo Distler: „Lobe den Herren").

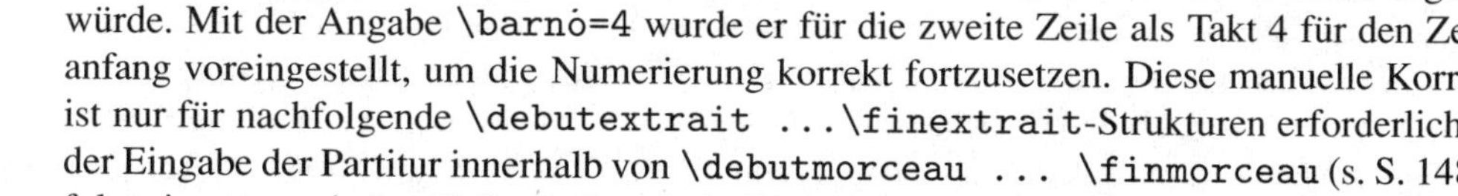

Der Eingabetext hierfür lautete (bis auf den Haltebogen der beiden f-Noten von Takt 4 nach Takt 5):

```
\begin{music}\parindent1.25cm
  \def\nbinstruments{1}\generalsignature{1}\relax
  \generalmeter{\meterfrac{3}{4}}\def\instrumenti{Sopran}\relax
  \debutextrait\normal
    \Notes\qu{gg}\ql{k}\enotes\barre
    \Notes\ql{.i}\cu{h}\qu{g}\enotes\barre
    \Notes\qu{fed}\enotes\barre\Notes\hu{e}\qu{f}\enotes
    \metertoksi{{\meterfrac{2}{4}}{}{}{}}\changecontext
    \Notes\qu{fg}\enotes
    \metertoksi{{\meterfrac{4}{4}}{}{}{}}\changecontext
    \Notes\hu{hg}\enotes\setrightrepeat\finextrait
\end{music}
```

Zur Erläuterung der lokalen Taktänderungen 2/4 und 4/4 mit `\metertoksi` und deren Aktivierung nach dem nächsten Taktstrich durch `\changecontext` wird auf die Beschreibung dieser Befehle auf S. 148 verwiesen. Das Wiederholungszeichen am Ende der Zeile ist eine Folge von `\setrightrepeat` und der anschließenden Beendigung mit `\finextrait`.

3.3.2 Noteneingabe zur Bildung von Akkorden

Zur Bildung von Akkorden werden Notenbefehle verlangt, nach denen keine horizontale Positionsänderung erfolgt. MusicTEX kennt hierfür die Befehle

`\zh{`*h*`}` : Notenkopf *h* für halbe Noten,
`\zq{`*h*`}` : Notenkopf *h* für viertel Noten.

Der nebenstehende Akkord kann damit durch `\zq{ceg}\qu{j}` bzw. `\zq{lnq}\ql{j}` erzeugt werden. Die Noteneingabe für einen Akkord schließt mit einem der Notenbefehle mit anschließendem Zwischenraum ab. Die Abschlußnoten mit oberem Notenhals `\hu`, `\qu`, ..., `\ccccu` sollten sich auf die höchste Note des Akkordes und diejenigen mit unterem Notenhals `\hl`, `\ql`, ..., `\ccccl` auf die tiefste Note des Akkordes beziehen. Die Anordnung des Notenhalses bei Akkorden wird durch die Stellung der am weitesten von der Mittellinie entfernten Note bestimmt, die deshalb als *Bezugsnote* bezeichnet wird. Liegt diese oberhalb oder auf der Mittellinie, so ist der Notenhals nach unten zu richten, liegt die Bezugsnote unterhalb der Mittellinie, so ist der Notenhals mit dem abschließenden Notenbefehl nach oben auszurichten. Liegen die entferntesten Noten bezüglich der Mittellinie gleich weit, so ist der absteigende Notenhals zu wählen. Das nachfolgende Beispiel, bei dem die jeweilige Bezugsnote als Viertelnote gekennzeichnet ist, verdeutlicht diese Regel:

Das Beispiel enthält mit den linken und rechten Notenköpfen bei absteigenden bzw. aufsteigenden Notenhälsen weitere Notenstrukturen. Diese sind:

`\rw{`*h*`}` : Ganze Note *h* um Kopfbreite nach rechts verschoben.
`\lw{`*h*`}` : Ganze Note *h* um Kopfbreite nach links verschoben.
`\rh{`*h*`}` : Halbe Note *h* um Kopfbreite nach rechts verschoben.
`\lh{`*h*`}` : Halbe Note *h* um Kopfbreite nach links verschoben.
`\rq{`*h*`}` : Viertel Note *h* um Kopfbreite nach rechts verschoben.
`\lq{`*h*`}` : Viertel Note *h* um Kopfbreite nach links verschoben.

Zusätzlicher Zwischenraum unterbleibt nach diesen sechs Befehlen. Die vorstehenden Akkorde wurden, innerhalb von `\Notes ... \enotes`-Strukturen, als

> `\zq{e}\zh{h}\rh{g}\hu{j}`, `\zq{n}\zh{k}\lh{m}\hl{i}`,
> `\zq{m}\zh{j}\lh{f}\ql{e}`, `\zq{e}\zh{i}\rh{j}\hu{k}` bzw.
> `\zq{.m}\lh{l}\hl{.i}`

eingegeben. Der Verlängerungspunkt wird, wie oben beschrieben, durch einen vorangestellten Punkt *vor* der Höhenangabe im Notenbefehl erzeugt. Für Akkorde mit oberem Notenhals gibt es zusätzlich die Abschlußbefehle

> `\rhu{`*h*`}` : Halbe Note *h* mit rechtem Kopf am oberen Notenhals.
> `\rqu{`*h*`}` : Viertel Note *h* mit rechtem Kopf am oberen Notenhals.

Als Abschlußbefehle für Akkorde fügen beide Befehle anschließenden Leerraum mit einem internen `\noteskip` hinzu. Der erste und vierte Akkord bei dem vorangegangenen Beispiel hätte hiermit etwas einfacher als `\zq{e}\zh{hj}\rhu{g}` bzw. `\zq{e}\zh{ik}\rhu{j}` eingegeben werden können. Wird diesen Befehlen als Argument mehr als ein Ton übergeben, z. B. als `\rqu{abcdefg}`, so erscheint das zunächst überraschende nebenstehende Ergebnis. Die Befehle sind eigentlich versteckte `\hu`- und `\qu`-Befehle, bei denen lediglich der erste der übergebenen Töne rechts vom Notenhals angebracht wird.

Die auf S. 149 vorgestellten Noteneingabebefehle `\hu{`*h*`}`, `\hl{`*h*`}`, ..., `\ccccu{`*h*`}` mit nachgestelltem Leerraum stehen auch als Befehle *ohne* nachfolgenden Abstand zur Verfügung. Ihre Namen sind durch ein vorangestelltes `z` als `\zhu{`*h*`}` bis `\zccccu{`*h*`}` gekennzeichnet. Sie werden benötigt, um übereinanderstehende Einzelnoten ausgeben zu können, z. B. als

> `\zql{h}\qu{j}\zql{i}\qu{i}\zcl{g}\cu{j}`
> `\zcu{k}\cl{h}\zhu{k}\hl{h}`

Solche Darstellungen fallen häufig bei einer zweistimmigen Gesangsmelodie in einem Liniensystem an. Hierbei gilt die Regel, daß die Noten der Oberstimme nach oben, die der Unterstimme nach unten zu stielen sind. Geht die Zweistimmigkeit vorübergehend in Einstimmigkeit über, so sind deren Noten nach oben *und* unten zu stielen.

Als Ergänzung zu `\zhu`, `\zhl`, `\zqu` und `\zql` gibt es noch `\lhu{`*h*`}`, `\lhl{`*h*`}`, `\lqu{`*h*`}` und `\lql{`*h*`}`. Sie wirken genau wie die äquivalenten z-Befehle, nur erscheinen die Noten als Ganzes um die Breite des Notenkopfes gegenüber den z-Befehlen nach links gerückt. Diese Befehle sind nützlich bei zweistimmigem Notensatz, wenn Töne der Oberstimme *unter* denen der Unterstimme liegen.

Der zu `\wh{`*h*`}` äquivalente Befehl zur Ausgabe ganzer Noten *ohne* anschließenden Leerraum trägt den Namen `\zw{`*h*`}`. Hier weicht die Nomenklatur zwischen den z-Befehlen und den Befehlen mit Abstand von der bisherigen Systematik ab, nach der man `\zwh` erwartet hätte!

Abschließend stellt MusicTEX noch die drei Notenbefehle *ohne* nachfolgenden Abstand zur Verfügung:

> `\zwq{`*h*`}` : Note beliebiger Dauer (𝅜) für den Ton *h*.
> `\zbv{`*h*`}` : Brevis-Note (𝆹) für den Ton *h*.
> `\zsb{`*h*`}` : Semibrevis-Note (𝆺) für den Ton *h*.

3.3.3 Tonverlängerungen

Ein, zwei oder drei nachgestellte Punkte verlängern die Notendauer um die Hälfte, drei Viertel bzw. sieben Achtel ihres eingestellten Grundwertes. Das Nachstellen eines Punktes kann durch einen der Tonhöhenangabe *vorangestellten* Punkt bei den Noteneingabefehlen, z. B. als `\qu{.c.d}` erfolgen, wie bereits oben beschrieben. Den auf S. 149 vorgestellten Notenbefehlen `\wh`, ..., `\cl` kann im Namen jeweils ein, zwei oder drei 'p' angehängt werden, mit der Wirkung, daß den damit erzeugten Noten ein, zwei oder drei Punkte folgen, z. B. `\clp{`*h*`}`, `\qupp{`*h*`}`, `\hlppp{`*h*`}` usw. Das Anhängen von bis zu drei `p` ist auch bei den äquivalenten z-Befehlen ohne anschließenden Leerraum zulässig, z. B. `\zhpp{`*h*`}`. Dies gilt gleichermaßen auch für die bei Akkorden auftretenden Befehle `\zh` und `\zq` als `\zhp{`*h*`}` bis `\zqppp{`*h*`}`. Das Anhängen von `p` ist nicht erlaubt bei den Notenbefehlen, deren Namen mit `l` oder `r` beginnen, sowie bei kürzeren als achtel Noten.

MusicTeX stellt zusätzlich die Befehle `\pt{`*h*`}`, `\ppt{`*h*`}` und `\pppt{`*h*`}` bereit, die vor *jeden* Noteneingabebefehl gestellt werden können und die ein, zwei oder drei Punkte in der übergebenen Tonhöhe *h* nach der nachfolgenden Note erzeugen. Diese Befehle können auch den mit `l` und `r` beginnenden Notenbefehlen sowie den Notenbefehlen für 16stel, 32stel und 64stel Noten vorangestellt werden, um korrekte Verlängerungspunkte zu erzeugen. Das folgende Beispiel enthält alle Variationen von verlängerten Noten:

```
\whp{c}\hupp{d}\quppp{e}
\clpp{j}\pt{k}\ccl{k}
\zqp{ceg}\qup{j}
\ppt{l}\lq{l}\zqpp{i}\qlpp{mi}
```

3.3.4 Pausen

Zu jeder Tondauer, die mit den Notenzeichen unterschiedlicher Länge gekennzeichnet wird, gibt es eine äquivalente Pause mit den Pausenzeichen:

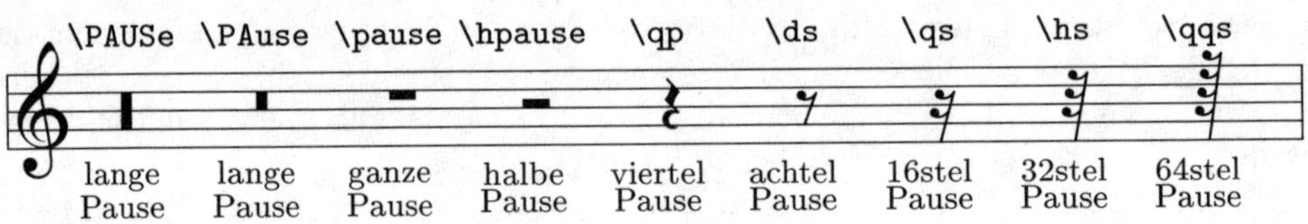

Die Pausenzeichen für viertel und kürzere Pausen können auch mit ihren französischen Originalbefehlsnamen angesprochen werden. So sind

`\qp`	`\ds`	`\qs`	`\hs`	`\qqs`
`\soupir`	`\demisoupir`	`\quartsoupir`	`\huitsoupir`	`\seizsoupir`
	`\dsoupir`	`\qsoupir`	`\hsoupir`	

spaltenweise jeweils die gleichen Befehle. Alle der vorstehenden Pausenbefehle fügen anschließenden Leerraum mit dem internen Befehl `\noteskip` ein. Die vertikale Stellung der Pausenzeichen ist im Notenliniensystem festgelegt. Sie können ggf. mit `\raisebox`-Befehlen in der Höhe verschoben werden. Für ganze und halbe Pausen stellt MusicTeX zusätzlich die Befehle

`\expause{`*h*`}` : erzeugt das Zeichen ▬ bei der Notenhöhe *h*
`\exhpause{`*h*`}` : erzeugt das Zeichen ▬ bei der Notenhöhe *h*

bereit. Die Höhenangabe *h* erfolgt wie bei den Notenbefehlen durch den Kennbuchstaben für die Tonhöhe oder durch eine positive oder negative Zahlenangabe. Beide Befehle existieren auch als `\zexpause{`*h*`}` und `\zexhpause{`*h*`}`, nach denen kein Leerraum angehängt wird.

3.3.5 Versetzungszeichen

Die Musikzeichensätze `musikn`*n* stellen als Versetzungszeichen die Erhöhungszeichen ♯ und × (Kreuz und Doppelkreuz, engl. *sharp*), die Erniedrigungszeichen ♭ und 𝄫 (B und Doppel-B, engl. *flat*) sowie das Auflösungszeichen (engl. *natural*) ♮ bereit. Sie können mit speziellen Befehlen *vz*`{`*h*`}` für die Notenhöhe *h* angesprochen werden und erscheinen in dieser Höhe vor der nachfolgenden Note, die mit dem Notenbefehl *nb*`{`*h*`}` erzeugt wird. Eine Kontrolle, daß für beide Befehle die gleiche Höhenangabe *h* gewählt wird, unterbleibt. Alternativ und sicherer können Versetzungszeichen auch innerhalb der Notenbefehle mit speziellen Versetzungskennungen, die der Notenhöhe voranzustellen sind, erzeugt werden. Bei dieser Form *nb*`{`$!_1h_1!_2h_2\ldots$`}`, in der $!_i$ für die Versetzungskennung zur Höhenangabe h_i steht, erscheint das zugehörige Versetzungszeichen automatisch in der richtigen Notenhöhe.

Als Versetzungsbefehle vor den Notenbefehlen bzw. als Versetzungskennungen (VK) innerhalb der Notenbefehle stehen zur Verfügung:

`\sh{`*h*`}` bzw. ^ als VK: erzeugt ein ♯ vor der Note *h*
`\dsh{`*h*`}` bzw. > als VK: erzeugt ein × vor der Note *h*
`\fl{`*h*`}` bzw. _ als VK: erzeugt ein ♭ vor der Note *h*
`\dfl{`*h*`}` bzw. < als VK: erzeugt ein 𝄫 vor der Note *h*
`\na{`*h*`}` bzw. = als VK: erzeugt ein ♮ vor der Note *h*

Die folgenden Eingaben sind somit gleichwertig und führen zum nebenstehenden Ergebnis:

```
\sh{g}\qu{g}\dsh{h}\qu{h}\na{i}\ql{i}
\fl{j}\ql{j}\dfl{k}\ql{k} bzw.
\qu{^g>h}\ql{=i_j<k}
```

Die vorstehenden fünf Versetzungsbefehle stehen auch mit einem vorangestellten `l` in ihren Namen als `\lsh{`*h*`}`, `\ldsh{`*h*`}`, `\lfl{`*h*`}`, `\ldfl{`*h*`}` und `\lna{`*h*`}` zur Verfügung. Sie unterscheiden sich von den vorangegangenen Versetzungsbefehlen lediglich dadurch, daß das Versetzungszeichen um die Breite eines Notenkopfes nach links versetzt wird. Dies wird erforderlich, wenn bei Akkorden mit absteigendem Notenhals Noten vor dem Notenhals angeordnet werden.

Die mit den vorgestellten Befehlen erzeugten Versetzungszeichen können in zwei Größen als ♯ oder ♯, × oder ×, ♭ oder ♭, 𝄫 oder 𝄫 sowie ♮ oder ♮ erscheinen. Die Auswahl der Größen erfolgt normalerweise durch MusicTEX in Abhängigkeit vom Notenabstand in den *notes* `...` `\enotes`-Strukturen. Bei kleinem Notenabstand werden naturgemäß die kleinen Symbole gewählt. Soll von dieser automatischen Auswahl abgewichen werden, so kann dies durch Verwendung von `\big`*vz*- oder `\small`*vz*-Befehlen erreicht werden, in deren Namen *vz* für die vorangegangenen Namen der Versetzungsbefehle steht, z. B. `\bigfl` oder `\smallna`. Innerhalb der `music`-Umgebung kann mit den Erklärungsbefehlen `\bigaccid` die ausschließliche Verwendung der großen Symbole oder mit `\smallaccid` die der kleinen Symbole erzwungen werden. Mit der Erklärung `\varaccid` kann anschließend wieder auf das Normalverhalten der variablen Auswahl zurückgestellt werden.

Die kleinen Versetzungsbefehle können für die einfachen Versetzungszeichen und das Auflösungszeichen mit `\uppersh{`*h*`}`, `\upperfl{`*h*`}` und `\upperna{`*h*`}` auch oberhalb des nachfolgenden Notenbefehls mit der Notenhöhe *h* angeordnet werden:

```
\Notes%
   \uppersh{l}\hl{l}%
   \upperna{m}\hl{m}%
   \upperfl{l}\hl{l}%
\enotes
```

Schließlich können die Versetzungszeichen in ihrer kleinen Variante noch zur Vorwarnung eingesetzt werden, indem den Versetzungsbefehlen in ihren Namen ein `c` vorangestellt wird:

```
\NOtes\sk\csh{g}\qu{g}\cfl{h}\qu{h}%
      \cna{i}\ql{i}%
      \cdsh{j}\ql{j}\cdfl{k}\ql{k}\enotes
```

3.3.6 Notenabstände

Noten werden innerhalb von `\`*notes* `... \enotes`-Strukturen mit den in 3.3.1 und 3.3.2 vorgestellten Befehlen erzeugt, wobei die Notenbefehle aus 3.3.1 nach jeder erzeugen Note intern den Befehl `\noteskip` ausführen und damit den Abstand zur nächsten Note anfügen. Je nach Wahl von `\`*notes* als `\notes`, `\Notes`, `\NOtes`, `\NOTes`, `\NOTEs` oder `NOTES` wird mit `\noteskip` ein steigender Abstand erzeugt, der aus dem aktuellen Wert des internen Längenregisters `\elemskip` abgeleitet wird.

Die aufgezählten `\notes`-Befehle werden, zusammen mit den Abstandseinstellungen für `\noteskip`, mit dem Aufruf von `\normal` definiert, wobei die Abstände im Verhältnis $1 : 1.4 : 2 : 2.8 : 4 : 5.6$ ($\approx 1 : (\sqrt{2})^n$) wachsen und bei `\notes` mit dem Inhalt von `\elemskip` beginnen. Mit dem Aufruf von `\normal` wird `\elemskip` auf $0.5\times$`\musicsize` in pt eingestellt, mit der Standardeinstellung `\musicsize=20` also auf 10 pt. Mit der Befehlsfolge

`\normal\setlength{\elemskip}{`*maß*`}`

werden die `\`*notes*-Strukturen und ihr Abstandsverhältnis wie oben definiert, der Grundabstand aber auf *maß* eingestellt. MusicTEX stellt als Ergänzung zum Makro `\normal` das Makro `\large`[3] bereit, das für *maß* in dieser Befehlsfolge 12 pt einsetzt.

MusicTEX stellt zur Abstandseinstellung neben `\normal` und `\large` noch `\etroit`[4] bereit. Dieses geht ebenfalls von der Grundeinstellung für `\elemskip` als 10 pt aus, das Verhältnis zwischen den einzelnen `\`*note*-Befehlen wird dann jedoch als $1 : 1.3 : 1.8 : 2.6 : 3.6 : 5.2$ definiert. Diese Verhältnisse können mit

`\etroit\setlength{\elemskip}{`*maß*`}`

mit einer anderen Anfangseinstellung für `\elemskip` aktiviert werden. Neben den aufgezählten Namen für `\`*notes* gibt es noch `\vnotes`, auf den die anwendernäheren \emphnotes-Befehle zurückgreifen. Mit der Struktur

[3] Dieses kollidiert mit dem gleichnamigen LATEX-Zeichensatzgrößenbefehl. In MusicTEX existiert es aber nur in der `music`-Umgebung, in der kaum Bedarf an einer Größenumstellung für Textzeichensätze besteht.

[4] Etroit bedeutet im Französischen 'eng', 'nah' u.ä.

`\vnotes` *q*`\elemskip` *Noten-Eingaben* `\enotes`

kann der Notenabstand als das *q*-fache des Grundabstandes `\elemskip` gewählt werden, wobei *q* für eine ganze Zahl wie 2 oder einen Dezimalbruch wie 1.666 steht.

Eine Notenausgabe wie die nachfolgende, bei der in einem Zweiliniensystem für ein Instrument die unteren Achtelnoten den Notenabstand bestimmen, verlangt für die Viertelnoten im oberen Liniensystem, daß auf die erste Note eine unsichtbare *Phantomnote* folgt, damit die nächste Viertelnote mit der dritten Achtelnote aus dem unteren Liniensystem vertikal übereinstimmt. Dies kann mit einem zwischengeschalteten `\sk` erreicht werden.

Die Eingabe erfolgte damit, unter Fortlassung der `music`-Umgebung, als

```
\def\nbinstruments{1}\nbporteesi=2\relax
\debutextrait\normal
\Notes\cu{cgeg}|\ql{l}\sk\ql{n}\enotes
\finextrait
```

Der Befehl `\sk` zur Einfügung einer unsichtbaren Phantomnote ist nur innerhalb von *notes* `...` `\enotes`-Strukturen erlaubt. Das gleiche gilt auch für den weiteren Befehl `\qsk`, mit dem zwischen den einzelnen Noten ein zusätzlicher Zwischenraum von der Breite des Notenkopfes eingefügt wird. Dies wird gelegentlich bei Akkorden erforderlich, wenn bei diesen *nach* aufsteigenden bzw. *vor* absteigenden Notenhälsen zusätzliche Notenköpfe mit den mit `\l` oder `\r` beginnenden Notenbefehlen (s. 3.3.2) angebracht werden. Schließlich kann noch mit `\off{`*abst_maß*`}` innerhalb und außerhalb von *notes* `...` `\enotes`-Paaren ein beliebiger Abstand vom Betrag *abst_maß* zugefügt werden.

3.3.7 Textuntermalungen

Die einfachste Möglichkeit einer Partitur für Chormusik mit zugefügter Lyrik besteht darin, jede der unterschiedlichen Stimmen als Doppelinstrument zu betrachten. Für n unterschiedliche Stimmen ist damit `\def\nbinstruments{`$2n$`}` vorzugeben und mit `\nbporteesi=0`, `\nbporteesiii=0`, `\nbporteesv=0`, `...` für die ungeraden, also die unteren Systeme eines jeden Instrumentenpaares, das Musikliniensystem zu unterdrücken. Nunmehr kann mit

`\notes` t_1 & m_1 & t_2 & m_2 & `...` & t_n & m_n `\enotes`

Text und Melodie in einfacher Weise eingegeben werden. Hierin steht t_i für eine beliebige Texteingabe, die vertikal mit der ersten Noteneingabe aus m_i übereinstimmt. Mit

```
\def\nbinstruments{2}\nbporteesi=0\relax
```

können Text und Melodie für das Lied „Lobe den Herren" von S. 151 auf einfache Weise verknüpft werden:

```
\NOtes Lo- & \qu{g}\enotes
\NOtes be  & \qu{g}\enotes
\NOtes den & \ql{k}\enotes\barre
\NOtes Her-& \ql{.i}\enotes
\NOtes ren,& \cu{h}\enotes
\NOtes den & \qu{g}\enotes\barre
```

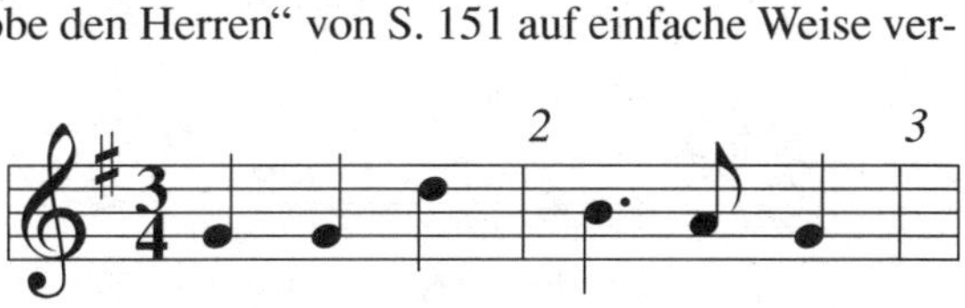

Die Einfachheit beschränkt sich auf einzeilige Texteinträge. Für mehrzeilige Textteile muß die Eingabe mittels einer TEX- oder LATEX-Struktur erfolgen, die intern eine sog. vertikale TEX-Box bereitstellt. Dies könnte z. B. mit der `tabular`-Umgebung geschehen. Zur einfacheren Nutzung empfielt es sich, sie als Befehl mit Argumenten zu definieren, so daß die einzelnen Argumente den Texteinträgen der einzelnen Zeilen entsprechen:

```
\newcommand{\mlt}[2]{\begin{tabular}{@{}l@{}}#1\\#2\end{tabular}}
```

Hiermit könnte der zweizeilige Text zusammen mit den zugehörigen Noten für das vorstehende Lied als `\NOtes\mlt{Lo-}{Mei-} &\qu{g}\enotes` usw. eingegegeben werden. Die Erweiterung auf mehr als zweizeilige Texteinträge sollte nicht schwerfallen.

Die Besetzung von zwei Liniensystemen erweist sich bei mehrstimmiger Musik mit gleichzeitiger Instrumentenbegleitung schnell als Nachteil, da die Höchstzahl von sechs Liniensystemen[5] bereits bei einer dreistimmigen Partitur erreicht wird und die Notensätze einer etwaigen Instrumentbegleitung nicht mehr unterzubringen sind. MusicTEX stellt deshalb weitere Möglichkeiten zur Texteingabe mit den Befehlen

`\charnote{`*h*`}{`*text*`}` `\zcharnote{`*h*`}{`*text*`}` `\lcharnote{`*h*`}{`*text*`}`

bereit. Hierin steht *h* für eine Höhenangabe wie bei den richtigen Notenbefehlen. Der mit *text* übergebene Text wird innerhalb des Liniensystems in der Höhe *h* angebracht. Diese Befehle sind nur innerhalb von `\`*notes*`...\enotes`-Strukturen erlaubt. Der erste Befehl wirkt wie die Notenbefehle mit anschließendem Leerraum `\wh ... \cccl`. Mehrere aufeinander folgende `\charnote`-Befehle ordnen die übergebenen Textteile mit ihren Anfängen so nebeneinander an, wie dies für die Notenköpfe mit den genannten Notenbefehlen geschieht. Bei zu langen Textteilen bzw. zu klein gewählten Notenabständen können sich die übergebenen Textteile evtl. *überlappen*.

Sollen Noten und Texte innerhalb eines Liniensystems zusammenpassen, so sind bei der Verwendung von `\charnote`-Befehlen zur Texteingabe die Notenbefehle *ohne* nachfolgenden Leerraum, also die mit `\z` beginnenden Notenbefehle `\zhu ... \zcccc` zu verwenden, wobei der Notenbefehl dem zugehörigen Textbefehl `\charnote` voranzustellen ist.

Der zweite Befehl `\zcharnote{`*h*`}{`*text*`}` entspricht den `\z`-Notenbefehlen ohne nachfolgenden Leerraum. Wird dieser Befehl zur Texteingabe mit zusätzlichen Noteneingaben kombiniert, so ist er dem nachfolgenden Notenbefehl *mit* anschließendem Leerraum voranzustellen. Sollen Textteile übereinander angeordnet werden, so kann dies entweder mit zwei `\zcharnote`-Befehlen oder mit einem `\zcharnote`- und einem nachfolgenden `\charnote`-Befehl mit entsprechenden Höhenangaben erfolgen.

Der dritte Befehl `\lcharnote{`*h*`}{`*text*`}` ordnet den übergebenen Text nach *links* herausgerückt gegenüber der zugeordneten Note an. Noten- und Texteingabe werden als Beispiel für das Lied „Lobe den Herren“ mit nur einem Liniensystem ausschließlich mit diesen Befehlen oder alternativ bei zwei Liniensystemen aus einer Mischung dieser Befehle und der obenstehenden Definition für `\mlt` hier vorgestellt.

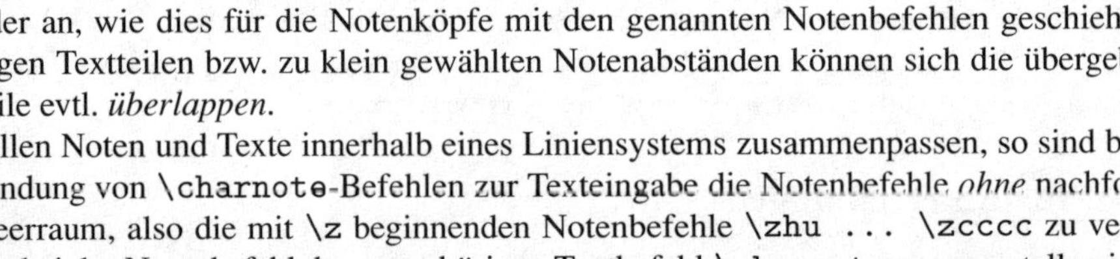

[5] Mit dem Zusatzpaket `musicadd.sty` kann die Zahl der möglichen Liniensysteme auf zehn erhöht werden.

```
\def\nbinstruments{1}\generalsignature{1}\relax
\generalmeter{\meterfrac{3}{4}}\debutextrait\normal
\NOtes\lcharnote{15}{Schnell}\zqu{g}\zcharnote{10}{\emph{mf}}%
     \zcharnote{-6}{Lo-}\charnote{-10}{Mei-}\enotes
\NOtes\zqu{g}\zcharnote{-6}{be}\charnote{-10}{ne}\enotes
\NOtes\zcharnote{-6}{den}\zcharnote{-10}{ge-}\ql{k}\enotes\barre
\NOtes\zcharnote{-6}{Her-}\zql{.i}\charnote{-10}{lie-}\enotes
\NOtes\zcu{h}\zcharnote{-6}{ren,}\charnote{-10}{be-}\enotes
\NOtes\zcharnote{-10}{te}\zcharnote{-6}{den}\qu{g}\enotes\barre
\NOTes\zcharnote{-6}{m"ach-}\zcharnote{-10}{See-}\qu{f}\enotes
\NOtes\zcharnote{-6}{ti-}\zcharnote{-10}{le,}\qu{e}\enotes
..... \enotes\finextrait
```

Die umschließende `music`-Umgebung wurde hierbei fortgelassen. Noten- und Texteingabe erfolgen ab Zeile drei. Hierbei wurden verschiedene Kombinationen und Reihenfolgen von Texteingabe- und Notenbefehlen in der erforderlichen Weise mit dem jeweils abschließenden Befehl mit nachfolgendem Leerraum verwendet. Von einem solchen Wechsel sollte man in der Praxis absehen, da dies fehleranfällig ist. Vielmehr sollte man eine einheitliche Eingabeform, wie z. B. bei den letzten beiden angegebenen Eingabezeilen bevorzugen, die in gleicher Weise auch für die weiteren Eingaben bei diesem Beispiel verwendet wurden. Die Höhenangabe für die `\`*x*`charnote`-Befehle erfolgte in absoluter Form als positive oder negative Zahl. Sie kann aber auch durch eine Buchstabenkennung, wie bei den Notenbefehlen üblich, vorgenommen werden (s. hierzu die Hinweise zur absoluten Höhenangabe auf S. 150). Die alternative Eingabe mit zwei Liniensystemen kann mit

```
\def\nbinstruments{2}\nbporteesi=0\generalsignature{1}\relax
\generalmeter{\meterfrac{3}{4}}\debutextrait\normal
\NOtes\mlt{Lo-}{Mei-} &
     \lcharnote{t}{Schnell}\zqu{g}\charnote{o}{\emph{mf}}\enotes
\NOtes\mlt{be}{ne} & \qu{g}\enotes \Notes\mlt{den}{ge-} & \ql{k}\enotes
   .... \finextrait
```

erreicht werden. Die Höhenangabe erfolgte hier mit `\lcharnote{t}{Schnell}` und `\charnote{o}{\emph{mf}}` durch die äquivalente Buchstabenkennung, denen beim Violinschlüssel die absoluten Werte 10 bzw. 15 entsprechen. Die zweizeilige Texteingabe unterhalb des oberen Liniensystems erfolgte mit dem oben vorgeschlagenen LaTeX-Makro `\mlt{`*oben*`}{`*unten*`}`. Anwender mit vertieften TeX-Kenntnissen mögen sich statt `\mlt` ein evtl. leistungsfähigeres Makro zur mehrzeiligen Texteingabe erstellen.

Bei Tasteninstrumenten, die beim Notensatz üblicherweise mit zwei Liniensystemen durch `\nbportees`*r*=2 bereitgestellt werden, kann zwischen beiden Liniensystemen mit

`\midtwotext{`*text*`}` bzw. `\zmidtwotext{`*text*`}`

der übergebene Text im Abstand der Notenabstände beim ersten Befehl bzw. ohne anschließenden Leerraum beim zweiten Befehl angebracht werden. Wichtig ist, daß diese beiden Befehle in der einschließenden `\`*note*`...` `\enote`-Struktur im unteren Liniensystem anzuordnen sind! Zur Textausgabe oberhalb des Liniensystems dienen schließlich noch:

`\uptext{`*text*`}` positioniert *text* bei $h = 10$
`\Uptext{`*text*`}` positioniert *text* bei $h = 14$

3.4 Balken und Bögen

Bei mehreren nebeneinanderstehenden kurzen Noten wird deren Dauer gewöhnlich durch Verbalkungen statt der Fähnchen gekennzeichnet. Töne und Akkorde, die ohne Absetzungen (Unterbrechungen) aufeinander folgen, werden bei ihren Noten durch unter- oder übergestellte Bögen miteinander verbunden.

3.4.1 Horizontale Verbalkungen

Soll eine Notengruppe miteinander verbalkt werden, so ist der ersten bzw. letzten Note dieser Gruppe ein *Balkenstart-* bzw. *Balkenende*-Befehl voranzustellen. Die Balkenstartbefehle für horizontale Balken haben die Syntax

\ib*b*l{*n*}{*h*}{0} oder kürzer \ib*b*l*nh*0 sowie
\ib*b*u{*n*}{*h*}{0} oder kürzer \ib*b*u*nh*0

Hierin steht *b* für bis zu vier weitere b, also \ibl, \ibbl, ... \ibbbbbl bzw. \ibu, \ibbu, ... \ibbbbbu, womit ein bis fünf Balken eingeleitet (initiert) werden. Die Befehle der ersten Gruppe mit dem Endbuchstaben l (engl. lower) ordnen die Balken *unterhalb*, diejenigen der zweiten Gruppe mit dem Endbuchstaben u (engl. upper) *oberhalb* der Noten an.

Die Angabe *n* steht für eine Zahlenkennzeichnung 0, ..., 5.[6] Diese Kennzeichnung hat nur für Mehrliniensysteme Bedeutung. Sollen in einem Mehrliniensystem mehrere Notengruppen, die in verschiedenen Systemen übereinander stehen, verbalkt werden, so sind sie durch eine unterschiedliche Kennzahl voneinander zu unterscheiden. Die Zahlenkennzeichnung hat keinen Bezug zur Systemnummer, so wie sie bei \nbportees*r* oder \cleftoks*r* durch Anhängen einer kleinen römischen Zahl (s. S. 146) vorzunehmen ist. Sie dient lediglich zur Unterscheidung der Verbalkungen in verschiedenen Liniensystemen. Aus Gründen der Übersichtlichkeit sollte man sich aber an eine eigene Systematik halten, z. B. als Kennzeichnung für das unterste Liniensystem stets die 0, für das darüberliegende die 1 usw., zu verwenden.

Die Angabe für *h* bezieht sich auf die Höhe des zugeordneten Notenkopfes. Bei den Einbalkenbefehlen erscheinen die Balken um drei Linien höher oder tiefer als die angegebenen Notenhöhen. Bei Mehrbalkenbefehlen bezieht sich die Verschiebung um drei Linien auf den jeweils innersten Balken. Die Höhenangabe kann mit einem Notenwert oder in absoluter Form als positive oder negative ganze Zahl erfolgen (s. S. 150).

Die Verbalkung, die mit den vorstehenden Befehlen bei der nachfolgenden Note beginnt, wird mit den Befehlen

\tbu{*n*} bzw. \tbl{*n*} oder kürzer \tbu*n* bzw. \tbl*n*

vor der letzten verbalkten Note beendet. Dies gilt unabhängig davon, wieviele Balken mit vorangegangenen Balkenstartbefehlen eingerichtet wurden. Die Zahlenkennzeichnung *n* muß gleich derjenigen für den zugehörigen Balkenstartbefehl gewählt werden.

Damit die Notenhälse korrekt mit den Balken verbunden werden, sind die bisherigen Notenbefehle \qu{*h*} und \ql{*h*} innerhalb von Verbalkungen durch die neuen Notenbefehle \qh{*n*}{*h*} bzw. \qb{*n*}{*h*} oder kürzer als \qh*n*{*h*} bzw. qb*n*{*h*} zu ersetzen, worin *n* für die gleiche Kennummer wie bei den zugehörigen Balkenbefehlen steht.

[6] Bei Verwendung des Zusatzpaketes musicadd.sty kann die Kennzeichnung auf 0, ..., 9 ausgedehnt werden.

```
\notes\ibl0M0\qb0{KNN}\tbl0\qb0{N} |
   \ibu1j0\qh1{ikm}\tbu1\qh1{k}
   \enotes\barre
\notes\qp |\ibbl0m0\qb0{nmn}\tbl0\qb0{m}
   \enotes
\notes\ibbl1N0\qb1{NMN}\tbl1\qb1{M} |
   \ibbu0f0\qh0{gfg}\tbu0\qh0{f}\enotes
```

Die vorgestellten Balken- und Notenbefehle wurden hierbei in ihrer Kurzform verwendet. Statt `\ibl0M0`, `\tbl0` und `\qb0{N}` hätte man syntaktisch klarer auch `\ibl{0}{M}{0}`, `\tbl{0}` bzw. `\qb{0}{N}` schreiben können. Das Liniensystem enthält im unteren Liniensatz den Baßschlüssel und im oberen den Violinschlüssel. Erfolgt die Höhenangabe bei den Balkenstartbefehlen durch eine Buchstabenkennung, so ist der Notenschlüssel zu berücksichtigen; beim Baßschlüssel entspricht der absoluten Höhe `0` die Buchstabenkennung `G`, während sie beim Violinschlüssel als `e` erscheint (s. hierzu S. 150). Eine Höhenangabe in absoluter Form durch eine positive oder negative Zahl ist unabhängig vom vorgegebenen Notenschlüssel; `0` bedeutet stets die unterste und `8` die oberste der fünf Standardlinien.

Der Leser möge bei diesem Beispiel überprüfen, daß bei den Einbalkenbefehlen im ersten Takt der Balken um drei Linien über oder unter der jeweiligen Höhenangabe liegt, was bei den Zweibalkenbefehlen für den jeweils inneren Balken gilt. Beim ersten Takt findet in beiden Liniensätzen eine Verbalkung statt. Demzufolge mußten ihre Befehle durch die Kennungen `0` und `1` unterschieden werden. Im zweiten Takt erscheint eine Verbalkung bei der ersten Notengruppe nur im oberen Liniensatz; ihre Kennzeichnung erfolgte mit `0`. Bei der nächsten Notengruppe erfolgt eine Verbalkung wieder in beiden Liniensätzen. Hier wurde die Unterscheidungskennzeichnung nunmehr mit `1` für das untere und `0` für das obere vorgenommen. Dies soll demonstrieren, daß es sich bei der Kennzeichnung nur um das Unterscheidungsmerkmal handelt, das mit der eigentlichen Numerierung der Liniensysteme nichts zu tun hat. Die im Beispiel getroffene Wahl widerspricht der obigen Empfehlung, nach der die Kennzeichnung besser stets mit `0` für den unteren und mit `1` für den oberen Liniensatz (oder umgekehrt, aber dann durchgehend) erfolgen sollte.

Verbalkte Akkorde sollten ebenfalls keine Eingabeschwierigkeiten bereiten, da die `\z`-Notenbefehle mit den `\qh`- und `\qb`-Befehlen mischbar sind:

```
\notes\ibl{0}{0}{0}\zcu{g}\zq{c}\qb0{e}\zq{c}\qb0{e}%
     \zqu{g}\qb0{g}\tbl{0}\zq{c}\qb{e}\enotes
```

Die hier gewählte absolute Höhenangabe `\ibl{0}{0}{0}` bzw. ihre Kurzform `ibl000` bedarf nach den vorangegangenen Erläuterungen keiner zusätzlichen Erklärung. MusicTEX stellt neben den oben beschriebenen Balkenstartbefehlen `\ibu ...\ibbbbbl` zusätzlich noch die Befehle

`\nbbl{`*n*`}`	`\nbbbl{`*n*`}`	`\nbbbbl{`*n*`}`	`\nbbbbbl{`*n*`}`
`\nbbu{`*b*`}`	`\nbbbu{`*n*`}`	`\nbbbbu{`*n*`}`	`\nbbbbbu{`*n*`}`

bzw. deren Kurzformen `\nbbl`*n* ... `\nbbbbbl`*n* und `\nbbu`*n* ... `\nbbbbbu`*n* bereit. Mit ihnen kann die Balkenanzahl, die mit dem Balkenstartbefehl eingeleitet wurde, innerhalb der Notengruppe bei späteren Noten vergrößert werden. Dies erlaubt Verbalkungen wie

```
\notes\ibu0h0\qh0{e}\nbbu0\qh0{e}\nbbbu0\qh0{e}\relax
   \nbbbbu0\qh0{e}\nbbbbbu0\qh0{e}\tbu0\qh0{e}\enotes
```

Eine mit \ib*b*u bzw. \ib*b*l eingeleitete Balkengruppe darf mit dem gegensätzlichen Endbefehl \tbl bzw. \tbu beendet werden:

```
\Notes\ibl0p0\qb0{p}\nbbl0\qb0{p}\relax
      \nbbbl0\qb0{p}\tbu0\qh0{e}\enotes
```

Die umgekehrte Anforderung, nämlich eine nur teilweise Beendigung einer Mehrbalkengruppe, kann mit den Befehlen \tbbl{*n*} und \tbbu{*n*} sowie \tbbbl{*n*} bzw. \tbbbu{*n*} bis hin zu \tbbbbbl{*n*} bzw. \tbbbbbu{*n*} erreicht werden. Die Befehle aus dem ersten Paar beenden alle Balken einer Mehrbalkengruppe mit Ausnahme des äußersten Balkens für die Achtelnoten (oberster Balken bei \tbbu bzw. unterster Balken bei \tbbl). Die Befehle aus dem zweiten Paar \tbbbl bzw. \tbbbu beenden alle Balken mit Ausnahmen derjenigen für die Achtel- und Sechzehntelnoten usw. Die Zulässigkeit der Kurzformen für diese Befehle, also die Zahlenkennzeichnung ohne Einschluß in ein { }-Paar, bedarf keiner besonderen Erwähnung.

```
\notes\ibbbbbl0m0\qb0{m}\tbbbbbl0\qb0{m}\tbbbbl0\relax
\qb0{m}\tbbbl0\qb0{m}\tbbl0\qb0{m}\tbl{0}\qb0{m}\enotes
```

Auf ein Beispiel für die entsprechende Struktur mit oben angeordneten Balken kann verzichtet werden. Die vorstehenden Befehle zur partiellen Beendigung einer Balkengruppe entfalten eine andere Wirkung, wenn mit ihnen Balken beendet werden sollen, die nicht begonnen wurden. Wird z. B. innerhalb einer Notengruppe, die mit \ibu eingeleitet wurde, die also nur einfach verbalkt wird, partiell mit \tbbu beendet, so erzeugt dieser Befehl bei der nachfolgenden Note einen zweiten Balken von der Breite des Notenkopfes. Bei einem \ibbu eingeleiteten Doppelbalkensystem führt \tbbbu zu entsprechenden Zusatzbalken usw. Nach diesen Erläuterungen bedürfen die nebenstehenden Beispiele keiner weiteren Erklärung:

```
\Notes\ibu0g0\qh0{e}\tbbu0\qh0{e}\tbbu0\tbu0%
\qh0{e}\ibbl0j0\qb0{j}\tbbbu0\tbu0\qh0{j}\enotes
```

Die Anordnung des kurzen Zusatzbalkens in der vorangehenden Note ist ebenfalls möglich. Dies verlangt den Einsatz des TeX-Befehls \rlap, den ich hier weitergebe und anschließend kurz erläutere.

```
\Notes\ibbl0j\rlap{\qsk\tbbl0}\qb0{j}\tbl0\qu0{j}\enotes
\Notes\ibbbu0j\rlap{\qsk\ttbbbu0}\qh0{j}\relax
      \tbu0\qh0{j}\enotes
```

Mit dem TeX-Befehl \rlap{*arg*} wird das übergebene Argument um seine Breite nach links versetzt ausgegeben. Beim ersten Beispiel ist das Argument \qsk\tbbl0. Es wird also zunächst Leerraum von der Breite eines Notenkopfes zugefügt und dann mit \tbb0 ein kurzer Balken nunmehr rechts vom Notenhals erzeugt. Die Gesamtbreite von \tbb0 ist \noteskip, also genau ein Notenabstand. Um diesen erscheint die Ausgabe nach links versetzt und damit bei der vorangehenden Note.

3.4.2 Geneigte Balken

Soll eine vorrangig aufsteigende oder absteigende Notenfolge verbalkt werden, so sollen die Balken der Hauptneigung der Notenfolge entsprechen. Dies verlangt die Bereitstellung von geneigten Balken. Bei den im letzten Unterabschnitt vorgestellten Balkenstartbefehlen war das dritte Argument stets 0, ohne daß hierfür eine Erklärung erfolgte. Die vollständige Syntax der Balkenstartbefehle lautet

\ib*b*l{*n*}{*h*}{*s*} oder kürzer \ib*b*l*nhs* bzw. \ib*b*l*nh*{*s*} sowie
\ib*b*u{*n*}{*h*}{*s*} oder kürzer \ib*b*u*nhs* bzw. \ib*b*u*nh*{*s*}

worin s für eine ganze Zahl von -10 bis $+10$ steht, wobei das Pluszeichen bei positiven Zahlen entfallen darf bzw. bei der ersten Kurzform für $1, \ldots, 9$ entfallen muß. Bei negativen Werten von s sowie für 10 ist nur die zweite Kurzform erlaubt. Die angegebene Zahl s führt zu einer Balkenneigung von $s \times 0.05$. Damit können Balkenneigungen von -0.50 bis $+0.50$ angefordert werden.

Der Höhenabstand unmittelbar benachbarter Noten beträgt, in der Maßeinheit pt, $0.125\times$`\musicsize`. Der horizontale Notenabstand in pt ist $f\times$`\elemskip`, wobei `\elemskip` standardmäßig mit $0.5\times$`\musicsize` eingestellt ist. Der Faktor f beträgt innerhalb `\notes ... \enotes` 1.0 und steigt in den Stufen 1.4, 2.0, 2.8, 4.0 bis 5.6 mit `\Notes` bis `\NOTES`.

Damit läßt sich die erforderliche Steigung bzw. Steigungskennzahl s leicht als $s = 5\Delta h/f$ ermitteln, wobei Δh für die Tonstufendifferenz der horizontal benachbarten Noten steht. Die Verbalkung von vorrangig aufsteigenden oder absteigenden Notengruppen erfolgt ansonsten genauso wie bei den horizontalen Verbalkungen, so daß hierzu keine weiteren Befehlsstrukturen erforderlich werden. Ich beschränke mich deshalb auf die Vorstellung eines Beispiels:

```
\notes\ibl0d0\qb0{f}\zq{d}\qb0{f}\sk\zq{d}\qb0{f}\sk\zq{d}\tbl0\qb0{f}|
   \ibu1o{-2}\qh1{.o}\sk\tbbu1\tbu1\qh1{n}\relax
   \ibbu1m{-5}\qh1{mlk}\tbu1\qh1{j}\enotes\barre
\Notes\ibl0N5\qb0{N}\nbbl0\qb0{b}\tbl0\qb0{c}|\zq{k}\zq{i}\ql{g}\enotes
\Notes\ibl0d{-7}\qb0{d}\tbl0\qb0{b}|\ds\zq{p}\zq{m}\cl{k}\enotes\barre
\notes\ibl{0}{N}{5}\qb0{N}\nbbl{0}\qb0{c}\tbl{0}\qb0{d}|
   \ibl{1}{l}{5}\zq{q}\qb1{l}\nbbl{1}\qb1{q}\tbl{1}\qb1{p}\enotes
\notes\ibl{0}{e}{-5}\qb{0}{.e}\sk\tbbl{0}\tbl{0}\qb{0}{c}|
   \ibbl{1}{p}{4}\qb{1}{qpq}\tbl{1}\qb{1}{s}\enotes
```

In den ersten beiden Takten wurden die Balkenbefehle in ihren Kurzformen gewählt. Im dritten Takt stehen die Balkenstart- und -endbefehle in ihrer ausführlichen Form, wogegen in der ersten Notengruppe die Notenanbindungsbefehle \qb*n* in der Kurzform und in der zweiten Notengruppe ebenfalls in der ausführlichen Form auftreten.

3.4.3 Halbautomatische Neigungsauswahl

Die vorangehend vorgestellte Auswahl und Einstellung der Balkenneigung war bei den ersten Versionen von MusicTEX die einzige Möglichkeit zur Erzeugung geneigter Verbalkungen. Mit der Bereitstellung von `musicvbm.tex` erfolgte eine Verbesserung und damit Unterstützung des Notensetzers bei der Bestimmung und Einstellung der Neigungen. Der File `musicvbm.tex` wird innerhalb von `musictex.sty` eingelesen, so daß seine Eigenschaften mit dem Aufruf von `\usepackage{musictex}` zur Verfügung stehen. Diese bestehen in einer weiteren Gruppe von Balkenstartbefehlen, nämlich:

`\Ib`*b*`l{`n`}{`h_a`}{`h_e`}{`m`}` oder kürzer `\Ib`*b*`l`nh_ah_em
`\Ib`*b*`u{`n`}{`h_a`}{`h_e`}{`m`}` oder kürzer `\Ib`*b*`u`nh_ah_em

Hierin steht *b* wie bei den Standardstartbefehlen für 0 bis 4 weitere `b`, so daß sich ihre Namen nur durch die Großschreibung des Anfangsbuchstabens von den Standardnamen unterscheiden. Ebenso hat n die gleiche Bedeutung als Unterscheidungskennzeichnung für verschiedene Liniensysteme. Mit h_a wird die Balkenhöhe für die Anfangsnote gekennzeichnet, wobei, wie bei den Standardbefehlen, der jeweils innere Balken um drei Linien über bzw. unter der angegebenen Notenhöhe erscheint. h_e kennzeichnet die Höhe für die Endnote der Verbalkung, die wiederum drei Linien unterhalb bzw. oberhalb des inneren Balkens liegt.

Das letzte Argument m bedeutet das m-fache von `\noteskip`, womit insgesamt $m + 1$ Noten verbalkt werden. Aus diesen Angaben stellt MusicTEX dann die jeweils *steilsten* Balken bereit, deren Neigung $(h_e - h_a)/m \times$ `\noteskip`) *nicht* überschreitet. Der Anwender braucht damit die Steigungskennzahl nicht selbst zu ermitteln. Die steilsten verfügbaren Balken haben eine Neigung von 45° bzw. −45°. Werden mit dem vorstehenden Algorithmus steilere Balken angefordert, so werden die 45°-Balken eingesetzt und die Balkenhöhe für die Anfangsnote so verändert, daß mit diesen Balken die vorgegebene Endhöhe genau erreicht wird.

Das vorangegangene Beispiel mit geneigten Balken kann mit den halbautomatischen Startbefehlen bei sonst gleichen Folgebefehlen innerhalb der \notes ... `\enotes`-Strukturen als

```
\notes\ibl0d0 ...   | \Ibu1on2 ...\Ibbu1mj3 ...\enotes
\Notes\Ibl0Nc2 ...  | ... \notes
\Notes\Ibl0db1 ...  | ... \notes
\notes\Ibl{0}{Nd}{2} ... | \Ibl{1}{1p}{2} ...\enotes
\notes\Ibl{0}{ec}{2} ... | \Ibl{1}{pr}{3} ...\enotes
```

eingegeben werden.

3.4.4 Verbalkte halbe und ganze Noten

Üblicherweise werden nur Viertelnoten zu kürzeren Notenwerten verbalkt. Formal ist es zulässig, auch halbe und ganze Noten durch Verbalkung zu verkürzen, was zumindest bei Halbnoten gelegentlich auch zu finden ist. Zur Anbindung von halben Noten an unten bzw. oben angeordnete Balken stellt MusicTEX zusätzlich die beiden Notenbefehle `\hb`n`{`h`}` und `\hh`n`{`h`}` bereit, die in völliger Analogie zu den Befehlen `\qb` und `\qh` für Viertelnoten stehen. Das folgende Beispiel ist eigentlich überflüssig, da alle `\hb`- und `\hh`-Befehle in den vorangegangenen Beispielen eingesetzt werden können.

```
\notes\ibbl0j{-3}\hb0{ji}\tbbl0\hb0{h}\enotes
\Notes\ibbbu0e4\hh0{e}\tbbbbu0\tbu0\hh0{g}\enotes
```

Noch ungewöhnlicher ist die Verbalkung von ganzen Noten. Wegen des fehlenden Notenhalses unterbleibt eine Anbindung an den über- oder untergestellten Balken. Damit sind spezielle Bindungsbefehle wie bei den Viertel- und ganzen Noten nicht erforderlich, die herkömmlichen Notenbefehle für ganze Noten \wh{h}, \zh{h}, \lw{h} oder \rh{h} werden einfach zwischen Balkenstart- und Balkenendebefehl eingefügt:

```
\Notes\ibbl0j{-3}\wh{j}\tbl0\wh{i}\enotes
\Notes\ibbbu0e4\wh{e}\tbbbbu0\tbu0\wh{g}\enotes
```

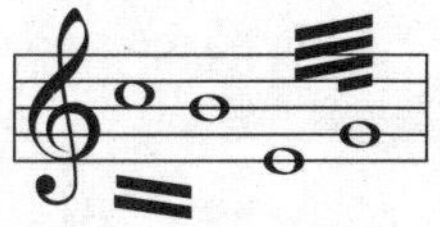

Die Überlappung der Balken mit der Anfangsnote beim ersten Notenpaar bzw. der Endnote beim zweiten Notenpaar sieht etwas unschön aus. Mit

```
\Notes\lw{j}\ibbl0j{-3}\sk\tbl0\wh{i}\enotes
\Notes\ibbbu0e4\wh{e}\tbbbbu0\tbu0\rw{g}\sk\enotes
```

kann ein besseres Aussehen erreicht werden.

3.4.5 Anwendereigene Makros zur Eingabeerleichterung

Gewisse Notenverbalkungen, wie z. B. vier einfach oder doppelt verbalkte Viertelnoten, treten ziemlich häufig auf. Es empfiehlt sich, für solche Verbalkungen eigene Makros einzurichten, z. B. als

```
\newcommand{\nbl}[5][0]{\ibl#1{#3}{#2}\qb#1{#3#4}\tbl#1\qb#1{#5}}
\newcommand{\nbu}[5][0]{\ibu#1{#3}{#2}\qh#1{#3#4}\tbu#1\qh#1{#5}}
```

Der Aufruf kann mit

\nbl[n]{s}{h_a}{$h_i h_j \dots h_k$}{h_e} oder kürzer \nbl[n]$s h_a${$h_i h_j \dots h_k$}h_e
\nbu[n]{s}{h_a}{$h_i h_j \dots h_k$}{h_e} oder kürzer \nbu[n]$s h_a${$h_i h_j \dots h_k$}h_e

erfolgen. Die häufigste Balkenkennummer $n = 0$ kann als optionales Argument entfallen, womit der Aufruf noch kürzer als \nbl$s h_a${$h_i \dots h_k$}h_e und ebenso für \nbu erfolgen kann. Die Bedeutung der Aufrufparameter s, h_a, $h_i \dots h_k$ und h_e als Steigungs- und Höhenangabe für Anfangs-, Zwischen- und Endnoten ist leicht erkennbar.

Die Verwendung solcher anwendereigener Makros ist einfacher und zugleich weniger fehleranfällig bei der Eingabe:

```
\notes\nbu{0}{I}{J}{I}\nbu{5}{I}{}J|\relax
 \nbl[1]{0}{j}{k}{j}\nbl[1]{5}{j}{}{k}\enotes
\notes\nbu[1]4I{JIK}J|\nbl{-4}k{jki}j\enotes
```

Die Bereitstellung äquivalenter Makros \nbbl und \nbbu zur Verbalkung als 16tel-Noten kann sofort nachvollzogen werden. Der Aufruf \nbl{s}{h_a}{}{h_e} zur Verbalkung von Notenpaaren mag unzweckmäßig erscheinen. Hierfür kann es sinnvoller sein, spezielle Makros \dbl und \dbu mit einem optionalen und drei zwingenden Argumenten für s, h_a und h_e bereitzustellen. Der Anwender möge sich äquivalente Makros \Nbl und \Nbu mit den halbautomatischen \Ibl- und \Ibu-Befehlen überlegen.

3.4.6 Haltebögen

Längere Töne, die über die Taktgrenze hinausreichen, sind in zwei Noten gleicher Höhe aufzuteilen, so daß die Tondauer der ersten Note die Taktforderung erfüllt und die Dauer der zweiten Note am Beginn des nächsten Taktes die gesamte Tondauer abdeckt. Beide Noten sind dann durch einen Haltebogen (Tenutobogen) zu verknüpfen. Für den Musiker bedeutet dies, den Ton über die Taktgrenze hinweg *ohne* Unterbrechung, bei einem Tasteninstrument also ohne erneuten Anschlag, fortzusetzen. Das Beispiel 'Lobe den Herren' auf S. 151 enthielt von Takt 4 nach Takt 5 für die f-Note einen solchen Haltebogen, ohne daß dieser beim dort abgedruckten Erzeugungstext angegeben wurde.

Haltebögen sind durch einen Bogenstart- und einen Bogenende-Befehl zu kennzeichnen. Dies geschieht mit den Befehlen

`\itenl{`*n*`}{`*h*`}`	bzw. kürzer	`\itenl`*nh*	für den Start unterer (konkaver)
`\itenu{`*n*`}{`*h*`}`	bzw. kürzer	`\itenu`*nh*	für den Start oberer (konvexer)

Bögen und

`\tten{`*n*`}` bzw. kürzer `\tten`*n* für das Bogenende.

Die Zahlenkennzeichnung $n = 0, \ldots, 5$ (bzw. $n = 0, \ldots, 9$ mit `musicadd.sty`) steht, wie bei den Balkenbefehlen, nur zur Unterscheidung dieser Befehle in Mehrliniensystemen, wenn mehrere Bögen in verschiedenen Systemen vertikal übereinander auftreten. Es ist aber sorgfältig darauf zu achten, daß der zugeordnete Beendigungsbefehl die gleiche Kennummer wie der Startbefehl zugewiesen bekommt. Die Buchstabengruppe *ten* in diesen Befehlsnamen soll auf das italienische Wort *tenuto* verweisen.

Die Höhenangabe *h* bezieht sich auf die Höhe für die Spitze des Bogenanfangs. Der Startbefehl muß *vor* der Note angebracht werden, an der der Haltebogen beginnt. Umgekehrt ist der Endbefehl *vor* der Note anzubringen, an der der Haltebogen endet. Die genauen Erzeugungszeilen mit dem Haltebogen für die auf S. 151 abgedruckte Melodie des Liedes „Lobe den Herren" lauten damit:

```
\Notes\hu{e}\itenl0d\qu{f}\enotes
\metertoksi{{\meterfrac{2}{4}}{}{}{}}\changecontext
\Notes\tten0\qu{fg}\enotes
```

Haltebögen für Noten mit dem Notenhals nach oben werden als konkave Bögen mit `\itenl` *unterhalb* und für Noten mit dem Notenhals nach unten als konvexe Bögen mit `\itenu` *oberhalb* der Notenköpfe angebracht.

3.4.7 Legatobögen

Die Notengruppe für eine Tonfolge *ohne* Absetzungen (Unterbrechungen) wird mit einem Legatobogen (Bindebogen) zusammengebunden. Die hierfür bereitgestellten Befehle entsprechen weitestgehend denjenigen der Haltebögen. Ihre Namen und Syntax lauten

`\ilegl{`*n*`}{`*h*`}`	bzw. kürzer	`\ilegl`*nh*	für den Start unterer (konkaver)
`\ilegu{`*n*`}{`*h*`}`	bzw. kürzer	`\ilegu`*nh*	für den Start oberer (konvexer)

Bögen und

`\tleg{`*n*`}` bzw. kürzer `\tleg`*n* für das Bogenende.

Alle Erläuterungen zu den Argumenten der Haltebögenbefehle können für die Befehle der Legatobögen übernommen werden. Das gleiche gilt auch für ihre Anordung vor den Notenbefehlen für die erste und letzte Note, die mit dem Bogen gebunden werden. Die Buchstabengruppe *leg* in diesen Befehlsnamen verweist auf das italienische Wort *legato*.

Statt eines Einzelbeispiels für obere und untere Legatobögen folgt der Notensatz für das gesamte Lied „Lobe den Herren" von Hugo Distler, in dem solche und weitere Haltebögen auftreten. Hiermit wird gleichzeitig ein Beispiel für ein vollständiges Musikstück vorgestellt, das den automatischen Zeilenumbruch beim Notensatz demonstriert.

```
\begin{music}\parindent1.25cm
\def\nbinstruments{1}\generalsignature{1}\def\wbarno{}\relax
\generalmeter{\meterfrac{3}{4}}\def\instrumenti{Sopran}\relax
\debutmorceau\normal\elemskip8.5pt
\Notes\lcharnote{15}{Schnell}\zcharnote{10}{\emph{mf}}\relax
   \qu{gg}\ql{k}\enotes\barre\Notes\ql{.i}\cu{h}\qu{g}\enotes\barre
\Notes\qu{fed}\enotes\barre\Notes\hu{e}\Itenl0d\qu{f}\enotes
\metertoksi{{\meterfrac{2}{4}}{}{}{}}
\changecontext\Notes\tten0\qu{fg}\enotes
\metertoksi{{\meterfrac{4}{4}}{}{}{}}\changecontext
\Notes\hu{hg}\enotes\setrightrepeat
\metertoksi{{\meterfrac{3}{4}}{}{}{}}\changecontext
\Notes\zcharnote{10}{\emph{f}}\ql{kkk}\enotes\barre
\Notes\hl{.l}\enotes\barre\Notes\ql{ijj}\Itenu0m\Ilegu1m\ql{k}\enotes\barre
\Notes\tten0\Ibl0ki3\qb0{klk}\tbl0\qb0{i}\Itenu0m\ql{k}\enotes\barre
\Notes\tten0\Ibl0kl1\qb0{k}\tbl0\qb0{i}\ql{.k}\enotes\barre
\Notes\tleg1\ql{.kji}\enotes\barre\Notes\zcharnote{10}{\emph{p}}\relax
   \hu{h}\Ibu0ig1\qh0{i}\tbu0\qh0{g}\enotes\barre
\Notes\lsf{h}\hu{h}\zcharnote{12}{\small zart}\relax
   \Ibu0ig1\qh0{i}\tbu0\qh0{g}\enotes\barre\Notes\usf{k}\hl{.k}\enotes\barre
\Notes\zcharnote{10}{\emph{f}}\qu{d.e}\cu{f}\enotes
\metertoksi{{\meterfrac{4}{4}}{}{}{}}\changecontext
\Notes\hu{g}\qu{h}\qu{i}\enotes
\metertoksi{{\meterfrac{7}{4}}{}{}{}}\changecontext
\Notes\Ilegl0f\hl{j}\ql{.i}\cu{h}\qu{g}\tleg0\hu{h}\enotes
\metertoksi{{\meterfrac{3}{4}}{}{}{}}\changecontext
\Notes\hu{.g}\enotes\finmorceau\end{music}
```

Bei diesem Beispiel treten einige Befehle auf, die bisher noch nicht erklärt wurden. Mit `\def\wbarno{}` in der zweiten Zeile wird erreicht, daß die automatische Taktnumerierung unterbleibt. In der 19. bzw. 21. Zeile treten die Befehle `\lsf{h}` und `\usf{k}` auf. Sie bewirken das Unter- bzw. Überstellen des *Sforzato*-Zeichens (Hervorhebung) bei der nachfolgenden Note gleicher Höhe.

Die geneigten Verbalkungen erfolgten mit den halbautomatischen Balkenstartbefehlen aus 3.4.3. Die Bogenstartbefehle beginnen hier mit dem Großbuchstaben `I` als `\Iten` und `\Ileg`. Sie entsprechen vollständig den vorgestellten Befehlen, die mit einem kleinen `i` beginnen, führen aber zu optisch angenehmeren Bogenformen. Der Leser, der das Beispiel auf seinem Rechner nachvollziehen möchte, möge an den entsprechenden Stellen die `\iten`- und `\ileg`-Befehle verwenden und das Ergebnis mit dem abgedruckten Beispiel vergleichen. Bei einer Übernahme dieses Beispiels erfolgt der gleiche Zeilenumbruch natürlich nur, wenn die gleiche Textbreite vorgegeben wird wie bei diesem Buch, nämlich `\textwidth130mm`.

Das Beispiel enthält von Takt 9 nach 10 und von 10 nach 11 je einen Haltebogen, über die sich gleichzeitig ein Legatobogen von Takt 9 nach Takt 12 erstreckt. Dies verlangt für den Legatobogen eine andere Kennzahl als für die überdeckten Haltebögen. Das ist der Grund, daß dort zweimal `\Itenu0` für die Haltebögen, aber `\Ilegu1` für den Legatobogen gewählt wurde.

Zeilenumbrüche können standardmäßig nur an Taktgrenzen erfolgen. Halte- und Legatobögen werden dabei ebenfalls umbrochen, indem der Anfangsbogen am Zeilenende mit einer horizontalen Linie endet und am Beginn der neuen Zeile von der horizontalen Linie wieder in das ab- oder aufsteigende Bogenende übergeht. Die Notenabstände beim vorangehenden Beispiel sind zu gering, um den Notensatz mit der zugehörigen Lyrik zu untermalen. Die Einstellung `\elemskip8.5pt` in der dritten Zeile war gewählt worden, um für die Textbreite dieses Buches den Notenzeilenumbruch auf drei Zeilen zu begrenzen und alle Bögen außerhalb der Zeilenumbrüche zu demonstrieren. Der musikinteressierte Leser möge nunmehr `\elemskip15pt` wählen und gleichzeitig die Textbreite für `textwidth` an seinen Text angleichen. Dies führt zu einem vollständig anderen Zeilenumbruch, bei dem der Notenabstand ausreichend groß ist, um ihn mit der Lyrik des Liedes zu unterlegen.

Nach dieser Vorübung sollte zur Übung der Notensatz für „Lobe den Herren" durch den unterlegten Text ergänzt werden. Die Hinweise aus 3.3.7 lassen mehrere Möglichkeiten zu. Der Leser möge die ihm genehmste Form wählen. Bei den dortigen Beispielen sind die Anfangsformen dieses Liedes bereits angeführt. Falls der gesamte Liedtext nicht geläufig ist, kann er aus dem folgenden Zitat entnommen werden:

> Lo- be den | Her- ren den | mäch- ti- gen | Kö- nig | – der | Eh- ren :|| Mei- ne ge- | lie- be- te | See- le das | ist mein | – Be- geh- ren || kom- met zu | Hauf' | Psal- ter und Har- | – – | – – | – fe, wacht | auf, wacht | auf, wacht | auf, | las- set den | Lob- ge- sang | hö- – – – | ren!

3.4.8 Gewundene Legatobögen

Bei Instrumenten mit mehreren Liniensystemen sollen gelegentlich Notenfolgen aus einem System mit nachfolgenden aus dem anderen System gebunden werden. Man denke z. B. an eine gebundene Tonfolge, die auf dem Klavier mit der linken Hand beginnt und mit der rechten Hand endet. Beim Notensatz wird dies, nach einem Bogenstartbefehl, mit `\Invertslur`*n* zwischen zwei *notes* `...` `\enotes`-Strukturen erreicht. Der nachfolgende Bogenendbefehl schließt den zugehörigen Bogen dann mit einem *umgedrehten* Bogenende. Daniel Taupin gibt hierfür in `pacifiqb.tex` von Takt 131 nach 132 ein Beispiel, das ich hier auszugsweise wiedergebe:

Die Initialisierung mit

```
\def\nbinstruments{1}\nbporteesi=2\cleftoksi={6000}\relax
\generalsignature{-4}\generalmeter{\allabreve}\relax
\def\interfacteur{11}\debutextrait\normal\barno=130
```

enthält bis auf `\interfacteur{11}` nur bereits vorgestellte Befehle, die nicht erläutert werden müssen. Mit der Ausnahme wird der Abstand zwischen den beiden Liniensystemen des Instruments größer gewählt, und zwar im Verhältnis 11/9, da standardmäßig `\interfacteur{9}` eingestellt wird. Die Noteneingabe in Takt 131 beginnt mit `\Ilegu0g` zur Einleitung des Legatobogens in der Höhe 'g'. Die weitere Noteneingabe kann leicht nachvollzogen werden. Nach der nächsten Befehlsstruktur `\enotes\barre` folgt dann der vorgestellte Befehl `\Invertslur`, gefolgt von der weiteren Einleitung `\notes` mit nachfolgender Noteneingabe. Im Takt 133 endet der Legatobogen im oberen Liniensystem, also nach `|` mit `\tleg0`, gefolgt von `hl0{c}`.

Das weitere Beispiel `pacifiqn.tex` von Daniel Taupin führt nach Takt 131 zu einem Zeilenumbruch. Für die Fortsetzung des umgedrehten Legatobogens am Beginn der nächsten Zeile mag die Forderung aufkommen, ihn in der Höhe zu verschieben. Das ist möglich mit

`\def\atnextline{\liftslur`*n höhen_maß*`}`

vor der `\`*notes* ... `\enotes`-Struktur, mit der die neue Zeile eingeleitet wird.

3.4.9 Verschönerte Bögen

In den Anfangsversionen benutzte MusicTEX zur Erzeugung von Bögen die Zeichen 122–125 aus dem Zeichensatz `cmex10` als Bogenspitzen, die mit einem horizontalen Balken geeigneter Länge verbunden wurden. Das Programmpaket mtex von Angelika Schofer und Andrea Steinbach enthält verschiedenste Bögen und Bogenstücke in Form von fünf speziellen Zeichensätzen. Der Zeichensatz `slur16` enthält jeweils 16 horizontale konkave und konvexe Bögen unterschiedlicher Länge und Tiefe sowie jeweils 9 Bogenanfänge und -enden für konkave und konvexe Bögen mit unterschiedlicher Krümmung und Anfangs- bzw. Endneigung, aus denen beliebig lange horizontale Bögen mit unterschiedlichen Tiefen konstruiert werden können. Die Zeichensätze `sluruu16` und `slurdu16` stellen geneigte konvexe Bögen unterschiedlicher Länge und Neigung bereit, und zwar für aufsteigende Bögen in `sluruu16` bzw. absteigende Bögen in `slurdu16`. Das Zeichensatzpaar `slurud16` und `slurdd16` enthält die äquivalenten Bogentypen für konkave geneigte Bögen. Jeder dieser Zeichensätze enthält jeweils 17 Bögen unterschiedlicher Länge, die in bis zu 8 verschiedenen Neigungen bereitgestellt werden.

Diese Zeichensätze sind inzwischen auch Bestandteil von MusicTEX. Derzeit werden aber nur Bögen bzw. Teilbögen für horizontale Bögen, also nur solche aus `slur16`, verwendet und als eigener Zeichensatz `slurn16` bzw. `slurn20` verwaltet, wobei hieraus wiederum nur einige wenige Bogensegmente genutzt werden. Die Befehle zur Erzeugung von Haltebögen `\itenl` und `\itenu` greifen noch auf die Bogenspitzen aus `cmex10` zurück. Die hiermit erzeugten Haltebögen wirken sehr technisch. Alternativ können mit `\Itenl` und `\Itenu` Haltebögen mit längeren und weniger scharf gekrümmten Spitzen erzeugt werden, die mit `\ITenl` bzw. `\ITenu` noch länger und höher ausfallen.

Die Befehle zur Erzeugung von Legatobögen stehen in zwei Versionen als `\ilegl` bzw. `\ilegu` und `\Ilegl` bzw. `\Ilegu.` zur Verfügung. Beide greifen auf Bogenspitzen aus `slurn`*xx* zurück, wobei das zweite Befehlspaar zu größeren Bogenhöhen führt. Beendet werden alle Bogenbefehle einheitlich mit `\tleg`*n* bei Legatobögen und `\tten`*n* bei Haltebögen.

Ab Version 4.7 stellt MusicTEX zur Erzeugung von horizontalen Legatobögen in optisch noch ansprechenderer Form zwei weitere Befehle bereit, die mit folgender Syntax zu verwenden sind:

```
\zcharnote{h}{\huslur{n\noteskip}}
\zcharnote{h}{\hdslur{n\noteskip}}
```

Beide Befehle werden vor der Anfangsnote angebracht und erstrecken sich über die angegebene Länge vom n-fachen des eingestellten Notenabstandes von `\noteskip`. Der innere Befehl `\huslur` führt dabei zu konvexen Bögen, `\hdslur` zu konkaven Bögen. Die Bogenspitzen werden dabei in der angegebenen Höhe h angebracht. Der Legatobogen im vorletzten Takt von „Lobe den Herren" erscheint mit diesem Befehl als:

```
\Notes\zcharnote{f}{\hdslur{4.5\noteskip}}%
   \hl{j}\qlp{i}\cu{h}\qu{g}\hu{h}\enotes
```

Legatobögen dieser Form unterliegen zwei Einschränkungen:

1. Ein Zeilenumbruch ist innerhalb dieser Bögen nicht möglich.
2. Elastischer horizontaler Zwischenraum, wie er z. B. mit `\barre` oder `\temps` zur Erzielung der Rechtsbündigkeit eingefügt wird, bleibt für die Bogenlänge unberücksichtigt.

Der Einsatz dieser optisch sehr ansprechenden Bögen beschränkt sich damit auf Legatobögen innerhalb eines Taktes oder allenfalls über einige wenige Takte, wenn zwischen diesen kein Zeilenumbruch erfolgt. Bei einer Ausdehnung über mehrere Takte muß evtl. wegen der eingefügten elastischen Längen eine abschließende manuelle Korrektur bei der Wahl von n in `\huslur` bzw. `\hdslur` erfolgen.

Bei gebundenen Tönen einer vorrangig auf- oder absteigenden Tonfolge sollten die Bindebögen der Hauptneigung folgen. Geneigte Legatobögen werden derzeit von MusicTEX noch nicht unterstützt, obwohl entsprechende Zeichensätze mit `sluruu16`, `slurdu16`, `slurud16` und `slurdd16` vorhanden sind (s. o.). Eine nützliche Ergänzung wäre sicherlich, in Analogie zu `\huslur` und `\hdslur`, die Bereitstellung von Befehlen

```
\ouslur{s}{n\noteskip}   und   \odslur{s}{n\noteskip}
```

mit *s* für eine Neigungskennzahl. Musikinteressierte LaTeX- oder TeX-Anwender mit Erfahrungen eigener Makroentwicklungen sind aufgefordert, ein Ergänzungspaket mit diesen Makros beizusteuern. Mit den theoretischen Vorarbeiten aus der Arbeit „Automatischer Notensatz mit TeX" von Angelika Schofer und Andrea Steinbach sollte es möglich sein, zusätzlich entsprechende Makros mit zumindest halbautomatischer Neigungsbestimmung, wie bei den entsprechenden Balkenbefehlen `\Ibu` und `\Ibl` (s. 3.4.3), zu entwickeln.

Ohne die vorgeschlagenen Ergänzungen kann man daran denken, die Zeichensätze mit den geneigten Bögen mittels `\newfont`-Befehlen bekanntzumachen. Nach Umschaltung auf einen dieser Zeichensätze kann man auf deren Bögen mit `\symbol{`*n*`}` zurückgreifen. Der Anfangspunkt eines solchen Bogens kann dann innerhalb einer `\`*notes* `... \enotes`-Struktur mit `\zcharnote{`*h*`}{...}` vor der ersten gebundenen Note in der Höhe *h* plaziert werden.

3.5 Takte und Wiederholungen

3.5.1 Taktstriche

In den vorangegangenen Beispielen wurde der Befehl `\barre`[7] zur Erzeugung von Taktstrichen bereits vielfach verwendet und bei seiner ersten Nutzung im Beispiel auf S. 151 kurz erläutert. Der Befehl hat zwei weitere Eigenschaften: Er fügt vor und nach dem Taktstrich zusätzlichen elastischen Zwischenraum ein *und* er stellt eine mögliche Umbruchstelle für den Zeilen- und Seitenumbruch beim Notensatz bereit. Standardmäßig kann ein solcher Umbruch nur an einer Taktgrenze erfolgen. Soll ein Umbruch an einer bestimmten Taktgrenze verboten werden, so ist zur Erzeugung des Taktstriches der Befehl `\xbarre` zu verwenden. Abschnitt 3.5.7 enthält weitere Hinweise zum Zeilen- und Seitenumbruch beim Notensatz.

Der Taktstrichbefehl `\barre` muß außerhalb von `\`*notes* `... \enotes`-Strukturen angebracht werden. Bei allen vorangegangenen Beispielen wurde er gewöhnlich unmittelbar nach einem `\enotes` angeordnet. Der Befehl `\finextrait` schließt das Ende des vorangehenden Notenbeispiels ebenfalls mit einem Taktstrich ab, ohne daß es des `\barre`-Befehls nach dem letzten `\enote` bedarf.

Das Ende eines Musikstücks wird mit einem doppelten Taktstrich abgeschlossen, bei dem der zweite Taktstrich fetter als der erste ist. Ein solcher Abschluß-Doppelstrich erscheint automatisch mit dem Aufruf `\endmorceau`, mit dem die Noteneingabe für ein Musikstück gewöhnlich abgeschlossen wird. Soll die Noteneingabe lediglich unterbrochen werden, z B. um erläuternden oder kommentierenden Text einzufügen, so ist sie mit `\suspmorceau` zu unterbrechen, was zu einem einfachen Taktstrich am Ende der vorangehenden Noteneingabe führt. Die Fortsetzung der Noteneingabe für das Liniensystem verlangt dann lediglich die Wiedereröffnung mit `\reprmorceau`. Eine Unterbrechung kann auch mit `\zsupsmorceau` erfolgen, was zur Linienunterbrechung *ohne* abschließenden Taktstrich führt.

Soll statt des einfachen Taktstriches ein dünnes Doppelquerstrichpaar erscheinen, so kann dies mit dem Befehl `\doublebarre` erreicht werden. Alternativ kann dem nächsten `\barre`-Befehl (bzw. dem unterbrechenden `\suspmorceau`) die Erklärung `\setdoublebar` vorangesetzt werden, was dann beim nächsten Taktstrich ebenfalls zu einem Doppeltaktstrich führt.

---

[7] Die französische Bezeichnung *barre* hat die gleiche Bedeutung wie das englische *bar* (musik. Bedeutung: Taktstrich). Da `\bar` als TeX-Grundbefehl bereits vergeben ist, hat D. Taupin den französischen Namen zur Befehlskennung `\barre` gewählt.

3.5.2 Unterbrochene Taktstriche

Bei einem Mehrliniensystem erstrecken sich die Takt-, Doppeltakt-, Wiederholungs- (s. u.) und Endstriche standardmäßig *ohne* Unterbrechung vom untersten bis zum obersten Liniensystem. Mit der Erklärung `\sepbarrules` wird erreicht, daß die vorstehend aufgezählten Striche zwischen den Liniensystemen der einzelnen Instrumente unterbrochen werden. Für Instrumente, denen mehrere Liniensysteme zugeordnet sind, bleibt es innerhalb der Systeme für das einzelne Instrument bei den durchgezogenen Strichen. Mit der Erklärung `\stdbarrules` wird wieder auf das Standardverhalten der vollständig durchgezogenen Striche zurückgeschaltet.

3.5.3 Taktnumerierung

Takte werden standardmäßig durchnumeriert, wobei die laufende Taktnummer oberhalb des Taktstrichs beim obersten Liniensystem angeordnet wird. Häufig wird es gewünscht, die Takte zwar intern mitzuzählen, die laufende Taktnummer aber nur bei jedem fünften oder zehnten Taktstrich auszugeben. Dies kann mit der Definition

`\def\freqbarno{`Δn`}`

erreicht werden, in der für Δn die Differenz für die Taktnummern anzugeben ist, die ausgegeben werden sollen. Die Ausgabe der Taktnummern kann mit einer ausreichend großen Differenz, z. B. `\def\freqbarno{9999}` oder mit der Leerdefinition `\def\wbarno{}` unterdrückt werden.

Der interne Taktzähler von MusicTEX trägt den Namen `\barno`. Dies ist ein TEX- und leider kein LATEX-Zähler. Man kann auf ihn mit den TEX-Zählerbefehlen zurückgreifen, z. B. ihn auf einen anderen Anfangswert als 1 mit `\barno=`n einstellen, oder seinen aktuellen Stand mit `\the\barno` ausgeben. Ein Zugriff mit `\setcounter`, `\addtocounter` oder `\value{barno}` ist dagegen nicht möglich.

3.5.4 Taktüberschreitenden Notenverbalkungen

Notenverbalkungen über Taktgrenzen hinweg sollten unterbleiben. Die Zufügung von horizontalem elastischem Zwischenraum beim `\barre`-Befehl wird bei der Bestimmung der Längen von horizontalen oder geneigten Balken nicht korrekt berücksichtigt. Soll eine solche Verbalkung ausnahmsweise doch erfolgen, so muß der dazwischenliegende Taktstrich mit `\xbeambarre` erzeugt werden. Er erzeugt einen Taktstrich mit *festem* Gesamtzwischenraum der Breite `\elemskip`. Bezüglich der Abstandsbestimmung wirkt er also genau so, als wäre an seiner Stelle eine weitere Note eingefügt worden, die bei der Bestimmung der Balkenlänge für die Verbalkung mitgezählt wird. Ein Linienumbruch ist an der Stelle dieses Taktstrichs *nicht* möglich. D. Taupin gibt in `musicdoc.tex` dafür ein Beispiel, dessen wesentliche Eingabeteile lauten:

```
\def\nbinstruments{1}\nbporteesi=2\def\interfacteur{13}\relax
\cleftoks={6000}\generalmeter{\allabreve}\debutextrait\normal
\Notes\qp|\IleguOr\zq{q}\ql{j}\enotes\barre
\Notes\qsk\ibu0a1\qh0{CEJLcL}|\qsk\rw{l}\pt{p}\zh{_p}\pt{i}\hl{_i}\enotes
\Notes\qh0J\itenl1a\qh0a|\tleg0\zq{o}\ql{h}\enotes\xbeambarre
\Notes\zh{.L.a}\hl{.e}|\tten1\qb0{chj}\tbl0\qb01\cl{q}\ds\enotes
\Notes\qp|\zq{q}\ql{j}\enotes\finextrait
```

Das Beispiel zeigt gleichzeitig, daß taktüberschreitende Halte- und Legatobögen keine Probleme bereiten. Der an Taktgrenzen eingefügte elastische Zwischenraum wird bei den horizontalen Linien der Verbindungsbögen automatisch berücksichtigt. Dies gilt jedoch nicht für die verschönerten Bögen, worauf in 3.4.9 bereits hingewiesen wurde.

3.5.5 Wiederholungsstriche

MusicTEX stellt mehrere Befehle und Methoden zur Erzeugung von Wiederholungssymbolen bereit, je nachdem, ob diese Symbole *innerhalb* eines Taktes oder am Takt*ende* angebracht werden sollen. Alle Befehle zur Erzeugung von Wiederholungsstrichen sind *außerhalb* von *notes* ... `\enotes`-Strukturen anzubringen:

```
\notes\hu{g}\enotes\leftrepeatsymbol
\notes\hu{h}\enotes\leftrightrepeatsymbol
\notes\hu{i}\enotes\rightrepeatsymbol
```

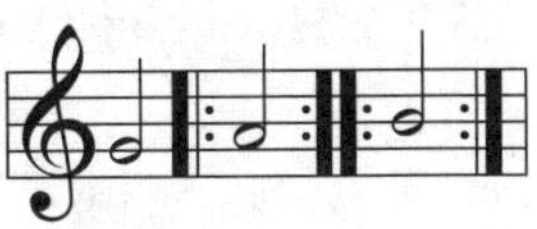

Die hier benutzten Befehle `\...repeatsymbol` dienen zur Erzeugung von Wiederholungsbalken innerhalb eines Taktes und sind mit ihren Namen selbsterklärend. Soll ein Wiederholungsbalken am Taktende mit fortgesetzter Taktzählung angebracht werden, so ist einer der Befehle `\setleftrepeat`, `\setrightrepeat` oder `\setleftrightrepeat` vor dem nächsten Aufruf zur Ausgabe des Taktstrichs `\barre` zu setzen, womit dieser durch den entsprechenden Wiederholungsbalken ersetzt wird.

```
\notes\hu{g}\enotes\setleftrepeat\barre
\notes\hu{h}\enotes\setleftrightrepeat\barre
\notes\hu{i}\enotes\setrightrepeat
```

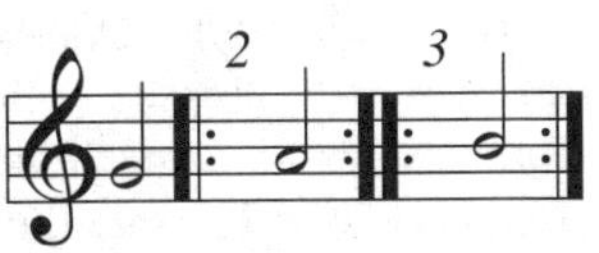

Nach der letzten *notes* ...`\enotes`-Struktur kann der Befehl `\barre` entfallen, da der Abschlußbalken automatisch mit dem Beendigungsbefehl `\endextrait` in der angeforderten Form gesetzt wird. Nach einem `\barre`-Befehl kann ein Zeilenumbruch im Liniensystem erfolgen. An solchen Stellen ist nur der rechte Wiederholungsbalken sinnvoll, da ein anschließendes linkes Wiederholungssymbol in die nächste Zeile gehört. MusicTEX stellt deshalb noch die Befehle `\leftrepeat`, `\rightrepeat` und `\leftrightrepeat` bereit, die anstelle des Taktbefehls `\barre` verwendet werden und den richtigen Zeilenabschluß bzw. nächsten Zeilenbeginn bewirken. Da sie als Taktende auch innerhalb einer Zeile wie die vorangegangenen Befehlspaare `\set...repeat\barre` wirken, sollten sie bevorzugt verwendet werden, da sie auch am Zeilenende zum richtigen Ergebnis führen.

3.5.6 Wiederholung mit Verschiebungen

Gelegentlich soll eine längere Musikpassage wiederholt werden, wobei zwischen dem ersten und zweiten Durchgang ein Unterschied bei den letzten Takten auftritt. Dies kann durch das Voranstellen von \setprimavolta bzw. \setsecondavolta[8] vor den zugehörigen \barre-Befehlen gekennzeichnet werden:

```
\debutextrait\Notes\qsk\qu{ghij}\enotes\setprimavolta\barre
  \Notes\qu{hijk}\enotes\setsecondavolta\setrightrepeat\barre
  \Notes\qu{ijkl}\enotes\barre\NOtes\wh{j}\enotes\finextrait
```

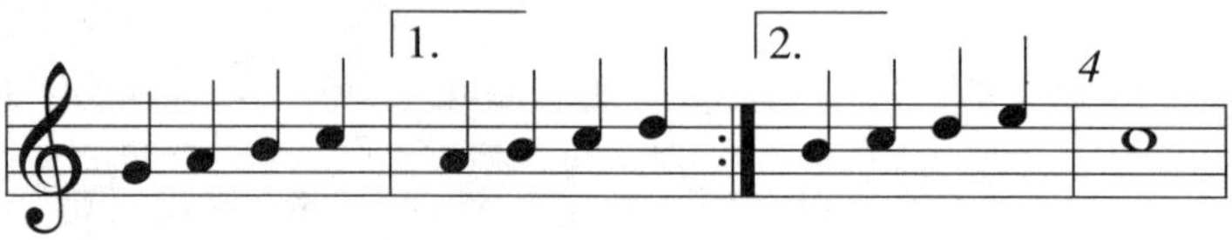

Beide Erklärungen stehen in einer allgemeineren Form als

\Setprimavolta{*h_maß*}{*l_maß*} und \Setsecondavolta{*h_maß*}{*l_maß*}

zur Verfügung. Mit der Maßangabe *h_maß* kann die Höhenpositionierung oberhalb der obersten Notenlinie vorgegeben werden. Beim Standardbefehl ist dies der doppelte Abstand von zwei benachbarten Notenlinien (2\Interligne). Mit *l_maß* kann die Hakenlänge vorgegeben werden, die beim Standardbefehl mit 1 cm eingestellt ist.

3.5.7 Hinweise zum Linien- und Seitenumbruch

Einige Hinweise zum Linien- und Seitenumbruch erfolgten verstreut im vorangegangenen Text. Sie werden hier nochmals zusammengefaßt und systematisiert. Linien- und Seitenumbrüche sind normalerweise nur nach Takt- oder Wiederholungsstrichen, also nach einfachen \barre-Befehlen oder solchen, denen ein \set*xxx*repeat vorangestellt ist, möglich. Dabei wird der gesamte Eingabetext für die Partitur innerhalb einer \debutmorceau ... \finmorceau-Struktur TeX-strukturell als ein Absatz angesehen und behandelt. Genauso, wie TeX beim normalen Textsatz zunächst den Eingabetext eines ganzen Absatzes einliest und erst danach beginnt, den Absatz in Zeilen und ggf. in Seiten zu umbrechen, so geschieht das für einen Partiturabsatz beim Notensatz.

Beim normalen Textsatz wird es kaum vorkommen, daß der Eingabetext für einen Absatz weit mehr als eine volle Seite einnimmt. Hier wechselt der Vorgang des Einlesens eines Absatzes und sein anschließendes Formatieren relativ häufig. Erlaubte Umbruchstellen sind beim normalen Textsatz die Wortzwischenräume sowie weitere durch TeX ermittelte Stellen, wie z. B. Worttrennungen. Beim Musiknotensatz kann sich ein Partiturabsatz aber leicht über viele Seiten erstrecken, wobei als Umbruchstellen *nur* die \barre-Befehle in Frage kommen.

Dies führt bei längeren Musikstücken und einer normalen TeX-Version häufig zu der Fehlermeldung TeX capacity exceeded, memory .... Mit den immer häufiger verwendeten BIGTeX-Versionen vermindert sich diese Fehlerquelle zwar deutlich, bei einer vielseitigen Partitur kann sie aber auch hier nicht ausgeschlossen werden. Abhilfe kann mit manuellen Umbruchanweisungen geschaffen werden. So wie beim normalen Textsatz Umbrüche mit \linebreak und \pagebreak erzwungen werden, gilt dies für den Notensatz mit \alaligne für Linienumbrüche und \alapage für Seitenumbrüche.

[8] Aus dem Italienischen: *prima volta* bedeutet „erstes Mal“ und *seconda volta* „zweites Mal“.

Beide Befehle erzwingen einen Zeilen- bzw. Seitenumbruch unmittelbar nach ihrem Einlesen. Sie schließen die umbrochene Notenlinie mit einem Takt- oder ggf. Wiederholungsstrich ab, so daß sie gleichzeitig den `\barre`-Befehl ersetzen. Wie dieser, so dürfen auch die Umbruchbefehle nur *außerhalb* der `\notes ... \enotes`-Strukturen angebracht werden.

Gelegentlich soll ein Umbruch innerhalb eines Taktes erlaubt oder erzwungen werden. Dies kann mit einem `\zbarre` oder `\zalaligne` nach einem `\enotes`-Befehl erreicht werden. Der erste Befehl schafft eine Umbruch*möglichkeit*; mit dem zweiten Befehl wird ein Linienumbruch erzwungen. Diese Befehle fügen gewissermaßen einen *unsichtbaren* Taktstrich mit elastischem Zusatzzwischenraum ein, *ohne* den Taktzähler um eins zu erhöhen. Mit `\zalapage` kann schließlich ein Seitenumbruch innerhalb eines Taktes erzwungen werden. Dies kann bei einer Klavierpartitur z. B. für solche Stellen nützlich sein, an denen der Klavierspieler eine Hand frei hat.

Sachgerechte Umbrüche gelingen umso leichter, je mehr elastischer Gesamtzwischenraum verfügbar ist. Mit dem Befehl `\temps` kann weiterer elastischer Zwischenraum zugefügt werden, an dem zwar kein Umbruch erfolgen kann, der aber die Umbruchauswahl an den möglichen Stellen verbessert. Zusätzliche `\temps`-Befehle wird man zweckmäßig nach taktstrichfreien `\enotes`-Befehlen anbringen.

MusicTEX stellt schließlich noch einen Einstellbefehl bereit, der die Ermittlung der Notenabstände für einen sachgerechten Umbruch an das Programm überträgt:

`\autolines{`z`}{`t`}{`s`}` oder kürzer `\autolines` zts

Hierin bedeutet z die *durchschnittliche* Anzahl von Noten mit nachfolgendem Zwischenraum pro Takt, t die Zahl der Takte pro Linie und s die Anzahl der Instrumentensysteme pro Seite. Ein Instrumentensystem besteht aus der Gesamtzahl der Notenzeilen für die in der Partitur zusammengefaßten Instrumente. MusicTEX ermittelt hieraus den Wert für `\elemskip`, also den Notenzwischenraum, der mit diesem Wert innerhalb von `\notes ... \enotes` auftreten würde. Dies ist bei der Angabe für z zu beachten. Wird z. B. innerhalb der Partitur `\NOtes ... \enotes` bevorzugt verwendet, so ist die tatsächliche, durchschnittliche Notenanzahl pro Takt nur halb so groß, als sie für z beim vorstehenden `\autolines`-Befehl einzugeben ist. Zahlenangaben in Form der Kurzfassung sind nur für einstellige Zahlen zulässig.

Die Ersteinstellung von `\autolines` erfolgt gewöhnlich vor der Systemeröffnung mit `\debutmorceau`. Soll sie innerhalb der Partitur geändert werden, so kann das nach einer Unterbrechung mit `\suspmorceau` geschehen. Die neue Einstellung gilt dann ab der Wiedereröffnung mit `\reprmorceau` (s. auch 3.5.1 und 3.7.2). Innerhalb von `\debutmorceau ... \finmorceau` ist als Alternative eine Ersteinstellung oder Änderung mit

`\atnextline{\autolines{`z`}{`t`}{`s`}}`

möglich. Die Neueinstellung gilt für die *nächste* Liniengruppe des eingestellten Instrumentensystems.

Zur Gewinnung endgültiger Einstellwerte für `\autolines` und/oder zur Positionierung von Umbruchvorgaben mit `\alaligne` ist eine vorübergehende Erklärung von `\raggedlinestrue` innerhalb der `music`-Umgebung anzuraten. Dies führt zur Einfügung von `\hfil`-Befehlen nach jedem horizontalen Umbruch des Instrumentensystems. Damit erscheinen die Instrumentensysteme linksbündig mit anschließendem Leerraum von der Summe der elastischen Zwischenräume der einzelnen Liniengruppen. Hieraus läßt sich schnell ein Überblick für eventuelle Verbesserungen der Einstellwerte oder Umbruchvorgaben gewinnen.

3.6 Verzierungen – Ornamente

Dieser Abschnitt beschreibt die beim Notensatz auftretenden Verzierungen sowie einige sonstige Symbole und Strukturen, die im engeren Sinne zwar nicht zu den Verzierungen gehören, mir aus systematischen Gründen hier aber am ehesten aufgehoben erscheinen.

3.6.1 Klassische Verzierungen

`\arpeggio{`*h*`}{`*m*`}` : Gebrochene Akkorde werden durch das Voranstellen eines Arpeggios (≀) gekennzeichnet. Das Arpeggio-Symbol erscheint in der Notenhöhe *h*, seine Ausdehnung wird durch den Vervielfacher *m* als ganze Zahl 1 . . . , 10 bestimmt, die angibt, über wieviele Notenlinien sich das Symbol erstrecken soll. Beispiel: `\arpeggio{0}{1}` und `\arpegio{e}{3}` erzeugen ≀ bzw. ≀, jeweils auf der e-Linie beginnend.

Der `\arpeggio`-Befehl kennt die Variante `\larpeggio` mit gleicher Syntax, der das Symbol weiter links vor dem nachfolgenden Akkord anordnet. Dies vermeidet eine Kollision mit einem evtl. vorangestellten Versetzungszeichen.

Die Arpeggio-Symbole belegen horizontal den Platz eines Notenkopfes. Bei Mehrliniensystemen sollten daher an den entsprechenden Stellen die Zwischenraumbefehle `\qsk` für die Breite eines Notenkopfes eingefügt werden.

`\trille{`*l_maß*`}` : erzeugt ein Trillersymbol der Länge *l_maß* oberhalb des Liniensystems 〰 . Es gibt zusätzlich folgende Varianten: `\Trille{`*l_maß*`}` womit vor dem Trillersymbol zusätzlich *tr* erscheint (`\Trille{12mm}` *tr* 〰). `\xtrille{`*h*`}{`*l_maß*`}` und `\xTrille{`*h*`}{`*l_maß*`}` erzeugen die entsprechenden Trillersymbole bei der Notenhöhe *h*. Das gleiche gilt für `\ntrille{`*h*`}{`*n*`}` und `\nTrille{`*h*`}{`*n*`}` mit der Symbollänge *n*×`\noteskip`.

`\mordant{`*h*`}` : erzeugt das Praller-Symbol bei der Notenhöhe *h* (Mordent).

`\pince{`*h*`}` : erzeugt das Schneller-Symbol. Auch dieses Symbol kennt etliche Varianten, nämlich: `\Pince{`*h*`}` für und `\Lpince{`*h*`}` für sowie `\Pincesw{`*h*`}` für `\Pincene{`*h*`}` für und `\Pincenw{`*h*`}` für

`\turn{`*h*`}` : erzeugt das Symbol bei der Notenhöhe *h* für eine Rolle oder einen Doppelschlag.

`\backturn{`*h*`}` : erzeugt das inverse Symbol bei der Notenhöhe *h*.

`\upz{`*h*`}` : erzeugt einen Punkt · *oberhalb* des nachfolgenden Notenkopfes in der Höhe *h* (oberer Pizzicato, *pizzicato* = gezupft).

`\lpz{`*h*`}` : erzeugt einen Punkt . *unterhalb* des nachfolgenden Notenkopfes in der Höhe *h* (unterer Pizzicato).

`\uppz{`*h*`}` : erzeugt einen Apostroph ' *oberhalb* des nachfolgenden Notenkopfes in der Höhe *h* (oberer starker Pizzicato).

`\lppz{`*h*`}` : erzeugt einen Apostroph , *unterhalb* des nachfolgenden Notenkopfes in der Höhe *h* (unterer starker Pizzicato).

`\usf{`*h*`}` : erzeugt das Verstärkungssymbol > *oberhalb* des nachfolgenden Notenkopfes in der Höhe *h* (oberer Sforzato).

`\lsf{`*h*`}` : erzeugt das Verstärkungssymbol > *unterhalb* des nachfolgenden Notenkopfes in der Höhe *h* (unterer Sforzato).

`\ust{`*h*`}` : erzeugt einen horizonalen Strich ‾ *oberhalb* des nachfolgenden Notenkopfes in der Höhe *h* (oberer Staccato oder Portamento).

`\lst{`*h*`}` : erzeugt einen horizontalen Strich _ *unterhalb* des nachfolgenden Notenkopfes in der Höhe *h* (unterer Staccato oder Portamento).

`\pointdorgue{`*h*`}` : erzeugt das Fermata-Symbol 𝄐 bei der Notenhöhe *h*. Anschließender Zwischenraum entfällt wie bei den `\z`-Notenbefehlen.

`\pointdurgue{`*h*`}` : erzeugt das umgekehrte Fermata-Symbol 𝄑 bei der Notenhöhe *h*. Anschließender Zwischenraum entfällt wie bei den `\z`-Notenbefehlen.

`\coda{`*h*`}` : erzeugt das Wiederholungssymbol (Coda) 𝄌 oberhalb der Notenhöhe *h*.

`\segno{`*h*`}` : erzeugt das Wiederholungssymbol (Segno) 𝄋 oberhalb der Notenhöhe *h*.

`\PED` : Setzt das Pedal-Kommando *Ped* unter das Liniensystem.

`\DEP` : Setzt das Pedal-Lösekommando * unter das Liniensystem.

3.6.2 Kadenzen und sonstige Ornamente

Kadenzen und sonstige Ausschmückungen sollen in kleineren Noten gesetzt werden. MusicTEX gestattet eine Umschaltung der Notengröße mit den Aufrufen `\smallnotesize` oder `\tinynotesize`. Mit `\normalnotesize` kann auf die Normalgröße zurückgeschaltet werden. Erfolgt eine solche Umschaltung außerhalb einer `\`*notes* `...` `\enotes`-Struktur, so bleibt sie so lange gültig, bis sie mit `\normalnotesize` aufgehoben wird. Innerhalb einer `\`*notes* `...` `\enotes`-Struktur erfolgt die Umschaltung lokal. Nach dem nächsten `\enotes`-Befehl gilt wieder die bisherige Notengröße. Die MusicTEX-Beschreibung von Daniel Taupin enthält als Beispiel den Anfang der Schöpfungsarie von Joseph Haydn für Orgel. Dieses enthält die folgende Notengruppe:

Sie wurde erzeugt mit:

```
\Notes\zw{N}\ibl0c0\qb0{e}|\qu{j}\enotes
\notes\qb0{c}|\tinynotesize\noteskip=6pt%
  \Ibbu1ki2\qh1{kj}\tbu1\qh1{i}\qsk\enotes
\Notes\qb0{e}\tbl0\qb0{c}|\qu{j}\enotes
```

3.6.3 Vorschlagnoten

Vorschlagnoten sind eine besondere Form von Ziernoten (engl. grace notes), die stets als Achtelnoten kodiert werden, mit einem schrägen Strich durch die Fahne. Sie werden mit eigenen Notenbefehlen `\grcu{`*h*`}` und `\grcl{`*h*`}` bereitgestellt. Die Vorschlagnoten sollen meistens in kleinerer Größe vor der nachfolgenden Hauptnote erscheinen:

```
\notes\qsk\hu{h}\temps\smallnotesize\grcu{j}
    \normalnotesize\hu{i}\enotes\barre
\notes\tinynotesize\qsk\zq{h}\grcl{j}%
    \normalnotesize\wh{i}\enotes
```

3.6.4 Metronomische Anzeigen

Die Ausgabe einer metronomischen Angabe oberhalb des Liniensystems, wie 𝅗𝅥. = 60 , kann mit

`\Uptext{\metron{\`*noten_bef*`}{`*zahl*`}}` z. B. `\Uptext{\metron{\hup}{60}}`

erfolgen, wobei das nachgestellte Beispiel die Ausgabe 𝅗𝅥. = 60 bewirkt. Der Aufruf steht gewöhnlich innerhalb einer *notes* ... `\enotes`-Struktur.

3.6.5 Lautstärkeschwellungen

Eine anschwellende oder abschwellende Tonfolge wird durch Crescendo- oder Diminuendo-Symbole entsprechender Länge unterlegt. Hierfür stehen die *schwell*-Befehle

```
\dimin  \Dimin  \DImin  \DIMin
\cresc  \Cresc  \CResc  \CREsc
```

zur Verfügung, mit denen

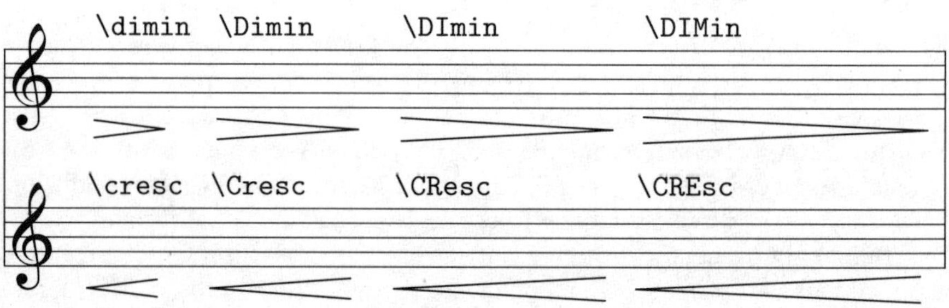

entsteht. Die Anordnung erfolgt zweckmäßig mit `\zcharnote{`*h*`}{\`*schwell*`}` *vor* der zugehörigen Noteneingabe. Beim dargestellten Beispiel wurde `\zcharnote{b}{\`*schwell*`}` mit anschließenden Abstandsbefehlen `\sk\...` verwendet.

3.6.6 Kleinere Liniensysteme für Einzelinstrumente

Mit `\musicsize=20` bzw. `\musicsize=16` kann der Notensatz für das gesamte Instrumentensystem in zwei Größen gewählt werden (s. 3.2.3). Mit

`\def\staffspacing`*r*`{`*faktor*`}`

kann für das r-te Instrument ein verkleinertes Liniensystem vorgegeben werden, wobei r als kleine römische Zahl anzugeben ist. Als Verkleinerungsfaktor *faktor* ist zwar jede Dezimalzahl < 1.0 erlaubt, für die Praxis kommen aber nur die Werte 0.8 und 0.64 in Betracht, da nur für diese Verkleinerungen geeignete Zeichensätze zur Verfügung stehen. Die Originaldokumentation `musicdoc.tex` von D. Taupin enthält in 2.19.2 ein ausführliches Beispiel für verkleinerte Liniensysteme von Einzelinstrumenten.

3.6.7 Lokale Notenschlüsseländerungen

MusicTEX kennt die drei Notenschlüsselsymbole auch in einer kleinen Variante als `\smallclefdesol` (Violinschlüssel), `\smalldefa` (Baßschlüssel) und `\smallclefdut` (Altschlüssel). Diese Befehle können innerhalb *notes* ... `\enotes`-Umgebungen eingegeben werden. Sie erzeugen an der Stelle ihres Auftretens den entsprechenden Notenschlüssel. Eine solche Eingabe erfolgt zweckmäßig als Argument in `\charnote{0}{`*schlüssel*`}`, damit ein Zwischenraum wie bei einer normalen Noteneingabe berücksichtigt wird. Der Notenwert für die anschließend eingegebenen Noten wird hierdurch nicht beeinflußt. Für diese gilt nach wie vor der eingestellte Systemschlüssel (s. 3.2.3 auf S. 148).

Das nebenstehende Beispiel von D. Taupin, das hier mit einer anderen Kodierung als beim Original erzeugt wurde, macht das deutlich. Trotz des lokalen Violinschlüssels im unteren Liniensystem sind die nachfolgenden Noten als `\zq{EG}\qu0{L}...` einzugeben, da immer noch der Baßschlüssel als Systemschlüssel gilt.

```
\def\nbinstruments{1}\nbporteesi=2\cleftoksi={6000}\generalsignature{-3}%
\debutextrait\off{5pt}
  \Notes\larpeggio{E}{5}\zq{EI}\qu{N}\charnote{0}{\smallclefdesol}|\relax
    \qsk\ibl0e{-2}\zq{eg}\qb0{l}\zq{d}\qb0k\enotes
  \Notes\tbu0\zq{EG}\qh0{L}|\zq{sn}\cl{l}\enotes
  \Notes\zq{DG}\qu{K}|\zq{sn}\ql{l}\enotes
  \Notes\charnote{0}{\smallclefdefa}\zq{E}\cu{I}|\relax
    \sk\ibbu1h{-2}\zq{ae}\qh1{h}\tbu1\zq{N}\qh1{g}\enotes \finextrait
```

Mit der auf S. 148 beschriebenen Befehlsfolge `\cleftoksi={0000}\changeclef` kann ein geänderter lokaler Schlüssel gesetzt werden, bei dem gleichzeitig der Systemschlüssel umgeschaltet wird. Ein solcher Schlüsselwechsel muß außerhalb der *notes* ... `\enotes`-Strukturen erfolgen. Dies führt zu Problemen, wenn an der Stelle des Schlüsselwechsels unabgeschlossene Verbalkungen existieren, wie beim vorstehenden Beispiel. Soll beim vorangegangenen Beispiel zusätzlich zum ausgegebenen Violinschlüssel auch der Systemschlüssel geändert werden, so kann das nach dem darauffolgenden `\enotes`-Befehl mit `\cleftoksi={0000}\saveclefs` erreicht werden, womit der neue Systemschlüssel aktiv wird, *ohne* gleichzeitig das Schlüsselsymbol auszugeben.

3.7 Layout-Einstellungen

3.7.1 Layout-Parameter

MusicTEX benutzt intern eine Reihe von Layout-Parametern, die vom Anwender nur in Ausnahmefällen benötigt werden. Die in der nachfolgenden Liste mit einem hochgestellten * gekennzeichneten Parameter sollten vom Anwender nicht durch direkte Wertzuweisungen geändert werden, da sie intern durch Rückgriff auf andere Parameter definiert werden. Falls doch eine Änderung verlangt wird, sollte vorab die Definition in `musictex.tex` zu Rate gezogen werden, um die Wechselwirkung mit anderen Parametern zu erkennen.

`\interligne`* Der vertikale Zwischenraum benachbarter Linien im Notenliniensystem des momentanen Instruments unter Berücksichtigung einer etwaigen Verkleinerung mit `\staffspacing`*r*.

`\Interligne`* Der Abstand benachbarter Linien im Notenliniensystem des momentanen Instruments unter Berücksichtigung einer etwaigen Verkleinerung mit `\staffspacing`*r*. `\Interligne` ist um den Betrag einer Linienstärke (`\lthick`) größer als `\interligne`.

`\internote`* Die Höhendifferenz zweier benachbarter Noten des momentanen Instruments unter Berücksichtigung einer etwaigen Verkleinerung mit `\staffspacing`*r*. Sie beträgt stets 0.5×`\Interligne`.

`\Internote`* Die Höhendifferenz zweier benachbarter Noten des momentanen Instruments *ohne* Berücksichtigung einer etwaigen Verkleinerung mit `\staffspacing`*r*. Sie beträgt stets ein Achtel der mit `\musicsize` eingestellten Größe in der Maßeinheit pt.

`\nullthick` Der vertikale Platz oberhalb der Grundlinie eines mit `\nbportees`*r*`=0` vorgegebenen Instrumentes zur Aufnahme des Liedtextes.

`\staffbotmarg` Der unter dem ersten Liniensystem des untersten Instruments bereitgehaltene Freiraum. MusicTEX setzt diesen Parameter standardmäßig auf `\bottomfacteur\Interligne` (s. u.).

`\stafftopmarg` Der über dem obersten Liniensystem des obersten Instruments bereitgehaltene Freiraum.

`\interbeam` Der vertikale Abstand benachbarter Balken bei einer Mehrfachverbalkung. MusicTEX setzt ihn standardmäßig auf 0.75×`\Interligne`.

`\interportee` Der Abstand zwischen den Grundlinien zweier benachbarter Liniensysteme eines Instruments. MusicTEX setzt diesen Parameter auf `2\interfacteur\internote` (s. u.).

`\Interportee` Der Abstand zwischen der obersten Linie eines Systems und der untersten Linie des darüberliegenden Systems bei einem Instrument mit mehreren Liniensystemen.

`\interinstrument` Der Zusatzabstand benachbarter Liniensysteme von zwei Instrumenten. Der Gesamtabstand zwischen dem untersten System eines Instruments und dem obersten System des darunterliegenden Instruments beträgt `\interportee + \interinstrument`. Der Wert von `\interinstrument` ist standardmäßig 0 pt, d. h. zwischen den Abständen der Liniensysteme eines Instruments und denen verschiedener Instrumente besteht kein Unterschied. Mit einer Maßvorgabe, wie z. B. `\interinstrument=6pt`, kann zur besseren Unterscheidung solcher Zusatzzwischenraum für *alle* Instrumente eingerichtet werden. Für Einzelinstrumente *r*, z. B. für Singstimmen, kann überdies mit `\def\interinstrument`*r*`{`*maß*`}` ein nochmals geänderter Zusatzabstand eingerichtet werden, wobei *r* als kleine römische Zahl anzugeben ist.

`\systemheight`* Die Höhe zwischen der untersten Linie des untersten Instruments und der obersten Linie des obersten Instruments, also die Gesamthöhe des Instrumentensystems. Über diese Höhe werden die vertikalen Linien, wie Takt- und Wiederholungsstriche u. a., durchgezogen.

Alle vorstehenden Parameter werden durch TEX-Maßregister realisiert, denen mit *mas_reg=maß* ein Wert zugewiesen werden kann. Die nachfolgenden Layout-Parameter sind dagegen Makros, denen mit `\def\`*macro*`{`*wert*`}` ein evtl. geänderter Wert zugewiesen werden muß.

`\bottomfacteur` Eine Zahl, die bei der standardmäßigen Bestimmung von `\staffbotmarg` (s. o.) benutzt wird. MusicTEX initialisiert sie mit `\def\bottomfacteur{3}`.

`\interfacteur` Ebenfalls eine Zahl, die bei der standardmäßigen Bestimmung von `\interportee` (s. o.) benutzt wird. MusicTEX initialisiert sie mit `\def\interfacteur{9}`

`\stemfactor` Ein Faktor, der die Länge der Notenstiele als `\stemfactor\interbeam` bestimmt. MusicTEX initialisiert ihn mit `\def\stemfactor{4.66}`, womit die Notenstiele ungefähr 3.5×`\Interligne` lang werden.

3.7.2 Layout-Änderungen

Ein Instrumentensystem wird innerhalb der `music`-Umgebung mit `\debutmorceau` eingeleitet und mit `\endmorceau` beendet. Der Eröffnung eines Instrumentensystems gehen die in 3.2.3 vorgestellten Systemerklärungen voran, die dann für das Instrumentensystem gelten. Die meisten der vorangegangenen Layout-Parameter können ebenfalls vor `\debutmorceau` geändert werden und entfalten dann ihre Wirkung mit ihren geänderten Werten für das nachfolgende Instrumtensystem.

Nach `\endmorceau` können alle Systemerklärungen und Layout-Parameter neu gesetzt werden. Mit dem nächsten `\debutmorceau` wird ein neues Instrumentensystem gestartet, für das die neuen Einstellungen gelten. Jedes neue Instrumentensystem startet den Taktzähler erneut mit 1. Ein laufendes Instrumentensystem kann auch mit `\suspmorceau` unterbrochen werden. Hiernach sind, wie nach `\finmorceau`, beliebige Systemänderungen erlaubt, die mit einem anschließenden `\reprmorceau` fortgesetzt werden können.

Nach jedem horizontalen Umbruch des aktuellen Instrumentensystems, der durch einen expliziten `\alaligne`-Befehl erzwungen oder durch die Vorgaben aus `\autolines` bestimmt wurde, erfolgt ein interner Aufruf von `\atnextline`. In MusicTEX ist dieses Makro zunächst *leer*. Es kann vom Anwender nach seinem Bedarf neu definiert werden. Typische Vertreter für seinen Inhalt sind Neuaufrufe von `\autolines` (s. 3.5.7) sowie Änderungen der Layout-Parameter, soweit diese durch TEX-Register realisiert werden. Layout-Parameter, die durch Makros realisiert werden, wie `\bottomfacteur` und `\interfacteur`, können dagegen nur nach `\suspmorceau` oder `\finmorceau` *vor* einer nachfolgenden Neu- oder Wiedereröffnung des Instrumentensystems geändert werden. Das gleiche gilt für Systemänderungen wie die Anzahl der Instrumente u. ä.

Nach Ausführung des Makros `\atnextline` beginnt MusicTEX mit dem Aufbau der nächsten Notenliniengruppe für das aktuelle Instrumentensystem. Nach Einrichtung der zugehörigen Notenschlüssel wird dann zunächst das Makro `\everystaff` ausgeführt. Auch dieses ist standardmäßig leer, kann aber vom Anwender nach seinen Anforderungen neu definiert werden. Eine solche Neudefinition muß vor einer Neu- oder Wiedereröffnung des Instrumentensystems, also vor `\debutmorceau` oder `\reprmorceau` erfolgen. Typisch für eine solche Definition ist:

```
\def\everystaff{\znotes ...|...&... \enotes}
```

also der Aufruf einer *\notes* `...` `\enotes`-Struktur, und zwar hier wegen der Einleitung mit `\znotes` einer solchen *ohne* horizontalen Leerraum. Damit können für jedes Liniensystem des Instrumentensystems die gewünschten Anfangseinstellungen vorgegeben werden.

Mit `\resetfacteurs` können geänderte Einstellwerte für die Layout-Parameter in die MusicTEX-Standardwerte zurückgesetzt werden. In 3.2.3 wurde vermerkt, daß nach einer späteren Änderung der Zeichensatzgrößen mit `\musicsize=16` oder `\musicsize=20` der Befehl `\computespecifics` folgen muß, der die zugehörigen Zeichensätze aktiviert. Ein allgemeinerer Befehl ist `\computewidth`, der seinerseits `\computespecifics` aufruft und zusätzlich die Layout-Parameter entsprechend ihrer wechselseitigen Abhängigkeiten neu einstellt. Als Folge einer speziellen Änderung von Layout-Parametern oder nach `\resetfacteurs` kann es häufig sinnvoll sein, `\computewidth` aufzurufen. Der Anwender sollte dies versuchen, wenn eine von ihm vorgenommene Layout-Änderung nicht den gewünschten Effekt zeigt. Für weitere Details wird auf die Originaldokumentation `musicdoc.tex` von D. Taupin verwiesen.

3.7.3 Tonhöhenverschiebungen

MusicTEX gestattet mit dem Aufruf `\transpose=`n eine Tonhöhenverschiebung um n Tonstufen bei der Notenausgabe. So erscheinen nach `\transpose=7` alle nachfolgenden Noten gegenüber der Eingabe h um eine Oktave höher. Dieser Befehl kann mit einer Neudefinition von `\everystaff` entsprechend der im letzten Abschnitt angegebenen Grundstruktur für ein Mehrliniensystem unterschiedlich eingestellt werden. Eine zweite Notation für oktavenverschobene Noteneingaben kann durch ein der Höhe h vorangestelltes `'` oder `` ` `` erfolgen, was zu einer um eine Oktave höheren bzw. tieferen Notenausgabe führt. So ist z. B. `\qu{'ab}` gleichwertig mit `\qu{hi}` und ``\ql{`st}`` gleichwertig mit `\ql{de}`. Mit einem vorangestellten doppelten `''` bzw. ``` `` ``` erfolgt eine entsprechende Verschiebung um zwei Oktaven.

Eine Verschiebung um eine Oktave wird bei Klaviernoten für die Dauer der Verschiebung durch eine über- oder untergestellte 8, gefolgt von einer gestrichelten Linie der entsprechenden Länge, gekennzeichnet. MusicTEX stellt hierfür den Befehl `\octfin{`h`}{`l`}` bereit, mit dem dieses Symbol in der Höhe h über l Notenabstände angeordnet wird. Mit `\octline{`h`}` wird dieses Symbol begonnen und fortgesetzt, bis es mit `\octfin` oder `\octsusp` beendet wird. Dies kann sich über mehrere horizontale Notenlinien erstrecken.

3.7.4 Abschließende Anmerkungen zu MusicTEX

MusicTEX gestattet auch den Notensatz für Gregorianische Musik mit ihren speziellen Noten, den sog. Neumen, und ihren eigenen Schlüsseln in Vierliniensystemen, sowie den Notensatz für Schlagzeuginstrumente mit nur einer Linie. Wegen der speziellen Natur dieser Notensätze verweise ich auf die Originaldokumentation `musicdoc.tex` von D. Taupin, und zwar auf dessen Abschnitt 2.22 und 2.20.5 (Version 5.02).

Wird MusicTEX mit normalem Textsatz, wie z. B. in diesem Kapitel, verknüpft, so ist zu beachten, daß `musictex.sty` die Einrücktiefe für die erste Zeile eines Absatzes auf 2.5 em vergrößert und gleichzeitig `\raggedbottom` erklärt, womit der untere Rand auf verschiedenen Buchseiten unterschiedlich ausfallen kann. Dies ist für ein Buch unsachgerecht. Ich mußte deshalb nach dem Aufruf `\usepackage{musictex}` die ursprünglichen Einstellungen mit `\setlength{\parindent}{1.5em}` und der Erklärung `\flushbottom` wiederherstellen, was gleichermaßen auch bei einer Bearbeitung mit LATEX 2.09 nach der Aktivierung durch `\documentstyle[...,musictex,...]{book}` erforderlich würde.

Das Ergänzungspaket `musictex.sty` gestattet den Notensatz polyphoner Musik für bis zu sechs verschiedene Instrumente. Für jedes Instrument können seinerseits bis zu vier Liniensysteme eingerichtet werden. Falls dies nicht ausreicht, kann mit dem zusätzlichen Einlesen von `musicadd.tex` mittels `\input{musicadd}` die Bearbeitung auf bis zu neun verschiedene Instrumente erweitert werden. Wird `musicadd.tex` in `musicadd.sty` umbenannt, dann kann die Aktivierung auch als Dokumentstiloption bzw. mit `\usepackage` erfolgen, wobei die Reihenfolge `musictex,musicadd` einzuhalten ist.

Kapitel 4

PostScript-Schriften

PostScript hat sich in den letzten Jahren zur beherrschenden Seitenbeschreibungssprache für Drucker entwickelt. Als Programmiersprache stellt PostScript dabei sog. *Grafikoperatoren* bereit, mit denen die *grafischen Objekte* behandelt werden. Grafische Objekte, die ihrerseits beliebig miteinander kombiniert werden können, sind:

Texte, die in einer Vielzahl von Schrifttypen ausgegeben und beliebig positioniert, skaliert und gedreht werden können.

Geometrische Figuren, die mit weiteren grafischen Operatoren aus einfachen Grundelementen zu beliebig komplexen Strukturen zusammengesetzt und mit Grautönen oder Farbe gefüllt werden können und als Ganzes ihrerseits wieder beliebig positioniert, skaliert und gedreht werden können.

Abbildungen, wie digitalisierte Fotos oder sonstige Scanner-Ergebnisse und Bitmuster, die wiederum beliebig positioniert, skaliert und gedreht werden können.

Als Programmiersprache stellt PostScript alle typischen Elemente, wie Steuerstrukturen, Einrichtung von Variablen und Prozeduren verschiedenster Typen sowie die üblichen arithmetischen und logischen Verknüpfungen bereit. Die Datenverwaltung von PostScript erfolgt in sog. *stacks* (Stapelspeicher): $5 + 3$ ist somit als `5 3 add` anzugeben. Anwendern, die einmal mit einem Taschenrechner der Firma HP gearbeitet haben, ist dies als 'Reverse Polish Notation' bekannt.

Dieses Kapitel soll keine Einführung in PostScript als Programmiersprache werden. Eine solche würde den Rahmen des Buches sprengen, da bereits das reine PostScript-Referenz-Handbuch [22] 765 Seiten beansprucht. Ich werde in diesem Kapitel die Nutzung der PostScript-Standardschriften aus LaTeX heraus vorstellen und auf die Möglichkeiten zur Einbindung von PostScript-Grafiken eingehen.

Für die Druckausgabe setze ich voraus, daß der Anwender über einen PostScript-fähigen Drucker verfügt oder GhostScript (s. 4.4.4) installiert hat und als PostScript-Treiber dvips von Tomas Rokicki zur Anwendung kommt. Dieser Treiber steht zur freien Nutzung auf allen TeX-Fileservern für die Einrichtung unter den gebräuchlichsten Betriebssystemen UNIX, DOS, VMS und weiteren zur Verfügung. Er kann für nahezu alle gängigen PostScript-Drucker und Photosatzanlagen konfiguriert werden. Es gibt weitere DVI-PostScript-Treiber, sowohl als Public-Domain-Angebot wie auch als lizenzierte kommerzielle Produkte. Über diese kann ich aus eigener Erfahrung nichts sagen.

4.1 Vorbereitung auf PostScript-Zeichensätze

Das Treiberpaket dvips hat nicht nur den Vorzug, Public Domain, also lizenzfrei und damit kostenlos zu sein, es enthält darüber hinaus alle erforderlichen Files, um die 35 PostScript-Standardzeichensätze mit LaTeX 2.09 sofort zu nutzen. Für LaTeX 2_ε und damit für den neuen LaTeX-Standard stehen die PostScript-Ergänzungspakete zwar ebenfalls bereit, doch die zu ihrer Nutzung erforderlichen `.fd`-Files (Font Definition) müssen zusätzlich beschafft oder selbst erstellt werden.

Auf den öffentlichen TeX-Fileservern findet man in `/tex-archive/fonts/utilities` eine Reihe weiterer Unterverzeichnisse mit nützlichen Werkzeugen zur Umwandlung oder Beeinflussung von PostScript-Schriften. Ich nenne hier nur die Unterverzeichnisse `fontinst`, `ps2pk`, `ps2mf` und `mf2ps`, deren Namen bereits ihren Inhalt erahnen lassen. Diese Werkzeuge werden im weiteren Verlauf kurz vorgestellt (s. 4.2.7, 4.4.1, 4.4.2 und 4.4.3).

4.1.1 Das Treiberpaket dvips

Man findet es auf den öffentlichen TeX-Fileservern unter `/tex-archive/dviware/dvips`. Die Erstellung der ausführbaren Programme `dvips` und `afm2tfm` wird in 4.1.3 angesprochen. PC-Anwender finden als Alternative die ausführbaren Programme als `.exe`-Files auf den TeX-Fileservern unterhalb von `/tex-archive/systems/msdos/drivers/dvips` [1]

Das Originalpaket `dvips` enthält die Unterverzeichnisse `PSlatex`, `PStfms` und `PSvfs`. Das erste Unterverzeichnis `PSlatex` stellt die `.sty`-Files bereit, mit denen die PostScript-Zeichensätze in LaTeX 2.09 durch entsprechende Dokumentstiloptionen angesprochen werden. Die `.sty`-Files sind in das LaTeX-Standardverzeichnis für die Stilfiles zu verschieben oder zu kopieren, das bei mir z. B. unter `/usr/local/lib/tex/macros` eingerichtet ist. Das `dvips`-Hauptverzeichnis enthält einige weitere `.sty`- und `.tex`-Files, mit denen spezielle PostScript-Fähigkeiten, wie z. B. Zeichenrotation oder PostScript-Grafiken, aus der TeX- oder LaTeX-Bearbeitung heraus angesprochen werden können. Diese Stilfiles werden bei der Installation automatisch mit dem Aufruf `make install` in die richtigen Zielverzeichnisse kopiert.

Das nächste Unterverzeichnis `PStfms` enthält die `.tfm`-Files für die 35 PostScript-Standard- sowie für weitere PostScript-Zeichensätze. Für jede PostScript-Schrift werden zwei `.tfm`-Files bereitgestellt, z. B. `rptmr.tfm` und `ptmr.tfm` für die Times-Roman-Schrift. Dabei enthält `rptmr.tfm` die metrische Information für genau die Zeichen des Times-Roman-PostScript-Zeichensatzes. Die PostScript-Zeichensätze enthalten *nicht* den gleichen Zeichenvorrat, wie ihn TeX für die cm-Schriften kennt. Außerdem sind die PostScript-Zeichensätze zum Teil anders belegt als die cm-Schriften.

TeX und LaTeX verwenden deshalb bei der Textbearbeitung am Beispiel der Times-Roman-Schrift den metrischen Zeichensatz `ptmr.tfm`. Dies ist ein sog. virtueller `.tfm`-Zeichensatz, dem TeX bei der Bearbeitung die metrischen Informationen im gewohnten Umfang und an den gewohnten Positionen entnimmt, selbst wenn bestimmte Zeichen in dem direkt zugeordneten PostScript-Zeichensatz gar nicht existieren, sondern aus einem anderen Zeichensatz entnommen oder eine Ligatur durch Zeichenverschiebung nachgebildet werden muß.

---

[1] In diesem Verzeichnis gibt es das Unterverzeichnis `dvips555.pc` mit den Files `dps555b.zip`, `dps555s.zip` `dvipslib.zip` und `readme.lst`. Die Zahlenangabe 555 verweist auf die aktuelle Version 5.55 (August 1994). `dps555b.zip` enthält die ausführbaren Programm (`.exe`-Files). Die Einrichtung sollte mit den Hinweisen auf `readme.lst` leichtfallen.

Dies verlangt für die Druckerausgabe weitere Informationsfiles, aus denen der Druckertreiber erfährt, aus welchen realen Zeichensätzen die Zeichen des virtuellen Zeichensatzes zu entnehmen sind bzw. wie sie als Kombination zusammenzusetzen sind. Diese zusätzlichen Informationsfiles liefert das dritte Unterverzeichnis `PSvfs`. Für die oben als Beispiel genannte Times-Roman-Schrift ist dies `ptmr.vf`, also ein File mit dem gleichen Grundnamen wie der bei der TEX-Bearbeitung verwendete `.tfm`-File, aber mit dem Anhang `.vf` für *virtual font*.

In gleicher Weise sind alle `.tfm`- und `.vf`-Files aus `PStfms` und `PSvfs` organisiert. Die virtuellen `.tfm`-Zeichensätze beginnen mit dem Buchstaben `p`, denen eine drei- bis fünfstellige Buchstabengruppe folgt, die den Namen der angesprochenen PostScript-Schrift wiederspiegelt. Die verwendete Namenskonvention wird ausführlich in 4.2.3 beschrieben. Die realen `.tfm`-Files mit den metrischen Informationen der Zeichen in den Positionen der PostScript-Zeichensätze tragen Namen, die mit einem `r` beginnen, gefolgt von dem Namensrest, der für die virtuellen `.tfm`-Files verwendet wird. Beide Gruppen von `.tfm`-Files sind in das Verzeichnis zu kopieren oder verschieben, unter dem TEX beim Anwender die `.tfm`-Files erwartet, auf meiner Workstation z. B. `/usr/local/lib/tex/fonts/tfm`.

Die `.vf`-Informationsfiles für die virtuellen Zeichensätze sind endgültig in einem Verzeichnis einzurichten, das bei der Installation durch Editieren von `Makefile` vom Anwender frei gewählt werden kann. Dies ist gewöhnlich ein Parallelverzeichnis zu demjenigen, in dem der Treiber die `.pk`-Druckerzeichensätze erwartet, auf meinem PC z. B. `c:/texfonts/vf`.

PC-Betreiber, die sich die File `dps`*nnn*`b.zip` und `dvipslib.zip` mit den ausführbaren Programmen und den zugehörigen Hilfsprogrammen aus dem Unterverzeichnis `/tex-archive/systems/msdos/drivers` kopiert haben, brauchen diese File lediglich mit `unzip dps`*nnn* und `unzip dvipslib` zu entpacken. Die vorstehend beschriebenen `.sty`-, `.tfm`- und `.vf`-Files werden in den passenden Unterverzeichnissen unter dem Hauptverzeichnis `\emtex` abgelegt. Die ausführbaren Programme `afm2tfm.exe` und `dvips.exe` sowie `afm2tfmx` und `dvips32.exe` werden direkt im Hauptverzeichnis `\emtex` eingerichtet. Das zweite Programmpaar setzt einen 368- oder 468-Prozessor voraus. Verwendet der Anwender auf seinem PC emTEX, so ist das `dvips`-Paket damit vollständig und endgültig eingerichtet. Bei anderen PC-TEX-Programmen müssen einige der genannten Files evtl. in andere Unterverzeichnisse verschoben werden.

Nach diesen Vorbereitungen können die PostScript-Zeichensätze in die LATEX 2.09-Bearbeitung mit

`\documentstyle[...,`*ps_stil*`,...]{`*haupt_stil*`}`

eingebunden werden. Die Option *ps_stil* steht zur Kennzeichnung einer PostScript-Schriftgruppe, die bestimmt, welche PostScript-Schriften mit den LATEX-Schriftbefehlen `\rm`, `\bf`, `\it`, `\sl`, `\sf` und `\tt` aktiviert werden. Beispiele für *ps_stil* sind `times`, `palatino`, `lucida` u. a., auf die ich hier nicht näher eingehe, da äquivalente Einstellungen im nächsten Unterabschnitt für LATEX 2ε beschrieben werden, die für LATEX 2.09 weitgehend übernommen werden können.

Die `.tfm`- und `.vf`-Files aus dem dvips-Paket können auch für LATEX 2ε und damit für den neuen LATEX-Standard genutzt werden, wenn der Anwender die zugehörigen `.fd`-Files entsprechend den Hinweisen des folgenden Unterabschnitts übernimmt.

Zum Abschluß verweise ich auf den File `dvips.tex`, der sowohl im `dvips`-Originalpaket wie auch in `dvips`*nnn*`.zip` vorhanden ist. Seine LATEX-Bearbeitung erzeugt das 49seitige englischsprachige Manual für dvips, das alle Möglichkeiten für diesen PostScript-Treiber vorstellt.

4.1.2 PostScript-Zeichensätze mit LaTeX 2ε

Das LaTeX 2ε-Gesamtsystem ist in die Unterverzeichnisse `base`, `packages` und `contrib` gegliedert. Das erste enthält das eigentliche LaTeX 2ε-Paket, dessen Einrichtung in 1.4 vorgestellt wurde. Das zweite gliedert sich in weitere Unterverzeichnisse, zu denen auch `psnfss` gehört. Letzeres stammt von Sebastian Rahtz, Southampton. Die Installation der LaTeX 2ε-Ergänzungspakete erfolgt mit der LaTeX 2ε-Bearbeitung von `psfonts.ins`, also dem Aufruf `latex psfonts.ins`. Damit entstehen

`avant.sty`	`bookman.sty`	`helvet.sty`	`newcent.sty`	
`palatino.sty`	`times.sty`	`ot1var.sty`	`pifont.sty`	sowie
`basker.sty`	`bembo.sty`	`chancery.sty`	`garamond.sty`	
`mtimes.sty`	`mathptm.sty`			

Die ersten sechs `.sty`-Files aktivieren jeweils eine Schriftengruppe aus den PostScript-Firmware-Schriften entsprechend den Zuordnungen der nachfolgenden Tabelle:

ps_stil	`\rmdefault`	`\sfdefault`	`\ttdefault`
`avant`		Avant Garde	
`bookman`	Bookman	Avant Garde	Courier
`helvet`		Helvetica	
`newcent`	New Century Schoolbook	Avant Garde	Courier
`palatino`	Palatino	Helvetica	Courier
`times`	Times	Helvetica	Courier

Die für LaTeX 2ε bereitgestellten PostScript-Ergänzungspakete sind sehr viel einfacher als die gleichnamigen Stilfiles aus dem dvips-Paket zur Nutzung der PostScript-Schriften mit LaTeX 2.09. So besteht `times.sty` neben der Selbstidentifikation mit

```
\ProvidePackage{times}[vers_datum, vers_nr]   nur aus
\renewcommand{\rmdefault}{ptm}
\renewcommand{\sfdefault}{phv}
\renewcommand{\ttdefault}{pcr}
```

Die anderen `.sty`-Files der umrandeten Tabelle sind analog aufgebaut. Sie definieren jeweils einen oder alle der Schriftinitialisierungsbefehle (s. S. 19) `\rmdefault`, `\sfdefault` und `\ttdefault` neu. Auch die `.sty`-Files der beiden letzten Zeilen aus der Eingangslist sind ähnlich aufgebaut. Sie aktivieren entsprechende PostScript-Schriften, die als Lizenzprodukte gekauft werden müssen. Ein Blick in diese `.sty`-Files läßt die jeweiligen Zuordnungen sofort erkennen. Mit `\usepackage{`*ps_sty*`}` sollte nur eines dieser Ergänzungspakete aktiviert werden. Werden mehrere dieser `.sty`-Files aktiviert, so wirkt das jeweils letzten. Mit `\usepackage{times,palatino}` gelten die Neudefinitionen aus `palatino.sty`. Dagegen könnte `\usepackage{times,avant}` vom Anwender bewußt gewollt sein: als serifenlose Schrift wird dann statt Helvetica Avant Garde gewählt. Die Roman- und Schreibmaschinenschriftfamilien aus `times.sty` bleiben dagegen mit der Familienkennung `ptm` und `pcr` erhalten, da diese mit `avant.sty` nicht überschrieben werden.

Der letzte in der Eingangsliste angeführte File `mathptm.sty` ist ein Spezialfall. Er kann und sollte mit `times.sty` kombiniert werden, dessen Wirkung, wie oben beschrieben, erhalten bleibt. Zusätzlich erfolgt der mathematische Formelsatz unter weitgehender Nutzung von PostScript-Symbol-, Zapf-Chancery- und Times-Schriften. Den mathematischen cm-Schriften werden nur solche Symbole entnommen, die mit den genannten PostScript-Schriften nicht zu realisieren sind. Die erforderlichen virtuellen Zeichensätze und Definitionsfiles können mit dem TEX-Programm `fontinst.sty` generiert werden, das in 4.2.7 vorgestellt wird und auf S. 212 den Aufruf zur Zeichensatzgenerierung mit einer kurzen Inhaltsangabe der virtuellen Zeichensätze beschreibt.

Das `psnfss`-Verzeichnis enthält einige weitere Installationsfiles, nämlich `charter.ins`, `lucida.ins`, `mathtime.ins`, `nimbus.ins` und `utopia.ins` sowie `textures.ins`. Die LATEX-Bearbeitung des letzteren erzeugt einen Satz von `.fd`-Files zur Nutzung mit TEXtures auf dem MacIntosh. Die LATEX-Bearbeitung der anderen erzeugt Ergänzungspakete für weitere PostScript-Schriften. Diese Ergänzungspakete sind alle nach dem Schema von `times.sty` aufgebaut. Eine Auflistung mit dem Editor läßt die mit ihnen angesprochenen PostScript-Schriftfamilien erkennen, so daß von einer weiteren Beschreibung abgesehen werden kann.

Die Eingangsliste aus der LATEX-Bearbeitung von `psfonts.ins` führt noch die Ergänzungspakete `pifont.sty` und `OT1var.sty` auf. Diese können mit den vorgestellten Ergänzungspaketen zur Schriftauswahl kombiniert werden. `pifont.sty` wird in 4.3.1 genauer vorgestellt. Es dient zur Nutzung von Symbolzeichensätzen, insbesondere von ZapfDingbats. Das verbleibende Paket `OT1var.sty` sollte aktiviert werden, wenn die `.tfm`- und `.vf`-Files aus dem dvips-Paket in Verbindung mit dem Kodierattribut `OT1` statt der von S. Rahtz bereitgestellten Files genutzt werden sollen (s. u.).

Als Folge der Neudefinitionen in den Ergänzungspaketen für die PostScript-Schriften sucht LATEX 2ε nach den Files `OT1`*fam*`.fd` oder `T1`*fam*`.fd`, je nachdem, ob LATEX bei der Installation für die Kodierung der cm-Schriften oder der erweiterten dc-Schriften eingerichtet wurde (s. 1.4.5, S. 39 und 2.1.6, S. 89).

Die angeforderten `.fd`-Files für die PostScript-Schriften sind, anders als für die `cm`- oder `dc`-Schriften, nicht Bestandteil des LATEX 2ε-Gesamtpakets. Sebastian Rahtz hat sie, zusammen mit den `.tfm`- und `.vf`-Files, für die PostScript-Schriften auf den öffentlichen TEX-Fileservern unter `/tex-archive/fonts/metrics` abgelegt. Es gliedert sich in viele weitere Unterverzeichnisse. Unter adobe findet man zunächst weitere Unterverzeichnisse wie `times`, `helvetic`, `courier`, `palatino` u. a. Diese Unterverzeichnisnamen sind die auf acht Buchstaben gekürzten Namensreste der PostScript-Schriftfamilien. Sie enthalten jeweils die Files `README`, `config.`*fam* und *fam*`.map` sowie die nochmaligen Unterverzeichnisse `afm`, `tfm`, `vf`, `fd` und evtl. `sty`. Anwender, die bereits über diese Files verfügen, mögen den nachfolgenden Teil dieses Abschnittes in kleinerer Schrift überspringen.

Die `README`-Files aus den Unterverzeichnissen mit den PostScript-Schriftfamilien enthalten erwartungsgemäß Hinweise zur Einrichtung der bereitgestellten Files. In `config.`*fam* und *fam*`.map` steht *fam* für die Familienkennung, also z. B. `ptm` beim Unterverzeichnis `times` und `pcr` bzw. `phv` bei den Verzeichnissen `courier` bzw. `helvetic`. Die Files *fam*`.map` sind dem File `psfonts.map` aus dem `dvips`-Paket anzufügen, z. B. mit

```
cat fam.map >> psfonts.map    unter UNIX oder
copy psfonts.map + fam.map    unter DOS
```

Alternativ kann der dvips-Aufruf mit der Option `-P`*fam* erfolgen (s 4.1.4), womit beim Treiberaufruf der File `config.`*fam* mit eingelesen wird, der seinerseits dann den File *fam*`.map` einliest und seinen Inhalt dem `dvips`-Druckertreiber bekannt macht. Ich bevorzuge die erste Lösung, also die Zufügung der Inhalte aller *fam*`.map`-Files in den File `psfonts.map`, da dann dem Druckertreiber die erforderlichen Zeichensatzinformationen automatisch bekannt sind.

Die Unterverzeichnisse `tfm`, `vf` und `fd` der einzelnen PostScript-Schriftfamilien sind mit ihren Namen selbsterklärend. Die `.tfm`-Files aus den `tfm`-Unterverzeichnissen sind in das Verzeichnis zu kopieren, in dem TEX diese Files erwartet, unter emTEX z. B. `\emtex\tfm` und unter UNIX häufig `/usr/local/lib/tex/fonts/tfm`. Falls die TEX-Installation beim Anwender bei der Suche nach angeforderten Files rekursive Unterverzeichnisse einschließt, was unter UNIX und den neueren emTEX-Versionen der Fall ist, empfehle ich, unter den oben genannten `tfm`-Verzeichnissen zunächst ein Unterverzeichnis mit einem passenden Namen, wie z. B. `ps`, einzurichten und die PostScript-`.tfm`-Files hierunter abzulegen, um ein riesengroßes anwendereigenes `.tfm`-Verzeichnis zu vermeiden.

Die von S. Rahtz bereitgestellten `.tfm`-Files beziehen sich einmal auf die rohen (originären) PostScript-Zeichensätze. Diese sind durch eine `0` als letztes Zeichen in ihren Grundnamen gekennzeichnet. Zusätzlich werden die virtuellen `.tfm`-Files bereitgestellt, die die PostScript-Zeichensätze in der TEX-Standardkodierung in Analogie zu den cm- und außerdem zu den erweiterten dc-Schriften vorgeben. In der von S. Rahtz gewählten Nomenklatur sind die virtuellen `.tfm`-Files entsprechend der cm-Kodierung durch die Zeichen `7t` bzw. für die dc-Kodierung durch ein `q` als Abschluß ihrer Grundnamen gekennzeichnet.

Die Files aus dem Unterverzeichnis `vf` tragen die gleichen Grundnamen wie die `.tfm`-Files für die virtuellen Zeichensätze und unterscheiden sich von diesen durch den Namensanhang `.vf`. Die `.vf`-Files sind in das bei der Installation von dvips mit `VFPATH` vorgegebene Verzeichnis (s. 4.1.3) zu kopieren. Die Hauptbestandteile der Grundnamen für die `.tfm`- und `.vf`-Files folgen, mit Ausnahme der oben vorgestellten Endkennungen `0`, `7t` und `q`, den in 4.2.3 vorgestellten Namensvorschlägen von Karl Berry.

Die Verzeichnisse `fd` für die jeweiligen PostScript-Schriftfamilien enthalten jeweils die Files `OT1`*fam*`.fd` und `T1`*fam*`.fd`, worin *fam* für die jeweilige Familienkennung steht. Für die Times-Schriftfamilie sind dies die Files `OT1ptm.fd` und `T1ptm.fd`. Letzterer besteht in seinem Hauptteil aus

```
\DeclareFontFamily{T1}{ptm}{}
\DeclareFontShape{T1}{ptm}{b}{n}{<-> ptmbq}{}
\DeclareFontShape{T1}{ptm}{b}{sc}{<-> ptmbcq}{}
\DeclareFontShape{T1}{ptm}{b}{it}{<-> ptmbiq}{}
\DeclareFontShape{T1}{ptm}{b}{sl}{<-> ptmboq}{}
\DeclareFontShape{T1}{ptm}{m}{n}{<-> ptmrq}{}
\DeclareFontShape{T1}{ptm}{m}{sc}{<-> ptmrcq}{}
\DeclareFontShape{T1}{ptm}{m}{it}{<-> prmriq}{}
\DeclareFontShape{T1}{ptm}{m}{sl}{<-> ptmroq}{}
```

Der File `OT1ptm.fd` unterscheidet sich hiervon nur dadurch, daß an allen Stellen des Auftretens von `T1` bei diesem `OT1` steht und in den Filegrundnamen der letzte Buchstabe `q` durch `7t` ersetzt ist. Der Leser möge sich mit den Hinweisen aus 1.4.3 und dort insbesondere mit denjenigen zum `\DeclareFontShape`-Befehl auf S. 29ff die Wirkung klarmachen. Zur Interpretation der verwendeten Zeichensatzfilenamen, wie `ptmb` oder `ptmri`, muß vorab auf 4.2.3 verwiesen werden. Bei genauerer Betrachtung der vorstehenden Zeichensatzerklärungen wird auffallen, daß die fetten Times-Schriften mit dem Serienattribut `b` gekennzeichnet werden. Dies ist sachgerecht, da die fetten Times-Schriften kompakter als die äquivalenten TEX-Schriften sind. Um diese Schriften mit den gewohnten Schriftbefehlen `\textbf{...}` oder `\bffamily` anzusprechen, enthalten `OT1ptm.fd` und `T1ptm.fd` zusätzlich noch die Substitutionserklärungen

```
\DeclareFontShape{T1}{ptm}{bx}{n}{<-> ssub * ptm/b/n}{}
\DeclareFontShape{T1}{ptm}{bx}{sc}{<-> ssub * ptm/b/sc}{}
\DeclareFontShape{T1}{ptm}{bx}{it}{<-> ssub * ptm/b/it}{}
\DeclareFontShape{T1}{ptm}{b}{ui}{<-> sub * ptm/b/it}{}
\DeclareFontShape{T1}{ptm}{bx}{ui}{<-> ssub * ptm/b/ui}{}
\DeclareFontShape{T1}{ptm}{bx}{sl}{<-> ssub * ptm/b/sl}{}
\DeclareFontShape{T1}{ptm}{m}{ui}{<-> sub * ptm/m/it}{}
```

Auch zu ihrem Verständnis verweise ich auf die bereits vorher genannten S. 29ff in 1.4.3. Das Formattribut `ui`, das eine aufrechte Italic-Schrift bereitstellen sollte, wird hierbei durch die geneigte Italic-Times-Standardschrift ersetzt. Dies erscheint mir als ein Mangel, da PostScript-Schriften nach links und rechts geneigt werden können, womit sich die Italic-Schrift auch aufrichten läßt. Ein entsprechendes Beispiel wird in 4.2.6 und in 4.2.7 nachgereicht.

Die von S. Rahtz in `/tex-archive/fonts/metric` bereitgestellten rohen und virtuellen `.tfm`-Files sowie die zugehörigen `.vf`- und `.fd`-Files für die PostScript-Schriftfamilien wurden mit dem LaTeX-Makropaket `fontinst.sty` erzeugt, das in 4.2.7 vorgestellt wird. Die Ausgangsbasis zur Erstellung der erforderlichen LaTeX-PostScript-Zeichensatzfiles sind die in den Unterverzeichnissen `afm` abgelegten PostScript-Metrikfiles sowie spezielle Einstellvorgaben in `fontinst.sty`. Sie führen zu recht engen Wortabständen mit relativ geringer Elastizität. Dies hat zur Folge, daß ein Absatzumbruch häufig nur mit vielen Trennungen oder gar mit `Overfull \hbox` Warnungen erfolgt. Alan Jeffrey, der Autor des fontinst-Pakets, empfiehlt in Problemfällen die Verwendung von

```
\tolerance800   \emergencystretch2em   \doublehyphendemerits5000
\hfuzz0pt       \leftskip0pt minus 1pt \rightskip0pt minus 1pt
```

Der Anwender möge diese Mischung aus LaTeX- und TeX-Befehlen bei Bedarf im Vorspann seines LaTeX-Files übernehmen oder als kleinen `.tex`-File einrichten und dort mit `\input` einlesen.

Anwender, die das dvips-Paket für ihren PostScript-Drucker einrichten oder bereits eingerichtet haben, werden sich vermutlich fragen, warum sie sich einen weiteren Satz von PostScript-TeX-Zeichensätzen beschaffen sollen, da ein solcher bereits, zumindest für eine LaTeX2.09-Bearbeitung, diesem Paket beigefügt ist. Wird LaTeX 2_ε bezüglich des Kodierattributs mit OT1 eingerichtet, so stellen die Zeichensätze aus dvips auch für die neue LaTeX-Version eine Alternative dar. Es müssen dann lediglich die erforderlichen `.fd`-Files vom Anwender selbst erstellt werden. Dies war letztlich der Grund, warum ich den vorstehenden File `T1ptm.fd` vollständig abgedruckt habe. Wie bereits im vorangegangenen Abschnitt 4.1.1 erwähnt, werden in dvips die rohen Zeichensätze durch ein vorangestelltes `r` von den virtuellen Zeichensätzen unterschieden. Bei dem Beispiel des `T1ptm.fd` müßten für einen äquivalenten `.fd`-File für die Zeichensätze aus dem dvips-Paket neben der Änderung von `T1` in `OT1` nur die Zeichensatzgrundnamen ohne den Abschlußbuchstaben `q` anzugeben sein. Der File `OT1phv.fd` für die PostScript-Helvetica-Schriftfamilie könnte damit durch

`\DeclareFontFamily{OT1}{phv}{}` und einer Reihe von Zeilen der Form
`\DeclareFontShape{OT1}{phv}{`*serie*`}{`*form*`}{<->` *zs_name*`}{}`

realisiert werden, wobei für `{`*serie*`}{`*form*`}` und *zs_name* entsprechend den Vorgaben aus dem dvips-Paket insgesamt einzutragen sind:

```
{b}{n}  phvb    {b}{sl} phvbo    {bc}{n} phvbrn    {bc}{sl} phvbon
{m}{n}  phvr    {m}{sc} phvrc    {m}{sl} phvro     {mc}{sl} phvron
{mc}{n} phvrrn  sowie
{b}{it} ssub * phv/b/sl     {bx}{n}  ssub * phv/b/n
{m}{it} ssub * phv/m/sl     {bx}{sl} ssub * phv/b/sl
{b}{ui} ssub * phv/b/it     {bx}{it} ssub * phv/b/it
{m}{ui} ssub * phv/m/it     {bx}{ui} ssub * phv/b/ui
{bc}{it} ssub * phv/bc/sl   {bc}{ui} ssub * phv/bc/it
```

was zu insgesamt 19 `\DeclareFontShape`-Erklärungen führt. Entsprechend können für alle PostScript-Schriftfamilien geeignete `OT1`*fam*`.fd`-Files erstellt werden. Die erforderlichen Familienkennungen können den `.sty`-Files aus dem psnfss-Paket der LaTeX 2_ε-Installation entnommen werden. Zur Namenskonvention der PostScript-Schriftnamen verweise ich auf 4.2.3 und für die besonders wichtigen 35 Adobe-Firmware-Zeichensätze auf die entsprechende Tabelle auf Seite 199. Bei genauer Betrachtung dieser Tabelle wird der Leser vermutlich die Times-Kapitälchen-Schrift sowie die geneigte Times-Schrift vermissen, die oben in `T1ptm.fd` mit `ptmrc` bzw. `ptmro` gekennzeichnet wurden. Beide können als PostScript-Schriften aus der Standardschrift `ptmr` (und ebenso für die fetten Varianten) abgeleitet werden, wie in 4.2.4, 4.2.6 und 4.2.7 dargestellt wird. Die exakten Kurznamen der mit dem dvips-Paket bereitgestellten virtuellen Zeichensätze können dem dortigen Verzeichnis `PSvfs` entnommen werden.

Werden die .tfm- und .vf-Files aus dem dvips-Paket statt der von S. Rahtz bereitgestellten Zeichensatz-Informationsfiles genutzt, dann sollte mit \usepackage{OT1var} das Ergänzungspaket OT1var.sty aktiviert werden, das einige Schwächen dieser Zeichensätze, insbesondere beim Formelsatz, beseitigt.

Die eigene Erzeugung geeigneter .fd-Files zur Nutzung der PostScript-Zeichensätze aus dem dvips-Paket wird bei Drucklegung dieses Buches vielleicht nicht mehr notwendig sein. Ich gehe davon aus, daß Tomas Rokicki das dvips-Paket in Kürze durch ein Verzeichnis PSfds ergänzen wird, da LaTeX 2_ε inzwischen die offizielle LaTeX-Standardversion darstellt.

4.1.3 dvips-Installation

PC-Anwender, die sich das fertige dvips-Paket von den öffentlichen Fileservern oder aus sonstigen Quellen beschafft haben, können die erste Hälfte dieses Abschnitts überspringen und nur die Hinweise zur Bereitstellung von Konfigurationsfiles übernehmen.

Das dvips-Gesamtpaket enthält den C-Quellenkode für die Programme dvips und afm2tfm sowie einen Makefile zur Compilation der lauffähigen Programme. Der Makefile des Hauptfiles ist zur Einrichtung der Programme unter UNIX vorgesehen. Das Paket enthält die Unterverzeichnisse pc, os2, vms und vmcms, die entsprechende Einrichtungswerkzeuge für MSDOS und OS2 (PC), VMS (VAX/Alpha) und VM/CMS (IBM) bereitstellen. Für PCs gibt es zwei Makefile-Ausführungen, und zwar für den GNU-gcc- und für den Borland-C-Compiler.

Ich beschränke mich auf Hinweise zur Einrichtung unter UNIX, die für andere Betriebssysteme unter Berücksichtigung der Systembesonderheiten sinngemäß übernommen werden können. Im beigefügten Makefile sollten einige Verzeichnis- und Pfadnamen an das TeX-Filesystem beim Anwender angepaßt werden. So ist mit TEXDIR=*vollst_verz_name* der vollständige Verzeichnisname, unter dem sich das gesamte TeX-System befindet, anzugeben; bei mir z. B. TEXDIR=/usr/local/lib/tex. Als Beispiel für ein weiteres lokales Verzeichnis zur Unterbringung von Zeichensätzen wird in Makefile

```
LOCALDIR = /LocalLibrary/Fonts/TeXFonts
```

vorgeschlagen. Unter diesem Verzeichnis werden z. B. fehlende Druckerzeichensätze, die beim Aufruf von dvips automatisch generiert werden, abgelegt. Der Anwender möge evtl. einen ihm hierfür geeigneteren Pfadnamen einsetzen. Auf beide Verzeichnisstrukturen bauen die Unterverzeichnisvorgaben

```
TFMPATH = .:$LOCALDIR/tfm:$TEXDIR/fonts/tfm
PKPATH  = .:$LOCALDIR/pk:$TEXDIR/fonts/pk
VFPATH  = .:$LOCALDIR/vf:$TEXDIR/fonts/vf
```

auf. UNIX verwendet als Trennungszeichen zwischen mehreren Verzeichnissen in Pfadvariablen den Doppelpunkt. Die .tfm-, .pk- und .vf-Files werden damit im jeweils aktuellen Verzeichnis (wegen .:) sowie in entsprechend benannten Verzeichnissen unterhalb der mit LOCALDIR und TEXDIR vorgegebenen Oberverzeichnisse gesucht. Der File-, Verzeichnis- und Pfadvorschlag

```
CONFIGDIR  = $TEXDIR/ps              HEADERDIR  = $TEXDIR/ps
CONFIGPATH = .:$CONFIGDIR            HEADERPATH = .:$HEADERDIR
CONFIGFILE = config.ps               TEXMACRODIR= $TEXDIR/inputs
```

kann, bis auf TEXMACRODIR, unverändert übernommen werden. Hierunter erwartet dvips die sog. Konfigurations- und Headerfiles. Als Standardkonfigurationsfile wird config.ps eingerichtet, für das das Paket ein Beispiel vorgibt. Headerfiles sind alle mit dem Anhang .pro gekennzeichneten Files. Mit TEXMACRODIR wird das TeX-Standard-Eingabeverzeichnis vorgegeben. Dies hat bei vielen TeX-Systemen den Namen macros, was dann zu TEXMACRODIR = $TEXDIR/macros führt.

Der Makefile enthält mit DEFS = ... und OPT = ... einige Definitions- und Optionsvorgaben für den Compiler. Welche Vorgaben erlaubt und sinnvoll sind, muß der Dokumentation über den lokalen C-Compiler entnommen werden. Zu den Definitionsvorgaben im Original-Makefile gehört

-DDEFRES=400. Damit wird die Standarddruckerauflösung mit 400 dpi eingestellt, was bei der Mehrzahl der Anwender sicherlich in -DDEFRES=300 oder -DEFRES=600 (Laserjet IV) abzuändern ist. Schließlich wird mit FLIBS = -lNeXT_s -lsys_s eine recht spezielle Vorgabe zur Einbindung von Systembibliotheken gemacht, die, wenn beim Anwender nicht gerade die UNIX-NeXT-Version verwendet wird, vermutlich in FLIBS = -lm -lc abzuändern ist.

Der Original-Makefile enthält keine Vorgabe für den zu verwendenden C-Compiler, was gleichwertig mit der Vorgabe CC = cc ist und zum Aufruf des systemeigenen C-Compilers führt. Falls beim Anwender zusätzlich der gcc-Compiler der Free Software Foundation verfügbar ist, so empfehle ich, die Einstellung CC = gcc im Makefile zuzufügen. Mit diesem Compiler und den Definitions-, Options- und Bibliothekseinstellungen

```
DEFS = -DTPIC -DDEBUG -DHAVE_GETCWD -DDEFRES=600 -DCREATIONDATE
OPT = -O -funsigned-char     sowie     FLIBS= -lm -lc
```

erfolgte die Compilation und das Linken nach Aufruf von make auf Anhieb fehlerlos. Diese Erfahrung habe ich mit dem gcc-Compiler ganz allgemein bei der Installation aller TEX-Werkzeuge gemacht. Zwar konnte ich diese auch mit dem systemeigenen Compiler unter HP-UX einrichten, in vielen Fällen aber erst nach mehreren fehlerhaften Kompilierungsversuchen mit verschiedenen Einstellungsänderungen, begleitet vom intensiven Nachschlagen im Compiler-Handbuch.

Die anwenderspezifischen Anpassungen bei den Pfad- und Verzeichnisnamen sind in MakeTeXPK, soweit sie dort auftreten, zu wiederholen. Bei diesem File handelt es sich um ein sog. Shell-Script, das von dvips aufgerufen wird, wenn angeforderte Druckerzeichensätze fehlen, und das dann diese Zeichensätze vorab generiert und anschließend in $LOCALDIR/pk ablegt. Wird beim Anwender ein Drucker mit 600 dpi Auflösung (Laserjet IV) benutzt, dann sollte die erste Unterabfrage in dem mit if test "MODE" = "" then eingeleiteten Abfrageblock lauten:

```
if test $BDPI = 600 then MODE = LaserjetIV
```

In der bisherigen ersten Abfrage if test $BDPI = 300 ist if durch elif zu ersetzen. Entsprechendes gilt für einen Drucker, dessen Auflösung nicht im vorstehenden Abfrageblock auftaucht.

Für anwenderspezifische Anpassungen kommt schließlich noch der File config.ps in Betracht. Dies ist ein sog. Konfigurationsfile, der beim Aufruf von dvips stets vorab eingelesen wird und der neben weiteren Einstellvorgaben auch zusätzliche Optionen für dvips bereitstellt. Die Konfigurationsoptionen bestehen aus Zeilen, die mit der Konfigurationskennung in Spalte 1 beginnen. Ein * in Spalte 1 leitet eine Kommentarzeile ein. Für Anpassungen kommen vor allem in Frage:

m 180000 Vorgabe für die Größe des verfügbaren Druckerspeichers. Mit dem kleinen PostScript-File

```
%! PostScript-Testfile
/Times-Roman findfont 30 scalefont setfont 144 432 moveto
vmstatus exch sub 40 string cvs show pop showpage
```

wird nach Senden an den Drucker eine Seite mit der Angabe der verfügbaren Speichergröße ausgegeben. Für m *nnn* sollten 80–90 % des ausgedruckten Wertes angegeben werden.

o !lpr Diese Vorgabe bewirkt, daß dvips seine Ausgabe direkt an den Drucker-Spooler weiterreicht. Wird !lpr durch einen Filenamen ersetzt, so legt dvips seine Ausgabe unter diesem Namen als File ab. Bei Entfernung von !lpr, aber ohne einen ersetzenden Filenamen, wird das Ergebnis in einen File mit dem Namen *name*.ps abgelegt, wobei *name* der Grundname des zu bearbeitenden .dvi-Files ist, der beim Aufruf dvips *name* angegeben wurde.

D 400 Standardvorgabe für die Druckerauflösung. Wie bereits beim Makefile erwähnt, ist die Vorgabe von 400 dpi etwas exotisch. Bei den meisten Anwendern wird sie als D 300 oder D 600 vorzugeben sein.

*@ A4size 210mm 297mm Durch den vorangestellten * ist diese Einstellung herauskommentiert worden. Wird der * entfernt, dann wird A4 zur Standard-Papiergröße erklärt, was für europäische Anwendungen der Regelfall sein sollte. Ebenso ist der * am Beginn der nächsten Zeile *@+ %%BeginPaperSize: A4 zu entfernen. Statt dessen ist die anschließende Zeile @ letterSize 8.5in 11in durch einen vorangestellten * unwirksam zu machen.

Das dvips-Paket enthält mit `config.lino` einen weiteren Konfigurationsmusterfile für eine LinoType-Photosatzmaschine. Dieser Konfigurationsfile enthält weitere Erläuterungskommentare und kann für Optionsergänzungen herangezogen werden. So enthält er die Konfigurationsoption `Z`, die bewirkt, daß `bitmap`-kodierte Zeichensätze komprimiert werden. Dies führt bei einer größeren Zahl von cm- oder dc-Anforderungen zu deutlich kleineren Files. Die Option kann sich bei begrenzter Druckerspeichergröße als nützlich erweisen. Als Nachteil muß in Kauf genommen werden, daß der Druckerprozessor die komprimierten `bitmap`-Zeichensätze entpacken muß, was den Druckvorgang verlangsamt. Für weitere Optionseinstellungen im Standard-Konfigurationsfile verweise ich auf Abschnitt 9 des Treiber-Manuals.

Nach diesen Vorbereitung können mit dem UNIX-Aufruf `make all` alle für den Einsatz von dvips erforderlichen Files erzeugt werden. Dies sind zum einen die ausführbaren Programme `dvips` und `afm2tfm` und zum anderen die PostScript-Header-Files `tex.pro`, `texps.pro`, `texc.pro`, `special.pro`, `finclude.pro`, `color.pro` und `crop.pro`. Anschließend kann mit `make install` die endgültige Installation vorgenommen werden. Damit werden die ausführbaren Programme `dvips` und `afm2tfm` sowie das Shell-Script `MakeTeXPK` in das mit `BINDIR = /usr/bin` vorgegebene Zielverzeichnis kopiert. Dies kann beim Editieren von `Makefile` ebenfalls nach Bedarf verändert werden. Die oben genannten PostScript-Headerfiles werden, zusammen mit `psfonts.map` (s. u.), in das mit `HEADERDIR` eingestellte Verzeichnis kopiert. In das mit `TEXMACRODIR` vorgegebene Verzeichnis werden die beigefügten Stilfiles `epsf.sty`, `rotate.sty`, `colordvi.sty` und `blackdvi.sty` sowie die gleichnamigen `.tex`-Files kopiert. Zum Abschluß können mit `make clean` oder `make veryclean` die im `dvips`-Verzeichnis mit `make all` entstandenen Files dort wieder gelöscht werden.

Auf die zur Nutzung der PostScript-Schriften erforderlichen `.tfm`-, `.vf`- und `.sty`-Files wurde bereits in 4.1.1 und 4.1.2 hingewiesen. Der Anwender möge diese Files spätestens jetzt entsprechend den dortigen Hinweisen einrichten, wenn er dies nicht bereits vorher getan hat. Wurde LaTeX 2ε mit dem Standardkodeattribut `T1` installiert (s. 2.1.6), so sind hierauf zugeschnittene `.tfm`- und `.vf`-Files erforderlich. Sie können von den TeX-Fileservern aus `/tex-archive/fonts/metrics` kopiert oder mit den Hinweisen aus 4.2.6 bzw. 4.2.7 selbst generiert werden.

4.1.4 Das Programm dvips

Der DVI-Treiber dvips für PostScript-Drucker von Tomas Rokicki kann die herkömmlichen TeX-Schriften in cm- oder dc-Kodierung wie auch die PostScript-eigenen Zeichensätze verarbeiten. Außerdem können PostScript-Grafikfiles als sog. gekapselte PostScript-Files (Encapsulated PostScript) in den umgebenden Text eingebunden werden (s. 4.3.3). Der Bearbeitungsaufruf erfolgt als

`dvips` *file_grundname*[`.dvi`] [*optionen*]

Der zu bearbeitende DVI-File braucht nur mit seinem Grundnamen angegeben zu werden. Der kennzeichnende Anhang `.dvi` kann entfallen. Optionsangaben bestehen aus einem Kennbuchstaben mit einem vorangestellten Minuszeichen und eventuell nachfolgenden Argumenten.

Mit dem alleinigen Aufruf `dvips` erscheint auf dem Bildschirm eine Tabelle mit allen möglichen Optionskennungen und einer Kurzbeschreibung. Eine ausführliche Beschreibung der Optionswirkungen findet man in Abschnitt 7 des beigefügten Treiber-Manuals “DVIPS: A TeX Driver” (TeX-Bearbeitungsergebnis von `dvips.tex`). Ich stelle einige vor, die bei mir von Bedeutung waren:

`-A` Es werden nur die ungeradzahligen Seiten ausgedruckt. Die Option kann mit `-p` *e* `-l` *l* sowie mit `-pp` (s. u.) kombiniert werden.

`-B` Es werden nur die geradzahligen Seiten ausgedruckt. Erlaubte Optionskombinationen wie bei `-A`.

`-c` *n* Jede Seite wird jeweils *n*-mal ausgegeben.

`-C` *n* Der Gesamtausdruck wird *n*-mal wiederholt.

`-d` *n* Debug-Ausgabe: Für *n* kann eine der Zahlen 1, 2, 4, 8, 16, 32, 64 oder 128 gewählt werden, womit eventuelle Fehler nach Typen ausgewählt und mit entsprechenden Meldungen ausgegeben werden. Kombinationen von Fehlertypen können durch eine Summenangabe der vorstehenden Zahlen, also z. B. $168 = 8+32+128$ protokolliert werden. Ein nützliche Angabe über die von dvips benutzten Pfade nach Konfigurations-, Header- und Zeichensatzfiles erhält man mit der Angabe `-d 64`. Für weitere Einzelheiten verweise ich auf Abschnitt 15.1 im dvips-Manual.

`-e` *n* Die interne Fehlerschranke `maxdrift` zur individuellen Zeichenpositionierung wird auf *n* Druckerpixel eingestellt[2]. Ein kleinerer Wert als die Standardvorgabe kann bei der Einbindung von Grafiken, wie z. B. mit bm2font (s. Kap. 5), erforderlich werden.

`-E` Der `.dvi`-File soll als gekapselter PostScript-File unter dem mit der Option `-o` *name* vorgegebenen Filenamen abgelegt werden. Dieser PostScript-File kann dann in andere Texte zur LaTeX-Bearbeitung eingebunden werden. Viele der in Kap. 7 abgebildeten METAFONT-Beispiele wurden auf diese Weise erzeugt und anschließend in den umgebenden Text eingebunden. Der `.dvi`-File darf aber nur eine Druckerseite enthalten oder es muß mit `-t` *s* `-l` *s* oder `-pp` *s* (s. u.) eine einzelne Seite *s* ausgewählt werden.

`-h` *file* Der mit dem Namen *file* angegebene File wird als zusätzlicher PostScript-Headerfile zugefügt. Der File `draft.pro` mit dem Inhalt

```
/bop-hook{gsave 200 30 translate 65 rotate
/Times-Roman findfont 216 scalefont setfont 0 0 moveto
0.75 setgray (ENTWURF) show grestore}def
```

bewirkt mit `-h draft.pro`, daß jede Seite mit dem schräggestellten, grau schattierten Wort 'ENTWURF' überdruckt wird.

`-i -S` *n* Jeweils *n* Seiten des `.dvi`-Files werden bei der Ausgabe unter dem mit der Option `-o` *name* vorgegebenen Namen, gefolgt von einer laufenden dreistelligen Zahl, als eigene PostScript-Files ausgegeben.

`-k` Die Ausgabeseiten werden mit vier Justiermarken in Form kleiner Kreuze umgeben.

`-o` *name* Das dvips-Bearbeitungsergebnis wird als File unter dem hier angegebenen Namen abgelegt. Mit `-o` ohne Namensangabe wird der Grundname des `.dvi`-Files mit dem Anhang `.ps` gewählt. Ohne diese Optionsangabe wird das Ergebnis durch die Vorgabe aus `config.ps` bestimmt.

`-O` *h_maß,v_maß* Der linke und obere Seitenrand werden um die mit *h_maß* und *v_maß* übergebenen Längenmaße horizontal und vertikal verschoben. Positive Maßangaben bewirken eine Verschiebung nach rechts bzw. nach unten; negative eine solche nach links bzw. nach oben.

[2] DVI-Treiber errechnen die Positionierung der einzelnen Zeichen aus den Abmessungen der vorangegangenen Zeichen auf der laufenden Seite und eventuellen expliziten Verschiebevorgaben aus dem `.dvi`-File. Explizite Positionierungsanweisungen an den Drucker können nur als ganzzahlige Pixelwerte erfolgen. Beim Aufsummieren gerundeter Pixelpositionen können sich Positionierungsfehler akkumulieren. Die Treiber errechnen die Positionierung aus den internen, sehr genauen `.dvi`-Maßeinheiten neu, wenn solche Akkumulierungsfehler die interne Schranke `maxdrift` überschreiten. Der Standardwert für `maxdrift` ist bei dvips von der Druckerauflösung abhängig, nämlich 3 für Auflösungen < 600 dpi, 6 für <1200 dpi usw.

`-p` *e* `-l` *l* Die mit *e* angegebene Seitennummer ist die erste ausgedruckte Seite, gefolgt von den nachfolgenden Seiten bis einschließlich der mit *l* angegebenen Seitennummer. Bei dieser sind die von TEX erzeugten Seitennummern anzugeben. Diese Optionen können auch in der Form `-p=`*e* `-l=`*l* gewählt werden, die sich auf die relative Zählung der auszudruckenden Seiten beziehen. Enthält der `.dvi`-File z. B. die TEX-Ausgabe für die Seiten 101–130, dann führen `-p 105 -l 112` und gleichermaßen `-p=5 -l=12` zur Druckausgabe der Seiten 105–112.

`-pp` *seiten_liste* Die hier angegebene Seitenliste kann aus durch Kommata getrennten Einzelseiten und durch Doppelpunkte getrennten *von–bis*-Angaben bestehen:

`-pp 103,107,110:115,118,121:130`

führt zur Druckausgabe der Seiten 103, 107, 110–115, 118 und 121–130.

`-P` *cfg* Ein File mit dem Grundnamen `config` und dem mit *cfg* gekennzeichneten Anhang wird als zusätzlicher Konfigurationsfile eingelesen. Der File `config.date` mit dem Inhalt (in dieser Form UNIX-spezifisch)

```
E echo /bop-hook \{save /Helvetica findfont 8 scalefont setfont
        72 756 moveto \(`date`\) show restore\} def >.date
h .date
```

erzeugt mit `-P date` auf jeder Seite das aktuelle Datum und die momentane Uhrzeit in der Schriftart Helvetica in 8 pt Größe am oberen Seitenrand.

`-r` Der Ausdruck erfolgt in umgekehrter Seitenfolge; die letzte Seitennummer wird als erste Seite ausgedruckt, die erste Seitennummer erscheint als letzte Druckseite.

`-t` *papier_größe* Als Papiergröße darf eine der in den Konfigurationsfiles mit `@` definierten Papiergrößen-Namen (s. z. B. `config.ps`), wie `A4` oder `letter`, gewählt werden. Die Option ist nur sinnvoll für Drucker mit mehreren Papierboxen entsprechender Größen. Sie darf zusätzlich als `-t landscape` gewählt werden, was zur Druckausgabe im Querformat führt.

`-T` *h_maß,v_maß* Einstellung der angeforderten Papiergröße durch Angabe der Seitenbreite *h_maß* und Höhe *v_maß*.

`-x` *skal* Die Druckausgabe wird um den Faktor *skal*/1000 skaliert. `-x 800` führt zu einer Verkleinerung auf das 0.8fache, `-x 1500` zu einer Vergrößerung auf das 1.5fache gegenüber der unskalierten Standardausgabe.

`-Z` Bitmap-kodierte Zeichensätze werden komprimiert, bevor sie in den Drucker geladen werden. Diese Option ist besonders nützlich bei Druckern mit hoher Auflösung oder bei Verwendung besonders großer Zeichensätze, die bitmap-kodiert werden. Der Abdruck des Zeichensatzes `cminch` in [3a, Anh. C.3.2.4] war auf meinem 600 dpi-Drucker mit 4 MByte Druckerspeicher für die dortige Seite 254 nur mit der Option `-Z` möglich. Ohne die Z-Option entstand für diese Seite ein PostScript-File mit mehr als 2.5 MB, der mit `-Z` auf ca. 0.5 MB reduziert wurde. Komprimierte Bitmap-Zeichensätze müssen durch den Prozessor des Druckers entpackt werden, was evtl. zu einer verlangsamten Druckausgabe führt.

4.1.5 Konfigurationsmöglichkeiten für dvips

Beim Aufruf von `dvips` [*optionen*] *dvi_file* wird stets der File `config.ps` aus dem Verzeichnis `$TEXDIR/ps` hinzugeladen, womit gewisse Standardvorgaben eingerichtet werden (s. 4.1.3 auf S. 191). Enthält das aktuelle Verzeichnis des Anwenders einen File mit dem Namen `dvipsrc` (beim PC-Paket aus `dps`*nnn*`b.zip` (s. 4.1.1) wird nach einem lokalen File `config.ini` gesucht) so wird dieser als lokaler Konfigurationsfile interpretiert und ebenfalls geladen. Konfigurationsvorgaben aus `config.ps` können mit einem anwendereigenen File `dvipsrc` (bzw. `config.ini`) lokal abgeändert werden. Dies kann für Anwender, die dvips mit den Ressourcen eines Rechenzentrums nutzen, von Bedeutung sein, da eine benutzerspezifische globale Änderung von `config.ps` in einem Rechenzentrum kaum erlaubt sein dürfte. Schließlich kann mit der Optionsangabe `-P` *cfg* beim `dvips`-Aufruf ein weiterer `config.`*cfg*-File eingelesen werden. Seine Konfigurationsvorgaben können ihrerseits solche aus `config.ps` und `dvipsrc` bzw. `config.ini` überschreiben.

Zum Abschluß prüft dvips, ob eine Systemvariable mit dem Namen `PRINTER` existiert. Ist das der Fall, so wird ein mit dieser Systemvariablen definierter File als letzter Konfigurationsfile interpretiert und abschließend eingelesen, womit vorangegangene Konfigurationsvorgaben nochmals verändert werden können. dvips kennt eine Reihe weiterer Systemvariablen, die im dvips-Manual im Abschnitt 12 aufgelistet sind. Werden diese gesetzt, so können damit die Standardvorgaben der Installation aus `Makefile` lokal verändert werden.

Die meisten Optionsangaben aus dem dvips-Aufruf können in Konfigurationsfiles angebracht werden. Sie stellen dann entsprechende Standardvorgaben für den dvips-Aufruf ein. Solche Optionskennungen innerhalb eines Konfigurationsfiles beginnen mit dem Optionskennbuchstaben *ohne* ein vorangestelltes Minuszeichen in Spalte 1 einer neuen Zeile. Für weitere Details verweise ich nochmals auf S. 191 in 4.1.3 sowie auf Abschnitt 9 des dvips-Manuals.

Standardvorgaben aus Konfigurationsfiles für dvips-Optionen ohne Argument, wie z. B. `k`, `r`, `E`, `Z` u. a., können beim dvips-Aufruf durch eine nachgestellte 0 als `-k0`, `-r0` usw. abgestellt werden. Dies trifft für alle Optionen zu, die in der durch den alleinigen Aufruf von `dvips` erzeugten Bildschirmtabelle mit einem nachgestellten `*` gekennzeichnet sind.

Mit dem TeX-Befehl `\special{`*ps_eintrag*`}` [3c, 8.1.5] können beliebige PostScript-Anweisungsstrukturen *ps_eintrag* an dvips weitergereicht werden. Zusätzlich erlaubt dvips die `\special`-Einträge

`\special{papersize=`*h_maß*`,`*v_maß*`}` und `\special{landscape}`

Wird bei der Einstellung der Papiergröße für die Breite *h_maß* ein größerer Wert als für die Höhe *v_maß* gewählt, so führt dies ebenfalls zur Ausgabe im Querformat, z. B. mit `\special{papersize=297mm,210mm}` für A4. Mit diesen Querformat-Einstellungen werden die Schriften um 90° gegen den Uhrzeigersinn gedreht. Eine Drehung im Uhrzeigersinn kann mit der PostScript-Anweisung `\special{! /landplus90 true store}` erreicht werden.

In 4.3.2–4.3.7 werden Ergänzungspakete zur Nutzung grafischer PostScript-Möglichkeiten vorgestellt, die aus der LaTeX-Bearbeitung heraus die `\special`-Befehle mit den erforderlichen Einträgen automatisch und, abhängig von der gewählten Treiberoption, druckerspezifisch generieren. Mit diesen Ergänzungspaketen wird die Einbindung von PostScript-Grafiken, deren Skalierung und Drehung sowie eine etwaige Farbgestaltung zur LaTeX-Aufgabe erklärt und gelöst.

4.2 PostScript-Schrifterweiterungen

Anwender, die lediglich die 35 PostScript-Standardzeichensätze sowie solche PostScript-Software-Schriften mit dvips nutzen wollen, die in `psfonts.map` aufgelistet sind, können diesen Abschnitt überspringen. Die nachfolgenden Unterabschnitte enthalten Hinweise, die zur Nutzung weiterer PostScript-Schriften und/oder zur Umkodierung von PostScript-Schriften dienen. Wegen der spezielleren Natur erscheint der weitere Text dieses Abschnitts, entsprechend der Konvention dieser Buchserie, in kleinerer Schrift.

4.2.1 Standardzeichensätze

Auf einem PostScript-Drucker stehen standardmäßig 35 PostScript-Schrifttypen zur Verfügung. Die Standardschriften sind Bestandteil der sog. Drucker-Firmware, d. h. sie sind im ROM (Read-Only-Memory) des Druckers gespeichert und brauchen, anders als die TEX-Standardzeichensätze, bei Bedarf nicht in den Drucker geladen zu werden, sondern können nach Einschalten des Druckers stets sofort angesprochen werden. Diese Standard-Schrifttypen können vielfältig variiert werden. So haben sie, anders als die TEX-cm-Schriften, keine festen Entwurfsgrößen (wenn man von ihrer internen Bereitstellung in 1 pt absieht), sondern können beliebig skaliert werden. Außerdem können sie beliebig geneigt und gedehnt oder komprimiert werden. Schließlich können die sog. Kapitälchen aus ihnen abgeleitet werden, indem die Kleinbuchstaben als verkleinerte Großbuchstaben aus den Originalschriften abgeleitet werden. Die PostScript-Namen der Standardzeichensätze sind, zusammen mit ihren Kurzformen für dvips, in der Tabelle am Ende von Abschnitt 4.2.3 auf S. 199 aufgelistet.

4.2.2 Software-Zeichensätze

PostScript stellt viele weitere Schriften als zusätzlich ladbare *Software*-Zeichensätze bereit. Sie sind jedoch, anders als die TEX-eigenen Zeichensätze, Lizenzprodukte und müssen bezahlt werden. Dies gilt zumindest — von den cm- und dc-Schriften abgesehen — für nahezu alle der sog. Typ-1-kodierten Schriften. Der Lizenzhalter von PostScript, die Firma Adobe Systems Inc., hat dieses Kodierschema entwickelt und für die eigenen Schriften verwendet. So sind die im vorangegangenen Abschnitt genannten PostScript-Standardzeichensätze nach diesem Verfahren kodiert. PostScript kennt ein zweites, einfacheres Kodierverfahren, das als Typ-3-Kode bezeichnet wird. Nach diesem Kodierverfahren können weitere Schriften mit ausreichenden PostScript-Kenntnissen eigenständig entwickelt werden. Auch die Typ-3-Schriften können beliebig skaliert, geneigt und gedehnt oder komprimiert werden.

PostScript-Drucker können Zeichensätze, die in `bitmap`-Kodierung zur Verfügung stehen, ebenfalls verarbeiten. Die in [3a, C.7.3] vorgestellte Pixel-Kodierung ist im Prinzip eine solche `bitmap`-Kodierung. Die TEX-cm- und dc-Schriften stehen als Druckerzeichensätze üblicherweise als `.pk`-kodierte Schriften zur Verfügung [3a, C.7.4]. Als solche entstehen sie aus der METAFONT-Bearbeitung und anschließender Umwandlung mit dem METAFONT-Zusatzwerkzeug gftopk. Der DVI-Treiber dvips von Tomas Rokicki wandelt die `.pk`-kodierten TEX-Schriften in die erforderliche `bitmap`-Kodierung um, so daß sie auf den PostScript-Druckern in herkömmlicher Weise genutzt werden können.

Inzwischen stehen die klassischen TEX-Schriften auf den öffentlichen Fileservern auch als Typ-1- und Typ-3-PostScript-Schriften zur Verfügung. Ihre Files sind zwar deutlich größer als die `.pk`-kodierten Files, doch sind sie in diesem Kode, unabhängig von der Druckerauflösung und der auszugebenden Größe, nur jeweils einmal vorzuhalten. Nach Aussage von Norbert Schwarz, dem Entwickler der dc-Schriften, sollen die PostScript-kodierten TEX-Schriften jedoch nicht die Qualität der Originalkodierung erreichen.

Eine beliebter Schrifttyp, dessen Zeichensätze als PostScript-Software-Schriften vom Typ-1 verfügbar sind, wird unter dem Namen LucidaBright angeboten. Diese Schriftgruppe besteht aus insgesamt 22 Zeichensätzen, die Roman-, Schreibmaschinen- und serifenlose Schriften einschließen. Außerdem gehören zu ihr mathematische Zeichensätze, die alle mathematischen TEX-, LATEX- und AMS-Symbole enthalten, wobei diese in der Stärke harmonisch an die LucidaBright-Textschriften angepaßt sind. Die LucidaBright-Schriften wurden von Charles Bigelow und Chris Holmes entworfen, die sie als Lizenzprodukt vertreiben. Die im Literaturverzeichnis unter [4] und [7] angeführten Bücher stellen Beispiele für die Nutzung der LucidaBright-Schriften beim Buchdruck dar, deren Satzvorlage von den Autoren als PostScript-Files selbst erstellt wurden.

Auch die 35 PostScript-Standardschriften, die normalerweise als Firmware in PostScript-Druckern bereitgestellt werden, können als Software-Zeichensätze von der Firma Adobe Systems Incorporated bezogen werden. In dieser Form müssen die Zeichensätze z. B. vorgehalten werden, wenn beim Rechner des Anwenders ein PostScript-Interpreter für einen normalen Drucker existiert, der PostScript-Files in die Druckersprache des lokalen Druckers umwandelt.

PostScript-Software-Zeichensätze werden durch den Anhang `.pfa` oder `.pfb` gekennzeichnet. Die mit `.pfa` gekennzeichneten Files sind reine ASCII-Files, die ohne Probleme als e-mail versandt werden können. Die `.pfb`-Files liegen dagegen als binäre Files vor. In 4.4.1 wird in Fußnote 12 auf wechselseitige Umwandlungsprogramme hingewiesen.

In 4.4.1 wird das Programm ps2pk von Piet Tutelaers vorgestellt, das PostScript-Soft-Zeichensätze vom Typ 1 in `.pk`-kodierte Zeichensatzfiles umwandelt. Anschließend können sie wie TEX-Zusatzzeichensätze mit den herkömmlichen DVI-Treibern mit einfachen Laser-, Tintenstrahl- und Nadeldruckern genutzt werden, z. B. mit allen Treibern von Eberhard Mattes aus dem emTEX-Paket. In dieser Form verwende ich sie für das Preview auf dem PC mit dem speziellen Previewer von Eberhard Mattes.

Für den PostScript-Schreibmaschinen-Schrifttyp `Courier` stehen die Software-Zeichensätze `Courier.pfa`, `CourierOblique.pfa`, `CourierBold.pfa` und `Courier-BoldOblique.pfa` als lizenzfreie Probeschriften auf den TEX-Fileservern zur Verfügung. Das gleiche gilt für den Schrifttyp `Utopia` mit den Zeichensatzfiles `Utopia-Regular.pfa`, `Utopia-Italic.pfa`, `Utopia-Bold.pfa` und `Utopia-BoldItalic.pfa`.

4.2.3 Vereinfachte Namenskonvention

Die PostScript-Schriften sind gewöhnlich durch lange selbsterklärende Namen gekennzeichnet, die von vielen Betriebssystemen als Filenamen in dieser Länge nicht akzeptiert werden. Verschiedene Hersteller bieten Schriften unter gleichen Namen an, die sich in Details jedoch häufig unterscheiden. Karl Berry, der internationale Koordinator für TEX unter UNIX, hat einen Vorschlag für eine TEX-geeignete Namenskonvention unterbreitet [23, Vol. 11,#4], den Tomas Rokicki für dvips übernommen hat und der inzwischen auch seinen Niederschlag in den LATEX 2$_\varepsilon$-Ergänzungspaketen für die PostScript-Schriften gefunden hat. Die vorgeschlagenen Namen zur Kennzeichnung der Schriften enthalten maximal acht Zeichen und können damit bei allen Betriebssystemen auch eindeutig als Grundname der zugeordneten Zeichensatzfiles dienen.

Nach diesem Vorschlag werden die Zeichensatznamen als Folge von Einzelzeichen in der Form *f tf w v e ds* gebildet, jedoch ohne die zur Verdeutlichung zwischengefügten Leerzeichen. Hiermit kennzeichnet

f den Zeichensatzersteller, ihre Herkunft oder den Lieferanten (engl. <u>f</u>oundry),

tf den Schrifttyp (engl. <u>t</u>ype<u>f</u>ace) als Zweizeichenkombination, bei der das erste Zeichen ein Buchstabe sein muß,

w die Zeichensatzstärke (engl. <u>w</u>eight),

v die Zeichensatzvariante (engl. <u>v</u>ariant),

e die Zeichendehnung oder Zeichenstauchung (engl. <u>e</u>xpansion) und

ds die Entwurfsgröße (engl. <u>d</u>esign <u>s</u>ize) als maximal 2stellige Zahl in der Maßeinheit pt.

Zur Kennzeichnung sind die folgenden Buchstaben oder Buchstabengruppen nach dem Vorschlag von Karl Berry bereits vergeben:

Herkunft (Foundry)

`a`	Autologic	`g`	Free Software Foundation (GNU)	`p`	Adobe (PostScript)
`b`	Bitstream	`h`	Bigelow & Holmes	`r`	Reserviert (s. u.)
`c`	Compugraphic	`i`	International Typeface Corporation	`s`	Sun

Schrifttyp (Typeface)

`ad`	Adobe Garamond	`cl`	Cloister	`op`	Optima
`ag`	Avant Garde	`cr`	Courier	`pl`	Palatino
`ao`	Antique Olive	`cn`	Century	`pp`	Perpetua
`at`	American Typewriter	`cs`	Century Schoolbook	`rw`	Rockwell
`bb`	Bembo	`hv`	Helvetia	`st`	Stone
`bd`	Bodoni	`gm`	Garamond	`sy`	Symbol
`bg`	Benguiat	`go`	Goudy Oldstyle	`tm`	Times
`bk`	Bookman	`gs`	Gill Sans	`un`	Univers
`bl`	Balloon	`jo`	Joanna	`ut`	Utopia
`bv`	Baskerville	`lc`	Lucida	`uy`	University
`bw`	Broadway	`lt`	Lutetia	`zc`	Zapf Chancery
`cb`	Cooper Black	`nc`	New Century Schoolbook	`zd`	Zapf Dingbats

Stärke (Weight)

leichte Schriften		*fette Schriften*	
`a`	hairline	`d`	demibold
`t`	thin	`s`	semibold
`i`	extra light	`b`	bold
`l`	light	`x`	extra bold
`k`	book	`h`	heavy
`r`	regular	`c`	black
`m`	medium	`u`	ultra

Zeichensatzvarianten

`a`	alternate	`n`	informal
`b`	bright	`o`	oblique (slanted)
`c`	small caps	`r`	normal (regular)
`e`	engraved	`s`	sans serif
`g`	grooved	`t`	typewriter
`h`	shadow	`u`	unslanted italic
`i`	italic	`x`	expert
`l`	outline		

Ausdehnung, Weite

`o`	extra condensed
`c`	condensed (by hand)
`n`	narrow (automatic)
`r`	regular, normal, medium (kann meistens entfallen)
`x`	extended (by hand)
`e`	expanded (automatic)
`w`	wide

Bei den namentlichen Angaben der vorstehenden Kennungen habe ich von einer Übersetzung der englischen Begriffe abgesehen. Bei der Herkunfts- und Schrifttypkennung sind es weitgehend Eigennamen, die sich nicht übersetzen lassen. Die Stärkekennungen sollten auch ohne Übersetzung verständlich sein, wobei letztlich nur zu beachten ist, daß die Stärke in beiden Gruppen von oben nach unten zunimmt und die Steigerung von 'medium' nach 'demi' kontinuierlich fortgesetzt wird.

Bei den letzten beiden Kennungen (Varianten und Weiten) wäre eine Übersetzung nur sinnvoll, wenn sie in die typografischen Fachbegriffe erfolgte, die im Deutschen aber nicht oder nicht voll den angeführten Klassifizierungen entsprechen. Bei der Ausdehnungskennung wird zwischen *narrow* und *expanded* mit der Zusatzangabe (automatic) und *condensed* und *extended* mit der Zusatzangabe (by hand) unterschieden. Damit ist folgendes gemeint: In PostScript kann die Stauchung und Dehnung der Zeichen eines vorgegebenen Zeichensatzes mit dem Operator scale automatisch erfolgen. Solche gedehnten oder gestauchten Zeichensätze sollten mit '`n`' bzw. '`e`' gekennzeichnet werden. Andere Zeichensätze, wie z. B. alle mit METAFONT erzeugten, verlangen entsprechende manuelle Vorgaben in ihren Quellenfiles. Sie sollen deshalb mit '`c`' bzw. '`x`' markiert werden.

Ist die Variantenkennung '`r`' und die Ausdehnungskennung ebenfalls '`r`', so können beide entfallen. Die Variantenkennung '`s`' für serifenlose Schriften ist nur für Schrifttypen zu verwenden, die sowohl Serifen-Zeichensätze als auch serifenlose Zeichensätze unter der gleichen Schrifttypkennung bereitstellen. Schrifttypen, wie z. B. Helvetica, deren Zeichensätze ausschließlich serifenlos sind, sind mit der

Variantenkennung `r` zu kennzeichnen. Mit der Kennung `a` für *alternate* werden solche PostScript-Schriften markiert, die gegenüber Schriften gleichen Namens Ausschmückungen und zusätzliche Ligaturen enthalten. Die Variante `x` für *expert* ist für PostScript-Schriften gedacht, deren Zahlen in alter Form als 123456789 erscheinen und die eigenständige Kapitälchen enthalten.

Einige PostScript-Schriften verlangen mehrfache Variantenkennungen, wie z. B. "Stone Informal Italic". Dies erfordert mehrere Variantenkennbuchstaben, deren Reihenfolge dann so zu wählen ist, daß der letzte Kennbuchstabe nicht mit einem gleichen Buchstaben für die Ausdehnung übereinstimmt. Für das genannte Beispiel käme damit `pstni` in Betracht, weil `i` als Weitenkennung nicht existiert. Die Auswahl `pstin` würde dagegen das letzte `n` als Weitenkennung `narrow` suggerieren.

Die 35 Adobe-Firmware-Zeichensätze

Kurz-Name	vollständiger PostScript-Schriftname	Kurz-Name	vollständiger PostScript-Schriftname
`pagk`	AvantGarde-Book	`phvrrn`	Helvetica-Narrow
`pagko`	AvantGarde-BookOblique	`phvron`	Helvetica-NarrowOblique
`pagd`	AvantGarde-Demi	`pncb`	NewCenturySchbk-Bold
`pagdo`	AvandGarde-DemiOblique	`pncbi`	NewCenturySchbk-BoldItalic
`pbkd`	Bookman-Demi	`pncri`	NewCenturySchbk-Italic
`pbkdi`	Bookman-DemiItalic	`pncr`	NewCentury-Roman
`pbkl`	Bookman-Light	`pplb`	Palatino-Bold
`pbkli`	Bookman-LightItalic	`pplbi`	Palatino-BoldItalic
`pcrb`	Courier-Bold	`pplri`	Palatino-Italic
`pcrbo`	Courier-BoldOblique	`pplr`	Palatino-Roman
`pcrr`	Courier	`psyr`	Symbol
`pcrro`	Courier-Oblique	`ptmb`	Times-Bold
`phvb`	Helvetica-Bold	`ptmbi`	Times-BoldItalic
`phvbo`	Helvetica-BoldOblique	`ptmi`	Times-Italic
`phvbrn`	Helvetica-NarrowBold	`ptmr`	Times-Roman
`phvbon`	Helvetica-NarrowBoldOblique	`pzcmi`	ZapfChancery-MediumItalic
`phvr`	Helvetica	`pzdr`	ZapfDingbats
`phvro`	Helvetica-Oblique		

4.2.4 Virtuelle Zeichensätze

Bei der TEX- oder LATEX-Bearbeitung eines beliebigen Textes werden für die angeforderten Schriften nur die `.tfm`-Zeichensatzfiles[3] mit den metrischen Informationen über den jeweiligen Zeichensatz benutzt. Diese Informationen stehen im `.tfm`-File in sehr komprimierter Form, die nur maschinenlesbar ist. Für jedes erlaubte Eingabezeichen entnimmt TEX aus einer internen Tabelle, wo dieses Zeichen innerhalb des Zeichensatzes positioniert ist, d. h, welchem internen Zahlenkode das Zeichen zugeordnet ist. Diese Kodetabelle wird bei der IniTEX-Bearbeitung in den Formatfile eingebunden und bezieht sich gewöhnlich auf die Kodierungen der `cm`- und/oder der `dc`-Zeichensätze. Die `.tfm`-Files können mit dem TEX-Hilfswerkzeug tftopl les- und interpretierbar gemacht werden [3c, Anh. B.3.4]. Die hiermit erzeugten Files mit den gleichen Grundnamen und dem Anhang `.pl` (property list) können mit jedem Texteditor gelesen und durchmustert werden.

[3]Die `.tfm`-Files enthalten für die Zeichen des Zeichensatzes die Abmessungen ihrer *Zeichenboxen*, also ihrer Höhe über und evtl. der Tiefe unter der Grundlinie sowie deren Breite. Bei kursiven oder geneigten Zeichensätzen wird jedes Zeichen zusätzlich durch die sog. Italic-Korrektur ergänzt [3a, 3.5.1.4]. Bestimmte Zeichenkombinationen werden als Ligatur bereitgestellt, während bei anderen die Zeichen zusätzlichen positiven oder negativen Abstand zwischen ihren Zeichenboxen erhalten. Solche Zeichenkombinationen werden im `.tfm`-File durch eine Ligatur- und Abstandstabelle (Kerning) gekennzeichnet. Schließlich enthält ein `.tfm`-File noch die Entwurfsgröße (`DESIGNSIZE`) sowie mindestens noch den Neigungsfaktor, den natürlichen Wortabstand, dessen maximalen Dehn- und Schrumpfwert, die x-Höhe und die em-Weite für den betrachteten Zeichensatz.

Die `.tfm`-Files enthalten keinerlei Information über die grafischen Muster der Zeichen des verwendeten Zeichensatzes. Diese ist für die TeX- oder LaTeX-Bearbeitung auch irrelevant. Dort werden die Zeichen eines Absatzes mit ihren grafisch leeren Zeichenboxen nebeneinander gestellt, wobei gewisse Zeichenkombinationen durch eine Ligaturzeichenbox ersetzt oder durch positiven oder negativen Zusatzzwischenraum ergänzt werden. Diese Kette nebeneinanderstehender Zeichenboxen eines Absatzes wird dann nach den TeX-Regeln in Zeilenboxen umbrochen.

Die grafischen Muster der Zeichen eines Zeichensatzes werden erst bei der Druckausgabe oder beim Preview benötigt. Dies kann mit einem ladbaren Druckerzeichensatzfile oder einem fest im Drucker vorgegebenen Zeichensatz geschehen. Ein ladbarer oder fester Zeichensatz hat denselben Grundnamen wie der zugehörige `.tfm`-File, wobei die Zeichenpositionierung, also der interne Zahlenkode für die einzelnen Zeichen, im `.tfm`-File und im Druckerzeichensatz übereinstimmen. Eine solche Kombination aus `.tfm`-File und Druckerzeichensatz soll als *realer* Zeichensatz bezeichnet werden.

Ein *virtueller* Zeichensatz verfügt über einen `.tfm`-File, aus dem TeX an den erwarteten Positionen (cm- oder dc-Kodierung) die metrischen Informationen entnimmt und wie bei einem realen Zeichensatz zur Textformatierung benutzt. Ein gleichnamiger Druckerzeichensatz fehlt dagegen. Statt dessen gibt es einen File mit dem gleichen Grundnamen und dem Anhang `.vf`. Er enthält die Informationen, aus denen der Druckertreiber entnehmen kann, wo die einzelnen Zeichen des virtuellen `.tfm`-Files zu finden oder wie sie ggf. zu konstruieren sind.

Die Information eines `.vf`-Files ist, ähnlich wie bei `.tfm`-Files, in sehr komprimierter Form abgelegt, so daß `.vf`-Files nur maschinenlesbar sind. Ab TeX 3.0 gibt es das Hilfsprogramm vftovp, das einen `.vf`-File in einen File mit dem gleichen Grundnamen und dem Anhang `.vpl` (virtual property list) umwandelt und damit für den Anwender les- und interpretierbar macht [3c, Anh. B.3.5]. Der Strukturumfang der `.vf`- bzw. `.vpl`-Files ist eine Obermenge derjenigen aus den `.tfm`- bzw. `.pl`-Files.

Ein `.vpl`-File enthält gegenüber dem `.pl`-File mindestens die zusätzliche Struktur

`(MAPFONT D 0 (FONTNAME )`*z_satz_0*`))` und evtl. weitere
`(MAPFONT D 1 (FONTNAME )`*z_satz_1*`)) ...`

worin *z_satz_n* für die Grundnamen realer Zeichensätze steht. Ein `.pl`-File enthält für jedes Zeichen die Gruppe

`(CHARACTER` *c z* `(CHARWD` *c w*`)(CHARHT` *c h*`)...)`

worin c für `C`, `D`, `O`, `H` oder `R` steht, womit das nachfolgende Argument z als ASCII-Zeichen (`C`), ganze positive Zahl $0, \ldots, 255$ (`D`), Oktalzahl $< 2^{32}$ (`O`), Hexadezimalzahl $< 2^{32}$ (`H`) oder als positive oder negative Dezimalzahl, deren Absolutbetrag kleiner als 2048 ist, interpretiert wird. Als Maßeinheit für die Zahlenangaben w und h bei `CHARWD` (Zeichenbreite) bzw. `CHARHT` (Zeichenhöhe) gilt die Entwurfsgröße (`DESIGNSIZE`). Weitere Angaben für die Zeichenbox könnten sein `CHARDP` (Zeichentiefe) und `CHARIC` (Italic Korrektur). Fehlen diese, so werden sie als Null vorausgesetzt. Das 'A' im Times-Roman-Zeichensatz wird im zugehörigen `.pl`-File mit `(CHARACTER C A (CHARWD R 0.722) (CHARHT 0.668))` charakterisiert. TeX entnimmt hieraus die Weite als 7.22 pt und die Höhe über der Grundlinie als 6.68 pt, da die Entwurfsgröße im `.pl`- und ebenso im `.tfm`-File (`DESIGNSIZE`) mit 10 pt vorgegeben ist. Der entsprechende `.vpl`-File wiederholt diese Zeichenvorgaben und ergänzt sie durch

`(CHARACTER` *c z* `(CHARWD` *c w*`)(CHARHT` *c h*`) ...`
`   (MAP (SELECTFONT D` *n*`)(SETCHAR` *c z'*`)))` oder auch nur
`(CHARACTER` *c z* `(CHARWD` *c w*`)(CHARHT` *c h*`) ... (MAP (SETCHAR` *c z'*`)))`

Bei der ersten Form wird das angeforderte Zeichen z aus dem virtuellen Zeichensatz durch das Zeichen z' aus dem mit `(MAPFONT D` *n* `(FONTNAME )`*z_satz_n*`))` als n gekennzeichneten realen Zeichensatz *z_satz_n* realisiert. Bei der zweiten Form, in der die Angabe `(SELECTFONT D` *n*`)` entfällt, wird der mit `(MAPFONT D 0 (FONTNAME` *z_satz_0* `))` vorgegebene reale Zeichensatz gewählt.

Mit dieser Darstellung sollte dem Leser das Prinzip eines virtuellen Zeichensatzes deutlich geworden sein, auch wenn virtuelle Zeichensätze viele weitere Möglichkeiten zu ihrer Realisierung erlauben. Falls beim Anwender die Quellenfiles eines TEX-Gesamtsystems und das ausführbare Programm weave existieren, möge er mit dem Aufruf `weave vptovf` den File `vptovf.tex` erzeugen, dessen anschließende TEX-Bearbeitung alle Möglichkeiten und die Syntax der virtuellen Zeichensätze dokumentiert. Ansonsten verweise ich für eine Vertiefung auf [3c, Anh. B.3.6].

Als weiteres Beispiel für die Möglichkeiten virtueller Files gebe ich einen Auszug aus `ptmr.vf`, dem virtuellen File für die PostScript-Times-Roman-Schrift in cm-Kodierung (OT1) von S. Rahtz wieder. Die cm-Roman Zeichensätze enthalten an den Stellen '0–'12 (oktal) die großen griechischen Buchstaben, die im PostScript-Zeichensatz fehlen. Es gibt unter den 35 PostScript-Standardschriften den Zeichensatz Symbol, der u. a. griechische Großbuchstaben enthält. Der File `ptmr.vpl` enthält deshalb

```
(MAPFONT D 0 (FONTNAME ptmr0) (FONTDSIZE R 10.0) ... )
(MAPFONT D 1 (FONTNAME psyr0) (FONTDSIZE R 10.0) ... )
```

Hierin stehen `ptmr0` und `psyr0` für die PostScript-Originalschriften 'Times-Roman' und 'Symbol', die dem dvips-Treiber unter diesen Kurznamen mit dem File `psfonts.map` bekannt gemacht werden. Die Angabe `(FONTDSIZE R 10.0)` hätte entfallen können, da dies auch deren Standardvorgabe ist. Sie bezieht sich auf die Entwurfsgröße (`DESIGNSIZE`) der Originalschriften, die in `ptmr0.tfm` und `psyr0.tfm` ebenfalls mit 10 pt vorgegeben sind.

Das obige `.vpl`-Original enthält an den mit `...` gekennzeichneten Stellen noch die Vorgaben `(FONTCHECKSUM O` *nnn*`)` und `(FONTAT R 1.0)`, die ebenfalls nur Standardvorgaben wiederholen, nämlich die Prüfsummen der Original-`tfm`-Files bzw. den Skalierungsfaktor 1.0. Letzterer bekommt dann Bedeutung, wenn der referierte Zeichensatz abweichend von 1.0 skaliert werden soll.

Mit diesen Vorgaben nimmt der virtuelle Zeichensatz dann Bezug auf die Zeichen '0–'12:

```
(CHARACTER O 0 (CHARWD R 0.603) (CHARHT R 0.668)
   (MAP (SELECTFONT D 1) (SETCHAR C G)))
. . . . . . . . . . . . . . . . . . . . . . . . .
(CHARACTER O 12 (CHARWD R 0.768) (CHARHT R 0.682)
   (MAP (SELECTFONT D 1) (SETCHAR C W)))
```

Diese Zuordnungen bedürfen nach dem Hinweis, daß in dem mit `(SELECTFONT D 1)` referierten Zeichensatz `psyr0` an den mit 'G' bzw. 'W' angesprochenen Stellen die griechischen Buchstaben Γ bzw. Ω stehen, keiner weiteren Erläuterung.

Die cm-Roman-Zeichensätze enthalten an den Stellen '13–'17 die Ligaturen ff, fi, fl, ffi und ffl. PostScript-Times-Roman kennt als eigenständige Ligatur dagegen nur fi und fl, und diese befinden sich dort auf den Plätzen '256 und '257. Der virtuelle Zeichensatz löst dieses Problem folgendermaßen. Zunächst enthält er die Ligaturtabelle

```
(LIGTABLE (LABEL O 13) (LIG C i O 16) (LIG C l O 17) ... (STOP) ...
    (LABEL C f) (LIG C i O 14) (LIG C f O 13) (LIG C l O 15) ... )
```

die mit der zweiten Zeile besagt: wenn auf ein f ein i folgt, so sollen beide Buchstaben durch das Zeichen von Position '14 ersetzt werden — und weiter: wenn auf ein f ein weiteres f folgt, so sollen beide durch das Zeichen von Position '13 ersetzt werden, usw. Aus der ersten Zeile folgt: wenn auf das Zeichen aus Position '13 ein i oder l folgt, so sollen beide Kombinationen durch das Zeichen aus Position '16 bzw. '17 ersetzt werden.

Der PostScript-Times-Roman-Zeichensatz enthält an den Stellen '13–'17 aber gar keine Zeichen. Der virtuelle Zeichensatz erklärt deshalb:

```
(CHARACTER O 13 (CHARWD R 0.641)(CHARHT R 0.682)
   (MAP (SETCHAR C f)(MOVERIGHT R -0.025)(SETCHAR C f)))
(CHARACTER O 14 (CHARWD R 0.556)(CHARHT R 0.682)(MAP (SETCHAR O 256)))
(CHARACTER O 15 (CHARWD R 0.556)(CHARHT R 0.682)(MAP (SETCHAR O 257)))
(CHARACTER O 16 (CHARWD R 0.864)(CHARHT R 0.682)
   (MAP (SETCHAR C f)(MOVERIGHT R -0.025)(SETCHAR O 256)))
```

Das auf der Position '13 angeforderte Zeichen wird durch ein f aus dem Standardsatz (`MAPFONT D 0`), also aus `ptmr0` realisiert. Anschließend wird es um 0.25 pt nach links zurückpositioniert (wegen der negativen Angabe in (`MOVERIGHT R -0.025`)) und dort ein weiteres f ausgegeben, womit die zwei enggestellten f die ff-Ligatur aus cm-Roman nachbilden.

Das Zeichen auf '14 wird durch '256 aus `ptmr0` realisiert, also durch die Ligatur fi aus Times-Roman, die nunmehr aber unter Position '14 wie bei cm-Roman angesprochen wird. Das gleiche gilt für '15 bezüglich der Ligatur fl. Das Zeichen auf Position '16 wird durch das enger gestellte Zeichenpaar f und fi als ffi realisiert. Die entsprechende `.vpl`-Angabe für ffl kann vom Leser leicht nachvollzogen werden.

Ein virtueller Zeichensatz kann grafische Linienanweisungen enthalten. So gibt es in den meisten PostScript-Zeichensätzen kein punktloses ȷ, wie es im cm-Roman-Zeichensatz auf Platz '21 erscheint. Der virtuelle Zeichensatz `ptmr.vpl` enthält hier

```
(CHARACTER O 21 (CHARWD R 0.278)(CHARHT R 0.455)(CHARDP R 0.2165)
   (MAP (MOVEDOWN R 0.218)(SETRULE R 0.678 R 0.278)(MOVEUP R 0.218)
        (SPECIAL Warning: missing glyph 'dotless j')))
```

Die Eingabe von `\j`, die bei den cm-Schriften zur Ausgabe des punktlosen ȷ führt, erzeugt mit dem gleichen Aufruf für Times-Roman nunmehr ▮, also ein schwarzes Rechteck von den Abmessungen des fehlenden Zeichens. Gleichzeitig erfolgt die Bildschirmwarnung "Warning: missing glyph 'dotless j' ".

Über den `SPECIAL`-Eintrag können in einem virtuellen Zeichensatz sogar PostScript-Befehle weitergereicht werden. Mit der alternativen Angabe

```
(CHARACTER O 21 (CHARWD R 0.278)(CHARHT R 0.455)(CHARDP R 0.2165)
   (MAP (PUSH)(SETCHAR C j)(POP)(SPECIAL " 1 setgray
        1.25 6.25 1.25 0 360 arc fill)))
```

würde der reale Punkt über dem j aus dem Times-Roman-Zeichensatz entfernt (mit weißer Farbe wegen `1 setgray` überdeckt) ȷ. Mit (`PUSH`) werden die aktuellen Koordinaten der laufenden Seitenposition abgespeichert, also des Bezugspunktes *vor* der Ausgabe des j. Nach der Ausgabe des j wird mit (`POP`) die abgespeicherte Koordinatenposition wieder hergestellt. Bezogen auf diesen Koordinatenpunkt wird nun ein Vollkreis mit dem Radius 1.25 pt, dessen Mittelpunkt um 6.25 pt nach oben und 1.25 pt nach rechts versetzt ist, mit weißer Farbe gefüllt, womit der ursprüngliche Punkt unsichtbar wird.

Das Beispiel sollte nur zeigen, was mit einem virtuellen Zeichensatz möglich wird. Für die praktische Anwendung hat es einen gravierenden Mangel. Soll ein Akzent über dem punktlosen ȷ angebracht werden (und nur dafür wird es benötigt), z. B. für `\H{\j}` als ȷ̋ (s. [3a, 2.5.7]), so gibt TeX zunächst den Akzent aus und setzt anschließend das j darunter. Erst danach wird der Punkt und damit auch der Akzent mit dem weiß gefüllten Kreis überdeckt. Eine bessere Lösung stammt von Sebastian Rahtz und ist in [23, Vol. 14#3, S. 281] abgedruckt.

Die Ligaturtabellen der virtuellen Zeichensätze enthalten neben den eigentlichen Ligaturanweisungen mit (`LABEL` $c\ z$ (`LIG` $c\ z'\ c\ z''$)...), deren Wirkung bereits oben erläutert wurde, meistens auch noch (`LABEL` $c\ z$ ... (`KRN` $c\ z'$ `R` k')(`KRN` $c\ z''$ `R` k'') ...). Die Wirkung ist: Folgt auf das Zeichen z ein z', so wird zwischen ihnen Leerraum vom Betrag k' eingefügt, folgt ein z'', so wird Leerraum vom Betrag k'' eingefügt, usw. Der Dezimalbruch k, dem ein + oder − vorangestellt werden darf, bezieht sich auf die Entwurfsgröße. Damit führt (`LABEL C V ... (KRN C A R -0.135) ...`)) bei der Eingabe von V, gefolgt von einem A, zu VA, während beide Buchstaben mit ihrer natürlichen Weite VA ergeben würden. Der Normalabstand wurde wegen des negativen Vorzeichens und der Entwicklungsgröße von 10 pt um 1.35 pt verkleinert.

Die Ligaturanweisung (`LIG` $z'\ z''$) kennt noch die Varianten `/LIG`, `LIG/`, `/LIG/`, `/LIG>`, `LIG/>`, `/LIG/>` und `/LIG/>>`, jeweils mit den nachgestellten Folge- und Ersetzungszeichen z' und z''. Die Bedeutung dieser Variationen kann den äquivalenten Ligaturanweisungen aus METAFONT in Kap. 7 auf S. 381 entnommen werden. `.vpl`-Files enthalten häufig die Struktur (`COMMENT` xxx yyy...). Dies ist reiner Kommentar, der im virtuellen Zeichensatz ohne Wirkung bleibt.

4.2.5 Beispiel für benutzerspezifische virtuelle Zeichensätze

Ein Anwendungsfeld für benutzerspezifische virtuelle Zeichensätze könnte sich aus folgender Situation ergeben: Auf dem eigenen PC ist TEX installiert, z. B. mit dem emTEX-Paket. Ein PostScript-fähiger Drucker oder Previewer fehlt dagegen bei der häuslichen Anlage. Der Eingabetext soll unter Verwendung von PostScript-Schriften LATEX-bearbeitet werden. Dies verlangt lediglich, daß die `.tfm`- und `.vf`-Files der PostScript-Schriften, zusammen mit den passenden Stilfiles oder Ergänzungspaketen, z. B. `times.sty` (s. 4.1.2) auf dem eigenen PC einzurichten sind. Damit entsteht als TEX- oder LATEX-Bearbeitungsergebnis der `.dvi`-File mit den entsprechenden Zeichensatzanforderungen. Dieser kann jedoch nicht auf dem eigenen Drucker oder als Preview auf dem Bildschirm ausgegeben werden.

Wurde auf dem eigenen PC zusätzlich dvips installiert, dann können damit auch die PostScript-Ausgabefiles erstellt werden, die, auf Disketten kopiert, dann auf einer professionelleren Anlage ausgedruckt oder an eine Verlagsdruckerei zur endgültigen Produktion versandt werden. In einer solchen Situation wird man sich wünschen, zumindest einen ungefähren Ausdruck auf dem eigenen einfachen Nadel- oder Laserdrucker zu erhalten sowie als Preview darstellen zu können. Dies wird mit eigenen virtuellen Zeichensätzen leicht möglich.

Als Beispiel gehe ich von der Verwendung des Stilfiles oder Ergänzungspakets `times.sty` aus. Mit LATEX 2ε führt dies zur Verwendung der Times-Roman-Schriften für das `cmr`-Familienattribut, Helvetica für `cmss` und Courier für `cmtt`. Weniger flexibel, aber ebenfalls eindeutig sind mit LATEX 2.09 die Schriftbefehle `\cm`, `\bf`, `\sl` und `\it` den aufrechten, fetten, geneigten bzw. kursiven Times-Schriften und `\sf` sowie `\tt` den normalen Helvetica- und Courier-Schriften zugeordnet. Die internen Schriftnamen können mit den Hinweisen aus 4.2.3 leicht ermittelt werden. Für die angeforderten PostScript-Schriften sind zunächst die zugehörigen `.tfm`- und `.vf`-Files in ein eigenes Arbeitsverzeichnis zu kopieren. Anschließend erfolgt aus diesem Arbeitsverzeichnis der Aufruf `vftovp` *schrift*, z. B. `vftovp ptmr`.

Damit werden aus den `.tfm`- und `.vf`-Files zusätzlich die zugeordneten `.vpl`-Files wie z. B. `ptmr.vpl` erzeugt. Dieser File ist nun mit dem Editor zu überarbeiten. Die dortigen Anweisungen

```
(MAPFONT D 0 (FONTNAME ptmr) ... )    und
(MAPFONT D 1 (FONTNAME psyr) ... )    sind zu entfernen und durch
(MAPFONT D 0 (FONTNAME cmr10) ...)    zu ersetzen.
```

Außerdem sind alle `CHARACTER`-Anweisungen in

```
(CHARACTER c z ... (MAP (SETCHAR c z))
```

zu vereinfachen, wobei die jeweiligen Angaben $c\ z$ nach `CHARACTER` und `SETCHAR` nunmehr übereinstimmen. Wichtig ist, daß alle Angaben für `CHARWD`, `CHARHT`, `CHARDP` und `CHARIC` unverändert bleiben. Je nach Herkunftsquelle der `.tfm`- und `.vf`-Files muß evtl. auch die Ligaturtabelle überarbeitet werden. Für die cm- bzw. dc-kodierten (OT1 bzw. T1) PostScript-Zeichensätze von Sebastian Rahtz ist dies nicht erforderlich. Die dortigen Ligaturtabellen können übernommen werden. Entsprechende Überarbeitungen sind für alle `.vpl`-Files vorzunehmen, wobei Helvetica durch `cmss10` und Courier durch `cmtt10` zu ersetzen sind.

Nach der Überarbeitung der `.vpl`-Files werden mit dem inversen Programm vptovf durch die Aufrufe `vptovf` *schrift* neue `.tfm`- und `.vf`-Files erzeugt, wobei die `.tfm`-Files wegen der unveränderten Maßangaben in ihrer Metrik erhalten bleiben. Die Treiber aus dem emTEX-Paket können virtuelle Zeichensätze verarbeiten. Mit ihnen können die PostScript-formatierten `.dvi`-Files auf dem lokalen Drucker bzw. als Preview ausgegeben werden. Die hierbei verwendeten Zeichen aus den zugeordneten cm-Schriften erscheinen dabei häufig zu eng nebeneinanderstehend oder zu weit auseinandergezogen, da sie so positioniert werden, wie es für die entsprechenden Zeichen aus den PostScript-Schriften korrekt wäre. Für einen Probeausdruck und ein evtl. Korrekturlesen mag das aber akzeptabel sein.

Als vollwertige, aber kostenträchtige Alternative könnten die PostScript-Schriften als Software-Versionen in Betracht gezogen werden. Aus ihnen können mit dem in 4.4.1 vorgestellten Programm ps2pk herkömmliche `.pk`-Files erzeugt werden, die dann auf einfachen Druckern mit dem zugehörigen DVI-Treiber zu nutzen sind.

4.2.6 Das Programm afm2tfm

Zu jedem PostScript-Zeichensatz gibt es einen File mit PostScript-spezifischen metrischen Informationen für den jeweiligen Zeichensatz. Die PostScript-Metrik-Files stehen entweder unter den PostScript-Schriftnamen als Filenamen oder unter der Namenskurzform gemäß 4.2.3 mit dem Anhang `.afm` zur Verfügung, z. B. `Times-Roman` oder `ptmr.afm`. Die Anhangskennung `.afm` steht für "Adobe Font Metric", die gewissermaßen das Pendant zur "TEX Font Metric" ist. Die PostScript-Metrik-Files sind lizenzfrei. Sie können bei Bedarf von den TEX-Fileservern abgerufen werden.

Zur Nutzung durch TEX und LATEX müssen die metrischen Informationen der PostScript-Zeichensätze als `.tfm`-Files bereitgestellt werden. Da Zeichenumfang und Anordnung der Zeichen innerhalb der PostScript-Zeichensätze von der für TEX erwarteten Form abweichen, ist, wie in 4.1.1 beschrieben, ein `.tfm`- und ein `.vf`-File für einen virtuellen PostScript-Zeichensatz bereitzustellen, so als enthielte dieser an den von TEX erwarteten Stellen die entsprechenden Zeichen der `cm`- oder `dc`-Zeichensätze. Zusätzlich sind `.tfm`-Files für die realen PostScript-Zeichensätze vorzuhalten.

Diese Files können aus den metrischen PostScript-Files mit dem Programm afm2tfm erzeugt werden. Der Bearbeitungsaufruf erfolgt gewöhnlich in der Form

`afm2tfm` *afm_file* [*zus_opt*] `-v` *virt_file* *r_tfm_file*

Hier steht *afm_file* für den Grundnamen des metrischen PostScript-Files, z. B. `Times-Roman` oder die Kurzform `ptmr`. Die wichtigsten Zusatzoptionen *zus_opt* werden mit ihrer Syntax im Anschluß vorgestellt. Der Grundname für den virtuellen Zeichensatz wird mit *virt_file* vorgegeben und *r_tfm_file* steht für den Grundnamen des `.tfm`-Files für den realen PostScript-Zeichensatz, der auch als *roher* (engl. *raw*) `.tfm`-File bezeichnet wird.

Mit diesem Aufruf entstehen zwei Files mit den Namen *virt_file*`.vpl` und *r_tfm_file*`.tfm`. Der erste File enthält die sog. *virtuelle Eigenschaftenliste* (engl. *virtual property list*), deren Hauptstrukturen in 4.2.4 vorgestellt wurden. Mit

`vptovf` *virt_file* oder allgemeiner `vptovf` *vpl_file* *vf_file* *tfm_file*

entstehen die Files *virt_file*`.vf` und *virt_file*`.tfm` bzw. bei der allgemeineren Aufrufform die mit *vf_file* und *tfm_file* explizit vorgegebenen vollständigen Namen, wobei *vpl_file* der vollständige Name des Files mit der virtuellen Eigenschaftenliste ist. Waren z. B. mit dem Aufruf

```
afm2tfm Times-Roman -v ptmr rptmr
```

die Files `ptmr.vpl` und `rptmr.tfm` erzeugt worden, so entsteht mit dem anschließenden Aufruf

```
vptovf ptmr.vpl ptmr.vf ptmr.tfm
```

das virtuelle Zeichensatzpaar `ptmr.vf` und `ptmr.tfm`. Wie bereits in 4.1.1 erwähnt, enthält das `dvips`-Paket von Tomas Rokicki für die 35 Adobe-Standardschriften sowie weitere PostScript-Software-Schriften die erforderlichen virtuellen und rohen `.tfm`- und zugehörigen `.vf`-Files unter der Voraussetzung der cm-Standardkodierung. Für diese rate ich von einer eigenständigen Erzeugung ab, da die beigefügten Files durch eine Feinkorrektur der internen `.vpl`-Files verbessert wurden, was mit der formalen Behandlung in der vorstehend beschriebenen Form nicht geschieht.

Für eine LATEX 2_ε-Installation mit dem Standard der `dc`-Kodierung sind die erforderlichen rohen und virtuellen `.tfm`- und `.vf`-Files vorab zu erzeugen. Das Programm afm2tfm erzeugt mit der Zusatzoption `-T` *decode_file* in der Form

`afm2tfm` *afm_file* `-T` *decode_file* `-v` *virt_file* *r_tfm_file*

die Files *virt_file*`.vpl` und *r_tfmfile*`.tfm` nunmehr mit den Vorgaben aus *decode_file*. Anwendereigene Dekodierungsfiles verlangen vertiefte PostScript-Kenntnisse. Im `dvips`-Paket hat Tomas Rokicki unter dem Unterverzeichnis `reencode` einige Dekodierungsfiles beigefügt. So enthält `extex.enc` die Dekodieranweisungen, mit denen die virtuellen `.tfm`- und `.vf`-Files für die PostScript-Zeichensätze entsprechend der erweiterten TEX-Kodierung von Cork teilweise erzeugt werden können.

Ein Blick in den File `psfonts.map` läßt die Filenamen erkennen, für die der vorstehende Bearbeitungsaufruf erforderlich wird. Der File enthält, neben weiteren, 35 Zeilen, die nur aus den zwei Grundnamen mit der Bedeutung

r_tfm_file afm_file z. B. `rpagko AvantGarde-BookOblique`

bestehen. Für das angeführte Beispiel lautet der Bearbeitungsaufruf dann

```
afm2tfm AvantGarde-BookOblique -T extex.enc -v pagko rpagko
vptovf pagko.vpl pagko.vf pagko.tfm
```
und

Die Grundnamen für die virtuellen `.tfm`- und `.vf`-Files entstehen aus *r_tfm_file* durch Fortlassen des ersten Buchstabens `r`. Nach Erzeugung eines solche Filetrios ist die entsprechende Zeile in `psfonts.map` durch den Zusatz `"ExtEncoding ReEncodeFont" <extex.enc` zu ergänzen.

PostScript-Zeichensätze können geneigt, gedehnt und gestaucht sowie als Kapitälchenschrift gestaltet werden. Beim afm2tfm-Aufruf geschieht dies durch die Optionsangabe

`-s` *neigung*: Die Zeichen werden um den Dezimalbruch *neigung* geneigt. Ein positiver Wert bedeutet eine Neigung nach rechts, ein negativer eine Neigung nach links. `-s 0.15` meint: geht man innerhalb eines Zeichens um 1 pt nach oben, so ist das Zeichen in dieser Höhe um 0.15 pt nach rechts verschoben. Mit `-s -0.175` wird das Zeichen entsprechend nach links geneigt. Die jeweilige Neigung bezieht sich auf die Ausgangsschrift. Bei einer *Italic*-Schrift führt die vorstehende Neigungsangabe zu einer nahezu aufrechten Schrift.

`-e` *dehnung*: Der Zahlenfaktor *dehnung* führt für Werte > 1.00 zu einer horizontalen Dehnung, für Werte < 1.00 zu einer horizontalen Stauchung um den vorgegebenen Betrag.

`-c` *kl_skal*: Die Kleinbuchstaben des Zeichensatzes werden durch die um den Skalierungsfaktor *kl_skal* verkleinerten Großbuchstaben ersetzt. Mit `-c 0.75` erscheinen die Kleinbuchstaben als die auf drei Viertel ihrer Sollgröße verkleinerten Großbuchstaben.

`-V`: Kapitälchenschrift mit dem intern vorgegebenen Skalierungsfaktor von 0.8.

Nach dem Aufruf von afm2tfm erscheint auf dem Bildschirm eine Zeile, die genau in dieser Form dem File `psfonts.map` zuzufügen ist:

```
afm2tfm Times-Roman -s .167 -v ptmro rptmro
rptmro Times-Roman ".167 SlantFont"   oder
arm2tfm Times-Roman -e .8 -T ec.enc -v ptmrnq rptmrnq
rptmrnq Times-Roman ".8 ExtendFont ECEncoding ReEncodeFont"<ec.enc
```

Der erste Aufruf führt zur geneigten Times-Roman-Schrift mit dem Neigungsfaktor 0.167. Auf dem Bildschirm erscheint daraufhin die zur Verdeutlichung in kursiver Schreibmaschinenschrift wiedergegebene Zeile. Mit dem zweiten Aufruf wird die Times-Roman-Schrift um den Faktor 0.8 gestaucht und entsprechend dem Dekodierfile `ec.enc` ausgelesen. Die anschließende kursive Zeile ist, gemeinsam mit derjenigen für die geneigte Times-Roman-Schrift, dem File `psfonts.map` zuzufügen. Unter DOS und UNIX kann dies mit dem Umleitungsoperator `>>` durch die vorstehenden Aufrufe in der Form `afm2tfm` *afm* [*opt*] *vpl r_tfm* `>>`[*ps_pfad*]`psfonts.map` automatisch erfolgen.

Sollen die mit afm2tfm erzeugten realen und virtuellen Zeichensätze für eine LaTeX 2$_\varepsilon$-Bearbeitung genutzt werden, so muß für jede aktivierte PostScript-Schriftfamilie *fam* ein Definitionsfile `OT1`*fam*`.fd` für eine äquivalente cm-Kodierung bzw. `T1`*fam*`.fd` für die entsprechende dc-Kodierung eingerichtet werden (s. 4.1.2). Sebastian Rahtz hat für eine große Zahl von Adobe- und Monotype-PostScript-Schriften einen alternativen Satz von realen und virtuellen `.tfm`- und `.vf`-Files erzeugt und um die erforderlichen `.fd`-Files ergänzt (s. ebenfalls 4.1.2). Man findet sie auf den öffentlichen TeX-Fileservern unter `/tex-archive/fonts/metrics`. Diese Zeichensatz- bzw. deren Definitionsfiles wurden mit dem TeX-Programmpaket fontinst erstellt, das ich als leistungsfähige Alternative zu afm2tfm deshalb ebenfalls vorstelle.

4.2.7 Zeichensatzinstallation mit fontinst

Auf den TEX-Fileservern findet man unter `/tex-archive/fonts/utilities` das Paket fontinst von Alan Jeffrey, Sussex. Es kann als leistungsfähige Alternative zu afm2tfm zur Erstellung der realen und virtuellen Zeichensätze für PostScript-Schriften mit vorgegebener TEX-Kodierung angesehen werden, das gleichzeitig für jede Schriftfamilie die zugehörigen `.fd`-Files erzeugt. Das Programm kann aus vorgegebenen `.afm`- oder `.pl`-Files `.vpl`-Files[4] für jede geforderte Kodiertabelle erzeugen. Das Paket enthält die Informationsvorgaben, um für alle PostScript-Schriften virtuelle Zeichensätze sowohl in OT1- als auch in T1-Kodierung, also entsprechend den cm-TEX-Standardschriften bzw. den erweiterten dc-Schriften, zu erstellen.

Das fontinst-Programm ist als TEX-Makrosatz realisiert, so daß es auf allen Rechnern, auf denen TEX installiert ist, unverzüglich und ohne systemspezifische Anpassungen genutzt werden kann. Das Ausgangsverzeichnis `.../fontinst` gliedert sich in die Unterverzeichnisse `afm`, `doc`, `examples`, `inputs` und `pl`. Die Files aus `inputs` sind in das TEX-Eingabeverzeichnis zu kopieren. Das sind die drei Stilfiles `fontdoc.sty`, `fontinst.sty` und `trig.sty` sowie die sog. Metrik-Files mit dem Anhang `.mtx` und die Kodier-Files mit dem Anhang `.etx`.

Das Unterverzeichnis `afm` enthält die Adobe-Metrik-Files für die Schriftfamilien Courier, Helvetica und Times sowie Symbol. Ihre Namen lauten hier `pcr`*xx*`0.afm`, `phv`*xx*`0.amf` und `ptm`*xx*`0.afm` sowie `psyr.afm` und `pzcmi0.afm`. Sie entsprechen der in 4.2.3 vorgestellten Namenskonvention, wobei die Grundnamen, bis auf `psyr`, zusätzlich durch eine angehängte `0` gekennzeichnet sind. Diese Files wird man aus Gründen der Dateisystematik in das Zeichensatz-Filesystem, z. B. nach `/usr/local/lib/tex/fonts/afm` oder `C:\texfonts\afm` kopieren. Auf den öffentlichen TEX-Fileservern findet man unter `/tex-archive/fonts/postscript/afm` für praktisch alle PostScript-Zeichensätze die zugehörigen `.afm`-Files mit der oben genannten Namenskonvention.

Das Unterverzeichnis `pl` enthält für eine Reihe von cm-Schriften, die für die Kombination von PostScript-Schriften mit verbleibenden Zeichen aus cm-Schriften beim Formelsatz benötigt werden, deren `.pl`-Files. Auch diese Files wird man in Analogie zu den `.afm` Files in ein paralleles Zielverzeichnis, z. B. nach `/usr/local/lib/tex/fonts/pl` oder `C:\texfonts\pl` kopieren.

Die `.afm`- bzw. `.pl`-Files müssen bei der TEX-Bearbeitung von `fontinst.sty` oder eines Zeichensatzinstallationsfiles (s. u.) von TEX gefunden werden. Da das jeweilige Arbeitsverzeichnis stets ein erlaubtes Eingabeverzeichnis darstellt, kann man die aufzubereitenden `.afm`- oder `.pl`-Files zunächst in das Arbeitsverzeichnis kopieren, aus dem man den Bearbeitungsaufruf startet. Werden sie in das endgültige Zeichensatz-Filesystem, wie oben vorgeschlagen, kopiert, so muß TEX darüber informiert werden, z. B. durch Ergänzung der TEX-Umgebungsvariable `TEXINPUT` für emTEX als

```
set TEXINPUT=.;C:\EMTEX\TEXINPUT;C:\TEXFONTS\AFM;C:\TEXFONTS\PL
```

Das fontinst-Paket erfuhr in der Vergangenheit häufige Änderungen, so daß seine Anwendung mehrfachen Wechseln unterlag. Die derzeitige Version ist 1.332 mit dem Datum 27. Juni 1994. Das Unterverzeichnis `doc` enthält den File `fontinst.tex`, dessen LATEX-Bearbeitung eine 20seitige Dokumentation erzeugt. In dieser wird erklärt, daß zukünftige Versionen stets mit der jetzigen Version 1.332 abwärtskompatibel sein werden.

Die einfachste und für die meisten Anwender ausreichende Nutzung besteht in der TEX-Bearbeitung von `fontinst.sty`, also dem Aufruf `tex fontinst.sty`. Nach einer Selbstidentifikation meldet sich TEX mit seinem Eingabeprompt `*`. Die Antwort sollte lauten

`\latinfamily{`*fam*`}{`*lade_erkl*`}`

mit der Kennungseingabe *fam* für das Familienattribut. Der Eintrag für *lade_erkl* wird meistens leer bleiben. Hier sind alle Eintragungen zulässig, die für das gleiche Argument beim LATEX-Befehl

[4] Die Aufgabe der `.afm`-Files wurde bereits im vorangegangenen Unterabschnitt 4.2.6 vorgestellt. `pl`-Files sind das Bearbeitungsergebnis des TEX-Zusatzwerkzeuges tftopl auf einen `.tfm`-File, dessen Inhalt ebenso wie derjenige eines `.vpl`-Files in 4.2.4 angesprochen wurde.

`\DeclareFontFamily` sinnvoll wären (s. S. 29 in 1.4.3). Mit der Eingabe `\latinfamily{ptm}{}` entstehen die Property-List-Files mit dem Anhang `.pl` und den Grundnamen

```
ptmb0  ptmbi0  ptmbo0  ptmr0  ptmri0  ptmro0
```

für die rohen Times-Zeichensätze sowie die Virtual-Property-List-Files mit dem Anhang `.vpl` und den Grundnamen

```
ptmb7t ptmbi7t ptmbo7t ptmbc7t ptmr7t ptmri7t ptmro7t ptmrc7t
ptmbq  ptmbiq  ptmboq  ptmbcq  ptmrq  ptmriq  ptmroq  ptmrcq
```

für die virtuellen Zeichensätze in cm-Kodierung (erste Zeile mit den Abschlußzeichen `7t`) sowie in dc-Kodierung (zweite Zeile mit den Abschlußzeichen `q`). Für beide Kodierungen entstehen schließlich noch die Definitionsfiles `OT1ptm.fd` und `T1ptm.fd`. Die Umwandlung in die zugehörigen `.tfm`- und `.vf`-Files erfolgt mit den TEX-Zusatzwerkzeugen pltotf und vptovf durch die Bearbeitungsaufrufe

`pltotf` *pl_gr_name*`.pl` *pl_gr_name*`.tfm` sowie
`vptovf` *vpl_gr_name*`.vpl` *vpl_gr_name*`.vf` *vpl_gr_name*`.tfm`

Damit entstehen die `.tfm`-Files mit den Grundnamen der `.pl`-Files sowie der `.vpl`-Files und für die letzteren zusätzlich deren `.vf`-Files. Die hier angeführten `.tfm`- `.vf`- und `.fd`-Files entsprechen genau den von S. Rahtz unter `/tex-archive/fonts/metrics/adobe/times` in den dortigen Unterverzeichnissen `tfm`, `vf` und `fd` abgelegten Files (s. 4.1.2), die auf die gleiche Weise generiert wurden.

Dem Druckertreiber müssen die Kurznamen der *realen* PostScript-Files bekannt gemacht werden. Für dvips geschieht dies mit dem File `psfonts.map`. Für die mit fontinst erzeugten Zeichensätze der Times-Familie wäre `psfont.map` durch die Zeilen

```
ptmb0   Times-Bold
ptmbi0  Times-BoldItalic
ptmr0   Times-Roman
ptmri0  Times-Italic
ptmbo0  Times-Bold ".167 SlantFont"
ptmro0  Times-Roman ".167 SlantFont"
```

zu ergänzen. Die Syntax dieser Einträge wurde bereits auf S. 205 in 4.2.6 vorgestellt. Eine Bildschirmmitteilung über die erforderlichen Einträge in `psfonts.map`, wie sie afm2tfm generiert, erfolgt derzeit mit fontinst noch nicht. Ich habe Alan Jeffrey vorgeschlagen, eine solche Ergänzung bei einem späteren Update einzuarbeiten.

Die Kapitälchen-Schriften `ptmbcq`, `ptmbc7t`, `ptmrcq` und `ptmrc7t` werden ausschließlich als virtuelle Zeichensätze realisiert, die ihrerseits auf die realen Zeichensätze `ptmb0` bzw. `ptmr0` zurückgreifen. Diese sind dem Drucker mit den vorstehenden Einträgen in `psfonts.map` bekannt. Eine eigenständige Bekanntgabe der Kapitälchen-Schriften an den Drucker entfällt deshalb. Die geneigten Schriften `ptmbo0` und `ptmro0` werden zwar auch auf die aufrechten Schriften Times-Bold und Times-Roman zurückgeführt. Die Neigung dieser Schriften erfolgt aber innerhalb des Druckers, so daß diesem die Erzeugungschriften und deren Neigungsvorgaben anzugeben sind. Für den Anwender bleibt festzuhalten, daß er dem Druckertreiber nur die Grundnamen der erzeugten `.pl`-Files, unter Einschluß etwaiger Transformationsvorgaben (s. u.), bekanntzugeben hat.

Die Erstellung der `.pl`- `.vpl`- und `.fd`-Files wird durch entsprechende Bildschirmnachrichten mitgeteilt. Anschließend meldet sich TEX mit seinem Eingabeprompt `*` zurück. Die nächste Eingabe `\latinfamily{phv}{}` bewirkt die Erzeugung der entsprechenden `.pl`-, `.vpl`- und `.fd`-Files für die Helvetica-Schriftfamilie. Die Eingabe `\latinfamily{pcr}{\hyphenchar\font=-1}` führt zur Erzeugung der entsprechenden Files für die Schreibmaschinen-Schriftfamilie Courier, für die, wegen `\hyphenchar\font=-1` für *lade_erkl*, Worttrennungen untersagt werden.

Mit diesen drei Schriftfamilien kann nun das Ergänzungspaket `times.sty` genutzt werden, das die Standardfamilien `\rmdefault`, `\sfdefault` und `\ttdefault` (s. 4.1.2) mit den PostScript-Schriftfamilien Times, Helvetica und Courier besetzt. In gleicher Weise können für alle weiteren

PostScript-Schriften die `.pl`-, `.vpl`- und `.fd`-Files erstellt werden. Für diese sind aber vorab deren `.afm`-Files zu beschaffen. Wie bereits eingangs mitgeteilt, findet man diese auf den TeX-Fileservern unter `/tex-archive/fonts/psfonts/afm`. Sie folgen der Namenskonvention von Karl Berry. Um die Konvention von fontinst zu nutzen, sollten die dortigen Grundnamen durch eine angehängte 0 ergänzt werden. Unter `/tex-archive/fonts/metrics/adobe/`*ps_fam*`/afm` findet man genau diejenigen `.afm`-Files, die S. Rahtz für die Erzeugung der rohen und virtuellen `.tfm`- und `.vf`-Files sowie der zugehörigen `.fd`-Files in der vorstehend beschriebenen Weise mit fontinst verwendet hat.

Die TeX-Bearbeitung von `fontinst.sty` wird mit der Antwort `\bye` auf den TeX-Eingabeprompt `*` beendet. Wenn durch vorangegangene Mehrfacheingaben von `\latinfamily{`*fam*`}{` *lade_erkl*`}` eine Vielzahl von `.pl`- und `.vpl`-Files erzeugt wurden, so sollte deren Umwandlung in die endgültigen `.tfm`- und `.vf`-Files durch eine kleine Befehlsdatei oder ein Shell-Script unterstützt werden. Für UNIX kann dies mit dem nebenstehenden Shell-Script erreicht werden. Wird es mit dem Namen `make-metric` zu einem *ausführbaren* File erklärt, so führt sein Aufruf zur Erzeugung von `.tfm`-Files für alle im Arbeitsverzeichnis enthaltenen `.pl`-Files. Anschließend werden die vorhandenen `.pl`-Files, ebenso wie die Files mit den gleichen Grundnamen und dem Anhang `.mtx` gelöscht. Die `.mtx`-Files entstehen als Zwischenprodukt bei der Abarbeitung der `\latinfamily`-Befehle.

Der anschließende analoge Ablauf für die `.vpl`-Files mit der Erzeugung seiner `.vf`- und `.tfm`-Files braucht nicht nochmals erläutert zu werden.

```
for i in $1*.pl
do
  B=‘basename $i .pl‘
  pltotf $B.pl $B.tfm
  rm $B.pl; rm $B.mtx
done
for i in $1*.vpl
do
  B=‘basename $i .vpl‘
  pltovf $B.vpl $B.vf $B.tfm
  rm $B.vpl
done
```

Die Anordnung der Zeichen im rohen Times-Roman-PostScript-Zeichensatz ist auf S. 211 abgebildet. Das virtuelle Zeichensatzpaar für diese Schrift in der cm-Kodierung `ptmr7t.tfm` und `ptmr7.vf` entspricht dort dem benachbarten Diagramm mit Ausnahme der großen griechischen Buchstaben auf den Positionen "0–"a, die in `ptmr7.vf` durch ein schwarzes Rechteck mit den Abmessungen der fehlenden griechischen Großbuchstaben ersetzt werden. Das virtuelle Zeichensatzpaar `ptmrq.tfm` und `ptmrq.vf` entspricht weitestgehend dem dritten Diagramm auf S. 211. Es fehlen lediglich die dort auftretenden Zeichen ‰ und Đ, die in `ptmrq.vf` durch ein schwarzes Rechteck mit äquivalenten Abmessungen ersetzt werden.

Mit diesen Hinweisen werden auch die Grenzen des sehr einfachen Befehlsaufrufs `\latinfamily` deutlich. Mit der Bereitstellung von Zeichensatzinstallationsfiles kann `fontinst.sty` sehr viel mehr. Ein Zeichensatzinstallationsfile besteht mindestens aus den Anweisungen

`\input fontinst.sty` `\needsfontinstversion{`*vers_nr*`}`
`\installfonts` *inst_befehle* `\endinstallfonts` `\bye`

Für das Programm `fontinst.sty` wird die mit *vers_nr* vorgegebene oder eine spätere Versionsnummer gefordert. Die wichtigsten Installationsbefehle für *inst_befehle* sind

`\installfamily{`*code*`}{`*fam*`}{`*lade_erkl*`}` und
`\installfont{`*zs_name*`}{`*eing_file_liste*`}{`*etx*`}{`*code*`}{`*fam*`}{`*serie*`}{`*form*`}{`*lade_info*`}`

Die Bedeutung der Argumente *code*, *fam*, *lade_erkl*, *serie*, *form* und *lade_info* entspricht vollständig den gleichnamigen Argumenten der auf S. 29 vorgestellten Erklärungsbefehle `\DeclareFontFamily` und `\DeclareFontShape`. Für *fam* sind hier natürlich die spezifischen Kennungen für die PostScript-Familien zu wählen. Sie bestehen jeweils aus drei Buchstaben, nämlich dem Buchstaben für die Herkunft, gefolgt von dem Buchstabenpaar für die Schrift gemäß der Namenskonvention aus 4.2.3.

Mit *zs_name* wird der Grundname für den zu erzeugenden `.vpl`-File gekennzeichnet. *eing_file_liste* steht für eine Liste von Eingabefiles, aus denen die realen und virtuellen Ausgabefiles konstruiert werden sollen. Hierzu gehört zu Beginn stets einer oder mehrere `.afm`-Files sowie ein sog. Metrikfile, der durch den Anhang `.mtx` gekennzeichnet ist. In der Eingabeliste können diese Files auf ihre Grundnamen verkürzt werden.

Das mit *etx* symbolisierte Argument erwartet als Eingabe den Grundnamen des gewählten Kodierfiles, der durch den Anhang `.etx` gekennzeichnet ist. Alan Jeffrey hat dem fontinst-Paket die für die Hauptanwendungen bedeutsamen Kodier- und Metrikfiles beigefügt, die bei der Installation ins TEX-Standardeingabeverzeichnis kopiert wurden. Diese sind:

`.etx`-Files für TEX-Standardkode		`.etx`-Files für erweiterten Kode nach Cork	
`OT1`	Normale Textschrift	`T1`	Normale Schrift
`OT1c`	Kapitälchen-Textschrift	`T1c`	Kapitälchen-Schrift
`OT1i`	Italic-Textschrift		
`OT1ci`	Italic-Kapitälchen	Metrikfiles (Anhang `.mtx`)	
`OT1tt`	normale Schreibmaschinenschrift	`latin`	lateinische Schrift
`OT1itt`	kursive Schreibmaschinenschrift	`kernon`	Kerning aktivieren
`OT1ctt`	Schreibmaschinen-Kapitälchenschrift	`kernoff`	Kerning deaktivieren
`OML`	Mathematische Textschrift	`mathit`	Mathematische Textschrift
`OMS`	Mathematische Symbolschrift	`mathsy`	Mathematische Symbolschrift
`OMX`	Symbole in mehreren Größen	`mathex`	Symbole in mehreren Größen

Zusätzlich gibt es einige Kodierfiles in einer zweiten Version, die durch eine 9 als letztes Zeichen des Grundnamens gekennzeichnet sind. Sie führen zu äquivalenten Textschriften, deren Ziffern jedoch als 0123456789 (*altgestylt*) erscheinen. Für alle lateinischen Textschriften sollte, unabhängig vom gewählten Kodierfile, `latin` als Metrikfile in *eing_file_liste* angegeben werden. Das fontinst-Paket enthält im Unterverzeichnis `examples` etliche Beispiele für Installationsfiles, die der Anwender mit dem Editor durchmustern und analysieren kann. Ich gebe hier beispielhaft einen Installationsfile `stdtime.tex` für die TEX-Standardkodierung der Times-Familie wieder:

```
\input fontinst.sty  \needsfontinstversion{1.332}
\installfonts
   \installfamily{OT1}{ptm}{}
   \installfont{ptmr}{ptmr0,psyr,latin}{OT1}{OT1}{ptm}{m}{n}{}
   \installfont{ptmrc}{ptmr0,psyr,latin}{OT1c}{OT1}{ptm}{m}{sc}{}
   \installfont{ptmri}{ptmri0,pysr,latin}{OT1i}{OT1}{ptm}{m}{it}{}
   \installfont{ptmb}{ptmb0,psyr,latin}{OT1}{OT1}{ptm}{bx}{n}{}
   \installfont{ptmbc}{ptmb0,psyr,latin}{OT1c}{OT1}{ptm}{bx}{sc}{}
   \installfont{ptmbi}{ptmbi0,psyr,latin}{OT1i}{OT1}{ptm}{bx}{it}{}
\endinstallfonts \bye
```

Seine TEX-Bearbeitung erzeugt entsprechend den Angaben für *zs_name* die `.vpl`-Files `ptmr.vpl`, `ptmrc.vpl`, `ptmri.vpl`, `ptmb.vpl`, `ptmbc.vpl` und `ptmbi.vpl`. Entsprechend den Eingaben für die zu verwendenden `.afm`-Files entstehen zusätzlich `ptmr0.pl`, `ptmri0.pl`, `ptmb0.pl`, `ptmbi0.pl` und `psyr.pl`. Als Folge der Zusatzangabe `psyr` in *eing_file_liste* sowie `OT1`[x] im *etx*-Feld bei den `\installfont`-Aufrufen beziehen sich die Positionen 0–10 in den virtuellen Zeichensätzen nunmehr auf die großen griechischen Buchstaben aus `psyr`. Schließlich entsteht noch als Folge der Eingaben für `\installfamily` der Zeichensatz-Definitionsfile `OT1ptm.fd`.

Die Zeichen aus dem Symbolzeichensatz `psyr` stehen aufrecht und sind bezüglich ihrer Stärke Normalzeichen. In dieser Form werden sie auch den kursiven und fetten Times-Roman-Schriften zugeordnet. Dies kann verbessert werden. PostScript-Schriften können geneigt und gedehnt oder gestaucht werden. Eine Dehnung führt gleichzeitig zu einer horizontalen Verstärkung der Zeichen. fontinst unterstützt die Transformation von PostScript-Schriften mit dem Installationsbefehl

`\transformfont{`*zs_name*`}{`*transf_zs*`}`

Die Syntaxbeschreibung der Eingabestruktur *transf_zs* für transformierte Zeichensätze erfolgt am prägnantesten durch die sog. Backus-Naur-Form:

transf_zs ⟶ `\fromafm{`*afm_file*`}` | `\scalefont{`*skal_fakt*`}{`*transf_zs*`}`
| `\xscalefont{`*skal_fakt*`}{`*transf_zs*`}` | `\yscalefont{`*scal_fakt*`}{`*transf_zs*`}`
| `\slantfont{`*neig_fakt*`}{`*transf_zs*`}` | `\reencodefont{`*etx_file*`}{`*transf_zs*`}`

Der vertikale Strich hat die Bedeutung eines *oder* für die nachfolgende Struktur. Die links vom Pfeil ⟶ stehende Struktur *transf_zs* wird durch die rechts davon aufgezählten Möglichkeiten definiert. Dort tritt die zu definierende Struktur mehrfach auf, mit der Folge, daß die rechts stehenden Befehle verschachtelt werden können, bis keine erneute *transf_zs*-Angabe erscheint. Die anschließenden Beispiele machen die Möglichkeiten auch dem Nichtinformatiker deutlich.

Die Angaben für *skal_fakt* und *neig_fakt* sind als das 1000fache der tatsächlichen Skalierungs- und Neigungsfaktoren als ganze Zahlen zu wählen. Ein Neigungsfaktor von 0.25 ist damit als 250 einzugeben. Beispiele:

```
\transformfont{psyri}{\slantfont{277}{\fromafm{psyr}}}
\transformfont{psyrb}{\xscalefont{1500}{\fromafm{psyr}}}
\transformfont{psyrbi}{\xscalefont{1500}{
                              \slantfont{267}{fromafm{psyr}}}}
```

Die TEX-Bearbeitung eines Installationsfiles mit diesen Installationsbefehlen erzeugt die Files `psyri.pl`, `psyrb.pl` und `psyrbi.pl` sowie die Metrikfiles `psyri.mtx`, `psyrb.mtx` und `psyrbi.mtx`. Sie führen zu den horizontal verstärkten und/oder geneigten PostScript-Nachbildungen beim Symbolzeichensatz `psyr`. Diese können dann im `\installfont`-Befehl als Eingabefiles in *eing_file_liste* angegeben werden und führen zur Einbindung der verstärkten oder geneigten Symbole in den entsprechenden virtuellen Files, z. B. mit

```
\installfont{ptmbi}{ptmb0,psyrbi,latin}{OT1i}{OT1}{ptm}{bx}{it}{}
```

im obigen Installationsfile `stdtime.tex` statt der dort angegebenen entsprechenden Ursprungszeile. Die Änderungen für `ptmri`, `ptmb` und `ptmbc` können leicht nachvollzogen werden.

Abschließend sind die transformierten PostScript-Zeichensätze als reale (rohe) `.tfm`-Files mit dem Programm pltotf zu erzeugen und dem Treiber bekanntzumachen. Für dvips geschieht dies mit dem File `psfonts.map`. Diesem sind für die vorstehenden realen Symbol-Zeichensätze die Zeilen

```
psyri  Symbol " .277 SlantFont "
psyrb  Symbol " 1.5 ExtendFont "
psyrbi Symbol " 1.5 Extendfont .267 SlantFont "
```

zuzufügen. Geneigte und skalierte Schriften können in der beschriebenen Weise für alle PostScript-Zeichensätze generiert werden. Das Unterverzeichnis `examples` aus dem fontinst-Paket enthält u. a. den Installationsfile `fontstnd.tex`, mit dem die Schriftfamilien Times-Roman, Helvetica und Courier in der TEX-Standard- und in der erweiterten Cork-Kodierung eingerichtet werden, wobei diese Schriften auch als Kapitälchen *ohne* explizite PostScript-Zeichensätze virtuell generiert werden. Der Installationsfile erzeugt zusätzlich virtuelle Zeichensätze, die das NFSS-Formattribut `ui` realisieren sollen. Hiermit werden entsprechend der NFSS-Konvention *aufrechte* Italic-Schriften gekennzeichnet. Das Ergebnis von `fontstnd.tex` führt dagegen zur aufrechten Roman-Schrift, bei der lediglich das $-Zeichen durch das £-Zeichen ersetzt wird.

Mit den vorangegangenen Beispielen sollte es dem Anwender möglich sein, die kursiven PostScriptschriften Times-Italic, Times-BoldItalic usw. mit einem negativen Neigungsfaktor aufrecht zu stellen und deren reale (rohe) `.tfm`-Files zur Nutzung der virtuellen Zeichensätze einzurichten. Mit

```
\transformfont{ptmru0}{\slantfont{-277}{\fromafm{ptmri0}}}
\installfont{ptmru}{ptmru0,psyr,latin}{OT1i}{OT1}{ptm}{m}{ui}{}
```

wird zunächst ein nach links um -0.277 geneigter und damit aufrechter, realer Zeichensatz `ptmru0.pl` aus `ptmri0.afm` erzeugt, der dann für den virtuellen File `ptmru.vpl` zur Verfügung steht.

Bei den vorgestellten Beispielen blieb die Angabe für *lade_info* im `\installfont`-Befehl leer. Dies hat zur Folge, daß die Größeninformation für den realisierenden Zeichensatz mit `<->` gewählt wird (s. 1.4.3 auf S. 29), womit der Zeichensatz in beliebiger Größe abgerufen werden kann. Der Eintrag für *lade_info* wird, wie alle anderen Attributparameter, intern an den gleichnamigen Parameter in `\DeclareFontShape` (s. S. 29f.) weitergereicht, so daß dessen Syntax beim `\installfont`-Befehl vollständig übernommen werden kann.

Zum Abschluß stelle ich das Ergebnis der Umkodierungen für die Times-Roman-Schrift vor, wie sie im Vergleich zum Original als Ergebnis der virtuellen Zeichensätze aus der Sicht von TEX erscheinen und angesprochen werden.

Times-Roman-Originalkodierung

	0	1	2	3	4	5	6	7	8	9	a	b	c	d	e	f
2		!	"	#	$	%	&	’	(	)	*	+	,	-	.	/
3	0	1	2	3	4	5	6	7	8	9	:	;	<	=	>	?
4	@	A	B	C	D	E	F	G	H	I	J	K	L	M	N	O
5	P	Q	R	S	T	U	V	W	X	Y	Z	[	\	]	^	_
6	‘	a	b	c	d	e	f	g	h	i	j	k	l	m	n	o
7	p	q	r	s	t	u	v	w	x	y	z	{	|	}	~	
a		¡	¢	£	/	¥	ƒ	§	¤	'	“	«	‹	›	ﬁ	ﬂ
b		–	†	‡	·		¶	•	‚	„	”	»	…	‰		¿
c		`	´	ˆ	˜	¯	˘	˙	¨		˚	¸		˝	˛	ˇ
d	—															
e		Æ		ª					Ł	Ø	Œ	º				
f		æ				ı			ł	ø	œ	ß				

Times-Roman-TEX-Standardkodierung

	0	1	2	3	4	5	6	7	8	9	a	b	c	d	e	f
0	Γ	Δ	Θ	Λ	Ξ	Π	Σ	ϒ	Φ	Ψ	Ω	ff	fi	fl	ffi	ffl
1	ı	▮	`	´	ˇ	˘	¯	˚	¸	ß	æ	œ	ø	Æ	Œ	Ø
2	■	!	”	#	$	%	&	’	(	)	*	+	,	-	.	/
3	0	1	2	3	4	5	6	7	8	9	:	;	¡	=	¿	?
4	@	A	B	C	D	E	F	G	H	I	J	K	L	M	N	O
5	P	Q	R	S	T	U	V	W	X	Y	Z	[	“	]	ˆ	˙
6	‘	a	b	c	d	e	f	g	h	i	j	k	l	m	n	o
7	p	q	r	s	t	u	v	w	x	y	z	–	—	˝	˜	¨
8											Ł					
9																
a											ł					
b																

Der Times-Roman-Zeichensatz ist an den Positionen "00–"20 (00–32 dez.) und "80–"a0 (128–160) sowie an etlichen weiteren leer. An eigenständigen Ligaturen stehen nur fi und fl bereit. Andererseits gibt es eine Reihe von Zeichen, die in TEX unbekannt sind.

Der cmr-TEX-Zeichensatz ist von "00–"7f belegt. Auf "00–"0b stehen die großen griechischen Buchstaben. Die Akzentzeichen sind anders positioniert als bei der Adobe-Kodierung. Innerhalb des virtuellen Zeichensatzes `ptmr.vpl` wird die TEX-Standardkodierung nahezu perfekt nachgebildet. Es fehlt lediglich das punktlose ȷ auf Position "11 und der kurze Schrägstrich ˗ auf "20, den TEX in cmr zur Bildung von Ł und ł benutzt. Letztere sind im Adobe-Zeichensatz eigenständige Zeichen, die deshalb dem virtuellen Zeichensatz auf den Positionen "8a und "aa zugefügt wurden und dort als Ligatur angesprochen werden.

Times-Roman — erweiterte TEX-Kodierung

	0	1	2	3	4	5	6	7	8	9	a	b	c	d	e	f
0	`	´	ˆ	˜	¨	˝	˚	ˇ	˘	¯	˙	¸	˛	‚	‹	›
1	“	”	„	«	»	–	—		‰	ı	▮	ff	fi	fl	ffi	ffl
2	␣	!	"	#	$	%	&	’	(	)	*	+	,	-	.	/
3	0	1	2	3	4	5	6	7	8	9	:	;	<	=	>	?
4	@	A	B	C	D	E	F	G	H	I	J	K	L	M	N	O
5	P	Q	R	S	T	U	V	W	X	Y	Z	[	\	]	^	_
6	‘	a	b	c	d	e	f	g	h	i	j	k	l	m	n	o
7	p	q	r	s	t	u	v	w	x	y	z	{	|	}	~	-
8	Ă	Ą	Ć	Č	Ď	Ě	Ę	Ğ	Ĺ	Ľ	Ł	Ń	Ň	■	Ő	Ŕ
9	Ř	Ś	Š	Ş	Ť	Ţ	Ű	Ů	Ÿ	Ź	Ž	Ż	Ĳ	İ	đ	§
a	ă	ą	ć	č	ď	ě	ę	ğ	ĺ	ľ	ł	ń	ň	■	ő	ŕ
b	ř	ś	š	ş	ť	ţ	ű	ů	ÿ	ź	ž	ż	ĳ	¡	¿	£
c	À	Á	Â	Ã	Ä	Å	Æ	Ç	È	É	Ê	Ë	Ì	Í	Î	Ï
d	Đ	Ñ	Ò	Ó	Ô	Õ	Ö	Œ	Ø	Ù	Ú	Û	Ü	Ý	■	SS
e	à	á	â	ã	ä	å	æ	ç	è	é	ê	ë	ì	í	î	ï
f	■	ñ	ò	ó	ô	õ	ö	œ	ø	ù	ú	û	ü	ý	▮	ß

Der virtuelle Zeichensatz `ptmrq.vf` für die erweiterte TEX-Kodierung entsprechend den dc-Zeichensätzen bildet diese Kodierung ebenfalls weitgehend nach. Es fehlen lediglich an den mit einem schwarzen Rechteck gefüllten Positionen die entsprechenden Zeichen aus den dc-Zeichensätzen, nämlich ȷ, Ŋ, ŋ, ð, Þ und þ. Beim Original `ptmrq.vpl` fehlen zudem noch die dc-Originalzeichen ₀ und Đ. Das letzte Zeichen trägt den Namen Eth und stellt unter diesem Namen die Großform für das Zeichen ð (eth) dar. Das Zeichen ð fehlt bei den meisten Adobe-Schriften und ist auch in einem virtuellen Zeichensatz nicht nachzubilden. Deshalb wurde vermutlich auch die Großform fortgelassen, obwohl sie in einem virtuellen File leicht nachgebildet werden könnte. Im Serbokroatischen wird Đ als Großform zum đ verwendet, das standardmäßig in den dc-kodierten PostScript-Schriften erscheint.

Das Originalzeichen ₀ der dc-Zeichensätze wurde vorrangig zur Nutzung mit dem %-Zeichen zur Bildung des Promille-Zeichens ‰ eingefügt. Es fehlt zwar bei den PostScript-Schriften; diese enthalten jedoch ein eigenständiges Promille-Zeichen. Es erscheint mir daher sinnvoll, bei den dc-kodierten PostScript-Zeichensätzen an der Position des ₀ das Promille-Zeichen einzufügen und es als Ligatur mit der Eingabe `\%0` zu realisieren.

Ich habe beide Ergänzungen durch Editieren des Originals `ptmrq.vpl` nachgetragen, und zwar für Đ in der Form

```
(CHARACTER H D0 (CHARWD R 0.721997) (CHARHT R 0.650989)
   (MAP (PUSH) (MOVERIGHT 0.02) (MOVEDOWN 0.25) (SETCHAR H C5)
       (POP) (SETCHAR D)))
```

Der Querbalken steht im Times-Roman-Original auf Position "C5. Nach Verschiebung nach rechts um .2pt und nach unten um 2.5pt wurde es mit dem normalen D kombiniert. Als Abmessungen für Đ wurden diejenigen des D übernommen. Für das ‰-Zeichen wurde die Ligaturtabelle um

```
(LABEL H 25 (LIG C 0 H 18) STOP)
```

erweitert und Position "18 dann mit

```
(CHARACTER H 18 (CHARWD R 1.0) (CHARHT 0.722) (CHARDP 0.014)
   (MAP (SETCHAR H BD)))
```

besetzt. Dies ist gleichzeitig ein Beispiel für eine manuelle Feinabstimmung eines virtuellen Zeichensatzes. Für weitere Erläuterungen der hier angeführten `vpl`-Strukturen verweise ich auf Abschnitt 4.2.4.

Zum Abschluß verweise ich auf den Installationsfile `fontptcm.tex`, den Alan Jeffrey im Unterverzeichnis `examples` bereitgestellt hat. Seine TEX-Bearbeitung erzeugt die realen und virtuellen Zeichensätze, die das Ergänzungspaket `mathptm.sty` von Sebastian Rahtz benötigt (s. 4.1.2). Vor dem Aufruf `tex fontptcm` ist sicherzustellen, daß die `.pl`-Files aus dem Verzeichnis `.../fontinst/pl` in ein Verzeichnis kopiert werden, das von TEX als Eingabeverzeichnis durchmustert wird, was z. B. stets für das aktuelle Arbeitsverzeichnis der Fall ist, aus dem der TEX-Aufruf erfolgt. Mit der TEX-Bearbeitung von `fontptcm.tex` entstehen die folgenden Property- und Virtual-Property-List-Files sowie Definitionsfiles

```
psyr.pl       ptmr0.pl       ptmri0.pl      pzcmi0.pl
zptmcmr.vpl   zptmcmrm.vpl   zpzccmry.vpl   zpsycmrv.vpl
OT1ptmcm.fd   OMLptmcm.fd    OMSpzccm.fd    OMXpsycm.fd
```

Der virtuelle Zeichensatz `zptmcmr.vpl` stellt die Zeichen bereit, die beim Formelsatz für Funktionsnamen benötigt werden (`operators`). Der virtuelle Zeichensatz greift seinerseits auf die realen Zeichensätze `ptmr0`, `psyr` und `cmr10` zurück. Dem virtuellen Zeichensatz `zptmcmrm.vpl` werden die Zeichen für mathematische Variablen und die griechischen Kleinbuchstaben entnommen (`letters`). Er greift dabei auf die realen Zeichensätze `psyr`, `cmmi10` und `ptmri0` zurück. Die speziellen mathematischen Symbole (`symbols`) werden mit dem virtuellen Zeichensatz `zpzccmry.vpl` geliefert, der sie sich aus den realen Zeichensätzen `cmsy10`, `psyr`, `ptmr0` und `pzcmi0` holt. Symbole, die in mehreren Größen benötigt werden (`largesymbols`), werden mit `zpsycmrv.vpl` angeboten und den realen Zeichensätzen `cmex9`, `cmex10` und `psyr` in den Skalierungen 1000 und 1440 entnommen.

Zum tieferen Verständnis der Zuordnung mathematischer Zeichen zu den verschiedenen Zeichensätzen verweise ich auf die mathematischen Interface-Befehle für NFSS in 1.4.4 und dort besonders auf die Hinweise zum Befehl `\DeclareSymbolFont` auf S. 34f. Das Ergänzungspaket `mathptm.sty` macht von diesen Befehlen zur Zuordnung der obigen Schriften ausführlich Gebrauch. Damit werden beim mathematischen Formelsatz, so weit dies möglich ist, PostScript-Schriften verwendet. Dies führt zu einem harmonischeren Schriftbild als die reine Mischung von PostScript-Schriften aus `times.sty` für die Textteile und TEX-cm-Schriften für Formeln. Eine weitere Verbesserung wäre mit der zusätzlichen Neigung für den Symbolzeichensatz als `psyro` denkbar.

4.3 Weitere PostScript-Ergänzungen

Die wichtigsten Ergänzungspakete zur Nutzung der PostScript-Schriften wurden bereits in 4.1.2 angesprochen und die mit ihnen standardmäßig bereitgestellten Schriftgruppen tabellarisch zusammengestellt. In diesem Abschnitt werden weitere Hilfswerkzeuge zur Nutzung von PostScript-Schriften vorgestellt.

4.3.1 Das Ergänzungspaket pifont

Zeichensätze, deren Zeichen statt der Buchstaben, Ziffern und Satzzeichen spezielle Symbole bereitstellen, werden in der angloamerikanischen Computerliteratur als *Pi fonts* bezeichnet. Die 35 Standard-PostScript-Schriften stellen mit Symbol und ZapfDingbats zwei solcher Pi Fonts bereit. Das Ergänzungspaket `pifont.sty` von Sebastian Rahtz, das mit

```
\usepackage{pifont}
```

in die LaTeX 2ε-Bearbeitung eingebunden wird, gestattet den erleichterten Zugang zu solchen Symbolzeichensätzen. Es ist primär auf die Nutzung des ZapfDingbats-Zeichensatzes (Kurzform `pzdr`) zugeschnitten, stellt aber weitere Erzeugungsbefehle bereit, mit denen anwendereigene äquivalente Befehle für andere Symbolzeichensätze erzeugt werden können. Mit der Einbindung von `pifont.sty` stehen folgende Zusatzbefehle und -Umgebungen zur Verfügung

`\ding{`*z_num*`}` `\dingline{`*z_num*`}` `\dingfill{`*z_num*`}`
`\begin{dinglist}{`*z_num*`}` *Listeneinträge* `\end{dinglist}`
`\begin{dingautolist}{`*z_num*`}` *Listeneinträge* `\end{dingautolist}`

Hierin bedeutet *z_num* die Belegungszahl, unter der das gewünschte Zeichen in ZapfDingbats positioniert ist. Die Tabelle auf der nächsten Seite gibt die Belegungszahlen aller Zeichen in oktaler, hexadezimaler und dezimaler Zählung wieder. So erscheint mit `\ding{37}` das Telefonsymbol ☎ und mit `\ding{42}` der gestreckte Finger ☛.

`\dingline{`*z_num*`}` startet eine neue Zeile und füllt diese unter Berücksichtigung einer beidseitigen Einrückung von 0.5 in (= 12.7 mm) mit nebeneinanderstehenden Symbolen *z_num*, z. B. `\dingline{33}`:

✁ ✁ ✁ ✁ ✁ ✁ ✁ ✁ ✁ ✁ ✁ ✁ ✁ ✁ ✁ ✁ ✁ ✁ ✁ ✁

Mit `\dingfill{`*z_num*`}` wird der verfügbare Leeraum einer Zeile mit dem gewählten Symbol gefüllt: `\dingfill{34} Abschlu"stext` ✂ ✂ ✂ ✂ ✂ ✂ ✂ Abschlußtext.

Die Umgebung `dinglist` wirkt wie die LaTeX-Umgebung `itemize`, wobei als Markierung das mit *z_num* gewählte Symbol verwendet wird.

☞ Erster Listeneintrag

☞ Nächster Listeneintrag

☞ Letzter Listeneintrag

```
\begin{dinglist}{43}
  \item Erster Listeneintrag
  \item N"achster Listeneintrag
  \item Letzter Listeneintrag
\end{dinglist}
```

Die Umgebung `dingautolist` entspricht der LaTeX-Umgebung `enumerate`, wobei mit *z_num* die Markierungskennung für den ersten `\item`-Befehl vorgegeben wird. Jeder weitere `\item`-Befehl wählt das jeweils nächste Zeichen aus ZapfDingbats als Markierung. Referenzen auf die einzelnen Einträge erscheinen mit den gleichen Symbolen.

Zeichenbelegung in ZapfDingbats

okt.	0	1	2	3	4	5	6	7	hex.
'04x	32	✁ 33	✂ 34	✃ 35	✄ 36	☎ 37	✆ 38	✇ 39	"2x
'05x	✈ 40	✉ 41	☛ 42	☞ 43	✌ 44	✍ 45	✎ 46	✏ 47	
'06x	✐ 48	✑ 49	✒ 50	✓ 51	✔ 52	✕ 53	✖ 54	✗ 55	"3x
'07x	✘ 56	✙ 57	✚ 58	✛ 59	✜ 60	✝ 61	✞ 62	✟ 63	
'10x	✠ 64	✡ 65	✢ 66	✣ 67	✤ 68	✥ 69	✦ 70	✧ 71	"4x
'11x	★ 72	✩ 73	✪ 74	✫ 75	✬ 76	✭ 77	✮ 78	✯ 79	
'12x	✰ 80	✱ 81	✲ 82	✳ 83	✴ 84	✵ 85	✶ 86	✷ 87	"5x
'13x	✸ 88	✹ 89	✺ 90	✻ 91	✼ 92	✽ 93	✾ 94	✿ 95	
'14x	❀ 96	❁ 97	❂ 98	❃ 99	❄ 100	❅ 101	❆ 102	❇ 103	"6x
'15x	❈ 104	❉ 105	❊ 106	❋ 107	● 108	❍ 109	■ 110	❏ 111	
'16x	❐ 112	❑ 113	❒ 114	▲ 115	▼ 116	◆ 117	❖ 118	◗ 119	"7x
'17x	❘ 120	❙ 121	❚ 122	❛ 123	❜ 124	❝ 125	❞ 126	127	
'24x	160	❡ 161	❢ 162	❣ 163	❤ 164	❥ 165	❦ 166	❧ 167	"Ax
'25x	♣ 168	♦ 169	♥ 170	♠ 171	① 172	② 173	③ 174	④ 175	
'26x	⑤ 176	⑥ 177	⑦ 178	⑧ 179	⑨ 180	⑩ 181	❶ 182	❷ 183	"Bx
'27x	❸ 184	❹ 185	❺ 186	❻ 187	❼ 188	❽ 189	❾ 190	❿ 191	
'30x	➀ 192	➁ 193	➂ 194	➃ 195	➄ 196	➅ 197	➆ 198	➇ 199	"Cx
'31x	➈ 200	➉ 201	➊ 202	➋ 203	➌ 204	➍ 205	➎ 206	➏ 207	
'32x	➐ 208	➑ 209	➒ 210	➓ 211	➔ 212	→ 213	↔ 214	↕ 215	"Dx
'33x	➘ 216	➙ 217	➚ 218	➛ 219	➜ 220	➝ 221	➞ 222	➟ 223	
'34x	➠ 224	➡ 225	➢ 226	➣ 227	➤ 228	➥ 229	➦ 230	➧ 231	"Ex
'35x	➨ 232	➩ 233	➪ 234	➫ 235	➬ 236	➭ 237	➮ 238	➯ 239	
'36x	240	➱ 241	➲ 242	➳ 243	➴ 244	➵ 245	➶ 246	➷ 247	"Fx
'37x	➸ 248	➹ 249	➺ 250	➻ 251	➼ 252	➽ 253	➾ 254	255	
okt.	8	9	A	B	C	D	E	F	hex.

① Erste Referenzmarkierung

② Zweite Referenzmarkierung

③ Dritte Referenzmarkierung

Die Referenzen erscheinen als ①, ② und ③.

```
\begin{dingautolist}{172} %%
\item Erste Referenzmarkierung\label{dl.a}
\item Zweite Referenzmarkierung\label{dl.b}
\item Dritte Referenzmarkierung\label{dl.c}
\end{dingautolist}
Die Referenzen erscheinen als \ref{dl.a},
\ref{dl.b} und \ref{dl.c}.
```

Das Ergänzungspaket pifont stellt weitere Definitionsbefehle bereit, mit denen der Anwender eigene Befehle für weitere Symbolzeichensätze erzeugen kann:

`\Pifont{`*fam*`}` `\Pisymbol{`*fam*`}{`*z_num*`}`
`\Piline{`*fam*`}{`*z_num*`}` `\Pifill{`*fam*`}{`*z_num*`}`
`\begin{Pilist}{`*fam*`}{`*z_num*`}` *Listeneinträge* `\end{Pilist}`
`\begin{Piautolist}{`*fam*`}{`*z_num*`}` *Listeneinträge* `\end{Piautolist}`

Diese Definitionsbefehle sind Verallgemeinerungen der oben vorgestellten Symbolbefehle für den ZapfDingbats-Zeichensatz. So sind z. B. `\ding{`*z_num*`}` und `\dingline{`*z_num*`}` als

```
\newcommand{\ding}[1]{\Pisymbol{pzd}{#1}}  bzw
\newcommand{\dingline}[1]{\Piline{pzd}{#1}}
```

definiert, und die `dinglist`-Umgebung wurde mit

```
\newenvironment{dinglist}[1]{\begin{Pilist}{pzd}{#1}}%
                            {\end{Pilist}}
```

eingerichtet. Damit sollten die allgemeinen Definitionsstrukturen ohne weitere Erläuterungen verständlich sein. Der angesprochene Symbolzeichensatz wird durch seine Familienkennzeichnung *fam* ausgewählt, z. B. durch `psy` für den PostScript-Zeichensatz 'Symbol'.

```
\begin{Piautolist}{psy}{97}
\item Die Markierung erfolgt in
\item griechischen Kleinbuchstaben.
\item Das kleine \emph{alpha} hat im
\item Zeichensatz 'Symbol' die
\item Position 97.
\end{Piautolist}
```

α Die Markierung erfolgt in

β griechischen Kleinbuchstaben.

χ Das kleine *alpha* hat im

δ Zeichensatz 'Symbol' die

ε Position 97.

Bei häufiger Verwendung solcher Befehle aus einem speziellen Symbolzeichensatz sollte man sich in Analogie zu den `ding`-Strukturen entsprechende Befehle und Umgebungen einrichten. Der Befehl `\Pifont{`*fam*`}` macht den angesprochenen Symbolsatz zum aktiven Zeichensatz. Er ist äquivalent zu dem auf S. 16 vorgestellten Befehl `\usefont`, und zwar in der Form `\usefont{U}{`*fam*`}{m}{n}`.

4.3.2 Vorbereitungen zur Grafikeinbindung

Das neue LaTeX-Paket enthält in `./packages/graphics` einen Satz von Makropaketen, die zu installieren sind, auch wenn die meisten aus der Anwenderebene kaum direkt angesprochen werden. Die Installation erfolgt mit der LaTeX-Bearbeitung des Installationsfiles `graphics.ins`. Damit entstehen

```
color.sty   epsfig.sty   graphics.sty   graphicx.sty   keyval.sty   trig.sty
ref0.col    ref1.col     ref2.col       ref2b.col      ref3.col
dvips.def   dvi2ps.def   dvialw.def     dvilaser.def   dvipsone.def
emtex.def   dvitps.def   dvitops.def    dviwin.def     dviwindo.def
oztex.def   pubps.def    textures.def   xdvi.def
```

Die `.sty`-Files der ersten Zeile stellen die Ergänzungspakete zur Grafik-Einbindung und Farbgestaltung dar. Vom Anwender werden mit `\usepackage` vermutlich nur `epsfig` und/oder `color` aufgerufen, die ihrerseits auf `graphicx`, `graphics`, `keyval` und `trig` zurückgreifen. Die Files der zweiten Zeile enthalten gewisse Farbdefinitionen. Ihre Grundnamen können als Optionsangabe in `\usepackage[`*option*`]{color}` verwendet werden, womit der entsprechende `.col`-File zusätzlich eingelesen wird. Das gleiche gilt für alle `.def`-Files bezüglich der Ergänzungspakete `color.sty`, `epsfig.sty`, `graphics.sty` und `graphicx.sty`. Die Grundnamen der `.def`-Files beziehen sich auf die DVI-Treiber gleichen Namens. Sie definieren geeignete `\special`-Befehle für die entsprechenden Treiber aus herkömmlichen TeX-Makros, die mit dem graphics-Paket bereitgestellt werden.

Der File `00readme.txt` aus dem graphics-Paket enthält eine kurze Aufgabenbeschreibung. Er enthält zusätzlich den Hinweis, daß sich das bereitgestellte Paket noch in der Entwicklung befindet und Makronamen und Definitionen bei späteren Versionen eventuell geändert werden. Ich beschränke mich deshalb auf die Vorstellung der Zielrichtung des Pakets und sehe von einer detaillierteren Beschreibung seiner Interna ab, da für diese noch Änderungen zu erwarten sind.

4.3.3 Grafikeinbindung mit epsfig

Das Ergänzungspaket epsfig kennt eine größere Zahl von Treiber-Optionen, die mit

```
\documentclass[...,dr_opt,...]{bearb_klasse}
\usepackage{epsfig}   oder mit
\usepackage[dr_opt]{epsfig}
```

global oder lokal bei der Aktivierung von epsfig eingebunden werden. Für *dr_opt* kann der Grundname eines der im vorangegangenen Unterabschnitt angeführten `.def`-Files gewählt werden, der sich auf den gleichnamigen DVI-Treiber bezieht. Als Standard, also bei fehlender Angabe für *dr_opt*, ist `dvips` voreingestellt, womit das Ergänzungspaket zur Nutzung mit dem DVI-PS-Treiber von Tomas Rokicki aktiviert wird. epsfig kennt als weitere Optionen `draft` und `final`, die mit den vorstehenden Treiber-Optionen kombiniert werden können. Ihre Wirkung wird weiter unten erklärt. Das Ergänzungspaket epsfig stellt den Befehl

```
\epsfig{file=epsf_name,scale=faktor,height=höhe,width=breite,%
        angle=winkel,bbllx=lux,bblly=luy,bbur=rox,bbury=roy,clip=}
```

bereit, mit dem eine Grafik, die als gekapselter PostScript-File *epsf_name* (Encapsulated PostScript) vorliegt, in den umgebenden Text eingebunden wird. Bei diesem Befehl sind mit Ausnahme von `file=`*epsf_name* alle weiteren Argumente optional. Zu ihrer Erläuterung erfolgt vorab ein Hinweis: Jede als gekapselter PostScript-File vorliegende Grafik enthält ihre natürliche Abmessung in einer der ersten Zeilen in der Form

```
%%Bounding Box: llx lly urx ury
```

mit Zahlenangaben, die sich auf die Koordinaten der unteren linken (lower left) und oberen rechten (upper right) Ecke der Grafik beziehen. Als interne Maßeinheiten werden dabei sog. Big-Points verwendet (72 bp = 1 in). Die Grafik ist damit $(urx - llx)$ bp breit und $(ury - lly)$ bp hoch. Die erste Zeile eines gekapselten PostScript-Files kennzeichnet sich mit `%!PS-Adobe-2.0 EPSF-2.0` als 'Encapsulated PostScript File'. Die Zahlenangabe 2.0 bezieht sich dabei auf die PostScript-Versionsnummer. Das vollständige Format für einen gekapselten PostScript-File wird im Anhang H des PostScript-Referenz-Handbuches [22] dokumentiert. Der Unterschied zu einem normalen PostScript-File liegt letztlich nur darin, daß ein gekapselter PostScript-File zur Einbindung in einen solchen gedacht ist. Gekapselte PostScript-Files entstehen üblicherweise aus dem Aufruf spezieller Grafik-Programme, z. B. für einen Scanner. Der Treiber dvips kann mit der Option `-E` aus einem `.dvi`-File einen eigenständigen gekapselten PostScript-File erstellen (s. 4.1.4).[5]

Die Argumente des `\epsfig`-Befehls, der mit der gleichen Syntax auch unter dem Namen `\psfig` zur Verfügung steht, haben die Bedeutung:

[5] Ein so erstellter gekapselter PostScript-File besteht eventuell nur aus TeX-formatiertem Text, der aus Sicht von PostScript ebenfalls eine Grafik darstellt. Die untere Formelgruppe auf S. 40 mit der Wirkung des Ergänzungspakets exscale wurde zunächst als eigenständiger LaTeX-File unter Einschluß von `\usepackage{exscale}` mit LaTeX bearbeitet. Sein `.dvi`-File wurde anschließend mit dvips als gekapselter PostScript-File `exadd.eps` abgelegt. Der File für den Gesamttext enthält in Abschnitt 1.5.2 dann den Aufruf

```
\begin{raggedright} \epsfig{file=exadd.eps} \end{raggedright}
```

Damit wurde es möglich, die Wirkung der An- und Abwesenheit von `exscale.sty` auf einer Textseite zu demonstrieren.

`file=`*epsf_name* kennzeichnet den an der Aufrufstelle einzubindenden gekapselten PostScript-File. Statt `file=`*epsf_name* kann auch `figure=`*epsf_name* verwendet werden.

`scale=`*faktor* Die Abmessungen der Umgebungsbox werden mit dem Wert von *faktor* multipliziert, womit die Abbildung gegenüber ihren natürlichen Maßen aus der Umgebungsbox vergrößert (*faktor* > 1.0) oder verkleinert (*faktor* < 1.0) wird.

`height=`*höhe* Mit dieser Angabe wird die Höhe der Abbildung gegenüber ihrer natürlichen Höhe (aus den internen Angaben der Umgebungsbox) auf den angegebenen Wert skaliert. Für *höhe* sind alle in TEX erlaubten Maßangaben zulässig. Eine reine Zahlenangabe greift auf die interne Maßeinheit `bp` (Big-Point) zurück. Bei fehlender Angabe von `height`, aber einer Vorgabe für `width`, wird die Höhe im gleichen Maße skaliert, wie dies zur Erreichung der verlangten Breite gegenüber der Originalbreite aus den Angaben der Umgebungsbox erfolgt.

`width=`*breite* Mit dieser Angabe wird die Breite der Abbildung gegenüber ihrer natürlichen Breite (aus den internen Angaben der Umgebungsbox) auf den angegebenen Wert skaliert. Für *breite* sind alle in TEX erlaubten Maßangaben zulässig. Eine reine Zahlenangabe greift auf die interne Maßeinheit `bp` zurück. Bei fehlender Angabe von `width`, aber einer Vorgabe für `height`, wird die Breite im gleichen Maße skaliert, wie dies zur Erreichung der verlangten Höhe gegenüber der Originalhöhe aus der Umgebungsbox erfolgt.

Mit gleichzeitiger Angabe für `height` und `width` kann die Bildhöhe und Bildbreite unterschiedlich skaliert werden.

`angle=`*winkel* Die Grafik wird um den vorgegebenen Winkel gedreht. Drehpunkt ist der linke untere Eckpunkt der Umgebungsbox.[6] Als Maßeinheit für die Zahlenangabe werden Winkelgrade gewählt. Eine positive Angabe führt zur Drehung entgegen dem Uhrzeiger, eine negative Angabe zur Drehung mit dem Uhrzeiger.

`bbllx=`*lux* x-Koordinate der linken unteren Ecke der Umgebungsbox für die Abbildung.

`bblly=`*luy* y-Koordinate der linken unteren Ecke der Umgebungsbox für die Abbildung.

`bburx=`*rox* x-Koordinate der rechten oberen Ecke der Umgebungsbox für die Abbildung.

`bbury=`*roy* y-Koordinate der rechten oberen Ecke der Umgebungsbox für die Abbildung.

Einträge für `bbllx`, `bblly`, `bburx` und `bbury` entfallen normalerweise, da sie mit den Vorgaben für `Bounding Box` im Grafik-File vorhanden sind. Mit expliziten Angaben können fehlende oder fehlerhafte Vorgaben für die Umgebungsbox vorgenommen oder korrigiert werden. Die vorstehenden Einträge sollten in `\epsfig` *vor* dem Eintrag für `file=`*epsf_name* vorgenommen werden.

`clip=` Enthält ein gekapselter PostScript-File Bildanteile, die über die Grenzen der Umgebungsbox hinausragen, was bei einem wohlkonditionierten EPS-File nicht auftreten sollte, so ragen diese Bildanteile eventuell in den umgebenden Text hinein, da mit dem `\epsfig`-Befehl für die Grafik nur Platz in Größe der evtl. skalierten Umgebungsbox freigehalten wird. Mit der Angabe `clip=` kann in solchen Fällen die Ausgabe von Bildanteilen, die außerhalb der zugeordneten Umgebungsbox liegen, unterdrückt werden. Das Argument `clip=` kennt keine Wertzuweisung. Trotzdem ist das nachfolgende Gleichheitszeichen syntaktisch zwingend.

---

[6] Enthält der gekapselte PostScript-File Texte, die auf cm- oder dc-Zeichensätze zurückgreifen, so werden diese mit dvips ebenfalls um den angegebenen Winkel gedreht, was TEX normalerweise gar nicht vorsieht.

Die eingangs erwähnte Option `draft` bewirkt in Verbindung mit dem Ergänzungspaket `epsfig.sty`, daß gekapselte PostScipt-Files *nicht* als endgültige Grafik in der Ausgabe erscheinen. An den Stellen der `\epsfig`-Befehle wird nur eine gerahmte Box mit den Abmessungen der evtl. skalierten Umgebungsbox ausgegeben, in der lediglich der Name des einzulesenden gekapselten PostScript-Files wiederholt wird. Diese Option bewirkt in der Entwicklungsphase für das zu bearbeitende Dokument eine deutlich schnellere Druckausgabe. Eine Grafik mit den Abmessungen b = 25 mm und h = 30 mm für den File `muster.eps` erscheint mit der Option `draft` und der Eingabe

muster.eps

```
\parbox{30mm}{\epsfig{file=muster.ps}
```

in der Ausgabe als

Die Option `draft` schaltet die Grafikausgabe für alle gekapselten PostScript-Files des gesamten Dokuments ab. Ohne diese Option können innerhalb des Eingabetextes mit der Erklärung `\psdraft` alle nachfolgenden `\epsfig` *lokal* in gleicher Weise unterdrückt und durch die gerahmte Umgebungsbox ersetzt werden, bis diese Wirkung durch `\psfull` wieder abgeschaltet wird. Auch die globale Treiberoption beim `\documentclass`-Befehl kann innerhalb des Dokuments mit dem Befehl `\psfigdriver{`*dr_opt*`}` lokal nachgereicht werden.

Die Option `final` ist gleichwertig mit dem Fortlassen von `draft`. Sie wird deshalb meistens entfallen. Eine explizite Angabe kann lokal mit `\usepackage[final]{epsfig}` sinnvoll sein, wenn `draft` global beim `\documentclass`-Befehl gesetzt ist.

Das Ergänzungspaket `epsfig.sty` lädt die Ergänzungspakete `graphicx.sty`, `keyval.sty` und `graphics.sty` und reicht die gewählte Treiberoption an diese weiter. Das Paket `graphics.sty` stellt die tieferliegenden TEX-Makros zum Einlesen der Grafikfiles und zu deren Skalierung und Drehung bereit, die ihrerseits die mathematischen TEX-Makros aus `trig.sty` nutzen, um die erforderlichen Transformationen zu errechnen. Die gewählte Treiberoption bestimmt dann die Syntax und Inhalte der `\special`-Befehle, die die erforderlichen Zusatzanweisungen an die Treiber weitergeben. Ohne explizite Angabe einer Treiberoption wird standardmäßig der dvips-Treiber von Tomas Rokicki vorausgesetzt. Die Eigenschaften der verschiedenen DVI-Treiber sind in der folgenden Tabelle zusammengefaßt:

Name	Betriebssystem	Grafik-Einb.	Skalierung	Drehung	Farbe
dvi2ps	Unix	○	?	?	?
dvialw	Unix	○	?	?	?
dvilaser	DOS	○	?	?	?
dvips	Unix, DOS u. a.	•	•	•	•
dvipsone	DOS	•	•	•	•
dvitops	Unix, DOS u. a.	•	?	?	?
dvitps	Unix	?	?	?	?
dviwin	Windows	•	×	×	×
dviwindo	Windows	•	×	×	•
emtex	DOS	•	×	×	×
oztex	Mac	•	×	×	×
psprint	VMS	○	?	?	?
pubps	Unix	○	?	?	?
textures	Mac	•	•	?	•

Anmerkungen

Der Dokumentation von Sebastian Rahtz und David Carlisle aus `drivers.dtx` entnommen.

- • Verfügbar und getestet.
- ○ TEX-Kode beigefügt, aber nicht getestet.
- ? Geeigneter TEX-Kode kann vermutlich erstellt werden.
- × Wahrscheinlich nicht zu implementieren.

4.3.4 Das Ergänzungspaket rotating

Die Graphik aus einem gekapselten PostScript-File kann mit dem `\epsfig`-Befehl durch Vorgabe eines Winkels mit `angle=`*winkel* gedreht werden. Zur Drehung von Eingabetexten, Absatzboxen, Tabellen und Gleitobjekten haben Sebastian Rahtz und Leonor Barroca das Ergänzungspaket rotating erstellt und auf den öffentlichen TEX-Fileservern unter `.../latex/contrib/supported/rotating` abgelegt.[7] `rotating.sty` greift seinerseits auf `graphics.sty` zurück, an den auch die eingestellte Treiberoption (s. o.) weitergereicht wird. Bei fehlender Treiberoption wird aber keine Standardvorgabe weitergereicht, wie bei `epsfig` mit `dvips`. Falls der `\documentclass`-Befehl nicht bereits die globale Treiberoption vorgibt, sollte die Aktivierung von `rotating` daher stets mit der entsprechenden Option in

`\usepackage[`*dr_opt*`]{rotating}`

erfolgen. Treiber, die Drehungen nicht unterstützen, melden dies mit einer Warnung "Rotating not supported". Das Ergänzungspaket rotating stellt die drei Umgebungen `rotate`, `turn` und `sideways` bereit:

`\begin{rotate}{`*winkel*`}` *beliebige Textstrukturen* `\end{rotate}`
`\begin{turn}{`*winkel*`}` *beliebige Textstrukturen* `\end{turn}`
`\begin{sideways}` *beliebige Textstrukturen* `\end{sideways}`

Der mit diesen Umgebungen eingeschachtelte Text wird um den vorgegebenen Winkel gedreht, der bei der `sideways`-Umgebung implizit mit 90° vorgegeben ist. Eine positive Winkelangabe führt zur entsprechenden Drehung entgegen dem Uhrzeiger, eine negative Winkelangabe zur Drehung mit dem Uhrzeiger. Der für den gedrehten Text erforderliche Platz muß bei der `rotate`-Umgebung vom Anwender selbst ermittelt und ggf. durch `\hspace`- und `\vspace`-Befehle zugefügt werden. Die `turn`-Umgebung ermittelt die minimale Box, mit der der gedrehte Text vertikal und horizontal umschlossen werden kann, und fügt diesen Platz zwischen dem vorangehendem und dem nachfolgendem Text ein.

gedrehter Text
Anfangstext Abschlußtext
Anfangstext Abschlußtext
gedrehter Text

```
\vspace*{15mm} Anfangstext
\begin{rotate}{60}
gedrehter Text\end{rotate}
Abschlu"stext

Anfangstext
\begin{turn}{-60}
gedrehter Text\end{turn}
Abschlu"stext
```

Bei der impliziten Drehung um 90° mit der `sideways`-Umgebung wird der erforderliche Platz wie bei der `turn`-Umgebung automatisch berücksichtigt:

[7] Das rotating-Paket enthält einen Beispiel-File mit dem Namen `examples.tex`. Dieser File sucht nach einem Ergänzungspaket `example.sty`, das es derzeit (Juli 1994) im gesamten neuen LaTeX-Paket noch nicht gibt. Nach längerer Suche habe ich einen solchen Stilfile im alten LaTeX 2.09-Paket unter `.../latex209/contrib/rotating` gefunden. Er stammt von Joachim Schrodt und kann zur Formatierung von `examples.tex` auch mit LaTeX 2_ε verwendet werden.

Ein quergestelltes LaTeX Symbol

```
Ein quergestelltes
\begin{sideways}\LaTeX\end{sideways}
Symbol
```

Und hier noch ein Beispiel für Vielfachdrehungen:

```
\newcounter{grd}
\setcounter{grd}{180}
\whiledo{\value{grd}>-180}{%
 \rlap{%
  \begin{rotate}{\arabic{grd}}%
    .\hspace{12mm}Drehung
    um $\arabic{fig}^\circ$%
  \end{rotate}}%
 \addtocounter{grd}{-15}}
```

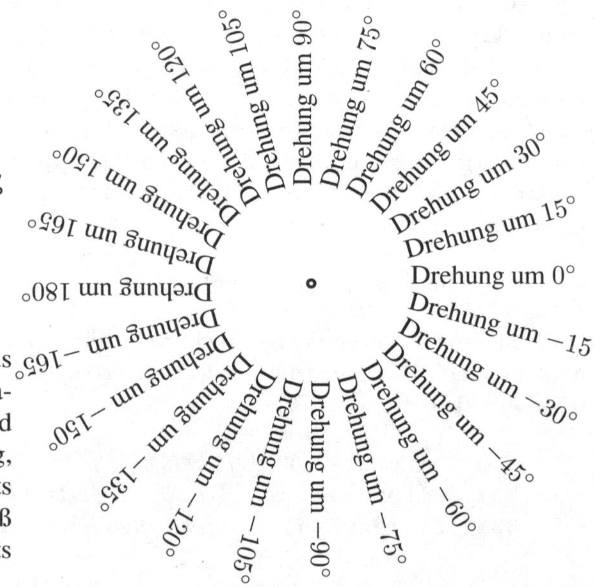

Der Befehl `\rlap{`*arg*`}` stammt aus `plain.tex`. Er bewirkt die Ausgabe des übergebenen Arguments und anschließend eine Rückpositionierung, wie sie vor der Ausgabe des Arguments bestand. Damit wird sichergestellt, daß alle `rotate`-Umgebungen sich stets auf den gleichen Drehpunkt beziehen.

Die Drehung der vorstehenden Textstrukturen erfolgt allein im Drucker. Die Aufgabe von LaTeX ist es, mit den vorgestellten Drehumgebungen die druckerspezifischen `\special`-Einträge zu generieren. Innerhalb der LaTeX-Bearbeitung bleibt der eingegebene Text hiervon unberührt. Lediglich bei der `turn`-Umgebung wird die umgebende Minimalbox für die gedrehte Textstruktur ermittelt und als Zwischenraum für den vorangehenden und nachfolgenden Text reserviert.

Statt der kurzen gedrehten Textzeilen der vorangegangenen Beispiele können mit den Drehumgebungen auch Absatzboxen (`\parbox`-Befehle oder `minipage`-Umgebungen) eingeschachtelt werden. Dabei sollte dem Anwender der Bezugspunkt einer Absatzbox bewußt sein. Er hängt von der Wahl des vertikalen Positionierungsparameters ab (s. [3a, 4.7.3]). Mit `\parbox[t]{...}{...}` liegt er am Schnittpunkt der Grundlinie der *obersten* Textzeile mit der Vorderkante der Absatzbox; mit `\parbox[b]{...}{...}` dagegen am Schnittpunkt der *untersten* Textzeile mit der Vorderkante. Die Standardform `\parbox{...}{...}` führt zum Bezugspunkt bei der vertikalen Mitte der Vorderkante.

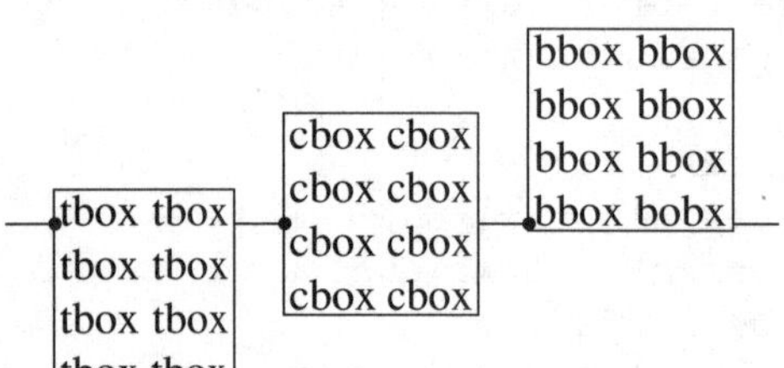

Der Bezugspunkt der Absatzboxen wurde in diesem Beispiel durch einen verstärkten Punkt als • gekennzeichnet, der sich auf der Grundlinie der umgebenden Textzeile befindet, die mit den horizontalen Strichen __ symbolisiert wurde. Dieser Bezugspunkt der Absatzbox ist gleichzeitig der Drehpunkt, der auf der umgebenden Zeile erhalten bleibt, wenn sie mit einer Drehumgebung eingeschachtelt wird. Bei der `turn`-Umgebung ist jedoch zu beachten, daß die gedrehte Absatzbox ihrerseits in eine umgebende Minimalbox eingeschlossen wird, die den Abstand zum vorangehenden und nachfolgenden Text bestimmt. Der Drehpunkt wird damit gegenüber dem umgebenden Text evtl. horizontal verschoben, wie das nebenstehende Beispiel deutlich macht. Es zeigt zunächst die um -30° gedrehte Absatzbox mit ihrem Bezugspunkt in stärkerer Umrandung. Sie wird anschließend mit einer minimalen Umgebungsbox umfaßt, die durch die dünnere Umrandung gekennzeichnet ist. Diese Umgebungsbox bestimmt dann den Abstand zum vorangehenden und nachfolgenden Text, dessen Grundlinie wieder durch die horizontalen Striche __ symbolisiert ist.

Nach dieser Erläuterung sollte das Ergebnis beliebiger Drehungen von Absatzboxen mit der `turn`-Umgebung in bezug auf den umgebenden Text voraussehbar sein. Das nachfolgende Beispiel sollte deshalb nicht überraschen.

```
\newcommand{\drehbox}{A B C D E F G H I J K L M N O P Q R S T U V W X Y Z}
Anfang \begin{turn}{45}\parbox[t]{16mm}{\drehbox}\end{turn} gefolgt von
       \begin{turn}{45}\parbox{16mm}{\drehbox}\end{turn} und weiter mit
       \begin{turn}{45}\parbox[b]{16mm}{\drehbox}\end{turn}.
```

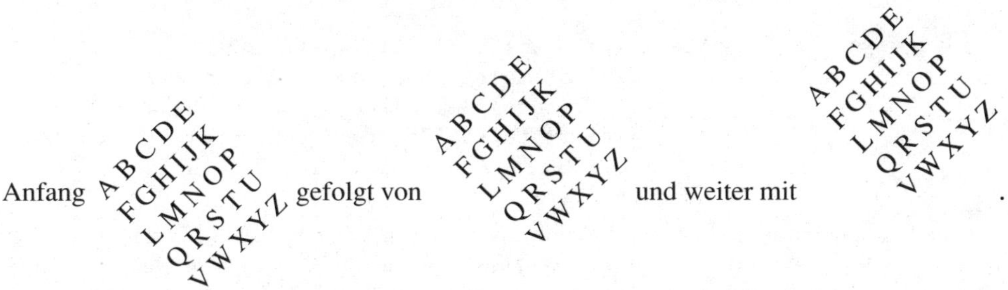

Der Beispiel-File `examples.tex` aus dem rotating-Paket enthält eine Vielzahl von Beispielen für gedrehte Absatzboxen. Sie werden vollends verständlich, wenn der Leser sich dort den Drehpunkt als den vertikalen Mittelpunkt der Vorderkante der Originalbox einzeichnet und die gedrehte Box anschließend mit einer umschreibenden Minimalbox gedanklich umrandet.

Die vorgestellten Beispiele enthielten Absatzboxen innerhalb der `turn`-Umgebung. Die Drehumgebungen dürfen aber auch innerhalb von Absatzboxen verwendet werden, die mit der `minipage`-Umgebung eingerichtet sind, womit verschachtelte Drehumgebungen möglich werden.

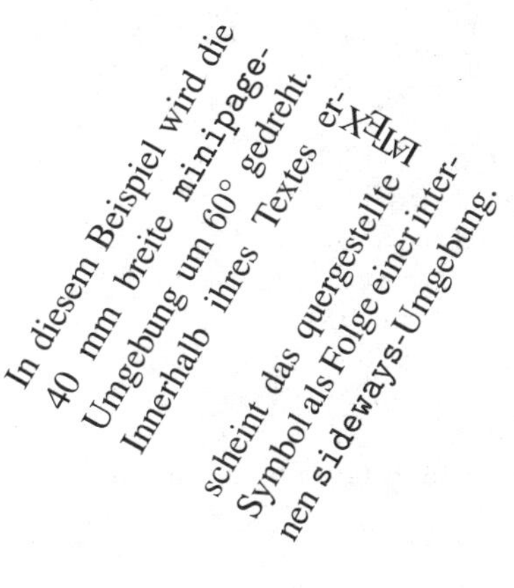


```
\begin{turn}{60}\begin{minipage}{40mm}
In diesem Beispiel wird die 40 mm breite
\texttt{minipage}-Umgebung um $60^\circ$
gedreht. Innerhalb ihres Textes
erscheint das quergestellte
\begin{sideways}\LaTeX\end{sideways}
Symbol als Folge einer internen
\texttt{sideways}-Umgebung.
\end{minipage}\end{turn}
```

Tabellen, die mit der `tabular`-Umgebung eingerichtet werden, stellen strukturell ebenfalls eine vertikale Box dar, die mit einer der Drehumgebungen eingeschachtelt und somit um den vorgegebenen Winkel als Ganzes gedreht werden. Zusätzlich oder alternativ können Drehumgebungen innerhalb der Tabelle auftreten, womit Teile der Tabelle, z. B. einzelne Spalteneinträge, gedreht werden. In der Tabelle unten auf S. 218 wurde hiervon für die Spaltenüberschriften 'Grafik-Einb.', 'Skalierung', 'Drehung' und 'Farbe' bereits Gebrauch gemacht.

Als Drehwinkel für Tabellen als Ganzes kommt vorwiegend 90° in Betracht, womit sich hierfür die `sideways`-Umgebung anbietet. Innerhalb der Tabelle selbst sind häufig andere Drehwinkel wünschenswert. Der Beispielfile `examples.tex` enthält einige kleine Beispiele, die alle Möglichkeiten erschließen. Ich wiederhole sie hier mit deutschen Texten.

Wort	Häufigkeit
Hallo	33
Tschüß	34

```
\begin{sideways}\begin{tabular}{|lr|}
\emph{Wort} & \begin{rotate}{90}%
  H"aufigkeit\end{rotate}\\ \hline
Hallo & 33\\Tsch"u"s & 34\\ \hline
\end{tabular}\end{sideways}
```

Spalte 1	Spalte 2	Spalte 3
1	2	3
4	5	6
7	8	9

```
\begin{tabular}{rrr}\rule{0pt}{12mm}%
  \begin{rotate}{45}Spalte 1\end{rotate}&
  \begin{rotate}{45}Spalte 2\end{rotate}&
  \begin{rotate}{45}Spalte 3\end{rotate}\\ \hline
  1 & 2 & 3\\ 4 & 5 & 6\\ 7 & 8 9\\ \hline
\end{tabular}
```

Der erste Spalteneintrag des zweiten Beispiels beginnt mit `\rule{0pt}{12mm}`, also einem unsichtbaren Balken der Breite 0 pt und der Höhe 12 mm. Er sichert diese Höhe gegenüber dem darüberstehenden Text, da die `rotate`-Umgebung keine eigenständige Platzreservierung vornimmt. Die Wiederholung mit der `turn`-Umgebung und zentrierter Spaltenformatierung führt zu

Spalte 1	Spalte 2	Spalte 3
1	2	3
4	5	6
7	8	9

```
\begin{tabular}{ccc}
  \begin{turn}{45}Spalte 1\end{turn}&
  \begin{turn}{45}Spalte 2\end{turn}&
  \begin{turn}{45}Spalte 3\end{turn}\\ \hline
   1 & 2 & 3\\ 4 & 5 & 6\\ 7 & 8 & 9\\ \hline
\end{tabular}
```

Das letzte Beispiel dieser Gruppe wiederholt nochmals die Drehung mit der `rotate`-Umgebung, wobei in jeder Spalte anschließend ein unsichtbarer horizontaler Balken von 5 mm Länge zugefügt wird:

Spalte 1	Spalte 2	Spalte 3
1	2	3
4	5	6
7	8	9

```
\begin{tabular}{rrr}\rule{0pt}{12mm}%
\begin{rotate}{45}Spalte 1\end{rotate}\rule{5mm}{0pt}&
\begin{rotate}{45}Spalte 2\end{rotate}\rule{5mm}{0pt}&
\begin{rotate}{45}Spalte 3\end{rotate}\rule{5mm}{0pt}\\
\hline 1 & 2 & 3\\ 4 & 5 & 6\\ 7 & 8 & 9\\ \hline
\end{tabular}
```

Als Beispiel für eine um 90° gedrehte komplexere Struktur folgt der Auszug aus DIN 476, mit der die Norm für Papierformatgrößen festgelegt wird:

Papierformate in mm gemäß DIN 478				
		Haupt-	Zusatzreihen	
		Reihe A	B	C
Formatbezeichnung	0	**841×1189**	1000×1414	917×1297
	1	**594×841**	707×1000	648×917
	2	**420×594**	500×707	458×648
	3	**297×420**	353×500	324×458
	4	**210×297**	250×352	229×324
	5	**148×210**	176×250	162×229
	6	**105×148**	125×176	114×162
	7	**74×105**	88×125	81×114
	8	**52×74**	62×88	57×81
	9	**37×52**	44×62	

Anwendungen der B- und C-Reihe:
Die Formate der Zusatzreihen B und C gelten nur für abhängige Papiergrößen wie
Briefhüllen (DIN 678)
Fensterbriefhüllen (DIN 680)
Mappen, Aktendeckel usw.

```
\begin{sideways}
\begin{tabular}[t]{|l|c|>{bf}r@{$\times$>{\bf}l|
  *{2}{r@{$\times$}l|}}\hline
\multicolumn{8}{|c|}{\textbf{Papierformate
  in mm gem"a"s DIN 478}}\\\hline
\multicolumn{2}{|c|}{} &
\multicolumn{2}{c|}{\textbf{Haupt-}} &
\multicolumn{4}{c|}{Zusatzreihen}\\\cline{4-8}
\multicolumn{2}{|c|}{} &
\multicolumn{2}{c|}{\textbf{Reihe A}}&
\multicolumn{2}{c|}{B} &
\multicolumn{2}{c|}{C}\\ \hline
& 0 & 841&1189&1000&1414 &917&1297\\ \cline{2-8}
& 1 & 594&841 & 707&1000 & 648&917\\ \cline{2-8}
. . . . . . . . . . . . . . . . . . . . . . . . .
& 8 &  52&74  &   62&88  &  57&81 \\ \cline{2-8}
 \rule{1mm}{0pt}
 \begin{rotate}{90}\hspace*{5mm}
    Formatbezeichnung\end{rotate}
 & 9 &  37&52   &  44&62   &
 \multicolumn{2}{c|}{}\\ \hline
\end{tabular}\quad\parbox[t]{42mm}{\textbf{
Anwendungen der B- und C-Reihe}:\\[.5ex]
Die Formate der Zusatzreihen B und C gelten
nur f"ur abh"angige Papiergr"o"sen wie\\
Briefh"ullen (DIN 678)\\
Fensterbriefh"ullen (DIN 680)\\
Mappen, Aktendeckel usw.}
\end{sideways}
```

Bei diesem Beispiel wurde die `tabular`-Umgebung zusammen mit der nebenstehenden `\parbox` mit den Erläuterungen zur B- und C-Reihe in die umschließende `sideways`-Umgebung gefaßt. Beide Vertikalstrukturen sind wegen des Positionierungsparameters `t` auf ihre obersten Zeilen ausgerichtet. Als Ergebnis der `sideways`-Umgebung erscheint die Gesamtstruktur um 90° gedreht. Innerhalb der `tabular`-Umgebung bleibt der Eintrag für die Spalte 1 bis auf die letzte Tabellenzeile leer. Der Eintrag für Spalte 1 wird in der letzten Tabellenzeile nochmals mit der `rotate`-Umgebung um 90° gedreht, so daß er im Gesamtergebnis um 180° gedreht erscheint. Der vorangestellte unsichtbare Balken `\rule{1mm}{0pt}` schafft nur etwas Zusatzabstand zur vorangehenden Tabellenbegrenzung.

Bei der Vorstellung des Befehls `\epsfig` in 4.3.3 und zu Beginn dieses Unterabschnitts wurde dargestellt, daß die Graphik eines gekapselten PostScript-Files innerhalb von `\epsfig` durch die Vorgabe von `angle=`*winkel* um den angegebenen Winkel gedreht wird. Es ist aber auch möglich, den `\epsfig`-Befehl in eine der Drehumgebungen einzuschließen. Bei der `rotate`-Umgebung verlangt dies die explizite Vorgabe von Positionierungsbefehlen in bezug auf den umgebenden Text, während bei den `turn`- und `sideways`-Umgebungen der hierfür erforderliche Platz automatisch berücksichtigt wird. Der Drehpunkt der eingeschachtelten Graphik ist bei einem gekapselten PostScript-File die linke untere Ecke der sog. Bounding-Box. Diese wird nach der Drehung mit der `turn`- oder `sideways`-Umgebung mit der sich dann ergebenden umschließenden Minimalbox bezüglich des umgebenden Textes positioniert.

Für die Drehung von Gleitobjekten stellt `rotating.sty` in Analogie zu den `figure`- und `table`-Umgebungen zwei äquivalente Umgebungen mit `sidewaysfigure` und `sidewaystable` bereit, die die Drehung des gesamten eingeschlossenen Gleitobjektes um $\pm 90°$ bewirken. Ihre Syntax entspricht der `figure`- bzw. `table`-Umgebung, allerdings ohne die Möglichkeit einer Positionierungsvorgabe mit dem dortigen optionalen Positionierungsparameter (s. [3a, 6.6]). Die mit

`\begin{sideways`*struktur*`}` *Gleitobjekte* `\end{sideways`*struktur*`}`

eingeschlossenen *Gleitbojekte* (Bilder oder Tabellen entsprechend `figure` oder `table` für *struktur*) erscheinen unter Einschluß einer mit dem zugehörigen `\caption`-Befehl zugefügten Überschrift oder Legende auf eigenen Seiten, und zwar nach Drehung um 90° bezüglich der Seitenabmessung horizontal und vertikal zentriert.

Die Drehung von Gleitobjekten erfolgt mit diesen Umgebungen standardmäßig im Uhrzeigersinn, also um $-90°$. Dies ist für einseitige Formatierung sachgerecht, da die Unterkante des ursprünglichen Gleitobjekts dann längs der Bindungskante des Dokuments erscheint. Bei zweiseitiger Formatierung sollte auf linken (ungeraden) Seiten die Unterkante der gedrehten Gleitobjekte ebenfalls zur Buchbindungskante hinweisen, was eine Drehung um $+90°$ verlangt. Dies wird von `rotating.sty` leider noch nicht automatisch geleistet. Es ist aber möglich, mit der globalen TEX-Definition

`\gdef\rotfloatpage{L}` bzw. `\gdef\rotfloatpage{R}`

das Drehverhalten der `\sideways`*struktur*-Umgebungen umzuschalten. Mit der ersten Globaldefinition erfolgt die Drehung der anschließenden Gleitobjekte um $+90°$. Eine spätere Globaldefinition der zweiten Form, also der Zuweisung von `R`, schaltet auf das Normalverhalten der Drehung um $-90°$ zurück. Eine manuelle Korrektur zur Einstellung der Drehrichtung ist nur nach endgültiger Fertigstellung des Dokuments sinnvoll, da erst dann feststeht, welche Gleitobjekte auf linken (geraden) bzw. auf rechten (ungeraden) Seiten erscheinen.

Die Drehumgebungen `rotate`, `turn` und `sideways` können alternativ auch innerhalb der bisherigen `figure`- und `table`-Gleitumgebungen verwendet werden. Dies erlaubt sogar eine unterschiedliche Drehung der Tabelle oder Graphik und der zugeordneten Überschrift oder Legende, also des Inhalts des zugehörigen `\caption`-Befehls. `rotating.sty` stellt hierfür zusätzlich den Befehl

`\rotcaption[`*kurzform*`]{`*überschrift*`}`

bereit. Er entspricht vollständig dem Standardbefehl `\caption` [3a, 6.6.3], nur wird der übergebene Text für *überschrift* um 90° gedreht. Faßt man den herkömmlichen `\caption`-Befehl in eine eigene Absatzbox mit `\parbox` oder mit einer `minipage`-Umgebung, so wird man bezüglich der Breite für den Text der Überschrift oder Legende und einer eventuellen Drehung ganz frei, da eine Absatzbox mit jeder `rotate`-, `turn`- oder `sideways`-Umgebung eigenständig umschlossen werden kann.

Zum Abschluß noch eine Bemerkung zur Drehung von TEX-Standardschriften. Ich hatte zunächst angenommen, daß beliebige Drehungen nur für PostScript-kodierte Zeichensätze möglich sind, da die `.pk`-kodierten TEX-Standardschriften die Pixelmuster für die horizontale Zeichenanordnung enthalten. Herkömmliche DVI-Treiber gestatten meistens auch eine Drehung um 90° (Landscape-Modus), wobei die Pixelmuster der einzelnen Zeichen im Treiber individuell umkodiert werden. dvips entpackt die ursprünglichen `.pk`-Zeichensätze und übergibt sie im sog. Bitmap-Format an den Drucker. Ein PostScript-fähiger Drucker kann diese dann intern ebenfalls beliebig drehen.

4.3.5 PostScript-Farbmodelle

Als Seitenbeschreibungssprache stellt PostScript die Operatoren zum Aufruf und zur Mischung von Farben zur Verfügung. PostScript erlaubt die Verwendung verschiedener Farbmodelle, wobei das jeweils angemessene Farbmodell vom Gerätetyp (Bildschirm, Photobelichtung, Farbdrucker u. a) abhängt. Die Definition der verschiedenen Farbmodelle erlaubt die Umrechnung der Parameter eines Modells in die äquivalenten Parameter eines anderen Modells, so daß die modellabhängige Farbdefinition keine Einschränkung der Allgemeinheit bedeutet, da ein geräteabhängiger Treiber die erforderliche Umrechung grundsätzlich selbst vornehmen könnte. Die gebräuchlichsten Farbmodelle sind:

Additive Farbmischung mit RGB: Das Modell basiert auf der Überlagerung von drei Lichtquellen in den Grundfarben rot, grün und blau und der Variation ihrer Intensitäten (Leuchtstärken). Das Modell kann physikalisch z. B. durch die Überlagerung von drei Projektoren mit Lampen in den genannten Grundfarben realisiert werden, wenn die drei Projektoren gleichzeitig eine unabhängige Helligkeitssteuerung von 0 (ganz dunkel) bis 1 (max. Helligkeit gleicher Stärke) zulassen. Die Überlagerung der drei Projektionslichter mit evtl. unterschiedlicher Helligkeitseinstellung auf die gemeinsame Leinwand erzeugt dort eine Mischfarbe, die durch das additive RGB-Modell mathematisch beschrieben wird. Bei diesem werden die drei Grundfarben je einer Koordinate in einem dreiachsigen Koordinatensystem zugeordnet, deren jeweilige Helligkeit als Ordinatenwert von 0 bis 1 variiert, womit gleichzeitig ein Einheitswürfel definiert wird, dessen Oberflächen aus den Mischungen von je zwei Grundfarben aufgebaut wird.

Die Mischung der drei Grundfarben in der Intensität 0 führt zum Ergebnis 'schwarz', da alle drei Lichtquellen dann absolut dunkel sind. Die Mischung der drei Grundfarben in gleicher Maximalintensität 1 führt zum Ergebnis 'weiß'. Jede Mischfarbe kann durch Vorgabe ihres Koordinatentripels als $(\alpha_r, \alpha_g, \alpha_b)$ mit $0.0 \leq \alpha_i \leq 1.0$, also den Einstellwerten der drei Grundfarben r, g, b, definiert werden. Die Mischung der zwei Grundfarben rot und blau gleicher Intensität führt zu 'purpurrot' (engl. 'magenta'), die aus rot und grün zu 'gelb' und die aus blau und grün zu blaugrün (engl. 'cyan').

Die Mischfarbe entlang der Würfeldiagonalen mit gleichen Einstellwerten von 0.0 bis 1.0 führt von schwarz über grau nach weiß. Das additive RGB-Modell ist zur Ansteuerung eines Farbbildschirms sachgerecht, da die drei Elektronenkanonen die drei übereinanderliegenden Fluoreszenzschirme in den Farben rot, grün und blau in der angeforderten Intensität zum Leuchten bringen.

Subtraktive Farbmischung mit CMYK: Das Modell kann durch einen Projektor mit weißem Licht realisiert werden, in dessen Strahlengang hintereinander verschiedenfarbige Lichtfilter und gleichzeitig ein Graufilter zur Gesamtabschwächung eingeschoben werden. Die Auflösung des weißen Lichts in seine Spektralbestandteile wird beim Naturschauspiel des Regenbogens deutlich. Ein Farbfilter absorbiert (subtrahiert) bestimmte Spektralanteile des weißen Lichts, so daß nur diejenigen der Filterfarbe durchgelassen werden. Als Filtergrundfarben für das subtrakive CMY-Modell[8] werden gewöhnlich blaugrün, purpurrot und gelb (cyan, magenta, yellow) gewählt. Das K in CMYK steht für blac<u>k</u>, das zusätzliche Graufilter unterschiedlicher Durchlässigkeit von 0.0 (völlig lichtdurchlässig) bis 1.0 (absolut undurchlässig) kennzeichnet.

Mathematisch wird das CMYK-Modell durch ein vierdimensionales Koordinatensystem beschrieben, dessen erste drei Koordinaten den Filterfarben cyan, magenta und yellow zugeordnet werden. Ihre Zahlencharakterisierung von 0 bis 1 bezieht sich auf die Intensität des gefilterten Lichtes. Ein nur schwach getönter Rotfilter führt im Projektionslicht zu einem schwachen, fast weißlichen Rotton. Der Zahlenwert 0 bedeutet für alle Filterfarben völlige Durchlässigkeit für das weiße Licht, der Zahlenwert 1 vollständige Absorption aller Spektralanteile mit Ausnahme der Filterfarbe selbst. Die Kennzeichnung einer Farbe beim CMYK-Modell erfolgt damit als Quadrupel in der Form $(\delta_c, \delta_m, \delta_y, \delta_k)$ mit $0.0 \leq \delta_i \leq 1.0)$.

---

[8]Physikalisch genauer müßte man bei diesem Modell eigentlich von einem *multiplikativen* Farbmodell sprechen.

Die subtraktive Mischung aller drei Filterfarben der Intensität 1 führt zu schwarz. Diejenige aus cyan und gelb zu grün. Die subtraktiv entstehenden Mischfarben sind allen aus dem Malunterricht der Schule mit dem Farbkasten vertraut. Tatsächlich wirken die Pigmentfarben eines bemalten Köpers dadurch, daß sie bestimmte Spektralanteile des einfallenden weißen Lichts absorbieren und nur die verbleibenden Anteile reflektieren, womit der entsprechende Farbeindruck entsteht. Da Farbdrucker durch die Auftragung verschiedener Farben arbeiten, denen zusätzlich ein gewisser Schwarzanteil zugefügt wird, ist die Farbdefinition für einen Drucker mit dem CMYK-Modell naheliegend.

Das HSB-Farbmodell Es basiert auf den Grundeigenschaften Farbton (engl. Hue), Sättigung (engl. Saturation) und Leuchtkraft (engl. Brightness). Den Farbton kann man sich durch eine Filterscheibe mit unterschiedlichen gefärbten Sektoren, beginnend mit rot über grün nach blau und zurück nach rot mit den dazwischenliegenden Mischfarben angeordnet denken. Der Farbton kann dann durch die Winkelangabe an dieser Filterscheibe gekennzeichnet werden. Das HSB-Farbmodell könnte dann durch folgende Geräteanordnung realisiert werden: Das austretende weiße Licht eines Projektors wird durch ein Spiegelpaar in zwei Strahlengänge zerlegt. In einen der beiden weißen Lichtstrahlen wird die Filterscheibe eingefügt und durch Drehung ein bestimmter Farbton herausgefiltert. Anschließend wird in beide Strahlengänge ein gemeinsamer Schieber eingefügt, der so wirkt, daß bei vollständiger Abdeckung des weißen Strahlenganges der farbgefilterte Strahlengang ganz offen ist. Mit zunehmender Öffnung des weißen Strahlenganges wird der farbgefilterte Strahlengang entsprechend abgedeckt, bis bei vollständiger Öffnung des weißen Strahlenganges der farbgefilterte Strahlengang ganz abgedeckt ist.

Beide Strahlengänge werden dann durch ein nachgestelltes Spiegelpaar wieder vereint, womit dem reinen Farbanteil ein Weißanteil überlagert wird. Die Stellung des vorgestellten Schiebers beschreibt die Sättigung, bei der der Zahlenwert 0.0 die vollständige Abdeckung des farbgefilterten Strahlenganges bei völliger Öffnung des weißen und 1.0 die vollständigen Abdeckung des weißen bei völliger Öffnung des farbgefilterten Strahlengangs bedeutet. Die komplementäre Teilöffnung beider Strahlengänge wird durch die Zwischenwerte $0 < s < 1$ beschrieben,

In dem zusammengefügten Strahlengang mit dem Farb-Weiß-Gemisch wird nun eine Irisblende eingefügt, deren Öffnungsgröße die Gesamtleuchtkraft bestimmt. Ihr Zahlenwert 0.0 bedeutet die vollständige Schließung der Irisblende, der Wert 1.0 deren größte Öffnung.

Mathematisch wird das HSB-Modell durch Zylinderkoordinaten beschrieben, bei denen der Farbton als Drehwinkel, die Sättigung als Radiusabstand von der Zylindermitte und die Leuchtkraft durch die Zylinderhöhe charakterisiert wird. Die Kennzeichnung einer Farbe mit dem HSB-Modell erfolgt damit ebenfalls als Zahlentripel der Form (ϕ_t, r_s, z_b) mit $-180° \leq \phi_t \leq 180°$ und $0.0 \leq r_s \leq 1.0$ sowie $0.0 \leq z_b \leq 1.0$.

4.3.6 Farbdruck mit dvips

Das Treiberpaket dvips von Tomas Rokicki enthält einen Stilfile `colordvi.sty` und erzeugt bei der Installation aus dem Quellenfile `color.lpro` einen PostScript-Header-File `color.pro`. Der Stilfile `colordvi.sty` war zur Verwendung mit LaTeX 2.09 entwickelt worden. Er kann aber auch für LaTeX 2_ε mit `\usepackage{colordvi}` aktiviert werden. Mit ihm stehen dem Anwender für die LaTeX-Bearbeitung insgesamt 65 Farbnamen zum Aufruf von bunten Farben sowie zusätzlich `White`, `Gray` und `Black` zur Verfügung. Neben den konventionellen Farbnamen `Yellow`, `Orange`, `Red`, `Magenta`, `Green`, `Cyan`, `Blue` und `Brown` treten auch exotischere Namen wie `Goldenrod`, `Bittersweet`, `Rhodamin` u. a. auf. Die verfügbaren Farbnamen können den 68 Befehlen `\newColor` *Farbname* am Ende von `colordvi.sty` entnommen werden. Die Farbnamen beginnen alle mit einem Großbuchstaben!

Die PostScript-Farbdefinitionen für die bereitgestellten Farbnamen erfolgen in dem Headerfile `color.pro`, dessen Inhalt leichter an seinem Quellenfile `color.lpro` zu verdeutlichen ist. Seine Farbdefinitionen basieren auf dem subtraktiven CMYK-Modell. Der dortige Eintrag `Bittersweet {0 0.51 1 0.24 setcmykcolor}` definiert die Farbe Bittersweet mit den Anteilen 0 für cyan, 0.51 für magenta, 1 für yellow und einem zusätzlichen Schwarzanteil von 0.24. `color.lpro` enthält für alle in `colordvi.sty` erklärten 68 Farbnamen entsprechende PostScript-CMYK-Farbdefinitionen.

Der Stilfile `colordvi.sty` stellt für alle der vorgestellten Farbnamen die lokalen und globalen Farbumschaltbefehle

Farbname{*übergebener Text*}		(local)
`\text`*Farbname*	*nachfolgender Text*	(global)

bereit. Die lokalen Farbumschaltbefehle, mit denen der übergebene Text in der angegebenen Farbe ausgegeben wird, bestehen einfach aus einem der obigen Farbnamen, dem ein \ vorangestellt wird. Die Befehlsnamen der globalen Farbumschaltbefehle setzen dem Farbnamen ein `\text` voran.[9] Nach einem globalen Farbumschaltbefehl erscheint der nachfolgende Text in der gewählten Farbe, bis er durch einen anderen globalen Farbumschaltbefehl abgelöst wird. Lokale Farbumschaltbefehle unterbrechen die Wirkung des vorangegangenen letzten globalen Farbumschaltbefehls für ihren übergebenen Text. Anschließend gilt aber wieder die Farbe des vorangegangenen globalen Farbumschaltbefehls. In beiden Befehlsnamen ist der große Anfangsbuchstabe der Farbnamen beizubehalten!

```
\textGreen
Der Text erscheint in gr"uner Schrift, bevor hier \Red{eine
vor"ubergehende rote \Blue{und dann blau verschachtelte Schrift}
mit R"uckkehr nach rot erscheint}, wonach zur globalen gr"unen
Schrift zur"uckgeschaltet wird.
\textCyan
Die globale Farbeinstellung ist nunmehr cyan, die \Yellow{lokal
kurz nach gelb ge"andert wird}, aber dann global nach cyan
zur"uckkehrt.
```

Die Produktionsvorgaben für dieses Buch ließen leider keinen Farbdruck zu, so daß das Beispiel nicht demonstriert wird, sich aber selbst erklärt. Der Anwender kann weitere lokale oder globale Farbumschaltungen mit

`\Color{`$\delta_c\ \delta_m\ \delta_y\ \delta_k$`}{`*übergebener Text*`}`	(lokal)
`\textColor{`$\delta_c\ \delta_m\ \delta_y\ \delta_k$`}` *nachfolgender Text*	(global)

vornehmen. Die Zahlenwerte $0.0 \leq \delta_i \leq 1.0$ stellen hierbei die Farbanteile mit δ_c für cyan, δ_m für magenta, δ_y für yellow und δ_k für den überlagerten Schwarzanteil ein. Mit

```
\Color{.5 .85 .4 .2}{Diese Farbe ist h"ubsch}  bzw.
\textColor{.5 .85 .4 .2}
Ab hier erscheint der Text in dieser h"ubschen Farbe.
```

erfolgt eine lokale bzw. globale Farbumschaltung auf eine Farbe, die aus der subtraktiven Farbmischung der Bestandteile 50 % cyan, 85 % magenta, 40 % yellow und 20 % Schwarzüberdeckung entsteht.

---

[9]Dies ist leider inkonsistent zur Nomenklatur aus LaTeX 2_ε, bei der die mit `\text` beginnenden Befehlsnamen gerade umgekehrt die *lokalen* Schriftumschaltbefehle bereitstellen.

Mit dem Befehl `\background{`*Farbname*`}` kann die Hintergrundfarbe der gesamten Seite vorgegeben werden. Erscheinen auf einer Seite mehrere `\background`-Befehle, so gilt für die Hintergrundfarbe dieser Seite der letzte auf dieser Seite angetroffene Befehl. Er gilt global auch für die nachfolgenden Seiten, bis er durch einen weiteren `\background`-Befehl abgelöst wird, der dann ab der entsprechenden Seite gilt. Standardmäßig ist `\background{White}` voreingestellt.

Die vorstehenden Farbbefehle sind für die eigentliche Formatierung des Textes mit LaTeX irrelevant. Sie haben keinerlei Rückwirkung auf die Positionierung des Textes. Sie führen lediglich zu `\special`-Einträgen im DVI-File, die dvips dann in die entsprechenden PostScript-Befehle zur Farbumschaltung übersetzt. Tomas Rokicki weist im dvips-Manual darauf hin, daß bei einem Seitenumbruch innerhalb einer lokalen Farbumschaltung unerwünschte Nebeneffekte auftreten können, nämlich die Übernahme dieser lokalen Farbe in der Fußzeile der laufenden Seite (Seitennummer) oder in der Kopfzeile der Folgeseite. Sein Lösungsvorschlag mit der eigenen Farbeinstellung für `\headline` und `\footline` gilt nur für die reine TeX-Bearbeitung. Beide Befehlsstrukturen sind in LaTeX unbekannt. In LaTeX treten an ihre Stelle die internen Befehle `\@oddhead`, `\@evenhead`, `\@oddfoot` und `\@evenfoot`, zu denen der Normalanwender keinen Zugriff hat. Eine LaTeX-spezifische Lösung verlangt vertiefte Kenntnisse, die erst in [3c] vermittelt werden.

Sollten beim Anwender, der seine Texte farbig gestalten will, solche unerwünschten Nebeneffekte auftreten, so muß er sie vorab durch Kürzung der lokalen Farbumschaltung und eine eventuell anschließende explizite Seitenumschaltung mit `\newpage` oder `\pagebreak` manuell unterbinden, um dann mit einer erneuten lokalen Farbumschaltung auf der neuen Seite fortzufahren.

Anwender, die nicht über ein PostScript-fähiges Farbausgabegerät verfügen, werden sich fragen, was mit einem Textfile geschieht, in dem solche Farbumschaltbefehle auftreten und den sie evtl. weiterbearbeiten möchten. Ist bei einem solchen Anwender ein PostScript-fähiger Schwarz-Weiß-Drucker vorhanden, so sollte die Ausgabe mit dvips möglich sein, wobei die vorgegebenen Farbumschaltungen bei der Ausgabe in unterschiedliche Grauwerte umgesetzt werden. Ist das unerwünscht oder meldet der Drucker gar Fehler, so ist der Vorspannbefehl `\usepackage{colordvi}` durch `\usepackage{blackdvi}` zu ersetzen. In diesem Stilfile werden alle Farbbefehle durch `\relax` ersetzt, so daß sie formal für LaTeX bekannt sind, aber zu keinem Eintrag in den DVI-File führen. Dies kann auch für sonstige Drucker (Nicht-PostScript-Drucker) erforderlich werden.

4.3.7 Farbdruck mit dem color-Ergänzungspaket

Bei der in 4.3.2 beschriebenen Einrichtung des graphics-Pakets entsteht auch das Ergänzungspaket `color.sty`, das eine leistungsfähige Alternative zu `colordvi.sty` aus dem dvips-Paket darstellt. Die Aktivierung sollte mit

`\usepackage[`*col_opt*`,`*dr_opt*`]{color}`

erfolgen, worin *col_opt* für eine Farboption und *dr_opt* für eine Treiberoption steht. Die mit dem graphics-Paket bereitgestellten Treiber wurden bereits in der Tabelle auf S. 218 aufgelistet. Bei einer globalen Treiber-Optionsangabe mit `\documentclass` kann sie natürlich dann beim vorstehenden `\usepackage`-Befehl entfallen. Als Farboptionen stehen `ref0`, `ref1`, `ref2`, `ref2b` und `ref3` zur Verfügung. Ihnen entspricht je ein File gleichen Grundnamens und dem Anhang `.col`, der als Folge der Optionsangabe eingelesen wird.

Farbnamen können mit `color.sty` vorab erklärt werden. Dazu dient der Befehl

`\definecolor{`*farb_name*`}{`*model*`}{`*farb_def*`}`

Farbnamen können vom Anwender beliebig gewählt und als *farb_name* eingetragen werden. Als Eintrag für *model* ist das gewünschte Farbmodell (s. 4.3.5) zu wählen. Die zulässigen Namen werden in den Farboptionsfiles *opt*`.col` als `rgb`, `cmyk`, `gray` und `named` bereitgestellt. Die ersten beiden Modellnamen sollten mit den Hinweisen aus 4.3.5 für das additive rgb- bzw. das subtraktive cmyk-Farbmodell verständlich sein. Das Modell `gray` erklärt sich mit seinem Namen selbst. Es führt zu einer unbunten Ausgabe mit unterschiedlichen Graustufen. Das Modell `named` bezieht sich auf spezielle Farbeinstellungen, die manche Drucker oder Druckertreiber kennen und gerätespezifisch realisieren. So kennt z. B. dvips von Tomas Rokicki 68 spezielle Farbeinstellungen, auf die mit dem Modell `named` zurückgegriffen werden kann.

Der Eintrag *farb_def* für die Farbdefinition ist modellabhängig. Beim rgb-Modell erfolgt er als Zahlentripel mit den Einstellwerten für die Farbanteile Rot, Grün und Blau, jeweils als Dezimalzahl zwischen 0.0 und 1.0, wobei die drei Dezimalzahlen durch Kommata voneinander getrennt werden, z. B. `0.5,0.85,0.33`. Der entsprechende Eintrag für das Farbmodell cmyk erfolgt in analoger Weise als Zahlenquadrupel für die Farbanteile cyan, magenta, gelb und den überlagerten Schwarzanteil. Beim Farbmodell gray ist der Eintrag für *farb_def* eine einfache Dezimalzahl zwischen 0.0 und 1.0, mit der die Schwärzungstiefe vorgegeben wird. 0.0 führt dabei zur intensivsten Schwärzung, 1.0 zum unsichtbaren weiß.

Das Farbmodell named erwartet als Eintrag für *farb_def* einen der speziellen Farbeinstellnamen, die es für den betrachteten Drucker gibt. Für dvips könnte der Anwender z. B. die Farbe 'marineblau' mit `\definecolor{marineblau}{named}{NavyBlue}` erklären, die auf `NavyBlue` aus den vorhandenen 68 Farbvorgaben zurückgreift. Für alle vom Anwender erklärten Farbnamen kann nun mit den Umschaltbefehlen

`\color{`*farb_name*`}` *nachfolgender Text*	global	oder
`\textcolor{`*farb_name*`}{`*übergebener Text*`}`	lokal[10]	

für den nachfolgenden oder übergebenen Text die entsprechende Farbe aktiviert werden. Beide Befehle kennen eine zweite Syntaxform, mit der sie ohne vorherige Erklärung eines Farbnamens eine Farbumschaltung vornehmen:

`\color[`*model*`]{`*farb_def*`}` *nachfolgender Text*
`\textcolor[`*model*`]{`*farb_def*`}{`*übergebener Text*`}`

Die hier vorzunehmenden Einträge für *model* und *farb_def* haben die gleiche Bedeutung wie für die gleichnamigen Einträge beim `\definecolor`-Befehl. Ein weiterer Farbeinstellbefehl ist

`\pagecolor{`*farb_name*`}` bzw. `\pagecolor[`*model*`]{`*farb_def*`}`

mit dem die Hintergrundfarbe für die ganze Seite eingestellt wird. Eine etwaige Farbumschaltung gegenüber einer früheren Seitenhintergrundfarbe wirkt auf die volle laufende und alle

[10] Der hier gewählte Befehlsname `\textcolor` für die lokale Farbumschaltung des eingeschlossenen Textes ist nunmehr LaTeX 2ε-konform, da er die Konvention `\text`*xx*`{...}` zur lokalen Schriftumschaltung für den eingeschlossenen Text übernimmt. Die Kritik am globalen Farbumschaltungsbefehl `\textColor` aus `colordvi.sty` in Fußnote 9 auf S. 227 aus dem dvips-Paket wurde von Sebastian Rahtz offensichtlich ebenso gesehen. Auch die Nichtverwendung von Großbuchstaben in Befehlsnamen für normale Befehle aus der Anwenderebene entspricht der LaTeX 2ε-Konvention, bei der Befehlsnamen mit gemischten Klein- und Großbuchstaben für die tieferliegenden Interface-Befehle vorbehalten werden.

Folgeseiten, bis sie durch einen erneuten `\pagecolor`-Befehl abgelöst wird. Der Farbhintergrund für LaTeX-Boxen kann mit dem Befehl

> `\colorbox{`*farb_name*`}{`*eingeschl. Text-Struktur*`}` bzw.
> `\colorbox[`*model*`]{`*farb_def*`}{`*eingeschl. Text-Struktur*`}`

gewählt werden. Strukturell bildet `\colorbox` eine LaTeX-LR-Box wie `\mbox` (s. [3a, 4.7.1]), in der der übergebene Text als eine Zeile von links nach rechts ohne Zeilenumbruch angeordnet wird. Die LaTeX-LR-Box `\mbox` darf ihrerseits Absatzboxen, also `\parbox`-Befehle und `minipage`- oder `tabular`-Umgebungen enthalten. Damit werden komplexere Textstrukturen mit einer gewählten Hintergrundfarbe möglich. Als Farbe für die eingeschlossene Text-Struktur wird die außerhalb der `\colorbox` gültige globale Farbeinstellung übernommen. Alternativ kann innerhalb des `\colorbox`-Befehls eine lokale Farbumschaltung für die eingeschlossene Text-Struktur mit `\color`- oder `\textcolor`-Befehlen vorgenommen werden, die jedoch keinen Einfluß auf die Hintergrundfarbe hat.

Die vorliegende Buchproduktion ließ zwar keine Beispiele in Farbe zu. Das Farbmodell gray kann aber auch bei einem gewöhnlichen PostScript-fähigen Schwarz-Weiß-Drucker angesprochen werden. Damit soll zumindest ein entsprechendes Beispiel für `\colorbox` demonstriert werden:

```
\colorbox[gray]{0.85}{\parbox{50mm}{Der
hier "ubergebene Text wird als Absatzbox
mit einer Breite von 50 mm formatiert und
zur Hervorhebung mit einer Grauschattierung
der Stufe 0.85 unterlegt. Bei einem
Farbdrucker k"onnte die Unterlegung mit
einer beliebigen Farbe erfolgen. Ebenso
k"onnte die Abhebung einer Tabelle durch
Einschlu"s der \texttt{tabular}-Umgebung
erreicht werden.}}
```

> Der hier übergebene Text wird als Absatzbox mit einer Breite von 50 mm formatiert und zur Hervorhebung mit einer Grauschattierung der Stufe 0.85 unterlegt. Bei einem Farbdrucker könnte die Unterlegung mit einer beliebigen Farbe erfolgen. Ebenso könnte die Abhebung einer Tabelle durch Einschluß der `tabular`-Umgebung erreicht werden.

Die zusätzliche Farbvorgabe für die Umrandung einer gerahmten Box wird mit

> `\fcolorbox{`*farb_name_r*`}{`*farb_name_h*`}{`*eingeschl. Text-Struktur*`}` bzw.
> `\fcolorbox[`*model*`]{`*farb_def_r*`}{`*farb_def_h*`}{`*eingeschl. Text-Struktur*`}`

erreicht. Die erste Farbvorgabe dieses Befehls bezieht sich auf die Farbe der Umrandung, die zweite auf die Farbe des Hintergrundes. Bei der zweiten Syntaxform ist für beide Farben das gleiche Farbmodell zu verwenden, aus dem dann unterschiedliche Farben definiert werden können.

```
\definecolor{light}{gray}{0.85}
\definecolor{heavy}{gray}{0.35}
\setlength{\fboxrule}{1mm}
\fcolorbox{heavy}{light}{\parbox{50mm}{
Der hier "ubergebene Text wird ebenfalls
als 50 mm breite Absatzbox formatiert
und mit einer Grauschattierung der Stufe
0.85 unterlegt. Zus"atzlich erfolgt eine
Umrahmung in der st"arkeren Graustufe
0.35.}}
```

> Der hier übergebene Text wird ebenfalls als 50 mm breite Absatzbox formatiert und mit einer Grauschattierung der Stufe 0.85 unterlegt. Zusätzlich erfolgt eine Umrahmung in der stärkeren Graustufe 0.35.

Zum Abschluß erfolgt eine kurze Beschreibung der beigestellten *opt*.`col`-Files und damit der Wirkung der Farboptionsaufrufe:

`ref0` Farbleerdefinitionen für einfarbige Ausgabegeräte (monochrome driver). Der `.tex`-Eingabefile erlaubt den Aufruf der Farbdefinitions- und Farbeinstellbefehle; im DVI-File werden aber keine `\special`-Einträge abgelegt. Die Farboption `ref0` stellt sicher, daß eventuelle Farbbefehle keine unerwünschten Leerstellen bewirken. Farbbefehlsaufrufe werden im `.log`-File protokolliert. Als synonyme Optionsangabe ist statt `ref0` auch `monochrom` erlaubt.

`ref1` Als Farbmodelle werden named, rgb, cmyk und gray zugelassen. Es findet jedoch keine Prüfung auf Zulässigkeit für anwendereigene Farbdefinitionen statt.

`ref2` Farbmodelle wie mit ref1. Zusätzlich findet eine Prüfung auf Zulässigkeit für anwendereigene Farbdefinitionen statt, z. B. $0 \leq \alpha_i \leq 1.0$ für die Einstellwerte beim rgb-Modell.

`ref2b` Die Prüfung für die Zulässigkeit von anwendereigenen Farbdefinitionen beim Modell named benötigt weniger Speicherplatz auf Kosten der Bearbeitungszeit gegenüber Option ref2. Ansonsten identisch mit ref2.

`ref3` Diese Farboption ist für einen DVI-PostScript-Treiber gedacht, der keine *eigenen* `\special`-Einträge für Farbaufrufe kennt, sondern diese durch explizite PostScript-Sprachstrukturen zugewiesen erhält. Sie kann auch für PostScript-Ausgabegeräte nützlich sein, die keine named- und cmyk-Farbmodelle zulassen. Für letztere findet eine einfache TEX-Umrechnung in die vermutlichen rgb-Werte statt. Bei Texten mit Gleitobjekten kann es mit dieser Farboption zu Farbfehlern auf den Seiten mit diesen Gleitobjekten kommen. Als synonyme Optionsangabe ist statt `ref3` auch `literalPS` erlaubt.

`dvips` Bei Verwendung der Treiberoption dvips kann die Angabe einer Farboption entfallen, da die Treiberoption bereits die Farbvorgaben aus ref2 enthält. Die Option `dvips` erlaubt mit dem Farbmodell named einen Zugriff auf alle 68 Farberklärungen aus `color.pro` (s. `color.lpro` aus dem dvips-Paket).

4.4 Zusatzwerkzeuge zur PostScript-Nutzung

Auf den öffentlichen TEX-Fileservern findet man unter `/tex-archive/fonts/utilities` weitere Unterverzeichnisse mit Hilfs- und Ergänzungswerkzeugen zur Zeichensatznutzung oder -Bearbeitung. Ich stelle einige von ihnen, die weitere Zugriffe auf PostScript-Schriften ermöglichen, hier vor.

4.4.1 Das Programm ps2pk

Es stammt von Piet Tutelaers, der in diesem Buch bereits in 2.5 als Autor der Schachfiguren-Zeichensätze und des Ergänzungspakets `chess.sty` vorgestellt wurde. Das Programm erlaubt die Umwandlung von PostScript-Zeichensatzfiles der Typ-1-Kodierung in herkömmliche `.pk`-Files, die dann auf beliebigen Druckern ausgegeben werden können. Dies setzt voraus, daß die PostScript-Schriften als Software-Schriften zur Verfügung stehen. PostScript-Schriften in Typ-1-Kodierung sind Lizenzprodukte, die gekauft werden müssen. Das gilt auch für die 35 Standardschriften, die üblicherweise in der Firmware eines PostScript-Druckers mitgeliefert werden, die aber auch als Software-Schriften von Adobe gekauft werden können. Für MS-Windows und Macintosh bietet Adobe Systems Inc. das Programm 'Adobe Type Manager' (ATM) an, das die 35 PostScript-Standardschriften als Software-Schriften enthält. Dieses Programm ist oft Bestandteil anderer PC-Grafikpakete, z. B. von Lotus, womit diese Schriften dann ebenfalls zur Verfügung stehen. Sie tragen dort eventuell etwas kryptische Namen, wie z. B. `tmr_____.pfb` für Times-Roman oder `sy______.pfb` für Symbol.

UNIX-Workstations, auf denen das Paket 'Display PostScript' installiert ist, verfügen ebenfalls über die lizenzierten PostScript-Software-Schriften. Man findet sie dort vermutlich unter `/usr/lib/dps`. Der kostenlose PostScript-Interpreter Ghostscript der Free Software Foundation (GNU) enthält die 35 PostScript-Standardzeichensätze in lizenzfreier Form. Sie wurden aus lizenzfreien Quellen abgeleitet und können in der Qualität nicht mit den lizenzierten Originalquellen konkurrieren.

Die Installation von ps2pk ist denkbar einfach. Unter dem Ausgangsverzeichnis `.../ps2pk` findet man die zwei Unterverzeichnisse `emtex` und `ps2pk14x` und den File `ps2pk14.tar.gz`. Die Kennziffern 14 verweisen auf die aktuelle Programmversion 1.4. Das erste Unterverzeichnis wendet sich an PC-Anwender, die emTeX verwenden. Sie finden in diesem Unterverzeichnis `ps2pk386.zip`. Beim Entpacken mit dem Programm `unzip` werden die lauffähigen Programme `ps2pk.exe`, `pk2bm.exe` und `emx.exe` im Zielverzeichnis `emtex` abgelegt. Die beigefügte Dokumentation `readme`, `ps2pk.doc`, `pk2bm.doc` und `usage` wird im Unterverzeichnis `emtex\doc\ps2pk` eingerichtet. Die Beispielfiles `ur.afm`, `ur.pfb` und `ec.enc` gelangen ins Unterverzeichnis `emtex\ps`. In `emtex\texinput` wird der nützliche File `testfont.tex` abgelegt (s. u.).

Das andere Unterverzeichnis `ps2pk14x` richtet sich ebenfalls an PC-Betreiber. Es enthält zwei Versionen der lauffähigen Programme `ps2pk.exe` und `pk2bm.exe`, die beide mit dem `gcc`-Compiler, aber mit unterschiedlichen Speicherverwaltungsprogrammen erstellt wurden. Beide Programmversionen können sowohl unter MS-DOS wie unter MS-Windows aufgerufen werden. Für weitere Einrichtungsdetails verweise ich auf die beigefügten README-Files in den jeweiligen Versionsunterverzeichnissen `djgpp` bzw. `emx`.

Der File `ps2pk14.tar.gz` ist zur Installation unter UNIX gedacht. Nach dem Entpacken mit dem GNU-Entpackungswerkzeug `gunzip` und dem anschließenden Entarchivieren mit dem UNIX-Werkzeug `tar` erfolgt die Installation problemlos mit der `make`-Bearbeitung des beigefügten `Makefile.unx`, der die Verfügbarkeit des `gcc`-Compilers der Free Software Foundation (GNU) voraussetzt. Anwenderspezifische Anpassungen kommen im Makefile allenfalls für dort vorgegebene Pfadnamen in Betracht.

Die Umwandlung von PostScript-Software-Zeichensätzen, die durch die Anhänge `.pfa` oder `.pfb` gekennzeichnet sind, verlangt zusätzlich die PostScript-Metrik-Files, erkennbar an den Anhängen `.afm`, bei gleichen Grundnamen wie die zugehörigen .pfa- oder `.pfb`-Files.[11] Die Kennung `.pfa` verweist auf einen Software-Zeichensatz in reiner ASCII-Kodierung, die Kennung `.pfb` auf einen solchen mit binärer Kodierung für seine Einzelzeichen. Das Programm ps2pk kann beide Formate verarbeiten.[12]

---

[11] Auf den TeX-Fileservern findet man unter `/tex-archive/fonts/utilities/t1tools` Umwandlungsprogramme von Thomas Wolf, FU Berlin. Mit `makeafm` (UNIX) bzw. `makeafm.bat` (MS-DOS) und dem nachfolgenden Grundnamen eines `.pfb`-Files wird der zugehörige `.afm`-File aus dem Software-Typ-1-File generiert. Ich habe Zweifel, ob die erzeugten Metrik-Files optimale Kerning-Informationen für bestimmte Buchstabenkombinationen beisteuern, da diese nicht in den `.pfb`-Quellenfiles enthalten sind. Da die lizenzfreien `.afm`-Files für beliebige PostScript-Schriften über TeX-Fileserver oder DANTE leicht beschafft werden können, gehe ich auf die Selbsterzeugung nicht weiter ein.

Das ps2pk-Programmpaket enthält als Beispiel für einen PostScript-Soft-Zeichensatz den lizenzfreien File `Utopia-Regular.pfa` zusammen mit dem zugehörigen Metrikfile `Utopia-Regular.afm`. Im emTEX-Paket tragen sie die Kurznamen `ur.pfa` und `ur.afm`. Der Anwender möge in beiden Fällen den Grundnamen in `putr` umbenennen, um die TEX-übliche Namenskonvention gemäß 4.2.3 zu übernehmen. Mit dem Aufruf

`ps2pk` [*optionen*] *ps_soft_zs* [*pk_file_name*]

wird für den angegebenen PostScript-Soft-Zeichensatz *ps_soft_zs*, z. B. `putr.pfa`, der `.pk`-kodierte Zeichensatz mit dem evtl. vorgegebenen Filenamen *pk_file_name* erzeugt. Ohne die optionale Namensvorgabe für den `.pk`-File wird für ihn ein Name gewählt, der sich aus dem Grundnamen des PostScript-Zeichensatzes unter Berücksichtigung etwaiger sonstiger Optionsangaben ableitet. An Optionen stehen zur Verfügung:

`-v` Der Bearabeitungsfortschritt wird auf dem Bildschirm mitgeteilt (verbose mode).

`-e` *code* mit dem Namen eines Kodierfiles *code*. Standardmäßig erfolgt die Kodierung (Zeichenpositionierung) im `.pk`-File in gleicher Weise wie im PostScript-Original-Zeichensatz. Das Paket enthält als Kodierfile `ec.enc`, mit dem ein `.pk`-File entsprechend der ec-Kodierung (s. 2.1.4) erzeugt wird.

`-X` *h_res* Vorgabe der horizontalen Druckerauflösung. Standardmäßig, also ohne explizite Optionsvorgabe, ist 300 dpi als Druckerauflösung voreingestellt. Die Auflösung erscheint unter UNIX als Anhang im `.pk`-Filenamen, wenn dieser nicht explizit vorgegeben wird.

`-Y` *v_res* Vorgabe der vertikalen Druckerauflösung. Standardmäßig wird sie der horizontalen Auflösung gleichgesetzt, was für die Mehrzahl der Drucker zutrifft.

`-P` *entw_gr* Vorgabe einer Entwurfsgröße in der Maßeinheit pt, die sich auf die vorgegebene Druckerauflösung bezieht. Standardmäßig ist 10 pt vorgegeben, was mit der expliziten Angabe `-P10` äquivalent ist. Die Entwurfsgröße erscheint mit ihrem ganzzahligen Anteil am Ende des PostScript-Grundnamens beim `.pk`-Filenamen, wenn dieser nicht explizit vorgegeben wird.

`-E` *skal* Der `.pk`-File wird für den mit dem Skalierungsfaktor *skal* gedehnten oder gestauchten PostScript-Zeichensatz erzeugt. Standardmäßig ist als Skalierungsfaktor 1.0 voreingestellt.

`-S` *neig* Die Zeichen aus dem PostScript-Zeichensatz werden im `.pk`-File um den Neigungsfaktor *neig* schräggestellt.

Für DVI-Treiber, die virtuelle Zeichensätze verarbeiten können, was z. B. für alle Treiber von E. Mattes aus dem emTEX-Paket gilt, kann von der Erzeugung umkodierter `.pk`-Files mit der Option `-e` *code* abgesehen werden. Statt dessen sind die realen und virtuellen `.tfm`-Files sowie die zugeordneten `.vf`-Files zu beschaffen oder zu erstellen. Zur Beschaffung verweise ich auf 4.1.2, zur Erstellung auf 4.2.6 bzw. 4.2.7. Außerdem sollte dem Anwender die in 4.2.3 vorgestellte TEX-übliche Namensgebung für die PostScript-Schriften vertraut sein.

[12] Piet Tutelaers hat unter `/tex-archive/fonts/utilities/t1utils` geeignete Umwandlungsprogramme abgelegt. `T1ascii` wandelt `.pfb`-Files in `.pfa`-Files um. `T1binary` erzielt die umgekehrte Umwandlung. `T1disasm` wandelt `.pfa`- und `.pfb`-Files in eine leicht lesbare Form um, die mit `T1asm` wieder in das Originalformat zurückgewandelt werden. Das ps2pk-Quellenpaket enthält zudem das C-Programm `pfb2pfa.c`. Mit dem Aufruf `make pfb2pfa` entsteht das entsprechende ausführbare Umwandlungsprogramm.

Bei der Verwendung virtueller Zeichensätze sollte der Programmaufruf für `ps2pk` stets mit der Namensvorgabe für den zu erzeugenden `.pk`-File erfolgen, da die automatische Namensgebung mit großer Sicherheit zu inkonsistenten Namen führt. Die realen (rohen) `.tfm`-Zeichensätze sind durch den Anfangsbuchstaben `r` gekennzeichnet, falls sie aus dem dvips-Paket übernommen oder mit afm2tfm generiert wurden. Bei der alternativen Quelle aus 4.1.2 oder der Erzeugung mit fontinst gemäß 4.2.7 sind sie durch die abschließende 0 im Grundnamen gekennzeichnet. Die Grundnamen der `.pk`-Files sollen mit den Grundnamen der realen (rohen) `.tfm`-Files übereinstimmen.

Die Erstellung eines namenskonsistenten File-Satzes will ich an den beigefügten und umbenannten Files `putr.pfa` und `putr.afm` verdeutlichen. Bei Verwendung von afm2tfm ist zunächst mit

```
afm2tfm putr -v putr rputr
```

aus `putr.afm` `rputr.tfm` und `putr.vpl` zu erstellen, aus denen anschließend mit

```
vptovf putr.vpl putr.vf putr.tfm
```

das virtuelle Paar `putr.vf` und `putr.tfm` erzeugt wird (4.2.6). Beide `.tfm`-Files sind in das Standardverzeichnis für die Metrikfiles zu verschieben, bei emTEX z. B. nach `c:\emtex\tfm`. Ebenso ist `putr.vf` in das systemspezifische Zielverzeichnis für die `.vf`-Files zu verschieben, bei emTEX oft `c:\texfonts\vf`. Sollen nun `.pk`-Files für einen Laserjet IV mit 600 dpi Auflösung in den Skalierungsstufen 1000, 1095, 1200 und 1440 erstellt werden, so würde das für UNIX mit

```
ps2pk -v -X600 putr.pfb rputr.600pk
ps2pk -v -X657 putr.pfb rputr.657pk
ps2pk -v -X720 putr.pfb rputr.720pk
ps2pk -v -X864 putr.pfb rputr.864pk
```

geschehen. Anschließend werden sie in das oder die UNIX-spezifischen Zielverzeichnisse verschoben. MS-DOS läßt als Namensanhang nur drei Zeichen zu. Die Skalierungsstufe wird dann nicht im Filenamen, sondern in skalierungsspezifischen Unterverzeichnissen berücksichtigt. Unter MSDOS würde man nach dem ersten Aufruf

```
ps2pk -v -X600 putr.pfb rputr.pk
```

den erzeugten File `rputr.pk` in das Unterverzeichnis `...\600dpi` verschieben. Beim zweiten Aufruf wird für die Auflösung `-X657` als `.pk`-Name wiederum `rputr.pk` vorgegeben, der anschließend nach `...\657dpi` verschoben wird usw.

Bei Verwendung von fontinst zur Erzeugung der realen und virtuellen Files würde gemäß 4.2.7 auf den TEX-Eingabeprompt `\latinfamily{put}{}` zu antworten sein. Damit entsteht `putr0.tfm` als Metrikfile für den realen Zeichensatz und `putr7t.vpl` sowie `putrq.vpl` als Virtual-Property-List-Files für die cm- und dc-Kodierung. Mit

```
vptovf putr7t.vpl putr7t.vf putr7t.tfm  und
vptovf putrq.vpl  putrq.vf  putrq.tfm
```

entstehen die virtuellen Filepaare sowohl für die cm- wie auch für die dc-Kodierung. Der zugehörige `.pk`-File ist als rohes Abbild der PostScript-Standardkodierung für jede Skalierungsstufe nur einmal zu erzeugen. Der anzugebende Filegrundname für die `.pk`-Files würde bei den `ps2pk`-Aufrufen nunmehr `putr0` lauten.

Nach der ausführlichen Darstellung am Beispiel des Utopia-Regular-Software-Zeichensatzes sollte die Erzeugung von weiteren virtuellen und realen Zeichensätzen und ihrer .pk-Druckerfiles für weitere PostScript-Softschriften keine Schwierigkeiten bereiten. Anwender, denen das Prinzip der virtuellen Zeichensätze bisher noch unbekannt ist, sollten sich mit 4.2.4 einen Überblick verschaffen. Die drei tabellarisch aufgelisteten Zeichensätze auf S. 211 zeigen den realen Zeichensatz für Times-Roman und gleichzeitig dessen cm- bzw. dc-Kodierung, die nur als virtuelle Zeichensätze bereitgestellt werden und auf die realen Zeichensätze Times-Roman und evtl. Symbol zurückgreifen.

Anwender, die Treiber aus dem emTEX-Paket benutzen, bisher aber noch keine virtuellen Zeichensätze verwendet haben, müssen wahrscheinlich ihren Konfigurationsfile *pr*cnf (mit *pr* für die Druckerkennung, z. B. lj für einen Laserjet) aufbereiten. Bei mir geschah das durch die Aufnahme bzw. Änderung der beiden Zeilen

```
/pv=%DVIDRVFONTS\vf   und   /pf=%DIVDRVFONTS\pixel.lj\$rdpi
```

Außerdem ist die Befehlsdatei set-tex.bat zu editieren, z. B. durch Aufnahme bzw. Änderung der Zeilen

```
SET TEXPKS=c:\texfonts\pixel.lj\%%ddpi\%%f.pk
SET VFFONTS=c:\texfonts\vf
SET TEXCONFIG=c:\emtex\ps
```

Piet Tutelaers Absicht bei der Bereitstellung von ps2pk war es, die Verwendung von PostScript-Schriften bei einem normalen DVI-Previewer zu ermöglichen, da ihm selbst PostScript-fähige Drucker zur Verfügung standen. Ich persönlich verwende ps2pk genau unter dieser ursprünglichen Zielrichtung beim Preview mit Eberhard Mattes' dviscr. Die bei mir für lj.cnf erstellten .pk-Files könnten aber gleichermaßen für einen Standard-Laserjet (ohne PostScript-Zusatz) mit Eberhards Treiber dvihplj ausgegeben werden.

Die eigentliche Druckerausgabe erfolgt bei mir mit dvips von Tomas Rokicki. Dieser Treiber generiert fehlende .pk-Files automatisch durch Aufruf des Shell-Script MakeTeXPK. Bei den 35 PostScript-Standardschriften entfällt dies normalerweise, weil sie als Drucker-Firmware vorliegen. Die Kenntnis darüber erhält dvips aus dem Headerfile psfonts.map (s. 4.1.3). Wird dieser File vorübergehend durch einen Leerfile gleichen Namens ersetzt, so interpretiert dvips die angeforderten PostScript-Zeichensätze als zu ladende .pk-Files und versucht, sie mit METAFONT zu generieren, was zunächst natürlich nicht gelingt, da hierfür keine MF-Quellenfiles existieren.

Piet Tutelaers hat dem ps2pk-Paket deshalb ein Shell-Script gleichen Namens MakeTeXPK beigefügt. Wird das Original von Tomas Rokicki durch das von Piet Tutelaers ersetzt, so erfolgt die automatische .pk-Generierung auch für die angeforderten PostScript-Schriften unter der Voraussetzung eines Leerfiles für psfonts.map (s. o.). Piets MakeTeXPK arbeitet zunächst wie das Original. Bei fehlenden .pk-Files wird zunächst nach den zugehörigen METAFONT-Quellenfiles gesucht und, wenn solche existieren, werden mit METAFONT die entsprechenden .pk-Files erzeugt. Bei fehlenden METAFONT-Quellenfiles wird dann aber nach zugehörigen PostScript-Quellen gesucht und aus diesen werden mit ps2pk der oder die geforderten .pk-Files generiert.

Auf diese Weise habe ich bei mir die angeforderten .pk-Files für die PostScript-Schriften dynamisch generiert. Es kann deshalb überlegenswert sein, dvips einzurichten, ohne daß ein PostScript-fähiger Drucker zur Verfügung steht. Der probeweise Aufruf von dvips für die beim Anwender anfallenden `.dvi`-Files hat dann nur den Zweck, eventuell fehlende `.pk`-Files für die geforderten PostScript-Schriften dynamisch zu generieren. `MakeTeXPK` ist ein UNIX-Shell-Script, das unter MS-DOS natürlich nicht eingesetzt werden kann. Im dem speziellen `dvips`*nnn*-PC-Paket (s. 4.1.1) existiert eine analoge Befehlsdatei `maketexp.bat`, mit den Aufgaben für das Original-Script von Tomas Rokicki. UNIX-DOS-Experten sind aufgefordert, eine äquivalente Erweiterung entsprechend dem Shell-Script von Piet Tutelaers auch für `maketexp.bat` zu erstellen.

Bei der Einrichtung von ps2pk für emTEX wurde der beigefügte File `testfont.tex` aufgezählt. Er ist ein nützliches Werkzeug zum Testen von Zeichensätzen. Seine TEX-Bearbeitung mit `tex testfont` meldet auf dem Bildschirm zunächst zurück

```
Name of the font to test =
```

und wartet auf die Eingabe des Grundnamens für den zu testenden Zeichensatz. Nach seiner Eingabe erfolgt die Aufforderung

```
Now type a test command (\help for help:)
*
```

Die Eingabe `\table` formatiert den Zeichensatz in Form einer Tabelle, aus der die Zeichenbelegung deutlich hervorgeht. Mit der Eingabe `\init` wiederholt sich das Spiel für einen weiteren Zeichensatz. Die Eingabe `\bye` beendet den TEX-Lauf. Der Anwender möge am Beispiel des Utopia-Regular-Zeichensatzes als Eingabe einmal `rputr` für den rohen und zum anderen `putr` für den virtuellen Zeichensatz wählen (bzw. `putr0`, `putr7t` und `putrq`, falls fontinst zur Anwendung kam) und das Ergebnis vergleichen.

Das Programm `testfont.tex` gehört zur Standardbibliothek einer TEX-Installation. Es sollte daher stets verfügbar sein. Man findet es auf den öffentlichen TEX-Fileservern unter `/tex-archive/system/knuth/lib`.

Bei der Installationsbeschreibung von ps2pk wurde als weiteres ausführbares Programm `pk2bm` genannt. Dies ist ein allgemeines Testprogramm für `.pk`-Files, mit dem einzelne Zeichen eines `.pk`-Files auf dem Bildschirm vergrößert dargestellt werden können. Die Aufrufsyntax lautet

`pk2bm [-bh] [-W`*breite*`] [-H`*höhe*`] [-c`*zeichen*`]` *pk_file*

Standardmäßig, also ohne die Optionsangaben `-bh`, wird ein Bitmap-Kode zur Nutzung mit X-Windows (Vers. 11) erzeugt. Das mit `-c`*zeichen* angeforderte Zeichen kann damit in der mit `-W`*breite* und `-H`*höhe* verlangten Breite und Höhe auf dem Bildschirm ausgegeben werden. Die Option `-b` kann zur Ausgabe auf einem alphanumerischen Terminal genutzt werden. Hierbei erscheinen die schwarzen Pixel des Zeichens als `*`, die weißen als `.`, die Promille-Null aus `dcr5.300pk` z. B. wie nebenstehend. Neben dem grafischen Muster werden zusätzlich die Position im Zeichensatz (24), die Höhe (8) und Breite (7) in Pixeln sowie der Bezugspunkt (-2,6) des Zeichens, bezogen auf die linke obere Ecke, ausgegeben.

```
  char : 24
height : 8
 width : 7
  xoff : -2
  yoff : 6

   ..***..
   .**..*.
   **....*
   **....*
   **....*
   **....*
   .**..*.
   ..***..
```

Die Option [-h] führt zu einem hexadezimalen Dump des erzeugten Bitmap-Formats auf dem Bildschirm. Die Zeichenvorgabe kann alternativ zur Angabe `-c`*zeichen* auch als oktale Positionsangabe als `-o`*pos* erfolgen. Das nebenstehende Beispiel entstand mit dem Aufruf

```
pk2bm -b -o30 dcr5.300pk
```

Der `.pk`-File ist stets mit seinem vollen Namen einschließlich des Anhangs beim Befehlsaufruf anzugeben.

4.4.2 Das Umwandlungsprogramm ps2mf

Das Programm zur Umwandlung von Typ-1-kodierten PostScript-Schriften stammt von Erik-Jan Vens, Groningen. Es wurde von ihm auf der EURO-TeX-Tagung 1992 in Prag vorgestellt. Man findet es auf den TeX-Fileservern unter `/tex-archive/fonts/utilities`. Ich habe es bisher erst auf einer SUN-Workstation installieren können. ps2mf erstellt aus den PostScript-Softzeichensätzen zunächst die METAFONT-Quellenfiles, aus denen dann mit einer eigenen METAFONT-Bearbeitung und anschließender gftopk-Umwandlung die gleichen `.pk`-Files erzeugt werden, die ps2pk direkt bereitstellt. Der Umweg über die METAFONT-Quellenfiles scheint mir nur dann gerechtfertigt, wenn in letzteren Feinkorrekturen vorgenommen werden sollen. Dies verlangt vertiefte METAFONT-Kenntnisse. Da ich bisher alle meine Anforderungen mit ps2pk erfüllen konnte, fehlt mir die Erfahrung im Umgang mit ps2mf.

4.4.3 Das Umwandlungsprogramm mf2ps

Das Umwandlungsprogramm mf2ps findet man auf den TeX-Fileservern im gleichen Unterverzeichnis wie das vorher genannte ps2mf. Es stammt von Shimon Yanai und Daniel M. Berry, Haifa, Israel. Das Programm steht als Pascal-Quellenkode zur Verfügung, der spezielle SUN-Programme einbindet und damit nur für SUN-Workstations geeignet ist.

Soweit ich es erkenne, erzeugt das Programm aus einem METAFONT-Quellenfile, z. B. einem cm-Zeichensatz, ein PostScript-Programm, das die Zeichenumrandungen beschreibt, die beliebig skaliert, komprimiert oder geneigt werden können. Dies ist noch nicht die Typ-1-Kodierung, die einen kompakteren PostScript-Kode realisiert. Die Autoren planen für eine spätere Programmversion, die PostScript-Typ-1-Kodierung bereitzustellen.

Anwender ohne SUN-Workstations finden auf den TeX-Fileservern Typ-1-kodierte PostScript-Files für alle TeX-Standardschriften sowie einige TeX-Zusatzschriften entsprechend Kapitel 2 unter `/tex-archive/fonts/postscript`. Die PostScript-Typ-1-kodierten TeX-Standard- und Zusatzschriften tragen die gleichen Grundnamen wie ihre TeX-Originale. Sie sind von diesen durch den Anhang `.pfb` gekennzeichnet. Zusätzlich stehen dort auch die zugehörigen `.afm`-Metrikfiles. Die `.pfb`-Files sind zwar deutlich größer als ihre `.pk`-Äquivalente. Dies gilt zumindest für die verbreitete Druckerauflösung von 300 dpi. `pk`-kodierte Zeichensätze müssen aber meistens in mehreren Vergrößerungsstufen vorgehalten werden. Dabei nimmt mit zunehmender Vergrößerungsstufe auch die Filegröße zu.

Die `.pfb`-Files sind für jeden Zeichensatz, unabhängig von der verlangten Ausgabe auf dem Drucker, nur einmal vorzuhalten. Damit kann der gesamte Speicherbedarf insgesamt deutlich geringer ausfallen, als er für einen umfangreichen Satz an `.pk`-Files benötigt würde. So entstehen unter emTeX mit dem Aufruf `mfjob all m=`*pr* bereits 665 `.pk`-Files für die TeX-cm-Schriften, denen als vollwertiges Äquivalent ca. 85 `.pfb`-Files gegenüberstehen.

PostScript-kodierte TeX-Schriften müssen dem dvips-Treiber bekannt gemacht werden. Das geschieht mit dem Header-File `psfonts.map`. Für jeden `.pfb`-kodierten TeX-Zeichensatz ist in `psfonts.map` je eine Zeile mit den Einträgen

tfm_name *zs_name* < *typ_1_name*`.pfb`

zuzufügen. Für den Zeichensatz `cmr10` z. B. die Zeile: `cmr10 cmr10 < cmr10.pfb`, da bei den PostScript-kodierten TeX-Zeichensätzen die Grundnamen der `tfm`- und `pfb`-Zeichensätze übereinstimmen und der Grundname gleichzeitig auch der Zeichensatzname ist.

4.4.4 Der GhostScript-Interpreter

Die Free Software Foundation (GNU) stellt einen kostenlosen PostScript-Interpreter unter dem Namen GhostScript bereit. Er stammt von Peter L. Deutsch (Aladdin Enterprises). Im Hinblick auf meine Rechner- und Druckerkonfiguration benötige ich ihn zwar nicht, habe ihn aber installiert, um mich mit seinen Möglichkeiten vertraut zu machen. GhostScript kann eine Vielzahl herkömmlicher Drucker ansprechen. Hierzu gehören nahezu alle marktgängigen Laser-, Nadel- und Tintenstrahldrucker.

Die aktuelle Version (August 1994) ist 3.01. Für PC-Anwender unter MS-DOS oder MS-Windows stehen lauffähige Versionen zur Verfügung. Ihre `.zip`-gepackten Ausgangsfiles tragen die Namen

`gs301dos.zip` für MS-DOS mit 86- bzw. 386-Prozessor
`gs301win.zip` und `gsview11.zip` für MS-Windows sowie
`gs301ini.zip`, das für beide Systeme benötigt wird. Die Files
`gs301fn1.zip` und `gs301fn2.zip` enthalten die GhostScript-Zeichensätze.

`gsview11.zip` enthält den Previewer Ghostview, der zugleich einen komfortablen Zugang zu GhostScript bereitstellt. Ghostview steht auf dem PC aber nur unter MS-Windows zur Verfügung.[13] Ich habe mir dieses Paket, zusammen mit der UNIX-Version, von unserem lokalen Fileserver `ftp.gwdg.de`[14] kopiert. Auf diesem Fileseverver findet man das Verzeichnis `ghostscript3.01` direkt unter dem Eingangsverzeichnis `/pub`.

Nach dem Entpacken in ein eigenes Verzeichnis, z. B. `c:\gs301`, ist die Umgebungsvariable

```
set GS_LIB=c:\gs301;c:\gs301\fonts
```

zu setzen und die Pfadvariable `PATH` um dieses Verzeichnis zu ergänzen:

```
set PATH=%PATH%;c:\gs301
```

Beide Anweisungen wird man zweckmäßig in `autoexec.bat` oder für emTeX in `set-tex.bat` einrichten. Alle Files, auch diejenigen für die MS-Windows-Version, werden in das vorstehende Verzeichnis entpackt. Ebenso ist das ausführbare Programm `gsview.exe` und die Datei `gsview.hlp` aus `gsview11.zip` in `gs301` einzurichten. GhostScript-Zeichensätze aus `gs301fn1.zip` und `gs301fn2.zip` werden im Unerverzeichnis `..\fonts` entpackt.

Die UNIX-Version von GhostScript wird mit

`ghostscript-3.0.1.tar.gz` und `ghostscript-fonts-std-3.01.tar.gz`
sowie mit weiteren Zusatzzeichensätzen in
`ghostscript-fonts-other-3.0.1.tar.gz`

bereitgestellt. Diese sind mit dem GNU-Entpackungsprogramm `gunzip` zu entpacken. Beim Entarchivieren mit dem UNIX-Aufruf `tar ghostscript-3.0.1.tar` entsteht das Unterverzeichnis `gs301` mit allen Quellen-, Dokumentations- und Demonstrationsfiles.

[13] Ghostview wurde von Timothy O. Theisen für X11 unter UNIX entwickelt, so daß es natürlich in einer UNIX-Umgebung mit X11 ebenfalls zur Verfügung steht.

[14] GWDG steht für die 'Gesellschaft für wissenschaftliche Datenverarbeitung, Göttingen'. Die GWDG ist das Rechenzentrum der Universität Göttingen und der lokalen Max-Planck-Institute, das vom Land Niedersachsen und der Max-Planck-Gesellschaft gemeinschaftlich getragen wird.

Nachdem `gs301` mit `cd .../gs301` zum Arbeitsverzeichnis gemacht wurde, kann mit der Installation begonnen werden. Die Dokumentationsfiles sind durch den Anhang `.doc` gekennzeichnet. Installationserläuterungen findet man in `make.doc`, eine Nutzungsbeschreibung mit weiteren Einrichtungsinformationen für das ausführbare Programm gs in `use.doc`. Die Installationserläuterungen enthalten Einstellhinweise für eine ganze Reihe von Rechnern und Betriebssystemen.[15] Ich beschränke mich auf UNIX, für das gleich drei Einrichtungsdateien mit den Namen `unix-cc.mak`, `unix-gcc.mak` und `unix-ansi.mak` existieren. Die erste setzt den systemeigenen C-Compiler in der alten Kerningham-Ritchie-Version, die zweite den GNU-gcc-Compiler und die dritte einen systemeigenen ANSI-C-Compiler voraus. Die gewünschte Version ist in `Makefile` umzubenennen oder besser zu kopieren und vermutlich geringfügig zu editieren.

Nach meinen positiven Erfahrungen bei der Einrichtung von TeX- und GNU-Werkzeugen mit dem gcc-Compiler habe ich mich für `unix-gcc.mak` als `Makefile` entschieden. Als anwenderspezifische Anpassung kommt stets die Einbindung von Gerätetreibern für den oder die beim Anwender bevorzugten Drucker und evtl. Grafikkarten in Betracht. Der Original-Makefile enthält den Eintrag `DEVICE_DEF=X11.dev`, womit zunächst nur der Treiber zur Ausgabe eines Fensters mit X11 eingebunden wird. Welche Treiber verfügbar sind, kann dem File `devs.mak` entnommen werden. Ich habe bei mir zusätzlich einen Laserjet IV mit 600 dpi mit `DEVICE_DEF=X11.dev ljet4.dev` eingebunden.

Der Makefile enthält zwei Vorgaben für `XINCLUDE= ...` und `XLIBDIRS=...`, unter denen die X-Windows-Headerfiles bzw. ihre Bibliotheken zu finden sind. Die Originaleinträge erscheinen mir ziemlich eigenwillig. Der Anwender hat hier die Einträge entsprechend seinem UNIX-System vorzunehmen. Bei mir waren das für eine HP-Worksation 9000-715 z. B. `XINCLUDE=/usr/include/X11R5` und `XLIBDIRS=/urs/lib/X11R5`. Mit diesen Anpassungen wurde das große GhostScript-Programm problemlos kompiliert. Der Umfang des `Makefile` mit ca. 65 KByte läßt eine aufwendige Übersetzungs- und Bindeprozedur erwarten. Die Übersetzung dauerte gut fünf Minuten. Das lauffähige Gesamtprogramm mit dem Namen gs setzt sich aus mehr als hundert Unterprogrammen zusammen und nimmt ca. 1.2 MByte ein. Mit den beschriebenen Anpassungen wurde es bei mir auf Anhieb problemlos erstellt.

Nach der Compilation kann die Installation mit dem Aufruf `make install` erfolgen. Das ausführbare Programm gs sowie die zusätzlich bereitgestellten Shell-Scripts werden unter `/usr/local/bin` abgelegt. Alle für seinen Ablauf erforderlichen Dateien gelangen nach `/usr/local/lib/ghostscript`. Falls beim Anwender eine andere Anordnung gewünscht wird, muß dies durch entsprechende Änderungen der Pfad- und Verzeichnisvorgaben im `Makefile` vorgenommen werden.

Nach der Installation von `ghostscript-3.0.1` sind die GhostScript-Zeichensätze aus `ghostscript-fonts-`*xxx*`-3.0.1.tar.gz` zu entpacken und zu entarchivieren. Beim Entarchivieren entsteht das Verzeichnis `fonts`, das beim vorstehenden Dateiensystem als Unterverzeichnis `/usr/local/lib/ghostscript/fonts` einzurichten ist. Die Entarchi-

[15] Bei der vorangegangenen Version 2.6.1 wurden im Laufe der Zeit insgesamt vier Korrekturfiles unter den Namen `ghostscript-2.6.1fix-`*nn*`.gz` nachgeliefert, über deren Einbindung die Installationserläuterungen leider keine Vorabinformation enthielt. Falls ähnliches für die aktuelle oder eine spätere Version geschehen sollte, ist folgendermaßen zu verfahren. Der Korrekturfile `ghostscript-`*vers_nr*`fix`*nn*`.gz` ist im Verzeichnis mit den Ausgangsquellen, z. B. `.../gs301` zu entpacken und dann mit dem UNIX-Aufruf

```
patch -p < ghostscript-vers_nrfix-nn
```

in die vorhandenen Quellenprogramme einzufügen.

vierung erfolgt deshalb zweckmäßig aus `/usr/local/bib/ghostscript` als Arbeitsverzeichnis, indem man `ghostscript-fonnts-`*xxx*`.3.0.1.tar` dorthin kopiert und dann mit dem Aufruf `tar xvf ghostscript-fonts-`*xxx*`-3.0.1.tar`, mit *xxx* für `std` und `other`, entarchiviert.

GhostScript stellt hiermit die 35 Standardschriften eines PostScript-Druckers als lizenzfreie Schriften bereit. Sie tragen die gleichen Grundnamen wie die lizenzierten Adobe-Schriften und sind gegenüber jenen durch den Anhang `.gsf` gekennzeichnet. Ihre Zeichensatzfiles sagen mit der ersten Zeile aus, daß sie ebenfalls Typ-1-kodiert sind. Die Adobe-Originalzeichensätze enthalten sog. 'Hints' (in deutsch am besten mit 'Tips' übersetzt), mit denen die Schriften bei kleinen Ausführungen deutlich verbessert werden. Den lizenzfreien GhostScript-Schriften fehlen diese Tips (Piet Tutelaers nennt sie 'unhinted' gegenüber den 'hinted' Originalen). Ihre Qualität bleibt bei kleinen Ausführungen deshalb merklich hinter den lizenzierten Originalen zurück. Dieser Kritik könnte man natürlich das Sprichwort vom geschenkten Gaul gegenüberstellen.

GhostScript entnimmt die Information über die verfügbaren Schriften dem File `Fontmap`, der im Original auf die 35 GhostScript-Schriften verweist. GhostScript kann aber auch lizenzierte Typ-1-Soft-Schriften mit den Anhängen `.pfa` und/oder `.pfb` verarbeiten. Anwender, die über das Programmpaket 'Adobe Type Manager' (ATM) verfügen, haben diese Soft-Schriften. Sie sollten den File `Fontmap.atm` in `Fontmap` umbenennen. GhostScript verwendet dann die lizenzierten Adobe-Schriften für die Ausgabe. Der Aufruf von GhostScript erfolgt in der Form

`gs` [*optionen*] *ps_file_1 ps_file_2 ...*

Welche Optionsangaben erlaubt sind, kann mit dem Auruf `gs -h` oder `gs -?` auf dem Bildschirm ausgegeben werden. Ohne Optionsangaben bearbeitet GhostScript die übergebenen PostScript-Files und gibt die erste Seite auf dem Bildschirm aus, gefolgt von der Mitteilung

```
>>showpage, press <return> to continue<<
```

Mit Betätigung der Return-Taste kann weitergeblättert werden. Am Ende aller bearbeiteten PostScript-Files wartet GhostScript auf weitere Anwendereingaben über die Tastatur. Mit der Eingabe von `quit`, gefolgt von der Return-Taste oder mit [Control-C], also der gleichzeitigen Betätigung der Control- und der C-Taste, wird GhostScript verlassen.

Mit der Eingabe `(`*ps_file_n*`) run` wird ein weiterer PostScript-File *ps_file_n* eingelesen und bearbeitet. Bei dieser interaktiven Bearbeitung müssen Zeichenketten für Filenamen entsprechend der PostScript-Konvention in runden Klammern eingeschlossen werden. Mit der vorangestellten Eingabe `2 2 scale 0 421 translate` wird der anschließend eingelesene PostScript-File in doppelter Größe und um eine halbe DIN-A4-Seite nach unten verschoben auf dem Bildschirm erscheinen. Interaktive Eingaben am Ende der PostScript-Bearbeitungen müssen jeweils mit der Return-Taste abgeschlossen werden. Mit dem alleinigen Aufruf `gs` ohne Angabe eines PostScript-Eingabefiles schaltet man in den PostScript-Modus, aus dem die interaktive Eingabe dann von Anbeginn an gestartet werden kann.

Unter MS-DOS tritt folgendes Problem auf: GhostScript schaltet in den Grafik-Modus, gibt die erste Seite aus und überschreibt anschließend den Seitentext mit seinen interaktiven Aufforderungsmeldungen. Unter UNIX wird dagegen zur Seitenausgabe ein neues X-Windows-Fenster geöffnet, während die anschließenden Eingabe-Aufforderung im Terminalfenster, aus dem der gs-Aufruf erfolgte, abgelegt wird. Unter MS-DOS sollte der `gs`-Aufruf daher in der Form gs *ps_file* > gs.log oder gs -q *ps_file*

erfolgen. Alle Meldungen aus GhostScript werden dann im ersten Fall in dem File gs.log abgelegt. Man sieht sie dann zwar nicht während der Bearbeitung zwischen den Seiten, sondern muß sie erahnen, was nach kurzer Praxis mit GhostScript aber nicht schwerfällt. Das Weiterblättern erfolgt wie vorher durch Betätigen der Return-Taste. Der File gs.log kann nach Verlassen von GhostScript bei Bedarf überprüft werden. Mit der zweiten Form des Befehlsaufrufs (quiet mode) unterbleiben die Terminal-Meldungen aus GhostScript.

Die Ausgabe der GhostScript-Bearbeitung kann mit der Optionsangabe -sDEVICE=*ausg* für den mit der Kennung *ausg* gekennzeichneten Drucker formatiert werden. Welche Kennungen möglich sind, kann mit dem Aufruf gs -h oder gs -? auf dem Bildschirm angezeigt werden. Die Gesamtheit der erlaubten Drucker wird bei der Compilation aus den Vorgaben für Makefile bestimmt. Unter MS-DOS wird die verlangte Druckausgabe an PRN weitergereicht, so daß sie unmittelbar auf dem angeschlossenen Drucker erscheint. Unter UNIX wird sie dagegen für den angeforderten Drucker vorab in einem Scratch-File mit dem Namen gs_$xxxxx$ unter /tmp abgelegt. Mit der zusätzlichen Optionsangabe -sOutputFile=*file_name* kann der Filename für den Ausgabefile vorgegeben werden.

Die Optionsangabe -sOutputFile=*gr_name*%d.*anh* erzeugt für jede Seite einen eigenen File, bei dem dem Grundnamen eine fortlaufende Zahl am Ende zugefügt wird. Schließlich kann mit der Option -r*xres* x *yres* die Druckerauflösung verringert werden. Mit -r*res* wird die gleiche horizontale und vertikale Druckerauflösung eingestellt. Beispiel: -sDEVICE=ljet4 -r300 stellt den Laserjet IV, dessen Standardauflösung 600 dpi beträgt, auf 300 dpi ein.

Ist auf dem PC des Anwenders eine Super-VGA-Karte mit höherer Auflösung als eine Standard-VGA-Karte installiert, so kann diese ebenfalls durch eine Gerätevorgabe mit -sDEVICE=*gr_karte* in der maximalen Auflösung durch -r*xres* x *yres* beim Preview angesprochen werden. Mein PC ist mit einer ATI-Graphics-Ultra+-Karte bestückt. Mit der Optionsangabe -sDEVICE=atiw -r1280x1024 beim gs-Aufruf kann ich diese Auflösung voll aktivieren. Mit der Gerätekennung s3vga wird auf SuperVGA-Karten mit dem S3-86C911-Chip verwiesen, wie z. B. das Diamond Stealth Board, mit tseng auf ET3000/4000 von Tsengs Labs, mit tvga auf Trident SuperVGA und mit vesa auf entsprechende Karten mit dem VESA-API-Treiber.

Die vorstehend angeführten Optionsbeispiele erscheinen beim gs-Aufruf gewöhnlich in der Befehlsaufrufzeile. Dies ist bei einer größeren Anzahl von Optionsangaben lästig und fehleranfällig. Der Aufruf kann deshalb auch in der Form

gs @*opt_file* [*ps_file_1* *ps_file_2* ...]

erfolgen, wobei mit *opt_file* ein Filename angegeben wird, dessen Inhalt aus einer beliebigen Zahl zulässiger Optionsangaben besteht. Als Alternative kommen Befehlsdateien oder Shell-Scripts in Betracht, mit denen der Anwender gs-Aufrufe in beliebiger Komplexität in einfacher Weise vornehmen kann.

Für weitere Bedienungsmöglichkeiten verweise ich auf die beigefügte Dokumentation use.doc. Das gleiche gilt für die Bedienung von GhostScript mit dem Zusatzprogramm Ghostview, dessen Dokumentation mit gsview.doc beigefügt ist. Die UNIX-Version von GhostScript enthält eine Reihe von Shell-Scripts, mit denen ebenfalls eine komfortablere Bedienung möglich wird. pv.sh ermöglicht z. B. die Preview-Ausgabe speziell ausgewählter Seiten. Das Paket enthält eine Reihe von Demonstrationsfiles, wie escher.ps, golfer.ps, snowflak.ps und tiger.ps, die mit einem PostScript-Drucker direkt oder mit GhostScript als Preview und auf dem lokalen Drucker ausgegeben werden können.

4.5 Beispiel für eine Anwendervariation

Der Leser wird sicher bemerkt haben, daß als Roman-Familie für dieses Buch Times-Roman gewählt wurde und Helvetica für die serifenlosen Schriften verwendet wird. Für die Schreibmaschinenschriften wird dagegen auf die TEX-cm-Standardschriften zurückgegriffen. Bei der Kombination von `cmr`- mit `cmtt`-Schriften erscheint die Schreibmaschinenschrift deutlich kräftiger als die Standard-Roman-Schrift. Times-Roman ist kräftiger als die TEX-Roman-Schrift, so daß deren Kombination mit `cmtt` harmonischer wirkt. Hinzu kommt, daß `cmtt` kompakter als die PostScript-Screibmaschinenschrift Courier ist, die ihrerseits im Vergleich zu Times-Roman wiederum zu leicht wirkt.

Wegen der größeren x-Höhe der Times-Roman-Schrift im Vergleich zu den TEX-cm-Schriften wirkt `cmtt` bei gleicher Entwurfsgröße gegenüber Times-Roman zu klein. Andererseits erscheint in der Kombination von Times-Roman mit Helvetica in gleichen Größenanforderung letztere zu groß. Die Lösung kann sehr einfach mit der Bereitstellung eines Ergänzungspakets `vtimes.sty` aus der Kopie von `times.sty` und den Änderungen

```
\renewcommand{sfdefault}{phvv}    % ==> phv changed to phvv
\renewcommand{ttdefault}{cmttv}   % ==> pcr changed to cmttv
```

erfolgen. Die hier gewählten Familienkennungen `phvv` und `cmttv` haben zur Folge, daß LATEX nun nach den Zeichensatz-Definitionsfiles `OT1phvv.fd` und `OT1cmttv.fd` sucht. Diese erstellt man am einfachsten ebenfalls aus Kopien der Originale `OT1phv.fd` und `OT1cmtt.fd` mit den mit den nachfolgenden Änderungen:

```
\DeclareFontFamily{OT1}{phvv}{}
\DeclareFontShape{OT1}{phvv}{m}{n}{<->[0.95] phvr}{}%
\DeclareFontShapt{OT1}{phvv}{m}{it}{<->[0.95] phvro}{}%
 . . . . . . . . . . . . . . . . . . . . . . . .
```

für `OT1phvv.fd` bzw.

```
\DeclareFontFamnily{OT1}{cmttv}{\hyphenchar\font\m@ne}
\DeclareFontShape{OT1}{cmttv}{m}{n}{<5><6><7><8> [1.05] cmtt8
    <9> [1.05] cmtt9 <10><10.95> [1.05] cmtt10
    <12><14.4><17.28><20.74><24.88> [1.05] cmtt12}{}
\DeclareFontShape{OT1}{cmttv}{m}{it}{<5><6><7><8><9><10>
    <10.95><12><14.4><17.28><20.74><24.88> [1.05] cmitt10}{}
 . . . . . . . . . . . . . . . . . . . . . . . .
```

für `OT1cmttv`. Die ursprünglichen Familienkennungen `phv` bzw. `cmtt` wurden in allen Zeichensatz-Erklärungsbefehlen in `phvv` bzw. `cmttv` abgeändert. Außerdem wurde in `OT1phvv.fd` bei den Angaben für *lade_info* (s. S. 29f.) der Skalierungsfaktor [0.95] und in `OT1cmttv` derjenige von [1.05] zugefügt. Damit escheinen alle phv-Schriften gegenüber ihrer Sollgröße um den Faktor 0.95 verkleinert und alle `cmtt`-Schriften um den Faktor 1.05 vergrößert.

Dies waren alle lokalen Änderungen, mit der die Formatierung und der anschließende Satz für dieses Buch erfolgte. Für die Erstellung der Drucksatzvorlagen erhielt der fertigende grafische Betrieb von mir die endgültigen PostScript-Files.

Kapitel 5

LaTeX und Grafik

Die Einbindung von Grafiken und Zeichnungen, die aus einem Plotprogramm oder aus einer Scanner- oder Videobearbeitung stammen, in einen TeX- oder LaTeX-Ausgabefile wurde in der Vergangenheit meistens über den TeX-Befehl `\special` vorgenommen. Der Nachteil der bisher vorgestellten Lösungen liegt in der starken Geräteabhängigkeit. Der TeX-Spezialbefehl `\special` wird bei der TeX-Bearbeitung vollständig übergangen und, mit einer speziellen DVI-Kodierung, unverändert an den Druckertreiber weitergereicht. Es liegt ausschließlich am Druckertreiber, die mit `\special` übergebene Information zu interpretieren und druckergerecht aufzubereiten.

5.1 Die Programmidee von bm2font

Friedhelm Sowa vom Rechenzentrum der Universität Düsseldorf stellt mit dem Programm `bm2font` eine Lösung vor, der eine Vielzahl von standardisierten Grafik-Formaten an die TeX- bzw. LaTeX-Bearbeitung zurücküberträgt und damit die Geräteunabhängigkeit sicherstellt. Die Grafikfiles enthalten die Gesamtinformation für das jeweilige Bild in einem geräte- oder programmspezifischen Format.

Das Programm `bm2font` erkennt das jeweilige Format aus dem Anhang des übergebenen Filenamens. Der Programmaufruf erfolgt mit dem zu bearbeitenden Plotfile *grafik.fmt* in der Form

`bm2font` *grafik.fmt* [*optionen*]

Die zulässigen Formate und Aufrufoptionen werden in 5.4 bzw. 5.5 vorgestellt. Das Programm dekodiert das spezielle Format und übernimmt das unterliegende Pixelmuster. Dieses wird nun in Teilbilder mit den Maximalabmessungen von $\approx .5 \times .5$ in aufgeteilt. Jedem dieser Teilbilder wird intern ein Einzelzeichen (Buchstabe, Ziffer oder Sonderzeichen) als Kennung zugeordnet. Eine Gruppe dieser Kennungszeichen wird nun zu einem Zeichensatz zusammengefügt, für den ein `.tfm`-File und ein `.pk`-File entsprechend der Druckerauflösung eingerichtet wird.

Diese Files mit dem Anhang `.tfm` und `.pk` erhalten den gleichen Grundnamen wie der übergebene Grafikfile. Da für ein komplexes Bild aus einem Grafikfile meistens mehrere `.tfm`- und `.pk`-Files entstehen, werden sie durch die nachgestellten Buchstaben `a`, `b`, ... unterschieden. Lautete der Grafikfile z. B. `bild.tif`, so entstehen hieraus evtl. `bilda.tfm`, `bildb.tfm` und `bildc.tfm` sowie `bilda.pk`, `bildb.pk` und `bildc.pk`. Standardmäßig entstehen diese sowie der Zusatzfile `bild.tex` (s. u.) in dem Arbeitsverzeichnis, aus dem der Befehlsaufruf erfolgt. Mit den Umgebungsvariablen

`set texinputs=`*d*`:\`*tex_pfad*
`set texfonts=`*d*`:\`*tfm_pfad*
`set dirpixel=`*d*`:\`*pk_pfad* oder *pxl_pfad*

können die Platten *d*: und Verzeichnisse *xxx_pfad* vorgegeben werden, in denen die entstehenden Files dann automatisch abgelegt werden.

Zusätzlich erzeugt `bm2font` einen File mit dem Grundnamen des übergebenen Grafikfiles und dem Anhang `.tex`, aus `bild.tif` somit `bild.tex`. Dieser `.tex`-File enthält die TeX-Befehle, mit denen das Bild bei der TeX- oder LaTeX-Bearbeitung zusammengesetzt wird. Diese bestehen aus der Einrichtung interner Befehlsnamen für die Zeichensätze, z. B. als `\font\bilda=bilda`, `\font\bildb=bildb` ....

`\font\`*zs_bef_name*`=`*zs_file_name* entspricht dem LaTeX-Befehl
`\newfont{\`*zs_bef_name*`}{`*zs_file_name*`}`

Die weiteren Anweisungen im erzeugten `.tex`-File bestehen aus der Aktivierung der *Bildzeichensätze* und der Kombination ihrer *Bildzeichen* in nebeneinanderstehende *Teilbildzeichen* und übereinanderstehende *Bildzeilen*. Zur Ausgabe des Bildes wird der Befehl `\set`*grafik* bereitgestellt, im Beispiel für `bild.tex` damit `\setbild`.

Zur Bildausgabe geschieht dann nichts anderes als es z. B. mit

`\tt abcdef\\012345\\*+,-./\\uvwxyz`

für die Buchstaben und Zahlen aus dem Zeichensatz `\tt` geschieht:

```
abcdef
012345
*+,-./
uvwxyz
```

Die einzelnen Zeichen werden in Zeilen nebeneinander und die Zeilen übereinander angeordnet, nur daß die Zeichen der Bildzeichensätze den Teilbildern entsprechen.

Bei der Textformatierung benötigt TeX und LaTeX keine Information über Bedeutung und Aussehen der einzelnen Zeichen, sondern nur über deren Abmessungen bezüglich Breite, Höhe und Tiefe sowie den Bezugspunkt für das evtl. nachfolgende Zeichen. Damit ist für diesen Arbeitsschritt der grafische Inhalt der Teilbilder unbedeutend und deshalb nicht Bestandteil der `.tfm`-Files.

Die Umwandlung der Zeichen in ihren grafischen Wert erfolgt erst bei der Druckausgabe über den DVI-Treiber. Dieser informiert den Drucker für jedes verwendete Zeichen über dessen grafischen Inhalt in Form des zugehörigen Pixelmusters. Für den Drucker aber ist es gleichgültig, ob das Pixelmuster einen Buchstaben, ein mathematisches Symbol oder ein sonstiges grafisches Teilbild darstellt.

Die Pixelmuster der Zeichensätze werden üblicherweise als `.pk`-Files bereitgestellt. In diesem Format stellt auch `bm2font` die Pixelmuster der Teilbilder bereit, womit der DVI-Treiber die Bildausgabe dann vornehmen kann. Achtung: Zur Korrektur von Rundungsfehlern bei der Positionierung von Textzeichen arbeiten viele DVI-Treiber mit einer internen Einstellgröße `maxdrift`$\neq$ 0. Für die Bildausgabe sollte eine Treiberoption verfügbar sein, mit der `maxdrift` auf Null gesetzt werden kann (s. Fußnote 2 auf S. 193).

bm2font kann mit seinem C-Quellenprogramm für eine Vielzahl von Rechnern und Betriebssystemen eingerichtet werden. Man findet es auf den TeX-Fileserveren unter `/tex-archive/graphics`. Die Paket enthält zusätzlich lauffähige PC-Versionen für MS-DOS und OS-2

5.2 Grafikeinbindung in LATEX

Waren die mit `bm2font` erzeugten `.tfm`- und `.pk`-Files durch Setzen der Umgebungsvariablen `texfonts` und `dirpixel` bereits in den Verzeichnissen eingerichtet worden, unter denen TEX und der Druckertreiber diese Files erwarten, so steht ihrer Einbindung in die LATEX-Bearbeitung und der anschließenden Druckerausgabe nichts im Wege. Andernfalls müssen sie aus dem gemeinsamen Arbeitsverzeichnis dorthin verschoben (oder kopiert) werden.

Alternativ kann evtl. das gemeinsame Arbeitsverzeichnis in geeigneten TEX- und Treiber-Umgebungsvariablen zusätzlich angegeben werden. Für emTEX kann dies z. B. in der Initialisierungsdatei `set-tex.bat` mit

```
set TEXTFM=.;%em_main_dir%\TFM
set DVIDRVFONTS=.;d:\texfonts
```

erreicht werden. Mit den vorangestellten `.;` wird beim Suchen der `tfm`- und `pk`-Files nunmehr stets zunächst das aktuelle Arbeitsverzeichnis nach den erforderlichen Files durchmustert. Bei der Installation aus dem C-Qellenfile kann durch entsprechende Vorgaben im `Makefile` das Standardverhalten des Befehlsaufrufs vom Einrichter nach seinen Wünschen festgelegt werden.

Die aus `bm2font` auf dem PC erzeugten Files können auch rechnerübergreifend auf einem anderen Rechner weiterverarbeitet werden, da sie aus TEX-Standardformaten bestehen. Für die LATEX-Bearbeitung sind vorab die *grafik*`.tex`-Files mit `\input`-Lesebefehlen innerhalb des zu bearbeitenden LATEX-Files einzulesen. Die Ausgabe der Bilder erfolgt dann mit `\set`*grafik* an den Stellen, an denen das jeweilige Bild im Text eingegliedert werden soll. Dies ist häufig eine Gleitumgebung der Form

`\begin{picture} \set`*grafik* `\caption{`*bild_titel*`} \end{picture}`

womit das mit `\set`*grafik* erzeugte Bild gegenüber dem umgebenden Text evtl. gleitet und gleichzeitig mit einer Bildunterschrift *bild_titel* versehen wird.

Die Abmessungen des Bildes sind aus den Informationen der `.tfm`-Files für TEX oder LATEX intern bekannt und werden bei der Eingliederung in den umgebenden Text automatisch berücksichtigt.

Das nebenstehende Bild aus [8a, S. 184] wurde mit einem Scanner im TIFF-Format als `bibby.tif` erzeugt. Mit dem Aufruf `bm2font bibby.tif` entstanden hieraus

```
bibbya.tfm  bibbyb.tfm
bibbyc.tfm  bibbyd.tfm
```

sowie gleichnamige `.pk`-Files und der Bilderzeugungsfile `bibby.tex`.

Der laufende Text und das nebenstehende Bild wurden jeweils in einer eigenen `minipage`-Umgebung eingerichtet. Die Bildausgabe entstand dann aus den Befehlen, wie sie unterhalb des Bildes angeführt sind.

```
\begin{minipage}{60mm}
   \input bibby  \setbibby
\end{minipage}
```

Neben Strichzeichnungen, wie das vorangegangene Bild, lassen sich mit einem Scanner auch Halbton- und Farbbilder abtasten. Dabei können verschiedene Darstellungsformate gewählt werden, die in zwei Grundkategorien, nämlich *Rasterformate* bzw. *Intensitätsformate*, aufzuteilen sind.

Bei den Rasterformaten wird die Bildvorlage in kleine Felder aufgeteilt, die bei der Ausgabe durch mehrere neben- und übereinanderstehende Einzelpixel gefüllt werden, z. B durch ein 3×3, 4×4 oder 8×8 Pixelfeld. In einem 3×3-Pixelfeld lassen sich zwischen 0–9 schwarze Pixel anordnen, womit 10 verschiedene Schwärzungsstufen nachgebildet werden können, z. B. als

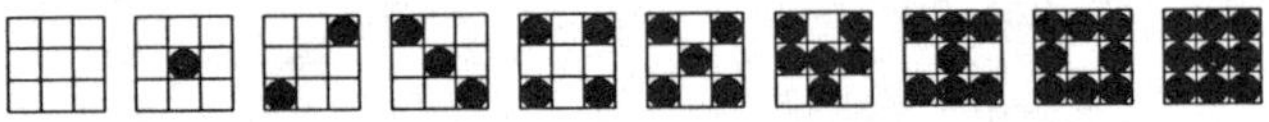

Entsprechend lassen sich mit einem 4×4-Feld 17 und mit einem 8×8-Feld 257 verschiedene Schwärzungsstufen darstellen. Andererseits nimmt mit zunehmender Feldgröße die *Bildschärfe* ab. Mit Ausnahme des Null- und des Vollfeldes lassen sich die teilgefüllten Felder in verschiedenen Pixelanordnungen realisieren.[1] Hiervon wird bei benachbarten Feldern gleichen Schwärzungsgrades häufig Gebrauch gemacht, um Pseudokonturen zu vermeiden.

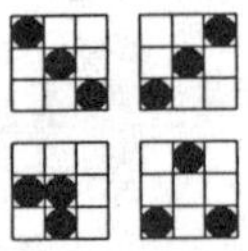

Beim 3×3-Feld würden mehrere Felder der Schwärzungsstufe 3, die von links oben nach rechts unten diagonal benachbart auftreten, zu einer scharfen Diagonallinie führen, wenn stets das nebenstehende erste Feld verwendet würde. Mit verschiedenen Pixelanordnungen für die Stufe 3, zwischen denen bei benachbarten Feldern gewechselt wird, können solche Pseudokonturen verhindert werden.

Beim HP-Scanjet Plus können, zusammen mit der mitgelieferten Software SCANNING GALLERY, die Rastermuster

normal, fein, sehr fein,
vertikal, horizontal und Diffusion

gewählt werden. Für das nebenstehende Bild entstand mit dem Raster 'normal' zunächst der TIFF-File `cheeta.tif`, der mit `bm2font` zu `cheetaa.tfm`, `cheetab.tfm`, `cheetaa.pk`, `cheetab.pk` und `cheeta.tex` führte. Nach Einlesen des letzteren in die nebenstehende Minipage erzeugt `\setcheeta` die Ausgabe.

Für Einzelheiten und weitere Einstellmöglichkeiten wird auf das Scanner-Handbuch verwiesen. Dieses enthält Hinweise, welche Rastertypen für welche Bildvorlagen besonders geeignet sind.

Erfolgt die Rasterung der Bildvorlage mit der Scannersoftware, dann bearbeitet `bm2font` den übergebenen Grafikfile in gleicher Weise wie bei einer Strichzeichnung, indem das unterliegende Pixelmuster lediglich in Teilbilder aufgeteilt und in zugehörige `.tfm`- und `.pk`-Files umkodiert wird.

[1] Für die Schwärzungsstufe k gibt es in einer $n \times m$ Rasterzelle genau $\binom{n \times m}{k}$ unterschiedliche Anordungsmöglickeiten für die k schwarzen Pixeln. In einer 3×3-Zelle kann die Schwärzungsstufe 3 mit $\binom{9}{3} = \frac{9 \cdot 8 \cdot 7}{1 \cdot 2 \cdot 3} = 84$ Varianten realisiert werden.

5.3 Halbton- und Farbgrafiken

Der Scanner kann ein Bild auch mit seiner gerätespezifischen Auflösung abtasten und jedem Auflösungspunkt einen Grauwert in Form einer 4-bit- oder 8-bit-Zahl zuordnen, womit 16 bzw. 256 verschiedene Graustufenwerte angegeben werden (*Intensitätsformat*). Beim HP-Scanjet Plus ist hierzu als Bildtyp 16 oder 256 Graustufen zu wählen. In ähnlicher Weise kann auch der Farbwert eines Punktes des Bildschirms oder aus einer Videoaufzeichnung als Zahl kodiert werden, denen dann 16 bzw. 256 verschiedene Farben entsprechen.

Beim herkömmlichen Buchdruck werden die Graustufenwerte in ein Punktraster mit einer festen Anzahl von Punkten pro Längeneinheit umgewandelt, bei dem unterschiedliche Grauwerte durch unterschiedlich große Punkte realisiert werden.

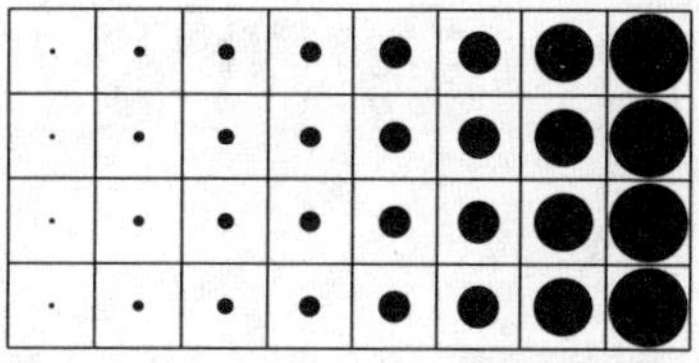

Bei hinreichend kleinem Raster werden die unterschiedlich großen Punkte nur noch als Schwärzungsgrad im Zusammenhang mit den Nachbarpunkten empfunden. Beim Zeitungsdruck liegt die Rasterauflösung bei 60–80 Punkten/Zoll, die bei hochwertigem Buchdruck bis auf 150 Punkte/Zoll ansteigt.

Bei den normalen Nadel- und Laserdruckern haben die einzelnen Pixel gleiche Größe und können nur voll oder leer erscheinen.[2] Um unterschiedliche Graustufen zu simulieren, werden deshalb benachbarte Druckerpixel zu einer Zelle zusammengefaßt und dem Eingabepunkt zugeordnet. Mit einem 3×3-Pixelfeld lassen sich so 10 Intensitätsstufen darstellen, wie dies bereits bei der Eigenrasterung durch den Scanner dargestellt wurde. Der Unterschied zwischen der Eigenrasterung und dem Intensitätsformat liegt darin, daß die erforderliche Zellenrasterung für die Ausgabe auf dem Punktdrucker nun vorab von `bm2font` vorgenommen wird.

Hierzu muß dem Programm die Zellengröße für die Rasterung mitgeteilt werden. Dies geschieht mit den Optionsangaben `-u`h `-c`v, wobei h und v für die horizontale bzw. vertikale Pixelzahl einer Viertel-Rasterzelle steht. Mit `-u3 -c3` oder `-u3` wird ein 3×3-Teilzellenraster eingerichtet, da bei fehlender Angabe `-c`v die vertikale Ausdehnung gleich der horizontalen gesetzt wird. Für die Rasterung werden die Intensitätswerte von jeweils 2×2 benachbarten Eingabepunkten gemittelt und durch die Zellenrasterung eines $4 \times h \times v$-Feldes realisiert. Die Angabe `-u`h `-c`v bestimmt damit die Größe der Viertelzelle, so daß mit `-u3` die ganze Zelle aus 6×6 Pixeln besteht, mit der 36 Schwärzungsstufen realisiert werden können.

Die Viertelzellen r_1, r_2, r_3 und r_4 werden zur Auffüllung des Vollrasters in unterschiedlicher Reihenfolge angeordnet, um Pseudokonturen zu vermeiden. Die Viertelzellen werden in aufeinanderfolgenden Doppelzeilen gemäß der nebenstehenden Tabelle zu Vollzellen geordnet. Die 36 Graustufen eines $4 \times 3 \times 3$-Vollrasters erhalten die nachstehende Pixelrealisierung.

r_3	r_2	r_3	r_2	r_3	r_2	⋯
r_1	r_4	r_1	r_4	r_1	r_4	⋯
r_2	r_3	r_2	r_3	r_2	r_3	⋯
r_4	r_1	r_4	r_1	r_4	r_1	⋯
r_3	r_2	r_3	r_2	r_3	r_2	⋯
r_1	r_4	r_1	r_4	r_1	r_4	⋯

Die nachstehenden Diagramme sind der Originaldokumentation entnommen, die Friedhelm Sowa dem Programmpaket `bm2font` als `bm2fman.dvi` beigefügt hat. Dieser File kann über den Druckertreiber als Handbuch für die Benutzung von `bm2font` ausgegeben werden.

[2] Der HP-Laserjet III läßt für die Einzelpixel eine gewisse Intensitätssteuerung zu. Der `.pk`-Kode ist hierfür nicht vorbereitet, so daß von dieser Möglichkeit kein Gebrauch gemacht werden kann.

Grau-wert	Raster r_1	r_2	r_3	r_4
1	●○○ ○○○ ○○○	○○○ ○○○ ○○○	○○○ ○○○ ○○○	○○○ ○○○ ○○○
2	●○○ ○○○ ○○○	○○○ ○○○ ○○●	○○○ ○○○ ○○○	○○○ ○○○ ○○○
3	●○○ ○○○ ○○○	○○○ ○○○ ○○●	○○○ ○○○ ●○○	○○○ ○○○ ○○○
4	●○○ ○○○ ○○○	○○○ ○○○ ○○●	○○○ ○○○ ●○○	○○● ○○○ ○○○
5	●○○ ●○○ ○○○	○○○ ○○○ ○○●	○○○ ○○○ ●○○	○○● ○○○ ○○○
6	●○○ ●○○ ○○○	○○○ ○○● ○○●	○○○ ○○○ ●○○	○○● ○○○ ○○○
⋮				

. . .

Grau-wert	Raster r_1	r_2	r_3	r_4
20	●●○ ●●○ ●○○	○○● ○●● ○●●	●○○ ●●○ ●●○	○●● ○●● ○○●
21	●●● ●●○ ●○○	○○● ○●● ○●●	●○○ ●●○ ●●○	○●● ○●● ○○●
22	●●● ●●○ ○●●	○○● ○●● ●●●	●○○ ●●○ ●●○	○●● ○●● ○○●
⋮	⋮	⋮	⋮	⋮
34	●●● ●●● ●●●	●●● ●●● ●●●	●●○ ●●● ●●●	●●● ●●● ○●●
35	●●● ●●● ●●●	●●● ●●● ●●●	●●● ●●● ●●●	●●● ●●● ○●●
36	●●● ●●● ●●●	●●● ●●● ●●●	●●● ●●● ●●●	●●● ●●● ●●●

Der Leser möge sich an Hand der Diagramme überlegen, welche Pixelmuster in benachbarten Vollzellen für den Grauwert 20 auftreten.

Die Maximalwerte für die mit `-u`h `-c`v einzustellende Viertelzelle sind $h \leq 7$ und $v \leq 7$, womit für die Ganzzelle $4 \times 7 \times 7 = 196$ Schwärzungsstufen möglich werden. Bei einer 4-bit-Kodierung für die Intensität macht es wenig Sinn, größere Zellen als `-u2` zu wählen, da mit einer 4-bit-Zahl 16 unterschiedliche Schwärzungsstufen zu kodieren sind. Das Zellenraster kann schließlich keine Verfeinerung der Graustufen erzeugen, die über die Originalinformation hinausgeht.

Die Auswahl der Rasterzellengröße beeinflußt unmittelbar auch die Bildgröße. Das Bild wird mit einer gerätespezifischen Auflösung abgetastet. Jeder Originalpunkt wird auf dem Drucker durch die gewählte $h \times v$-Viertelzelle und damit durch $h \times v$ Druckerpixel wiedergegeben. Die Wahl einer 4×4-Viertelzelle führt gegenüber einer 2×2-Teilzelle zu doppelt großen Abmessungen in Breite und Höhe.

Bei einer 8-bit-Kodierung für die Graustufen führt die Wahl einer 3×3-Teilzelle zu einer Vergröberung der Grauabstufungen, da mit der zugehörigen Raster-Vollzelle maximal 36 verschiedene Graustufen dargestellt werden können. Das Programm `bm2font` empfiehlt als Bildschirmnachricht evtl. die Wahl der Option `-b`n, die zur Verminderung der maximal möglichen Graustufen für die gegebene Zellengröße um die Zahl n führt.

Friedhelm Sowa stellt sich in der beigefügten Dokumentation `bm2fman.dvi` mit einem kleinen Bild vor, das mit dem Videosystem ImagePro erzeugt und als CUT-Format mit 256 Graustufen bereitgestellt wurde. Die Rasterung durch `bm2font` erfolgte mit 36 Graustufen. Trotz der Kontrastminderung und der Kleinheit des Bildes ist sein Charakterkopf eindeutig dargestellt, was alle, die ihn kennen, bestätigen werden. Für viele Fotovorlagen sind 36 oder 64 Graustufen, also `u3` bzw. `u4` ausreichend.

Für einen Laserdrucker mit 600 dpi (z. B. Laserjet IV) ist `u3` ein guter Kompromiß zwischen Schärfe und Gradationsumfang. Die 6×6-Gesamtzelle ist 0.25 mm breit und hoch und damit für den Halbtondruck aus normalen Betrachtungsabstand mit dem Auge kaum noch auflösbar. Bei einem 300 dpi-Drucker ist eventuell `u2` vorzuziehen, wenn die Bilschärfe stärker als der Gradationsumfang gewichtet wird

5.4 Unterstützte Grafikformate

Die nachfolgende Auflistung der durch `bm2font` unterstützten Grafikformate ist der Dokumentation von Friedhelm Sowa [?, Vol. 12, S. 534] "Bitmaps and Halftones with BM2FONT" entnommen.

PCX: Grafikformat der Firma ZSOFT zur Speicherung von Bildschirmgrafiken. Es erlaubt bis zu 256 Farben (max. 16 Farben bis Version 3.0). Die Zeichenprogramme DELUXE PAINT II, PAINTBRUSH, PC PAINTBRUSH+ können das `.pcx`-Format erzeugen.

TIFF: Das 'Tag Image File Format' der Firma Aldus ist eines der verbreitetsten Grafikformate, das bei den meisten Scannerprogrammen ebenfalls verwendet wird. Die bei diesem Format möglichen Formen der Datenkompression werden von `bm2font` nicht unterstützt.

IFF: Das Grafikformat der Firma Electronic Arts wurde ursprünglich für Amiga-Rechner entwickelt und später von weiterer PC-Software wie DELUXE PAINT und DELUXE PAINT II auch für die PC-Welt übernommen. Die Filekennung erfolgt durch den Anhang `.iff` oder `.lbm`.

GIF: Grafikformat der Firma CompuServe. Das 1987 eingeführte Format erlaubt, mehrere Bilder in einem File abzuspeichern, von denen `bm2font` jedoch nur das jeweils erste akzeptiert.

BMP: Grafikformat aus der Windows-Welt. Es können bis zu 256 Farben verwendet werden. Neben der reinen bitmap-Speicherung ist für 4-bit- und 8-bit-Pixel eine Datenkompression mit RLE (Run Length Encoding) möglich, die aber nicht durch `bm2font` unterstützt wird.

IMG: Das GEM Image File Format kann Grafikdaten in RLE-komprimiert oder als Bitmuster ablegen. Das Format wird auch von Grafikprogrammen auf Großrechnern verwendet.

CUT: Grafikformat zur Bildspeicherung des Videosystems ImagePro und anderer. Es erlaubt bis zu 256 Farben oder Graustufen und benutzt RLE.

Bitmaps: Anwenderspezielle Bitmap-Kodierung, die mit geeigneten Programmoptionen von `bm2font` dekodiert werden kann.

5.5 bm2font-Aufrufoptionen

`bm2font` kennt eine Reihe von Aufrufoptionen, die beim Programmaufruf durch ein vorangestelltes Minuszeichen und einem nachfolgenden Argument angegeben werden können. Erfolgt der Programmaufruf ohne einen Filenamen, so werden die möglichen Optionen sowie die eingestellten Standardwerte auf dem Bildschirm ausgegeben:

```
This is BitMapTOfont, version 2.0 of january 93
Converting Bitmap Files to TeX-Fonts
 usage is BM2FONT filename and parameters
 -f<name of picture for TeX>     (std filename)
 -h<horizontal resolution>       (pixel/inch, std 300)
 -v<vertical resolution>         (pixel/inch, std 300)
 -l<length of mapline>           (in bytes, only pure bitmaps)
```

```
-a<show pictures on screen>       (y or n, std n)
-e<stretch EGA pictures>          (y or n, std y)
-i<inversion of pixels>           (y or n, std n)
-g<greypixels in bitmap>          (y or n, std n)
-p<write pixel file>              (y or n, std n)
-w<let white be light grey>       (y or n, std y)
-d<distribute errors>             (y or n, std y)
-s<separation of grey dots>       (y or n, std n)
-r<repeat each grey pixel>        (y or n, std n)
-u<pixels for grey rectangle>     (less 8)
-c<vert. pixels for rectangle>    (less 8)
-x<bits per sample>               (0 < x < 9)
-b<reduce halftone colors>        (f.e by 1, less u*c*4, std 0)
-t<gradation value>               (in %, std 70)
-z<area of gradation>             (in %, std 70)
-m<width of picture on paper)     (in mm)
-n<height of picture on paper)    (in mm)
```

Die Optionen -u, -c und -b wurden bereits in 5.3 vorgestellt. Mit -u3 -c4 -b2 werden $4\times3\times4-2=46$ Graustufen mit 3×4-Teilzellen realisiert. Die Verminderung der maximalen Stufenzahl von 48 um 2 durch -b2 kann gelegentlich zur Aufhellung eines Bildes dienen.

Die mit bm2font erzeugten Files (.tfm, .pk und .tex) haben standardmäßig den gleichen Grundnamen wie der zu bearbeitende Grafikfile. Mit -f*name* kann für die Ergebnisfiles ein anderer Grundname gewählt werden. Mit -hx und -vy kann die horizontale und vertikale Druckerauflösung eingestellt werden. Die voreingestellten Standardwerte von 300 gelten für die üblichen Laserdrucker.

Die Optionen -a, -e, -i, -g, -p, -w, -d, -s und -r haben die Argumente y oder n für *ja* oder *nein*. Die obige Auflistung gibt die jeweilige Standardeinstellung wieder, die ohne explizite Optionsangabe gewählt wird. Mit -iy wird die Schwarz-weiß-Einstellung der Einzelpixel umgekehrt, aus einem Positiv ein Negativ bzw. aus einem Negativ ein Positiv erzeugt. Die Strich- und Rasterbilder aus dem HP-Scanjet erscheinen standardmäßig für bm2font als Negativ. Die Beispiele in 5.2 wurden deshalb tatsächlich mit der Option -iy erzeugt.

Die Optionen -l, -g und -x sind für benutzereigene bitmap-Kodierungen gedacht. Mit -ln wird die Byteanzahl n für eine horizontale Bildzeile angegeben. Mit -gy wird mitgeteilt, daß die Graustufen intensitätskodiert sind, wobei -xb die Bitanzahl für den Intensitätskode, z. B. -x4 oder -x8 für 4-bit- bzw. 8-bit-Zahlen, angibt. Mit -gn oder ohne diese Option wird ein Strich- oder selbstgerastertes Bild vorausgesetzt.

Die Druckerzeichensätze werden von bm2font standardmäßig als .pk-Files erstellt. Mit -py können sie alternativ im veralteten Pixel-Format als .pxl-Files eingerichtet werden, falls der Druckertreiber dieses Zeichensatzfileformat verlangt.

Bei der Rastererstellung durch bm2font werden 2×2 benachbarte Eingabepunkte vorab gemittelt und dann durch eine $4\times h\times v$-Grauzelle ersetzt. Bei kleinen Bildvorlagen erscheint das Bild bei hochauflösenden Druckern damit evtl. zu klein. Mit -ry wird jede Bildzelle nochmals wiederholt, um die Verkleinerung durch die Eingangsmittelung zu kompensieren. Die Bildgröße auf dem Drucker kann auch mit -mb und -nh vorgegeben werden. Die Zahlenangaben für b und h bedeuten die Breite und Höhe in mm. Dies führt beim Ausgabebild zu wiederholten oder weggelassenen Grauzellen, was zur Änderung der Bildqualität führt. Wenn immer möglich, sollte die gewünschte Bildgröße bereits mit dem Ausgangsgrafikfile vorgegeben werden.

Das nebenstehende Bild stammt aus der Originaldokumentation von Friedhelm Sowa. Das ursprüngliche Bild hatte eine Auflösung von 1024×768 Pixel. Mit der Einstellung `-m75` wurde es entsprechend der Druckerauflösung von 300 Pixel/Zoll und unter Berücksichtigung der Eingangsmittelung über je 2×2 Originalpixeln auf 443×332 Pixel reduziert. Als Kompromiß zwischen Kontrast und Schärfe wurde die Zahl der Graustufen für dieses Bild auf 15 begrenzt.

Die Option `-ay` erzeugt zusätzlich eine Bildausgabe auf dem Bildschirm. Bei Verwendung einer EGA-Grafikkarte zur Bilderzeugung und Ausgabe mit einer VGA-Karte ist eine Aspektänderung erforderlich, die `bm2font` standardmäßig ausführt. Mit der Option `-en` kann diese automatische Aspektänderung abgeschaltet werden.

Bei manchen Druckern erscheinen die Einzelpixel größer, als es der Druckerauflösung entspricht, benachbarte Pixel fließen dabei gewissermaßen ineinander. In diesen Fällen kann eine Bildaufhellung durch die Option `-sy` versucht werden. Sie bewirkt, daß die schwarzen Rasterpunkte durch weiße Pixelzeilen und -spalten voneinander getrennt werden.

Bei den meisten Halbtonbildern weicht die Anzahl der Graustufen des Originalbildes von der Anzahl der Graustufen des erzeugten Rasterbildes ab. Bei der Umrechnung der Tonwerte in Rasterstufen sind Rundungen unvermeidbar. `bm2font` versucht, die Wirkung von Rundungsfehlern durch Aufteilung benachbarter Bildpunkte zu verteilen. Mit der Option `-dn` kann der Algorithmus zur internen Fehlerverteilung abgeschaltet werden.

Bei der Rasterung von Halbtonbildern werden weiße Bildstellen leicht grau getönt, was meistens zu einem besseren Gesamteindruck führt. Mit der Option `-wn` kann diese Grautönung abgeschaltet werden, was z. B. bei weiß unterlegten Schriften innerhalb eines Halbtonbildes genutzt werden kann.

5.6 Gradationsänderungen

Schwärzungsunterschiede empfindet unser Auge mit einem logarithmischen Maßstab. Der Kontrastunterschied einer Rasterzelle mit einem schwarzen Pixel gegenüber der mit zwei schwarzen Pixeln wird als gleich groß wie der von $2:4$, $4:8$, $8:16$ usw. empfunden. Die lineare Verteilung der Graustufen durch 1 bis $4 \times h \times v$ schwarze Pixel im Zellenraster enthält im oberen Teil zu viele Möglichkeiten, die vom Auge kaum unterschieden werden. `bm2font` gleicht dies durch eine sog. Gradationskorrektur teilweise aus. Die Rasterauffüllung $y = f(x)$ als Funktion der Eingabeintensität $0 \leq x \leq 1$ (mit $x = 0$ für schwarz und $x = 1$ für weiß) erfolgt gemäß

$$f(x) = \begin{cases} \dfrac{1}{2x_0^\alpha} x^{1+\alpha} + \dfrac{1}{2} x_0^\alpha x^{1-\alpha} & 0 \leq x < x_0 \\ x & x \geq x_0 \end{cases}$$

Die Einstellwerte $\alpha = t/100$ und $x_0 = z/100$ können mit den Optionen `-t` und `-z` verändert werden. Standardmäßig wird $\alpha = 0.7$ und $x_0 = 0.7$ (`-t70 -z70`) verwendet.

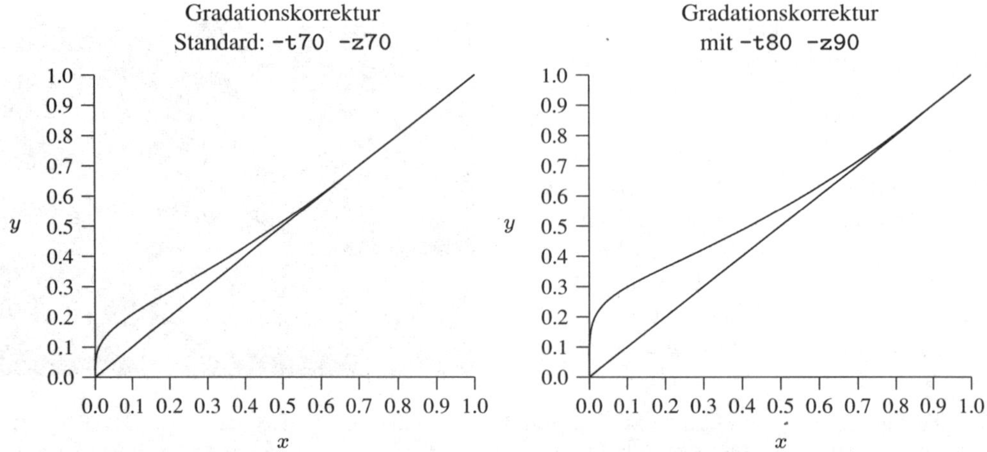

Im dunkleren Bereich des Bildes erfolgt damit eine unterschiedlich starke Aufhellung, die zu helleren hin Werten abnimmt und bei x_0 in die lineare Funktion übergeht. Mit `-t0` wird die Gradationskorrektur unterdrückt.

5.7 Ergänzungsprogramme

Von der Firma Hewlett-Packard wurde die Plottersprache HPGL entwickelt, die von den firmeneigenen Plottern zur Erzeugung von Zeichnungen verwendet wird. Diese Plottersprache wird inzwischen auch von vielen Plottern anderer Firmen akzeptiert. Auf dem Stuttgarter Fileserver befindet sich unter `soft/tex/utilities` das Unterverzeichnis `hp2xx`, das ein nützliches Umwandlungsprogramm gleichen Namens `hp2xx.exe` enthält. Das Programm kann HPGL-Dateien in PCX-Dateien umwandeln, die anschließend mit `bm2font` zur LATEX-Bearbeitung bereitgestellt werden können. Dabei kann die gewünschte Bildgröße für die PCX-Bildeingabe vorgegeben werden, womit `bm2font` zur LATEX-Ausgabe optimale Resultate erzielen kann. Das genannte Unterverzeichnis enthält mit `hp2xxdoc.dvi` die Dokumentation und Nutzungsbeschreibung von `hp2xx`, die über den Druckertreiber ausgegeben werden kann.

Zusätzlich stammt von Hewlett-Packard die Druckersprache PCL, mit der Zeichnungen u. a. als Punktmuster auf einem Drucker ausgegeben werden können. Ein HPGL-Plotfile kann mit `hp2xx` auch direkt in einen PCL-Ausgabefile umgewandelt und ausgegeben werden. Die Treiber aus emTEX verstehen übrigens die PCL-Sprache, so daß bei diesen ein Zusammenbinden von `.dvi`- und `.pcl`-Files durch den Druckertreiber möglich ist. `hp2xx` stammt von Heinz Werntges, Düsseldorf.

Kapitel 6

PICTEX

PICTEX ist ein Makropaket, das in Zusammenarbeit mit TEX die Erzeugung komplexer Graphiken und Zeichnungen gestattet und diese innerhalb des umgebenden Textes richtig anordnet. Das Programm wurde von Michael J. Wichura von der Universität von Chicago entwickelt und wird in [19] ausführlich beschrieben.

Mit PICTEX können Bilder und Diagramme wie die folgenden relativ leicht erzeugt und mit dem umgebenden Text in *einem* TEX-Lauf gemeinsam bearbeitet werden.

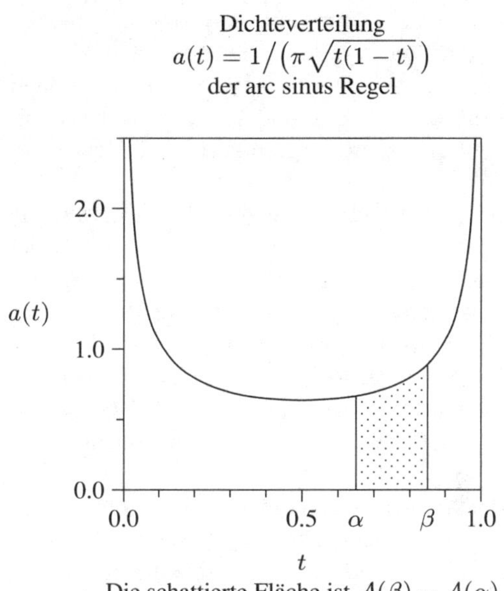

Die schattierte Fläche ist $\mathcal{A}(\beta) - \mathcal{A}(\alpha)$

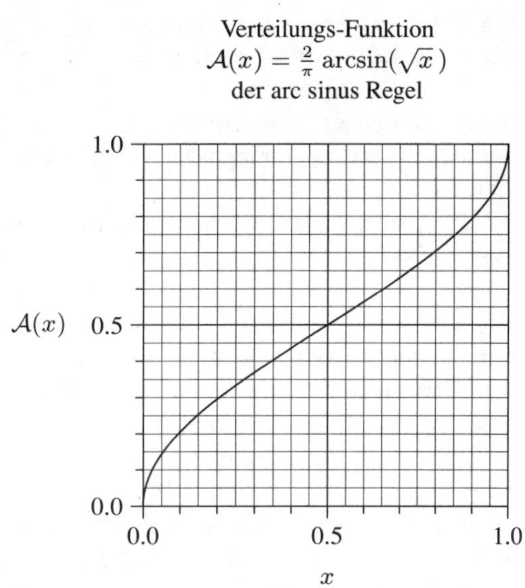

Die folgende Einführung in PICTEX soll den LATEX-Anwender in die Lage versetzen, das Programm zur Erzeugung von Abbildungen zu benutzen. Sie kann nicht das ganze Spektrum der PICTEX-Möglichkeiten ausleuchten, insbesondere da dann auch wesentliche TEX-Strukturen zur Anwendung kommen. Für einen vertieften Einstieg muß auf die Originalliteratur [19] sowie auf [7a], [9] und [10] verwiesen werden.

6.1 PICTEX und LATEX

PICTEX wurde als zusätzliches Makropaket zu TEX entwickelt, das, aus TEX aufgerufen, Text und Bilder als Bearbeitungseinheit betrachtet. PICTEX kann aber auch in harmonischer Weise mit LATEX verknüpft werden, und es ist dann möglich, Bilder wie die vorstehenden aus LATEX heraus zu erzeugen. Dazu sind die folgenden drei Files im Vorspann oder innerhalb des Textes vor der ersten Nutzung von PICTEX mit

```
\input prepictex    \input pictex    \input postpictex
```

in genau der angegebenen Reihenfolge einzulesen. Die Files `prepictex.tex`, `pictex.tex` und `postpictex.tex` sind in der TEX-Makrobibliothek einzurichten, die je nach System wahrscheinlich `.../tex/inputs` oder `.../tex/macros` heißt.

PICTEX verwendet eine Reihe von Befehlsnamen, die auch in LATEX vorkommen, dort aber eine andere Bedeutung haben. Damit beide Programme konfliktfrei zusammenarbeiten, sind die Makropakete `prepictex.tex` und `postpictex.tex` erforderlich. Innerhalb eines LATEX-Dokuments wird zwischen LATEX und PICTEX mit

`\beginpicture` *PICture-Strukturen* `\endpicture`

hin- und zurückgeschaltet. Wird mit `\beginpicture` auf das Programm PICTEX umgeschaltet, so werden mit den in `prepictex.tex` enthaltenen Anweisungen diejenigen LATEX-Befehle, die mit PICTEX in Konflikt stehen — es sind dies im wesentlichen die LATEX-Bildbefehle `\frame`, `\linethickness`, `\multiput` und `\put` — vorübergehend umbenannt und durch die gleichnamigen PICTEX-Befehle abgelöst. Nach Zurückschalten auf LATEX mit `\endpicture` werden mit den in `postpictex.tex` geführten Anweisungen die entsprechenden LATEX-Befehle wieder mit ihren alten Namen bereitgestellt.

Die Verknüpfung von LATEX und PICTEX geht aber noch weiter. Aus PICTEX heraus können die LATEX-eigenen Bildelemente, wie `\line`, `\vector`, `\circle` und `\oval` zusammen mit den Strichstärkenbefehlen `\thicklines` und `\thinlines` angesprochen und verwendet werden.

Zwar stehen diese LATEX-Bildelemente nur in einer beschränkten Zahl von Neigungen[1] bzw. Durchmessern[2] zur Verfügung, doch kann ihre Verwendung innerhalb von PICTEX die Bearbeitung erheblich beschleunigen. PICTEX kann Linien mit jeder beliebigen Neigung und Kreis- und Ellipsenbögen mit beliebigen Radien erzeugen. Dafür beansprucht PICTEX aber erheblich mehr Rechenleistung. Auf meiner UNIX-Workstation benötigt eine volle Seite für die LATEX-Bearbeitung je nach Komplexität 0.2–1 Sekunde. Reine Textseiten liegen an der unteren, seitenfüllende Tabellen mit vielen Spalten an der oberen Grenze. Die vorangegangene Seite mit der Erzeugung der Abbildungen mittels PICTEX benötigt zur vollständigen Bearbeitung dagegen 6 Sekunden.

Neben der erhöhten Rechnerleistung belegt PICTEX zusätzlich einen großen Teil des von TEX verwalteten Hauptpufferspeichers zur Bearbeitung einer Seite. Bei größeren, detailreichen Bildern oder in Kombination mit komplexen LATEX-Strukturen, wie Tabellen mit vielen Spalten und Zeilen, ist die Gefahr groß, daß die Bearbeitung mit der Mitteilung

[1] In LATEX gibt es für Linien insgesamt 48 und für Pfeile 24 verschiedene Neigungen, wobei die Pfeilspitzen in beide Richtungen weisen können. Außerdem müssen geneigte Linien und Pfeile die Mindestlänge von 10 pt haben.

[2] Offene Kreise stehen in LATEX für Durchmesser von 1 pt bis 16 pt in Stufen von je 1 pt und für Durchmesser von 20 pt bis 40 pt in Abstufungen von 4 pt zur Verfügung. Gefüllte Kreise gibt es für Durchmesser von 1 pt bis 15 pt in Abstufungen von 1 pt. Halb- und Viertelkreise sowie Ovale stehen mit Durchmessern von 4 pt bis 40 pt in Abstufungen von 4 pt bereit.

```
!  TeX capacity exceeded, sorry [main memory size = 65536 bytes]
```

abbricht. Die in [3a, Abschn. 9.2] angegebenen Hinweise zur Vermeidung dieses Fehlers können versucht werden. Ist das Bild jedoch zu detailreich, kann es nicht bearbeitet werden.

Inzwischen gibt es TEX-Versionen unter dem Namen BIGTEX, die erheblich größere Pufferspeicher als die Standardversionen einrichten. Ist eine BIGTEX-Version vorhanden, so sollte PICTEX nur in Verbindung mit dieser verwendet werden. Für LATEX bedeutet dies, daß mit der BIG-Version von `INITEX` der `lplain.tex` File erneut zu bearbeiten ist. Die so erstellte BIG-Version von `lplain.fmt` stellt dann zusammen mit dem BIGTEX Programm die BIG-Version von LATEX dar. Vor der Durchführung sollte ggf. Abschnitt 1.4 zu Rate gezogen werden.

Die oben aufgeführte Struktur zur Umschaltung nach PICTEX

`\beginpicture` *PICTEX Anweisungen* `\endpicture`

hat Änlichkeit zur LATEX `\begin{picture} ... \end{picture}` Umgebung. Dies beschränkt sich nicht nur auf die Namensähnlichkeit, sondern gilt auch für den strukturellen Ablauf. Alle Erklärungen und Definitionen in der vorstehenden PICTEX-Struktur sind nur innerhalb dieser Struktur bekannt und wirksam. Erklärungen und Definitionen, die außerhalb erfolgen, sind dagegen auch im Innern bekannt und nutzbar. Damit entspricht diese PICTEX-Struktur genau dem Begriff der Umgebung in LATEX. Im folgenden soll deshalb diese PICTEX-Struktur auch Bild- oder PICture-Umgebung genannt werden.

Bei allen nachfolgenden Programmbeispielen ist stets der Befehl `\beginpicture` voranzustellen und das Beispiel mit `\endpicture` abzuschließen, ohne daß dies bei den Ausdrucken jedesmal wiederholt würde.

Bei den folgenden Syntaxangaben können die in größeren [ ] eckigen Klammern eingeschlossenen Teile wahlweise benutzt oder fortgelassen werden. Erscheinen bei den Syntaxangaben eckige Klammern in Schreibmaschinenschrift `[ ]`, so sind sie Bestandteil der Syntax, d. h. sie müssen bei der Eingabe mit angegeben werden.

6.2 Koordinatensysteme

Für alle Bildumgebungen ist ein Koordinatensystem zu vereinbaren, auf das sich alle Maß- und Positionierungsangaben für die Bildelemente beziehen. Ein Koordinatensystem wird vereinbart mit

`\setcoordinatesystem units` <*x_einheit*,*y_einheit*> `point at` *x_ref y_ref*

Diese Erklärung kann sowohl innerhalb wie außerhalb einer PICture-Umgebung erfolgen, mit der Wirkung, die zum Ende des vorangegangenen Absatz beschrieben wurde und die dem LATEX-Anwender als Umgebungseigenschaft vertraut ist.

Die Angaben für *x_einheit* und *y_einheit* stellen Maße dar, d. h. sie bestehen aus einer Zahl, gefolgt von einer Maßeinheit wie cm, mm, pt u. a. Maßangaben müssen bei allen PICTEX-Befehlen in ein < ... > Paar eingeschlossen werden. Zwischen dem vorangehenden Befehlsteil, hier `units`, und der öffnenden < Klammer sowie der schließenden Klammer > und dem folgenden Befehlsteil, hier `point at`, muß zwingend *mindestens* ein Leerzeichen angebracht sein! Dies unterscheidet PICTEX von der üblichen TEX- und LATEX-Syntax, bei der zwischen Befehlsteilen und anschließenden Klammersymbolen kein Leerzeichen erforderlich ist. Hierin liegt für den PICTEX-Novizen eine häufige Fehlerquelle.

Die Angabe von `point at` *x_ref y_ref* legt den *Referenzpunkt* für das Koordinatensystem fest, dessen Bedeutung gleich erläutert wird. Mit

```
\setcoordinatesystem units <1.5cm,0.5cm> point at 3 -2
```

wird das folgende Koordinatensystem vereinbart:

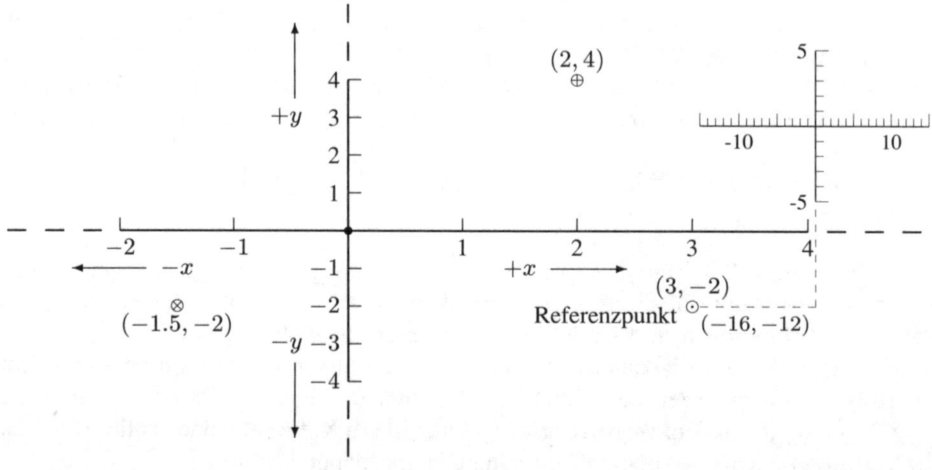

Hierin hat der mit ⊕ gekennzeichnete Punkt die Koordinatenwerte $x = 2$ und $y = 4$ oder kurz $(2, 4)$. Entsprechend haben die Punkte ⊗ und ⊙ die Koordinaten $(-1.5, -2)$ bzw. $(3, -2)$. Der *Nullpunkt* • mit den Koordinaten $(0, 0)$ ist der Bezugspunkt, auf den sich die einzelnen Koordinatenwerte beziehen.

Der Punkt ⊙ mit den Koordinaten $(3, -2)$ ist gleichzeitig der Referenzpunkt für das mit dem vorstehenden Befehl vereinbarte Koordinatensystem. Soweit für eine PICture-Umgebung nur ein einziges Koordinatensystem festgelegt wird, hat der Referenzpunkt keine weitere Bedeutung, und die Angabe `point at` x_r y_r kann dabei auch entfallen (s. hierzu 6.8.3). Es ist jedoch möglich, innerhalb einer PICture-Umgebung weitere Koordinatensysteme zu vereinbaren. So wird mit dem weiteren Befehl

```
\setcoordinatesystem units <1mm,2mm> point at -16 -12
```

ein neues Koordinatensystem mit den geänderten Einheiten `<1mm,2mm>` vereinbart. Der Referenzpunkt dieses Koordinatensystems liegt in den neuen, systemeigenen Einheiten bei $(-16, -12)$. Die beiden Koordinatensysteme werden nun so gegeneinander ausgerichtet, daß ihre beiden Referenzpunkte zusammenfallen, d. h. die Referenzpunkte mehrerer Koordinatensysteme bilden den gemeinsamen Bezugspunkt für die Ausrichtung der Systeme gegeneinander.

Es wurde soeben erwähnt, daß die `point at ...` Angabe ggf. entfallen darf. Tatsächlich lautet die genaue Syntax des `\setcoordinatesystem`-Befehls:

`\setcoordinatesystem`␣[`units`␣<*x_einheit*,*y_einheit*>]␣[`point`␣`at`␣*x_ref*␣*y_ref*]

oder zur besseren Lesbarkeit

`\setcoordinatesystem` [`units` <*x_einheit*,*y_einheit*>] [`point at` *x_ref* *y_ref*]

Die ␣ Kennungen sollen darauf hinweisen, daß an diesen Stellen aus syntaktischen Gründen *zwingend* ein oder mehrere Leerzeichen anzubringen sind!

Entfällt eine der optionalen Angaben, so gilt die entsprechende Angabe aus dem letzten vollständigeren `\setcoordinatesystem`-Befehl weiter. Gab es einen solchen Befehl vorab noch nicht, so wählt PICTEX hierfür Standardwerte, und zwar `units <1pt,1pt>` für die Einheiten und `point at 0 0` für den Referenzpunkt.

Die Einführung eines neuen Koordinatensystems wirkt — bildlich gesprochen — wie die Bereitstellung eines quadratischen Blattes transparenten Zeichenpapiers mit der Kantenlänge von ca. 11.5×11.5m, in dessen Mittelpunkt der Koordinaten-Nullpunkt angebracht ist. Auf diesem fiktiven quadratischen Zeichenblatt können die Bildelemente, vom Mittelpunkt aus gesehen, bis zum Absolutbetrag von ca. 5.75m nach allen Seiten hin angeordnet werden. Der Grund für diese Eigenschaft liegt darin, daß PICTEX intern mit der Maßeinheit pt rechnet und die Koordinaten alle Werte zwischen $-2^{14} \ldots 2^{14}$ annehmen dürfen. $2^{14} = 16\,384\,\mathrm{pt}$ entsprechen ≈ 226.71 in (Zoll) oder $\approx 575.83\,\mathrm{cm}$.

Werden in einer PICture-Umgebung mehrere Koordinatensysteme vereinbart, so entspricht jedem `\setcoordinatesystem` ein eigenes Blatt transparenten 11.5×11.5m Zeichenpapiers. Das vollständige Bild entsteht durch *Übereinanderlegen* der Teilfolien mit einer Ausrichtung, so daß alle Referenzpunkte zusammenfallen. Die übereinander montierten und ausgerichteten Teilfolien bestimmen die Abmessungen des Gesamtbildes, und zwar so, als würde aus dem montierten Foliensatz ein Rechteck so ausgeschnitten, daß die entferntesten Bildelemente gerade noch enthalten sind, wobei die Kanten dieses Rechtecks parallel zu den x- und y-Achsen verlaufen. Die Bildgröße bestimmt sich also aus den Bildeintragungen selbst und muß nicht, wie bei der LATEX-`picture`-Umgebung, vom Anwender explizit festgelegt werden.

Ist kein Koordinatensystem innerhalb einer PICture-Umgebung vereinbart worden, so gilt die letzte globale Vereinbarung, also die letzte außerhalb von PICture-Umgebungen getroffene Erklärung für das Koordinatensystem. Gibt es eine solche nicht, so setzt PICTEX das Standardsystem

```
\setcoordinatesystem units <1pt,1pt> point at 0 0
```

ein. Dies entspricht dem gleichen Verhalten für die Wahl oder das Fehlen der `\unitlength`-Erklärung für die LATEX-Umgebung `picture`. Im Unterschied zu dieser LATEX-Umgebung gestattet PICTEX die Wahl von *unterschiedlichen* Einheiten für die x- und y-Achse des Koordinatensystems. Dies wird sich als großer Vorteil bei der Konstruktion von Bildern und automatischen Achsenbezifferungen herausstellen. Das gleiche gilt für die Möglichkeit der Vereinbarung mehrerer unterschiedlicher und ggf. gegeneinander verschobener Koordinatensysteme innerhalb einer PICture-Umgebung bei der Erstellung von Teilbildern.

6.3 Text als Bildelement

Das einfachste Bildelement ist ein Stück Text, den TEX in eine Box mit einem für TEX definierten linken und rechten, oberen und unteren Rand einfaßt. Gleichzeitig kennt TEX den Mittelpunkt der umgebenden Box und die Grundlinie des eingeschlossenen Textes.

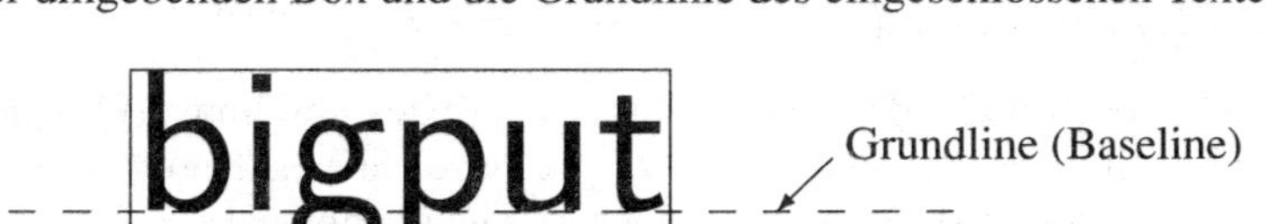

6.3.1 Einmalige Textanordnungen

Ein Stück *Text* kann an beliebiger Stelle im Bild mit dem Befehl

\put␣{*text*}␣at␣*x_coord*␣*y_coord*

angebracht werden. Die mit ␣ gekennzeichneten Leerzeichen sind *zwingender* Bestandteil der Syntax: an den gekennzeichneten Stellen *muß* mindestens ein Leerzeichen angebracht werden. *x_coord* und *y_coord* sind reine Zahlenangaben und bedeuten die Zahl der Maßeinheiten des vorangegangenen \setcoordinatesystem-Befehls. Waren als Maßeinheiten z. B. *x_einheit* $= 1cm$ und *y_einheit* $= 5mm$ gewählt worden, so wird mit

\put {Mustertext} at 3.6 2.2

der Text "Mustertext" mit seinem *Mittelpunkt* 3.6 x-Einheiten, also 3.6 cm rechts und 2.2 y-Einheiten, also 11.1 mm oberhalb des Koordinaten-Nullpunktes angebracht. Die Koordinatenangabe bezieht sich bei der vorgestellten Form des Befehls stets auf den Mittelpunkt der umgebenden TEX-Box. Der \put-Befehl kennt die erweiterte Syntax

\put {*text*} [p_xp_y] at *x_coord* *y_coord*

mit den Positionierungsangaben p_x und p_y. Hierfür sind die folgenden Werte erlaubt

$$p_x = \begin{bmatrix} \texttt{l} \\ \texttt{r} \end{bmatrix} \quad \text{für} \quad \begin{bmatrix} \underline{\text{l}}\text{eft edge} \\ \underline{\text{r}}\text{ight edge} \end{bmatrix} \quad \text{also} \quad \begin{bmatrix} \text{linker Rand} \\ \text{rechter Rand} \end{bmatrix}$$

$$p_y = \begin{bmatrix} \texttt{t} \\ \texttt{b} \\ \texttt{B} \end{bmatrix} \quad \text{für} \quad \begin{bmatrix} \underline{\text{t}}\text{op edge} \\ \underline{\text{b}}\text{ottom edge} \\ \underline{\text{B}}\text{aseline} \end{bmatrix} \quad \text{also} \quad \begin{bmatrix} \text{oberer Rand} \\ \text{unterer Rand} \\ \text{Grundlinie} \end{bmatrix}$$

Die Positionierungsparameter sind mit den englischen Bezeichnungen selbsterklärend.

\put {Mustertext} [lt] at 3.6 2.2

würde statt des Mittelpunktes die linke obere Ecke der umgebenden TEX-Box an der durch $x = 3.6$ und $y = 2.2$ gekennzeichneten Stelle anbringen. Enthält die Positionierungsangabe nur einen Parameter [p_x] oder [p_y], so bezieht sich die anschließende Koordinatenangabe auf die jeweilige Mitte für den fehlenden Positionierungsparameter. Werden beide Parameter gesetzt, so ist die Reihenfolge gleichgültig, [lt] bzw. [tl] sind beide erlaubt und haben die gleiche Wirkung.

Schließlich kennt der \put-Befehl noch die Möglichkeit einer *Verschiebung* mit dem \put-Befehl in der Form

\put {*text*} [p_xp_y] <*x_s_maß*,*y_s_maß*> at *x_coord* *y_coord*

mit den Maßangaben *x_s_maß* und *y_s_maß*. Die Einheiten dieser Maßangaben können von den Maßangaben der Koordinateneinheiten beliebig abweichen.

\put {Mustertext} [rt] <2mm,-0.1in> at 3.6 2.2

ordnet die rechte obere Ecke des eingeschlossenen Textes um 2mm rechts und 0.1in (Zoll) unterhalb des durch $x = 3.6$ und $y = 2.2$ gekennzeichneten Koordinatenpaares an. Die vollständige Syntax des \put-Befehls soll nochmals wiederholt werden, wobei die zwingende Einfügung von mindestens einem Leerzeichen mit ␣ gekennzeichnet ist.

\put␣{*text*}␣[[[p_x][p_y]]]␣[<*x_s_maß*,*y_s_maß*>]␣at␣*x_coord*␣*y_coord*

Ein häufig auftretender Fehler liegt in einem fehlenden Leerzeichen zwischen dem `\put`-Befehl und dem anschließenden Klammerpaar `{ }` zur Aufnahme des Textes. Als eingeschachtelter Text darf jeder LaTeX-Text im LR-Modus stehen, also Text, der zeilenmäßig nicht gebrochen wird. Ebenso können hierfür mathematische Symbole gewählt werden. Ein eingeschlossener Text `{$\leadsto$} [l]` würde das Symbol $\leadsto$ mit seinem linken Ende beim Koordinatenpaar *x_coord y_coord* anordnen.

6.3.2 Wiederholte Textstellen

Soll ein und derselbe Text an mehreren Stellen im Bild erscheinen, so gestattet PiCTeX statt der mehrfachen `\put` Anweisung eine einfachere Form

\multiput {*text*} [$p_x p_y$] <*x_s_maß*,*y_s_maß*> at *x_cord y_coord*
  **n x_incr y_incr* /

Die Parameter bis einschließlich *x_coord y_coord* wirken wie beim `\put`-Befehl. Dieser wird auch zunächst einmal mit den Koordinaten $x = x\_coord$ und $y = y\_coord$ ausgeführt. Danach wird das Koordinatenpaar x und y abgeändert in $x = x + x\_incr$ und $y = y + y\_incr$ und der `\put`-Befehl mit sonst ungeänderten Parametern wiederholt. Dieser Prozeß wird so oft wiederholt, wie der Parameter $*n$ angibt. (Dies ist einmal mehr als beim gleichnamigen Befehl der LaTeX-`picture`-Umgebung!) Mit `*3` würde also der `\put`-Befehl nacheinander mit den Koordinaten

$$\begin{array}{ll} x = x\_coord & y = y\_coord \\ x = x\_coord + x\_incr & y = y\_coord + y\_incr \\ x = x\_coord + 2x\_incr & y = y\_coord + 2y\_incr \\ x = x\_coord + 3x\_incr & y = y\_coord + 3y\_incr \end{array}$$

ausgeführt. Hierzu ein einfaches Beispiel

```
\beginpicture
\setcoordinatesystem units <1mm,1mm>
\multiput {$\times$} at 0 0 *10 5 2.5 /
\endpicture
```

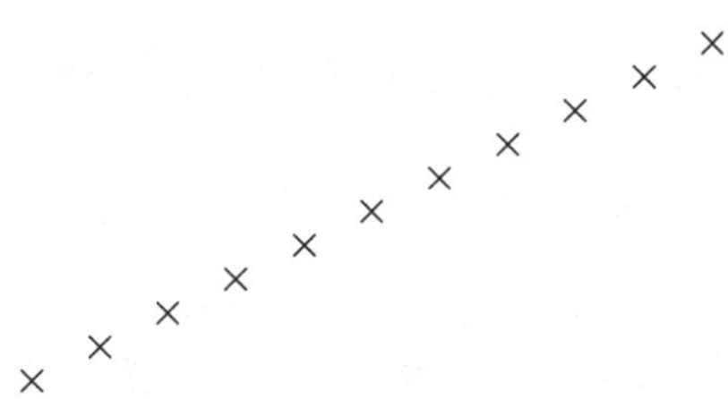

erzeugt das nebenstehende Bild.

Das Koordinatenpaar *x_coord y_coord* und der Wiederholungsparameter $*n$, zusammen mit dem Inkrementierungspaar *x_incr y_incr*, dürfen im `\multiput`-Befehl mehrfach auftreten. Die Wirkung ist so, als wären mehrere `\multiput`-Befehle mit jeweils einer Angabe für die vorstehenden Parameter verwendet worden. Wird nur der Wiederholungsparameter zusammen mit dem Inkrementierungspaar mehrfach angegeben, so bezieht sich die jeweilige Inkrementierungsgruppe auf den letzten Koordinatenwert der vorangegangenen Inkrementierungsgruppe. Beipiel (ohne explizite Angabe der `\beginpicture`- und `\endpicture`-Befehle)

```
\setcoordinatesystem units <1mm,1mm>
\multiput {.} at 0 0  *10 2 2  *10 1 -3  *10 -3 1
  50 0  *100 0.2 0.2  *100 0.1 -0.3  *100 -0.3 0.1 /
```

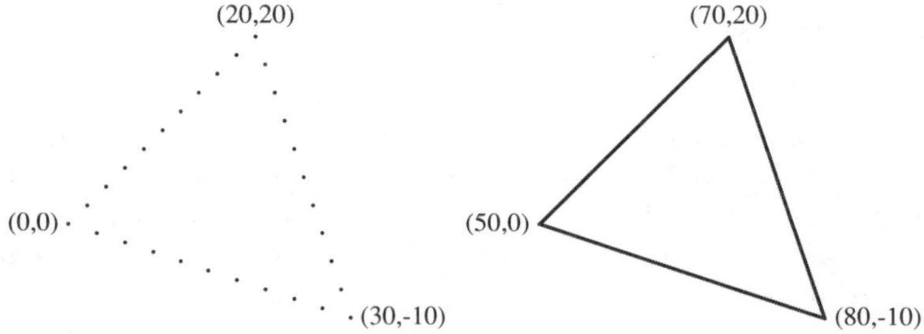

Der zu wiederholende Text besteht aus einem Punkt '.', der zuerst an der Stelle (0,0) angebracht wird. Von hier aus wird der Punkt zehnmal wiederholt, wobei die x und y Werte jeweils um 2 vergrößert werden. Der 11. Punkt hat damit die Koordinaten $x = 20$ und $y = 20$. Danach enthält der `\multiput`-Befehl die Wiederholungsgruppe `*10 1 -3`, d. h. der Punkt wird weitere zehnmal ausgegeben, diesmal bezogen auf die Stelle (20,20), von der aus die x-Koordinaten jeweils um 1 vergrößert und die y-Koordinaten um 3 verkleinert werden. Der letzte Punkt dieser Gruppe erhält damit die Koordinaten $x = 30$ und $y = -10$. Die nächste Wiederholungsgruppe `*10 -3 1` bezieht sich nunmehr auf diesen Punkt, wobei die Koordinaten für die nächsten Ausgabepunkte in x um 3 vermindert und in y um 1 erhöht werden. Der letzte Punkt dieser Gruppe erhält damit die Koordinaten $x = 0$ und $y = 0$ und stimmt mit dem allerersten ausgegebenen Punkt überein.

Danach werden die Koordinaten neu gesetzt, nämlich auf $x = 50$ und $y = 0$. Von dieser Stelle aus werden anschließend 100 weitere Punkte ausgegeben, bei denen die x- und y-Koordinaten jeweils um 0.1 Einheiten vergrößert werden. Der Rest der Wiederholungsangaben bedarf keiner weiteren Erläuterung. Die zehnmal engere Punktfolge führt beim zweiten Teilbild praktisch zu geschlossenen Linien bei gleicher Form wie im ersten Teilbild.

Die Koordinaten-, Wiederholungs- und Inkrementierungsangaben können auch in einem externen File abgelegt werden. Hat dieser den Namen *file_name*, so lautet der `\multiput`-Befehl hierfür

`\multiput {`*text*`} [`$p_x p_y$`] `<*x_s_maß*,*y_s_maß*>` at "`*file_name*`"`

Enthält der File `star.tex` die Zahlenangaben

```
0 0  *15  0.58799 -1.80902  *15 -1.53884  1.11803  *15 1.90211 0.0
     *15 -1.53884 -1.11803  *15  0.58779  1.80902
```

so erzeugt die Befehlsgruppe

```
\setcoordinatesystem units <1.5mm,1.5mm>
\multiput {$\star$} at "star.tex"
```

das nebenstehende Bild: (wieder unter Fortlassen des umgebenden Umschaltpaares `\beginpicture ... \endpicture`)

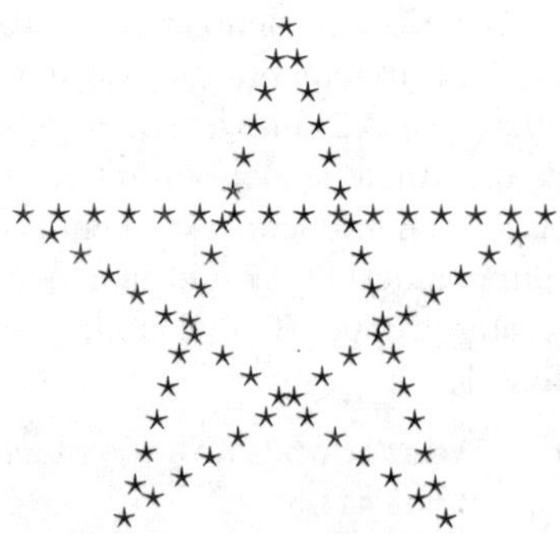

Achtung: Beim Einlesen der Daten aus einem eigenen File entfällt die sonst notwendige Endkennung mit / beim `\multiput`-Befehl.

6.3.3 Mehrzeiliger Text in Bildern

Mit den vorangegangenen Befehlen `\put` und `\multiput` konnte beliebiger Text an einer oder mehreren Stellen im Bild positioniert werden. Der übergebene Text wird dabei im LR-Modus bearbeitet, d. h. eine Zeilenumschaltung findet für den übergebenen Text *nicht* statt. Um auch mehrzeiligen Text übergeben zu können, stellt PiCTeX den Befehl `\lines` bereit:

`\lines␣[[p]]␣{`*zeile_1*`\cr` *zeile_2*`\cr ... }`

Der optionale Positionierungsparameter p darf die Werte `l` oder `r` annehmen, womit die einzelnen Zeilen *links*- oder *rechts*bündig angeordnet werden. Entfällt dieser Parameter, so werden die Zeilen horizontal zentriert ausgegeben. Der LaTeX-Zeilenschaltbefehl `\\` bleibt innerhalb des PiCTeX `\lines`-Befehls ohne Wirkung. Die Zeilenschaltung muß mit dem TeX-Originalbefehl `\cr` vorgenommen werden. Der `\lines`-Befehl kann seinerseits in `\put`- oder `\multiput`-Befehlen als Textangabe angebracht werden.

```
\put {\lines {Mehrere Zeilen\cr werden\cr
          im Bild angebracht}} [bl] at 2.5 5.0
```

Mehrere Zeilen
werden
im Bild angebracht

ordnet diesen Text so im Bild an, daß die linke untere Ecke der umgebenden Box bei $x = 2.5$ $y = 5$ angebracht wird.

Enthält der Befehl `\put` den Positionierungsparameter $p_y =$ `B`, so bezieht sich dieser bei der Texteingabe mit dem Befehl `\lines` auf die Grundlinie der *untersten* Zeile. Alternativ kennt PiCTeX noch den Befehl `\Lines` mit identischer Syntax wie der `\lines`-Befehl. Der einzige Unterschied liegt darin, daß bei seiner Verwendung zur Textübergabe im `\put`-Befehl die Positionierung $p_y =$ `B` auf die Grundlinie der *obersten* Zeile wirkt.

Der Zeilenabstand des mit `\lines` oder `\Lines` übergebenen Textes entspricht dem Standardwert `\baselineskip` der verwendeten Schrift. Bei übereinanderstehenden Einzelbuchstaben ist es häufig erwünscht, die Buchstaben mit geringstmöglichem Abstand anzuordnen. Dies kann mit dem Befehl

`\stack␣[[p]]␣[<`*abstand*`>]␣{`*liste*`}`

erreicht werden. Hierin ist *liste* eine durch Kommata getrennte Folge von Textteilen, die übereinander angeordnet werden. Mehrfache Kommata bewirken einen vergrößerten Abstand.

```
\stack {E,i,n,g,a,n,g,s,,,t,\"u,r}
```

erzeugt das rechtsstehende Ergebnis, während das linksstehende mit dem `\lines`-Befehl erstellt wurde[3].

E i n g a n g s t ü r

E i n g a n g s t ü r

Der Positionierungsparameter p hat die gleiche Bedeutung wie beim `\lines`-Befehl: Mit `l` werden die übereinanderstehenden Texteile linksbündig und mit `r` rechtsbündig angeordnet. Ohne diesen Parameter erscheinen die Texteile gegeneinander horizontal zentriert.

Mit der optionalen Maßangabe *abstand* kann der Abstand der Textteile eingestellt werden. Dieser beträgt standardmäßig `0.17\baselineskip`. Mit der Angabe `<2pt>` im vorstehenden `\stack`-Befehl würde zwischen die Textteile jeweils 2pt Abstand eingefügt. Intern wird der Standardabstand durch den Wert des Maßes von `\stackleading` gesetzt (s. 6.4.6).

[3] Der `\stack`-Befehl setzt das LaTeX-Original voraus. Wird für deutsche Texte der `german.sty` File benutzt, so muß vorübergehend mit `\originalTeX` auf das Original zurückgeschaltet und die Umlaute und das ß mit den TeX-Orginalbefehlen erzeugt werden. Der `\lines`-Befehl hat diese Beschränkung nicht.

6.3.4 Die Nutzung von LaTeX-Bildsymbolen

Die LaTeX-Bildelemente `\line`, `\vector`, `\circle`, `\circle*` und `\oval` können als Textteil in den PICture-Befehlen `\put` und `\multiput` angebracht werden. Dabei sollte stets die Positionierung `Bl` gewählt werden, die Befehle also in der Form

`\put {`*LaTeX-symbol*`} [Bl] at` *x_coord y_coord*

und entsprechend für `\multiput` verwendet werden. Dies stellt sicher, daß die LaTeX-Symbole mit ihrem richtigen *Bezugspunkt* positioniert werden, nämlich

Symbol	Positionierung
line	die Linie beginnt bei *x_coord y_coord*
vector	der Pfeil (Vector) beginnt bei *x_coord y_coord*
circle/oval	Der Mittelpunkt von Kreis und Oval liegt bei *x_coord y_coord*
Teil-circle/oval	Der Mittelpunkt der zugehörigen Vollstruktur liegt bei *x_coord y_coord*

Auf diese Möglichkeit zur Bearbeitungsbeschleunigung wurde bereits in 6.1 hingewiesen. Trotz der begrenzten Anzahl der verfügbaren LaTeX-Bildelemente (s. hierzu die Fußnoten auf Seite 254) sollte ihre Verwendung angestrebt werden, wenn die Bildanforderungen dieses erlauben. Für die Strichstärke der LaTeX-Symbole gilt die jeweils gültige Erklärung von `\thinlines` oder `\thicklines` und als Maßeinheit der aktuelle Wert von `\unitlength`. Diese LaTeX-Erklärungen können auch innerhalb der PICture-Umgebung verändert werden.

```
\setcoordinatesystem units <10pt,5pt>    \unitlength1pt
\put {\line(-2,-1){40}} [Bl] at  6  9    \put {\line(2,-1){40}}   [Bl] at  6  9
\put {\line(0,1){46.7}} [Bl] at  6  9    \thicklines
\put {\line(3,5){40}}   [Bl] at  2  5    \put {\line(-3,5){40}}   [Bl] at 10  5
\put {\line(1,0){80}}   [Bl] at  2  5

\put {\vector(0,1){40}} [Bl] at 15 10    \put {\vector(1,0){40}} [Bl] at 15 10
\put {\vector(-1,-1){20}} [Bl] at 15 10  \thinlines

\put {\circle*{8}} [Bl] at 24 10         \put {\circle{12}} [Bl] at 24 10
\put {\circle{16}} [Bl] at 24 10         \put {\circle{20}} [Bl] at 24 10
\put {\circle{24}} [Bl] at 24 10         \put {\circle{32}} [Bl] at 24 10
\thicklines                              \put {\circle{40}} [Bl] at 24 10

\put {\oval(300,100)} [Bl] at 15 10      \thinlines
\multiput {\oval(50,15)} [Bl] at 6 2.5 *2 9 0 /
```

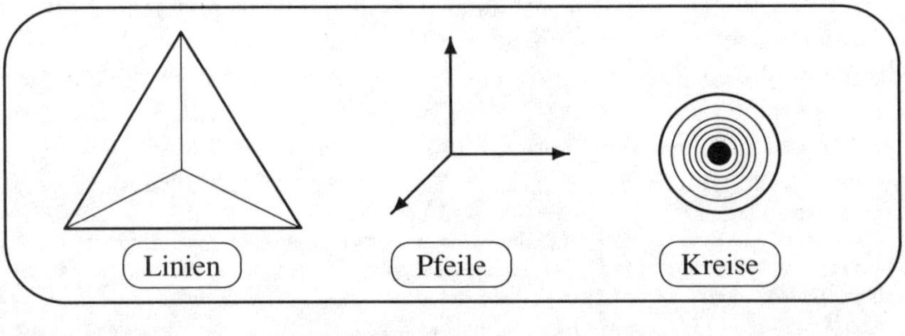

Die Kombination von PICTEX und LaTeX kann noch verschachtelter erfolgen. Als Text für die PICTEX-Befehle `\put` und `\multiput` kann eine LaTeX-Umgebung `picture` übergeben werden. Innerhalb dieser können dann ihrerseits die LaTeX-Befehle `\put` und `\multiput` mit völlig anderer Syntax und Wirkung angesprochen werden. Es sind also Strukturen wie

```
\beginpicture .......
\put {\begin{picture}(x_dimen,y_dimen)
        ... beliebige LaTeX-Bildstrukturen ...
        \end{picture} }   at   x_coord y_coord
...... weitere PICTEX-Strukturen   \endpicture
```

erlaubt. Die Bedeutung der gleichnamigen PICTEX- und LaTeX-Befehle `\put`, `\multiput`, `\frame` und `\linethickness` wird aus der jeweils aktiven Umgebung erkannt und umgebungsspezifisch abgearbeitet.

6.4 Bildachsen und Gitter mit Beschriftungen

Bilder enthalten häufig Randachsen oder Rahmen, teilweise mit bezifferten Markierungen und/oder unterlegten Gitternetzen, wie z. B.

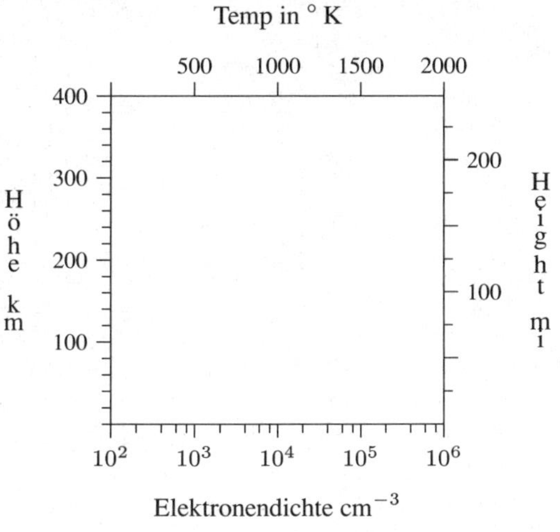

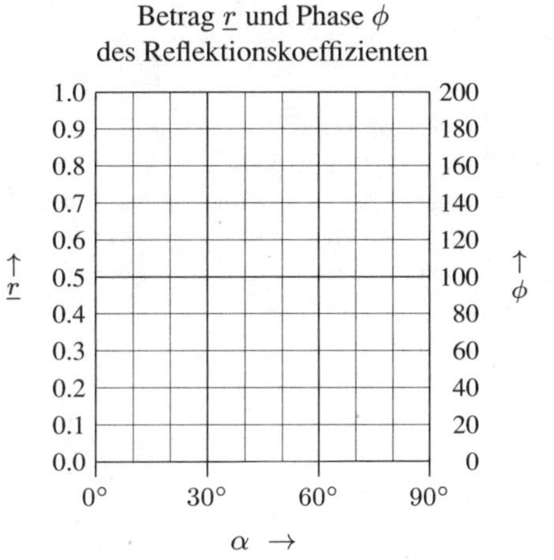

Es wäre sehr mühsam, solche Bildstrukturen mit `\put` und `\multiput`-Befehlen mit den entsprechenden Text- und Bildelementen selbst zusammenzusetzen und richtig zu positionieren. PICTEX gestattet mit dem `\axis`-Befehl und der Angabe einiger Schlüsselwörter die automatische Konstruktion solcher Umrandungen und Gitter.

6.4.1 Bildfensterdefinitionen

Die automatische Erzeugung von markierten und bezifferten Umrandungen und Gitternetzen sowie einige der später vorgestellten PICTEX-Strukuren setzen ein vorher erklärtes *Bildfenster* (Plot Area) voraus. Die Bildfenster für die beiden obigen Beispiele der Umrandung oder das Gitter sind das jeweils Innere der Achsenumrandung. Ein Bildfenster wird mit dem Befehl

`\setplotarea x from` x_coord_l `to` x_coord_r`, y from` y_coord_b `to` y_coord_t

eingerichtet. Hierin bedeutet

x_coord_l	die x-Koordinate für den linken Rand (left)
x_coord_r	die x-Koordinate für den rechten Rand (right)
y_coord_b	die y-Koordinate für den unteren Rand (bottom) und
y_coord_t	die y-Koordinate für den oberen Rand (top).

Innerhalb einer PICture-Umgebung können mehrere Bildfenster erklärt werden. Die anschließenden Befehle `\axis`, `\grid` und `\plotheading` sowie einige der später folgenden Plotbefehle beziehen sich auf das zuletzt erklärte Bildfenster. Ebenso ist es möglich, in unterschiedlichen Koordinatensystemen übereinanderliegende Bildfenster einzurichten, die evtl. unterschiedliche Einheiten für gleiche Bildbereiche verwenden.

6.4.2 Achsen mit linearer Unterteilung

Zur Erzeugung von Bildachsen, evtl. mit unterteilten Marken, Bezifferungen und Texterläuterungen, stellt PICTEX den Befehl `\axis` bereit. Dies ist der flexibelste, aber wegen seiner Vielzahl von optionalen Schlüsselwörtern auch der umfangreichste PICTEX-Befehl. Vor seiner vollständigen Syntax-Darstellung soll deshalb eine Reihe von Beispielen vorangestellt werden. Soweit nichts anderes erwähnt ist, wird in den folgenden Beispielen ein Koordinatensystem mit den Einheiten 1mm für die x- und y-Achsen vorausgesetzt.

```
\setplotarea x from 0 to 30, y from 0 to 20
\axis bottom label {Unterkante}           /
\axis top    label {Oberkante}            /
\axis left   label {\stack {l,i,n,k,s} }  /
\axis right  label {\stack {r,e,c,h,t,s}} /
```

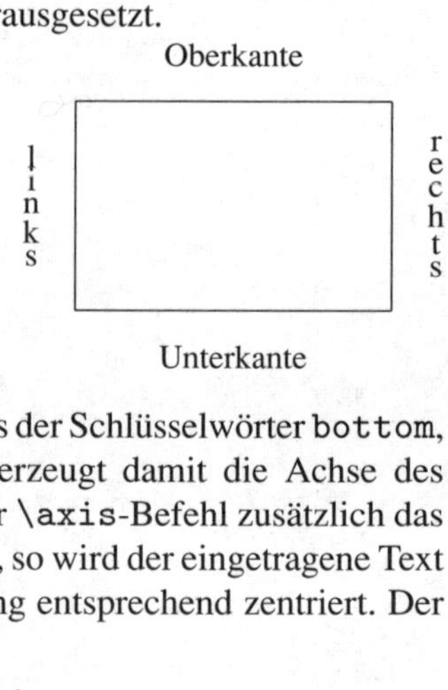

Auf den `\axis`-Befehl folgt als erstes zwingend *genau* eines der Schlüsselwörter `bottom`, `top`, `left` oder `right`. Der entsprechende `\axis`-Befehl erzeugt damit die Achse des entsprechenden Randes des gewählten Bildfensters. Enthält der `\axis`-Befehl zusätzlich das optionale Schlüsselwort `label␣`{*text*} mit dem Eintrag {*text*}, so wird der eingetragene Text der jeweiligen Achse zugeordnet, und zwar der Achsenrichtung entsprechend zentriert. Der Text erscheint für die

`bottom`	Achse	*unterhalb*,	`left`	Achse	*links*
`top`	Achse	*oberhalb*,	`right`	Achse	*rechts*

der entsprechenden Achse, ohne daß der Anwender dies ausdrücklich angeben muß. Der Texteintrag für `label` kann weitere Befehle wie z. B. `\stack` enthalten, wenn für die linke und rechte Achse der Text vertikal gestockt ausgegeben werden soll. Ebenso kann der Befehl `\lines` verwendet werden, um einer Achse mehrzeiligen Text zuzuordnen.

Häufig sollen Achsen Unterteilungsmarkierungen enthalten. Dies wird mit dem Schlüsselwort `ticks` im `\axis`-Befehl erreicht. Auf das Schlüsselwort `ticks` folgen weitere Angaben, z. B. `quantity 7` beim `\axis bottom` Befehl im nachfolgenden Beispiel. Hiermit werden 7 Unterteilungsmarken (*tick marks*) erzeugt, die gleichmäßig verteilt an der unteren Achse angebracht sind.

```
\setplotarea x from 0 to 30, y from 0 to 20
\axis bottom label {Unterkante}
  ticks quantity 7                          /
\axis top    label {Oberkante}   ticks
  quantity 11   short quantity 31           /
\axis left   label {\stack {l,i,n,k,s} }
  ticks quantity 3
    short from  2.5 to  7.5 by 2.5
          from 12.5 to 17.5 by 2.5          /
\axis right  label {\stack {r,e,c,h,t,s}}
  ticks at 20 10 5 2.5 1.25 0 /             /
```

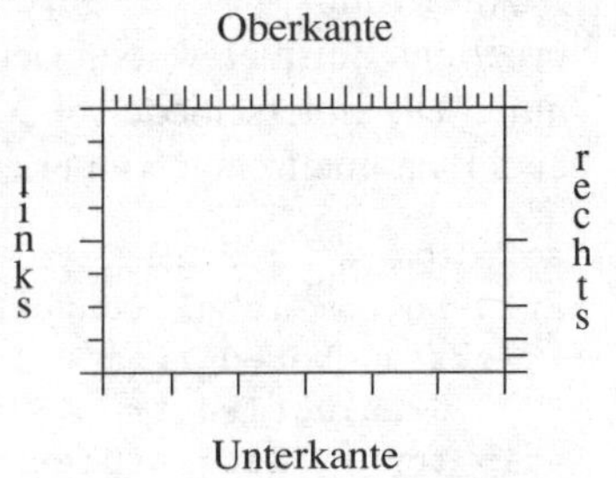

Beim `\axis top` Befehl folgt auf das Schlüsselwort `ticks` zunächst `quantity 11`, womit nunmehr 11 gleichmäßig verteilte Tickmarken an der oberen Achse angebracht werden. Danach steht `short quantity 31`, womit nochmals 31 gleichmäßig verteilte Tickmarken erzeugt werden, die jedoch kürzer sind. Hierbei fallen die kurzen Tickmarken 1., 4., 7., ... mit den vorangegangenen 11 normalen Marken zusammen und bleiben damit unsichtbar.

Nach dem Schlüsselwort `short` werden alle weiteren Tickmarken als kurz erzeugt. Sollen an derselben Achse nochmals Marken in normaler Länge erzeugt werden, so ist dies mit der Umschaltung durch das Schlüsselwort `long` zu erreichen.

Beim `\axis left` Befehl werden zunächst drei normale Tickmarken mit der Angabe `ticks quantity 3` erzeugt. Darauf folgt die Angabe `short from 2.5 to 7.5 by 2.5`. Hiermit werden kurze Tickmarken erzeugt, von denen die erste bei 2.5 angebracht ist. Anschließend wird 2.5 addiert und eine weitere Marke beim erhaltenen Wert von 5.0 angebracht. Die nochmalige Addition von 2.5 ergibt 7.5, und mit der hier angebrachte Marke endet die Wirkung `from 2.t to 7.5 by 2.5`. Die anschließende Angabe `from 12.5 to 17.5 by 2.5` bedarf keiner weiteren Erläuterung.

Der letzte `\axis right` Befehl enthält eine nochmals andere Angabe zur Erzeugung der Tickmarken, nämlich `ticks at 20 10 5 2.5 1.25 /`. Hiermit können Marken an ganz beliebigen Stellen angebracht werden, und zwar bei denjenigen Koordinaten, die dem Wort `at` folgen. Da die folgende Koordinatenliste eine beliebige Zahl von Koordinaten enthalten kann, muß mit einem *Endzeichen* mitgeteilt werden, wann die Liste endet. Als Endzeichen wird der Schrägstrich / verwendet.

Da auch der `\axis`-Befehl eine unterschiedliche Zahl von nachfolgenden Schlüsselwörtern erlaubt, muß er mit dem Endzeichen / abgeschlossen werden. Dies ist der Grund für das Auftreten des Schrägstriches am Ende der vorangegangenen `\axis`-Befehle.

Die Tickmarken werden an den Achsen des Bildfensters standardmäßig nach außen gerichtet angebracht. Mit dem Schlüsselwort `in` können sie nach innen gerichtet erzeugt werden. Bei den bisherigen Beispielen hätte es im Ergebnis übrigens keinen Unterschied gemacht, wenn andere Koordinateneinheiten und Fenster mit anderen Anfangs- und Endangaben, aber gleichen Breiten- und Höhenabmessungen verwendet worden wären:

```
\setcoordinatesystem units <1mm,1cm>
\setplotarea x from -15 to 15, y from 0 to 2
\axis bottom label {Unterkante} ticks in
  . . . . . . . . . . . . . . . . . . . .
    short from  .25 to  .75 by .25
          from 1.25 to 1.75 by .25          /
\axis right  label {\stack {r,e,c,h,t,s}}
  ticks in at 2 1 .5 .25 .125 /             /
```

An der mit . . . . gekennzeichneten Stelle stehen die gleichen Anweisungen wie im vorherigen Beispiel, wobei nach den Schlüsselwörtern `ticks` lediglich das Wort `in` zugefügt wurde. Die Unterschiede bei den Koordinateneinheiten und Bildfenstergrenzen kommen erst bei der automatischen Numerierung zum Tragen, wie die beiden folgenden Beispiele zeigen.

```
\setplotarea x from 0 to 30, y from 0 to 20
\axis bottom label {Unterkante}
  ticks numbered from 0 to 30 by 10
        unlabeled from 5 to 25 by 10          /
\axis top    label {Oberkante}   ticks
  withvalues 10 9 8 7 6 5 4 3 2 1 0
    quantity 11  short quantity 31            /
\axis left ticks numbered from 0 to 20 by 10
  unlabeled short from  2.5 to  7.5 by 2.5
                  from 12.5 to 17.5 by 2.5 /
\axis right  label {\stack {r,e,c,h,t,s}}
  ticks withvalues $1/1$ $1/2$ $1/4$ {}
    $1/16$ {} /   at 20 10 5 2.5 1.25 0 /  /
```

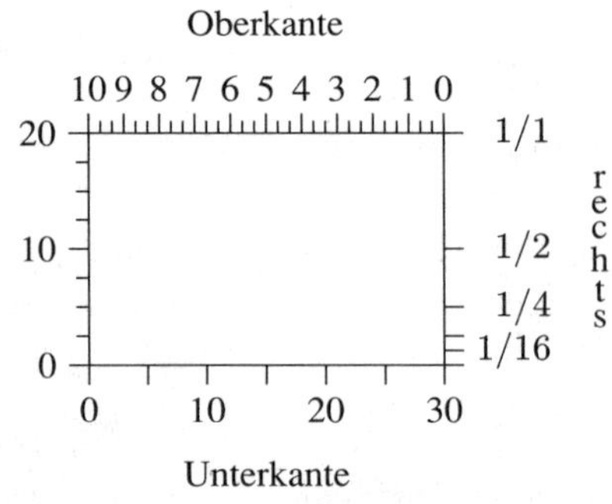

Das Schlüsselwort `numbered` nach der `ticks`-Anweisung erzeugt Tickmarken, die gleichzeitig beziffert werden. `numbered from 0 to 30 by 10` beim `\axis bottom` Befehl erzeugt Tickmarken bei 0, 10, 20 und 30, denen gleichzeitig diese Zahlenwerte zugewiesen werden. Nach dem Schlüsselwort `numbered` würden alle weiteren Tickmarken ebenfalls numeriert. Um die Bezifferung für die zwischenliegenden Marken bei 5, 15 und 25 zu unterdrücken, ist mit `unlabeled` vor der nächsten Ausgabe `from 5 to 25 by 10` auf dic unnumerierte Tickausgabe zurückzuschalten.

Beim `\axis top` folgt auf die `ticks`-Anweisung das Schlüsselwort `withvalues`. Hiermit werden Tickmarken erzeugt, denen beliebige Werte einer mit `/` abgeschlossenen Werteliste zugwiesen werden. Statt der Angaben `10 9 ... 0` hätte hier auch `a b c ... k` (s. nächstes Beispiel) stehen können.

Die Marken mit ihren Bezifferungen für die linke Achse erfolgen analog zur unteren Achse und bedarf keiner weiteren Erläuterung. Wegen des Fortfalls der `label`-Angabe entfällt die bisherige Beschriftung "links".

Die Bezifferung der rechten Achse erfolgt wieder mit `withvalues`. Die Liste enthält an vierter und letzter Stelle die Angabe `{}`. Dies ist eine Leerangabe, die an den entsprechenden Stellen der zugeordneten `at` Liste nur die Tickmarke *ohne* Wertzuweisung erzeugt.

Mit den geänderten Werten für das Koordinatensystem und das Bildfenster, ähnlich dem vorletzten Beispiel, erhält man für

```
\setcoordinatesystem units <1mm,1cm>
\setplotarea x from -15 to 15, y from -1 to 1
\axis bottom label {Unterkante}
  ticks numbered from -15 to 15 by 10
  unlabeled from -10 to 10 by 10          /
  . . . . . . . . . . . . . . . . . . . .
\axis left ticks numbered from -1 to 1 by 1
  unlabeled short from -.75 to .75 by .25   /
\footnotesize  \axis right  ticks in
  withvalues $1/1$ $1/2$ $1/4$ {} $1/16$ /
     at 1 0 -.5 -.75 -.875 /               /
```

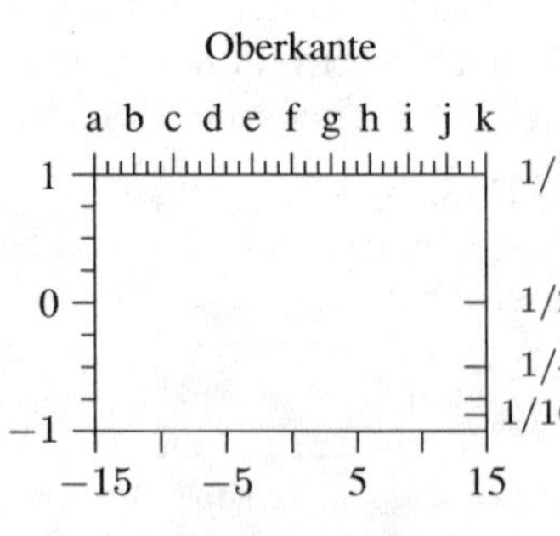

Das Beispiel bedarf keiner weiteren Erläuterungen. Als Folge des dem `\axis right` vorangestellten LaTeX-Befehls `\footnotesize` erfolgt die Numerierung für diese Achse in der kleineren Schrift.

Die vorgestellten Tickmarken wurden entweder in Standardlänge (`long`) oder als Kurzform (`short`) erzeugt. Mit den Angaben

`length` <*l_maß*> und/oder `width` <*w_maß*>

nach der `ticks` Anweisung können Marken beliebiger Länge *l_maß* und Breite *w_maß* erzeugt werden. Eine Länge oder Breite von `0pt` erzeugt *unsichtbare* Tickmarken.

Das Schlüsselwort `invisible` im `\axis`-Befehl unterdrückt das Auszeichnen der entsprechenden Achse. Die Tickmarken, einschließlich einer evtl. Bezifferung, werden aber ausgegeben.

Mit dem Schlüsselwort `andacross` nach der `ticks` Aufforderung werden die Tickmarken wie vorher an der entsprechenden Achse angebracht und gleichzeitig über die Breite oder Höhe des gesamten Bildfensters verlängert.

```
\setcoordinatesystem units <0.4mm,4cm>
\setplotarea x from 0 to 90, y from 0 to 1
\axis bottom invisible  ticks andacross
  width <0.4pt> withvalues $0^\circ$
    $30^\circ$ $60^\circ$ $90^\circ$ /
    quantity 4
  width <0.2pt> length <0pt>
    from 10 to 20 by 10 from 40 to 50 by 10
    from 70 to 80 by 10                      /
\axis left invisible  ticks andacross
  width <0.4pt> numbered from 0 to 1 by 0.5
  width <0.2pt> length <0pt> unlabeled
    from 0.1 to 0.4 by 0.1
    from 0.6 to 0.9 by 0.1                   /
```

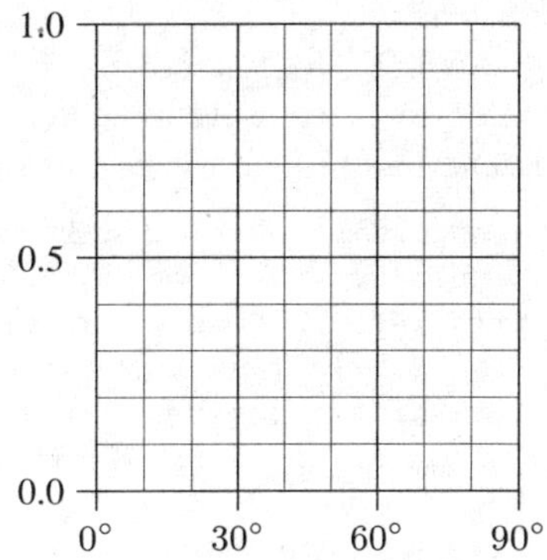

Als Folge der `andacross` Angabe werden die Tickmarken an der unteren Achse bei 0, 30, 60 und 90 über die ganze Höhe ausgedehnt und erscheinen damit auch als linke und rechte Begrenzung des Bildfensters, obwohl die linke Bildachse mit `invisible` unterdrückt wurde und ein `\axis right` gar nicht auftritt. Entsprechendes gilt für die Ausdehnung der Tickmarken an der linken Bildachse bei 0.0, 0.5 und 1.0 über die ganze Breite des Bildfensters.

Der nachfolgende Umrechnungsmaßstab

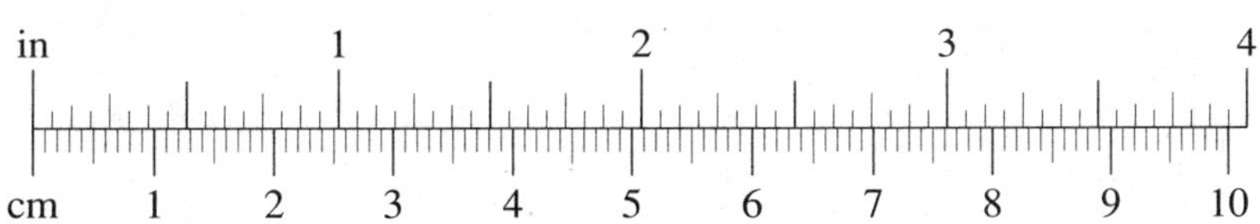

wurde erzeugt mit

```
\setcoordinatesystem units <1cm,1cm>
\setplotarea x from 0 to 10, y from 0 to 0
\axis bottom ticks width <0.4pt> length <4mm> withvalues cm / at 0 /
  numbered from 1 to 10 by 1 unlabeled width <0.2pt> length <3mm>
    from 0.5 to 9.5 by 1.0   length <2mm> quantity 101           /
\setcoordinatesystem units <1in,1in>
```

```
\setplotarea x from 0 to 4,  y from 0 to 0
\axis top ticks width <0.4pt>    length <5mm> withvalues in / at 0 /
  numbered from 1 to 4 by 1 unlabeled length <4mm> from 0.5 to 3.5 by 1.0
    width <0.2pt> length <3mm> from 0.25 to 3.75 by 0.50
                  length <2mm> from 0.125 to 3.875 by 0.250
                  length <1.5mm> from 0.0625 to 3.9375 by 0.1250      /
```

Das Beispiel mit seinen Weiten- und Längenangaben für die Tickmarken ist hinreichend selbsterläuternd. Der Leser möge sich dagegen die Wirkung der beiden übereinanderliegenden Koordinatensysteme und Bildfenster klarmachen. Die Bildfenster wurden mit der Höhe "Null" definiert, da sie keine Höhenausdehnung benötigen, denn die Tickmarken weisen nach außen.

Hier muß auf eine PICTEX-Besonderheit hingewiesen werden. Enthalten die `from ... to ... by ...` Angaben Dezimalzahlen, so müssen bei allen drei Angaben *gleich viele* Stellen nach dem Dezimalpunkt angegeben werden!!! `from 0.5 to 3.5 by 1` führt zu einer fehlerhaften Bildausgabe, ohne daß ein Bearbeitungsfehler mitgeteilt wird. Die vorstehende Angabe muß korrekt lauten `from 0.5 to 3.5 by 1.0`. Unter diesem Gesichtspunkt sollten die aufgeführten Dezimalangaben im vorstehenden Beispiel nochmals betrachtet werden.

Schließlich kennt der `\axis`-Befehl noch das Schlüsselwort `shiftedto`. Hiermit kann die entsprechende Achse durch Angabe von `x=`*x_coord* bzw. `y=`*y_coord* gegenüber dem definierten Bildfenster verschoben werden.

```
\setcoordinatesystem units <7.5mm,7.5mm>
\setplotarea x from -3 to 3, y from -2 to 2
\axis left shiftedto x=0 ticks in withvalues
  $-2$ $-1$ {} 1 2 / quantity 5          /
\axis bottom shiftedto y=0 ticks in numbered
  from -3 to -1 by 1 from 1 to 3 by 1    /
```

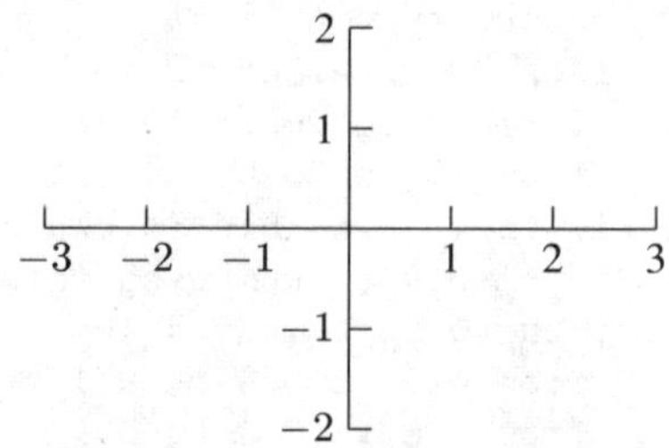

erzeugt das Achsenkreuz

6.4.3 Achsen mit logarithmischer Unterteilung

Die Unterteilung der Achsen mit Tickmarken und Bezifferungen mit den Positionierungsangaben `from ... to ... by ...` oder `quantity` n erfolgt normalerweise *gleichmäßig*, d. h. *linear*. Mit den Angaben für die `at` Liste lassen sich Marken an beliebigen Stellen, z. B. mit einer logarithmischen Verteilung, erzeugen und anordnen. Mit dem Schlüsselwort `logged` im `\axis`-Befehl nach der `ticks` Anforderung lassen sich logarithmische Verteilungen durch PICTEX selbst errechnen: Die aus `from ... to ... by ...` bzw. `at ... /` folgenden Positionierungsangaben *p_coord* werden zunächst in $\log_{10}$ *p_coord* umgerechnet und mit ihrem $\log_{10}$-Wert am Bildfenster angebracht.

```
\setcoordinatesystem units <4cm,1mm>
\setplotarea x from 0 to 3, y from 0 to 0
\axis top label {logarithmische Verteilung} ticks logged numbered
  from 1 to 3 by 1  at 5 /  from 10 to 30 by 10  at 50 /
  from 100 to 300 by 100  at 500 1000 /  unlabeled at 4 / from 6 to 9 by 1
  at 40 / from 60 to 90 by 10  at 400 /  from 600 to 900 by 100      short
  from 3.5 to 4.5 by 1.0  from 35 to 45 by 10  from 350 to 450 by 100
  from 1.2 to 2.8 by  .2  from 12.0 to 28.0 by 2.0 from 120 to 280 by 20 /
```

erzeugt

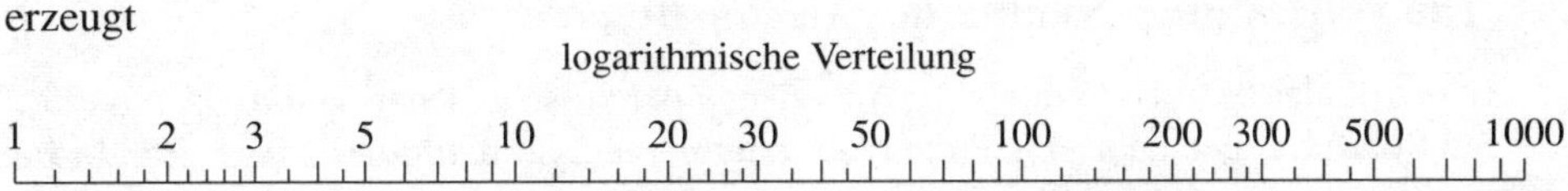

Die Positionierungsangaben 1, 10, 100 und 1000 werden zunächst in $\log 1 = 0, \log 10 = 1$, $\log 100 = 2$ und $\log 1000 = 3$ umgerechnet und am Achsenrand bei $x = 0$, $x = 1$, $x = 2$ und $x = 3$ angebracht. Für die Bezifferung werden dagegen die Ausgangswerte 1, 10, 100 und 1000 verwendet. Entsprechendes gilt für die sonstigen Positionierungs- und Numerierungsangaben.

Mit der Änderung der beiden auf `\axis top ...` folgende Zeilen in

```
withvalues $10^0$ 2 3 5 $10^1$ 2 3 5 $10^2$ 2 3 5 $10^3$ /
at 1 2 3 5 10 20 30 50 100 200 300 500 1000 / unlabeled at ...
```

wird statt dessen erzeugt

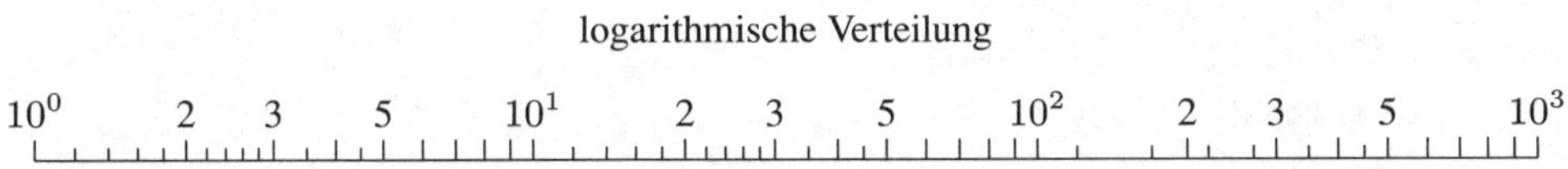

Erstreckt sich die logarithmische Unterteilung über mehrere Dekaden, so ist die Bezifferung mit `withvalues` und der Angabe von Zehnerpotenzen entsprechend dem zweiten Beispiel meistens geeigneter als die vollständigen Zahlenangaben.

```
\setcoordinatesystem units <1cm,2cm>
\setplotarea x from -1 to 3, y from -1 to 1
\axis bottom ticks logged andacross
  withvalues $10^{-1}$ $10^0$ $10^1$ $10^2$
    $10^3$ / at 0.1 1 10 100 1000 /
  unlabeled width <0.2pt> length <0pt>
    at 0.2 0.3 0.5  2 3 5  20 30 50
       200 300 500 /                        /
\axis left invisible ticks logged andacross
  numbered at 0.1 1 10 /
  unlabeled width <0.2pt> short
    from 0.2 to 0.6 by 0.1  at 0.8 /
    from 2   to 6   by 1    at 8   /
  length <0pt>  at 0.15 0.25 1.5 2.5 /      /
```

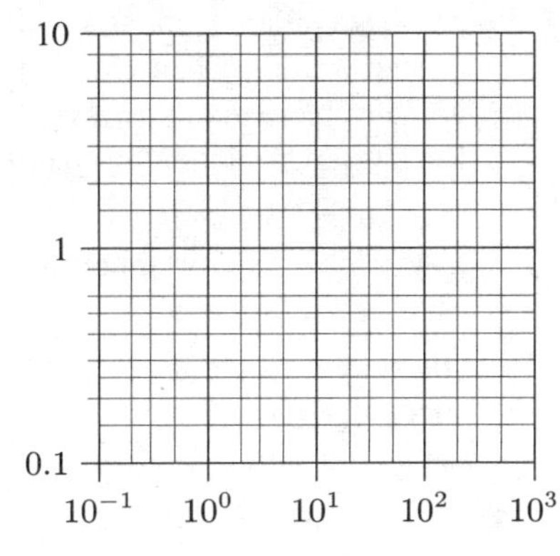

Und schließlich noch die Kombination von linear und logarithmisch unterteilten Achsen:

```
\setcoordinatesystem units <8mm,3cm>
\setplotarea x from 0 to 5, y from 0 to 1
\axis left invisible ticks logged andacross
  numbered at 1 2 3 5 10 / unlabeled  short
    at 4 / from 6 to 9 by 1   length <0pt>
  width <0.2pt> from 1.5 to 4.5 by 1.0
                from 1.25 to 2.75 by 0.50  /
\axis bottom invisible ticks andacross
  numbered from 0 to 5 by 1   unlabeled
  length <0pt> from 0.5 to 4.5 by 1.0      /
```

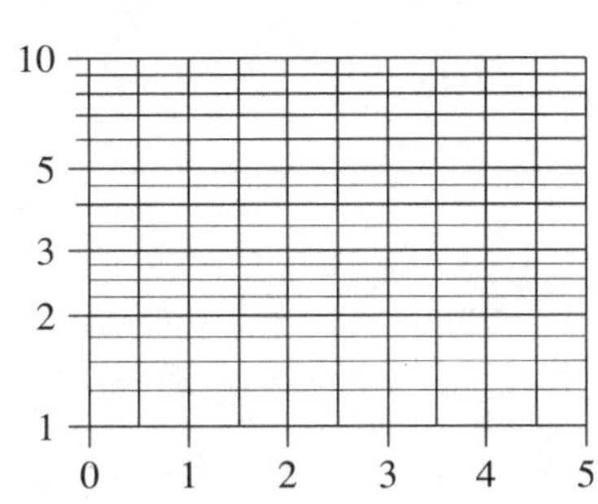

6.4.4 Die vollständige Syntax des \axis-Befehls

Die vielen optionalen Schlüsselwörter zur Anweisung der verschiedenartigen Achsenmarkierungen und Bezifferungen haben eine relativ umfangreiche Syntax für den \axis-Befehl zur Folge. Nach den vorangegangenen Beispielen sollte die Interpretation der Gesamtsyntax nicht allzu schwerfallen.

```
\axis [bottom]|[top]|[left]|[right]
  [shiftedto y=y_coord]|[shiftedto x=x_coord]
  [visible]|[invisible]
  [label {achsen_text}]
  [ticks]
    [out]|[in]
    [long]|[short]|[length <länge>]
    [width <breite>]
    [butnotacross]|[andacross]
    [unlabeled]|[numbered]|[withvalues wert1 wert2 ...  /]
    [unlogged]|[logged]
    [quantity n]|[from a_coord to e_coord by d_coord]
    |[at coord1 coord2 ...  /]
/
```

Erläuterungen

- Zwischen allen benutzten Schlüsselwörtern muß *zwingend* mindestens ein Leerzeichen gesetzt werden. Ebenso muß mindestens ein Leerzeichen zwischen einem Schlüsselwort und anschließenden Zusätzen, `label`␣{*text*} oder `at`␣c_1␣c_2␣. . ., auftreten, und dem Beendigungszeichen muß mindestens ein Leerzeichen vorangehen ␣/.

  Die Ausnahme stellt die Verschiebungsangabe bei `shiftedto` mit `y=`*y_coord* oder `x=`*y_coord* dar. Zwischen dem Gleichheitszeichen und dem vorangehenden `x` oder `y` und der nachfolgenden Zahlenangabe darf kein Leerzeichen angebracht werden.

- Die symbolisch mit | getrennten Schlüsselwörter stellen sich ausschließende oder einander ablösende Alternativen dar. Bei der Eingabe erfolgt die Trennung zu den benachbarten nur durch das Leerzeichen.

- Auf den `\axis`-Befehl muß — durch mindestens ein Leerzeichen getrennt — genau eines der Schlüsselwörter `bottom`, `top`, `left` oder `right` folgen. Tickmarken werden unmittelbar an der Achse angebracht, darauf folgen mit voreingestelltem Abstand evtl. Bezifferungen und davon nochmals mit Abstand evtl. Textangaben. Die Ausrichtung dieser Zusätze erfolgt für die

`bottom`	Achse nach unten	`left`	Achse nach links
`top`	Achse nach oben	`right`	Achse nach rechts.

- Mit `shiftedto` kann die `bottom` und `top` Achse um den angegebenen Koordinatenbetrag `y=`*y_coord* nach oben (positive Koordinatenangabe) oder unten (negative Koordinatenangabe) gegenüber dem unteren bzw. oberen Rand des Bildfensters verschoben werden. Entsprechend kann die `left` und `right` Achse um `x=`*x_coord* nach rechts (positiv) oder links (negativ) gegenüber dem Bildfenster verschoben werden.

- Mit `invisible` kann das Auszeichnen der zugehörigen Achse unterdrückt werden. Evtl. Tickmarken, Bezifferungen und Beschriftungen werden hierdurch nicht beeinflußt. Der Standard ist `visible`. (Zur Änderung des Standardverhaltens s. 6.4.6.)
- Der mit `\label` {*text*} übergebene Text wird in bezug auf die Achse zentriert, und zwar horizontal für die `bottom` und `top` Achse und vertikal für die `left` und `right` Achse. Mehrzeiliger oder gestockter Text kann innerhalb des `{...}`-Paares mit `\lines` {*text*} oder `\stack{.,.,...}` übergeben werden.
- Ohne das Schlüsselwort `ticks` bleiben die Achsen unmarkiert und unbeziffert. Die Schlüsselwörter `shiftedto`, `invisible` und `label` können in beliebiger Reihenfolge auftreten, müssen aber einer `ticks` Anforderung vorangehen. Die anschließend beschriebenen Schlüsselwörter dürfen nur im Anschluß an die `ticks` Anforderung gesetzt werden.
- Tickmarken weisen standardmäßig in bezug auf das Bildfenster nach außen. Mit dem Schlüsselwort `in` können sie nach innen gerichtet werden. War der umgekehrte Standard eingestellt (s. 6.4.6), so kann mit `out` die Umkehrung bewirkt werden.
- Tickmarken erscheinen standardmäßig als '|'. Mit `short` kann auf kurze Tickmarken '|' umgestellt werden. War auf kurze Tickmarken umgestellt worden, so kann mit `long` auf die Standardlänge zurückgestellt werden. Mit `length` <*länge*> kann mit einer Maßangabe für *länge* jede Länge gewählt werden. Eine mit `long`, `short` oder `length` gewählte Länge für die gewählte Achse bleibt so lange wirksam, bis sie durch eine andere aus dieser Gruppe abgelöst wird.
- Tickmarken haben standardmäßig die Breite (Dicke) von 0.4pt. Mit `width` <*breite*> kann mit einer Maßangabe für *breite* jede gewünschte Strichstärke gesetzt werden. Eine geänderte Strichstärke für die zu bearbeitende Achse bleibt so lange gültig, bis sie durch eine weitere `width` Anforderung geändert wird.
- Tickmarken mit einer Länge oder Breite von 0pt bleiben unsichtbar.
- Tickmarken können mit `andacross` über die Höhe oder Breite des Bildfensters verlängert werden. Diese Anweisung gilt für alle anschließend erzeugten Tickmarken, bis sie ggf. durch `butnotacross` aufgehoben wird.
- Tickmarken können mit drei verschiedenen Positionierungsangaben erzeugt werden:

`quantity` n Die Achse wird mit n Tickmarken gleichmäßig unterteilt. Die erste Marke liegt am Achsenanfang, die n-te am Achsenende. Für $n \leq 1$ unterbleibt die Markierung.

`at` $coord_1$ $coord_2$ ... `/` Tickmarken werden an den in der Positionierungsliste $coord_1$ $coord_2$ ... aufgeführten Stellen angebracht. $coord_i$ bedeutet für `bottom` und `top` Achsen x-Koordinaten und für `left` und `right` Achsen y-Koordinaten. Die Positionierungsliste muß mit `␣/` abgeschlossen werden, und ihre Werte müssen durch jeweils mindestens ein Leerzeichen voneinander getrennt sein.

`from` a_coord `to` e_coord `by` d_coord Die erste Tickmarke erscheint bei a_coord, die zweite bei $a\_coord + d\_coord$, die nächste bei $a\_coord + 2\,d\_coord$ usw., bis schlielich e_coord erreicht wird, wo die die letzte Marke erzeugt wird. Treten bei den Zahlenangaben Dezimalzahlen auf, so müssen alle drei Koordinatenangaben gleich viele Stellen nach dem Dezimalpunkt aufweisen!

- Tickmarken erscheinen standardmäßig ohne Bezifferung. Nach der Angabe `numbered` erscheinen alle mit anschließenden `from` und `at` Aufforderungen erzeugten Marken gleichzeitig mit den Werten der Positionierungsangaben der `from` oder `at` Angaben. Mit `unlabeled` kann auf die Erzeugung von unbezifferten Marken zurückgeschaltet werden. Die jeweilige Bezifferung erscheint ggf. mit Dezimalzahlen. Dabei werden genauso viele Stellen nach dem Dezimalpunkt ausgegeben, wie in der `for` Angabe oder der `at` Liste enthalten sind.

- Mit `withvalues` *Werteliste* `/` können beliebige Werte an den mit den anschließenden Positionierungsangaben erzeugten Tickmarken angebracht werden. Die erste Angabe der Werteliste erscheint bei der nächsten erzeugten Marke, die zweite bei der darauffolgenden usw., bis entweder alle Werte übergeben wurden oder mit `unlabeled` auf wertelose Tickmarken zurückgeschaltet oder das Endzeichen zur Achsenbearbeitung erreicht wurde. Die Einzelangaben der Werteliste müssen durch jeweils mindestens ein Leerzeichen voneinander getrennt sein, und die Liste muß mit `␣/` abgeschlossen werden.

- Bezifferungen erscheinen mit einer einheitlichen Grundlinie bei `bottom` und `top` Achsen, wobei der Einzelwert horizontal zur Tickmarke zentriert ist. Bei `left` und `right` Achsen erscheint die Bezifferung in einer rechtsbündigen Box und vertikaler Zentrierung der Einzelwerte zur zugehörigen Marke.

- Mit der Option `logged` wird aus den aktuellen Positionierungswerten deren $\log_{10}$-Wert berechnet und die Markierung bei den logarithmierten Werten angeordnet. Die zugehörige Bezifferung erfolgt dagegen mit den ursprünglichen unlogarithmierten Werten. Die Positionicrungsangabe `quantity` n ist für die `logged` Option nicht erlaubt.

- Die *umschaltenden* Schlüsselwörter `in`, `short`, `length`, `width`, `andacross`, `logged`, `numbered` und `widthvalues` und ihre Rückschaltungen, wie `long`, `unlabeled` u. ä., müssen den *Positionierungsangaben* `quantity`, `for` und `at`, auf die sie sich beziehen sollen, vorangehen.

- Der `\axis`-Befehl muß zwingend mit einem `␣/` Endzeichen abgeschlossen werden.

6.4.5 Bildüberschriften und Gitter

Der vorstehend beschriebene `\axis`-Befehl gestattet in Verbindung mit der `andacross` Anforderung die Erzeugung beliebiger Gitteranordnungen für das Bildfenster. Eine gleichförmige Gitterunterteilung wird recht häufig verlangt und kann einfacher mit dem Befehl

`\grid␣{`*s*`}␣{`*z*`}`

erzeugt werden. Hierin bedeutet s die Anzahl der *Spalten* und z die der *Zeilen* für das Gitter.

Mit dem Befehl

`\plotheading␣{`*Überschrift*`}`

wird eine horizontal zentrierte Überschrift über dem Bildfenster angebracht. Beispiel:

```
\setplotarea  x from 0 to 36, y from 0 to 24
\grid {12} {6}  \plotheading {\bf Ein Gitter}
```

Ein Gitter

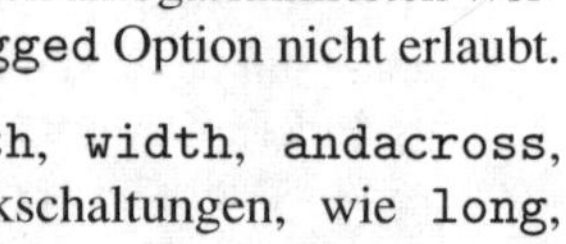

6.4.6 Änderung der Standardeinstellungen

Bei der Erzeugung der Bildachsen mit dem `\axis`-Befehl werden intern eine Reihe von Standardwerten benutzt, die vom Anwender bei Bedarf verändert werden können. Hierzu sind lediglich die Werte der entsprechenden Längen- oder Abstandsbefehle zu ändern. Die internen Namen für diese Befehle lauten

`\longticklength` — Die Länge der Standardmarken `long`

`\shortticklength` — Die Standardlänge von kurzen Tickmarken `short`

`\linethickness` — Die Breite (Dicke) der Tickmarken und Achsen

`\tickstovaluesleading` — Der Abstand zwischen den Tickmarken und der die Bezifferung umfassenden Box.

`\valuestolabelleading` — Der Abstand zwischen der Box, die die Bezifferung umschließt, und der Box, die die Achsenbeschriftung aus dem `\label`-Befehl umschließt.

`\headingtoplotskip` — Der Abstand zwischen der Grundlinie der Überschrift aus dem Befehl `\plotheading` und der `top`-Achse oder, falls vorhanden, der darüber angeordneten Box, die evtl. Tickmarken, Bezifferungen und Achsenbeschriftungen umfaßt.

Die Wertzuweisungen erfolgen wie bei allen LaTeX-Längen einfach durch Anhängen einer Maßzahl, z. B `\longticklength10pt` oder `\shortticklength6pt`. Vor einer Änderung sollte bekannt sein, welche Werte PiCTeX standardmäßig hierfür einsetzt

```
\longticklength  .4\baselineskip   \tickstovaluesleading  .25\baselineskip
\shortticklength .4\baselineskip   \valuestolabelleading  .80\baselineskip
\linethickness   .4pt              \headingtoplotskip    1.50\baselineskip
                                   \stackleading          .17\baselineskip
```

Bei einer Änderung der Schriftgröße wird gleichzeitig auf einen anderen Wert für `\baselineskip` umgeschaltet. Die vorstehenden von `\baselinskip` abhängigen Erklärungen sind damit aber nicht automatisch umgeschaltet. Dies kann jedoch mit dem Befehl `\normalgraphs` nach der Schriftgrößenumschaltung erzwungen werden.

Das Standardverhalten für andere Eigenschaften, wie die Ausrichtung der Tickmarken nach außen u. a. wird durch den internen Aufruf der Schalterbefehle aus der ersten Zeile

```
\visibleaxes     \ticksout    \unloggedticks    \nogridlines
\invisibleaxes   \ticksin     \loggedticks      \gridlines
```

bewirkt. Die Befehle der zweiten Zeile bewirken jeweils das entgegengesetzte Standardverhalten. Mit dem Aufruf `\invisibleaxes` und `\gridlines` innerhalb oder außerhalb der PiCture-Umgebung wird für alle folgenden `\axis`-Befehle das Auszeichnen der Achsen unterdrückt, und alle Tickmarken werden über die Ausdehnung des Bildfensters verlängert. Innerhalb des `\axis`-Befehls kann mit den Anweisungen `visible` und `butnotacross` im Einzelfall wieder in das Gegenteil zurückgeschaltet werden. Entsprechend werden mit `\ticksin` oder `\loggedticks` standardmäßig nach innen gerichtete Tickmarken oder deren logarithmische Verteilung bewirkt, für deren Gegenteil in den `\axis`-Befehlen nunmehr `out` bzw. `unlogged` aufzurufen wären.

6.5 Linien, Kurven und Diagramme

Innerhalb des gewählten Bildfensters können beliebige Symbole mit `\multiput`-Befehlen an beliebigen Stellen angebracht und wiederholt werden. Die Erzeugung von Linien, Kurven und sonstigen Diagrammen mit entsprechend vielen, dicht nebeneinander positionierten Koordinaten in `\multiput`-Befehlen wäre allerdings sehr mühsam, wenn auch möglich. PICTEX stellt deshalb den hierfür geeigneteren Befehl

`\plot` $x\_coord_0\ y\_coord_0\quad x\_coord_1\ y\_coord_1\quad x\_coord_2\ y\_coord_2$
$x\_{,}coord_3\ y\_coord_3\quad \ldots$ `/`

bereit. Statt der expliziten Angabe der durch Leerzeichen getrennten Koordinatenpaare $x\_coord_i\ y\_coord_i$ kann alternativ die Eingabe durch einen File erfolgen, der die Koordinatenpaare enthält. Die Syntax für den `\plot`-Befehl lautet dann

`\plot "`*plotfile*`"`

mit dem entsprechenden Filenamen für *plotfile*. Das Endzeichen `/` entfällt beim Einlesen der Koordinaten durch einen File!

Standardmäßig werden die Punkte der Koordinatenliste oder des Koordinatenfiles durch den `\plot`-Befehl durch Geradenstücke miteinander verbunden. Der `\plot`-Befehl wird jedoch meist zusammen mit einem der folgenden Verbindungsbefehle benutzt.

6.5.1 Linienzüge

Wird dem `\plot`-Befehl der Aufruf `\setlinear` vorausgesetzt, so werden die Punkte der Koordinatenliste oder des Koordinatenfiles durch Geradenstücke miteinander verbunden. Dies ist auch das Standardverhalten des `\plot`-Befehls ohne einen vorangegangenen `\set`*connect*-Befehl. War auf eine andere Form der Verbindung geschaltet gewesen (s. u.), so kann mit `\setlinear` auf das Standardverhalten zurückgeschaltet werden.

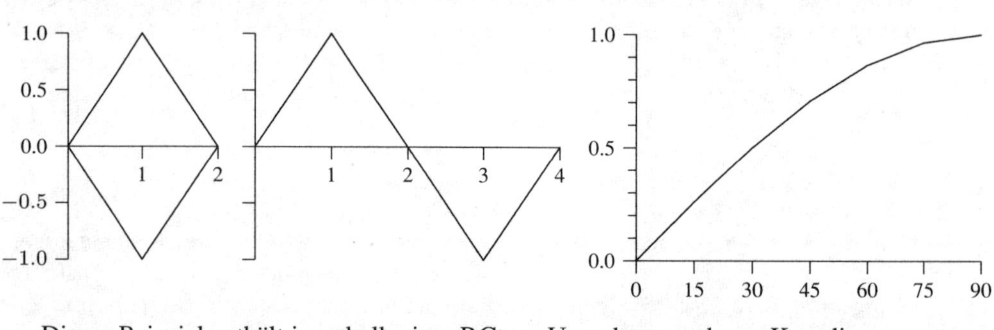

Dieses Beispiel enthält innerhalb einer PICture-Umgebung mehrere Koordinatensysteme und Bildfenster. Der erzeugende Kode soll deshalb einmal vollständig angegeben werden. In späteren Beispielen wird dagegen meistens nur der für die Darstellung jeweils relevante Kode angegeben. Am hier vorgeführten Beispiel können die äquivalenten, zusätzlich erforderlichen Befehle ggf. nachgesehen werden. Nach den vorangegangenen Erläuterungen bedarf der nachstehende Kode keiner weiteren Erklärung.

```
\beginpicture   \footnotesize    \setlinear
\setcoordinatesystem units <10mm,15mm>              % 1. Koordinatensystem
\setplotarea x from 0 to 2, y from -1 to 1
\axis left ticks numbered from -1.0 to 1.0 by 0.5 /
\axis bottom shiftedto y=0 ticks numbered from 1 to 2 by 1 /
\plot 0 0  1 1  2 0  1 -1  0 0 /
\setcoordinatesystem point at -2.5 0                % 2. Koordinatensystem
\setplotarea x from 0 to 4, y from -1 to 1
\axis left ticks quantity 5 /
\axis bottom shiftedto y=0 ticks numbered from 1 to 4 by 1 /
\plot 0 0  1 1  2 0  3 -1  4 0 /
\setcoordinatesystem units <0.5mm,30mm> point at -150 0.5   % 3. K-system
\setplotarea x from 0 to 90, y from 0 to 1
\axis left ticks numbered from 0.0 to 1 by 0.5
  unlabeled short from 0.1 to 0.4 by 0.1  from 0.6 to 0.9 by 0.1 /
\axis bottom ticks numbered from 0 to 90 by 15 /
\plot 0 0  15 .25882  30 .50000  45 .70711  60 .86603  75 .96593  90 1.0 /
\endpicture
```

6.5.2 Kurvenzüge

Wird dem `\plot`-Befehl der Aufruf `\setquadratic` vorangesetzt, so werden seine Punkte durch Parabelstücke miteinander verbunden. Dabei werden nacheinander die Punktetripel

$$(x_0, y_0)\,(x_1, y_1)\,(x_2, y_2) \quad (x_2, y_2)\,(x_3, y_3)\,(x_4, y_4)$$
$$\ldots \quad (x_i, y_i)\,(x_{i+1}, y_{i+1})\,(x_{i+2}, y_{i+2}) \quad \ldots$$

durch Parabelbögen verbunden. Daraus folgt, daß die Koordinatenliste oder der Koordinatenfile stets eine *ungerade* Anzahl von Punkten (Koordinatenpaare) enthalten muß. Für den mathematisch interessierten Leser wird in 6.5.9 der mathematische Algorithmus für die quadratische Interpolation genauer dargestellt.

Wird im vorangegangenen Beispiel der Verbindungsbefehl `\setlinear` in der ersten Zeile durch `\setquadratic` ersetzt, so entsteht nunmehr das folgende Bild:

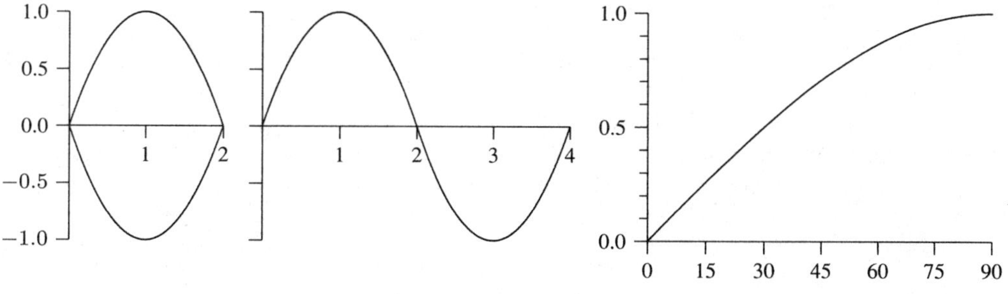

Der Befehl `\setquadratic` behält seine Wirkung so lange, bis er durch einen anderen, wie z. B. den vorangegangenen `\setlinear` oder einen der folgenden `\set`*connect*-Befehle abgelöst wird. Diese Schalterwirkung gilt gleichermaßen für alle der vorgestellten `\set`*connect*-Befehle.

6.5.3 Rechtecke und Balken

Rechtecke werden mit PICTEX in allgemeiner Form mit dem Befehl

`\putrectangle corners at` x_coord_b y_coord_b `and` x_coord_d y_coord_d

erzeugt. Hierin sind x_coord_b y_coord_b die Koordinaten der *Bezugsecke* und x_coord_d y_coord_d die Koordinaten der der Bezugsecke diagonal gegenüberliegenden Ecke. Damit sind Lage und Abmessungen des Rechtecks eindeutig bestimmt.

Als Bezugsecke kann jede der vier Ecken eines Rechtecks gewählt werden. Dies hängt allein von den Werten der diagonal gegenüberliegenden Ecke ab, wie das nebenstehende Beispiel zeigt, bei dem die Bezugsecken mit • gekennzeichnet sind.

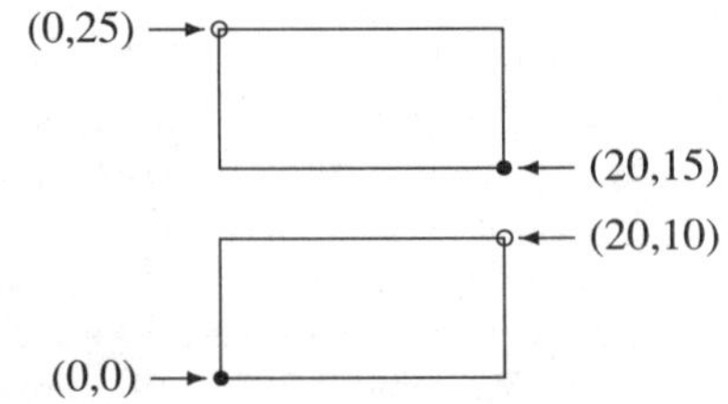


```
\putrectangle corners at  0 0 and 20 10
\putrectangle corners at 20 15 and 0 25
```

Zwischen dem Befehl `\putrectangle` und dem Folgewort `corners` kann eine Verschiebeangabe `<`*x_s_maß*`,`*y_s_maß*`>`, mit derselben Wirkung wie beim `\put`-Befehl (s. 258), eingefügt werden.

Einen weiteren Befehl zur Erzeugung von Rechtecken stellt

`\putbar breadth <`*höhe*`>` x_coord_a y_coord_c `to` x_coord_e y_coord_c bzw.
`\putbar breadth <`*breite*`>` x_coord_c y_coord_a `to` x_coord_c y_coord_e

dar. Mit der ersten Form wird ein Rechteck erzeugt, dessen linker und rechter Rand bei x_coord_a bzw. x_coord_e und dessen vertikale Mitte bei y_coord_c liegt. Die Höhe dieses Rechtecks ist durch die Maßangabe für *höhe* festgelegt. Umgekehrt erscheint bei der zweiten Form das Rechteck mit der Unter- bzw. Oberkante bei y_coord_a und y_coord_e und der horizontalen Mitte bei x_coord_c mit der durch die Maßangabe für *breite* bestimmten Breite.

Schließlich erlaubt der Befehl `\putbar` zwischen dem Befehlsnamen und dem Folgewort `breadth` ebenfalls eine Verschiebeangabe `<`*x_s_maß*`,`*y_s_maß*`>` wie beim Befehl `\putrectangle`.

```
\putbar breadth <1.2cm> from 0 20 to 20 20
\putbar < -10mm,0pt> breadth <2cm>
                         from 10 0 to 10 10
\putbar <12.5mm,0pt> breadth <2.5cm>
                         from 10 0 to 10  8
```

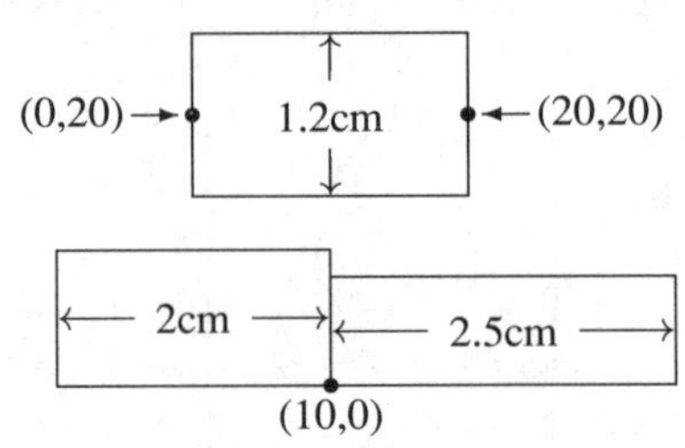

Das Beispiel enthält alle Variationen des `\putbar`-Befehls. Die Koordinateneinheiten sind für beide Achsen, wie bei allen unspezifizierten Beispielen, jeweils 1mm.

Der Befehl

`\rectangle <`*breiten_maß*`> <`*höhen_maß*`>`

erzeugt ein Rechteck, dessen Breite und Höhe durch die übergebenen Maßangaben bestimmt ist, das mit `\put` beliebig positioniert werden kann. Evtl. Positionierungsparameter im `\put`-Befehl beziehen sich auf die entsprechende Ecke des Rechtecks.

Einzeiliger Text oder Absatzboxen können mit dem Befehl

`\frame` [<*separation*>] {*text*}

mit einem Rechteck umrahmt werden. Der Abstand zwischen dem Text und dem umgebenden Rahmen kann mit der Maßangabe für *separation* gewählt werden. Ohne die optionale <*separation*> Angabe erfolgt die Umrahamung *ohne* Abstand. Der `\frame`-Befehl kann als Texteingabe im `\put`-Befehl verwendet und damit beliebig positioniert werden. Die Positionierungsoption `[B]` des `\put`-Befehls bezieht sich auch bei umrahmten Texten auf die Grundlinie des eingeschlossenen Textes bzw. der eingeschlossenen Absatzbox. `\frame <1mm> {Beispiel}` erzeugt: Beispiel

Der übergebene Text wird mit dem `\frame`-Befehl im LR-Modus bearbeitet, d. h. ein Zeilenumbruch findet nicht statt. Mehrzeiliger Text kann jedoch mit `\lines {...}` als Texteingabe im `\frame`-Befehl übergeben werden, womit mehrzeiliger Text als Ganzes in gleicher Weise umrandet wird.

Mit Druckerfarbe gefüllte Rechtecke, sog. Balken, werden mit den Befehlen

`\linethickness` *dicken_maß* oder besser
`\setlength{\linethickness}{`*dicken_maß*`}`
`\putrule from` x_coord_a y_coord_c `to` x_coord_e y_coord_c bzw.
`\putrule from` x_coord_c y_coord_a `to` x_coord_c y_coord_e

erzeugt. Die erste Form von `\putrule` ergibt einen horizontalen Balken, der von x_coord_a bis x_coord_e reicht und dessen vertikale Mitte bei y_coord_c liegt. Mit der zweiten Form wird statt dessen ein vertikaler Balken ausgegeben, der sich in der Höhe von y_coord_a bis y_coord_e erstreckt und dessen horizontale Mitte bei x_coord_c liegt. Die Dicke des Balkens kann mit einer vorangehenden Maßzuweisung für `\linethickness` beliebig gewählt werden.

```
\linethickness1cm    \putrule from 10 0 to 15 0
\linethickness1mm    \putrule from  0 0 to 25 0
```

Die mit `\linethickness` eingestellte Linienbreite gilt für alle nachfolgend erzeugten Linien. Nach der vorstehenden Erklärung `\linethickness1mm` würde ein nachfolgender `\putrectangle`-Befehl ein Rechteck mit 1mm dicken Randlinien erzeugen. Der eingestellte Wert von `\linethickness` gilt so lange weiter, bis er durch einen anderen abgelöst wird, längstens aber, bis die laufende Umgebung endet.

Der `\putrule`-Befehl erlaubt schließlich noch, genau wie die Befehle `\putbar` und `\putrectangle`, eine Verschiebeangabe <*x_s_maß*,*y_s_maß*> zwischen dem Befehlsnamen und dem Folgewort `from` einzufügen. Die auf Seite 258 beschriebene Wirkung für die Verschiebung braucht hier nicht wiederholt zu werden.

Der `\putrule`-Befehl wirkt bezüglich seiner äußeren Umrandung genau so wie der `\putbar`-Befehl, wenn diesem mit <*höhe*> oder <*breite*> die gleiche Weite zugewiesen wird, wie sie für `\putrule` mit `\linethickness` eingestellt wurde. Wegen der Folgewirkung der `\linethickness` Erklärung würde die Angabe

```
\setlength{\linethickness}{1cm}
   \putbar breadth <0pt> from 10 0 to 15 0
\setlength{\linethickness}{1mm}
   \putbar breadth <0pt> from  0 0 to 25 0
```

das gleiche Bild wie beim vorangegangenen Beispiel für den `\putrule`-Befehl erzeugen.

6.5.4 Histogramme

Histogramme bestehen strukturell aus einer Folge unmmitelbar aneinandergrenzender Rechtecke unterschiedlicher Breite und Höhe mit einer einheitlichen Grundlinie. Mit den soeben vorgestellten Befehlen zur Erzeugung von Rechtecken ließen sich solche Folgen erzeugen. PICTEX gestattet die Erzeugung von Histogrammen jedoch einfacher durch den Aufruf des Verbindungsbefehls `\sethistograms` und einen anschließenden `\plot`-Befehl.

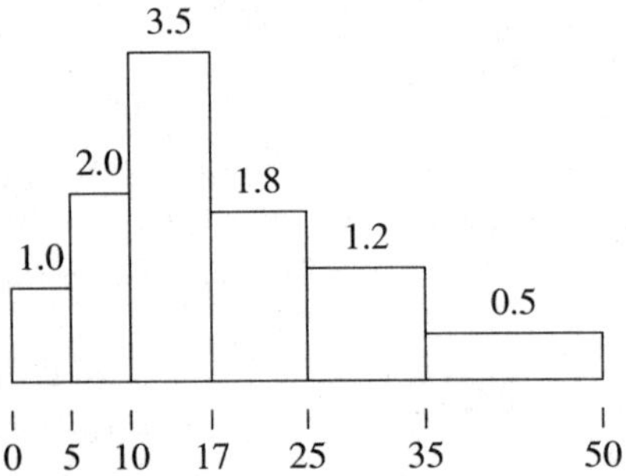

Das nebenstehende Rechteckdiagramm entstand mit den Koordinateneinheiten `<1mm,8mm>` aus

```
\sethistograms
\plot 0 0    5 1.0   10 2.0   17 3.5
             25 1.8   35 1.2   50 0.5   /
```

Die Einfachheit gegenüber einer Folge von individuellen Rechteckbefehlen geeigneter Höhe, Breite und Positionierung ist offenkundig.

Für die diagonal gegenüberliegenden Ecken der benachbarten Rechtecke werden nacheinander die folgenden Werte aus der Koordinatenliste des `\plot`-Befehls verwendet:

1. Rechteck	(x_0, y_0)	(x_1, y_1)
2. Rechteck	(x_1, y_0)	(x_2, y_2)
3. Rechteck	(x_2, y_0)	(x_3, y_3)
$\vdots$	$\vdots$	$\vdots$
i. Rechteck	(x_{i-1}, y_0)	(x_i, y_i)

Negative y-Koordinaten in der Koordinatenliste erzeugen Rechteckdiagramme wie nebenstehend

```
\plot 0 0  7.5 1.0  15 -1.0  25 -0.5
          32.5 1.5  40  0.5  /
```

mit den Koordinateneinheiten `<1mm,8mm>` wie beim vorangegangenen Diagramm

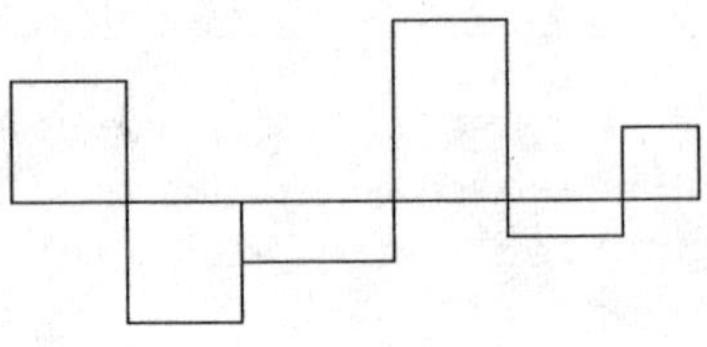

Das Anbringen von Achsen mit geeigneten Unterteilungen, Bezifferungen und Beschriftungen zur näheren Erläuterung der Histogramme sollte mit den `\axis`-Befehlen nicht schwerfallen. Sonstige Textangaben innerhalb der Histogramme können mit `\put`-Befehlen beliebig positioniert werden. Die Zahlenwerte im ersten Beispiel oberhalb der Rechtecke wurden auf diese Weise angebracht, beim ersten Rechteck z. B. mit `\put {1.0} [b] at 2.5 1.2`. Die Zahlenangaben und Markierungen unter diesem Histogramm wurden mit dem `\axis`-Befehl und der Option `invisible` erzeugt. Dem obigen `\sethistogram`-Beispiel ging voran

```
\setplotarea x from 0 to 50, y from -0.3 to 4.2
\axis bottom invisible ticks numbered at 0 5 10 17 25 35 50 / /
```

Wegen der Einfachheit der Konstruktion bedarf die Erzeugung von Histogrammen keiner weiteren Erläuterung. Weitere Gestaltungsmöglichkeiten, wie unterschiedliche Schattierung für die einzelnen Rechtecke u. a., werden später vorgestellt.

6.5.5 Balkendiagramme

Balkendiagramme sind ein beliebtes Darstellungselement bei Geschäftsgrafiken, statistischen Ergebnissen u. a. Mit den in 6.5.3 vorgestellten Befehlen `\putbar` und `\putrule` ließen sich Darstellungen wie folgende zusammensetzen:

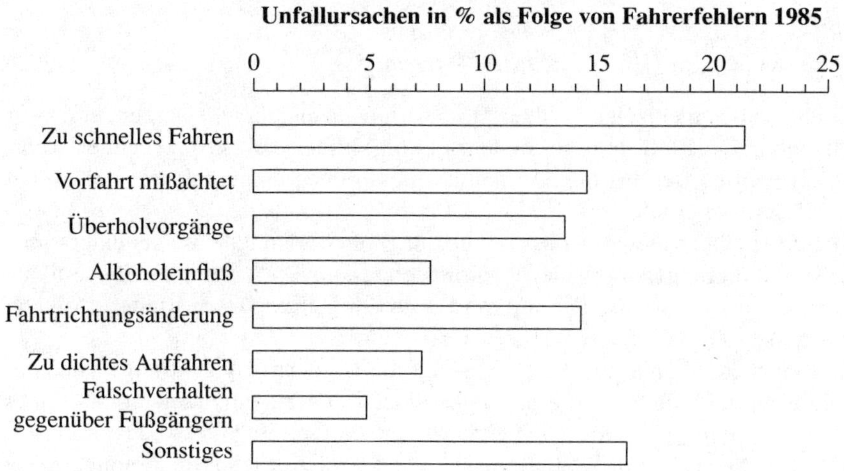

Wie zur Erstellung von Histogrammen stellt PICTEX aber auch zur Erzeugung von Balkendiagrammen ein einfacheres Verfahren bereit. Nach der Befehlsgruppe

> `\setbars breadth` <*höhe*> `baseline at x =` x_corrd_b
> `\plot` $x\_coord_1\ y\_coord_1 \quad x\_coord_2\ y\_coord_2 \quad \ldots \quad x\_coord_n\ y\_coord_n$ `/`

läuft automatisch die Befehlsfolge

> `\putbar breadth` <*höhe*> `from` $x\_coord_b\ y\_coord_1$ `to` $x\_coord_1\ y\_coord_1$
> `\putbar breadth` <*höhe*> `from` $x\_coord_b\ y\_coord_2$ `to` $x\_coord_2\ y\_coord_2$
> $\vdots$
> `\putbar breadth` <*höhe*> `from` $x\_coord_b\ y\_coord_n$ `to` $x\_coord_n\ y\_coord_n$

ab. Mit der vorgestellten Form des `\setbars`-Befehls werden waagrechte Balkendiagramme entsprechend dem vorgestellten Beispiel erzeugt. Alternativ wird durch

> `\setbars breadth` <*breite*> `baseline at y =` y_corrd_b

mit dem nachfolgenden `\plot`-Befehl die Ablauffolge

> `\putbar breadth` <*breite*> `from` $x\_coord_1\ y\_coord_b$ `to` $x\_coord_1\ y\_coord_1$
> `\putbar breadth` <*breite*> `from` $x\_coord_2\ y\_coord_b$ `to` $x\_coord_2\ y\_coord_2$
> $\vdots$
> `\putbar breadth` <*breite*> `from` $x\_coord_n\ y\_coord_b$ `to` $x\_coord_n\ y\_coord_n$

bewirkt, die vertikale Balkendiagramme erstellt.

Der `\setbars`-Befehl kennt einige Optionen, teilweise in Form zusätzlicher Schlüsselwörter. Wie bei den einzelnen Rechteckbefehlen gestattet auch der `\setbars`-Befehl die Angabe eines Verschiebemaßes <*x_s_maß*,*y_s_maß*> zwischen dem Befehlsnamen und dem folgenden `breadth`, mit der die Grundlinie der Balkendiagramme gegenüber der `at`-Koordinatenangabe verschoben werden kann.

Auf den `\setbars`-Befehl in den vorgestellten Formen können die Schlüsselwörter `baselabels` und/oder `endlabels` mit den Eintragungen

`baselabels` ($\big[$ `[`$[p_x][p_y]$`]` $\big]$ $\big[$<*x_s_maß*,*y_s_maß*>$\big]$)
`endlabels` ($\big[$ `[`$[p_x][p_y]$`]` $\big]$ $\big[$<*x_s_maß*,*y_s_maß*>$\big]$)

folgen. Damit können an den einzelnen Balken Beschriftungen angebracht werden, und zwar einfach dadurch, daß in der Plotliste (oder in dem Plotfile) hinter den entsprechenden Koordinatenpaaren die jeweilige Beschriftung, in Anführungsstrichen eingeschlossen[4], zugefügt wird, z. B. `0 1 "Sonstiges"`.

Die Option `baselabels` bewirkt die Beschriftung für horizontale Balkendiagramme entprechend der Positionierung $p_x p_y$ bei den Koordinaten x_coord_b y_coord_i und für vertikale Diagramme bei x_coord_i y_coord_b. Die aus `endlabel` folgende Beschriftung erfolgt in beiden Fällen bei x_coord_i y_coord_i $(i = 1, 2, \ldots n)$.

Ohne Angabe einer Positionierung `[`$p_x p_y$`]` erfolgt die Beschriftung zentriert zu den angegebenen Koordinaten und ragt damit in die Balken hinein. Dies kann durch Angabe eines Verschiebemaßes <*x_s_maß*,*y_s_maß*> zur entsprechenden Option `...labels` kompensiert werden. Man beachte das runde Klammerpaar `(...)` zur Aufnahme der Parameter bei den `...labels`-Optionen.

Als Positionierungs- und Verschiebeparameter wird man meistens wählen:

Option	Balkenlage horizontal		vertikal	
`baselabels`	`[r]`	`<`$-x_s$`,0pt>`	`[B]`	`<0pt,`$-y_s$`>`
`endlabels`	`[l]`	`<`$+x_s$`,0pt>`	`[B]`	`<0pt,`$+y_s$`>`

Wird beim `\setbars`-Befehl sowohl `baselabels` als auch `endlabels` angegeben, so müssen in der Plotliste des `\plot`-Befehls die Koordinaten und Beschriftungen in der Reihenfolge

x_coord_i y_coord_i "*base_label*$_i$" "*end_label*$_i$"

angegeben werden.

Nach diesen Erläuterungen nun der Text zur Erzeugung des vorangegangenen Balkendiagramms:

```
\setcoordinatesystem units <3mm,6mm>    \small
\setplotarea x from 0 to 25, y from 0 to 9
\axis top label {\bf Unfallursachen in \% als Folge von Fahrerfehlern 1985}
   ticks numbered from 0 to 25 by 5 unlabeled short from 1 to 24 by 1  /
\setbars breadth <3mm> baseline at x = 0 baselabels ([r] <-2.5mm,0pt>)
\plot 16.31 1  "Sonstiges"
       4.92 2  "\lines [r] {Falschverhalten\cr gegen\"uber ... }"
      . . . . . . . . . . . . . . . . . . . . . . . . . . . . . . .
      21.34 -1 "Zu schnelles Fahren"                                    /
```

[4] Dies führt zur Inkompatibilität mit dem `german.sty`-File, da dort die Anführungszeichen die Bedeutung einer Befehlseinleitung erhalten. Eine Lösung wird am Ende dieses Abschnitts vorgeschlagen.

Mit dem Hinweis aus dem letzten Absatz von 6.5.3 ist zu folgern, daß mit der Änderung

```
\linethickness3mm
\setbars breadth <0mm> baseline at x = 0 baselabels ([r] <-2.5mm,0pt>)
```

im vorangegangenen Programm das gleiche Balkendiagramm, nunmehr aber mit schwarz gefüllten Balken, erzeugt wird. Hierzu noch ein weiteres Beispiel (ohne Angabe der `\axis` und Überschriftbefehle):

```
\setcoordinatesystem units <3mm,0.012mm>   . . . . .
  \setbars <-1.25mm,0pt> breadth <2.5mm> baseline at y = 0
      baselabels ([B] <0pt,-4mm>)
  \plot 4 2706 "1960"  8 2690 "1970"  12 1652 "1980" 16 1523 "1985"    /
\setcoordinatesystem units <3mm,0.004mm>   . . . . .
  \linethickness2.5mm
  \setbars <1.25mm,0pt> breadth <0mm> baseline at y = 0
  \plot 4 4762  8 8441  12 7614  16 5294    /
```

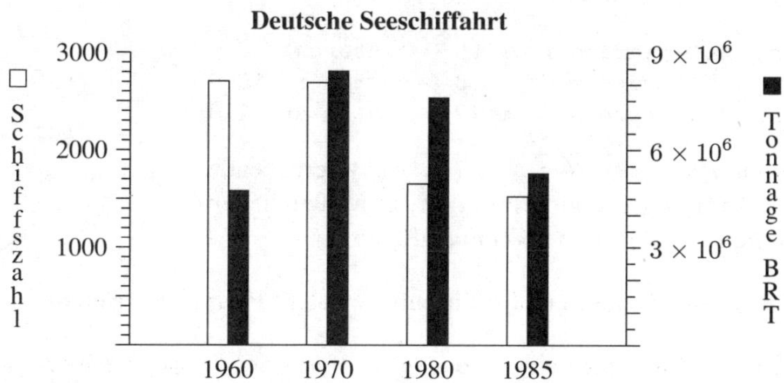

Vorschlag zur PICTEX-Änderung

Die Einschachtelung der Beschriftungen in Anführungsstrichen `"..."` bei den Balkendiagrammen führt zur Inkompatibilität mit dem `german.sty`-File. Man könnte daran denken, innerhalb der PICture-Umgebung mit `\originalTeX` auf die LATEX-Originalbearbeitung umzuschalten und die Umlaute und das ß mit den Originalbefehlen zu erzeugen. Dies ist möglich, vorausgesetzt, daß vor dem Einlesen der drei Files `prepictex`, `pictex` und `postpictex` ebenfalls mit `\originalTeX` umgeschaltet und nach dem Einlesen mit `\germanTeX` zurückgeschaltet wurde.

Als syntaktisches Element dienen die Anführungsstriche hierbei nur zur Kennung von Anfang und Ende der Beschriftungseingabe. Der Änderungsvorschlag lautet, hierfür ein anderes Kennungszeichen, z. B. `;...;` oder `|...|` zu wählen. Dazu sind lediglich die Anführungsstriche in den beiden PICTEX-Definitionen

```
\def\!!bardobaselabel "#1" { . . . .
\def\!!bardoendlabel "#1" { . . . .
```

durch das geänderte Zeichen zu ersetzen, also z. B `;#1;` oder `|#1|` statt `"#1"` einzusetzen. Danach kann die Beschriftungseingabe in der Plotliste z. B. als `2 0 ;Fu\3g"anger;` bzw. `2 0 |Fu\3g"anger|` problemlos auf `german.sty` zurückgreifen.

6.5.6 Kreise und Ellipsen

PICTEX erzeugt mit dem Befehl

> `\circulararc` θ `degrees from` x_coord_s i y_coord_s
> `center at` x_coord_c y_coord_c

einen Kreisbogen, der beim Koordinatenpunkt x_coord_s i y_coord_s startet und der sich über den mit θ in Grad angegebenen Winkelbogen erstreckt. Der zugehörige Mittelpunkt des erzeugten Kreisbogens liegt bei x_coord_c y_coord_c. Eine positive Winkelangabe für θ bewirkt einen Kreisbogen entgegen dem Uhrzeiger, eine negative mit dem Uhrzeiger, jeweils beim Startpunkt x_coord_s y_coord_s beginnend. Für θ sind alle Werte $-360 \leq \theta \leq 360$ erlaubt.

Der nebenstehende Kreisbogen über 45° entsteht mit

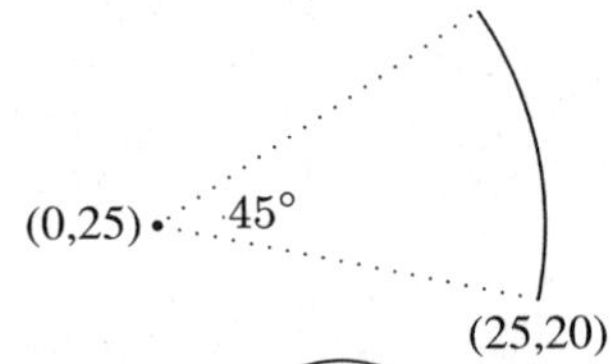


```
\circulararc  45 degrees from 25 20 center at 0 25
```

und die drei verschachtelten Vollkreise folgen aus

```
\circulararc  360 degrees from  0 0 center at  8 0
\circulararc  360 degrees from  8 0 center at 16 0
\circulararc -360 degrees from 12 0 center at 12 8
```

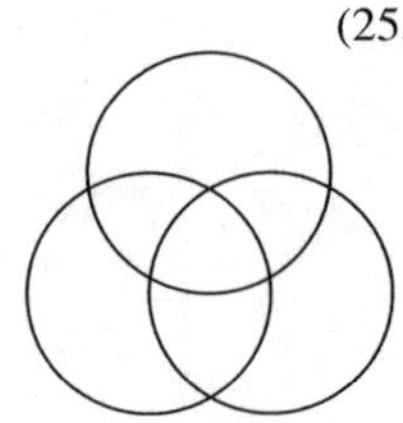

Der sich aus $r = \sqrt{(x_s - x_c)^2 + (y_s - y_c)^2}$ ergebende Radius für die Kreisbögen und Kreise darf, in Maßeinheiten umgerechnet, maximal 512pt $\approx$ 180mm betragen.

Zum Zeichnen von Ellipsen und Ellipsenbögen stellt PICTEX den Befehl

> `\ellipticalarc axes ratio` $\xi{:}\eta$ θ `degrees from` x_coord_s y_coord_s
> `center at` x_coord_c y_coord_c

bereit. Hierin bedeutet $\xi{:}\eta$ das Zahlenverhältnis der beiden Hauptachsen, die parallel zur x- und y-Achse verlaufen[5]. Die sonstigen Parameter haben die gleiche Bedeutung wie beim `\circulararc`-Befehl.

```
\ellipticalarc axes ratio 2:1 -60 degrees
  from 5 9  center at 0 0
```

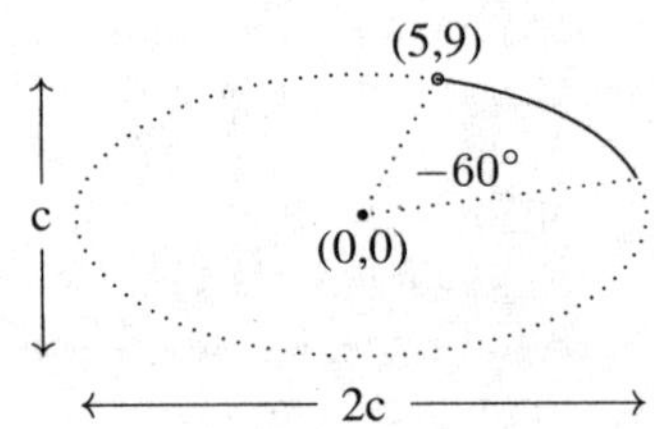

erzeugt den durchgezogenen Bogen der nebenstehenden Ellipse, und für den punktierten Rest wurde eingegeben:

```
\setdots <1mm>
\ellipticalarc axes ratio 2:1 300 degrees
  from 5 9  center at 0 0
```

Auch für Ellipsen gilt eine ähnliche Größenbeschränkung wie bei den Kreisen, nämlich daß die in Maßeinheiten umgerechnete Größe $\sqrt{\big((x_s - x_c)/\xi\big)^2 + \big((y_s - y_c)/\eta\big)^2}$ den Wert 512pt $\approx$ 180mm nicht überschreiten darf.

[5] In 6.8.6 wird dargestellt, wie Bildteile beliebig gedreht werden können. Durch Drehung lassen sich dann Ellipsen beliebiger Orientierung erzeugen.

6.5.7 Pfeile

LaTeX stellt, insbesonders mit den AMSTeX-Ergänzungen, mit den mathematischen Symbolen eine Reihe von Pfeilen unterschiedlicher Länge und Richtung bereit. Zusätzlich liefert LaTeX mit dem Befehl `\vector(`ξ`,`η`){`*l*`}` aus der `picture`-Umgebung weitere Pfeilsymbole wählbarer Länge, Richtung und Strichstärke. Für die Mehrzahl der Anwendungen sollte hiermit eine ausreichende Variabilität zur Anbringung von Zeichensymbolen in Verbindung mit dem `\put`-Befehl gegeben sein.

Soweit mit diesen Symbolen die gewünschte Pfeildarstellung nicht zu erreichen ist, können mit dem PiCture-Befehl

`t\arrow <`*s_maß*`>` [η,β] [`<`*x_s_maß*`,`*y_s_maß*`>`]
  `from` x_coord_a y_coord_a `to` x_coord_e y_coord_e

Pfeile beliebiger Länge, Richtung und eigens gestalteter Pfeilspitzen konstruiert werden. Hierin bedeuten

$A = (x\_coord_a, y\_coord_a)$, Pfeilanfang
$E = (x\_coord_e, y\_,coord_e)$, Pfeilende
$s\_maß$ = Länge der Pfeilspitze $\overline{SE}$
η und β sind Faktoren, die mit
$\beta \times s\_maß$ die Breite $\overline{BB'}$ und mit
$\eta \times s_maß$i die *halbe* Breite $\overline{HH'}$
der Pfeilspitze bestimmen.

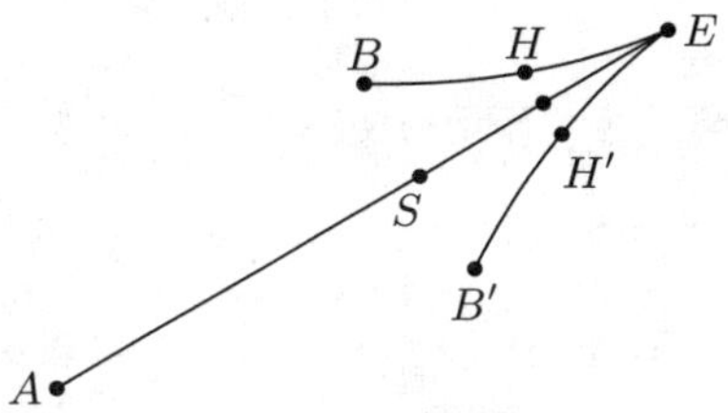

Die optionale Verschiebungsangabe `<`*x_s_maß*`,`*y_s_maß*`>` hat dieselbe Wirkung wie die entsprechende Angabe beim `\put`-Befehl (s. Seite 258). Beispiel:

```
\arrow <4mm> [0.25,0.75] <0pt,5mm>  from 0 0 to 12 0
\arrow <4mm> [0.375,0.75]     from 12 0 to 0 0
\arrow <4mm> [0.50,0.75] <0pt,-5mm> from 0 0 to 12 0
```

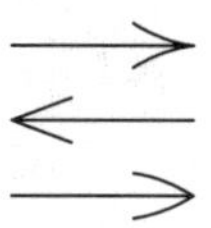

Die mit dem `\arrow` erzeugten Pfeile bestehen aus einer geraden Linie und zwei parabolischen Kurven für die Pfeilspitze. Dies ist erheblich zeitaufwendiger als die Verwendung der eingangs genannten mathematischen oder LaTeX-eigenen Pfeilsymbole.

In Bildern treten häufig Pfeilanwendungen wie nebenstehend auf. Es wäre mühsam, die Pfeile in Bezug auf den eingeschlossenen Text eigenhändig zu positionieren und in ihren Längen zu bestimmen. PiCTeX nimmt dem Anwender diese Arbeit mit dem Befehl

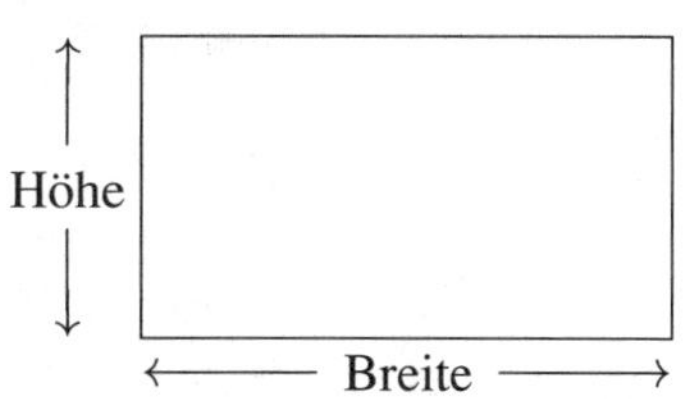

`\betweenarrows {`*text*`}` [`[[`p_x`][`p_y`]]`] [`<`*x_s_maß*`,`*y_s_maß*`>`]
  `from` x_coord_a y_coord_a `to` x_coord_e y_coord_e

ab. Die Positionierungs- und Verschiebeangaben entsprechen denen des `\put`-Befehls, und sie beziehen sich auf den übergebenen *Text*. Für horizontale Pfeilpaare müssen y_coord_a und y_coord_e übereinstimmen, und der Text wird mit seinem Positionierungspunkt in dieser Höhe — ggf. mit zusätzlicher Verschiebung — angebracht. Die Koordinaten x_coord_a und *x_coord*$_e$ bestimmen die Lage der Pfeilspitzen. Die Pfeile selbst sind jeweils vertikal zum eingeschlossenen Text zentriert und bestimmen ihre Länge aus dem eingeschlossenen Text selbst.

Für vertikale Pfeilpaare müssen dagegen *x_coord*$_a$ und *x_coord*$_e$ übereinstimmen. Auf diesen Wert ist der übergebene Text mit seinem Positionierungspunkt horizontal ausgerichtet — ebenfalls mit einer evtl. zusätzlichen Verschiebung. Die Pfeilspitzen liegen vertikal bei *y_coord*$_a$ und *y_coord*$_e$ und sind horizontal zum eingeschlossenen Text zentriert.

Das angegebene Beispiel wurde demzufolge mit

```
\setcoordinatesystem units <1mm,1mm>
\putrectangle corners at 0 0 and 35 20
\betweenarrows {Breite} [t] <0pt,-1mm> from 0 0 to 35 0
\betweenarrows {H"ohe}  [r] <-1mm,0pt> from 0 0 to 0 20
```

erzeugt und bedarf mit den vorangegangen Beschreibungen keiner weiteren Erläuterung.

6.5.8 Sonstiges

In den vorangegangenen Unterabschnitten wurden PICTEX-Werkzeuge zur Erzeugung von Linienzügen, Kurven, Kreisen und Kreisbögen, Ellipsen und Ellipsenbögen, Rechtecken, Balken, Histogrammen und Balkendiagrammen vorgestellt. Damit sollte es möglich sein, auch komplizierte Bilder und Diagramme recht leicht zu produzieren. Im folgenden sollen noch einige Ergänzungen zu den genannten Strukturen gebracht werden, die gelegentlich von Nutzen sein können.

6.5.8.1 Eigene Plotsymbole

Die mit dem `\plot`-Befehl erzeugten Linienzüge und Kurven sowie Kreis- und Ellipsenbögen entstehen aus einer hinreichend dichten Folge von Punkten. Als *Plotsymbol* für diese Punkte wird standardmäßig der Punkt aus dem 5pt-Roman-Zeichensatz verwendet. Der Abstand für die Punktfolge mit diesem Plotsymbol ist mit 0.4pt eingestellt. Das Standard-Plotsymbol kann mit dem Befehl

`\setplotsymbol ({`*symbol*`}` [[p_x][p_y]] [<*x_s_maß*,*y_s_maß*>ec)

verändert werden. Die optionalen Positionierungs- und Verschiebeangaben [$p_x p_y$] und <*x_s_maß*,*y_s_maß*> entsprechen in der Wirkung denjenigen des `\put`-Befehls.

Eine Eintragung wie `\vipt\rm.`, `\viipt\rm.`, ... `\xpt\rm.`[6] setzt als Plotsymbol jeweils den Punkt aus dem 6pt-, 7pt-, ... 10pt-Roman-Zeichensatz, womit die Strichstärke der Linien und Kurven ensprechend stärker ausfällt. Für den Eintrag von *symbol* ist syntaktisch jeder Text, der in eine `\mbox` paßt, erlaubt, obwohl meist nur ein einzelnes Text- oder Symbolzeichen sinnvoll ist. Unterschiedliche Plotsymbole für verschiedene Kurven können auch genutzt werden, um die zunächst standardmäßig erzeugten Kurven besonders zu kennzeichnen oder zu unterscheiden, wie im nächsten Beispiel gezeigt wird.

[6] In der neuen LaTeX-Version sind die internen Größenbefehle `\vipt`, ... nicht mehr definiert. Absolute Schriftgrößeneinstellungen für ein Plotsymbol müssen dort mit `\fontsize` vorgenommen werden.

Auch der 0.4pt-Standardabstand für den Ausdruck der Plotsymbole kann verändert werden. Hierzu dient die Erklärung

`\plotsymbolspacing`*abstand_maß*

z. B. `\plotsymbolspacing2mm`. Und hier das angekündigte Beispiel:

```
\setquadratic \plot 0 0  15 5  30 20 /
\setlinear    \plot 30 20 50 0 /
\setplotsymbol {\circle*{1}} [Bl]
\plotsymbolspacing5mm
\setquadratic \plot 0 0  15 5  30 20 /
\setplotsymbol {\circle{1}} [Bl]
\setlinear    \plot 30 20 50 0 /
```

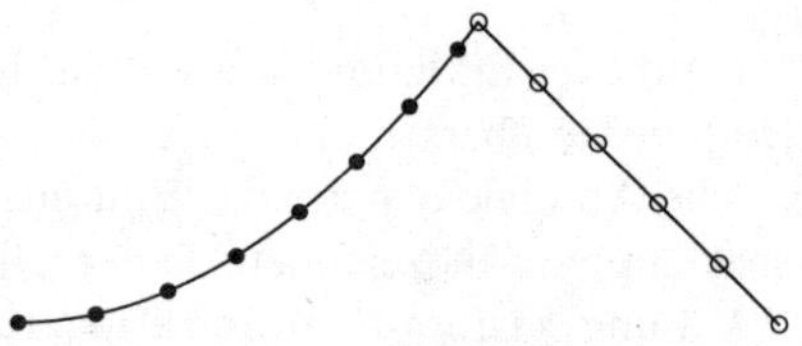

Die mit `\setplotsymbol` und `\plotsymbolspacing` veränderten Werte bleiben so lange gültig, bis sie durch eine weitere Erklärung der gleichen Art abgelöst werden. Soll nach einer vorgenommenen Änderung auf die ursprünglichen Standardwerte zurückgeschaltet werden, so muß dies explizit mit den Erklärungen

`\setplotsymbol ({\vpt\rm.})   \plotsymbolspacing0.4pt`

geschehen.

Wird eine stark gekrümmte Kurve nur durch wenige Punkte definiert, so mag das Ergebnis für einen geänderten Abstand überraschen:

```
\setplotsymbol ({\xpt\rm.})
\plotsymbolspacing5pt
\setquadratic  \plot -25 25  0 0  25 25 /
```

Der unterschiedliche Punkteabstand ist eine Folge des mathematischen Algorithmus zur quadratischen Interpolation. Abhilfe schafft die Angabe von mehr Koordinatenpaaren in der Liste des `\plot`-Befehls.

6.5.8.2 Clipping

Der `\setplotarea`-Befehl zur Definition eines Bildfensters war in 6.4.1 vorgestellt und in den anschließenden Unterabschnitten zur Erzeugung von Bildachsen in den Beispielen benutzt worden. Auch in den vorangegangenen Beispielen mit den Linien, Kurven und Diagrammen war stets ein Bildfenster mit `\setplotarea` definiert worden, ohne daß dies explizit angegeben wurde.

Auch wenn ein Bildfenster definiert wurde, kann mit dem `\plot`-Befehl eine Kurve oder ein Linienzug über die Grenzen des Bildfensters herausreichen, nämlich dann, wenn die Plotliste Koordinaten enthält, die außerhalb des definierten Bildfensters liegen.

```
\setplotarea x from -15 to 15, y from 0 to 20
\axis bottom ticks numbered from -15 to 15 by 15 /
\axis left   ticks numbered from 0 to 20 by 10   /
\axis right / \axis top /
\setquadratic \plot -20 17.5  0 5  20 17.5 /
\setlinear    \plot  -5 -4   0 15          /
```

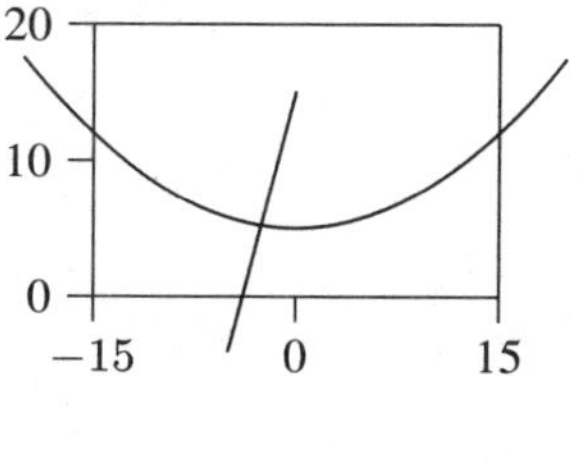

Dieses Verhalten ist meistens unerwünscht. Durch Vermeiden von Koordinatenwerten außerhalb des Bildfensters kann ein Überschreiten des Bildfensters natürlich verhindert werden. Gelegentlich soll aber zwischen Punkten interpoliert werden, wobei es schwierig oder bei Meßwerten ggf. unmöglich ist, Koordinatenpaare am Rande des Bildfensters zu ermitteln. In diesen Fällen hilft der Befehl

```
\inboundscheckon
```

Nach dieser Erklärung werden die Kurventeile daraufhin geprüft, ob sie evtl. das gesetzte Bildfenster überschreiten. Ist das der Fall, so werden diese Kurventeile unterdrückt. Ein solche Abschneiden der das Bildfenster überschreitenden Bildteile wird im Computerjargon als "Clipping" bezeichnet. Da der Clipping-Algorithmus sehr rechenaufwendig ist, sollte die Erklärung `\inboundscheck` nur für solche Bildteile aktiviert werden, die erkennbar das Bildfenster überschreiten.

Um die Clipping-Prüfung für diejenigen Bildteile wieder abzuschalten, die offenkundig innerhalb des Bildfensters liegen, gibt es den aufhebenden Befehl

```
\inboundscheckoff
```

Das vorangegangene Beispiel ergibt mit der Befehlsfolge

```
. . . . . . . . . . . . . . . . . . . . .
\inboundscheckon
\setquadratic \plot -20 17.5  0 5  20 17.5 /
\setlinear    \plot  -5 -4    0 15         /
```

nunmehr das Ergebnis

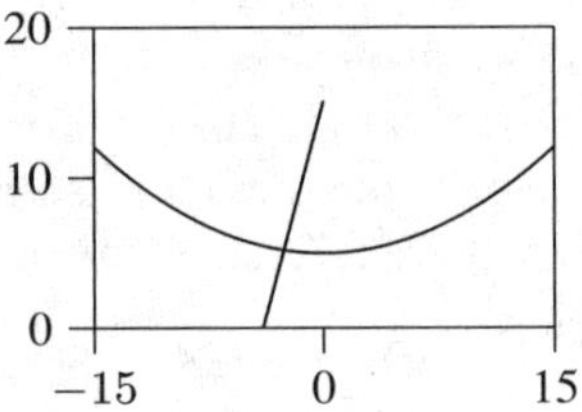

Zum Abschluß noch ein vollständig dargestelltes Beispiel:

```
\beginpicture \small
\setcoordinatesystem units <1.5cm,1.2cm>
\setplotarea x from 0 to 3, y from 0 to 5
\axis bottom ticks numbered from 0 to 3 by 1
  unlabeled from 0.5 to 2.5 by 1.0
  short quantity 31 /
\axis left   ticks numbered from 0 to 5 by 1
  short quantity 26 /          \axis right   /
\axis top label {$y=\mbox{csch}(x)=...$}     /
\inboundscheckon      \setquadratic
\plot 0.1 9.9834  0.16 6.2234  0.22 4.5090 /
\plot 2.0 0.2757  3.0  0.0998  4.0  0.0366 /
\inboundscheckoff
\plot 0.22 4.5090  0.30 3.2839  0.4 2.4346
      0.5  1.9190  0.60 1.5707  0.8 1.1260
      1.0  0.8509  1.50 0.4696  2.0 0.2757 /
\endpicture
```

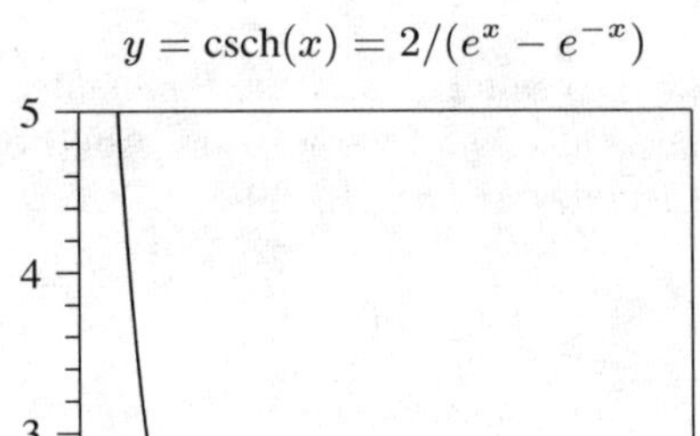

Wegen der langen Rechenzeiten für Linien und Kurven, insbesonders mit Clipping-Anforderungen, sollte während der Entstehungsphase eines Dokuments mit solchen Bildern eine der im folgenden beschriebenen Methoden genutzt werden.

6.5.8.3 Teilbildspeicherungen

Die Erzeugung von Bildern mit geneigten Linienzügen und Kurven erfordert einen Rechenaufwand, der die Bearbeitung eines Textes mit vielen Bildern drastisch verlängert. Bei längeren Arbeiten wird das Ergebnis meist mehrfach geändert, korrigiert, erweitert und damit hoffentlich verbessert. Es ist lästig, wenn bei jeder Änderung immer wieder dieselben Bilder neu und rechenaufwendig erstellt werden müssen. Eine merkliche Kürzung der Bearbeitungszeit während der Editierphase kann erreicht werden, wenn rechenaufwendige Bildteile *einmal* bearbeitet werden und das Bearbeitungsergebnis abgespeichert wird. Dies kann mit dem Befehl

`\savelinesandcurves on "`*file_name*`"`

erreicht werden. Nach diesem Befehl werden alle Bildteile, die mit den folgenden Befehlen oder Befehlsfolgen erzeugt werden

```
\setlinear    \plot       \circulararc       \arrow
\setquadratic \plot       \ellipticalarc
```

mit ihrem PICTEX-Ergebnis in den mit *file_name* gekennzeichneten File abgespeichert. Danach können die vorstehenden erzeugenden Befehle entfernt oder besser durch `%` ausgeblendet werden. Statt dessen ist in dem zugehörigen Bild der Befehl

`\replot "`*file_name*`"`

anzubringen, mit dem die abgespeicherten Bildteile aus dem angegebenen File eingelesen und im Bild richtig angeordnet werden. Die Erzeugung der Gesamtbilder mit der Kopie der rechenintensiven Teile vermindert die Bearbeitungszeit merklich. Die Wirksamkeit hängt dabei vom jeweiligen Bildinhalt ab. So ist z. B. die Effizienz für gestrichelte Kurven größer als für durchgehende.

Ein einmal gesetzter `\savelinesandcurves` wirkt so lange, bis er durch den aufhebenden Befehl

`\dontsavelinesandcurves`

beendet wird. Die Speicherwirkung endet aber in jedem Fall mit dem Ende der laufenden PICture-Umgebung.

Ein Abspeichern von Bildteilen in der beschriebenen Form muß für jede PICture-Umgebung mit einem eigenen File geschehen. Es ist darauf zu achten, daß sich die Filenamen für die `\savelinesandcurves`-Befehle voneinander unterscheiden, da mit einem gleichen Filenamen für einen späteren Speicherbefehl das Ergebnis des vorangegangenen Speicherbefehls überschrieben wird und damit verloren geht.

Innerhalb einer PICture-Umgebung dürfen beliebig viele `\savelinesandcurves` Speicherbefehle verwendet werden, jeder natürlich mit einem eigenen Filenamen. In *einen* File dürfen nur Linien und Kurven abgespeichert werden, die mit dem *gleichen* Plotsymbol erzeugt werden. Sollen Linien und Kurven mit verschiedenen Plotsymbolen abgespeichert werden, so muß dies jeweils mit einem eigenen Speicherbefehl erfolgen. Umgekehrt muß bei späteren Bearbeitungen jeder dieser Files mit eigenen `\replot`-Befehlen zurückgewonnen werden.

Auf die Besonderheiten bei verschachtelten PICture-Umgebungen, eine Möglichkeit, die in 6.8.4 vorgestellt wird, soll hier noch nicht eingegangen werden. Dies erfolgt später im Zusammenhang mit den verschachtelten Umgebungen.

Mit dem Befehl

\writesavefile {*text_notiz*}

wird der übergebene Text von *text_notiz* an den Anfang des mit dem letzten Speicherbefehl aktivierten Files geschrieben. Dabei wird dem übergebenen Text das Kommentarzeichen % vorangesetzt, so daß er bei der Wiederverwendung mit `\replot` keine Wirkung entfaltet. Dies kann benutzt werden, um eine kurze Beschreibung des abgespeicherten Teilbildes im File anzubringen.

Beim letzten Bild mit der $y = \text{csch}(x)$ Kurve war für die anfängliche Bearbeitung zunächst geschrieben worden

```
\beginpicture  \small
\savelinesandcurves on "csch.tex"
\writesavefile {csch Kurve in 4.5.8.2}
 . . . . . . . . . . . . . . . . . . .
```

und nach der korrekten Erzeugung des Bildes mit % ausgeblendet und dafür eingesetzt

```
\beginpicture  \small
% \savelinesandcurves on "csch.tex"+
% \writesavefile {csch Kurve in 4.5.8.2}
 . . . . . . . . . . . . . . . . . . . . . . . . . .
  \replot "csch.tex"                  % replot the following subplot
% \inboundscheckon     \setquadratic
% \plot 0.1 9.9834  0.16 6.2234  0.22 4.5090 /
% \plot 2.0 0.2757  3.0  0.0998  4.0  0.0366 /
% \inboundscheckoff
% \plot 0.22 4.5090  0.3 3.2839  0.4 2.4346  0.5 1.9190
                     0.6 1.5707  0.8 1.1260  1.0 0.8509
%                    1.5 0.4696  2.0 0.2757 /
  \endpicture
```

Häufig treten bestimmte Bildteile in mehreren Bildern in gleicher Weise auf. Angenommen, es sollte ein weiteres Bild erzeugt werden, das neben der $\text{csch}(x)$-Funktion auch $\text{sch}(x)$ und $\text{ctgh}(x)$ enthalten soll. Hier wäre die Idee naheliegend, die abgespeicherte $\text{csch}(x)$-Funktion in dem neuen Bild nochmals mit `\replot "csch.tex"` einzulesen. Dies ist *nicht* erlaubt! Ein mit `\savelinesandcurves` abgespeichertes Teilbild darf mit dem `\replot`-Befehl nur in derjenigen PICture-Umgebung zurückgelesen werden, in der es entstanden ist!

6.5.8.4 Selektive Teilbildbearbeitung

Das Abspeichern von bearbeiteten Teilbildern und deren spätere Rückgewinnung mit dem `\replot`-Befehl verkürzt zwar die Bearbeitung gegenüber einer vollständigen Neuberechnung. Aber auch das Wiedereinlesen von abgespeicherten Teilbildern ist im Vergleich zu der Bearbeitung eines reinen Textfiles immer noch erheblich zeitaufwendiger.

Es sollte daher in Betracht gezogen werden, während der Editierphase einer Veröffentlichung auf die Erzeugung der zeitaufwendigen Linienzüge und Kurven zunächst zu verzichten und nur die wenig Rechenzeit beanspruchenden Bildelemente anzubringen. So benötigen alle horizontalen und vertikalen Linien und Balken sowie alle daraus gebildeten Strukturen, wie Rechtecke und Achsen, nur geringen Rechenaufwand, ebenso wie die das Koordinatensystem und das Bildfenster definierenden Befehle `\setcoordinatesystem` und `\setplotarea`. Andererseits wird damit das Bild mit seinem Platzbedarf, den Beschriftungen und Achsen erstellt und in den Text eingegliedert. Die vollständigen Bilder mit allen Linienzügen und Kurven werden erst bei der endgültigen Bearbeitung benötigt.

Das bedeutet nicht, daß die verbleibenden Befehle erst in der Schlußphase zugefügt werden. Tatsächlich sollte jedes Bild schon zu Beginn *einmal* vollständig erzeugt werden, damit ggf. Bildkorrekturen angebracht werden können. Erst wenn das Gesamtbild den gewünschten Anforderungen entspricht, sollte es bis zur endgültigen Bearbeitung von den rechenaufwendigen Bestandteilen vorübergehend befreit werden. Dies kann mit dem Befehlen

`\newif\iffinalplot` und `\finalplottrue` bzw. `\finalplotfalse`

im Vorspann und Bedingungsabfragen der Form

`\iffinalplot` *zeitaufwendige Anweisungen* `\fi`

bei den einzelnen PiCture-Umgebungen erreicht werden.

Um das Gesamtbild einmal zu produzieren und evtl. noch zu korrigieren, wird man zunächst `\finalplottrue` im Vorspann setzen. Ist das Bild korrekt, so kann durch Austausch von `\finalplottrue` in `\finalplotfalse` bei den anschließenden Bearbeitungsphasen die zeitaufwendige Bearbeitung vermieden werden. Erst bei der endgültigen Bearbeitung wird schließlich wieder `\finalplottrue` aktiviert, um den vollständigen Ausdruck zu erhalten.

Ich persönlich habe mir in Verbindung mit der neuen LaTeX-Version ein kleines Ergänzungspaket `pictex.sty` erstellt, das die lokalen Optionen `final` und `draft` kennt, und das mir mit dem Vorspannbefehl `\usepackage[`*option*`]{pictex}` PiCTeX geeignet bereitstellt:

```
\NeedsTeXFormat{LaTeX2e}
\ProvidesPackage{pictex}[1994/06/15 PiCTeX input package]
\newif\iffinalplot
\newfont{\fiverm}{cmr5}    % \fiverm is used in pictex.tex but not
   % defined in LaTeX2e
\DeclareOption{draft}{\finalplotfalse}
\DeclareOption{final}{\finalplottrue}
\ExecuteOptione{final}     % Default option is set to final
\ProcessOption
% Now input the original PiCTeX-files
\input prepictex  \input pictex  \input postpictex
% and customize for proper combination with german.sty
\catcode`!=11               % make ! a letter
\def\!!bardobaselabel |#1| {\put {#1}\!barbeselabelorientation{}
  at {\!basexarg} {\!baseyarg} \!bardoendlabel}
\def\!!bardoendlabel  |#1| {\put {#1}\!barendlabelorientation{}
  at {\!basexarg} {\!baseyarg} \!barfinish}
\catcode`!=12               % and reset ! to other
\endinput
```

Mit diesem Ergänzungspaket wird PiCTeX aktiviert und gleichzeitig entsprechend dem Vorschlag von S. 281 zur Kombination mit `german.sty` angepaßt.

6.5.9 Der quadratische Interpolationsalgorithmus

Dieser Abschnitt ist nur für den mathematisch interessierten Leser von Belang. Für die allgemeine Nutzung von PICTEX kann er übersprungen werden. Die Interpolation zwischen drei aufeinanderfolgenden Punkten

$$(x_{i-1}, y_{i-1}),\ (x_i, y_i) \text{ und } (x_{i+1}, y_{i+1})$$

erfolgt durch parametrisierte quadratische Kurven $x(t)$ und $y(t)$ über das t-Intervall $[-1, 1]$, wobei die Funktionen $x(t)$ und $y(t)$ für $t = -1$, 0 und 1 die Werte x_{i-1}, x_i und x_{i+1} bzw. y_{i-1}, y_i und y_{i+1} annehmen. Im folgenden sollen die Indexwerte $i - 1$, i und $i + 1$ als -1, 0 und 1 abgekürzt werden. Damit lauten diese Funktionen

$$x(t) = x_0 + t\frac{\Delta x_0 + \Delta x_{-1}}{2} + \frac{t^2}{2}\Delta^2 x_{-1}$$

$$y(t) = y_0 + t\frac{\Delta y_0 + \Delta y_{-1}}{2} + \frac{t^2}{2}\Delta^2 y_{-1}$$

mit

$$\Delta f_0 = f_1 - f_0,\ \Delta f_{-1} = f_0 - f_{-1} \quad \text{und}$$
$$\Delta^2 f_{-1} = \Delta f_0 - \Delta f_{-1},$$

also

$$\Delta f_0 + \Delta f_{-1} = f_1 - f_{-1} \quad \text{und}$$
$$\Delta^2 f_{-1} = f_1 - 2f_0 + f_{-1}$$

für $f = x$ und $f = y$.

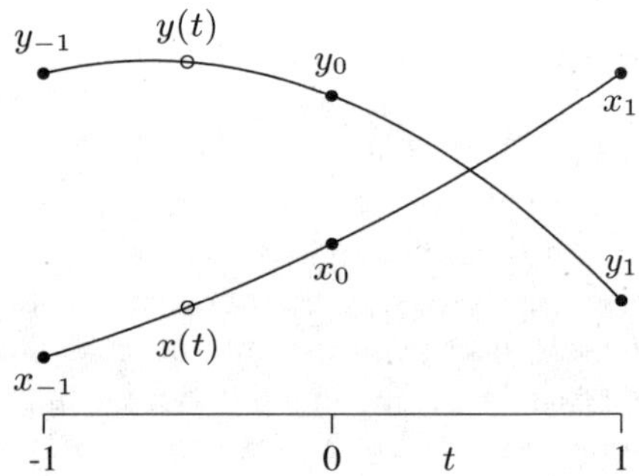

Die Bogenlänge der parametrisierten Kurve $\big(x(s), y(s)\big)$ zwischen 0 bis t ist

$$A(t) = \int_0^t a(s)\,ds \quad \text{mit} \quad a(s) = \sqrt{\big(x'(s)\big)^2 + \big(y'(s)\big)^2}$$

PICTEX approximiert die Bogenfunktion $A(t)$ mit Hilfe der Simpson-Regel. Für $t = \pm 1$ ergibt dies

$$A(1) \approx \alpha_1 = \frac{1}{6}\Big[a(0) + 4a(0.5) + a(1)\Big] \quad \text{und} \quad A(-1) \approx \alpha_{-1} = \frac{1}{6}\Big[a(0) + 4a(-0.5) + a(-1)\Big]$$

$B(u)$ möge die zu $A(t)$ inverse Funktion sein. PICTEX approximiert die inverse Funktion $B(u)$ wiederum durch eine quadratische Funktion $B^\circ(u)$, derart daß

$$B^\circ(0) = 0, \quad B^\circ(\alpha_1) = 1 \quad \text{und} \quad B^\circ(-\alpha_{-1}) = -1$$

ist. Mit den diskreten Werten u_i im Abstand δ aus dem Intervall $-\alpha_{-1} \leq u_i \leq \alpha_1$ werden die Koordinaten mit

$$p_i = \Big(x\big(B^\circ(u_i)\big), y\big(B^\circ(u_i)\big)\Big)$$

bestimmt. Bei den mit diesen Koordinaten bestimmten Punkten bringt PICTEX dann das augenblickliche Plotsymbol an, also standardmäßig den Punkt (.) aus dem 5pt-Roman-Zeichensatz. Der oben genannte Abstand δ für die Werte von u_i entspricht dem Wert von `\plotsymbolspacing`, der standardmäßig auf 0.4pt eingestellt ist.

Die so bestimmten Koordinaten für p_i liegen auf der Kurve $C = \{(x(t), y(t))\}$. Entlang der Kurve liegen sie ungefähr im Abstand δ, jedenfalls solange $B^\circ(u)$ eine hinreichende Approximation für $B(u)$ darstellt, was durch Angabe von mehr Punkten in der Plotliste immer erreicht werden kann.

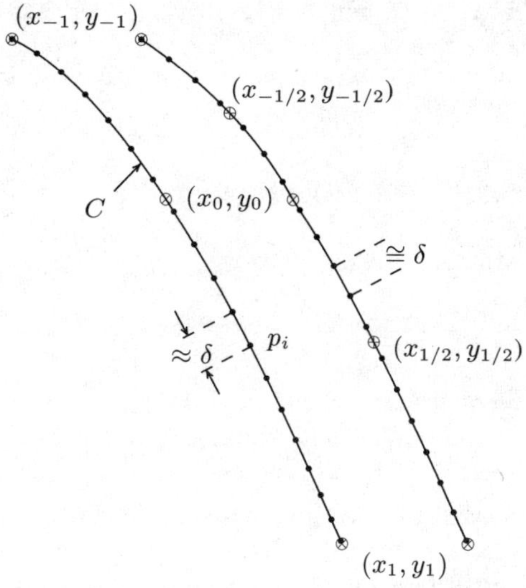

Die nebenstehende Kurve wurde durch die drei mit ⊗ gekennzeichneten Punkte definiert. Der Abstand δ für die mit • gekennzeichneten Punkte war mit

`\plotsymbolspacing4mm`

eingestellt worden. Die Punkte sind exakt auf der Kurvenlinie angeordnet. Ihre Abstände sind jedoch leicht unterschiedlich: an den Enden der Kurve etwas enger und in der Mitte etwas weiter als der vorgegebene Wert von 4mm. Durch Angabe von zwei weiteren Punkten ⊕ zur Kurvendefinition an den Stellen $(x_{-1/2}, y_{-1/2})$ und $(x_{1/2}, y_{1/2})$ werden nunmehr zwei Näherungsfunktionen $B^\circ_-(u)$ und $B^\circ_+(u)$ ermittelt, die in den Intervallen $[-\alpha_{-1}, \alpha_0]$ bzw. $[\alpha_0, \alpha_1]$ die Umkehrfunktionen besser approximieren. In der rechten Kurve sind Abstandsunterschiede mit dem bloßen Auge nicht mehr zu erkennen.

Der angegebene Algorithmus zur Ermittlung annähernd gleicher Bogensegmente führt zu brauchbaren Ergebnissen nur, solange $2/3 \le \alpha_{-1}/\alpha_1 \le 3/2$ ist, wenn also (x_0, y_0) im mittleren Drittel des Kurvensegmentes durch (x_{-1}, y_{-1}), (x_0, y_0), (x_1, y_1) liegt. Wird diese Bedingung durchbrochen, so gibt PICTEX eine Warnung aus. Grundsätzlich sollte man zur Definition der Gesamtkurve die Punkte so eng wählen, daß die Kurve zwischen (x_{i-1}, y_{i-1}) und (x_{i+1}, y_{i+1}) nicht zu sehr von der durch diese beiden Punkte gehenden Sehne abweicht, wobei (x_i, y_i) in Nähe der Mitte der Sehne liegen sollte.

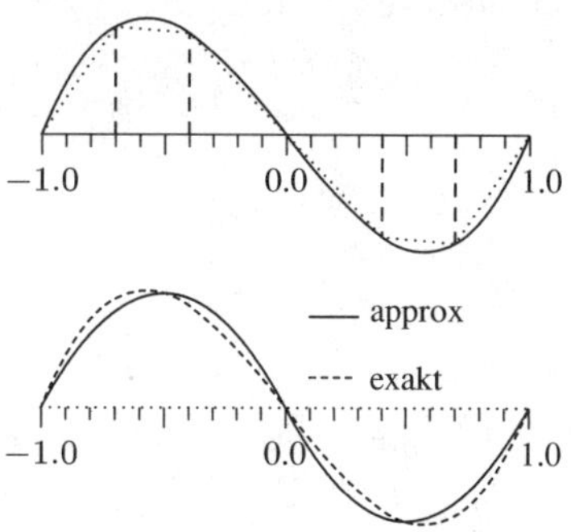

Zur Darstellung der kubischen Parabel $y = x(x^2 - 1)$ im Intervall $[-1, 1]$ genügt die Unterteilung in sechs Intervalle mit den Kurvenkoordinaten an den Intervallenden und in der jeweiligen Intervallmitte. Mit der Plotliste

```
-1 0   -.85 .2359   -.70 .3570   -.55 .3836
       -.40 .3360   -.20 .1920   0 0  . . . /
```

ist der Unterschied zur exakten Kurve innerhalb der Strichstärke nicht mehr zu erkennen. Die Unterteilung in nur zwei Intervalle ist dagegen zu grob: (s. rechts)

```
-1 0   -.5 .3750  0 0  .5 -.3750  1 0 /
```

Der beschriebene Algorithmus wird mit geringfügiger Modifikation auch benutzt, um bei gestrichelten Kurven gleiche Strichelungslänge entlang der Kurve zu erhalten. Auch wenn dieser Algorithmus zur Bestimmung annähernd gleicher Bogensegmente zwischen den einzelnen Plotsymbolen in seiner Einfachheit nicht zu unterbieten ist, benötigt PICTEX eine Weile, um bei gekrümmten Kurven die erforderlichen Rechnungen durchzuführen. Man bedenke, daß TEX nur Ganzzahlarithmetik kennt. Dezimalzahlen müssen zunächst durch Multiplikation mit einem entsprechenden Faktor in Ganzzahlen umgewandelt und nach der internen Ganzzahlberechnung in die entsprechenden Dezimalzahlen zurückgewandelt werden.

Auch der in 6.6.4 vorgestellte Befehl `\findlength` zur Bestimmung der Länge einer beliebigen Kurve greift intern auf den hier vorgestellten Algorithmus zurück. Auch für diesen Befehl ist deshalb ein erheblicher Rechenaufwand und damit eine verlängerte Bearbeitungszeit zu erwarten.

6.6 Linien- und Kurvenmuster

Linien, Kurven, Rechtecke und Balken erscheinen normalerweise durchgezogen. Es ist jedoch möglich, sie punktiert, gestrichelt oder nach einem beliebig vorgegebenen Muster auszugeben.

durchgezogen   punktiert   gestrichelt   gemustert

6.6.1 Punktierte Ausgabe

Mit dem Befehl

```
\setdots [<abstand>]
```

werden anschließend alle Linien, Kurven, Rechtecke und Balken punktiert ausgegeben, wobei der Abstand der Punkte durch die optionale Maßangabe *abstand* beim vorstehenden Befehl gewählt werden kann. Ohne explizite Abstandsangabe wird standardmäßig <5pt> benutzt.

Bei Linien, Kurven und Rechtecken entspricht jeder *Punkt* der punktierten Struktur dem gerade aktuellen Plotsymbol, wie er mit dem letzten \setplotsymbol-Befehl oder standardmäßig als Punkt aus dem 5pt-Roman-Zeichensatz gewählt wurde. Bei Balken bedeutet ein *Punkt* ein gefülltes Rechteck, dessen eine Seite der mit \linethickness gewählten Strichstärke und dessen andere Seite dem momentanen Wert von \plotsymbolspacing (s. 6.5.8.1) entspricht.

Bei horizontalen Balken haben die Elementarrechtecke, die im gewählten Abstand nebeneinanderstehen, die Breite von \plotsymbolspacing und die Höhe der momentan eingestellten Strichstärke. Vertikale punktierte Balken bestehen aus gefüllten Elementarrechtecken mit der Strichstärkenbreite und der aus \plotsymbolspacing folgenden Höhe, die im gewählten Abstand übereinander angebracht sind.

```
\plotsymbolspacing1mm \setdots <2mm>
\linethickness12mm \putrule from  0 8 to 24 8
\plotsymbolspacing0.5mm \setdots <1.5mm>
\linethickness5mm  \putrule from 30 0 to 30 16
```

Die punktierten Strukturen beginnen an ihrem Anfang stets mit dem aktuellen Plotsymbol als *Punkt*. Ob auch an ihrem Ende der Punkt auftritt, hängt davon ab, ob der gewählte Abstand ganzzahlig über die Gesamtlänge verteilt ist. Meistens erscheint der letzte Punkt vor dem Strukturende. Bei den mit \plot-Befehlen erzeugten Strukturen erscheint das aktuelle Plotsymbol *zentriert* zur Anfangskoordinate. Bei den Balken bestimmt dagegen die Anfangskoordinate den linken bzw. unteren Balkenrand. Beispiel:

```
\setplotsymbol ({\circle*{2.5}} [Bl])
\plotsymbolspacing2.5mm \linethickness2.5mm
\setdots <5mm> \plot 0 25  28 25 /
\putrule from  0 20 to 28 20
\setplotsymbol (.) \setdots <1.2mm>
\circulararc 360 degrees from 14 0 center at 14 6
```

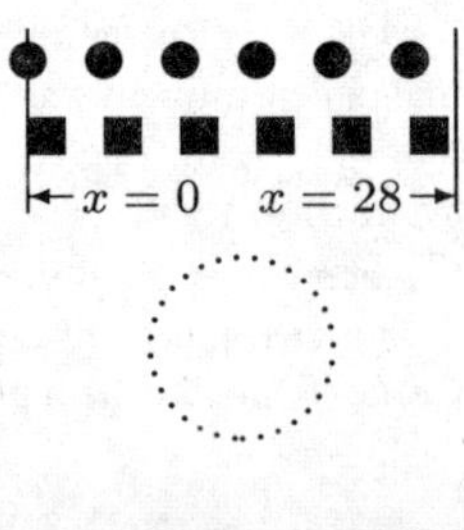

Das Beispiel demonstriert sowohl die unterschiedliche Anfangspositionierung von Balken- und Linienpunkten als auch deren Verteilung. Die Punkte erscheinen im eingestellten Abstand. Der letzte Punkt wird so angebracht, daß die zugehörige Strukturlänge nicht überschritten wird. Dies gilt auch für die geschlossene Kreisstruktur, bei der sich der Abstand zwischen dem End- und Anfangspunkt deutlich von den sonstigen Punktabständen unterscheidet. Dieser Effekt könnte dadurch vermieden werden, daß ein Punktabstand gewählt wird, bei dem mit einem ganzzahligen Vielfachen das Strukturende genau erreicht wird. PJCTEX gestattet mit dem Befehl

`\setdotsnear` <*abstand*> `for` <*struktur_länge*>

einen entsprechenden Abgleich, ohne explizite Berechnung für den genauen Abstand. Bei dem vorstehenden Befehl wird die Maßangabe *abstand* als ungefährer Abstand interpretiert, der von PJCTEX so abgeändert wird, daß der letzte Punkt mit dem Ende der Struktur zusammenfällt, deren Gesamtlänge mit dem angegebenen Maß für *struktur_länge* übereinstimmt.

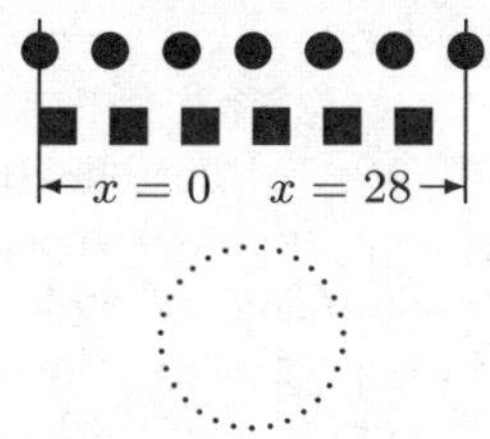

Werden die beiden `\setdots`-Befehle beim vorangegangenen Beispiel durch

```
\setdotsnear <5mm> for <28mm>     und
\setdotsnear <1.2mm> for <37.70mm>
```

ersetzt, so erscheint das Ergebnis nunmehr genau so, als wäre

`\setdots <4.6667mm>` (28/6mm) und `\setdots <1.2081mm>` ($2\pi \times 6/32$mm)

eingegeben worden. Die Angabe von *struktur_länge* beim `\setdotsnear`-Befehl ist bei Linien und Balken unproblematisch, da sie vom Benutzer vorgegeben und ihm damit bekannt ist. Auch bei Kreisen oder Kreisbögen kann die Länge aus dem leicht zu ermittelnden Radius bestimmt werden, wie im Beispiel mit $37.70 \approx 2\pi \times 6$mm geschehen. Bei Ellipsen oder allgemeinen gekrümmten Kurven verlangt dies die Ausführung der Integration für die Funktion $y = f(x)$ in der Form $\int_{x_a}^{x_e} \sqrt{1 + [f'(x)]^2}\, dx$. In 6.6.4 wird dargestellt, wie auch diese Aufgabe durch PJCTEX selbst gelöst werden kann.

War mit `\setdots` oder `\setdotsnear` auf eine punktierte Linien-, Kurven- oder Balkenausgabe umgeschaltet worden, so kann mit dem Befehl

```
\setsolid
```

auf die durchgehende Ausgabe zurückgeschaltet werden.

Die Erklärung von `\plotsymbolspacing` zur Einstellung einer bestimmten Balkenbreite oder -Höhe wirkt von dem darauffolgenden `\setdots`-Befehl an. War mit `\setdots` auf eine punktierte Ausgabe umgeschaltet worden und soll danach der Wert von `\plotsymbolspacing` für eine erneute punktierte Ausgabe verändert werden, so muß anschließend ein weiterer `\setdots`-Befehl angegeben werden, selbst dann, wenn die Abstandslänge unverändert weiter gelten soll.

```
\plotsymbolspacing.75mm     \setdots <2.5mm>
\linethickness1.0mm         \putrule from 0 12 to 30 12
\plotsymbolspacing1.5mm     \putrule from 0  8 to 30  8
\setdots <2.5mm>            \putrule from 0  4 to 30  4
\setsolid                   \putrule from 0  0 to 30  0
```

6.6.2 Gestrichelte Ausgabe

Ähnlich wie zur Umschaltung auf eine punktierte Ausgabe mit dem `\setdots` Befehl kann mit dem Befehl

`\setdashes` [<*strich_länge*>]

eine gestrichelte Ausgabe aller folgenden Linien, Kurven, Rechtecke und Balken erreicht werden. Die Strichelungslänge und die dazwischenliegenden Lücken werden gleich groß gewählt[7] und entsprechen dem übergebenen Maß für *strich_länge*. Ohne explizite Angabe der Strichelungslänge beim `\setdashes`-Befehl wird standardmäßig der Wert 5pt gewählt.

```
\setdashes
\putrectangle corners at 20 15 and 40 24
\setdashes <1mm> \setlinear
\plot 20 0  30 12  40 0  20 0 /
\setdashes <0.6mm>
\ellipticalarc axes ratio 1:2 360 degrees
   from 6 0 center at 6 12
```

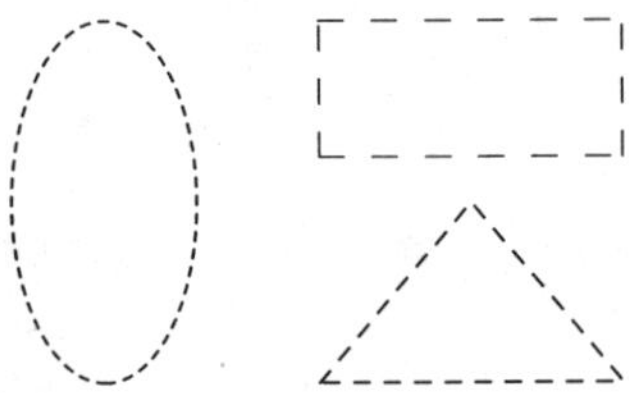

Wie bei der punktierten Ausgabe gilt auch hier, daß die ausgegebenen Strukturen mit einem Strich der angegebenen Länge beginnen. Der letzte Strich wird so gewählt, daß die Strukturlänge nicht überschritten wird, sie endet ggf. mit einer Lücke. Soll die ausgegebene Struktur stets mit einem Strich beginnen *und* enden, so kann dies durch eine geeignete Wahl der Strichlänge erreicht werden. Wie für die punktierte Ausgabe, gestattet PICTEX aber auch hier eine einfachere Lösung, mit dem Befehl

`\setdashesnear` <*approx_strich*> `for` <*struktur_länge*>

Der übergebene Wert *approx_strich* stellt ein ungefähres Maß für die Strichelungslänge dar. Der genaue Wert wird von PICTEX so gewählt, daß die Striche und Lücken gleichmäßig über die mit *struktur_länge* festgelegte Gesamtlänge verteilt werden, wobei die Struktur mit einem Strich beginnt und endet.

```
\setdashesnear <5pt> for <20mm>
\putrectangle corners at 20 15 and 40 24
\setdashesnear <1mm> for <15.62mm>
\plot 20 0  30 12 / \plot 30 12  20 40 /
\setdashesnear <1mm> for <20mm>
\plot 40 0  20 0 /
\setdashesnear <0.6mm> for <57.53mm>
\ellipticalarc axes ratio 1:2 360 degrees
   from 6 0 center at 6 12
```

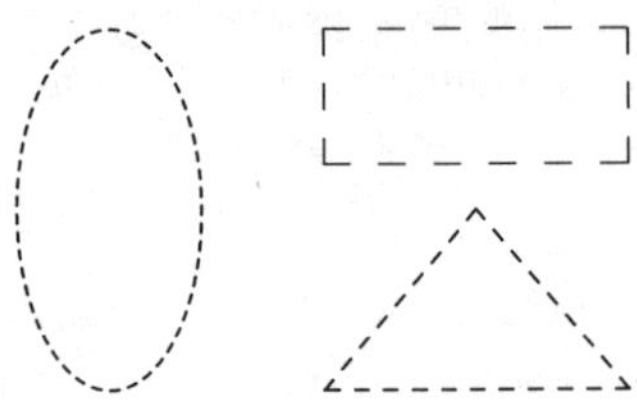

Bei diesem Beispiel wurde der Ellipsenumfang mit $\lambda = \frac{a-b}{a+b}$ aus der Reihenentwicklung $L = \pi(a+b)[1 + \lambda^2/2^2 + \lambda^4/2^6 + \lambda^6/2^8 + \lambda^8/2^{14} + \cdots]$ mit $a = 12$, $b = 6$ zu 58.13mm ermittelt. Dieser Wert wurde um 0.6mm vermindert, um eine Lücke von 0.6mm am Ende übrig zu lassen. Die Längenbestimmung beliebiger Kurven kann aber auch an PICTEX übertragen werden, wie in 6.6.4 dargestellt wird.

[7]Die Größe des aktuellen Plotsymbols bleibt bei der internen Berechnung von Strichen und Lücken unberücksichtigt. Da das Plotsymbol mit seinem Zentrum am Anfang und Ende der Striche angebracht wird, fallen die Lücken bei größeren Plotsymbolen etwas kleiner als die Striche aus.

6.6.3 Anwendereigene Muster

Eine punktierte oder gestrichelte Linienausgabe kann beliebig verallgemeinert werden. Hierzu dient der Befehl

`\setdashpattern` <s_1,l_1,s_2,l_2,... >

mit dem ein beliebiges Strichmuster definiert werden kann. Das Muster beginnt mit einem Strich mit der Länge s_1 gefolgt von einer Lücke der Länge l_1. Darauf folgt ein Strich der Länge s_2 und dann eine Lücke l_2, usw. Die Angaben für s_i und l_i sind nichtnegative Maßangaben. Die Anzahl der Komponenten kann beliebig sein. Bei einer geraden Anzahl beginnt das Muster mit einem Strich und endet mit einer Lücke; bei einer ungeraden Anzahl beginnt und endet das Muster abwechselnd mit mit einem Strich und anschließend mit einer Lücke (s. u.).

```
\setdashpattern  <3mm,1mm,0.5mm,0.5mm,0.5mm,1mm>
\setquadratic
\plot 0 0  10 3.827  20 7.071  30 9.239  40 10 /
```

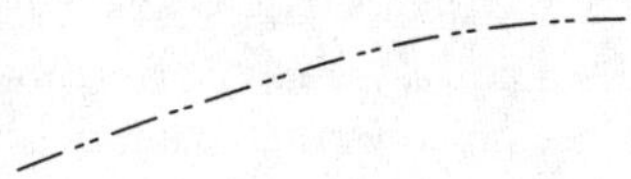

Das Muster wird so oft wiederholt, bis das Ende der Struktur erreicht wird, wobei das letzte Muster ggf. nur teilweise ausgegeben wird. Bei einer ungeraden Anzahl von Definitionsangaben werden bei aufeinanderfolgenden Mustern Striche und Lücken vertauscht, d. h. das zweite Muster beginnt mit einer Lücke der Länge von s_1, gefolgt von einem Strich der Länge von l_1, usw. (s. u.)

Wird mit dem LaTeX-Befehl `\newlength` ein eigener Längenbefehl eingerichtet und diesem mit `\setlength` eine Maßangabe zugewiesen, z. B.

```
\newlength{\basis}  \setlength{\basis}{2.5mm}
```

so kann das Muster auch in der Form <σ_i`\basis`,λ_i`\basis`> definiert werden. Hierin bedeuten σ_i und λ_i Dezimalzahlen, die das Vielfache oder den Bruchteil von `\basis` zur Musterdefinition bewirken.

```
\newlength{\radius}  \newlength{\umfang}
\newlength{\muster}  \setlength{\radius}{1.5cm}
\setlength{\umfang}{6.283185\radius}
\setlength{\muster}{0.125\umfang}
\setcoordinatesystem  units   <\radius,\radius>
\setdashpattern <0.5\muster,0.2\muster,
   0.1\muster,0.2\muster>
\circulararc 360 degrees from 1 0 center at 1 1
```

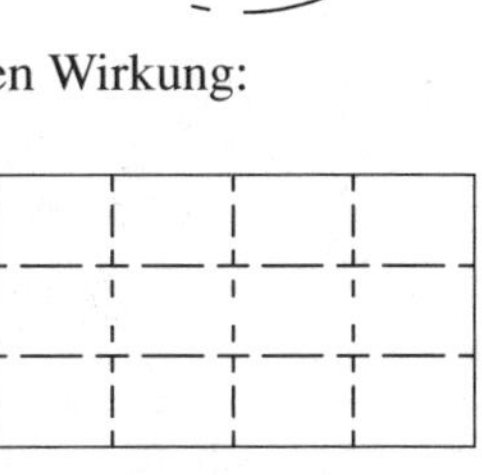

Als Beispiel für eine ungerade Anzahl von Definitionswerten und deren Wirkung:

```
\putrectangle corners at 0 0 and 40 18
\setdashpattern <1mm,1mm,2mm,1mm,1mm>
\plot  8 0   8 18 /   \plot 16 0  16 18 /
\plot 24 0  24 18 /   \plot 32 0  32 18 /
\setdashpattern <2mm,1mm,4mm,1mm,2mm,0mm>
\plot  0 6  40 6  /   \plot 0 12  40 12 /
```

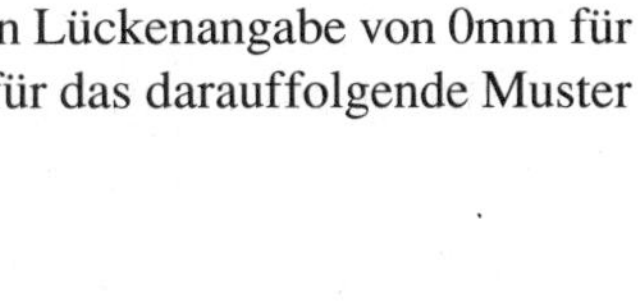

Als Folge der ungeraden Komponentenzahl erscheint bei den vertikalen Strichen das mittlere Muster invers zu den beiden äußeren. Wegen der letzten Lückenangabe von 0mm für die horizontalen Striche werden der letzte und der erste Strich für das darauffolgende Muster unmittelbar aneinandergesetzt.

6.6.4 Längenbestimmung

Die in 6.6.1 und 6.6.2 vorgestellten Befehle `\setdotsnear` und `\setdashesnear` zur Verteilung von Punkten und Strichen, mit je einem Punkt oder Strich am Anfang und Ende der auszugebenden Struktur, verlangen die Kenntnis und Angabe der Strukturlänge. Dies ist bei Balken und horizontalen oder vertikalen Linien unproblematisch, da deren Länge aus den Anfangs- und Endkoordinaten sofort ermittelt werden kann. Bei geneigten Linien muß der Satz von Pythagoras herangezogen werden, der, ebenso wie Umfang oder Länge von Kreisen oder Kreisbögen nach $\frac{2}{360}\pi r \times \alpha$, noch mit dem Taschenrechner zu bewältigen ist. Die Bogenlänge von Ellipsenbögen oder beliebig gekrümmter Kurven verlangt jedoch die Ausführung von Integrationen der Form $\int_{i-1}^{i+1} \sqrt{[x'(s)]^2 + [y'(s)]^2}\, ds$, die nicht von allen LaTeX-Anwendern erwartet werden kann, zumal die quadratischen Funktionen $x(s)$ und $y(s)$ für die Parabelbögen aus den eingegebenen Punktetripeln vorab bestimmt werden müßten.

Die Aufgabe zur Bestimmung der Länge von Kurven und Linien kann aber an PICTEX übertragen werden. Hierzu dient der Befehl

`\findlength {`*kurven_befehle*`}`

Hierin steht *kurven_befehle* für dieselbe Befehlsfolge, die auch beim Ausdruck des entsprechenden Bildteils zur Anwendung kommt. Dies wird häufig ein `\plot`-Befehl mit anschließender Plotliste oder einem Filenamen sein. Aber auch andere gekrümmte Strukturen wie Kreis- und Ellipsenbögen sind als Parametereingabe erlaubt. Ebenso können lineare `\plot`-Befehle verwendet werden, auch wenn das Bedürfnis hierfür geringer sein dürfte.

Der Aufruf `\findlength` bestimmt die Länge der übergebenen Kurvendefinition und legt sie in einem Maßregister mit dem Namen `\totalarclength` ab. Durch den Aufruf dieses *Längenbefehls* kann dessen momentaner Wert als Parameter an andere Befehle weitergegeben werden.

```
\setlinear     \findlength { \plot 0 0  0 30 / }
\setdashesnear <1.5mm> for <\totalarclength>
\plot 0 0  0 30 /
\setdashesnear <1.5mm> for <20mm> \plot 0 0  20 0 /
\findlength { \ellipticalarc axes ratio 2:3
      90 degrees from 20 0 center at 0 0 }
\setdotsnear <1.0mm> for <\totalarclength>
\ellipticalarc axes ratio 2:3  90 degrees from 20 0
      center at 0 0
```

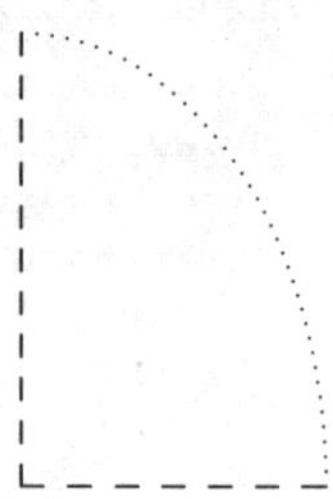

Der erste `\findlength`-Befehl liefert das triviale Ergebnis von 30mm für den Längenbefehl `\totalarclength`. Dieser Wert hätte natürlich dem eingeschlossenen `\plot`-Befehl aus seiner angefügten Liste direkt entnommen werden können, wie für den zweiten `\plot`-Befehl geschehen. Bei geneigten Linien und unterschiedlichen Einheiten für die x- und y-Achse ist die Bestimmung des Längenmaßes mit dem Befehl `\findlength` vorzuziehen, da die erforderliche Koordinatenumrechnung von PICTEX selbst vorgenommen wird.

Grundsätzlich enthält `\totalarclength` stets die Länge der zuletzt ausgeführten Linie oder Kurve. Dies kann genutzt werden, wenn anschließend eine Kurve gleicher Länge erzeugt werden soll. Im folgenden Beispiel soll von 0 bis 90° die Sinuskurve durchgehend und die Cosinuskurve gestrichelt ausgegeben werden. Da die Kurven gleiche Länge haben, kann dies mit

```
\setcoordinatesystem units <0.4mm,2.5cm>
. . . . . . . . . . . . . . . . . . . . . .
\setquadratic
\plot 0 0  15 .25882  30 .50000  45 .70711
           60 .86603  75 .96593  90 1.0  /
\setdashesnear <1.2mm> <\totalarclength>
\plot 0 1  15 .96593  30 .86603  45 .70711
           60 .50000  75 .25882  90 0    /
```

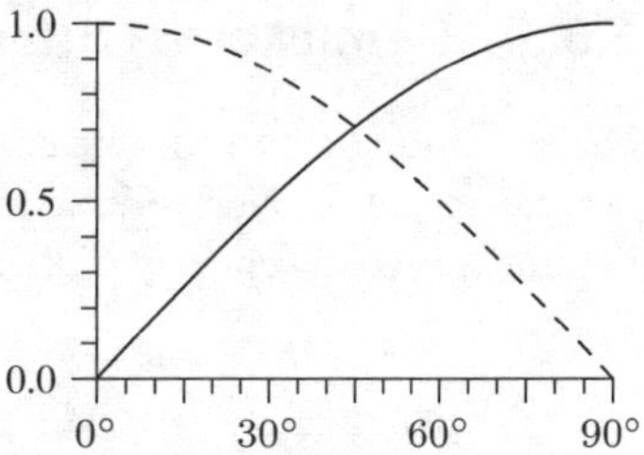

erreicht werden, ohne daß ein `\findlength`-Befehl explizit aufgerufen werden müßte.

Mit dem Maßregister `\totalarclength` werden häufig arithmetische Rechnungen durchgeführt, um Teilstrukturen an die Kurvenlänge anzupassen. Im folgenden Beispiel sollen die Strichmuster —·— und —·-· zur Unterscheidung der Kurven $y = x^{3/2}$ und $y = x^{-3/2}$ verwendet werden, wobei die Kurven jeweils mit einem vollen Muster beginnen und enden sollen.

```
\newlength{\ml}   \setquadratic
\findlength {\plot "ep32.tex"}
\ml\totalarclength  \divide\ml by 15
\setdashpattern <.5\ml,.2\ml,.1\ml,.2\ml,
                 5\ml,0\ml>
\plot "ep32.tex"              % $x^{3/2}$
\findlength {\plot "em32.tex"}
\ml\totalarclength  \divide\ml by 16
\setdashpattern <.4\ml,.2\ml,.1\ml,.2\ml,
                 .1\ml,.2\ml,.4\ml,0\ml>
\plot "em32.tex"              % $x^{-3/2}$
```

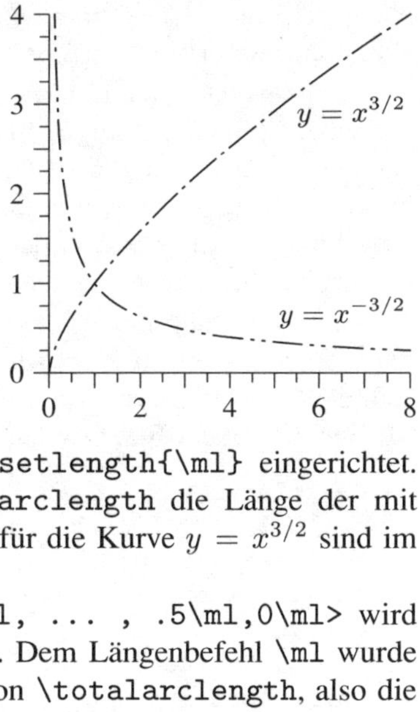

Hier wurde zunächst das Längenregister `\ml` mit `\setlength{\ml}` eingerichtet. Nach dem ersten `\findlength`-Befehl enthält `\totalarclength` die Länge der mit `\plot "ep32.tex"` definierten Kurve. Die Punktetripel für die Kurve $y = x^{3/2}$ sind im File `ep32.tex` abgespeichert.

Mit dem Befehl `\setdashpattern <.5\ml,.2\ml, ... , .5\ml,0\ml>` wird ein Muster definiert, dessen Gesamtlänge `1.5\ml` beträgt. Dem Längenbefehl `\ml` wurde zunächst mit `\ml\totalarclength` der aktuelle Wert von `\totalarclength`, also die Länge der Kurve $y = x^{3/2}$ von $x = 0$ bis $x = 8$ zugewiesen. Anschließend wurde `\ml` durch 15 geteilt, der Wert von `\ml` also auf $1/15$ der Kurvenlänge verkleinert. Da das oben definierte Muster genau `1.5\ml` lang ist, paßt es nach dieser Rechnung genau zehnmal auf die Kurve. Als Folge der letzten Musterkomponente `0\ml` ist die letzte Lückenweite 0, d. h. innerhalb der Kurve erscheint der letzte lange Strich unmittelbar mit dem ersten Strich des darauffolgenden Musters verbunden.

Die Kurve $y = x^{-1/3}$, deren Punktetripel im File `em32.tex` gespeichert sind, wird in gleicher Weise behandelt. Das zugehörige Muster ist hierbei `1.6\ml` lang, so daß die Kurvenlänge durch 16 geteilt wurde, damit das Muster wieder genau zehnmal entlang der Kurve angebracht werden kann.

Die vorstehenden Rechnungen hätten auch direkt am `\totalarclength`-Register vorgenommen werden können. Die Einrichtung von `\ml` und das Kopieren von `\totalarclength` nach `\ml` erfolgte nur, um die Musterdefinition mit dem kürzeren Befehlsnamen `\ml` statt dem Original `\totalarclength` schreiben zu können.

6.6.5 Gemusterte Gitter und Achsen

Die Befehle `\setdots`, `\setdashes` und `\setdashpattern` wurden in den vorangegangenen Beispielen in Verbindung mit Linien, Kurven, Kreisen, Ellipsen, Balken und Rechtecken benutzt. Sie wirken in gleicher Weise aber auch auf anschließende `\grid`- oder `\axis`-Befehle.

```
\setplotarea x = from 0 to 36, y from 0 to 18
\grid 1 1
\setdashpattern <1mm,1mm,2mm,1mm,1mm,0mm>
\linethickness0.2pt      \grid 6 3
```

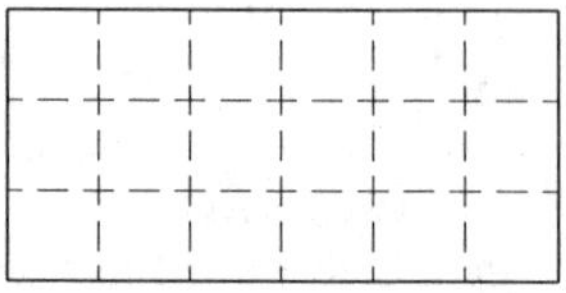

Beim vorstehenden `\setdashpattern`-Befehl hätte die letzte Komponente `0mm` fortgelassen werden können, ohne daß sich am Ausdruck des Gitters etwas geändert hätte. Dies ist ein Unterschied gegenüber dem `\plot`-Befehl zur Erzeugung von Linien und Kurven, bei denen bei ungerader Komponentenzahl die Muster abwechselnd invertieren. (S. Seite 295, wo ein ähnliches Gitter mit `\plot`-Befehlen erzeugt wurde.)

Mit dem ersten Befehl `\grid 1 1` wurde ein *Gitter* mit einer Spalte und einer Zeile, also der äußere Rahmen, erzeugt. Mit dem zweiten Befehl `\grid 6 3` wurde das eigentliche Gitter erzeugt, bei dem auch der Rahmen gemustert erscheint, was aber durch das darüberliegende, durchgezogene erste Gitter überdeckt ist. Bei den vorstehenden `\grid`-Befehlen erfolgte die Angabe der Spalten- und Zeilenanzahl ohne Einschluß in geschweiften Klammern. Dies ist erlaubt, falls die Zahlenangaben einstellig sind.

Die Anpassung eines Musters wie beim vorstehenden Beispiel setzt voraus, daß ein ganzzahliges Vielfaches des Musters sowohl die Höhe als auch die Breite des umgebenden Rahmens ausfüllt. Ist dies nicht der Fall, so können unterschiedliche horizontale und vertikale Muster mit `\axis`-Befehlen angepaßt werden.

```
\setplotarea x = from 0 to 40, y from 0 to 24
\grid 1 1   \linethickness0.2pt
\setdashpattern <1mm,1mm,2mm,1mm,1mm>
\axis bottom invisible ticks length <0mm>
  andacross from 8 to 32 by 8 /
\setdashpattern <1mm,1.5mm,3mm,1.5mm,1mm>
\axis left invisible ticks length <0mm>
  andacross from 6 to 18 by 6 /
```

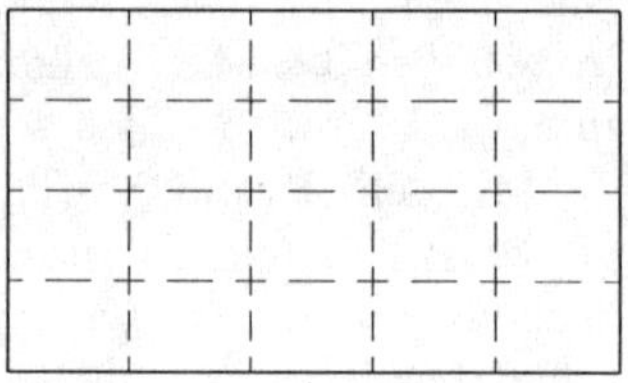

Die Musterlänge beträgt beim ersten `\setdashpattern`-Befehl 6 mm. Das Muster erscheint damit genau viermal über die Gesamthöhe von 24 y-Einheiten. Die Musterlänge des zweiten `\setdashpattern`-Befehls beträgt 8 mm, womit dieses Muster genau fünfmal über die Gesamtbreite von 40 x-Einheiten verteilt wird.[8] Wird in den vorstehenden Beispielen `\setdashpattern` durch `\setdots` oder `\setdashes` bzw. `\setdotsnear` oder `\setdashesnear` ersetzt, so entstehen punktierte oder gestrichelte Gitter mit vorgegebenem Punkteabstand oder vorgegebener Strichelungslänge. Mit dem Befehl `\setsolid` wird von allen gerade aktiven Musterungen stets auf durchgehende Linien zurückgeschaltet.

[8] Dies ergab sich aus der letzten globalen Einstellung für das Koordinatensystem mit 1 mm als x- und y-Einheiten. Die Kombination von globalen Koordinatensystemen mit lokalen Strichmusterdefinitionen ist nicht zu empfehlen, da Änderungen des ersteren meistens unvorhersehbare Auswirkungen auf die lokalen Andordnung der Strichmuster haben. Für solche Kombinationen ist deshalb die lokale Definition eines Koordinatensystems vorzuziehen.

6.7 Schattierungen

PICTEX gestattet die Schattierung von Teilflächen durch die Verteilung eines Schattierungssymbols über die ausgesuchte Fläche. Sowohl das *Schattierungssymbol* als auch das *Verteilungsgitter* für dieses Symbol kann vom Anwender frei gewählt werden, wenn vom Standard abgewichen werden soll.

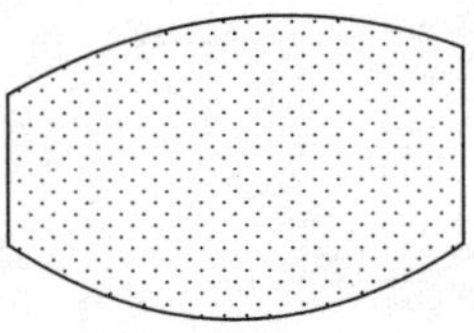

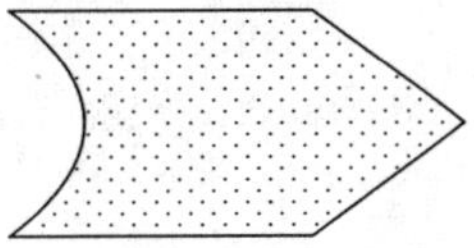

Es gibt zwei Bearbeitungsmodi für die Schattierung von Flächen: Im *vertikalen* Schattierungsmodus werden Flächen schattiert, deren obere und untere Begrenzung beliebige Kurven oder geneigte Linienzüge sein dürfen und deren linker und rechter Rand durch vertikale Linien begrenzt sind.

Im *horizontalen* Schattierungsmodus werden dagegen Flächen schattiert, deren linke und rechte Begrenzung beliebige Kurven und deren obere und untere Grenze horizontale Linien sind.

Das Standardschattierungssymbol ist in beiden Bearbeitungsmodi der Punkt aus dem 5pt-Roman-Zeichensatz.

Flächen, die allseitig von einer geschlossenen Kurve begrenzt werden, müssen so in Teilflächen untergliedert werden, daß die Schattierung der Teilflächen im horizontalen oder vertikalen Schattierungsmodus erfolgen kann (s. u.).

Bei den in den folgenden Unterabschnitten beschriebenen Befehlen tritt häufig ein mit [$<E>$] oder [$<E_i>$] symbolisierter optionaler Parameter auf. Dies ist eine abkürzende Darstellung für

$$<\epsilon_l,\epsilon_r,\epsilon_u,\epsilon_o> \quad \texttt{bzw.} \quad <\epsilon_{l,i},\epsilon_{r,i},\epsilon_{u,i},\epsilon_{o,i}>$$

mit der Bedeutung der Mindestabstände des Schattierungssymbols zum umgebenden Rand, und zwar nach links, rechts, unten und oben.

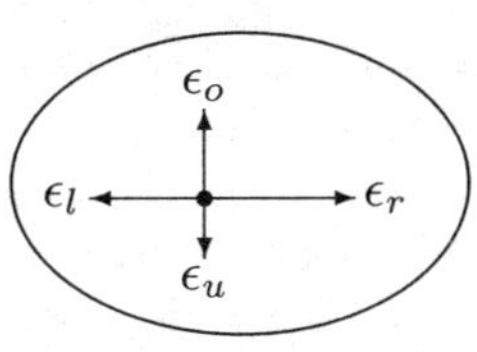

Die Maßangaben für ϵ bedeuten damit

ϵ_l	Mindestabstand zum *linken* Begrenzungsrand
ϵ_r	Mindestabstand zum *rechten* Begrenzungsrand
ϵ_u	Mindestabstand zum *unteren* Begrenzungsrand
ϵ_o	Mindestabstand zum *oberen* Begrenzungsrand

Entfällt der optionale Parameter $<E>$, so wählt PICTEX geeignete Abstände als Standard, die von der Größe des aktuellen Schattierungssymbols abhängen. Entfallen innerhalb des Parameters $<E>$ eine oder mehrere der Angaben von ϵ_x, z. B. bei `<0mm,,1mm,>`, so werden für die fehlenden Angaben die PICTEX-Standardwerte benutzt. Im angegebenen Beispiel würden also der Mindestabstand zum linken Rand $\epsilon_l = 0$mm und der Mindestabstand zu unteren Rand $\epsilon_u = 1$mm betragen, während für ϵ_r und ϵ_o die PICTEX-Standardwerte verwendet werden.

Wie sich bei den späteren Beispielen zeigen wird, sind Abstandsangaben von 0mm recht häufig. Hierfür erlaubt PICTEX die abkürzende Angabe `z` innerhalb des $<E>$ Parameters. Das vorangegangene Beispiel hätte damit auch als `<z,,1mm,>` geschrieben werden können.

Eine sachgerechte Wahl für die verschiedenen Randabstände wird in den folgenden Unterabschnitten vorgestellt und dort verständlicher werden.

6.7.1 Der vertikale Schattierungsmodus

Im vertikalen Schattierungsmodus werden Flächen schattiert, deren obere und untere Grenze beliebige Linienzüge oder Kurven sein können und die links und rechts durch vertikale Linien begrenzt sind. Der Modus wird nochmals in einen *linearen* und *quadratischen* Bearbeitungsstil unterteilt. Der *lineare* Bearbeitungsstil wird mit dem vorangestellten `\setlinear`-Befehl angesprochen. Die Schattierung wird mit dem Befehl

$$\texttt{\vshade}\ x_0\, y_0^{(b)}\, y_0^{(t)} \quad [\texttt{<}E_1\texttt{>}] \quad x_1\, y_1^{(b)}\, y_1^{(t)} \quad [\texttt{<}E_2\texttt{>}] \quad x_2\, y_2^{(b)}\, y_2^{(t)}$$
$$\ldots \quad \ldots\ldots\ldots$$
$$[\texttt{<}E_i\texttt{>}] \quad x_i\, y_i^{(b)}\, y_i^{(t)} \quad \ldots \quad \ldots\ldots\ /$$

erreicht. Für die Koordinatenpunkte $(x_i, y_i^{(b)})$ und $(x_i, y_i^{(t)})$ muß die Bedingung

$$x_0 < x_1 < x_2 < \cdots \quad \text{und} \quad y_i^{(b)} \le y_i^{(t)},\ i = 0, 1, 2, \ldots$$

eingehalten werden. Mit dem vorstehenden Befehl `\vshade` werden horizontal aneinandergrenzende Teilflächen

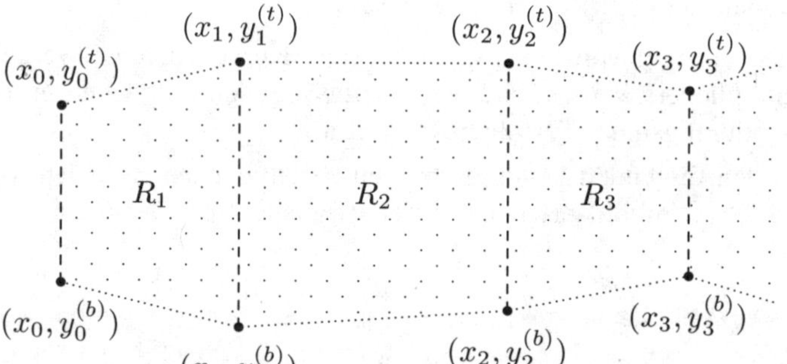

definiert, die mit dem aktuellen Schattierungssymbol und Verteilungsgitter schattiert werden.

Ohne die optionalen Parameter $\texttt{<}E_i\texttt{>}$ halten die Schattierungssymbole für jede Teilfläche R_i bestimmte Mindestabstände vom oberen und unteren sowie vom linken und rechten Rand ein, die intern vorgegeben sind. Der Mindestabstand zum oberen und unteren Rand ist sinnvoll, nicht dagegen zum rechten Rand der ersten Teilfläche R_1 und zum linken Rand der angrenzenden zweiten Teilfläche R_2 sowie der evtl. weiteren, horizontal folgenden Teilflächen R_i. Es sollte durchaus möglich sein, daß Schattierungspunkte entlang der vertikalen Begrenzungslinien auftreten dürfen, da andernfalls evtl. Schattierungslücken zwischen benachbarten Teilflächen auftreten. Es empfiehlt sich deshalb, die Parameter $\texttt{<}E_i\texttt{>}$ als

$$\texttt{<}E_1\texttt{>} = \texttt{<,z,,>} \quad \texttt{<}E_i\texttt{>} = \texttt{<z,z,,>},\ i = 2, 3, \ldots n-1 \quad \texttt{<}E_n\texttt{>} = \texttt{<z,,,>}$$

zu wählen, wobei der Index n die letzte vertikale Begrenzungslinie kennzeichnen soll.

Die obigen punktierten oder gestrichelten Begrenzungslinien werden durch den `\vshade`-Befehl natürlich nicht erzeugt. Sie dienen nur zur Verdeutlichung der Schattierungsteilflächen. Sollen schattierte Flächen Begrenzungslinien erhalten, so müssen diese mit `\plot`-Befehlen explizit erzeugt werden.

Der *quadratische* Bearbeitungsstil wird mit einem vorangestellten `\setquadratic`-Befehl erreicht. Für diesen hat der Schattierungsbefehl `\vshade` eine geänderte Syntax, nämlich

$$\begin{array}{lllll}\texttt{\char`\\vshade}\ x_0\, y_0^{(b)}\, y_0^{(t)} & [\texttt{<}E_1\texttt{>}] & x_1\, y_1^{(b)}\, y_1^{(t)} & x_2\, y_2^{(b)}\, y_2^{(t)} & \\ & [\texttt{<}E_2\texttt{>}] & x_3\, y_3^{(b)}\, y_3^{(t)} & x_4\, y_4^{(b)}\, y_4^{(t)} & \\ & \ldots & \ldots\ldots\ldots & & \\ & [\texttt{<}E_i\texttt{>}] & x_{2i-1}\, y_{2i-1}^{(b)}\, y_{2i-1}^{(t)} & x_{2i}\, y_{2i}^{(b)}\, y_{2i}^{(t)} & \ldots\ldots\ /\end{array}$$

Mit `\setquadratic \vshade ...` in der vorstehenden Form werden die Teilflächen

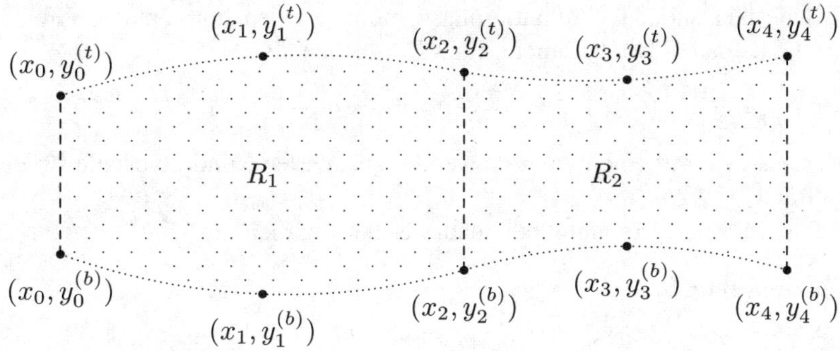

definiert und schattiert. Zur Wahl der optionalen Abstandsparameter <E_i> gelten die Hinweise des linearen Bearbeitungsstils gleichermaßen.

Für die vorangegangenen linearen bzw. quadratischen vertikalen Schattierungsbearbeitungen wurden die folgenden beiden Befehlspaare benutzt:

```
\setlinear    \vshade 0 5 25 <,z,1pt,1pt> 20 0 30 <z,z,1pt,1pt> 50 2 30
                             <z,z,1pt,1pt> 70 6 27 <z,,1pt,1pt>  80 3 30 /
\setquadratic \vshade 0 5 25 <,z,1pt,1pt> 25 0 30  50 3 28
                              <z,,1pt,1pt> 70 6 27  90 3 30 /
```

6.7.2 Der horizontale Bearbeitungsmodus

Flächen mit einer horizontalen oberen und unteren Begrenzung und einem durch Linienzüge oder Kurven begrenzten linken und rechten Rand werden im horizontalen Bearbeitungsmodus schattiert. Auch beim horizontalen Schattierungsmodus gibt es, wie beim vertikalen, die lineare und quadratische Unterteilung. Für den linearen Bearbeitungsstil gilt die Befehlsfolge

$$\begin{array}{llllll}\texttt{\char`\\setlinear} & & & & & \\ \texttt{\char`\\hshade}\ y_0\, x_0^{(l)}\, x_0^{(r)} & [\texttt{<}E_1\texttt{>}] & y_1\, x_1^{(l)}\, x_1^{(r)} & [\texttt{<}E_2\texttt{>}] & y_2\, x_2^{(l)}\, x_2^{(r)} & \\ & \ldots & \ldots\ldots\ldots & & & \\ & [\texttt{<}E_i\texttt{>}] & y_i\, x_i^{(l)}\, x_i^{(r)} & \ldots & \ldots\ldots\ / & \end{array}$$

Die Koordinatenpunkte $(x_i^{(l)}, y_i)$ und $(x_i^{(r)})$ müssen hierbei die Bedingungen

$$y_0 < y_1 < y_2 < \cdots \quad \text{und} \quad x_i^{(l)} \leq x_i^{(r)}, i = 0, 1, 2, \ldots$$

einhalten. Damit wird die Fläche

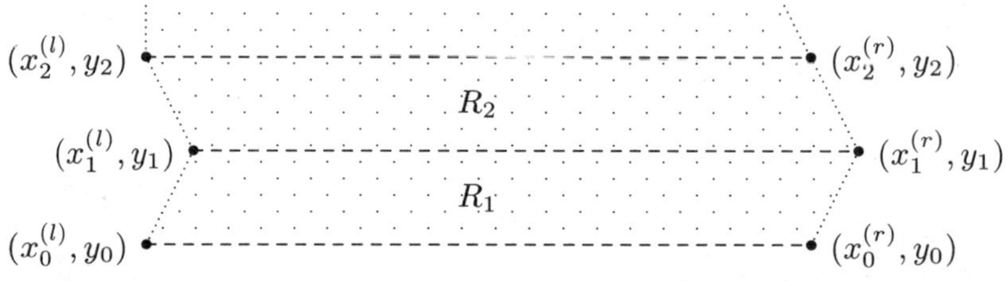

definiert und schattiert. Entsprechend den Anmerkungen zur vertikalen Bearbeitung sollten hier die Mindestabstände des Schattierungssymbols zu den horizontalen Grenzlinien der Teilflächen 0pt betragen. Die Parameter für <E_i> sollten also als

<E_1> = `<,,,z>`   <E_i> = `<,,z,z>`, $i = 2, 3, \ldots n-1$ <E_n> = `<,,z,>`

gewählt werden, evtl. mit einem vom Anwender geänderten Mindestabstand für den rechten und linken Rand.

Die Syntax für `\hshade` lautet bei quadratischer Bearbeitung

`\setquadratic`
`\hshade` $y_0\ x_0^{(l)}\ x_0^{(r)}$ [<E_1>] $y_1\ x_1^{(l)}\ x_1^{(r)}$ $y_2\ x_2^{(l)}\ x_2^{(r)}$
[<E_2>] $y_3\ x_3^{(l)}\ x_3^{(r)}$ $y_4\ x_4^{(l)}\ x_4^{(r)}$
... .
[<E_i>] $y_{2i-1}\ x_{2i-1}^{(l)}\ x_{2i-1}^{(r)}$ $y_{2i}\ y_{2i}^{(l)}\ y_{2i}^{(r)}$ ..... /

womit

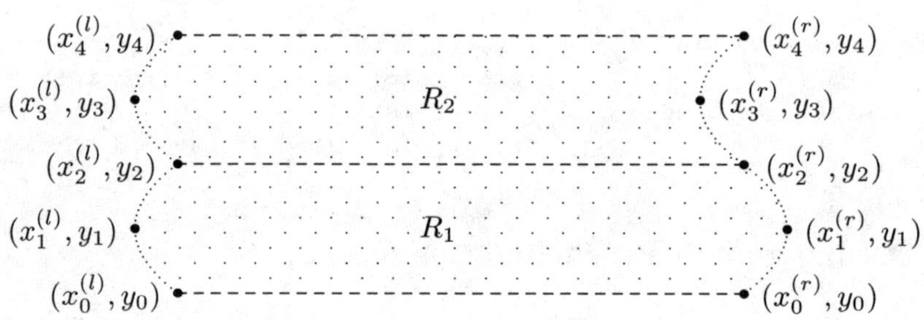

definiert und schattiert wird. Zum Abschluß auch hier die Schattierungsbefehle für die vorstehenden beiden Flächen:

```
\setlinear      \hshade 0 0 70 <1pt,1pt,,z> 10 5 75 <1pt,1pt,z,z> 20 0 70
                               <1pt,1pt,z,> 26 0 67  /
\setquadratic   \hshade 0 5 70 <1pt,1pt,,z> 7.5 0 75  15 5 70
                               <1pt,1pt,z,> 22.5 0 65  30 5 70 /
```

6.7.3 Schattierung geschlossener Kurveninhalte

Um die von geschlossenen Kurven, wie Kreis oder Ellipse, umgebene Fläche zu schattieren, muß die eingeschlossene Fläche so in Teilbereiche aufgeteilt werden, daß die Teilflächen entweder im vertikalen oder horizontalen Modus definiert und schattiert werden können. Dies soll am Beispiel des schattierten Viertelkreises und der Ellipse verdeutlicht werden.

```
\setcoordinatesystem units <2.5cm,2.5cm>   \setquadratic
\setplotarea x from 0 to 1, y from 0 to 1
\vshade 0  0 1 <1pt,z,1pt,1pt> .25  0 .9682  .5  0 .8660 /
\hshade 0 .5 1 <z,1pt,1pt,1pt> .43 .5 .9028  .8660 .5 .5 /
\circulararc 90 degrees from 1 0 center at 0 0
\axis bottom ticks numbered from 0.0 to 1.0 by 0.5 /
\putrule from 0 0 to 0 1
```

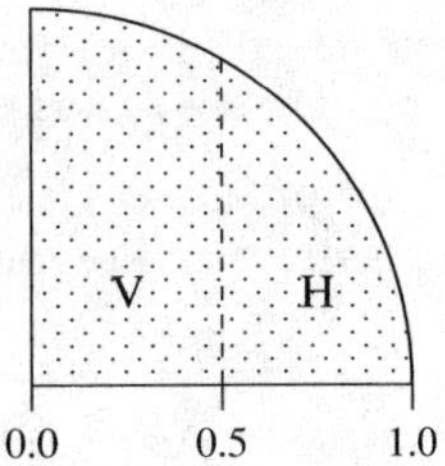

Im Intervall $0 \leq x \leq 0.5$ findet die Schattierung mit dem `\vshade`-Befehl und in $0.5 \leq x \leq 1$ mit `\hshade` statt. Im V-Intervall wurden die y-Werte nach $y_i = \sqrt{r^2 - x_i^2}$ und im H-Intervall die x-Werte nach $x_i = \sqrt{r^2 - y_i^2}$ mit $r = 1$ ermittelt. Obwohl die quadratische Interpolation die Kreisbögen, insbesonders für das rechte H-Intervall, nur grob approximiert, reicht die Unterteilung in nur zwei Parabelbögen aus, da die Ungenauigkeit innerhalb des Mindestabstands von 1pt liegt.

```
\setcoordinatesystem units <4mm,4mm>
\ellipticalarc axes ratio 4:5 360 degrees
   from 0 5 center at 0 0
\setquadratic
\hshade -3.546 -2.828 -2.828 <1pt,z,1pt,1pt>
   0 -4 -2.828  3.546 -2.828 -2.828 /
\vshade -2.828 -3.546  3.546 <z,z,1pt,1pt>
   0 -5  5      2.828 -3.546 3.546 /
\hshade -3.546  2.828  2.828 <z,1pt,1pt,1pt>
   0  2.828 4   3.546  2.828 2.828 /
```

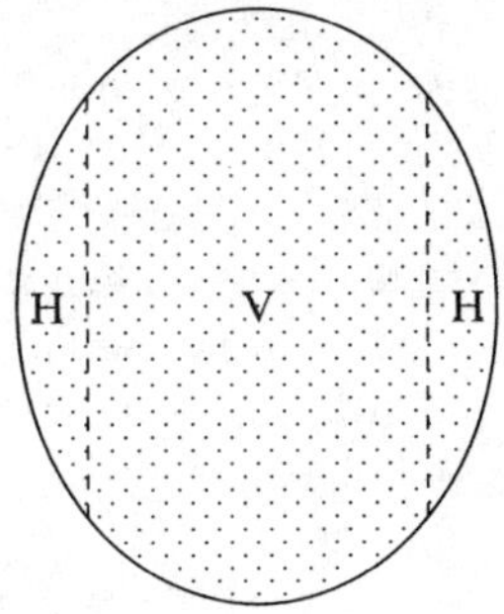

Die Ellipsenkoordinaten wurden hierbei aus der Parameterdarstellung der Ellipse $x = a\cos\varphi$, $y = b\sin\varphi$ mit $a = 4$ und $b = 5$ für $\varphi = \pm 45°$ ermittelt. Die Darstellung der Begrenzung der Ellipsenfläche mit nur 2 + 2 Parabelapproximationen reicht aus, da die Abweichung der Parabelbögen von der Ellipse innerhalb des vorgegebenen Mindestabstands bleibt.

Die gestrichelten Linien zur Abgrenzung der H- und V-Bereiche dienen nur zur Verdeutlichung. Sie sind selbstverständlich keine Folge der `\hshade` und `\vshade`-Befehle.

6.7.4 Schattierungssymbol und Verteilungsgitter

Als Schattierungssymbol verwendet PICTEX standardmäßig den Punkt aus dem 5pt-Roman-Zeichensatz. Mit dem Befehl

```
\setshadesymbol [<E>] ( {s_symbol} [[[p_x][p_y]]] [<x_s_maß,y_s_maß>] )
```

kann ein beliebiges Zeichen oder Symbol für *s_symbol* als Schattierungssymbol gewählt werden. Dieses ist so lange gültig, bis es durch einen weiteren `\setshadesymbol`-Befehl abgelöst wird, längstens aber bis zum Ende der PICture-Umgebung.

<*E*> steht wieder als Abkürzung für den Abstandsvektor <ϵ_l, ϵ_r, ϵ_u, ϵ_o>. Wird dieser Parameter gesetzt, so gilt er für alle anschließenden Schattierungen mit diesem Schattierungssymbol, soweit nicht für einzelne Teilflächen bei den `\vshade` und `\hshade`-Befehlen eigene <E_i> Abstandsvektoren gesetzt waren. Letztere haben Vorrang vor dem allgemeinen Abstandsvektor des `\setshadesymbol`-Befehls, sie gelten aber nur für die einzelne Teilfläche, für die sie gesetzt waren.

Die Positionierungsparameter p_x und p_y sowie die Verschiebemaße *x_s_maß* und *y_s_maß* entsprechen vollständig denen des \put-Befehls, wie in 6.3.1 auf S. 258 beschrieben.

Ein geändertes Schattierungssymbol und seine Wirkung gibt das folgende Programmsegment

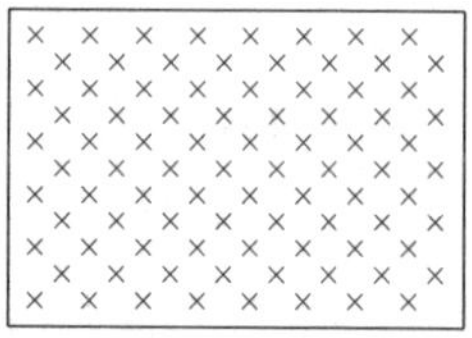

```
\setshadesymbol <1mm,1mm,1mm,1mm>
    ( {$\scriptscriptstyle\times$} )
\grid 1 1  \hshade 0 0 30  21 0 30 /
```

Das gewählte Schattierungssymbol wird in einem Diagonalgitter so angeordnet, daß benachbarte Symbole jeweils einen horizontalen *und* vertikalen Abstand von 5 pt haben. Auch dieser Gitterabstand kann vom Anwender verändert werden, und zwar mit dem Befehl

\setshadegrid [span <*gitter_abstand*>] [point at *x_coord y_coord*]

Entfällt die optionale Angabe für *gitter_abstand*, so gilt der letzte mit einem \setshadegrid gesetzte Wert weiter. War ein solcher nicht vorausgegangen, so wird hierfür der Standardwert 5pt verwendet. Entsprechendes gilt für die optionale Angabe mit point at *x_coord y_coord*, mit der ein Bezugspunkt für das Gitter angegeben werden kann. Der PICTEX-interne Standardwert für den Bezugspunkt ist (0,0).

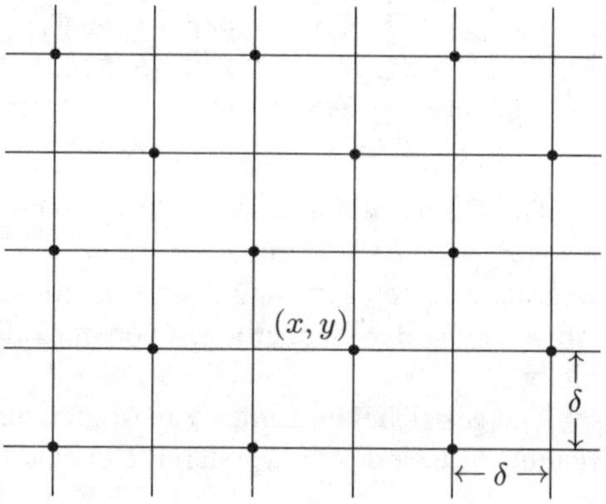

Mit diesem Befehl wird das nebenstehende Gitter definiert, bei dem das Schattierungssymbol an den mit • gekennzeichneten Stellen angebracht wird.

Ist (x, y) der Bezugspunkt für das Gitter, so wird an dieser Stelle das Schattierungssymbol angebracht, und von hier werden nach links und rechts im Abstand $i\delta$ und nach oben und unten im Abstand $j\delta$ weitere Schattierungssymbole angeordnet, wobei die ganzzahligen Werte von i und j nur solche Werte annehmen dürfen, daß $i + j$ geradzahlig wird. δ entspricht dabei dem Wert von *gitter_abstand*.

Die Angabe eines Bezugspunktes bei \setshadegrid kann in den meisten Fällen entfallen, da der interne Standardwert $(0, 0)$ für die erzeugte Schattierung meist akzeptiert werden kann. Ein Bedarf für die Wahl eines eigenen Bezugspunktes kann z. B. dann vorliegen, wenn ein Kreis schattiert werden soll *und* verlangt wird, daß Schattierungspunkte genau entlang dem horizontalen und vertikalen Durchmesser erscheinen sollen. Liegt der Kreismittelpunkt bei (x_c, y_c), so kann man als Bezugspunkt für den \setshadegrid-Befehl die gleichen Koordinaten wählen, um die beschriebene Forderung zu erfüllen.

Die Schattierungsbeispiele in 6.7.1 und 6.7.2 benutzten die Standardwerte für das Schattierungssymbol und das Verteilungsgitter. Für die Beispiele in 6.7.3 war das Verteilungsgitter mit \setshadegrid span <2.5pt> gewählt worden. Weitere Beispiele für geänderte Schattierungssymbole und Verteilungsgitter erscheinen im nachfolgenden Unterabschnitt. Die Standardschattierung wird sich in den meisten Fällen als zu schwach erweisen, wie die Beispiele aus 6.7.1 und 6.7.2 erkennen lassen. Anderseits führt eine Halbierung der Gitterweite zu vierfachen Anzahl von Schattierungssymbolen, was eine merkliche Verlängerung der Bearbeitungszeit nach sich zieht.

6.7.5 Schattierte Rechtecke

In Verbindung mit `\setlinear` können mit `\hshade` oder `\vshade` Rechteckflächen definiert und schattiert werden. Da die Schattierung von Rechteckstrukturen, etwa bei Histogrammen oder Balkendiagrammen, recht häufig gewünscht wird, stellt PiCTeX zur Schattierung von Rechteckstrukturen einen weiteren Befehl

```
\shaderectangleson
```

bereit. Wird dieser Befehl gesetzt, so werden alle nachfolgenden Rechtecke automatisch schattiert, die mit einem der Befehle `\putrectangle`, `\putbar`, `\frame` und `\rectangle` sowie `\plot` in Verbindung mit `\sethistograms` oder `\setbars` erzeugt werden. Die Schattierung erfolgt mit dem gerade aktiven Schattierungssymbol und Verteilungsgitter. Die Schattierung von solchen Rechtecken wird mit dem Befehl

```
\shaderectanglesoff
```

wieder abgeschaltet.

```
\setcoordinatesystem units <1mm,8mm>
\setshadegrid span <0.6mm>
\shaderectangleson  \sethistograms
\plot 0 0  5 1.0  10 2.0 /
\setshadegrid span <1mm>
\plot 10 0  17 3.5  25 1.8 /
\shaderectanglesoff
\plot 25 0  35 1.2  50 0.5 /
```

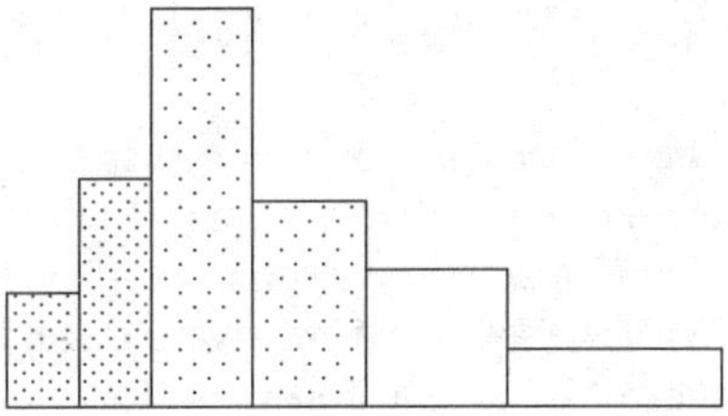

Sollen Teile eines Histogramms oder Balkendiagramms unterschiedlich schattiert werden, so muß es, wie im vorstehenden Beispiel dargestellt, in Teilbereiche mit jeweils eigenen `\plot`-Befehlen aufgeteilt werden, denen die Befehle zur Änderung des Plotsymbols und/oder des Verteilungsgitters voranzustellen sind.

Zum Abschluß noch ein Beispiel mit geändertem Plotsymbol und verschiedenen Gitterabständen:

```
\setshadesymbol <z,1mm,.5mm,.5mm>
   ({-} [l])
\setshadegrid span <1.5mm>
\shaderectangleson
\putrectangle corners at 0 0 and 20 40
\setshadegrid span <1.0mm>
\put {\rectangle <20mm> <20mm>} [lb]
   at 25 20
\setshadesymbol <1pt,1pt,1pt,1pt>
   ( circle{2} [Bl] )
\putbar breadth <15mm> from 25 7.5
                       to   45 7.5
```

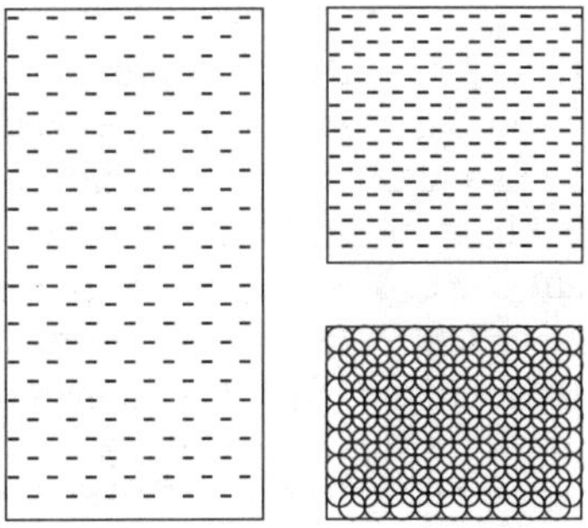

Als letztes Beispiel, das auch zur Abhebung bestimmter Textteile verwendet werden kann, eine textunterlegte Schattierung:

```
\setshadegrid span <1.5pt> \shaderectangleson
\frame <0.5mm> {\bf \lines{ Gerahmter Text\cr
          mit unterlegter\cr Schattierung } }
```

6.8 Positionierung und Schachtelung von Bildern

Bei den vorangegangenen Beispielen standen die Bilder häufig neben einem erläuternden Textblock oder dem Ausdruck für den erzeugenden Programmteil. Hierzu waren die Textteile und die PICture-Umgebung jeweils in eine eigene `minipage`-Umgebung geeigneter Breite gefaßt und nebeneinander gestellt worden. Bei anderen Beispielen erschienen die Bilder zentriert. Die naheliegende Vermutung, dies könne durch Einschachtelung in die LaTeX-Umgebung `center` erreicht werden, erweist sich leider als falsch.

6.8.1 Horizontal zentrierte Bilder

Soll ein mit der PICture-Umgebung erzeugtes Bild horizontal zentriert werden, so geschieht dies am einfachsten durch Einschachtelung der Umgebung in ein `\[ \]` Paar, wie zur Erzeugung abgesetzter Formeln

`\[ \beginpicture` *PICTEX-Befehle* `\endpicture \]`

Die LaTeX-Umgebung `center`, zur horizontalen Zentrierung des eingeschachtelten, ggf. mehrzeiligen Textes, ist zur direkten Aufnahme der PICture-Umgebung ungeeignet. Ein solcher Versuch führt zu einer Flut von Fehlermeldungen und schließlich zum Programmabbruch. Wird die PICture-Umgebung dagegen in eine eigene LR-Box `\mbox{`*bild*`}` gefaßt, so kann diese `\mbox` wie sonstiger Text von der `center`-Umgebung aufgenommen und ordnungsgemäß verarbeitet werden.

In [19] wird die Einschachtelung in ein Paar `$$ ... $$` vorgeschlagen, um ein Bild abgesetzt und horizontal zentriert auszugeben. Da die TeX-Struktur `$$ ... $$` das Pendant zur LaTeX-Struktur `\[ ... \]` ist, möge der Leser die ihm geläufigere Struktur wählen.

6.8.2 Gleitende Bilder

Eine horizontale Zentrierung von Bildern in einer der beschriebenen Formen ist nur sinnvoll, wenn das Bild nur geringe vertikale Ausdehnung hat. Da bei der Mischung von PICture-Umgebungen mit normalem Text der Seitenumbruch zunächst nicht bekannt ist, wird bei Bildern mit größerer vertikaler Ausdehnung die Seite ggf. vor dem Bild gebrochen, wenn auf der laufenden Seite nicht mehr genügend Platz für das Bild verfügbar ist. Dies führt zu einer schlechten Formatierung für die laufende Seite. Es ist deshalb empfehlenswert, größere Bilder in die LaTeX-Gleitumgebung `figure` zu fassen, also eine Struktur

```
\begin{figure}[gleit_pos] \beginpicture . . . .
                    . . . . \endpicture \end{figure}
```

zu wählen. Die `figure`-Umgebung mit den optionalen Gleitparametern *gleit_pos* ist ausführlich in [3, Abschn. 6.6] beschrieben und wird als bekannt vorausgesetzt. Damit werden Bilder automatisch dorthin positioniert, wo von LaTeX unter Berücksichtigung der evtl. angegebenen Gleitparameter am ehesten Platz gefunden wird, wobei der nachfolgende Text ggf. vorgezogen wird.

Das an dieser Stelle definierte Bild

```
\begin{figure}[b] \[ \beginpicture
  \setcoordinatesystem units <6mm,1.5cm>
  \putrectangle corners at 0 0 and 10 1
  \put {Dieses Bild mag gleiten!} at 5 .5
\endpicture \] \end{figure}
```

erscheint als Folge der `figure`-Umgebung mit dem Gleitparameter `[b]` nunmehr unten am Seitenende und gleichzeitig als Folge der Einschachtelung in `\[ ... \]` horizontal zentriert.

Innerhalb der `figure`-Umgebung kann der eingeschlossenen PiCture-Umgebung der Befehl `\capture{`*bild_text*`}` voran- oder nachgestellt werden. Damit erfolgt eine automatische Bildnumerierung mit dem für *bild_text* übergebenen Text als Über- oder Unterschrift. Gleichzeitig wird die Bildnummer mit dem Bildtext nach Aufruf von `\listoffigures` automatisch in ein Bildverzeichnis aufgenommen. [3a, Abschn. 3.4]

6.8.3 Die PiCTeX-Bildbox

Sollen Bilder ausschließlich mit einer der im vorangegangenen Unterabschnitt beschriebenen Möglichkeiten positioniert werden, so kann dieser Unterabschnitt überschlagen werden. Die folgenden Hinweise bekommen ihre Bedeutung, wenn Bilder horizontal mit umgebenden Texteilen verknüpft oder Teilbilder mit eigenen PiCture-Umgebungen definiert und in größere Bilder eingebunden werden sollen.

Für jede PiCture-Umgebung wird bei der PiCTeX-Bearbeitung die kleinste umgebende Box ermittelt, die alle Bildelemente gerade einschließt. Die einzelnen Bildelemente sind aus der Sicht von TeX ebenfalls Boxen, die horizontal und vertikal oder ggf. überlappend gegeneinander ausgerichtet sind (s. Bild nächste Seite oben).

Aus der Sicht von TeX ist jede Box durch die Breite w, die Höhe h *über* der Grundlinie und die Ausdehnung d *unterhalb* der Grundlinie gekennzeichnet. Die Gesamthöhe einer Box ist damit $t = h + d$, wobei h und d auch negative Werte annehmen dürfen. Ein negativer Wert für h bedeutet, daß die Oberkante der Box unterhalb der Grundlinie liegt, ein negativer Wert für d tritt auf, wenn die Boxunterkante oberhalb der Grundlinie liegt.

Die Abmessungen der Boxen für die einzelnen Bildelemente ergeben sich zwangsläufig aus den Bildbefehlen `\setplotarea`, `\putrectangle`, `\putbar` und `\putrule`. Die Bildbefehle `\put` und `\multiput` definieren Boxen, deren Abmessungen PiCTeX aus dem übergebenen Textteil selbst ermittelt. Auch die Grundlinien für diese Boxen sind durch die Bildbefehle bestimmt, z. B. die durch die Bezugskante gehende Linie beim Befehl `\putrectangle` und die y-Koordinate bei horizontalen Rechtecken und Balken bei den Befehlen `\putbar` und `\putrule`. Bei den Befehlen `\put` und `\multiput` wird die Grundlinie der erzeugten Boxen aus der übergebenen Textstruktur ermittelt.

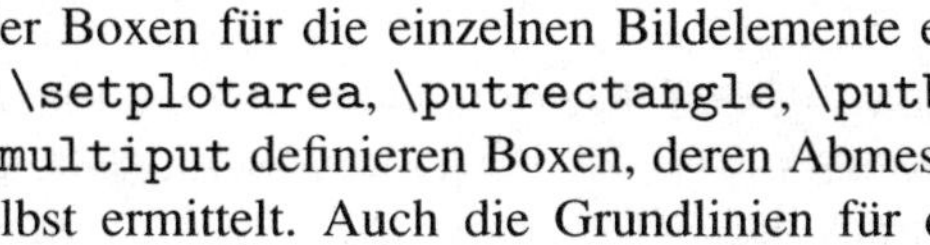

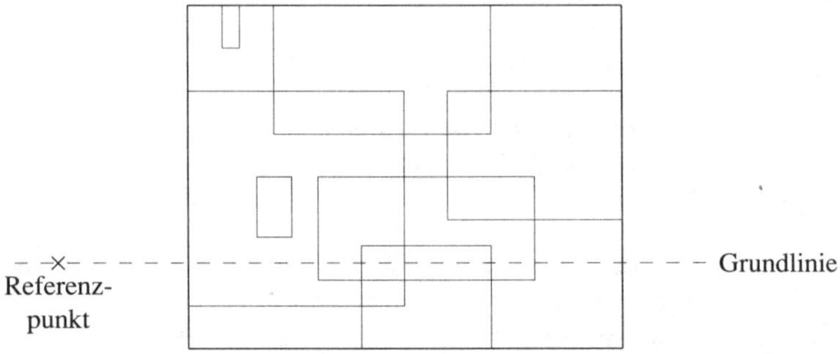

Wo aber liegt die Grundlinie der das Bild umschließenden Minimalbox? PICTEX trifft hierfür folgende Entscheidung: Wenn die Oberkante der Minimalbox unterhalb des gemeinsamen Referenzpunktes (s. 6.2) der eingeführten Koordinatensysteme liegt, so wird die Oberkante der Minimalbox als deren Grundlinie angesehen. Ist t die Gesamthöhe der Minimalbox, so folgt für diesen Fall $h = 0$ und $d = t$. Liegt dagegen die Unterkante der Minimalbox oberhalb des Referenzpunktes der Koordinatensysteme, so wird die Unterkante zur Grundlinie erklärt, also $h = t$ und $d = 0$ gewählt. In allen anderen Fällen geht die Grundlinie durch den Referenzpunkt, und PICTEX ermittelt daraus die Werte für h und d und gibt diese an TEX weiter.

Mathematisch etwas präziser dargestellt: Ist t die Gesamthöhe der Minialbox und r der vertikale Abstand zwischen ihrer Unterkante und dem Referenzpunkt, so gilt $h = \max(0, \min(t - r, t))$ und $d = t - h$.

Bei der PICTEX-Bearbeitung wird die Minimalbox zunächst mit der Teilbox für das erste Bildelement gleichgesetzt und mit jedem weiteren Bildelement, dem eine Box mit endlichen Abmessungen zugeordnet wird, entsprechend deren Positionierung zur ersten Teilbox ausgeweitet. Dieser Anpassungsmechanismus für die Minimalbox während der Abarbeitung der PICture-Umgebung kann mit den Befehlen

`\accountingoff` und `\accountingon`

ab- und wieder angeschaltet werden. Hierdurch kann die Bearbeitungsgeschwindigkeit geringfügig erhöht werden, wenn klar ist, daß zusätzlich zugefügte Bildelemente in einen Bereich fallen, für den bereits vorher eine Box berücksichtigt wurde. Dies ist z. B. der Fall, wenn mit `\setplotarea` eine Box definiert wurde und mit anschließenden Bildbefehlen weitere Bildelemente *innerhalb* des Bildfensters angebracht werden.

Wird das gesamte Bild mit der Umschaltung nach `\accountingoff` bearbeitet, so entsteht eine Minimalbox *ohne* Breiten- und Höhenabmessung, die von PICTEX am Referenzpunkt der gemeinsamen Koordinatensysteme angeordnet wird. Ebenso definieren `\plot`-Befehle in Verbindung mit `\setlinear` und `\setquadratic` keine Box mit endlichen Abmessungen. Als Folge würde ein Bild, das nur solche `\plot`-Befehle als Bildelemente enthält, von PICTEX als *Nullbox* betrachtet und am Referenzpunkt angebracht werden. Die endlichen Abmessungen solcher Bildelemente werden damit von TEX nicht erkannt und ragen ggf. in den umgebenden Text hinein. Aus diesem Grunde sollte in jeder PICture-Umgebung stets mindestens ein Bildfenster mit `\setplotarea` definiert werden.

6.8.4 Verschachtelte Bilder

Aus der Sicht von TeX stellt eine PICture-Umgebung einen ganz normalen Textblock dar, der von TeX weiterverarbeitet wird, indem die PICTeX-Befehle als TeX-Makros aufgelöst und abgearbeitet werden. Damit können PICture-Umgebungen auch als *Pseudotext* an `\put` und `\multiput`-Befehle weitergegeben werden. Auf diese Weise entstehen verschachtelte Bildstrukturen:

```
\beginpicture                                Beginn des Hauptbildes
  \setcoordinatesystem . . .                 äußeres Koordinatensystem
  \put {\beginpicture                        Beginn Unterbild 1
          Bildbefehle für Unterbild 1
        \endpicture } at . . .               Ende Unterbild 1
  \put {\beginpicture                        Beginn Unterbild 2
          Bildbefehle für Unterbild 2
        \endpicture } at . . .               Ende Unterbild 2
  . . . . . . . . . . . . . . . . . . . . .
\endpicture                                  Ende des Hauptbildes
```

Enthalten Teilbilder eigene `\setcoordinatesystem`-Befehle, so legen diese die Koordinatensysteme für das jeweilige Teilbild fest. Außerhalb des Teilbildes sind die internen Koordinatensysteme unbekannt. Bei Teilbildern ohne eigene `\setcoordinatesytem`-Befehle gilt das letzte im äußeren Bild definierte Koordinatensystem auch für die folgenden Teilbilder.

Bei verschachtelten Bildern ist auf die richtige Positionierung zu achten. Das folgende geschachtelte Bild ruft beim ersten Augenschein sicher Überraschung hervor:

```
\beginpicture   \setcoordinatesystem <1mm,1mm> point at 20 10
  \linethickness1mm
  \put {\beginpicture \putrule from 50 0 to 100 0 \endpicture} at 0 0
  \put {\beginpicture \setlinear \plot 30 0  80 0 /
       \endpicture } at 0 0
\endpicture
```

Hier wurde für das Hauptbild zunächst ein Koordinatensystem vereinbart, dessen Referenzpunkt um 20 x-Einheiten nach rechts und 10 y-Einheiten nach oben ausgerichtet ist. Dieses Koordinatensystem gilt auch für die inneren Teilbilder, da diese keine internen Koordinatensysteme definieren. Das erste Teilbild definiert mit dem Befehl `\putrule` eine Box, deren Breite $w = 50$ x-Einheiten (50mm) einnimmt. Die Höhe h und Tiefe d dieser Box entsprechen der halben Linienbreite, wegen `\linethickness1mm` also jeweils 0.5mm. Der umschließende `\put`-Befehl wird ohne Positionierungsparameter `[`$p_x p_y$`]` verwendet. Damit wird der übergebene *Text* horizontal und vertikal zentriert bei `at 0 0`, also bei $x = 0, y = 0$ angebracht. Der übergebene Text ist hier das erste Teilbild, dessen übergebene Box mit den Werten $w = 50$, $h = 0.5$ und $d = 0.5$ mm zentriert wird. Damit erscheint der Balken im Gesamtbild mit seinem linken Rand bei $x = -25$, dem rechten Rand bei $x = 25$ und der Unter- und Oberkante bei $y = -0.5$ bzw. $y = 0.5$.

Das zweite Teilbild enthält den Befehl `\plot` zur Erzeugung einer Linie von $(30, 0)$ nach $(80, 0)$. Dieses Teilbild wird von PICTeX als Nullbox betrachtet, die keinerlei Ausdehnung hat und die am gemeinsamen Referenzpunkt angebracht wird, also bei $x = 20$, $y = 10$. Als Folge der zweiten umschließenden `\put {...} at 0 0` Befehls wird nun eine Verschiebung dieser Nullbox vorgenommen, so daß $(0, 0)$ zentriert zum Referenzpunkt liegt, d. h., der

Referenzpunkt wird an diesem Punkt gespiegelt und die Nullbox bei $-20, -10$ angebracht. Das als Nullbox übergebene Bildelement `\plot 30 0  80 0 /` hat jedoch endliche Abmessungen, es beginnt 30 x-Einheiten rechts von der Nullbox und reicht bis 80 x-Einheiten weit, und seine Höhe und Tiefe sind durch die des aktuellen Plotsymbols bestimmt. Damit erscheint diese Linie im Hauptbild so, als wäre sie dort mit `\plot 10 -10  60 -10 /` angebracht worden. Zur Verdeutlichung das erzeugte Bild mit dem Referenzpunkt bei $x = 20$ und $y = 10$:

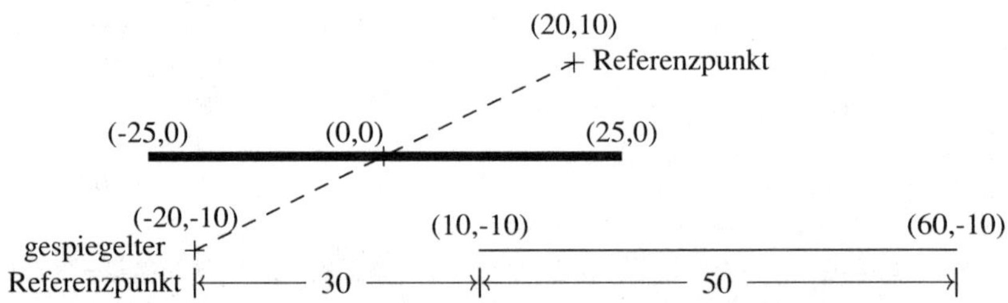

Das beschriebene Verhalten bei der Konstruktion von verschachtelten Bildern mag zunächst kompliziert erscheinen und dazu führen, von solchen Konstruktionen Abstand zu nehmen. Dennoch erweist es sich als sehr leistungsfähig und hilfreich. Außerdem kann die Bearbeitungsgeschwindigkeit erhöht werden. PICTEX kopiert gleiche Teilbilder mit dem `\multiput`-Befehl sehr viel schneller als die getrennte Erzeugung mit wiederholten Bildbefehlen.

```
\setcoordinatesystem units <7.5mm,7.5mm>
\multiput {\beginpicture
     \circulararc 360 degrees from 1 0 center at 0 0
          \endpicture } at 0 0  1 0  .5 .8660      /
```

ist schneller als die Folge von drei einzelnen Kreisbefehlen mit Angabe der jeweiligen Anfangs- und Mittelpunkte.

Es ist möglich, den Referenzpunkt eines Teilbildes mit eigenen Koordinatensystemen im Hauptbild an eine beliebige Stelle zu positionieren. Angenommen, es sei R der Referenzpunkt des Teilbildes und Q der Schnittpunkt des linken Randes und der Grundlinie der umgebenden Minimalbox für das Teilbild. Der horizontale Abstand zwischen R und Q möge hierbei ξ und der vertikale Abstand η sein. Der letztere ist dann von Null verschieden, wenn entweder die Oberkante der Minimalbox unterhalb oder deren Unterkante oberhalb des Referenzpunktes liegt. Wird das Teilbild statt mit `\endpicture` nun mit

```
t \endpicturesave <x_reg,y_reg>
```

abgeschlossen, so werden die Werte von ξ und η in den Maßregistern *x_reg* und *y_reg* abgelegt. Maßregister können in LaTeX mit dem Befehl `\newlength` eingerichtet werden. Mit den beiden Befehlen

`\newlength{\xreg}` und `\newlength{\yreg}`

werden die beiden Maßregister `\xreg` und `\yreg` eingerichtet, die im vorstehenden `\endpicturesave` dann als `<\xreg,\yreg>` eingegeben werden können. Im Hauptbild kann sodann geschrieben werden

```
\put {\beginpicture  \setcoordinatesystem point at x_r y_r
        Teilbildbefehle    \endpicturesave <\xreg,\yreg> }
     [Bl] <\xreg,\yreg> at 0 0
```

Hiermit wird der oben beschriebene Schnittpunkt Q des linken Randes mit der Grundlinie der Minimalbox für das Teilbild um die Werte von `\xreg` und `\yreg` gegenüber dem Punkt `at 0 0` verschoben. Mit

```
\put {\beginpicture  \setcoordinatesystem point at 15 25
          \putrectangle corners at 50 50 and 70 90
      \endpituresave <\xreg,\yreg> } [Bl] at 0 0
```

wird ein Rechteck erzeugt, dem im Hauptbild `\putrectangle corners at 35 25 and 55 65` entsprechen würde.

6.8.5 Horizontaler Text und Bilder

Aus der Sicht von TEX erzeugt eine PICture-Umgebung eine horizontale Box mit der Breite w, die in bezug auf die momentane Grundlinie um h über und d unter die Grundlinie ragt. Diese Box wird mit ihrem Referenzpunkt dort angebracht, wo TEX hinter dem vorangehenden Text das nächste Zeichen anbringen würde. Das nächste Zeichen des nachfolgenden Textes wird mit seinem Referenzpunkt am Schnittpunkt des rechten Randes der Minimalbox für die PICture-Umgebung mit der Grundlinie angebracht.

Dies wird man gelegentlich nutzen, um spezielle Symbole, die TEX nicht kennt, als Bild zu erzeugen und mit dem laufenden Text zu vereinigen. In der Mathematik werden gelegentlich die Symbole ∴ und ∵ mit der Bedeutung "daher" und "weil" verwendet. Diese Symbole sind in den mathematischen TEX-Zeichensätzen nicht vorhanden (wohl aber in den zusätzlichen Zeichensätzen von AMSTEX). Mit

```
\newcommand{\therefore}{\beginpicture \setplotsymbol ({.})
     \setcoordinatesystem units <1ex,1ex> point at 0 0
     \multiput {.} [B] at -.577 0  0 1  .577 0 / \endpicture}
\newcommand{\because}{\beginpicture   \setplotsymbol ({.})
     \setcoordinatesystem units <1ex,1ex> point at 0 0
     \multiput {.} [B] at -.577 1  0 0  .577 1 / \endpicture}
```

könnten die beiden Befehle `\therefore` und `\because` definiert werden, nach deren Aufruf nunmehr `\because\` = ∵ und `\therefore\` = ∴ ausgegeben werden. Mit

```
\newsavebox{\thereforesymbol}    \newsavebox{\becausesymbol}
\sbox{\thereforesymbol{\beginpicture  \setplotsybol ({.})
     \setcoordinatesystem <1ex,1ex> point at 0 0
     \multiput {.} [B] at -.577 0  0 1  .577 0 / \endpicture }
\newcommand{\therefore}{\usebox{\thereforesymbol}}
```

und ensprechend für `\becausesymbol` und `\because` könnten die Symbole in einer Box abgelegt werden, ohne daß bei jedem Aufruf das Bild neu erzeugt werden muß.

6.8.6 Drehung von Bildteilen

PICTEX gestattet es, bestimmte Bildelemente um einen vorzugebenden Winkel um einen ebenfalls vorzugebenden Punkt zu drehen. Dies geschieht mit dem Befehl

`\startrotation` [`by` $\cos(\theta)$ $\sin(\theta)$] [`about` x_r y_r]

Hierin sind statt des Winkels θ, um den die folgenden Bildelemente gedreht werden sollen, dessen Sinus- und Cosinuswerte $\sin(\theta)$ und $\cos(\theta)$ anzugeben. Der Grund hierfür liegt darin, daß diese Werte mit jedem Taschenrechner schneller zu bestimmen sind, als es mit der Festpunktarithmetik aus TEX möglich wäre. x_r und y_r sind die Koordinaten des Punktes, um den die anschließenden Bildteile gedreht werden sollen (Rotationspunkt).

Entfällt die Angabe von '`by` $\cos(\theta)$ $\sin(\theta)$', so werden die Werte der letzten Einstellung für `\startrotation` aus der Bildumgebung gewählt. War ein solcher Befehl noch nicht vorgekommen, so wird als Standardwert $\theta = 0$ und damit 1 und 0 eingesetzt. Entfällt die Angabe '`about` x_r y_r', so gilt die entsprechende Angabe aus dem vorangegangenen Rotationsbefehl bzw. $(0, 0)$ falls es einen solchen nicht gab.

Nach dem Befehl `\startrotation` werden von den nachfolgenden Bildelementen

- alle mit `\plot` erzeugten Linien- und Kurvenzüge,
- alle Kreise, Kreisbögen, Ellipsen und Ellipsenbögen,
- alle mit `\arrow` erzeugten Pfeile

um den vorgebenen Winkel um den Rotationspunkt gedreht. Für alle anderen Befehle gilt:

- Bei den Befehlen `\put` und `\multiput` werden die auf '`at`' folgenden Koordinaten gedreht, der übergebene Text behält dagegen seine horizontale oder vertikale Richtung.
- Bei den Befehlen `\putbar` und `\putrule` werden die auf '`from`' folgenden Koordinaten gedreht, die Rahmen oder Balken behalten aber ihre horizontale oder vertikale Richtung.
- Schattierungen erfolgen innerhalb der gedrehten Flächen, die Schattierungssymbole selbst behalten aber ihre Richtung entsprechend ihrer ursprünglichen Definition.
- Andere PICTEX-Befehle sollten nach `\startrotation` nicht verwendet werden. So zerfallen z. B. Rechtecke nach diesem Befehl, und die Unterteilung bei den `\axis`-Befehlen wird ungleichförmig.

Die Wirkung des `\startrotation`-Befehls auf die nachfolgenden Bildbefehle wird mit

```
\stoprotation
```

wieder abgeschaltet. Ein anschließender `\startrotation`-Befehl ohne sonstige Angaben aktiviert erneut die Drehung mit dem zuletzt definierten Winkel und Rotationspunkt.

```
\setcoordinatesystem units <1cm,1cm> point at 5 0
\setplotarea x from -2 to 2, y from 0 to 4.5    \setquadratic
\plot -2 4  0 0  2 4 /     \setlinear  \setdashesnear <1mm> for <1cm>
\plot 0 0  0 2 /  \put {$\bullet$} at 0 2  \put {(0,2)} <0pt,2mm> at 0 2
\setsolid
\arrow <2mm> [0.25,0.75] from 1 1 to 0.5 1.5 \plot 0.5 1.5  0 2 /
\arrow <2mm> [0.25,0.75] from 1 2 to 1 1.5   \plot 1 1.5  1 1   /
\setquadratic \setshadegrid span <.5mm>
\hshade 2.5 -1.5811 1.5811  3.0 -1.7321 1.7321  3.5 -1.8708 1.8708 /

\setcoordinatesystem point at 0 0   \startrotation by .8660 .5 about 0 2
  . . . . . . . . . . . . . . . . . . . . . . . . . . . . . . . . . . . .
\setcoordinatesystem point at -4 0  \startrotation by 0 -1    about 0 2
  . . . . . . . . . . . . . . . . . . . . . . . . . . . . . . . . . . . .
```

An den punktierten Zeilen stehen jeweils die gleichen mit `\setplotarea` beginnenden und mit `\hshade` endenden Programmteile, wie vorangehend ausgedruckt. Nach den `\startrotation`-Befehlen werden alle folgenden Bildelemente mit Ausnahme des Textes '(0,2)' gedreht, und zwar um 30° bzw. $-90°$, mit dem Punkt (0,2) als Drehpunkt.

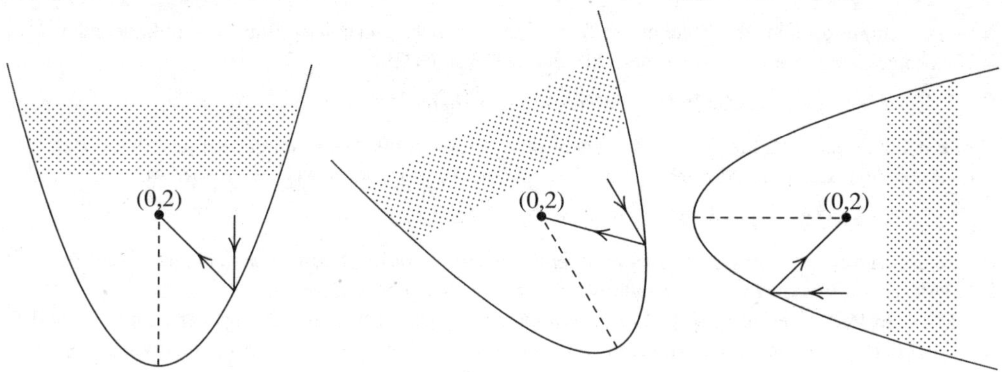

Wäre als Schattierungsymbol ein '-' oder '×' gewählt worden, so hätte man sehen können, daß das Symbol selbst in allen drei Fällen seine ursprüngliche Ausrichtung beibehalten würde. Zum Abschluß noch ein weiteres Beispiel mit einer Ellipse und einem Rechteck als Linienzug, die um ihren Mittelpunkt bzw. ihre linke untere Ecke um 25° gedreht werden.

```
\setcoordinatesystem units <8mm,8mm>
\setplotarea x from -2 to 2, y from -1 to 1
\startrotation by .9063 .4226
\ellipticalarc axes ratio 2:1 360 degrees
   from 2 0 center at 0 0
\stoprotation    \setcoordinatesystem point at 2 4
\setplotarea x from 0 to 4, y from 0 to 2
\axis bottom ticks numbered from 0 to 4 by 1 ... /
\axis left   ticks numbered from 0 to 2 by 1 ... /
\startrotation about 1 1
\plot 1 1  4 1  4 2  1 2  1 1 /  % Rechteckzug
```

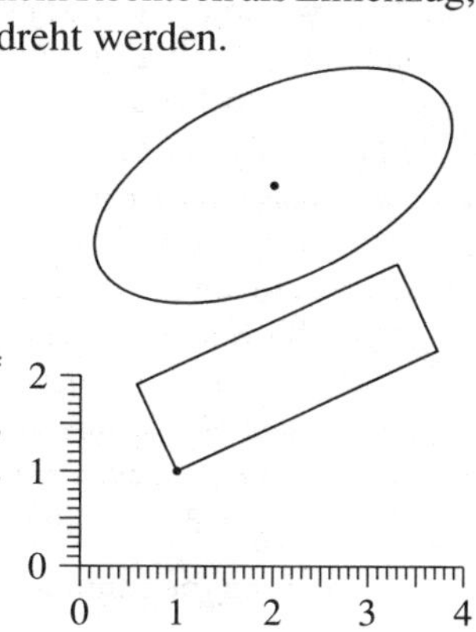

6.8.7 Register-Arithmetik

Bei einigen vorangegangenen Beispielen wurden Rechnungen mit Maßregistern vorgenommen. PICTEX stellt z. B. ein internes Maßregister `\totalarclength` bereit, dessen Inhalt mit dem Längenwert der letzten mit `\plot` erzeugten Linie oder Kurve oder dem Ergebnis eines vorangegangenen `\findlength`-Befehls gefüllt ist. Weitere Maßregister können mit dem LATEX-Befehl `\newlength` eingerichtet werden. Bei allen PICTEX-Befehlen, die Maßangaben enthalten, bei denen also eine Angabe der Form <*maß_eingabe, ...* > erlaubt ist, kann die Eingabe entweder in Form einer Maßzahl *oder* eines Maßregisters erfolgen. Für letzteres ist statt der Maßzahl der Name des Maßregisters anzugeben.

Mit Maßregistern können Rechnungen durchgeführt werden. Die Zuweisung eines Wertes erfolgt einfach durch Anhängen einer Maßzahl. War z. B mit `\newlength{\mi}` das Register `\mi` eingerichtet worden, so wird mit `\mi5mm` sein Wert auf `5mm` festgelegt. Alle Maßangaben werden intern in die Maßeineinheit `pt` (Punkt) umgerechnet, wobei jeder Punkt in 65536sp Teilpunkte (skalierte Punkte) unterteilt ist. Da 1mm 2.84528pt $\approx$ 186468sp entspricht, ist der Zahlenwert von `\mi` nach der Zuweisung von 5mm 14.22638 in Punkteinheiten bzw. 932340 in skalierten Punkteinheiten.

Wird einem Maßregister eine Dezimalzahl vorangestellt, so bedeutet dies das entsprechende Vielfache des aktuellen Inhalts des Maßregisters. Wird mit `\newlength{\mii}` ein zweites Maßregister eingerichtet, so enthält nach der Anweisung `\mii 2.5\mi` das Register `\mii` das 2.5-fache des Registers `\mi`, also nunmehr 4 661 700 (sp). Das gleiche Ergebnis hätte auch mit der LATEX-Anweisung

```
\setlength{\mii}{2.5\mi}
```

erreicht werden können. Im Ergebnis stellt das beschriebene Verfahren eine Multiplikation dar. Das Verfahren kann verallgemeinert werden. Mit dem PICTEX-Befehl

`\placevalueinputs of` <*maß_reg*> `in {`*\befehls_wort*`}`

wird der Inhalt eines Maßregisters mit seinem pt-Zahlenwert als Faktor unter dem gewählten Befehlsnamen abgelegt. Entsprach der Inhalt des Maßregisters `\miii` z. B. 3.1415pt, so wird mit

```
\placevalueinputs of <\miii> in {\factor}
```

ein Befehl `\factor` erzeugt, mit dem nunmehr z. B. durch `\mii\factor\mi` der Inhalt von `\mi` mit 3.1415 $\approx \pi$ multipliziert und das Ergebnis in `\mii` abgespeichert wird.

Mit dem LATEX-Befehl `\addtolength{`*maß_reg*`}{`*maß*`}` kann ein Maßregister additiv verändert werden. Hierbei kann *maß* eine Maßzahl oder ein weiteres Maßregister, evtl. mit einem vorangestellten Faktor, sein. Ein vorangestellter Faktor darf durch ein vorangestelltes Minuszeichen auch einen negativen Wert annehmen, was beim vorstehenden Befehl zu einer Subtraktion führt.

Schließlich kennt PICTEX noch den Befehl

`\Divide` <*dividend*> `by` <*divisor*> `forming` <*quotient*>

mit dem zwei Maße oder Maßregister *dividend* und *divisor* dividiert werden und das Ergebnis in dem Maßregister *quotient* abgelegt wird. Das Maß oder der Inhalt des entsprechenden Registers für *divisor* darf max. 2047pt betragen, was ca. 720mm entspricht. Das Ergebnis ist auf 1/65536pt genau.

Man kann die beschriebene Maßregister-Arithmetik kann innerhalb von PICture-Umgebungen nutzen, um voneinander abhängende Bildteile in ihren Größen oder Verschiebungen automatisch zu errechnen. Häufig genügt es, ein oder zwei Register auf anfängliche Benutzerwerte zu setzen, aus denen alle anderen Maßwerte durch Registerarithmetik abgeleitet werden. Der Vorteil liegt dann darin, daß bei Änderung der Bildgröße nur ein oder zwei Zahlenwerte zu ändern sind.

Anwender mit zusätzlichen TEX-Kenntnissen können für die Registerarithmetik direkt die von TEX bereitgestellten 256 Maßregister `\dimen`*n* ($n = 0, \ldots 255$) benutzen und auf die hier verwendeten LATEX-Maßstrukturen evtl. ganz verzichten.

Zum Abschluß noch ein weiterer PICTEX-Maßbefehl

`\placehypotenuse for` <ξ*_i maß*> `and` <η*_i maß*> `in` <ζ*_reg*>

mit dem $\zeta = \sqrt{\xi^2 + \eta^2}$ berechnet und das Ergebnis im Maßregister ζ*_reg* abgelegt wird. Die Eingaben für ξ*_maß* und η*_maß* können Maßangaben oder weitere Maßregister sein, wobei für die Werte $|\xi\text{\_}maß| + |\eta\text{\_}maß| < 2048\text{pt}$ gelten muß.

6.8.8 Der Dimensions-Modus in PiCTeX

PiCTeX verwendet standardmäßig einen Bearbeitungsmodus, bei dem Positionierungs- und Größenangaben in Form der gewählten Koordinateneinheiten erfolgen und damit als dimensionslose Zahlen einzugeben sind, die den Bruchteil oder das Vielfache der jeweils gültigen Koordinateneinheit darstellen. Mit dem Befehl

`\setdimensionmode`

wird in einen Bearbeitungsmodus umgeschaltet, in dem alle Größenangaben in Form von Maßzahlen oder Maßregistern anzugeben sind. Nach dieser Umschaltung muß eine Positionierung mit dem `\put`-Befehl z. B. lauten `\put {$\circ$} at 3cm -25mm`, womit das `\circ` Symbol um 3cm rechts und um 25mm unterhalb des Koordinatenursprungs angeordnet wird.

Erfolgt die Maßangabe durch ein Register, so muß an Stelle der Koordinatenangaben der Registername in `{ }` gesetzt werden. Sind `\xreg` und `\yreg` zwei eingeführte LaTeX-Längenregister, so ist `\put {$\circ$} at {2.2\xreg} {-1.5\yreg}` eine erlaubte Eingabe, deren Bedeutung nach dem vorangegangenen Unterabschnitt keiner weiteren Erläuterung bedarf. Registernamen innerhalb von < > Paaren stehen wie gewohnt *ohne* zusätzliche Einschachtelung in `{ }`.

Innerhalb des Dimensionsmodus hat die Angabe der Koordinateneinheiten nach dem Schlüsselwort `units` im `\setcoordinatesystem`-Befehl keine Bedeutung, da alle Größen- und Positionierungsangaben mit Maßangaben absolut erfolgen. Außerdem dürfen in diesem Bearbeitungsmodus beim `\axis`-Befehl die Schlüsselwörter `from` und `at` nicht verwendet werden, d. h. Tickmarken können nur durch Angabe ihrer Zahl längs der Koordinatenachse erzeugt werden.

Mit dem Befehl

`\setcoordinatemode`

kann aus dem Dimensionsmodus wieder in den normalen Bearbeitungsmodus zurückgeschaltet werden.

Beim Leser wird sich spätestens hier die Frage stellen, was für einen Vorteil der Dimensionsmodus hat, in dem die Größen- und Positionierungsangaben umständlicher sind und zudem noch Beschränkungen bei der Erzeugung von Tickmarken bestehen. Die Bedeutung dieses Bearbeitungsmodus liegt in der Verwendung der Maßregisterarithmetik aus dem vorigen Unterabschnitt. Die Nutzung dieser Arithmetik ist nur bei Maßangaben möglich, und diese sind im normalen Bearbeitungsmodus nur bei den in < > eingeschlossenen Befehlsteilen erlaubt. Eine entsprechende Arithmetik für Koordinatenangaben ist dabei nicht möglich.

Ebenso gestattet der Dimensionsmodus die Definition von ziemlich variablen Makros, die dann im normalen Bearbeitungsmodus aktiviert werden können. Hierfür wird ein Beispiel von M. J. Wichura aus [19] wiedergegeben, bei dem die dortigen TeX-Strukturen hier durch die entsprechenden LaTeX-Strukturen ersetzt sind. Vorab jedoch noch zwei weitere PiCTeX-Befehle. Mit

`\Xdistance{`*x_coord*`}` und `\Ydistance{`*y_coord*`}`

werden die horizontalen und vertikalen Abstände eines Punktes (*x_coord,y_coord*) vom Koordinatenursprung als Maßangaben zurückgeliefert, die in geeigneten Maßregistern abgespeichert werden können. Und nun das angekündigte Beispiel:

Es soll ein Makro mit dem Namen `\puterrorbar{`x`}{`y`}{`Δy`}` mit drei Parametern bereitgestellt werden, mit dem das nebenstehende Symbol mit seinem Mittelpunkt beim Koordinatenpunkt (x, y) angeordnet wird und dessen halbe Länge Δy beträgt. Die Länge der horizontalen Querstriche soll dabei dem Maßregister `\crossbarlength` entnommen werden, dessen Inhalt beliebig gesetzt werden kann.

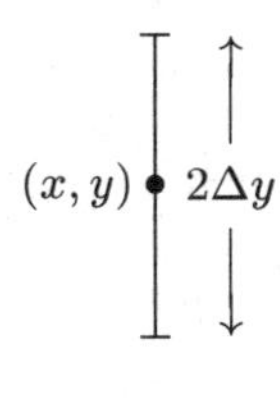

Hierzu werden vorab die Maßregister

```
\newlength{\xpos}    \newlength{\ypos}      \newlength{\dy}
\newlength{\crossbarlength}                 \newlength{\tmpi}
\newlength{\tmpii}   \newlength{\tmpiii}    \newlength{\tmpiv}
```

eingerichtet. Nunmehr kann mit

```
\newcommand{\puterrorbar}[3]{%
\xpos\Xdistance{#1}  \ypos\Ydistance{#2}  \dy\Ydistance{#3}
\unitlength1pt                            \setdimensionmode
\tmpi\ypos   \addtolength{\tmpi}{-\dy}
\tmpii\ypos  \addtolength{\tmpii}{\dy}
\tmpiii\xpos \addtolength{\tmpiii}{-.5\crossbarlength}
\tmpiv\xpos  \addtolength{\tmpiv}{.5\crossbarlength}
\put {\circle*{3}} [Bl] at {\xpos} {\ypos}                % bullet at x,y
\putrule from {\xpos}   {\tmpi}  to {\xpos}  {\tmpii}     % vertical line
\putrule from {\tmpiii} {\tmpi}  to {\tmpiv} {\tmpi}      % lower bar
\putrule from {\tmpiii} {\tmpii} to {\tmpiv} {\tmpii}     % upper bar
\setcoordinatemode }
```

das gewünschte Makro bereitgestellt werden. Danach kann in einer normalen PICture-Umgebung mit

```
\setcoordinatesystem units <1cm,1cm>
\crossbarlength2mm
\puterrorbar{0}{1.2}{.7}
\puterrorbar{1.5}{0.7}{.5}
\puterrorbar{3.0}{0.4}{.3}
```

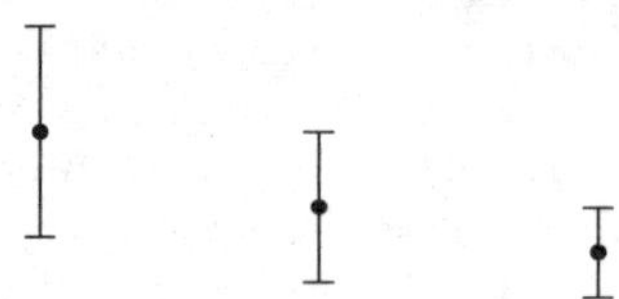

das nebenstehende Ergebnis produziert werden

Im ursprünglichen Makro von M. J. Wichura lautet die Syntax für `\puterrorbar`

`\puterrorbar at` *x_coord y_coord* `with fuzz` Δy

Dies kann mit dem LaTeX `\newcommand` nicht erreicht werden. Wird die erste Zeile mit dieser LaTeX-Befehlsdefinition ersetzt durch

```
\def\puterrorbar at #1 #2 with fuzz #3 {%
```

so kann auch aus LaTeX heraus diese Befehlssyntax erzielt werden.

6.9 Kurzbeschreibung aller PICTEX-Befehle

Das nachfolgende Verzeichnis enthält eine alphabetisch geordnete Liste aller PICTEX-Befehle mit ihrer Syntaxdarstellung und einer Kurzbeschreibung der Befehlsaufgabe sowie die Abschnitts- und Seitenangabe ihrer genaueren Erläuterung. Diese Angabe erfolgt in der Form "*(Gl_nr) – Seite*".

Abweichend von der allgemeinen TEX-Syntax verlangen viele PICTEX-Befehle an bestimmten Stellen *zwingend* mindestens ein Leerzeichen. Solche Stellen sind mit einem ␣ gekennzeichnet. Optionale Angaben sind symbolisch mit großen eckigen Klammern $\big[\ \big]$ gekennzeichnet. Eckige Klammern in Schreibmaschinenschrift sind dagegen Bestandteil der Befehlssyntax und müssen beim entsprechenden Befehlsaufruf mit eingegeben werden. Die Syntaxkennzeichnung $\big[$ `[`$[p_x][p_y]$`]` $\big]$ bedeutet damit, daß eine Angabe der Form `[`$p_x p_y$`]` ganz entfallen darf. Wird sie jedoch verwendet, so müssen die eckigen Klammern mit angegeben werden, wobei die erlaubten Eingaben [p_x], [p_y], [$p_x p_y$] und [ ] sind. Die letzte Form [ ] ist dabei gleichbedeutend mit dem Fortlassen dieser optionalen Angaben.

Dimensionsbehaftete Angaben sind bei den PICTEX-Befehlen stets in < > einzuschließen. Innerhalb von < > Paaren stehen also stets Zahlenangaben mit zwingenden Maßeinheiten oder LATEX-Längenbefehle. Koordinatenangaben sind dagegen dimensionslose Zahlen oder Zählerwerte, die sich auf das vereinbarte Koordinatensystem beziehen. Bei dezimalen Zahlenangaben sind höchstens 5 Stellen nach dem Dezimalpunkt signifikant.

Soweit die Indexzeilen es zulassen, sind die Syntaxangaben bereits dort angeführt. Befehle mit komplexerer Syntax enthalten die entsprechenden Angaben im Erläuterungsfeld. Befehle ohne nähere Syntaxangabe stellen entweder reine Umschaltbefehle oder Maßerklärungen dar.

`\accountingoff` . . . . (6.8.3) – 308

Abschaltbefehl zur internen Bestimmung des Platzbedarfs für das Bild

`\accountingon` . . . . (6.8.3) – 308

Einschaltbefehl zur internen Bestimmung des Platzbedarfs für das Bild. Entspricht dem Standardverhalten der PICture-Umgebung `\beginpicture`.

`\arrow` . . . . (6.5.7) – 283

Befehl zur Erzeugung eigener Pfeilsymbole. Syntax:

```
\arrow␣<s_maß>␣[η,β]␣[<x_s_maß,y_s_maß>]
    ␣from␣x_coord_a y_coord_a␣to␣x_coord_e y_coord_e
```

`\axis␣[bottom]|[top]|[left]|[right]` . . . . (6.4.4) – 270

Befehl zur Erzeugung von Bildachsen. Von den angegebenen Schlüsselwörtern `bottom`, `top`, `left`, `right` *muß* genau eines angegeben werden.

Bei der folgenden Syntaxbeschreibung muß den Schlüsselwörtern in den eingerückten Zeilen ein Schlüsselwort der nicht eingerückten Zeile vorangehen. Bei den doppelt eingerückten Zeilen muß das Schlüsselwort `ticks` vorangehen. Von den mit | getrennten Optionen einer Zeile darf jeweils *höchstens* ein Schlüsselwort gewählt werden.

```
\axis␣[bottom]|[top]|[left]|[right]
  ␣[shiftedto␣y=y_coord]|[shiftedto␣x=x_coord]
  ␣[visible]|[invisible]
  ␣[label␣{achsen_text}]
  ␣[ticks]
    ␣[out]|[in]
    ␣[long]|[short]|[length␣<länge>]
    ␣[width␣<breite>]
    ␣[butnotacross]|[andacross]
    ␣[unlabeled]|[numbered]|[withvalues␣wert1␣wert2 ...  ␣/]
    ␣[unlogged]|[logged]
    ␣[quantity␣n]|[from␣a_coord␣to␣e_coord␣by␣d_coord]
      |[at␣coord1␣coord2 ...  ␣/ ]
␣/
```

\beginpicture . . . . (6.1) – 255

Umschaltung von LATEX auf PICTEX und Einleitung eines Bildes.

\betweenarrows␣{*text*} . . . . (6.5.7) – 283

Erzeugung von Text zwischen auswärtsweisenden Pfeilen. Syntax:

\betweenarrows␣{*text*}␣[[[p_x][p_y]]][␣<*x*_*s*_*maß*,*y*_*s*_*maß*>]
␣from␣*x*_*coord*$_a$ *y*_*coord*$_a$␣to␣*x*_*coord*$_e$ *y*_*coord*$_e$

\circulararc . . . . (6.5.6) – 282

Befehl zur Erzeugung von Kreisen oder Kreisbögen. Syntax:

\circulararc␣θ␣degrees␣from␣*x*_*coord*$_s$␣*y*_*coord*$_s$
␣center␣at␣*x*_*coord*$_c$ *y*_*coord*$_c$

\Divide␣<*dividend*>␣<*divisor*>␣forming␣<*quotient*> . . . . (6.8.7) – 314

Dividiert zwei Maßangaben oder Maßregister *dividend* und *divisor* und legt das Ergebnis im Maßregister *quotient* ab.

\dontsavelinesandcurves . . . . (6.5.8.3) – 287

Befehl zur Beendigung des Abspeicherns von Bildteilen.

\ellipticalarc . . . . (6.5.6) – 282

Befehl zur Erzeugung von Ellipsen und Ellipsenbögen. Syntax:

\ellipticalarc␣axes␣ratio␣ξ:η␣θ␣degrees␣from␣*x*_*coord*$_s$ *y*_*coord*$_s$
␣center␣at␣*x*_*coord*$_c$ *y*_*coord*$_c$

\endpicture . . . . (6.1) – 255

Beendigung eines PICTEX-Bildes oder -Teilbildes und Rückschaltung von PICTEX nach LATEX bzw. bei verschachtelten Bildern zur übergeordneten Bildstruktur.

\endpicturesave␣<*x*_*reg*,*y*_*reg*> . . . . (6.8.4) – 310

Beendigung eines PICTEX-Teilbildes mit Abspeicherung eines internen Bezugspunktes in die Maßregister *x*_*reg* und *y*_*reg*.

\findlength␣{*kurven*_*befehle*} . . . . (6.6.4) – 296

Bestimmt die Länge der mit *kurven*_*befehle* definierten Kurve und legt den Längenwert im Maßregister \totalarclength ab.

\frame [␣<*separation*>]␣{*text*} . . . . (6.5.3) – 277

Erzeugung eines Rahmens um den eingegebenen *text* mit dem Rahmenabstand <*separation*> zum umschlossenen Text.

\grid␣{*s*}␣{*z*} . . . . (6.4.5) – 272

Befehl zur Erzeugung eines Gitters mit *s* Spalten und *z* Zeilen.

\gridlines . . . . (6.4.6) – 273

Umschaltbefehl für das Standardverhalten des \axis-Befehls: Tickmarken werden danach standardmäßig über das ganze Bildfenster verlängert.

`\headingtoplotskip` . . . . (6.4.6) – 273

Erklärung für den Abstand der Überschrift aus dem `\plotheading` Befehl und der darunterliegenden Box. Wertzuweisung durch Anhängen einer Maßzahl: `\headingtoplotskip5mm`

`\hshade` . . . . (6.7.2) – 301

Schattierungsbefehl für den horizontalen Schattierungsmodus.
Syntax für vertikal stückweise lineare Begrenzung:

$$\texttt{\textbackslash hshade}\,␣ y_0 ␣ x_0^{(l)} ␣ x_0^{(r)} \quad [␣\texttt{<}E_1\texttt{>}] \; ␣ y_1 ␣ x_1^{(l)} ␣ x_1^{(r)} \quad [␣\texttt{<}E_2\texttt{>}] \; ␣ y_2 ␣ x_2^{(l)} ␣ x_2^{(r)}$$
$$\ldots \quad \ldots\ldots\ldots \quad \ldots \quad \ldots\ldots\ldots$$
$$[␣\texttt{<}E_i\texttt{>}] \; ␣ y_i ␣ x_i^{(l)} ␣ x_i^{(r)} \quad \ldots \quad \ldots\ldots\ldots \; ␣\texttt{/}$$

Syntax für vertikal stückweise quadratische Begrenzung:

$$\texttt{\textbackslash hshade}\,␣ y_0 ␣ x_0^{(l)} ␣ x_0^{(r)} \quad [␣\texttt{<}E_1\texttt{>}] \; ␣ y_1 ␣ x_1^{(l)} ␣ x_1^{(r)} \quad ␣ y_2 ␣ x_2^{(l)} ␣ x_2^{(r)}$$
$$[␣\texttt{<}E_2\texttt{>}] \; ␣ y_3 ␣ x_3^{(l)} ␣ x_3^{(r)} \quad ␣ y_4 ␣ x_4^{(l)} ␣ x_4^{(r)}$$
$$\ldots \quad \ldots\ldots\ldots \quad \ldots\ldots\ldots$$
$$[␣\texttt{<}E_i\texttt{>}] \; ␣ y_{2i-1} ␣ x_{2i-1}^{(l)} ␣ x_{2i-1}^{(r)} \quad ␣ y_{2i} ␣ x_{2i}^{(l)} ␣ x_{2i}^{(r)} \; \ldots\ldots \; ␣\texttt{/}$$

In beiden Fällen stehtt $\texttt{<}E_i\texttt{>}$ als Abkürzung für $\texttt{<}\epsilon_{l,i}\texttt{,}\epsilon_{r,i}\texttt{,}\epsilon_{u,i}\texttt{,}\epsilon_{o,i}\texttt{>}$ (s. S. 299), und es muß gelten

$$y_0 < y_1 < y_2 < \cdots \quad \text{und} \quad x_i^{(l)} \leq x_i^{(r)}, i = 0, 1, 2, \ldots$$

`\inboundscheckoff` . . . . (6.5.8.2) – 286

Abschaltbefehl zur automatischen Clipping-Prüfung. Standardverhalten der PICture-Umgebung nach `\beginpicture`.

`\inboundscheckon` . . . . (6.5.8.2) – 286

Einschaltbefehl zur automatischen Clipping-Prüfung.

`\invisibleaxes` . . . . (6.4.6) – 273

Umschaltbefehl für das Standardverhalten des `\axis`-Befehls: Auszeichnen der Achsen wird nach diesem Befehl standardmäßig unterdrückt.

`\lines`␣[`[`*p*`]`]␣`{`*zeile_1*`\cr` *zeile_2*`\cr` ... `}` . . . . (6.3.3) – 261

Übergabebefehl für mehrzeiligen Text in den Befehlen `\put` und `\multiput`. Bei Positionierung mit `[B]` Ausrichtung auf die Grundlinie der *untersten* Zeile.

`\Lines`␣[`[`*p*`]`]␣`{`*zeile_1*`\cr` *zeile_2*`\cr` ... `}` . . . . (6.3.3) – 261

Wie `\lines`, bei Positionierung mit `[B]` Ausrichtung auf die Grundlinie der *obersten* Zeile.

`\linethickness` . . . . (6.4.6) – 273

Erklärung für die Einstellung der Strichstärke von horizontalen und vertikalen Linien, Achsen, Gittern und Tickmarken. Wertzuweisung durch Anhängen einer Maßzahl: `\linethickness1pt`

`\loggedticks` . . . . (6.4.6) – 273

Umschaltbefehl für das Standardverhalten des `\axis`-Befehls: Evtl. Tickmarken werden nach diesem Befehl standardmäßig logarithmisch verteilt.

`\longticklength` . . . . (6.4.6) – 273

Erklärung der Länge von Tickmarken vom Typ `long`. Wertzuweisung durch Anhängen einer Maßzahl: `\longticklength2.5mm`

`\multiput`␣{*text*} . . . . (6.3.2) – 259, 260

Befehl zur Mehrfachpositionierung von Text oder Symbolen {*text*} in Bildern. Es gibt zwei Syntaxformen

`\multiput`␣{*text*}␣[$p_x p_y$]␣<*x_s_maß*,*y_s_maß*>␣`at`␣x y [␣x␣y] ...
[␣*n␣Δx␣Δy][[␣x␣y][␣*n␣Δx␣Δy]]. . .␣/

oder

`\multiput`␣{*text*}␣[$p_x p_y$]␣< *x_s_maß*,*y_s_maß* >␣`at`␣"*file_name*"

bei dem der File mit dem Namen *file_name* die Punktkoordinaten x y, die Wiederholungsfaktoren *n und die Inkrementierungswerte Δx Δy unter Einhaltung der Syntax wie bei der oberen Form, aber ohne das Endzeichen ␣/*, enthält.

`\nogridlines` . . . . (6.4.6) – 273

Rückschaltbefehl für das Standardverhalten des `\axis`-Befehls: Evtl. Tickmarken werden *nicht* über das ganze Bildfenster verlängert.

`\normalgraphs` . . . . (6.4.6) – 273

Dieser Befehl erzwingt nach einer Schriftgrößenänderung die Anpassung aller von `\baselineskip` abhängigen Erklärungen an die neue Schriftgröße.

`\placehypotenuse`␣`for`␣<ξ>␣<η>␣<ζ> . . . . (6.8.7) – 314

Berechnet aus den Maßangaben oder Maßregistern ξ und η den Wert von $\sqrt{\xi^2 + \eta^2}$ und legt das Ergebnis im Maßregister ζ ab.

`\placevalueinputs`␣`of`␣<*maß_reg*>␣`in`␣{*faktor*} . . . . (6.8.7) – 314

Legt den pt-Zahlenwert eines Maßregisters unter dem Befehlswort *faktor* ab.

`\PiC` erzeugt PIC . . . . (nur hier)
`\PiCTeX` erzeugt PICTEX . . . . (nur hier)
`\plot` . . . . (6.5), (6.5.2), (6.5.4) – 274, 275, 278

Allgemeiner Plotbefehl zur Erzeugung von Linienzügen, Kurven und Histogrammen. Es gibt zwei Syntaxformen:

`\plot`␣*x_coord*$_0$␣*y_coord*$_0$ ␣*x_coord*$_1$␣*y_coord*$_1$ ␣*x_coord*$_2$␣*y_coord*$_2$ ... ␣/

oder

`\plot`␣"*file_name*"

bei dem die Punktkoordinaten unter Einhaltung der Syntax im oberen Fall dem File mit dem Namen *file_name* entnommen werden, wobei das Endzeichen ␣/ im File entfällt.

`\plotheading`␣{*überschrift*} . . . . (6.4.5) – 272

Befehl zur Erzeugung einer *Überschrift* über dem aktuellen Bildfenster.

`\plotsymbolspacing` . . . . (6.5.8.1) – 285

Erklärung für den Standardabstand des aktuellen Plotsymbols. Wertzuweisung durch Anhängen einer Maßzahl: `\plotsymbolspacing0.5pt`

\put␣{*text*} . . . . (6.3.1) – 258

Befehl zur Positionierung von Text oder Symbolen *text* innerhalb eines Bildes. Syntax:

\put␣{*text*}␣[[[p_x][p_y]]]␣[<*x_s_maß*, *y_s_maß*>]␣at␣*x_coord*␣*y_coord*

\putbar . . . . (6.5.3) – 276

Befehl zur Erzeugung zentrierter Rechtecke. Syntax:

Vertikale Zentrierung
\putbar␣breadth␣< *höhe* > *x_coord*$_a$␣*y_coord*$_c$ ␣to␣*x_coord*$_e$ ␣y*y_coord*$_c$

Horizontale Zentrierung
\putbar␣breadth␣<*breite*>␣*x_coord*$_c$␣*y_coord*$_a$␣to␣*x_i coord*$_c$ ␣*y_coord*$_e$

\putrectangle . . . . (6.5.3) – 276

Befehl zur Erzeugung eines Rechtecks bei Angabe von zwei diagonal gegenüberliegenden Ecken. Syntax:

\putrectangle␣corners␣at␣*x_coord*$_b$ ␣ y_ coord$_b$␣and␣*x_coord*$_d$ ␣ *y_coord*$_d$

\putrule . . . . (6.5.3) – 277

Befehl zur Erzeugung horizontaler und vertikaler Balken. Syntax:

vertikal
\putrule␣<x_s , y_s>␣from␣*x_coord*$_a$ ␣ *y_coord*$_c$ ␣to␣*x_coord*$_e$ ␣ *y_coord*$_c$

horizontal
\putrule␣<x_s , y_s>␣from␣*x_coord*$_c$ ␣ *y_coord*$_a$ ␣to␣*x_coord*$_c$ ␣ *y_coord*$_e$

\rectangle␣<*breiten_maß*>␣<*höhen_maß*> . . . . (6.5.3) – 276

Rechteckbefehl, der als Texteingabe im \put-Befehl verwendet wird.

\replot␣"*file_name*" . . . . (6.5.8.3) – 287

Rückgewinnung von Teilbildern, die bei einer früheren Bearbeitung durch Aktivieren von \savelinesandcurves abgespeichert waren und nicht wieder neu konstruiert werden müssen.

\savelinesandcurves . . . . (6.5.8.3) – 287

Befehl zur Abspeicherung von Bildteilen.

\setbars . . . . (6.5.5) – 279

Befehl zur Erzeugung von Balkendiagrammen. Syntax:

\setbars␣<[x_s , y_s]>␣breadth␣<*weite*>␣baseline␣at␣*z*␣=␣*z_coord*
[␣baselabels␣([[[p_x][p_y]]][␣<x_s , y_s>])]
[␣endlabels␣([[[p_x][p_y]]][␣<x_s , y_s>])]

\setcoordinatemode . . . . (6.8.8) – 315

Rückschaltbefehl in den normalen Bearbeitungsmodus mit dimensionslosen Koordinatenangaben.

\setcoordinatesystem . . . . (6.2) – 256

Befehl zur Vereinbarung eines Koordinatensystems. Syntax:

\setcoordinatesystem␣[units␣<*x_einheit*, *y_einheit*>] [␣point␣at␣*x_ref*␣*y_ref*]

\setdashes␣<*strich_länge*> . . . . (6.6.2) – 294

Einstellung der Strichlänge für gestrichelte Kurvenausgabe.

\setdashesnear␣<*approx_strich*>␣for␣<*struktur_länge*> . . . . . . (6.6.2) – 294

Vorgabe einer ungefähren Strichlänge *approx_strich* für gestrichelte Ausgabe, bei der die ausgegebene Struktur mit einem Strich beginnt und endet.

\setdashpattern␣<s_1,l_1,s_2,l_2,...> . . . . (6.6.3) – 295

Definition eines beliebigen Strichmusters.

\setdimensionmode . . . . (6.8.8) – 315

Umschaltbefehl in den PICTEX-Dimensions-Bearbeitungsmodus.

\setdots␣<*punkt_abstand*> . . . . (6.6.1) – 292

Einstellung des Punktabstandes für punktierte Kurvenausgabe.

\setdotsnear␣<*approx_abstand*>␣for␣<*struktur_länge*> . . . . . . (6.6.1) – 293

Vorgabe eines ungefähren Punkteabstandes *approx_abstand* für punktierte Ausgabe, bei der die ausgegebene Struktur mit einem Punkt beginnt und endet.

\sethistograms . . . . (6.5.4) – 278

Umschaltbefehl, mit dem nachfolgende `\plot`-Befehle Histogramme erzeugen.

\setlinear . . . . (6.5.1) – 274

Umschaltbefehl, mit dem nachfolgende `\plot`-Befehle stückweise lineare Kurven erzeugen.

\setplotarea . . . . (6.4.1) – 263

Befehl zur Bestimmung eines Bildfensters. Syntax:

\setplotarea␣x␣from␣*x_coord*$_l$ ␣to␣*x_coord*$_r$,␣y␣from␣*y_coord*$_b$ ␣to␣*y_coord*$_t$

\setplotsymbol␣({*symbol*} [␣[[p_x][p_y]]] [␣<x_s,y_s>]) . . . . (6.5.8.1) – 284

Befehl zur Änderung des aktuellen Plotsymbols. Standard ist der Punkt (.) aus dem 5pt-Roman-Zeichensatz.

\setquadratic . . . . (6.5.2) – 275

Umschaltbefehl, mit dem nachfolgende `\plot`-Befehle stückweise quadratische Kurven erzeugen.

\setshadegrid . . . . (6.7.4) – 304

Befehl zur Neufestsetzung des Schattierungsgitters. Syntax:

\setshadegrid [␣span␣<*gitter_abstand*>] [␣point␣at␣*x_coord*␣*y_coord*]

\setshadesymbol . . . . (6.7.4 – 303

Befehl zur Neufestsetzung des Schattierungssymbols. Syntax:

\setshadesymbol [␣<*E*>]␣({*schattierungs_symbol*} [␣[[p_x][p_y]]] [␣<x_s,y_s>])

<*E*> steht hierbei als Abkürzung für <ϵ_l,ϵ_r,ϵ_u,ϵ_o> (s. S. 299).

`\setsolid` . . . . (6.6.1) – 293

Befehl zur Rückschaltung auf durchgehende Kurvenausgabe, wenn zuvor punktierte oder gestrichelte Ausgabe aktiv war.

`\shaderectanglesoff` . . . . (6.7.5) – 305

Abschaltbefehl für die Schattierung nachfolgender Rechtecke.

`\shaderectangleson` . . . . (6.7.5) – 305

Einschaltbefehl für die Schattierung nachfolgender Rechtecke.

`\shortticklength` . . . . (6.4.6) – 273

Erklärung der Länge von Tickmarken vom Typ `short`. Wertzuweisung durch Anhängen einer Maßzahl: `\shortticklength1.5mm`

`\stack` [␣[*p*]] [␣<*abstand*> {*liste*} . . . . (6.3.3) – 261

Die mit Kommata getrennten Textteile aus *liste* werden mit dem eingestellten Wert von *abstand* so eng wie möglich übereinander angeordnet.

`\stackleading` . . . . (6.3.3) – 261

Erklärung für den Standardabstand beim `\stack`-Befehl, der ohne die optionale Angabe <*abstand*> gewählt wird. Wertzuweisung durch Anhängen einer Maßzahl: `\stackleading2pt`

`\startrotation` [␣by␣cos(ϕ)␣sin(ϕ)] As␣`about`␣x_r y_r] . . . . . . (6.8.6) – 312

Startbefehl zur Drehung nachfolgender Bildteile um den Drehpunkt (x_r, y_r) um den Winkel ϕ.

`\stoprotation` . . . . (6.8.6) – 312

Beendigungsbefehl für das Drehen von Bildteilen.

`\ticksin` . . . . (6.4.6) – 273

Umschaltbefehl für das Standardverhalten des `\axis`-Befehls: Tickmarken werden danach standardmäßig im Bildfenster nach innen angebracht. Ohne diesen Befehl erscheinen sie standardmäßig nach außen gerichtet.

`\ticksout` . . . . (6.4.6) – 273

Rückschaltbefehl für das Standardverhalten des `\axis`-Befehls: Tickmarken erscheinen danach wieder standardmäßig außerhalb des Bildfensters.

`\tickstovaluesleading` . . . . (6.4.6) – 273

Erklärung für den Abstand von Tickmarken und evtl. Bezifferung. Wertzuweisung durch Anhängen einer Maßzahl: `\tickstovaluesleading1.6mm`

`\totalarclength` . . . . (6.6.4) – 296

Internes PiCTeX-Maßregister, das die Länge der letzten mit `\plot` Befehl erzeugten Struktur oder die durch `\findlength` berechnete Länge einer Bildstruktur enthält.

`\unloggedticks` . . . . (6.4.6) – 273

Rückschaltbefehl für das Standardverhalten des `\axis`-Befehls: Tickmarken werden standardmäßig wieder linear verteilt.

`\valuestolabelleading` . . . . (6.4.6) – 273

Erklärung für den Abstand zwischen einer evtl. Achsenbezifferung und dem Achsentext. Wertzuweisung durch Anhängen einer Maßzahl: `\valuestolabelleading1.5ex`

`\visibleaxes` . . . . (6.4.6) – 273

Rückschaltbefehl für das Standardverhalten des `\axis`-Befehls: Achsen werden danach wieder ausgezeichnet.

`\vshade` . . . . (6.7.1) – 300

Schattierungsbefehl für den vertikalen Schattierungsmodus.
Syntax für horizontal stückweise lineare Begrenzung:

`\vshade`␣x_0␣$y_0^{(l)}$␣$y_0^{(r)}$ [␣<E_1>] ␣x_1␣$y_1^{(l)}$␣$y_1^{(r)}$ [␣<E_2>] ␣x_2␣$y_2^{(l)}$␣$y_2^{(r)}$
. . . .
[␣<E_i>] ␣x_i␣$y_i^{(l)}$␣$y_i^{(r)}$ . . . . ␣/

Syntax für horizontal stückweise quadratische Begrenzung:

`\vshade`␣x_0␣$y_0^{(l)}$␣$y_0^{(r)}$ [␣<E_1>] ␣x_1␣$y_1^{(l)}$␣$y_1^{(r)}$ ␣x_2␣$y_2^{(l)}$␣$y_2^{(r)}$
[␣<E_2>] ␣x_3␣$y_3^{(l)}$␣$y_3^{(r)}$ ␣x_4␣$y_4^{(l)}$␣$y_4^{(r)}$
. . . .
[␣<E_i>] ␣x_{2i-1}␣$y_{2i-1}^{(l)}$␣$y_{2i-1}^{(r)}$ ␣x_{2i}␣$y_{2i}^{(l)}$␣$y_{2i}^{(r)}$ . . . . . ␣/

In beiden Fällen steht <E_i> als Abkürzung für <$\epsilon_{l,i}$,$\epsilon_{r,i}$,$\epsilon_{u,i}$,$\epsilon_{o,i}$> (s. S. 299), und es muß gelten

$$x_0 < x_1 < x_2 < \cdots \quad \text{und} \quad y_i^{(b)} \leq y_i^{(t)}, i = 0, 1, 2, \ldots$$

`\writesavefile` *text_notiz*`}` . . . . (6.5.8.3) – 288

Mit diesem Befehl kann der Inhalt von *text_notiz* als Kommentar zu Beginn eines mit `\savelinesandcurves` abgespeicherten Teilbildes angebracht werden.

`\Xdistance{`*x_coord*`}` . . . . (6.8.8) – 315

Umrechnung der x-Koordinatenangabe als horizontales Abstandmaß zum Koordinatenursprung in pt.

`\Ydistance{`*y_coord*`}` . . . . (6.8.8) – 315

Umrechnung der y-Koordinatenangabe als vertikales Abstandmaß zum Koordinatenursprung in pt.

Kapitel 7

METAFONT-Kurzeinführung

Dieses Kapitel beginnt mit einer Vorstellung des METAFONT-Systems und der erforderlichen Aufrufe zu seiner Nutzung. In den anschließenden Abschnitten werden die wichtigsten Programmstrukturen und Befehle aus METAFONT dargestellt und an Beispielen verdeutlicht. Damit sollte es möglich werden, in einfacher Weise komplexe grafische Pixelbilder zu erzeugen und für die Einbindung in die Textbearbeitung durch TEX oder LATEX bereitzustellen. Zwischen METAFONT-Zeichensatzquellenfiles und PostScript-Zeichensätzen existieren inzwischen gegenseitige Umwandlungsprogramme, die kurz in 4.4.2 und 4.4.3 angesprochen wurden.

Als Anfänger einer METAFONT-Nutzung sollte man nicht den Ehrgeiz entwickeln, gleich mit der Bereitstellung neuer Zeichensätze zu beginnen. Zwar enthält dieses Kapitel die wesentlichen Informationen, um neue Zeichensätze technisch zu erzeugen. Der Entwurf neuer Zeichensätze verlangt jedoch weit mehr als nur programmiertechnische Kenntnisse und kann nur in enger Zusammenarbeit mit einem kreativen Zeichensatzdesigner zu überzeugenden Erfolgen führen.

Trotz dieser Einschränkung und Warnung bleiben für den normalen Anwender genügend interessante Nutzungsmöglichkeiten für METAFONT. Dies beginnt im einfachsten Fall mit der Bereitstellung weiterer Vergrößerungs- oder Verkleinerungsstufen mit beliebigen Maßstabsfaktoren für die vorhandenen TEX-Zeichensätze. Die Entwicklung zusätzlicher mathematischer oder sonstiger grafischer Symbole kann ein weiterer Anwendungsfall sein. Hierunter fällt auch die Entwicklung von grafischen Firmen und Namenssymbolen, sog. Logos. Schließlich bietet sich METAFONT auch als allgemeines Grafiksystem zur Erzeugung beliebiger Bilder als Konkurrenz zu PICTEX an, insbesonders zur Erzeugung beliebig geschwungener Kurven mit längs der Kurven veränderlicher Strichstärke und von Flächenstrukturen.

Jeder zu bearbeitende Grafikfile kann den Kode für bis zu 256 verschiedene Grafiksymbole (Bilder) enthalten, denen die internen Kodierungswerte $0, \ldots, 255$ zugeordnet sind. Bei der anschließenden LATEX-Bearbeitung kann dann mit `\symbol{`n`}` das n-te Bildsymbol in den umgebenden Text eingefügt werden.

Eine weitere Anwendung von METAFONT kann in der Modifikation der vorhandenen Computer-Modern-Zeichensätze liegen. Zur Bedeutung der insgesamt 62 Zeichensatzparameter muß auf [7e] verwiesen werden. Eine Änderung dieser Grunddaten sollte mit großer Zurückhaltung erfolgen, da viele dieser Parameter wechselseitig voneinander abhängen und größere Änderungen die Gefahr unvorhergesehener Wirkungen zur Folge haben, die nahezu stets zu unerwünschten Verzerrungen führen.

7.1 Das METAFONT-Programmsystem

METAFONT wurde von Donald E. Knuth als Parallelprogramm zu TEX zur Erzeugung von Zeichensätzen entwickelt und der Allgemeinheit kostenlos zur Verfügung gestellt. Die Originaldokumentation wird mit [7c], [7d] und [7e] gegeben. Hierin stellt [7c] mit dem Titel "The METAFONTbook" das Pendant zu "The TEXbook" dar. Beide Bücher ähneln sich in ihrem Aufbau und der Form der Darstellung und ebenso, wie das letztere für eine erfolgreiche TEX-Systemprogrammierung unverzichtbar ist, gilt das gleiche für das erstere in Bezug auf eine entsprechende METAFONT-Programmierung, auch wenn es für den Anfänger nicht die leichteste Form der Einführung darstellt. Dies war ein Grund für die Zufügung dieses Buchteils als METAFONT-Kurzeinführung Damit ist klar, daß nur die wichtigsten Teilbereiche dargestellt werden, die, so hoffe ich, einen vertieften Einstieg in [7c] erleichtern mögen.

[7d] stellt die Programmdokumentation von METAFONT dar. Dabei handelt es sich um das Ergebnis einer WEAVE-Bearbeitung des Quellenfiles `mf.web` und deren anschließende TEX-Bearbeitung. Steht ein WEB-System beim Anwender zur Verfügung und ist gleichzeitig der Originalfile `mf.web` vorhanden, so kann die entsprechende Dokumentation für den Eigengebrauch selbst erstellt werden. In [7e] werden die Dateien zur Erzeugung der CM-Zeichensätze dokumentiert und die einzelnen Parameter zur Buchstabengestaltung erläutert.

7.1.1 Das METAFONT-Grundsystem

Das METAFONT-Grundsystem besteht aus den lauffähigen Programmen inimf und virmf, die in vollständiger Analogie zu initex und virtex stehen. Eine weitere Analogie besteht in der Existenz des Files `plain.mf` als Pendant zu `plain.tex`, der zu den METAFONT-Grundbefehlen weitere Makros bereitstellt, die vom Anwender als praktische und hilfreiche METAFONT-Zusatzbefehle verwendet werden können und die das Gesamtsystem damit erst komfortabel und praktisch handhabbar machen.

Die Bearbeitung von `plain.mf` durch inimf erzeugt den File `plain.base`, der die Makros in vorbearbeiteter und maschinenspezifischer Form enthält, genauso wie initex die Makrosammlung aus `plain.tex` als `plain.fmt` vorbearbeitet bereitstellt. Nahezu alle in [3a, Anh. F] beschriebenen TEX-Systemkomponenten haben ihre Analogien in METAFONT und sollten für Details ggf. zu Rate gezogen werden. Der inimf-Aufruf zur Bearbeitung des `plain.mf`-Files lautet häufig

`inimf plain dump` bzw.mf `/i plain dump` in emTEX

worauf eine Reihe Protokollmitteilungen auf dem Bildschirm erscheinen, bis schließlich mit dem Wiederauftauchen des allgemeinen Systemeingabezeichens (Systemprompt) die Bearbeitung als beendet gemeldet wird. Neben dem erzeugten `plain.base`- oder `plain.bas`-File wurden die Protokollmitteilungen des Bildschirms und weitere statistische Angaben in dem File `plain.log` abgelegt. Eine andere Möglichkeit besteht in dem Aufruf `inimf` ohne zusätzliche Angaben in der Befehlszeile. Damit erscheint auf dem Bildschirm:

`This is METAFONT, Version` n `(INIMF)` *datum uhrzeit*
`**`

und das Programm wartet nach dem Prompt `**` auf eine Anwendereingabe. Diese muß lauten `plain`, worauf der File `plain.mf` eingelesen wird und die Bearbeitung beginnt, was durch entsprechende Protokollmitteilungen quittiert wird. Anschließend bleibt das Programm mit einem weiteren Eingabeprompt, der diesmal nur aus einem Stern * besteht, stehen. Lautet die Eingabe nun `dump`, so wird mit der Bearbeitung fortgesetzt und das Ergebnis in `plain.base` abgelegt.

Die beiden unterschiedlichen Eingabeprompts '**' und '*' unterscheiden sich dadurch, daß die anschließende Eingabe beim ersten (**) als Filename interpretiert und danach dieser File eingelesen wird. Die Eingabe nach dem anderen Prompt (*) wird dagegen als Befehl interpretiert, der anschließend ausgeführt wird. Das Programm virmf und gleichermaßen die Programme initex und virtex haben in dieser Beziehung die gleichen Eigenschaften. Die Eingabe nach dem Fileprompt ** muß für METAFONT ein gültiger Filename mit dem Anhang `.mf` und für TEX ein entsprechender Filename mit dem Anhang `.tex` sein. Die Eingabe nach dem Befehlsprompt * muß zwangsläufig ein gültiger METAFONT- bzw. TEX-Befehl sein.

Ein arbeitsfähiges METAFONT-Programm besteht dann aus dem ausführbaren Programm virmf und dem zugeladenen `plain.base`-File. Am einfachsten wird mit dem Editor die Befehlsfolge

`virmf \&plain $*`	unter UNIX	als	`mf`	bzw.
`virmf &plain %1`	unter DOS	als	`mf.bat`	

abgespeichert. Aus dem vorangesetzten & erkennt virmf, daß der einzulesende File das vorbearbeitete `.base`-Format enthalten soll und damit unter dem Namen `plain.base` einzulesen ist. Anschließend kann dann mit dem Aufruf

`mf` *font*

eine Bearbeitung des Files *font*`.mf` vorgenommen werden, wobei dieser File die METAFONT-Befehle und Daten zur Erzeugung eines Zeichensatzes oder sonstiger Grafikstrukturen enthält.

Bei einer METAFONT-Bearbeitung für einen File *font*`.mf` besteht häufig der Wunsch, noch vor dem Einlesen des Files *font*`.mf` bestimmte METAFONT-Befehle auszuführen oder zu aktivieren. So kennt METAFONT z. B. die Befehlsaufrufe

`mode=`*bearb_modus* und `mag=`*vergr_wert*

mit denen ein bestimmter Bearbeitungsmodus oder eine vorgegebene Vergrößerung für den zu bearbeitenden File *font*`.mf` gewählt werden kann. Standardmäßig sind als Bearbeitungsmodi *bearb_modus*

`proof`, `smoke`, `lowres` und `localfont`

in `plain.mf` bereitgestellt. Die beiden ersteren dienen während der Entwicklungsphase. Mit `mode=proof` wird jeder Buchstabe stark vergrößert auf einer jeweils eigenen Seite bereitgestellt. Der Buchstabe erscheint hierbei grau getönt mit den darunterliegenden Eingabekontrollpunkten zur Erzeugung des Buchstabens sowie mit einem zusätzlich unterlegten Gitternetz. Der vertikale Linienabstand des Gitternetzes entspricht $1/18$ em mit der zeichensatzspezifischen Längeneinheit 'em'.

Mit `mode=smoke` wird ebenfalls ein vergrößertes Zeichen erzeugt, bei dem die Kontrollpunkte entfallen, da sie durch das vollgeschwärzte Zeichen auch nicht sichtbar wären. Auch das unterlegte Gitternetz entfällt. Die umschließende Zeichenbox wird durch vier kleine Ecksymbole gekennzeichnet (s. das Bild auf der nächsten Seite).

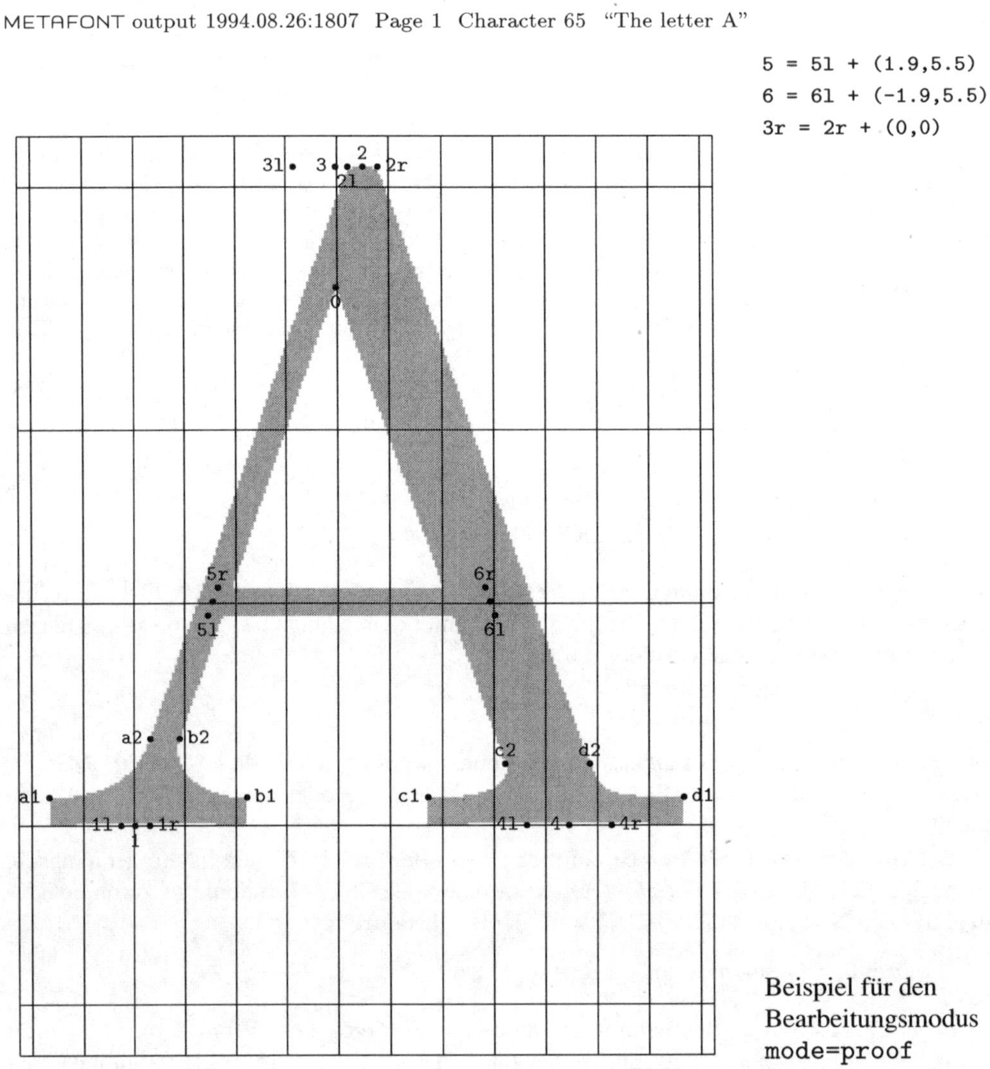

Beispiel für den Bearbeitungsmodus `mode=proof`

Der Bearbeitungsmodus `mode=lowres` formatiert den zu bearbeitenden *font*`.mf`-File für ein fiktives Ausgabegrät mit der groben Auflösung von 200 Pixel/Zoll. In `plain.mf` ist `localmode:=lowres` gesetzt, womit der Bearbeitungsmodus `localmode` zunächst mit `lowres` identisch ist. Der Modus `localmode` wird bei vielen Installationen jedoch durch ein eigenes Makro bereitgestellt, mit dem die erforderlichen Formatierungsanweisungen für das vorrangige Ausgabegerät beim Anwender beschrieben werden, sodaß mit `mode=localmode` der Zeichensatz für die Ausgabe auf dem Hauptdrucker erzeugt wird.

Mit `mag=`*vergr_wert* können für einen File *font*`.mf` Zeichensätze in beliebigen Vergrößerungen oder Verkleinerungen erzeugt werden. Hierin steht *vergr_wert* für eine beliebige Dezimalzahl, die den Vergrößerungsfaktor darstellt. Werte < 1.0 führen zu einer entsprechenden Verkleinerung. Statt einer Dezimalzahl x kann auch `mag=magstep` n geschrieben werden, was der Dezimaleingabe $x = 1.2^n$ entspricht und damit in Äquivalenz zu den TEX-Befehlen `\magstep`n steht.

METAFONT output 1994.08.27:1728 Page 2 Character 66 "The letter B"

Beispiel für den Bearbeitungsmodus `mode=smoke`

Der Programmaufruf `mf` interpretiert das darauffolgende Argument als Filename. Soll vorab einer oder mehrere METAFONT-Befehle eingegeben werden, so muß dem Programm `mf` mitgeteilt werden, daß das folgende Argument kein Filename ist. Das geschieht mit einem vorangestellten Backslash \ unmittelbar vor dem *ersten* Befehl. Weitere Befehle, die durch Semikolons voneinander zu trennen sind, können danach *ohne* einen vorangestellten \ folgen. Ein zulässiger Bearbeitungsaufruf für den File *font*`.mf` kann damit lauten[1]:

```
mf '\mode=localfont; mag=2.5; input font'
```

Der letzte Befehlsaufruf `input` *font* bedarf einer Erläuterung. Nachdem dem Programm `mf` mitgeteilt wurde, daß das auf den Programmaufruf folgende Argument kein Filename, sondern ein Befehl ist, schaltet `mf` insgesamt in den *Befehlseingabemodus*. (Bei einer interaktiven Bearbeitung, wie beim inimf-Aufruf dargestellt, würde dies durch die anschließenden Aufforderungen mit einem '`*`' kenntlich werden.) Die Aufforderung an `mf`, danach einen File einzulesen, muß mit dem expliziten METAFONT-Lesebefehl erfolgen. Dieser heißt `input`, gefolgt von dem Grundnamen des einzulesenden Files.

War der Bearbeitungsmodus `localfont` auf einen Drucker mit der Auflösung 300 Pixel/Zoll eingerichtet worden, so entstehen mit dem vorangegangen Aufruf die Files

font`.750gf`, *font*`.tfm` und *font*`.log`

Während der Bearbeitung erscheinen auf dem Bildschirm eine Reihe von Bearbeitungsmitteilungen, die gleichzeitig in *font*`.log` abgelegt werden. Der File *font*`.tfm` enthält die metrischen Zeichensatzinformationen, die TeX oder LaTeX für die Nutzung dieses Zeichensatzes benötigt. Dieser File ist in die TeX-Standarddirectory `.../tex/fonts` zu kopieren.

Der File *font*`.750gf` enthält den Pixelkode für den Zeichensatz in Form einer speziellen Kodiergung `gf` (Generic Font). Der Zahlenwert 750 im Namensanhang weist daraufhin, daß

[1] Der Einschluß der Argumentgruppe in Hochkommata ist unter UNIX erforderlich und kann bei anderen Betriegssystemen, wie z. B. MSDOS, entfallen. Näheres ist ggf. den Unterlagen zum Betriebssystem über "Befehlsaufrufe mit Parametern" zu entnehmen.

er die fiktive Auflösung von 750 Pixel/Zoll bereitstellt. Werden seine Zeichen auf dem realen Drucker mit 300 Pixel/Zoll ausgegeben, so erscheinen horizontal und vertikal 2.5mal soviel Pixel, als für die Normalgröße bei diesem Drucker erforderlich sind, das Zeichen wird damit um den Faktor 2.5 vergrößert ausgegeben.

Wäre bei dem vorangegangene Bearbeitungsaufruf `mode=lowres` gewählt worden, so hätte mit gleichem `mag=2.5` der entstandene File den Namen *font*`.500gf` erhalten, bei dem $500 = 2.5 \times 200$ wiederspiegelt. Mit `mag=1.0` entsteht für `localfont` der File *font*`.300gf` und für `lowres` *font*`.200gf`, was keiner weiteren Erläuterung bedarf.

Die entstandenen `gf`-Files enthalten die Pixelkodierung für die Druckausgabe in einem speziellen Format. Es gibt Druckertreiber, die dieses Format lesen und in das druckerspezifische Pixelformat umsetzen. Die Mehrzahl der Druckertreiber setzen jedoch die Zeichensatzfiles im `pxl`- oder `pk`-Format voraus (s. hierzu C.7.3 und C.7.4 aus [3a]). Das `pxl`-Format gilt inzwischen als veraltet und wird seit mehreren Jahren kaum noch verwendet. Die neueren Druckertreiber basieren fast ausschließlich auf dem sehr dicht gepackten `pk`-Format.

Damit gehört zu einem METAFONT-System ein Hilfsprogramm mit dem Namen gftopk, das die entstandenen `gf`-Files in die entsprechenden `pk`-Files umsetzt, mit denen der Druckertreiber dann endgültig arbeitet. Der Aufruf für dieses Programm lautet allgemein

`gftopk` *font*`.`*gf_ext* *font*`.`*pk_ext*

Hierin ist *font* der Grundname, wie er aus dem Ausgangsfile *font*`.mf` übernommen wurde und bei der `mf`-Bearbeitung an die *font*`.tfm`-, *font*`.log`- und *font*`.`*xxx*`gf`-Files weitergegeben wurde. Bei den dargestellten Beispielen stand für *gf_ext* z. B. `750gf` oder `300gf` und für Drucker mit hoher Auflösung oder höheren Vergrößerungstufen evtl. auch mit vierstelligen Zahlen vor der Kennung `gf`.

Einige Betriebssysteme, wie MS-DOS, gestatten für den Namensanhang bei Filenamen nur maximal drei Zeichen. Bei solchen Systemen besteht der Anhang für den entstandenen `gf`-File nur aus drei Ziffern, eine evtl. vierte Ziffer und die `gf`-Kennung wird unterdrückt. Läßt das Betriebssystem längere Namensanhänge zu, dann sollten beim Aufruf von gftopk die Anhänge *gf_ext* und *pk_ext* bis auf die Kennungspaare `gf` und `pk` gleich gewählt werden, was mit dem vereinfachten Programmaufruf "`gftopk` *font*`.`*gf_ext*" automatisch geschieht. Zur endgültigen Eingliederung der `pk`-Files und ggf. deren Anhangkennung muß das Manual des Druckertreibers Auskunft geben.

7.1.2 Das METAFONT-Filesystem

Im vorangegangenen Unterabschnitt wurden die METAFONT-Systemprogramme inimf und virmf sowie das Umwandlungsprogramm gftopk und deren Programmaufrufe beschrieben. Die zu bearbeitenden Files werden entweder in der momentanen Arbeitsdirectory oder in vorbestimmten Verzeichnissen vorausgesetzt. Üblicherweise erwarten die Programme inimf und virmf die Eingabefiles in Verzeichnissen unter UNIX in der Form `.../mf/inputs` und unter DOS am Beispiel von emTeX unter `c:\emtex\mfinput`.

In diesem Verzeichnis sollte vor dem ersten Aufruf von inimf der File `plain.mf` eingerichtet werden. Der erzeugte File `plain.base` wird von virmf üblicherweise im UNIX-Verzeichnis `.../mf/bases` erwartet. Das evtl. entsprechende DOS-Verzeichnis mit dem gleichen Endnamen sollte nach dem vorangegangenen Abschnitt aus dem Beispiel als `c:\emtex\mfbases` selbstverständlich sein.

Wird inimf mit dem WEB-System aus seinen Quellen `mf.web` und `mf.ch` erzeugt, so entsteht hierbei stets der File `mf.pool`. Dieser wird zwingend für sonstige METAFONT-Bearbeitungen in `.../bases` erwartet. Stammt das METAFONT-System aus anderen Quellen mit lauffähigen inimf- und virmf-Proprammen, so existiert auf dem Verteilungsmedium der File `mf.pool` (unter DOS `mf.poo`), der für das lauffähige System unter `.../bases` bereitzustellen ist.

War METAFONT Teil des TeX-Vertriebsmediums, so sollten auf diesem auch alle Files zur Erzeugung der Computer-Modern-Zeichensätze existieren. Hierbei handelt es sich um die 75 TeX-Standardschriften, deren Erzeugungsfiles den Grundnamen dieser TeX-Schriften mit dem Anhang `.mf` tragen, also z. B. `cmr10.mf`, `cmbx10.mf`, ... Das vollständige Verzeichnis der 75 TeX-Standardschriften sowie der 10 zusätzlichen LaTeX-Zeichensätze ist in [3a, Anhang C.7.1] aufgelistet. Die zugehörigen `.mf`-Files sind in der METAFONT-Directory `.../mf/inputs` oder deren Systemäquivalent einzurichten.

Die `.mf`-Files mit den Grundnamen der aufgelisteteten Schriften stellen aus der Sicht der "Computer-Modern-Schriften" die sog. Parameterfiles dar, da sie die kennzeichnenden Parameter für die jeweilige Schrift enthalten. Die Parameterfiles lesen mit `input`-Befehlen weitere `mf`-Files ein, und zwar einmal den sog. Basisfile `cmbase.mf`, der METAFONT-Befehle enthält, die für alle Schriften gleichermaßen benötigt werden.

Die Parameterfiles können in 8 Gruppen zusammengefaßt werden, wobei die Files einer Gruppe jeweils auf einen gemeinsamen sog. Treiberfile zurückgreifen. Die acht Treiberfiles sind

```
roman.mf    title.mf    texset.mf   csc.mf
texit.mf    mathit.mf   mathsy.mf   mathex.mf
```

Die Treiberfiles greifen ihrerseits auf eine Reihe von Programmfiles zurück. Diese enthalten die METAFONT-Befehle zur Erzeugung der einzelnen Zeichen und sind ihrerseits in Zeichengruppen zusammengefaßt. Insgesamt existieren die folgenden Programmfiles

```
accent.mf   bigacc.mf   bigdel.mf   bigop.mf    calu.mf
comlig.mf   cscspu.mf   greekl.mf   greeku.mf   itald.mf
italig.mf   itall.mf    italms.mf   italp.mf    italsp.mf
olddig.mf   punct.mf    romand.mf   romanl.mf   romanu.mf
romlig.mf   romms.mf    romspl.mf   romspu.mf   romsub.mf
sym.mf      symbol.mf   tset.mf     tsetsl.mf
```

LaTeXstellt zusätzlich noch `lcircle.mf`, `lasy.mf` und `line.mf` bereit, die gleichzeitig Treiber- und Programfiles darstellen.

Der Basisfile `cmbase.mf` sowie die aufgelisteten Treiber- und Programmfiles sind ebenfalls vor der ersten METAFONT-Verwendung zur Erzeugung von Computer-Modern-Schriften in `.../mf/inputs` einzurichten.

METAFONT selbst stellt noch einen Satz von `mf`-Files zur Erzeugung des eigenen Logos in diversen Stilen bereit. Deren METAFONT-Bearbeitung erzeugt Zeichensätze, die jeweils nur die 7 Buchstaben enthalten, aus denen das Logo METAFONT aufgebaut ist. Die zugehörigen Parameterfiles sind `logo8.mf`, `logo9.mf`, `logo10.mf`, `logobf10.mf`, `logosl10.mf`, `flogo.mf`, `nlogo.mf` und `sklogo.mf`. Der Basisfile heißt `logobase.mf` und der Treiberfile `logo.mf`. Letzterer greift auf einige Programmfiles aus dem Standardsatz zurück.

Bei einigen Installationen existiert der File `manual.mf`. Seine mf-Bearbeitung erzeugt einen Zeichensatz `manual.gf` mit allen Zeichen, die als Grafiksymbole in einem der Bücher [7a] ... [7e] von Donald Knuth auftauchen.

Sind alle Quellenfiles der Computer-Modern-Schriften in `.../mf/inputs` eingerichtet, so sollte spätestens jetzt mit der realen Erzeugung eines Drucker-Zeichensatzes zur Übung begonnen werden. Mit dem Aufruf

```
mf '\mode=localfont; mag=1.0; input cmr10'
```

erscheinen auf dem Bildschirm nacheinander die Mitteilungen

```
This is METAFONT, Version 2.71 (no base preloaded)
** \mode=localfont; mag=1.0; input cmr10
(...cmr10.mf (...cmbase.mf) (...roman.mf (...romanu.mf [65] [66] [67] [68]
[69] [70] [71] [72] [73] [74] [75] [76] [77] [78] [79] [80] [81] [82] [83]
[84] [85] [86] [87] [89] [90]) (...romanl.mf [97] [98] [99] [100] [101] [102]
[103] [104] [105] [106] [107] [108] [109] [110] [111] [112] [113] [114] [115]
[116] [117] [118] [119] [120] [121] [122]) (...greeku.mf [0] [1] [2] [3] [4]
[5] [6] [7] [8] [9] [10]) (...romand.mf [48] [49] [50] [51] [52] [53] [54]
[55] [56] [57]) (...romanp.mf [36] [38] [63] [62]) (...romspl.mf [16] [17]
[25] [26] [27] [28]) (...romspu.mf [29] [30] [31]) (...punct.mf [33] [60]
[35] [37] [39] [40] [41] [42] [43] [44] [46] [47] [58] [59] [61] [64] [91]
[93] [93] [96]) (...accent.mf [18] [19] [20] [21] [22] [23] [24] [32] [94]
[95] [125] [126] [127]) (...romlig.mf [11] [12] [13] [14] [15])
(...comlig.mf [34] [45] [92] [123] [124]))
Font metrics written on cmr10.tfm.
Output written on cmr10.300gf (128 characters, 13204 bytes.
Transcript written on cmr10.log.
```

Diese Mitteilungen sollten nach den vorangegangenen Erläuterungen verständlich sein. In der zweiten Zeile werden zunächst die eingegebenen METAFONT-Befehle wiederholt und mit der nächsten Zeile beginnt die Rückmeldung der Bearbeitung. Es wird zunächst der File `(.../cmr10.mf` eingelesen, wobei `.../` für den vollständigen Pfadnamen steht. Auf meinem UNIX-Rechner steht entsprechend der dortigen Fileorganisation `.../` für `/usr/local/lib/mf/inputs/` und auf meinem PC für `c:\emtex\mfinput\`.

Die Mitteilung `(cmbase.mf) (roman.mf` sagt, daß dann der Basisfile und danach der Treiberfile `roman.mf` eingelesen wird. Die nächste Angabe `(romanu.mf [65] ...` weist daraufhin, daß der Treiberfile zunächst den Programmfile `romanu.mf` einliest, der die Befehlsanweisungen für die Roman-Großbuchstaben enthält ('u' für Uppercase). Anschließend werden die Großbuchstaben erzeugt, wobei 'A' dem Zahlenschlüssel 65, 'B' 66 usw. bis 'Z' dem Wert 90 zugeordnet wird. Die anschließende Angabe `) (...romanl.mf [97] ...` sagt mit der schließenden Klammer `)`, daß der vorangegangene Programmfile damit beendet ist und ein neuer Programmfile `romanl.mf` eingelesen wird, der die METAFONT-Anweisungen zur Erzeugung der Roman-Kleinbuchstaben enthält ('l' für Lowercase). Die Zahlenfolge `[97] ... [122]` wird hierbei der Buchstabenfolge 'a ... z' zugeordnet.

Die weiteren Terminalmitteilungen sind nun selbstverständlich. Die weiteren Programmfiles `greeku.mf`, `romand.mf`, `romanp.mf`, `romspl.mf`, `romspu.mf`, `punct.mf`, `accent.mf`, `romlig.mf` und `comlig.mf` erzeugen nacheinander die griechischen Großbuchstaben Γ ... Ω, die Ziffern 0 ... 9, die Roman-Satzzeichen $, &, > und ?, die kleinen und großen Sonderzeichen ı, , ß, æ, œ, ø, bzw. Æ, Œ und Ø, die Satzzeichen ! < # % ' ( ) * + , . / : ; = @ [ ] und ', die Akzentzeichen ` ´ ˇ ˘ ¯ ˚ ¸ ^ ^ _ } ˜ und ¨, die Ligaturen ff fi fl ffi ffl und schließlich die als gemeinsame Ligaturen bezeichneten Zeichen " - " – und —.

Die Funktionen der Programmfiles gehen aus deren Namen oder Namensendungen hervor, z. B 'd' für 'digits', 'p' für 'punctuation, 'spu' für 'special uppercase', 'spl' für 'special lowercase' und 'lig' für 'ligatures'. 'comlig' steht für die in den Roman- und Italicschriften einheitlich benutzten Zeichen.

7.1.3 Geräteanpassungen

Die Verteilungsmedien für METAFONT enthalten den File `modes.mf`, der die METAFONT-Einstellungen für nahezu alle am Markt befindlichen Drucker oder sonstiger Ausgabegeräte, wie Grafikbildschirme, enthält. Diese gerätespezifischen Einstellungen werden als METAFONT-Makros realisiert und für die Bearbeitung mit "`mode=`*dev_macro*" beim mf-Aufruf aktiviert. Dabei steht *dev_macro* für den Makronamen des entsprechenden Gerätes. Das Paket emTEX enthält einen äquivalenten Gerätefile unter dem Namen `local.mf`.

Enthält das Verteilungsmedium kein Anpassungsmakro für den vorhandenen Drucker, so muß es vom Anwender selbst bereitgestellt werden. Dieses ist stets von der Form

```
% Canon CX mode: (e.g. Laserjet II)
mode_def CanonCX =
  proofing:=0;           % no, we're not making proofs
  fontmaking:=1;         % yes, we are making a font
  tracingtitles:=0;      % no, don't show titles at all
  pixel_per_inch:=300    % the Canon engine at 300/inch
  blacker:=0;            % Canon engine is black enough
  fillin:=.2;            % small compensation for diagonal fillin
  o_correction=.6        % but don't overshoot as much
  % aspect_ratio 1/1     % v/h, only for different v/r resolution
enddef;
localfont:=CanonCX
```

was am Beispiel für den CanonCX-Druckertyp vorgestellt wird. Dieses Druckwerk wird z. B. bei den Laserdruckern Apple LaserWriter, Cordata, HP Laserjet, HP Laserjet II, Imagen 8/300, QMS und Talaris 8ppm benutzt.

Ein von Null verschiedener Wert für `proofing` wird in den äquivalenten `plain`-Makros für den Bearbeitungsmodus `proof` mit `proofing:=2` und für `smoke` mit `proofing:=1` gewählt. Dies führt zu zusätzlichen Ausgabemarkierungen während der Testphase eines neuen Zeichensatzes, wie in den Bildern auf S. 328 und 329 zu ersehen ist. Die Zuweisung von `fontmaking:=1` bewirkt die zusätzliche Erzeugung des `.tfm`-Files. Mit `tracingtitles:=1` erfolgt ein erweitertes Terminalprotokoll während der Bearbeitung in der Form:

```
The letter A [65]
The letter B [66]
 . . . . . . .
Greek Uppercase Gamma [0]
 . . . . . . .
```

Die Einstellungen von blacker und fillin dienen zur Anpassung des Schwärzungsgrades von vertikalen und diagonalen Linien. Die Einzelpixel können für Drucker gleicher Auflösung unterschiedlich groß sein, was z. B zu Linien wie nebenstehend führen kann. Die Pixelvariable blacker wird zu jeder horizontalen Pixelgruppe addiert, was bei vertikalen Linien zur Vergrößerung der Linienbreite führt. Bei Werten < 1.0 für blacker liegt die Wirkung in einer evtl. Aufrundung auf die nächste ganze Pixelanzahl und damit zu einer um ein Pixel stärkeren Linie.

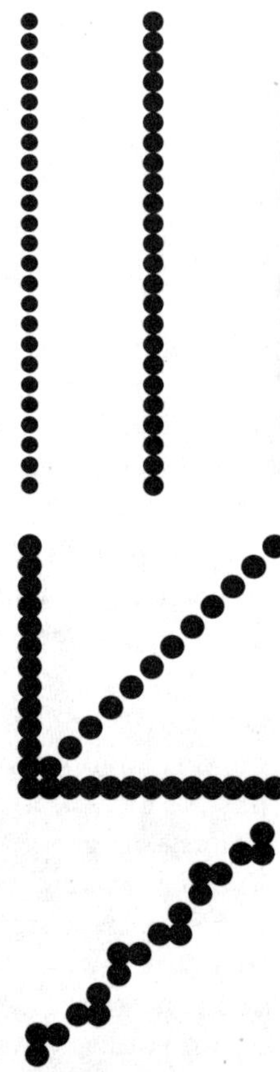

Würde eine Diagonallinie aus der gleichen Zahl von Einzelpixeln gebildet, wie die zugehörige horizontale und vertikale Linie, so erschiene sie schwächer als letztere, da die gleiche Anzahl von Pixeln auf die um $\sqrt{2}$ vergrößerte Länge verteilt sind. METAFONT kompensiert dies durch Zufügung von weiteren Nachbarpixeln entlang der Diagonalen. Beim Zusammentreffen von geneigten Linien, wie etwa beim A oder M kann dies an den Schnittstellen zu überhöhter Schwärzung führen, wie Diagonallinien bei manchen Druckern insgesamt zu dick ausfallen. Mit einem positiven Wert für fillin kann eine Ausdünnung von Diagonallinien und deren Schnittstellen erreicht werden. Ein negativer Wert führt zu zusätzlicher Verstärkung.

Der Korrekturwert o_correction wirkt der optischen Täuschung entgegen, nach der Kreise gegenüber Quadraten mit der Kantenlänge des Kreisdurchmessers kleiner erscheinen.

Der Einstellwert für pixel_per_inch ist selbsterklärend. Der letzte Korrekturwert aspect_ratio ist nur bei Geräten mit unterschiedlicher Auflösung in horizontaler und vertikaler Richtung erforderlich.

Bei solchen Geräten sollte der Variablen pixel_per_inch die horizontale Auflösung und aspect_ratio das Verhältnis v_{res}/h_{res} zugewiesen werden, mit h_{res} für die horizontale und v_{res} für die vertikale Auflösung. Der Nadeldrucker FX 80 von Epson hat z. B. die horizontale Auflösung 240/inch und in vertikaler Richtung nur 216/inch, was dem Verhältnis 9/10 entspricht. Für diesen Drucker würde damit

```
\pixel_per_inch:=240;   aspect_ratio:=9/10;
```

vorzugeben sein.

Der Gerätefile modes.mf (bzw. local.mf in emTEX) muß beim METAFONT-Aufruf in die Bearbeitung einbezogen werden, und zwar *vor* der Modezuweisung mode=*dev_macro*. Dies kann mit dem METAFONT-Aufruf in der Form

mf modes; mode=*dev_macro*; mag=m; input *font*

geschehen. Der vorangestellte \ vor der Modezuweisung mode=*dev_macro* entfällt hier, da METAFONT nunmehr als erstes auf den File modes.mf trifft, nach dem automatisch in den Befehlseingabemodus umgeschaltet wird. Im nachfolgenden Unterabschnitt' stelle ich eine elegantere Lösung vor.

Innerhalb des Gerätefiles modes.mf bzw. local.mf sollte der Anwender am Ende die Zuweisung localfont:=*dev_macro* mit dem im gleichen File für den bevorzugten lokalen Drucker gekennzeineten Makronamen *dev_macro*, z. B. CanonCX für einen HP-Laserjet II oder III bei modes.mf bzw. hplaser bei local.mf.

7.1.4 Weitere Anwenderanpassungen

Die Erzeugung der 75 TEX-Zeichensätze sowie der zusätzlichen 22 LATEX- und SLI-TEX-Zeichensätze in verschiedenen Vergrößerungsstufen als `.gf`-Files und deren anschließende Umwandlung in `.pk`-Files erfordert beträchtliche Rechenzeit. Da alle TEX- und LATEX-Zeichensätze auf den File `cmbase.mf` zurückgreifen und eine druckerspezifische Vorgabe aus `modes.mf` bzw. `local.mf` erwarten, sollte eine Vorbearbeitung dieser Files gemeinsam mit `plain.mf` durch inimf erfolgen und als eigener `cmplain.base`-File abgelegt werden. Hiermit kann die Rechenzeit für die Erzeugung der Computer-Modern-Zeichensätze verringert werden. Der inimf-Aufruf lautet hiefür

```
inimf plain input modes; input cmbase; dump
```

Der in der momentanen Directory erzeugte File `plain.base` oder `plain.bas` sollte in `cmplain.base` umbenannt und dann im `.../bases` abgespeichert werden. Für die spätere METAFONT-Bearbeitung sollte die Befehlsfolge

UNIX:	`virmf \&cmplain $*`	als	`cmmf`
DOS:	`virmf &cmplain %1`	als	`cmmf.bat`

in der Directory mit den ausführbaren Programmen abgespeichert werden. Der Aufruf zur Bearbeitung der Computer-Modern-Zeichensätze erfolgt nunmehr mit dem Aufruf

`cmmf '\mode=localfont; mag=`*n* `; input` *font'*

Bei der Bearbeitung entfällt das Einlesen von `cmbase.mf`, da alle Parameterfiles mit der Abfrage

```
if unknown cmbase: input cmbase fi
```

beginnen. In dem vorbearbeiteten `cmbase`-File aus `cmplain.base` wird `cmbase:=1` gesetzt und ist damit bekannt, womit der anschließende Lesebefehl entfällt.

Für ein komfortables TEX-System sollten alle TEX- und LATEX-Schriften neben der Grundgröße zusätzlich in den Vergrößerungsstufen `magstep 0.5`, `magstep 1`, `magstep 2`, ... `magstep5`, also in den Stufen 1.2^n mit $n = 0, 0.5, 1, 2, \ldots 5$ bereitgestellt werden. Diese 7 Vergrößerungsstufen auf die 75 TEX- und zusätzlichen 11 LATEX-Schriften angewandt, führen zu insgesamt 602 Zeichensatzfiles. Von den Schriften, die nur in 10pt existieren, sollten zumindest `cmcsc10`, `cmex10`, `cmbsy10` und `lasyb10` auch in den Verkleinerungsstufen `mag=0.5, 0.6, 0.7 0.8` und `0.9` erstellt werden.

Für das Ergänzungspaket `slitex` müssen auch die SLITEX-Schriften eingerichtet werden. Hierbei handelt es sich um die Schriften

```
icmex10 icmmi8 icmsy8 icmtt8 ilasy8 ilcmss8 ilcmssb8 ilcmssi8
cmex10  cmmi8  cmsy8  cmtt8  lasy8  lcmss8  lcmssb8  lcmssi8
```

die für die 8 pt Schriften in den Vergrößerungsstufen von `magstep3` bis `magstep9` und für die 10pt Schriften, also für `icmex10.mf` und `cmex10.mf` in den Stufen `mag=0.9`, `magstep0` bis `magstep5`, jeweils in Abstufungen von 1, zu erstellen sind. Die beiden anderen mathematischen Zeichensatzgruppen `icmmi8` und `icmsy8` sowie `cmmi8` und `cmsy8` sollten zusätzlich in `magstep1` und `magstep3` zur Verfügung stehen.

Selbst ohne die SLITEX-Schriften wurde hier die Erstellung von insgesamt 622 Zeichensatzfiles empfohlen. Evtl. kommen für plakative Ausdrucke bei einigen Schriften noch höhere

Vergrößerungsstufen oder feinere Abstufungen in Betracht[2]. Alle in Kapitel 2 vorgestellten TEX-Zusatzschriften können bei Bedarf in mehreren Vergrößerungsstufen in gleicher Weise aus ihren `.mf`-Quellenfiles erstellt werden. Angesichts des Rechenaufwandes zur Erzeugung der `gf`-Zeichensatzfiles aus den `mf`-Quellen und ihre endgültige Bereitstellung als `pk`-Files ist eine Erstellungsstrategie erforderlich.

Vorab sollte das Filesystem für die Zeichensätze strukturiert werden. Für den Canon CX Druckertyp liegt es z. B nahe unter MS-DOS zunächst das Verzeichnis `c:\texfonts\canon` einzurichten und nach dem Befehl `cd c:\texfonts\canon` nunmehr Unterverzeichnisse mit `mkdir` *nnn*`dpi` einzurichten, wobei *nnn* nacheinander für `300dpi`, `329dpi`, `360dpi`, `432dpi`, `518dpi`, `622dpi` und `746dpi` steht. Diese Zahlennamen stammen genau genommen aus der Rundungsfunktion $\text{round}(R \times 1.2^n) = \text{int}(R \times 1.2^n + 0.5)$ mit R für die Auflösung des Druckers und sind für einen anderen Druckertyp entsprechend zu wählen.

Um einen Zeichensatz in den vorgeschlagenen 7 Skalierungsstufen zu erzeugen, empfiehlt es sich, unter MS-DOS die Befehlsdatei `magfont.bat`

```
cmmf \mode=localfont; input %1
gftopk %1.300gf c:\texfonts\canon\300dpi\%1.pk
copy   %1.tfm    c:\texfonts\fonts\%1.tfm
cmmf \mode=localfont; mag=magstep 0.5; input %1
gftopk %1.329gf c:\texfonts\canon\329dpi\%1pk
cmmf \mode=localfont; mag=magstep 1; input %1
gftopk %1.360gf c:\texfonts\canon\360dpi\%1pk
. . . . . . . . . . . . . . . . . . . . . . . .
cmmf \mode=localfont; mag=magstep 5; input %1
gftopk %1.746gf c:\texfonts\canon\746dpi\%1pk
del %1.*
```

bereitzustellen. Mit dem Aufruf `magfont` *font* wird der angegebene Zeichensatz *font* für alle 7 Vergrößerungsstufen mit `cmmf` bearbeitet, die die entstehenden *font.xxx*`gf`-Files in *font*`.pk`-Files umgewandelt, und zwar entsprechend den einzelnen Vergrößerungsstufen in den Zielverzeichnissen `c:\texfonts\canon\300dpi` bis `c:\texfonts\canon\746dpi` eingerichtet, der File `cmbx10.tfm` nach `d:\tex\fonts` kopiert, und in der augenblicklichen Arbeitsdirectory werden die hier nicht mehr benötigten Files *font.xxx*`gf`, *font*`.tfm` und *font*`.log` gelöscht.

Mit dem Aufruf `magfont cmbx10` wird damit die Schrift `cmbx10` in den 7 Skalierungsstufen eingerichtet. Ein solcher Aufruf sollte vorgenommen werden, um eine Zeitabschätzung für die Erzeugung von Zeichensätzen in allen Skalierungsstufen zu gewinnen. Anschließend kann können der weiteren kleinen Befehlsdatei `manyfonts.bat`

```
for %%f in (%1 %2 %3 %4 %5 %6 %7 %8 %9) call %%f.mf
```

und dem Aufruf `manyfont` $font_a$ *fontb* . . . $font_i$ bis zu 9 verschiedene Zeichensätze in den 7 Skalierungsstufen zu geeigneten Zeiten, z. B. in derMittagspause, störungsfrei erzeugt werden. Die äquivalenten Dienstfiles als Shellscript unter UNIX oder Kommandofiles unter anderen Betriebssystemen brauchen dem Systemverwalter von Mehrbenutzersystemen nicht näher erläutert werden.

Das emTEX-Paket von Eberhard Mattes enthält eine eigene Installationsdatei `mfjob`, die mit Aufrufen der Form

[2] Auf meinem UNIX-Rechner wurden z. B. alle TEX- und LATEX-Schriften mit `magstep`-Werten von $0.5n$ mit $n = 0, 1, \ldots 20$, also neben der Grundstufe mit `magstep 0.5` bis `magstep 9.5` in Abstufungen von 0.5 erzeugt. Mit den zusätzlichen Verkleinerungsstufen und den SLITEX-Schriften sind das rund 2000 Zeichensatzfiles. Der Grund für diese Vergrößerung liegt darin, daß die Schriften auf den herkömmlichen DIN A4 Druckern *und* auf einem DIN A3 Drucker mit gleicher Auflösung von 300 Pixel/Zoll verwendet werden. Letzerer dient dazu, Schriftstücke vergrößert als Druckvorlage zu erstellen und damit eine höhere effektive Auflösung zur Verbesserung der Druckqualität zu erreichen.

```
mfjob /i fnt_group m=pr
```

eine mit *fnt_group* gekennzeichnet Zeichensatzgruppe für den mit *pr* gekennzeichneten Drucker in den 7 Standardskalierungen erzeugt. Für Einzelheiten verweise ich auf [3a, Anh. H.4.2].

Zum Abschluß folgen hier noch einige Hinweise zur Anpassung an sog. Write-White-Geräte. Für diese sollte neben dem eigentlichen Gerätemakro auch eine Anpassung von `cmbase.mf` erfolgen. Steht ein `setup_white.mf`-File, wie unter UNIX, zur Verfügung, so kann ein spezieller `cmwplain.base`-File mit

```
inimf plain input cmbase; input setup_white; input device; dump
```

erstellt und mit virmf zum Aufruf wmf zusammengefaßt werden. Das entsprechende Gerätemakro muß gleichzeitig die Zuweisung `let font_setup=white_setup` enthalten. Existiert kein Anpassungsfile, dann sollte `cmbase.mf` zumindest um die in [23, Vol. 8, S. 31] beschriebenen Ergänzungen modifiziert werden. Da diese nur kurz sind, seien sie hier wiederholt. In `cmbase.mf` gibt es eine längere Makrodefinition `def font_setup =`, in der die Zuweisung

```
min_Vround:=max(fine.breadth,crisp.breadth,tini.breadth);
```

auftritt. Diese ist durch Einfügen von `,2` unmittelbar vor der schließenden Klammer, also nach `tini.breadth`, zu ergänzen. Am Ende des `font_setup`-Makros, also unmittelbar vor dem entsprechenden `enddef`-Befehl, ist einzufügen

```
forsuffixes $=thin_join,hair,curve,flare,dot_size,cap_hair,cap_curve
   vair,bar,slab,cap_bar,cap_band,stem',cap_stem',vair',fudged.hair,
   fudged.stem,fudged.cap_stem: $:max($2); endfor %"WRITE WHITE" ONLY!
```

Mit diesen Ergänzungen wird erreicht, daß bei Write-White-Geräten alle Teilstrukturen mindestens 2 Pixel groß sind. Dieser Vorschlag stammt aus dem Artikel "Write-White Printing Engines und Tuning Fonts with METAFONT" von Neenie Billawala aus der vorher zitierten Stelle in TUGboat.

Neuere DVI-Treiber, wie dvips von Tomas Rokicki und die Treiber aus den emTEX-Probeversionen, können fehlende Zeichensätze bei Bedarf automatisch generieren. Verfügt der Treiber des Anwenders über eine solche Eigenschaft, dann kann von einer Vorabersteilung der Zeichensätze abgesehen werden. Dies verlängert zwar die ersten Druckaufträge, da die angeforderten Zeichensätze zunächst erstellt werden müssen, die dann jedoch dauerhaft abgelegt werden. Bereits nach wenigen Druckaufträgen entstehen so die beim Anwender tatsächlich benötigten Zeichensätze, was bei begrenzter Plattenkapzität vorteilhaft ist. Mit einer solchen Treibereigenschaft kann man sich auf die manuelle Erstellung solcher Zeichensätze beschränken, für die die automatische Erzeugung aus irgendwelche Gründen versagt.

7.1.5 Grafische Terminalausgabe von METAFONT

Steht dem Anwender ein grafikfähiges Terminal zur Verfügung, was bei einem PC mit einer geeigneten Grafikkarte nahezu selbstverständlich ist, so wäre es in der Entwicklungsphase der einzelnen Symbole neuer Zeichensätze wünschenswert, diese auf dem Bildschirm auszugeben. Das METAFONT-Originalprogramm `mf.web` stellt zur Vorbereitung die vier Funktionen *init_screen*, *blank_rectangle*, *paint_row* und *update_sreen* bereit. Diese müssen mit `mf.ch` an die Grafikeigenschaften des eigenen System angepaßt werden. Ob dies beim lauffähigen virmf-Programm geschehen ist, kann vorab mit einem kleinen Testaufruf geprüft werden. Nach dem Aufruf von `mf` ohne sonstige Angaben in der Befehlszeile meldet sich das Programm mit der Terminalnachricht

```
This is METAFONT, Version n (no base preloaded)
**
```

und wartet auf die Anwenderrekation. Diese soll lauten `\relax`, ⟨Returntaste⟩, worauf sich `mf` mit dem einfachen Befehlsprompt * zurückmeldet. Hierauf sollte eingeben werden

`draw (0,0)--(0,150)--(150,75)--(0,0); showit;` ⟨Return⟩

Erscheint auf dem Bildschirm nach kurzer Bearbeitungszeit ein Symbol ▷, das den Bildschirm nahezu ausfüllt, so sind die METAFONT-Terminalgrafikeigenschaften implementiert. Bleibt der Bildschirm leer oder erscheint eine Fehlernachricht, so fehlen diese im lauffähigen virmf-Programm. Der Test kann mit der abschließenden Eingabe von `end` nach dem nächsten Befehlsprompt * beendet werden.

Enthält das lauffähige METAFONT-System die Terminalgrafikeigenschaften, so können die einzelnen Symbole während der Entwicklungsphase mit `showit`-Befehlen auf dem Bildschirm ausgegeben werden. Ist das nicht der Fall und steht virmf nur als ausführbares Programm bereit, so muß der Anwender mit dieser Systemeinschränkung leben. Wurde METAFONT auf dem Rechner des Lesers aus den WEB-Qellen erzeugt, so könnte grundsätzlich diese Ergänzung vorgenommen werden. Dies setzt jedoch erhebliche Programmier- und Systemkenntnisse voraus, für die keine allgemeinen Angaben gemacht werden können. Evtl. enthält das Verteilungsmedium weitere Grafikfiles, die übersehen wurden und die bei der METAFONT-Generierung eingebunden werden können.

7.1.6 METAFONT-Testmodi

In 7.1.1 wurden die beiden Bearbeitungsmodi `proof` und `smoke` erwähnt, die mit `mode=proof` bzw. `mode=smoke` aktiviert werden und für die je ein Ausgabebeispiel abgebildet wurde. Beide Modi entsprechen einem fiktiven Gerätemakro:

```
% proof mode: for initial design of characters
mode_def proof =
  proofing:=2;                 % yes, we're making full proofs
  fontmaking:=0;               % no, we're not making a font
  tracingtitles:=1;            % yes, show titles on line
  pixel_per_inch:=2601.72;     % that's 36 pixel per pt
  blacker:=0;                  % no additional blackness
  fillin:=0;                   % no compensation for fillin
  o_correction:=1;             % no reduction in overshoot
enddef

% smoke mode: for label-free proofs to mount on the wall
mode_def smoke =
  proof_;                      % same as proof mode, except:
  proofing:=1;                 % yes, we're making unlabeled proofs
  extra_setup:=extra_setup&"grayfont black"; % with solid black pixels
  let makebox=maketicks;       % make the boxes less obtrusive
enddef
```

Diese Makros bedürfen mit den beigefügten Kommentaren keiner weiteren Erläuterung. Ggf. können die Hinweise zur Definition von `Canon CX` von Seite 333 herangezogen werden. Die Nutzung dieser Bearbeitungsmodi verlangt zwingend das lauffähige Programm gftodvi sowie die Zeichensatzfiles `black.pk` und `gray.pk` mit der Auflösung für den lokalen Drucker.

War vom Anwender z. B. ein MF-File `test.mf` bereitgestellt worden, so erzeugt der Aufruf `\mf \mode=proof; input test` zunächst den File `test.2602gf` und der anschließende Aufruf `gftodvi test.2602gf` den File `test.dvi`. Dieser ist ein ganz gewöhnlicher `dvi`-File, der in herkömmlicher Weise mit dem Druckertreiber auf dem lokalen Drucker ausgegeben werden kann.

Fehlt das Programm gftodvi, so muß auf diese Testmöglichkeit verzichtet werden, was bedauerlich wäre. Vor der ersten Anwendung von gftodvi ist auf dem Verteilungsmedium nach dem File `grayf.mf` zu suchen. Neben diesem File werden zwei weitere Files `gray.mf` und `black.mf` benötigt. Diese beziehen sich im Original auf den Bearbeitungsmodus `cheapo` und sollten vorab an den lokalen Druckertyp angepaßt werden. Da beide Files sehr kurz sind, werden die angepaßten Files hier wiedergegeben:

```
% Gray font for Localfont with proofsheet resolution 150 pixel per inch
%%% Just for my LaserjetIV with 600 dpi original resolution (H.K)
if mode<>localfont: errmessage "This file is for localfont only"; fi
font_identifier "GRAYLOCAL";
input grayf

% Black font for Localfont with proofsheet res. 100 pixel per inch
%%% Only for my LaserjetIV with 600 dpi original resolution (H.K)
if mode<>localfont: errmessage "This file is for localfont only"; fi
picture pic_picture; pix_wd := pix_ht :=6;
pix_picture := unitpixel scaled 6;
font_identifier "BLACKLOCAL";
input grayf
```

Bei mir ist `localfont:=CanonCX` eingestellt, worauf sich die angegebenen Auflösungen beziehen. Das Graumuster aus `grayf.mf` besteht aus einem 4×4 und das Schwarzmuster aus einem 3×3 Pixelfeld. Damit ergegen sich für die in der Kommentarzeile angegebenen Werte zu $300/4 = 75$ bei `grau.mf` bzw. $300/3 = 100$ bei `black.mf`.

Für beide `.mf`-Files sind die `.pk`- und `.tfm`-Files für den lokalen Drucker zu erzeugen und in `.../tex/fonts` bzw. `.../tex/canon/300` abzulegen. Die Aufrufe zur Bearbeitung mit mf und gftopk brauchen hier nicht wiederholt werden, da sie für beliebige Zeichensätze in 7.1.4 hinreichend beschrieben wurden.

Zusätzlich zu `grayf.mf` wird noch der File `slant.mf` benötigt. Zu diesem File sind noch zwei Parameterfiles einzurichten, die ich bei mir `slantsl.mf` und `slantit.mf` genannt habe. Die zugehörigen pk-Files erzeugen geneigte Kontrollinien beim Ausdruck, wobei `slantsl` für den Typ *slanted* mit der Neigung 1/6 und `slantit` für *italic* mit der Neigung 1/4 steht. Diese beiden Files können ebenfalls schnell mit dem Editor erzeugt werden:

```
% slantsl font for Localmode with slope 1/6
if mode<>localfont: errmessage "This file is for localfont only"; fi
s=1/6;              % the slant ratio
n=30                % the number of characters
r#=.4pt#;           % thickness of the rules
u=1;                % vertical unit
font_identifier "SLANTSLOCAL";
input slant
```

Der andere File `slantit.mf` unterscheidet sich hiervon nur durch die geänderte Neigungsangabe `s=1/4` und dem Namen `SLANTILOCAL` sowie den Kommentar.

Beide Files sind mit mf für `mode=localfont` und anschließend mit `gftopk slantsl.300gf` bzw. `gftop slantit.300gf` zu bearbeiten. Die zugehörigen TFM-Files sind in die Tex-Standarddirectory mit den `.tfm`-Files zu kopieren und die PK-Files sind in `.../tex/canon/300` einzurichten.

Nach diesen Anwenderanpassungen kann nun das Programm gftodvi zur Erstellung von Zeichen-Probeausgaben auf dem eigenen Standarddrucker voll genutzt werden. Der Standardaufruf lautet

gftodvi *font*.2602gf

Je nach Bearbeitungsmode `proof` oder `smoke` wird ein *font*.`dvi`-File erzeugt, dessen Ausdruck auf dem Drucker Abbildungen gemäß Seite 328 bzw. 329 ergeben. Die auf der Seite rechts oben evtl. angebrachten Zahlenangaben kennzeichnen diejenigen Kontrollpunkte, bei denen eine Bezifferung nicht möglich war, weil diese sonst übereinandergeschrieben worden wären.

Intern verwendet gftodvi vier Schriften mit der Bezeichnung `titlefont`, `labelfont`, `grayfont` und `slantfont`. Standardmäßig ist `titlefont` mit `cmr8` in Verbindung mit `logo8`, `labelfont` mit `cmtt10` und `grayfont` je nach Bearbeitungsmodus mit `gray` oder `black` voreingestellt. Die Schrift `slantfont` ist nicht voreingestellt, sondern muß beim gftodvi-Aufruf explizit angegeben werden. Dies kann mit einem Schrägstrich / unmittelbar nach *font*.`2602gf` erreicht werden. Hiermit wird gftodvi zur interaktiven Bearbeitung aufgefordert, was zur Terminalausgabe

```
This is GFtoDVI, Version 3.0
GF file name font.2602gf/
Special font substitution:
```

führt und vom Anwender zu beantworten ist. Nach der Eingabe `labelfont cmtt8` ⟨Return⟩ nach

```
Special font substitution: labelfont cmtt8
OK; any more?
```

erscheint

und nach weiterer Eingabe von `slantfont slantsl` erneut `OK; any more?` Auf diese Weise können nacheinander geänderte Schrifteinstellungen vorgenommen werden. Wird nur mit der Return-Taste geantwortet, so beginnt die Bearbeitung unter Verwendung der vorab angegebenen Schriften. Bei der Schrift `cmsl10` enthält die Seite 33 den Buchstaben 'g'. Der Ausdruck dieser Seite mit dem Bearbeitungsmodus `proof` ergibt das Bild auf der folgenden Seite.

Der Zeichengenerator `grayf.mf` kann zwei unterschiedlich getönte Graustufen erzeugen. Standardmäßig enthält das 4×4 Pixelfeld 8 schwarze und 8 weiße Pixel. Falls diese Grautönung auf dem lokalen Drucker zu dunkel ausfällt, kann mit der Angabe `boolean lightweight` im Parameterfile `gray.mf` ein Pixelfeld erzeugt werden, das aus 4 schwarzen und 12 weißen Pixeln besteht. Dieses wurde bei den ausgdruckten Beispielen verwendet.

Das Programm gftodvi kann auch auf einen mit `mode=localfont` erzeugten Drukkerzeichensatz verwendet werden. Dies geschieht häufig mit einem vergrößerten Symbol für das Einzelpixel der Zeichen, um die genaue Pixelstruktur bei Druckern mit relativ geringer Auflösung zu beurteilen. Ein solches vergrößertes Pixelsymbol kann z. B. mit dem folgenden `grayraw.mf`-Parameterfile erzeugt werden.

METAFONT output 1994.08.29:1100 Page 33 Character 103 "The letter g"

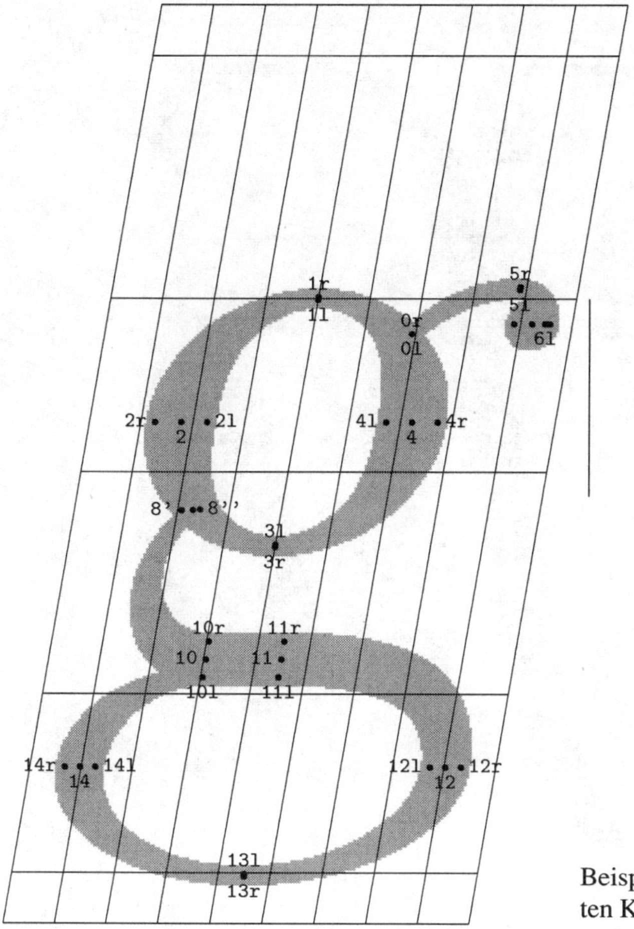


```
7l = 6l + (-12,0)
8l = 8'' + (-2.7,-0.1)
0 = 0l + (0,0)
1 = 1l + (0.1,0.5)
3 = 3r + (0.1,0.5)
5 = 5l + (0.1,0.5)
6 = 6l + (1,0)
7 = 6l + (-5,0)
8 = 8'' + (-2.7,-0.1)
13 = 13l + (-0.1,-0.5)
6r = 6l + (2,0)
7r = 6l + (2,0)
8r = 8'' + (-2.7,-0.1)
```

Beispiel für `mode=proof` mit geneigten Kontrollinien für `cmsl10`.

```
% Gray font for Localfont with proofsheet raw res. 50 pixel per inch
%%% with localfont set for an LaserjetIV with 600 dpi
if mode<>localfont: errmessage "This file is for localfont only"; fi
rep=3;  boolean large_pixel;  font_identifier "GRAYRAWLOCAL";
input grayf
```

Die Vergröberung ist eine Folge der Wiederholungsangabe `rep=3` für das graue Pixelmuster, die mit `rep=5` auf $75/5 = 15$ noch gröber eingestellt würde. Mit der interaktiven Bearbeitung für den Zeichensatzfile `cmti12.360gf`

```
This is GFtoDVI, Version 3.0
GF file name: cmti12.360gf/
Special font substitution: grayfont grayraw
OK; any more?
```

erscheint der Probeausdruck für die Ligatur '*ffi*' des Zeichensatzfiles `cmti12.360gf` als

METAFONT output 1994.08.29:1309 Page 36 Character 14

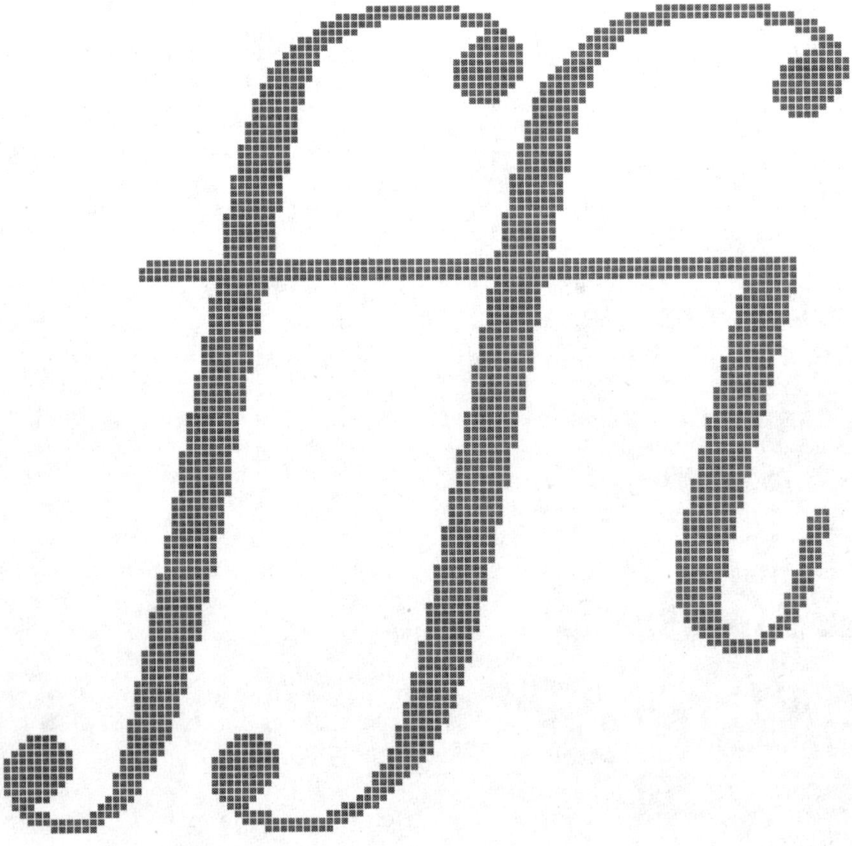

Das dunkelgraue Quadrat ▪ steht hierbei für das einzelne Pixel. Die Darstellung läßt das gesamte Pixelmuster, aus denen das Zeichen aufgebaut ist, genau erkennen. Mit `rep=5` beim vorstehenden File `grayraw` würde das Pixelsymbol um 5/3 größer ausfallen.

Die vorstehenden Beispiele entstanden als eigene `.dvi`-Files mit dem Programm gftodvi aus den `.gf`-Files. Anschließend wurde mit dem Aufruf '`dvips` *dvi_file* `-o -E -pp`n für die Seite n ein gekapselter PostScript-File erstellt (s. 4.1.4) und mit `\epsffile{`*eps_file*`}` (s. 4.1.4) in den umgebenden Text eingefügt. Text und Grafikbeispiele erscheinen damit bei der Druckausgabe in einem Arbeitsgang.

Das Programm gftodvi kennt eine Reihe weiterer Einstellparameter, die in einem `.gf`-File gesetzt werden können. Mit `proofrulethickness=`*strich_stärke* kann die Strichstärke des Gitternetzes verändert werden. Weitere Möglichkeiten werden in 7.4.2 vorgestellt. Es handelt sich dabei besonders um die Positionierung der Markierungsbeschriftungen und die Hinweise, wie die Grafikbeispiele aus Abschnitt 7.3 erzeugt wurden. Ansonsten wird auf [7c, Anhang H] verwiesen.

7.2 Koordinatensysteme und Einheiten

Dieser Abschnitt stellt das METAFONT-Koordinatensystem vor und beschreibt die Kennzeichnung seiner Punkte, Richtungen und Vektoren und deren arithmetische Beziehungen. Weiterhin werden die wichtigsten Variablentypen und die relativen und absoluten Längenmaße erläutert.

7.2.1 Das METAFONT-Koordinatensystem

METAFONT verwendet das kartesische Koordinatensystem, wie es auch in der LaTeX-Umgebung `picture` und beim PiCTeX-Programm zur Anwendung kommt.

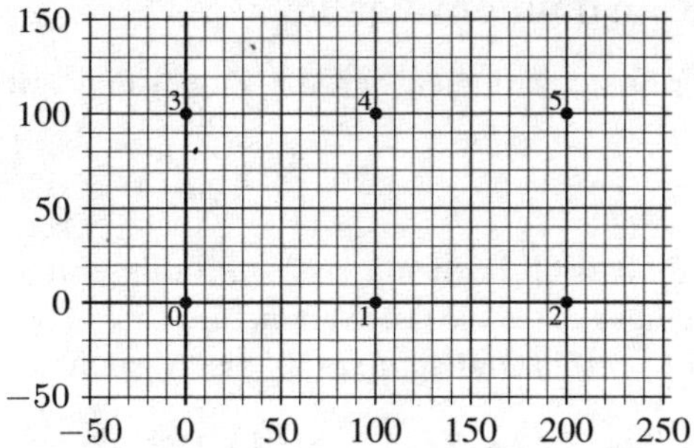

Jeder Punkt in diesem Koordinatensystem wird nach der METAFONT-Syntax durch ein Zahlenpaar in der Form (ξ, η) gekennzeichnet. Die mit ‘0’ bis ‘2’ bezeichneten Punkte sind durch `(0,0)`, `(100,0)` und `(200,0)` und ‘3’ bis ‘5’ durch `(0,100)`, `(100,100)` und `(200,100)` bestimmt.

Die erste Zahl ξ in diesem Zahlenpaar bedeutet die horizontale oder x-Koordinate, also den horizontalen Abstand zum Koordinatenursprung oder Nullpunkt. Ein positiver Wert bedeutet den horizontalen Abstand nach links vom Nullpunkt, ein negativer Wert den entsprechenden Abstand nach rechts. Die zweite Zahl η des Paares stellt die vertikale oder y-Koordinate dar, mit der der vertikale Abstand zum Nullpunkt gekennzeichnet wird. Ein positiver Wert kennzeichnet den vertikalen Abstand oberhalb, ein negativer denjenigen unterhalb des Nullpunktes.

Die Koordinatenangaben als Zahlenpaar verlangen die Vereinbarung von Einheiten in horizontaler oder x- und vertikaler oder y-Richtung, da die reinen Zahlen das jeweils Vielfache der gewählten x- und y-Längeneinheit darstellen. In PiCTeX konnten diese Einheiten mit dem Befehl `\setcoordinatesystem` für jedes Bild beliebig gewählt werden und selbst innerhalb eines Bildes für einzelne Bildteile verändert werden. Auch bei der LaTeX-Umgebung `picture` kann mit `\unitlength` die Einheit vom Anwender vorgegeben werden, die dann in x- und y-Richtung gleich ist.

In METAFONT hat der Anwender diese Freiheit nicht. Hier sind die Koordinateneinheiten fest vorgegeben und zwar mit der Breite und Höhe für das Einzelpixel. Bei den meisten Druckern besitzen die Pixel gleiche Breite und Höhe. Für einen Drucker mit einer Auflösung von 300/Zoll entspricht der METAFONT-Koordinateneinheit $25.4\text{mm}/300 \approx 0.084667\text{mm}$, womit umgekehrt ca. 12 Pixel auf einen Millimeter fallen. Das obige Koordinatensystem, bei dem der Abstand der Gittelinien jeweils 10 Pixel berägt, entspricht einer Auflösung von 150 Pixel/Zoll. Bei einem Drucker mit der doppelten Auflösung 300/Zoll müssen die Koordinatenangaben jeweils verdoppelt werden, um den gleichen absoluten Punkteabstand zu erzielen. Umgekehrt würde mit den obigen Koordinatenangaben der Abstand zwischen den 6 Punkten jeweils halb so groß wie im obigen Bild ausfallen.

Die Koordinatenangaben brauchen nicht auf ganze Zahlen beschränkt bleiben, sondern können in Form von Brüchen oder Dezimalzahlen als $\xi_z/\xi_n, \eta_z/\eta_n$ oder $\xi.\zeta, \eta.\rho$ angegeben werden, mit ξ_z und η_z für die jeweiligen Zähler und ξ_n und η_n für die Nenner bzw. ζ und ρ für die Stellen nach dem Dezimalpunkt. Tatsächlich rechnet METAFONT intern mit Pixelbruchteilen, wobei der kleinste Bruchteil $\frac{1}{65536} = 2^{-16}$ ist. Alle Zahlenangaben werden in METAFONT intern so gerundet, daß sie mit einem ganzzahligen Vielfachen des kleinsten Bruches $\frac{1}{65536}$ übereinstimmen.

Natürlich kann ein Drucker keine Pixelbruchteile ausgeben. Entweder erscheint ein ganzes Pixel oder es bleibt leer. Die interne Unterteilung in Vielfache von $\frac{1}{65536}$ Pixeleinheiten dient nur zur Erhöhung der Genauigkeit von arithmetischen Prozeduren. Für die endgültige Positionierung wird der interne Wert abschließend auf eine ganze Zahl gerundet.

7.2.2 Symbolische Koordinaten und Koordinatenvariable

METAFONT gestattet die Einrichtung von Koordinatenvariablen und die Zuweisung mit Koordinatenwerten in der Form

$(x_i, y_i) = (\xi, \eta)$ z. B. als `(x2,y2)=(200,0)`

Mit dem angeführten Beispiel kann der Punkt '2' danach auch mit `(x2,y2)` aufgerufen werden. Waren vorab zwei Zahlenvariable `a` und `b` eingerichtet und mit Werten, z. B. `a=b=100`, versehen worden, so können die 6 Punkte aus dem Koordinatendiagramm '0' bis '5' auch mit

```
(x0,y0)=(0,0);   (x1,y1)=(a,0);   (x2,y2)=(2a,0);
(x3,y3)=(0,b);   (x4,y4)=(a,b);   (x5,y5)=(2a,b);
```

gekennzeichnet werden. Diese Form der Koordinatenzuweisung ist viel flexibler als die direkte Zuweisung mit Zahlenpaaren. So genügt es, für einen Drucker mit der doppelten Auflösung lediglich die Zuweisung von `a` und `b` in `a=b=200` zu ändern, um mit `(x0,y0)` bis `(x5,y5)` für diesen Drucker nunmehr die gleichen Punkte in absoluter Positionierung zu erzeugen, wie vorher beim Drucker mit der Auflösung von 150/Zoll. Das Semikolon nach der jeweiligen Zuweisung dient als Trennzeichen für die einzelnen METAFONT-Anweisungen.

Bei dem vorstehenden Beispiel der 6 Punkte hätte die Einführung einer Zahlenvariablen gereicht, da für `a` und `b` gleiche Werte zugewiesen wurden. Der Punkt '5' hätte damit auch als `(x5,y5)=(2a,a)` definiert werden können. Die Verwendung von zwei Zahlenvariablen `a` und `b` berücksichtigt den Fall, daß damit auch Drucker mit unterschiedlicher Auflösung in horizontaler und vertikaler Richtung bedient werden können. Für einen Drucker mit einer horizontalen Auflösung von 450/Zoll und einer vertikalen von 300/Zoll würde lediglich `a=300` und `b=200` zu setzen sein, um mit den gleichen Koordinatenzuweisungen für $(x_i, y_i) = (\alpha a, \beta b)$ dieselben absoluten Punkte zu definieren.

Die Angabe $2a$ wird jedem Leser aus seiner Schulalgebra als das zweifache von a geläufig sein. Mit αa wird der Fall des α-fachen von a gekennzeichnet, wobei α für einen beliebigen Bruch $\frac{z}{n}$ oder eine Dezimalzahl $\alpha_g.\alpha_d$ stehen darf. METAFONT versteht diese algebraischen Anweisungen für Zahlenvariable gleichermaßen und setzt für $2a$, $3/2a$ oder $0.6667a$ das zweifache, eineinhalbfache oder 0.6667-fache von a ein.

Bei der Einrichtung von Koordinatenvariablen der obigen Form (x_i, y_i) stehen x_i und y_i für beliebige Variablenennamen. Mit `(hnull,vnull)=(0,0)` könnte der Punkt '0' auch als `(hnull,vnull)` eingestellt werden. Solche allgemeinen Namen sollten im allg. jedoch vermieden werden, da METAFONT mit der sog. z-Konvention eine abkürzende Schreibweise für die Definition und den Aufruf von Koordinatenpaaren kennt. Jeder mit `z` beginnende Variablenname z_k wird in METAFONT als abkürzende Schreibweise für (x_k, y_k) interpretiert. Die 6 Punkte '0' bis '5' hätten damit auch als

```
z0=(0,0); z1=(a,0); z2=(2a,0); z3=(0,b); z4=(a,b); z5=(2a,b);
```

definiert werden können. Nach dieser Zuweisung kann jeder der 6 Punkte sowohl als zn wie auch als (xn,yn) mit $n = 0, \ldots, 5$ angesprochen werden. Umgekehrt kann natürlich ein mit (xn,yn)=(ξ,η) definierter Punkt gleichermaßen mit zn aufgrufen werden.

Eine z-Variable wie z. B. `z1r` und das äquivalente Koordinatenpaar `(x1r,y1r)` belegen im Rechner den gleichen Speicherbereich. Eine Zuweisung `z1r=(x1r,y1r)` ist damit überflüssig, wenn nicht gar unsinnig. War dagegen ein Punkt `(hnull,vnull)` eingerichtet, so bedeutet die Anweisung `z0=(hnull,vnull)`, daß der Inhalt des Speicherbereiches von `(hnull,vnull)` zusätzlich nach `z0` kopiert wird.

7.2.3 Vektoren und Vektorarithmetik

Zahlenpaare der Form (x_i, y_i) werden in der analytischen Geometrie als Punkte im zweidimensionalen Raum *und* alternativ auch als Vektoren verwendet. Die gerichtete Strecke, die von einem Punkt z_a zum Punkt z_b führt, stellt deren Verbindungsvektor dar. Die Differenz der Koordinaten von z_b und z_a, also $(x_b - x_a, y_b - y_a) = (\delta_x, \delta_y)$, heißen die Komponenten dieses Vektors, der hier als $\vec{z}$ bezeichnet werden soll.

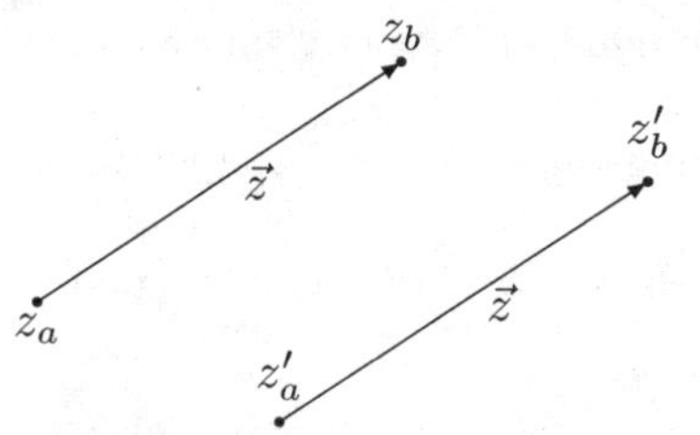

Die Addition der Komponenten des Vektors $\vec{z}$ zu den Koordinaten des Punktes z_a ergeben die Koordinaten des Punktes z_b. Die Addition der Komponenten desselben Vektors zu den Koordinaten des Punktes z'_a führen zu einem Punkt z'_b. Ein Vektor ist nur durch seine Richtung und Länge, d. h. durch seine Komponenten, charakterisiert. Sein Anfangspunkt kann beliebig gewählt werden.

Die Koordinatenpaare eines Punktes z_i können gleichzeitig auch als Komponenten eines Vektors interpretiert werden, der den Koordinatennullpunkt mit dem Punkt z_i verbindet. Um den geometrischen Unterschied zwischen Punkten (x_i, y_i) und Vektoren mit den gleichen Komponenten zu kennzeichnen, werden die Punkte mit z_i und Vektoren mit $\vec{z}_i$ abgekürzt.

Vektoren werden addiert, indem deren Komponenten addiert werden, und Vektoren können mit einer reellen Zahl multipliziert werden, indem die Komponenten mit dieser Zahl multipliziert werden.

$$\vec{z}_i + \vec{z}_k = (x_i + x_k, y_i + y_k) \qquad t\vec{z} = (tx, ty)$$

Aus diesen Rechenregeln folgt unmittelbar, daß für zwei beliebige Vektoren $\vec{z}_i$ und $\vec{z}_k$ und zwei beliebige reelle Zahlen s und t gilt

$$s\vec{z}_i + t\vec{z}_k = (sx_i + tx_k, sy_i + ty_k)$$

Ebenso folgt $\vec{z}_i + \vec{z}_k = \vec{z}_k + \vec{z}_i$ und $t(\vec{z}_i + \vec{z}_k) = t\vec{z}_i + t\vec{z}_k$. Die Multiplikation eines Vektors $\vec{z}$ mit -1 wird auch kurz als $-\vec{z} = (-x, -y)$ bezeichnet. Damit ist auch die Subtraktion von Vektoren als

$$\vec{z}_i - \vec{z}_k = \vec{z}_i + (-1)\vec{z}_k$$

definiert. Geometrisch bedeuten diese Beziehungen

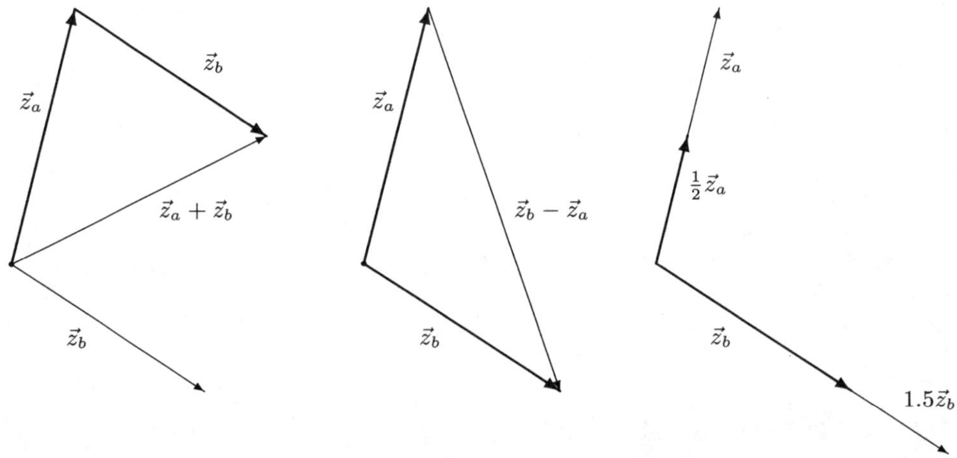

Die Vektorbeziehung $\vec{z}_a+t(\vec{z}_b-\vec{z}_a)$ wird in METAFONT-Programmen häufig verwendet. Sie beschreibt mit $0 \le t \le 1$ die Verbindungslinie zwischen den Punkten z_a und z_b. Weil diese Beziehung so häufig benötigt wird, stellt METAFONT hierfür eine eigene Funktion mit der Syntax $t[z_a, z_b]$ bereit. Waren mit `za` und `zb` diese Punkte definiert worden, so ist

`0.5[za,zb]`	der Punkt genau in der Mitte auf der Verbindungslinie zwischen `za` und `zb`,
`1/3[za,zb]`	der Punkt bei einem Drittel der Verbindungslinie zwischen `za` und `zb`, der also näher bei `za` liegt,
`.75[za,zb]`	der Punkt bei Dreiviertel der Verbindungslinie zwischen `za` und `zb` und damit nunmehr näher bei `zb`.

Bei den eingangs definierten 6 Punkten `z0` bis `z5` hätte es gereicht, `z0` und `z2` sowie `z3` und `z5` mit deren Koordinaten zu definieren. Die Punkte `z1` und `z4` können danach auch als `z1=.5[z0,z2]` und `z4=.5[z3,z5]` definiert werden. `z6=.4[z3,z2]` definiert damit einen Punkt z_6 mit den Koordinaten `(80,60)` während `z7=.4[z2,z3]` bei `(120,40)` liegt.

Der Zahlenfaktor t vor der METAFONT-Funktion $[z_i, z_k]$ darf > 1 und < 0 sein. In beiden Fällen definiert sie einen Punkt auf der Geraden durch die Punkte z_i und z_k, der im ersten Fall, also für $t > 1$ aus der Sicht des Punktes z_i jenseits von z_k liegt. Für $t < 0$ gilt $-t[x_i, x_k] = t[x_k, x_i]$. Damit liegt für $-1 \le t \le 0$ der Punkt zwischen z_i und z_k, startend bei z_k für $t = 0$ und endend bei z_i für $t = -1$. Erst für $t \le -1$ wandert der Punkt aus der Sicht von z_k jenseits von z_i.

7.2.4 Mathematische und reale Punkte

In der Mathematik ist ein Punkt durch seine Koordinaten bestimmt. Er hat keinerlei Ausdehnung. Ebenso wird z. B. eine Gerade durch die METAFONT-Funktion $t[z_i, z_k]$ definiert, die zwar eine endliche Länge, aber keine Querausdehnung hat, d. h. deren Strichstärke Null ist.

Auf einem Blatt Papier wird ein Punkt oder eine Linie mit einem Zeichenstift erzeugt, und dieser hat endliche Ausdehnung, womit der erzeugte Punkt oder die Linie mit einer endlichen Punkt- oder Linienstärke entsteht. Ähnlich wie ein Zeichner oder Grafiker mit seinen Zeichenstiften seine Bilder sichtbar macht, stellt auch METAFONT Zeichenstifte mit wählbaren Abmessungen bereit, mit denen sichtbare Punkte und Linien erzeugt werden.

Ein realer Punkt mit einem kreisförmigen Zeichenstift von 10pt Durchmesser und den Koordinaten (x_i, y_i) erscheint als gefüllter Kreis mit 10pt Durchmesser, dessen Mittelpunkt bei (x_i, y_i) liegt. Häufig soll ein realer Punkt mit seinem oberen, unteren, linken oder rechten Rand eine vorgegebene horizontale oder vertikale Begrenzungslinie nicht überschreiten. Für einen kreisförmigen Punkt mit vorgegebenem Durchmesser ließe sich die erforderliche Koordinatenverschiebung leicht berechnen, um die Begrenzungslinien nicht zu überschreiten.

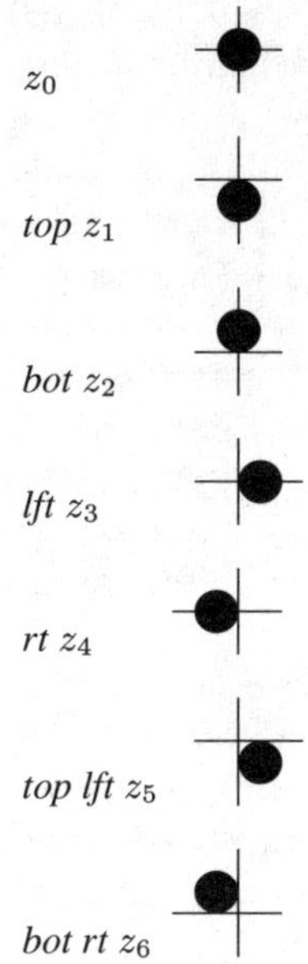

METAFONT stellt jedoch auch Zeichenstifte mit elliptischen Formen bereit, die zudem noch mit einer beliebigen Neigung gegen die Horizontale gedreht werden können. Ein hiermit erzeugter Punkt erscheint als eine mit Druckerschwärze gefüllte und evtl. geneigte Ellipse mit dem Mittelpunkt bei x_i, y_i. Die Berechnung der Koordinatenverschiebung, die erforderlich ist, damit der elliptische Punkt vorgegebene Begrenzungslinien nicht überschreitet, ist jedoch erheblich aufwendiger.

METAFONT stellt den Anwender von solchen Berechnungen frei. Der Koordinatenzuweisung eines Punktes z_i kann ein `top`, `bot`, `lft` oder `rt` vorangestellt werden, womit die oberste (top), unterste (bottom), linkeste (left) bzw. rechteste (right) Punktausdehnung den zugewiesenen Koordinatenwert nicht überschreitet. Mit einer Definition der Form `top z1=`(ξ, η) erscheint der Punkt z_1 wie im zweiten Diagramm von oben dargestellt. In gleicher Weise können Definition der Form `bot z2=`(ξ, η), `lft z3=`(ξ, η) und `rt z4=`(ξ, η) erfolgen. Das Ergebnis beim Auszeichnen der entsprechenden Punkte ist in den weiteren Diagrammen dargestellt und selbsterklärend. Schließlich sind auch Kombinationen der Form `top lft z5=`(ξ, η) oder `bot rt z6=`(ξ, η) erlaubt, deren Ergebnis mit den beiden letzten Diagrammen wiedergegeben wird.

Bei einem elliptischen Punkt mit den Hauptachsen von 20pt und 10pt, der um 30° gegen die Horizontale gedreht ist, erscheint nach `bot lft z=`(ξ, η) der Punkt z wie nebenstehend. Die Reihenfolge der vorangestellten Positionierungsworte ist bei Paarkombinationen beliebig. `lft bot z=`(ξ, η) führt zum gleichen Ergebnis.

Das bei diesen Definitionen vorgegebene Koordinatenpaar (ξ, η) stellt den Schnittpunkt der jeweils zugefügten horizontalen und vertikalen Linie dar. Der zugehörige reale Punkt erscheint entsprechend seiner Definition gegen diesen Punkt verschoben.

Die verschoben definierten Punkte behalten dieses Verhalten auch für Verbindungslinien und Kurven durch diese Punkte. War mit

`top lft z0=`(ξ, η_o)`;   bot rt z1=`(ξ, η_u)

das Punktepaar z_0 und z_1 eingerichtet worden, so erscheint die Verbindungslinie für diese Punkte wie nebenstehend. Obwohl beide Punkte dieselbe x-Koordinate haben, erscheint als Folge der verschobenen Definitionen keine vertikale sondern eine geneigte Linie.

7.2.5 Koordinatenarithmetik

Koordinaten werden von METAFONT als *Festkommazahlen* betrachtet, deren *dualer* Bruchanteil aus 16 Binärstellen besteht, womit der kleinste Bruchteil als $2^-16 = \frac{1}{65536}$ auftreten kann. Der Zahlenwert für den kleinsten Bruchteil kann in METAFONT auch unter dem symbolischen Namen `epsilon` angesprochen werden. Der größte zulässige Absolutwert für eine Koordinate ist $2^{12} - \mathit{epsilon} = 4095\,\frac{65535}{65536}$. Für diesen Wert stellt METAFONT auch den symbolischen Namen `infinity` bereit. Mit diesen Zahlen kann in herkömmlicher Weise gerechnet werden, d. h. sie können addiert, subtrahiert, multipliziert und dividiert werden. Auch Potenzen mit ganzzahligen *und* gebrochenen Exponenten sowie Wurzelziehen ist möglich. METAFONT stellt weiterhin eine Reihe von Funktionen, wie Exponentialfunktion, Logarithmus, trigonometrische Funktion u. a. bereit, auf die in Kürze genauer eingegangen wird.

Um die arithmetischen Eigenschaften zu testen und mit ihnen vertraut zu werden, möge sich der Leser vorab das kleine METAFONT-Hilfsprogramm aus [7c, Seite 61] einrichten und unter `expr.mf` abspeichern. Das angeführte Hilfsprogramm besteht nur aus den 6 Zeilen

```
string s[]; s1="abra";
path p[]; p1=(0,0)..(3,3); p2=(0,0)..(3,3)..cycle;
tracingonline:=1; scrollmode;
forever: message "gimme an expr: "; s0:=readstring;
show scantokens s0; endfor
```

Diese Anweisungen sollten im Augenblick blind übernommen werden, sie werden später teilweise verständlich. Hier sollen sie nur als Werkzeug genutzt werden. Nach dem Aufruf `mf expr` meldet sich METAFONT nach kurzer Zeit mit der Bildschirmaufforderung `gimme an expr:` zurück und wartet auf eine Anwenderreaktion. Diese kann ein beliebiger Zahlenausdruck, also eine Rechenbeziehung von Zahlen sein, wie z. B. `2+3`, `2.25-1.15`, `2*3.14159`, `8/3` usw. Nach Abschluß der Eingabe mit der Returntaste erscheint unmittelbar danach das Ergebnis auf dem Bildschirm in der Form `>> 5` für das erste und `>> 0.375` für das letzte Beispiel.

Die eingegebenen Zahlenausdrücke dürfen natürlich komplexer sein, solange sie in die Zeile passen. Gleichzeitig ist die Klammerung von Teilen der Zahlenausdrücke möglich, wie `(1.732-1.5*18.3333)/(2*3.78-9.9999)`. Eingegebene Brüche und Dezimalzahlen werden intern zunächst auf den nächsten Wert von $\frac{n}{65536}$ gerundet. Mit diesen internen Zahlen erfolgen dann die Berechnungen. Bei der Ausgabe wird der interne Festkommabruch dann wieder in einen Dezimalbruch zurückgewandelt.

Die interne Zahlenumwandlung kann zu Überraschungen zwischen der Eingabe und der evtl. erwarteten Ausgabe führen. Bei der Eingabe der einfachen Zahl `0.99999` ⟨Return⟩ erscheint auf dem Bildschirm als Ergebnis `0.99998`. Der Grund liegt darin, daß die eingegebene Zahl in $\frac{65535}{65536}$ umgewandelt wird und dieser Bruch bei der Rückwandlung in einen Dezimalbruch näher bei `0.99998` als bei `0.99999` liegt.

Weiter oben wurde mitgeteilt, daß der Maximalwert für eine Koordinate den Betrag von `infinity` nicht überschreiten darf. Bei den Zwischenergebnissen von Zahlenausdrücken zur Bestimmung von Koordinaten sind alle Werte $-2^{15} \leq x \leq 2^{15} - \mathit{epsilon}$ erlaubt. Dieser Wertebereich gilt auch für die Eingabe, deren Zwischenergebnisse und das Ausgabeergebnis bei den mit `expr.mf` möglichen Rechendemonstrationen.

Das Hilfsprogramm `expr.mf` macht METAFONT für den Anwender zu einem Taschenrechner, der nach der Zahleneingabe von Rechenausdrücken das Ergebnis unmittelbar auf dem Bildschirm ausgibt. Die METAFONT-Quadratwurzelfunktion hat, wie bei den meisten Programmiersprachen, den Funktionsnamen `sqrt`. Die Eingabe `sqrt 2` erzeugt das Ergebnis `1.41422`. Soll der Radikand selbst wieder ein Ausdruck sein, so muß er in Klammern eingegeben werden, da die Wurzel eine höhere Priorität als Addition, Subtraktion, Multiplikation und Division hat. Die Eingabe von `sqrt 100*100` wird als $\sqrt{100} \times 100$ interpretiert und ergibt als Ergebnis `1000`. Dagegen wird `sqrt (100*100)` als $\sqrt{100 \times 100}$ gelesen und führt damit zum Ergebnis `100`.

Für die Potenzierung von Zahlen verwendet METAFONT die FORTRAN-Notation `y**x`. Die Eingabe `10**(1/3)` stellt den Ausdruck $10^{1/3}$ dar und erzeugt das Ergebnis `2.1544`. Die Exponentialfunktion und der Logarithmus haben in METAFONT die Funktionsnamen `mexp` und `mlog`. Diese entsprechen den mathematischen Funktionen

$$\text{mexp}\, x = e^{x/256} \quad \text{und} \quad \text{mlog}\, x = 256 \ln x$$

Der von METAFONT gewählte Modul 256 dient zur Optimierung der Genauigkeit für die interne Festpunktdarstellung. Die allgemeine Exponentialfunktion y^x wird üblicherweise aus $e^{x \ln y}$ errechnet. Mit der hier gewählten Form $\text{mexp}(x\, \text{mlog}\, y)$ erhält man überraschend genaue Ergebnisse, wie am obigen Beispiel für `10**(1/3)` zu erkennen war. Das dortige Ergebnis von 2.15440 weicht nur um -3×10^{-5} von dem auf 5 Stellen genauen Ergebnis 2.15443 ab.

Die trigonometrischen METAFONT-Funktionen haben die Namen `sind` und `cosd`. Das 'd' am Namensende soll darauf verweisen, daß das nachfolgende Argument als Zahlenangabe in Grad (degree) interpretiert wird. Demzufolge erzeugt die Eingabe `sind 30` als Ergebnis `0.5` und `cosd 30` führt zu `0.86603`. Mit `angle(`y`,`x`)` stellt METAFONT die inverse triognometrische Funktion bereit, wie sie in C oder FORTRAN als `atan2` bekannt ist. Das Ergebnis ist die Winkelangabe in Grad. Mit `angle(1,1)` erhält man somit `45`. Als weitere Winkelfunktion kennt METAFONT `dir`, gefolgt von einer Winkelangabe in Grad. Als Ergebnis erscheint der zugehörige Einheitsvektor, also ein Vektor der Länge 1 mit den Komponenten, die der Richtung der Winkelangabe gegen die Horizontalachse entsprechen. `dir 30` führt damit zum Ergebnis `(0.86603,0.5)`.

Weitere METAFONT-Funktionen werden hier als kleine Tabelle aufgeführt. Der Leser möge sich mit ihnen durch eigene Beispiele vertraut machen.

FUNKTION	BESCHREIBUNG
`max(`$a_1, a_2, \ldots$`)`	Der größte Zahlenwert aus der Liste der übergebenen Zahlen $a_1, a_2, \ldots$.
`min(`$a_1, a_2, \ldots$`)`	Der kleinste Zahlenwert aus der Liste der übergebenen Zahlen $a_1, a_2, \ldots$.
`floor` *zahl*	Die größte ganzzahlige Zahl $\lfloor$*zahl*$\rfloor$, die kleiner oder gleich dem übergebenen Wert von *zahl* ist.
`ceiling` *zahl*	Die kleinste ganzzahlige Zahl $\lceil$*zahl*$\rceil$, die größer oder gleich dem übergebenen Wert von *zahl* ist.
`round` *zahl*	Die nächste auf- oder abgerundete Zahl für den übergebenen Wert von *zahl*.

m `mod` n	Bei ganzzahligen Zahlen m und n der verbleibende Rest einer Ganzzahldivision. Bei Dezimalzahlen der verbleibende Bruchrest einer Ganzzahldivision, z. B: `0.8 mod 0.3` ergibt `0.2`.
`abs` *zahl*	Der Absolutbetrag des übergebenen Wertes von *zahl*.
`length(`x`,`y`)`	Die Länge des Vektors mit den Komponenten (x, y).

Für einen Wurzelausdruck der Form $\sqrt{a^2 + b^2}$ stellt METAFONT den Operator ++ in der Form `a++b` bereit. Dieser Operater ist universeller als der zugehörige Wurzelausdruck. Zwar liefert `3++4` genauso wie `sqrt(3**2 + 4**2)` jeweils als Ergebnis `5`. Ebenso erhält man mit `300++400` das richtige Ergebnis `500`. Dagegen führt `sqrt(300**2 + 400**2)` zu einer Fehlermeldung und dem fehlerhaften Ergebnis `181.01933`. Der Grund liegt darin, daß die Zwischenergebnisse `300**2` und `400**2` und erst recht deren Summe den höchstzulässigen Wertebereich $-2^{15} \ldots 2^{15} - \textit{epsilon}$ übersteigt. Als Ergebnis für den Wurzelausdruck erscheint $\sqrt{2^{15} - \textit{epsilon}}$. Der Operator ++ vermeidet den Zahlenüberlauf bei den Zwischenergebnissen durch eine geeignete interne Normierung.

Schließlich kennt METAFONT noch den Operator `+-+`, der in der Form `a+-+b` für $\sqrt{a^2 - b^2}$ steht. Auch dieser Operator vermeidet einen Zahlenüberlauf von evtl. Zwischenergebnissen, wie sie beim äquivalenten Wurzelausdrücken auftreten könnten. Beide Operatoren können in längeren Ausdrücken mehrfach auftreten: `a++b+-+c` steht dabei für $\sqrt{a^2 + b^2 - c^2}$.

Der Leser möge sich von der Rechenfähigkeit von METAFONT mit weiteren Beispielen vertraut machen. Tatsächlich verwende ich häufig METAFONT genau für diesen Zweck, um schnell das Ergebnis einer umfangreichen Zahlenarithmetik auf dem Bildschirm zu erstellen. Falls mir der Leser bis hierher gefolgt ist und sich überdies mit weiteren Rechenbeispielen an METAFONT gewandt hat, so steht er in Kürze vor der Schwierigkeit, das Programm zu beenden. Mit den beiden letzten Zeilen aus `expr.mf` wurde eine unendliche Schleife eingerichtet, und die Folge von `scrollmode` liegt darin, daß auch beim Auftreten eines Fehlers oder einer unzulässigen Operation wie `0/0` das Programm nicht abbricht, sondern nach der Fehlermeldung auf eine weitere Recheneingabe wartet. Die Eingabe von `end` statt einer Recheneingabe führt bei mir zu einer Fehlermeldung mit anschließendem Programmabbruch, d. h. danach erscheint der Systemprompt auf dem Bildschirm.

Trifft dies beim Leser nicht zu, so sei daran erinnert, daß jedes Betriebssystem Signale kennt, mit denen ein laufendes Programm abgebrochen werden kann. Häufig werden diese mit der Tastenkombination 'Ctrl C', also dem gleichzeitigen Drücken der Umschalttaste 'Ctrl' (die bei einer deutschen Tastatur evtl. mit 'Strg' bezeichnet ist) *und* dem C, abgesetzt. Anderenfalls muß das Systemmanual oder ein hilfreicher Kollege/Kollegin um Rat gefragt werden.

Mit dem Hilfsprogramm `expr.mf` können viele weitere METAFONT-Eigenschaften getestet werden. Es wird im weiteren Text deshalb immer wieder auftreten. Hier sei vorab schon auf die Vektorarithmetik verwiesen. Die beiden Funktionen `length` und `dir` machten hiervon bereits Gebrauch. `length(`x`,`y`)` wirkt auf einen Vektor (also ein Zahlenpaar) und liefert dessen Länge zurück. `dir` θ erzeugt für die übergebene Richtung den zugehörigen Einheitsvektor. Es sollte den Leser deshalb nicht überraschen, daß die Eingabe von `(2,3)+(3,2)` als Ergebnis auf dem Bildschirm `(5,5)` erzeugt, ebenso wie `2/3(5,6)` zu `(3.33333,2)` führt.

Die Funktionen `max`, `min`, `round` und `abs` dürfen auch auf Vektoren angewendet werden. Die `max`-Funktion sucht zunächst die Vektoren mit der *größten* x-Komponente. Gibt es mehrere Vektoren mit der gleichen größten x-Komoponente, so wird aus diesen anschließend der Vektor mit der *größten* y-Komponente gesucht und ausgegeben. Enthält die Liste der Vektoren nur einen Vektor mit der größten x-Komponente, so wird die y-Komponente nicht in Betracht gezogen. Für die `min`-Funktion gilt entsprechendes für die *kleinste* x-Komponente und evtl. anschließende *kleinste* y-Komponente.

Die Rundungsfunktion wirkt unabhängig voneinander auf beide Komponenten. Der Absolutbetrag eines Vektors ist mit seiner Länge und damit mit dem Ergebnis der `length`-Funktion identisch. Mit diesen und weiteren Beispielen für die Vektorarithmetik möge der Leser die Möglichkeiten interaktiv erkunden.

7.2.6 Koordinatenzuweisungen und Gleichungen

In 7.2.2 wurden mit Gleichungsanweisungen der Form (xn,yn)=(ξ,η) die Koordinatenpaare mit Werten versehen. Hierin standen ξ und η für Zahlen oder Variable wie `a` und `b`, die ihrerseits bestimmte Zahlen enthielten. Natürlich können auch die Einzelkoordinaten in der Form

xn=ξ; yn=η;

mit Zahlenwerten oder weiteren Zahlenvariablen verknüpft werden. Jeder Leser mit auch nur ganz geringen Programmierkenntnissen in BASIC, C oder FORTRAN wird diese Schreibweise ganz selbstverständlich empfinden und hierunter die Zuweisung der links vom Gleichheitszeichen stehenden Variablen mit dem Ergebnis des rechts davon stehenden Ausdrucks interpretieren. Das Programmergebnis gibt ihm dabei *scheinbar* recht. Tatsächlich haben danach die Koordinatenvariablen xn und yn die rechts stehenden Werte.

Trotzdem stellen die vorstehenden Anweisungen keine Zuweisungen im Sinne der genannten Sprachen dar. Eine Zuweisung erfolgt in METAFONT mit dem Zuweisungsoperator `:=`, wie in PASCAL, d. h. die Zuweisungen müßten z. B. als `x1:=10.5; y1:=100;` geschrieben werden. Was bedeutet dann aber `x1=10.5; y1=100;` und worin liegt der Unterschied, wenn das Endergebnis gleich ist?

Die Angaben `x1=10.5; y1=100;` stellen in METAFONT vorgegebene Gleichungen dar, die von METAFONT gelöst werden. Die Lösungen dieser überaus einfachen Gleichungen entsprechen natürlich den Werten der entsprechenden Zuweisungen. Die Schreibweise dieser Gleichungen mit derselben Lösung könnte auch `10.5=x1; 100=y1` lauten, was in den vorher genannten Sprachen, einschließlich PASCAL, bereits während der Kompilation zu einer Fehlermeldung führt. In METAFONT ist diese Schreibweise erlaubt und führt zur selben Lösung.

METAFONT gestattet aber auch die Angabe umfangreicherer Gleichungen. Die ebenfalls vom Anwender noch leicht zu überschauenden Gleichungssysteme

```
x1+x2=10;  | y1+2y2=100; | 10x3+3x4=sqrt 10000; | y3-y4=sind 30;
x1-x2=0;   | y1+3y2=200; | 3x3-2x4=10**2;       | y3+y4=cosd 60;
```

können genauso wie angegeben in einem METAFONT-Programm eingegeben werden. Die Lösungen dieser Gleichungen sind, wie der Leser leicht herausfindet

$$\begin{array}{llll} x_1 = 5 & x_2 = 5 & x_3 = 17.24138 & x_4 = -24.13793 \\ y_1 = -100 & y_2 = 100 & y_3 = 0.5 & y_4 = 0 \end{array}$$

und genau zu denselben Ergebnissen kommt auch METAFONT im Rahmen seiner Genauigkeit. Das Beispiel zeigt, daß METAFONT als Programmiersprache sehr viel intelligenter als die üblichen Sprachen ist. Die Zahl der Gleichungen und Unbekannten ist hierbei nicht auf zwei beschränkt, sondern kann beliebig erweitert werden. Selbst eine geringere Anzahl von Gleichungen als Unbekannte ist erlaubt. In diesem Fall wird das Gleichungssystem so weit wie möglich aufgelöst und die verbleibende Unbestimmtheit mit einer späteren bestimmenden Gleichung aufgelöst.

Die Beschreibung von Koordinaten für reale Zeichen erfolgt in METAFONT-Programmen häufig in Form von Gleichungen, da hiermit die Beziehungen zwischen den einzelnen Punkten eines Zeichens einfacher und unmittelbarer als mit Einzelzuweisungen möglich ist. Solche Koordinatendefinitionen werden in den späteren Beispielen wiederholt auftreten und sollten nach den hier gegebenen Erläuterungen leicht verständlich sein.

Hier sollen die Möglichkeiten der abstrakten algebraischen Formen von METAFONT mit Hilfe von `expr.mf` noch etwas demonstriert werden. Nach dem Programmaufruf `mf expr` liefert die Eingabe `b+a` als Ergebnis `a+b` wegen des Kommutativgesetzes der Addition und weil algebraische Ausdrücke in einer bestimmten Reihenfolge lexikalisch geordnet werden. Der abstrakte Ausdruck `b+a-2a` ergibt `a-b`, ebenso wie

`2.5a + 7c - 3.25b + .25b + a - 3c` auf `3.5a -3b + 4c`

führt. Klammern in abstrakten Ausdrücken werden aufgelöst, wie das folgende Beispiel zeigt:

`3(a + 2b - .5) - 2(a + 3b + .25)` ergibt `a-2`

Die in 7.2.3 eingeführte Vektorfunktion $t[z_a, z_b]$ kann auch in abstrakten Formen verwendet werden. So liefert `.5[a,b]` als Ergebnis `0.5a+0.5b` und `1/4[a,b]` führt zu `0.75a+0.25b`. Die Richtigkeit möge sich der Leser durch Auflösung der Vektorfunktion entsprechend ihrer Definition aus 7.2.3 selbst klar machen. Auch Angaben der Form `a[2,3]` oder `t[a,a+2.5]` führen mit `a+2` bzw. `2.5t+a` zum richtigen Ergebnis. Zur Überprüfung sei daran erinnert, daß `a[2,3]` eigentlich für `a[(2,0),(3,0)]` steht, da die Parameter innerhalb der eckigen Klammern als Vektoren interpretiert werden.

Bei der internen Interpretation solcher abstrakter Ausdrücke werden die Symbole wie `a`, `b` usw. als *unbekannte* Größen vom *Typ* 'a', 'b', ... betrachtet und die Summe der Größen gleichen Typs zusammengefaßt. Eine multiplikative Verknüpfung unbekannter Größen verschiedener Typen ist dagegen nicht erlaubt. `a*b` führt zu einer Fehlermeldung und dem unsinnigen Ergebnis `b`. Ebenfalls darf nicht `1/b` geschrieben werden, da die unbekannte Größe `b` als `1/b` ggf. unzulässig ist. Für den Leser mit Mathematikkenntnissen der linearen Algebra sei präziser gesagt, daß METAFONT alle abstrakten Ausdrücke korrekt auflöst, die als lineare Form vorliegen.

METAFONT gestattet Vergleiche von Zahlenausdrücken, wie mit `expr.mf` überprüft werden kann. Als Vergleichsoperatoren sind erlaubt =, <, <=, >, >= und <>, wobei der letzte für die Abfrage auf "ungleich" steht. Die anderen sind selbsterklärend und bedürfen keiner Erläuterung. Das Ergebnis eines Vergleiches ist entweder *wahr* oder *falsch*. Entsprechend liefert METAFONT `true` oder `false` zurück. Der Leser möge dies an Eingaben wie `0<1`, `3<>5`, `3=5`, `a+1>a` usw. prüfen. Bei Vergleichen mit unbekannten Größen sind nur Größen gleichen Typs zulässig. Bei seinen eigenen Beispielen möge der Leser auch komplexere Ausdrücke testen.

Die Vergleichsoperatoren sind auch für Vektoren, also für Zahlenpaare, zulässig. Die Testergebnisse für größer oder kleiner folgen nach den Regeln, wie sie oben für die Bestimmung des Maximums bzw. Minimums von Vektoren mit `max` bzw. `min` beschrieben wurden. Damit ergibt z. B. `(3,2)>(1,5)` als Ergebnis `true`, dagegen wird `(3,2)>(3,5)` mit `false` beantwortet.

Die vorstehenden Vergleiche erzeugen als Ergebnis einen logischen Wert, der `true` oder `false` sein kann. Logische Größen können ihrerseits mit den logischen Operatoren `and` und `or` verknüpft werden. Zwei mit `and` verknüpfte logische Größen ergeben den Wert `true` nur dann, wenn beide Bestandteile `true` waren. In allen anderen Fällen ist das Ergebnis `false`. Dagegen ist das Ergebnis einer logischen `or` Verknüpfung `true`, wenn wenigstens einer der logischen Bestandteile `true` war. Das Gesamtergebnis ist nur dann `false`, wenn beide logischen Anteile `false` waren. Damit ist klar, daß `(0>1) or (3<5)` zum Ergebnis `true` führt, da `(3<5)` wahr ist. Dagegen ist `(0>1) and (3<5)` logisch `false`, weil bereits `(0>1)` falsch ist.

Neben den numerischen und logischen Größen kennt METAFONT weitere Datentypen, wie die bereits verwendeten Vektoren oder Zahlenpaare. Diese und ihre Verknüpfungsmöglichkeiten durch sog. Operatoren werden später nochmals systematisch vorgestellt und präziser definiert. Ebenso werden eine Reihe weiterer logischer Beziehungen und Abfragen auftreten. Dabei sollten die Erfahrungen des interaktiven Testens mit `expr.mf` eine Hilfe sein, da die meisten dieser Strukturen ebenfalls auf diese Weise überprüft und vertraut gemacht werden können. In diesem Sinne stellt METAFONT gewissermaßen sein eigenes Lernwerkzeug bereit, das genutzt werden sollte.

7.2.7 METAFONT-Maßeinheiten

Die Koordinateneinheiten sind in METAFONT mit der Pixelweite — evtl. mit unterschiedlicher Pixelhöhe und Pixelbreite — fest vorgegeben. Neben den Positionierungsangaben durch ein Koordinatensystem kennt und gestattet METAFONT die Verwendung weiterer Längeneinheiten. Neben den in der Physik und im Alltag üblichen Längenangaben in 'mm', 'cm', 'in' (Zoll) verwendet METAFONT vor allem auch die im Druckereiwesen üblichen Maße wie 'pt' (Punkt), 'cc' (Cicero) u. a. Insgesamt kennt METAFONT die folgenden Längenmaße

Maß	*Name*	*Umrechnung*	*Verbreitung*
pt	Punkt	$72.72\,\text{pt} = 1\,\text{in}$	Druckwesen USA und UK
pc	Pica	$1\,\text{pc} = 12\,\text{pt}$	dto.
bp	Big Point	$72\,\text{bp} = 1\,\text{in}$	dto.
dd	Didot Punkt	$1157\,\text{dd} = 1238\,\text{pt}$	Druckwesen Europa
cc	Cicero	$1\,\text{cc} = 12\,\text{dd}$	dto.
in	Inch (Zoll)	$1\,\text{in} = 2.54\,\text{cm}$	USA-Alltag
cm	Zentimeter	$100\,\text{cm} = 1\,\text{m}$	Physik und europ. Alltag
mm	Millimeter	$10\,\text{mm} = 1\,\text{cm}$	europ. Alltag

Im kontinentalen Europa wird der obige Didot Punkt im Druckwesen als Punkt bezeichnet, der sich damit von dem US-Punkt (Point) unterscheidet. Die Umrechung zeigt, daß $1\,\text{pt} \approx 0.351\,\text{mm}$ und $1\,mboxdd \approx 0.328\,\text{mm}$ ist. Bei der Entwicklung von Zeichensätzen werden die vorstehenden genormten Einheiten ergänzt durch Zeichensatzspezifische Maße wie '*em*' und '*x_height*', die dem LaTeX-Anwender als zeichensatzabhänige Maßeinheiten `em` und `ex` vertraut sind.

Die vorstehenden Einheiten stehen in METAFONT unter diesen Namen zur Verfügung. Sie bedeuten hier aber nicht Maßeinheiten im physikalischen Sinne, sondern Umrechnungsfaktoren, die angeben, in wieviele Pixeleinheiten die jeweilige Längeneinheit beim betrachteten Drucker umgesetzt werden muß, um die physikalische Einheit mit Pixel (mit evtl. Pixelbruchteilen von $\frac{n}{65636}$) aufzufüllen.

Die Umrechnungsfaktoren 'cm', 'in', 'pt' usw. erhalten ihre Werte mit dem METAFONT-Befehl `mode_setup` zugwiesen. Dies ist bei den meisten METAFONT-Programmen der erste oder einer der ersten Befehle überhaupt. Mit ihm werden die beim Programmaufruf (s. 7.1.1 und 7.1.3)

```
mf \mode=typ;...; input file
```

an `mode` mitgeteilten Geräteeigenschaften tatsächlich aktiviert. Wie in 7.1.3 genauer dargestellt wurde, gehört zu den gerätespezifischen Eigenschaften, die mit einem Gerätemakro mit dem Namen *typ* bereitgestellt werden, stets auch die Zuweisung der Größe `pixel_per_inch` mit der zugehörigen Druckerauflösung. Der Befehl `mode_setup` setzt nun das im Programmaufruf an `mode` weitergereichte Gerätemakro in die internen Informationen um. Hierzu gehören u. a. die Einstellung der Umrechnungfaktoren der obigen Längenmaße und deren Ablage unter deren Maßnamen `cm`, `pt` usw.

Zusätzlich werden mit `mode_setup` stets zwei weitere interne Umrechnungsfaktoren unter den Namen `hppp` und `vppp` bereitgestellt. Diese enthalten die Maßzahl der Pixel für die Längeneinheit von 1pt in horizontaler (*hppp*) und vertikaler (*vppp*) Richtung.

Eine Längenangabe wie `3.5mm` wird in METAFONT also stets in die Anzahl von Pixel umgesetzt, die erforderlich sind, um die Länge von 3.5mm aufzufüllen. Längenangaben können auch als Variable abgespeichert werden. Der Aufruf einer solchen Maßvariablen liefert dann ebenfalls die umgerechnete Pixelzahl zurück.

Neben diesen pixelbezogenen Maßangaben gestattet METAFONT auch die Angabe von absoluten (physikalischen) Maßangaben, die unabhängig von der jeweiligen Druckerauflösung sind und bleiben. Diese Maßangaben unterscheiden sich von den Pixelkonvertierungsmaßen dadurch, daß der Maßeinheit das #-Zeichen angehängt wird. `cm#` oder `pt#` stellen damit die absoluten Maßeinheiten für Zentimeter oder Punkt dar. Alle Längeneinheiten der obigen Tabelle sind in dieser Form auch als absolute Längeneinheiten angebbar.

Absolute Längenangaben sind auch als Variable unter einem symbolischen Namen abspeicher- und aufrufbar. Solche Namen müssen zum Unterschied zu den Konvertierungsvariablen ebenfalls mit dem Zeichen # enden. Um für einen 10pt-Zeichensatz die satzspezifischen Maße 'em' und 'x_height' absolut einzurichten, ist z. B. zu schreiben

```
em#:=10pt#;   x_height#:=4.31pt#
```

Intern werden alle absoluten Maßangaben in die Einheit `pt#` umgewandelt. So steht die Maßeinheit `cm#` intern für `28.45276`, da 1 cm = 28.45276 pt entsprechen. Die Angabe `inch#:=1in#` stellt die Maßvariable `inch#` bereit, deren Aufruf wegen 1 in = 72.27 pt nun den Zahlenwert 72.27 zurückliefert.

In METAFONT werden die absoluten Maße "sharped dimensions" genannt. Die pixelorientierten Maße heißen demgegenüber "unsharped dimensions" und die Umwandlung von absoluten in pixelorientierte Maße wird als "unsharping" bezeichnet [7c]. Leider werden damit die verbundenen Interna auch nicht viel klarer. Ich hoffe jedoch, daß ihre Verwendung in den späteren Beispielen die Unterschiede besser erkennbar werden läßt.

7.2.8 Pixelkonvertierungsroutinen

Bei der Erstellung von Zeichensätzen werden die bestimmenden Abmessungen als absolute Längenmaße vorgegeben. Diese müssen zur Verwendung in den Koordinatensystemen in pixelorientierte Maßzahlen umgewandelt werden. Diese Umrechnung kann METAFONT mit geeigneten Umwandlungsroutinen selbst vornehmen, die mit `plain.mf` bereitgestellt werden. Sind `ma#`, `mb#`, `mc#` die Namen der absoluten Maßstrukturen, so können diese mit der Routine

```
define_pixels(ma,mb,mc,...)
```

in die pixelorientierten Maße umgewandelt werden, die dieselben Namen ohne das angehängte # tragen. Diese Umwandlungroutine führt für die angegebenen Argumente mα die Anweisungen der Form

mα`:=`mα`#*hppp` also z. B. `ma:=ma#*hppp`

aus. Die Anzahl der an `define_pixels` übergebenen Argumente ist beliebig. Sie kann auch mehrmals mit unterschiedlichen Argumentlisten aufgerufen werden. Die einzelnen Argumente sind durch Kommata zu trennen.

Die gerätespezifischen Makros enthalten nach 7.1.3 stets auch die Korrekturfaktoren `blacker`, `o_correction` und `fillin`. Für die ersten beiden stellt `plain.mf` die Umwandlungsroutinen `define_blacker_pixels` und `define_corrected_pixels` bereit. Ihr Aufruf erfolgt völlig analog zu `define_pixels`, d. h. die Argumente stellen Längennamen ohne angehängtes `#` dar, die unter diesen Namen vorab absolut definiert waren. Die erste wird im Wesentlichen für vertikale Zeichenstrukturen verwendet, die je nach Druckertyp ggf. etwas breiter ausfallen sollen. Mit ihr wird die Anweisung

β`:=`β`#*hppp+blacker  z. B.  thin:=thin#*hppp+blacker`

ausgeführt, mit β für den übergebenen Längennamen. Die andere Routine dient dazu, bei ovalen Zeichen eine Korrektur gegen einen optischen Täuschungseffekt druckerspezifisch anzupassen. Sie steht für die Anweisung

o`:=vround(`o`#*hppp*o_correction) + eps`

`vround` rundet auf ganze Pixel in vertikaler Richtung. Die Konstante `eps` steht für den sehr kleinen Wert von 0.00049 und entfaltet interne Symmetrierwirkung, auf die hier nicht eingegangen wird.

An diese beiden Konvertierungsroutinen sollte sich der Leser ggf. erinnern, wenn sie bei Beispielen für Zeichensätze auftauchen. Sie spielen im Augenblick für das Verständnis noch keine wesentliche Rolle. Überdies stellt `plain.mf` eine Reihe weiterer Pixelumwandlungsroutinen bereit, die bei Bedarf erläutert werden.

7.3 Linien, Zeichenstifte und Flächen

Die Hauptelemente zur Erzeugung von grafischen Strukturen sind gerade und gekrümmte Linien (Kurven) und ganz oder teilweise gefüllte Flächen, deren Umrandungen wieder Linien oder Kurven sind. Der Begriff 'Linie' wird hier speziell für gerade Linien verwendet. Gekrümmte Linien werden als 'Kurven' bezeichnet. Linien und Kurven werden durch durch charakterisierende Punkte in Form von Koordinatenangaben beschrieben.

Wie bereits in 7.2.4 dargestellt, werden mathematisch definierte Punkte, Linien und Kurven erst sichtbar, wenn sie mit einem Zeichenstift endlicher Dicke ausgezogen werden. Die Eigenschaften und Wahlmöglichkeiten der METAFONT-Zeichenstifte werden in Kürze genauer vorgestellt.

7.3.1 Gerade Linien

Die mathematische Definition von Punkten mit evtl. Verschiebungen zur Berücksichtigung des Durchmessers des benutzen Zeichenstiftes wurden ausführlich im letzten Abschnitt und dort insbesonders in den Unterabschnitten 7.2.2 und 7.2.4 beschrieben und werden hier als hinreichend geläufig vorausgesetzt.

Zwei Punkte z_i und z_k werden mit dem METAFONT-Befehl

draw z_i..z_k oder draw z_i--z_k

durch eine gerade Linie mit der Strichstärke, wie sie durch den aktuellen Zeichenstift bestimmt ist, miteinander verbunden. z_i und z_k stehen hierbei für die aktuellen Punkte, z. B. z1 und z3 oder, wenn auch unzweckmäßig, für direkte Koordinatenpaare (0,0) und (2a,b).

Das linke Bild kann z. B. mit den Befehlen

```
draw z11..z14; draw z13..z12;   oder
draw z11--z14; draw z13--z12
```

erzeugt werden. Für das rechte Bild kann geschrieben werden

```
draw z21..z22; draw z22..z23; draw z23..z21   oder kürzer
draw z21--z22--z23--z21
```

Der Verbindungsoperator .. verbindet zwei isolierte Punkte mit einer Geraden. Mit -- kann eine Serie von Punkten jeweils paarweise mit Geraden verbunden werden. Die Definition dieser Punkte lautete übrigens

```
z11=(0,0); z12=(2a,0); z13=(0,b); z14=(2a,b);
z21=(d,0); z22=(d,b); z23=(d+1.5a,0.5b)
```

mit geeigneten Werten für a und b[3]. Bei dem Beispiel war die Koordinate d nur darum eingeführt, um beim obigen Ausdruck das Symbol $\triangleright$ horizontal neben dem $\times$ anzuordnen. Für ein unabhängiges Dreieck wird man $d = 0$ einstellen. Mit den Definitionen

```
bot lft z21 = (0,0); top lft z22 = (0,b); rt z23 = (1.5a,0.5b);
```

verbleibt das mit draw z21--z22--z23--z21 erzeugte Dreieck vollständig innerhalb des durch (0,0) und (1.5a,b) definierten Rechtecks. Mit z23=(1.5a,.5b) als Bestimmungsgleichung erscheint dagegen der Mittelpunkt von z_{23} genau auf der rechten Randlinie desselben Rechtecks, weil die unverschobenen Koordinaten mit den Begrenzungslinien zusammenfallen.

[3]Der Ausdruck dieser und folgender Beispiele ist das Ergebnis des Bearbeitungsmodus proof. Die absoluten Längenwerte waren mit a#:=2pt# und b#:=2pt# eingestellt.

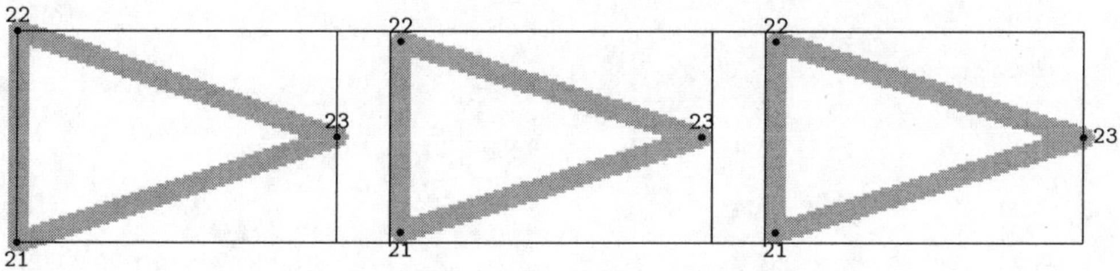

7.3.2 Kurven

Es seien die nebenstehenden Punkte z_1 bis z_5 als

```
z1=(0,0); z2=(.8a,b); z3=(1.2a,0);
z4=(1.5a,-2/3b); z5=(2a,0);
```

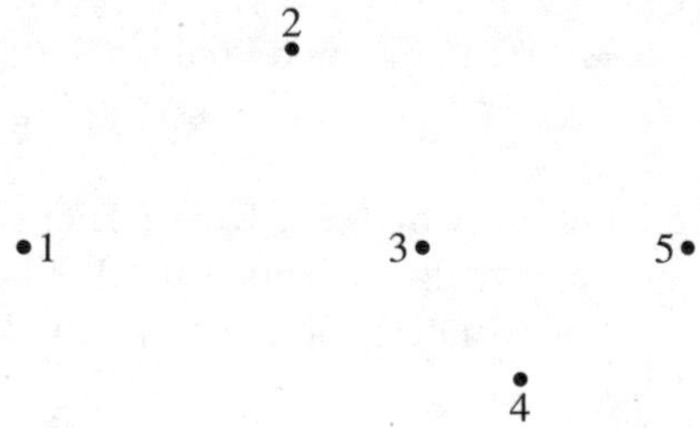

mit bestimmten Werten für a und b vorgegeben. Soll ein Kind eine *glatte* Kurve durch diese Punkte von z_1 nach z_5 ziehen, so wird es intuitiv ein Ergebnis vorlegen, wie es ähnlich auch METAFONT mit diesen Angaben erzeugt.

Eine andere bildliche Beschreibung mag darin liegen, daß die Punkte als drehbare Stifte mit einem vertikalen Schlitz betrachtet werden, durch die ein elastisches dünnes Stahlband geführt wird. Die sich einstellende Form für das Stahlband entspricht ebenfalls ungefähr der Kurve, die METAFONT erzeugt.

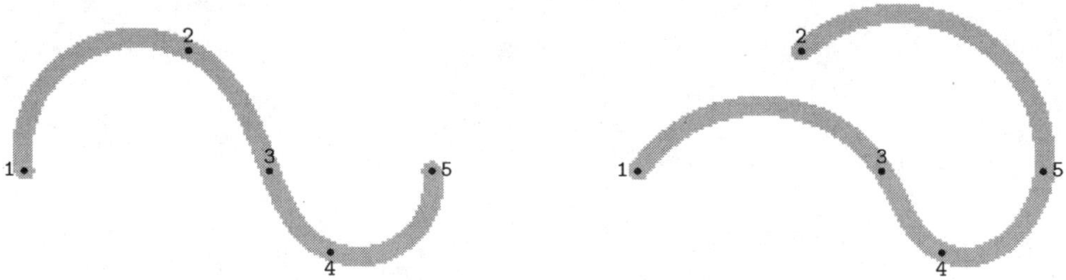

Die METAFONT-Aufrufe zur Erzeugung der beiden Kurve lauten

`draw z1..z2..z3..z4..z5` bzw. `draw z1..z3..z4..z5..z2`

Werden mit dem Verbindungsoperator `..` *mehr* als zwei Punkte miteinander verbunden, so geschieht dies durch eine von METAFONT errechnete gekrümmte Linie, also durch eine *glatte* Kurve. Beide der vorstehenden Kurven sind durch die gleichen 5 Punkte bestimmt. Der Unterschied ist durch die Reihenfolge, mit der die einzelnen Punkte verbunden werden, bedingt. Bei der linken Kurve sind die Punkte in der Reihenfolge ihrer Numerierung miteinander verbunden. Bei der rechten ist dagen z_1 unmittelbar mit z_3 und am Ende z_5 mit z_2 verbunden. Der Leser möge die Form des elastischen Stahlbands durch die Schlitze der drehbaren Haltepunkte mit seiner Fantasie nachvollziehen. Hierzu noch ein Beispiel:

`draw z1..z2..z5..z3..z4` (links) `draw z1..z3..z5..z4..z2` (rechts)

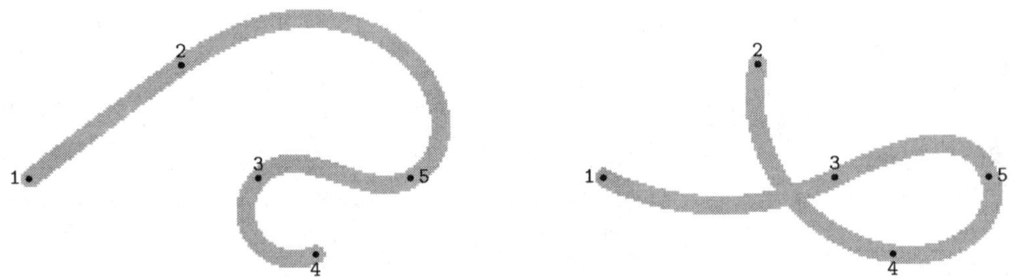

In einem `draw`-Befehl dürfen Anfangs- und Endpunkt zusammenfallen. Mit geänderten Definitionen für $z_1 = (0, 0)$, $z_2 = (-a, 0)$, $z_3 = (-a, b)$, $z_4 = (a, b)$ und $z_5 = (a, 0)$, wie sie aus den markierten Punkten der Kurven zu erkennen sind, erzeugt

```
draw z1..z2..z3..z4..z5..z1
```

die linke geschlossene Kurve. Hier stimmen Anfangs- und Endpunkt überein, doch bildet sie an dieser Stelle eine Spitze, d. h. ihre linksseitige und rechtsseitige Ableitung unterscheiden sich, oder anderes ausgedrückt: die Kurve hat unterschiedliche Anfangs- und Endrichtungen bei z_1.

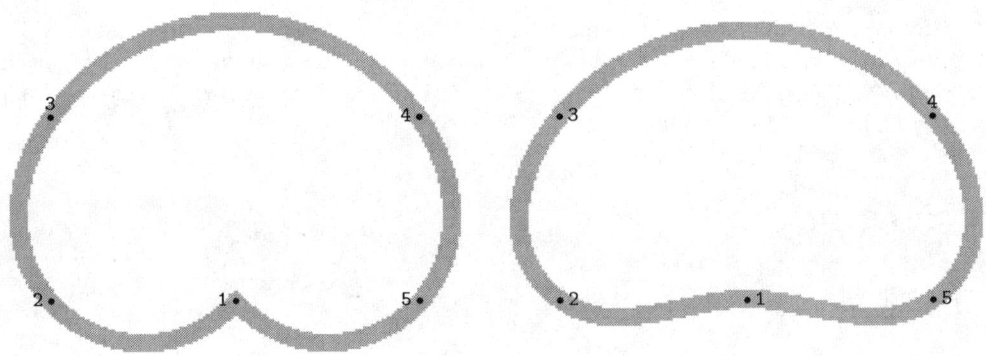

Die rechte Kurve wurde dagegen mit dem Befehl

```
draw z1..z2..z3..z4..z5..cycle
```

erzeugt. Mit dem Schlüsselwort `cycle` am Ende der Punktfolge wird die Kurve ebenfalls zum Anfangspunkt zurückgeführt, wobei gleichzeitig Anfangs- und Endrichtung übereinstimmen.

7.3.3 Zusätzliche Kurvenparameter

Offene und geschlossene Kurven werden durch Vorgabe einiger Kontrollpunkte von METAFONT mit dem `draw`-Befehl erzeugt, wobei die Kontrollpunkte durch eine glatte Kurve verbunden werden, d. h. die Kurve läuft durch die Kontrollpunkte. Die Richtungen und Krümmungen an und zwischen den Kontrollpunkten sind dabei durch den internen Algorithmus von METAFONT zur Erzeugung der Verbindungskurven vorgegeben. Diese Parameter, also Richtung der Kurven an den Kontrollpunkten sowie Anfangs- und Endkrümmung, können aber vom Anwender vorgegeben oder beeinflußt werden. Außerdem kann die Kurve zwischen den Kontrollpunkten stärker zusammengezogen werden, was zur Verringerung der Krümmung zwischen den Punkten führt.

Mit der Angabe `{dir` α`}` nach einem Kontrollpunkt kann die Richtung α der Kurve durch diesen Kontrollpunkt vorgegeben werden. Dabei ist α der Winkel zwischen der nach rechts weisenden Horizontalen und der Kurventangente am entsprechenden Kontrollpunkt.

Bei Vorgabe einer zusätzlichen Richtung an einem Punkt wird bereits bei einer Verbindung von nur zwei Punkten statt einer geraden Linie eine gekrümmte Kurve erzeugt. Die nebenstehende Kurve ist das Ergebnis von

```
draw z2{dir 60}..z5.
```

Soll der letzte Punkt einer Punktefolge mit einer Richtung versehen werden, so ist diese Richtungsangabe dem Punkt unmittelbar voranzusetzen. Mit

```
draw z2{dir 60}..{dir -90}z5
```

endet die Kurve bei z_5 mit einer senkrechten Tangente nach unten.

Die beiden verwendeten Punkte z_2 und z_5 entsprechen den gleichnamigen Punkten aus dem vorangegangenen bohnenähnlichen Symbol. Die dort definierten Punkte werden bei den folgenden Beispielen noch mehrfach auftauchen, ohne das dies dann besonders erwähnt wird. Die Angabe -90 bei der letzten Kurve ist eine Folge der Zählweise zur Tangente, wie sie sich im Anschluß an den Punkt z_5 fortsetzen würde, wo sie nach unten weist. Diese Zählweise wird für nachgestellte Richtungsangaben als ganz natürlich empfunden. Das Voranstellen vor dem letzten Punkt erfolgt nur aus syntaktischen Vorschriften, sie wirkt aber so, als wäre sie auch hier nachgestellt.

Die METAFONT-Funktion `dir` war bereits in 7.2.5 vorgestellt worden. Entsprechend den dortigen Angaben liefert sie den Einheitsvektor für die übergebene Winkelneigung zurück. Demzufolge kann die Richtungsangabe auch durch eine Vektorangabe in der Form $z_i\{(\xi, \eta)\}$ erfolgen. Die Winkelangaben $0°$, $90°$, $180°$ und $270° = -90°$ für die `dir`-Funktion liefern die Einheitsvektoren $(1,0)$, $(0,1)$, $(-1,0)$ bzw. $(0,-1)$ zurück. Für diese Vektoren bzw. die durch sie bestimmten Richtungen stellt METAFONT symbolische Richtungsnamen als `right`, `up`, `left` und `down` bereit, deren Bedeutung selbsterklärend ist.

Die vorherige geschlossene Kurve durch die Punkte z_1 bis z_5 mit der bohnenartigen Form wird mit

```
draw z1..z2{left}..z3..z4
   ..z5{left}..cycle
```

in die nebenstehende Figur abgeändert.

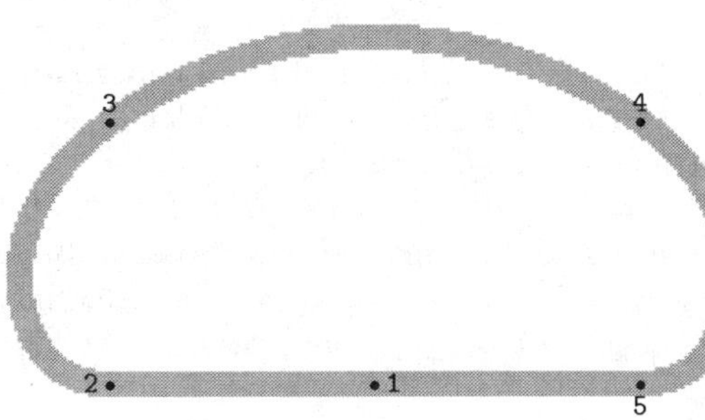

Als Folge der horizontalen Richtungsvorgabe nach z_1 und z_5 erscheint der Kurventeil zwischen den Punkten z_2, z_1, z_5 als gerade Linie. Mit

```
draw z1..z5{right}..z4..z3..z2{right}..cycle
```

wird die Kurve in umgekehrter Richtung durchlaufen. Die entstehende Figur ist dabei vollständig identisch mit der vorangegangenen. Eine so geänderter Umlauf ist jedoch bei den Richtungs- oder Vektorangaben wegen der Zählweise zur Tangenten für die Kontrollpunkte zu berücksichtigen.

Mit den Richtungsvektoren oder Richtungsnamen kann für

```
draw z2{dir 45}..{dir -90}z5                 auch
draw z2{(0.70711,0.70711)}..{(0,-1)}z5  oder
draw z2{(1,1)}..{down}z5
```

geschrieben werden. Die Multiplikation eines Vektors mit einer Zahl ändert nur seine Länge, nicht aber seine Richtung. Damit sind die Richtungsangaben

$$\{(0.70711, 0.70711)\} \quad \text{und} \quad \{(1,1)\} = \{\sqrt{2}\,(0.70711, 0.70711)\}$$

gleichwertig.

Die Richtung des Vektors, der z_i mit z_k verbindet, ist bekanntlich durch $z_k - z_i$ gegeben. Damit kann eine Richtungsangabe auch in der Form $\{z_k - z_i\}$ erfolgen.

Zu den 5 Punkten aus der bohnenartigen Figur wurde hier mit $z_{34} = .5[z_3, z_4]$ der zusätzliche Punkt z_{34} definiert. Das Ergebnis von

```
draw z2..z34{z4-z2}..z4
```

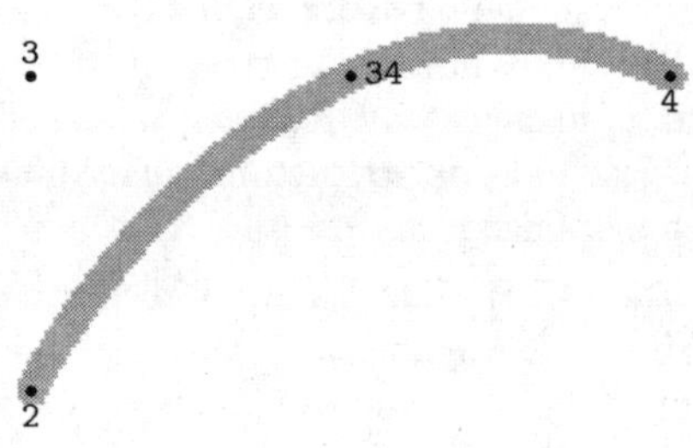

erscheint wie nebenstehend. Die Tangente der Kurve bei z_{34} hat die Richtung wie die Verbindunslinie von z_2 nach z_4. Wird irrtümlich für die Richtungsangabe (z2-z4) geschrieben, so erscheint das sicher überraschende brezelartige Gebilde der Nachbarseite.

Tatsächlich hat METAFONT die angegebenen Kurveninformation genau ausgeführt. (z2-z4) ist der Vektor von z_4 nach z_2 und in dieser Richtung wird der Punkt z_{34} mit der Kurve durchlaufen. Bei der Richtungsangabe ist also stets auf das richtige Vorzeichen zu achten!

Ein Kreis ist eine Kurve mit konstanter *Krümmung*. Das Maß der Krümmung ist der Kehrwert des Radius. Es gilt also: je kleiner der Radius, umso größer die Krümmung. Eine allgemeine Kurve hat eine längs der Kurve variable Krümmung. Um auch ohne Kenntnis von Differentialgeometrie den Begriff der allgemeinen Krümmung verständlich zu machen, denke man sich die Kurve in winzig kleine Bogensegmente aufgeteilt. Ersetzt man diese Kurvenbögen durch Kreisbögen gleicher Länge, so wird die Krümmung des Kurvensegmentes durch den Kreisradius bestimmt, für den der Kreisbogen das Kurvensegment am genauesten ersetzt.

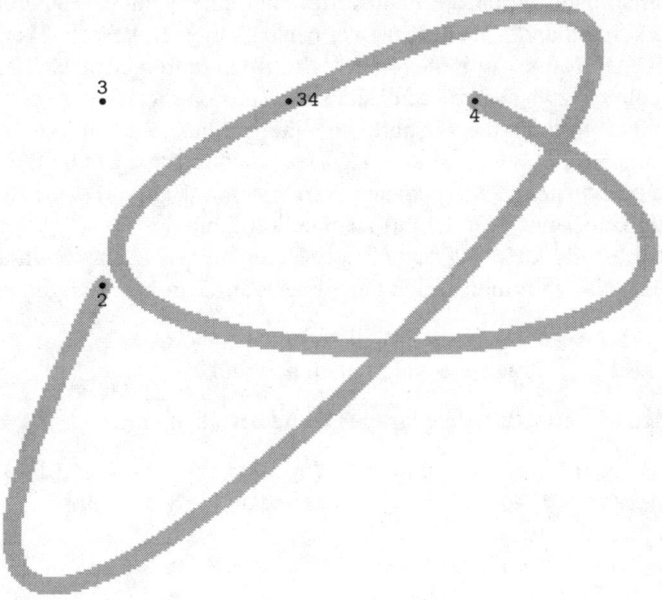

Der interne METAFONT-Algorithmus zur Erstellung einer Kurve durch vorgegebene Kontrollpunkte enthält am Kurvenanfang und Kurvenende einen freien Parameter, der vom Anwender als Anfangs- und Endkrümmung der Kurve vorgegeben werden kann. Als relatives Maß für die Krümmung stellt METAFONT den Parameter `curl`n bereit, wobei n einen Wert von $0\ldots$ `infinity` annehmen kann. Dabei bedeutet `curl1` die Krümmung *Null*, die einer geraden Linie entspricht. Umgekehrt führt `curl infinity` zur stärksten Kurvenkrümmung im Anfangs- und/oder Endbereich der Kurve mit gleichzeitig kleinster Krümmung im Mittelteil.

Eine Krümmungsangabe `curl`n ist, in geschweiften Klammern eingeschlossen, dem Anfangspunkt z_a anzuhängen bzw. dem Endpunkt z_e voranzustellen. Mit

```
draw z2{curl0}..z34{z4-z2}..{curl0}z4;     bzw.
draw z2{curl infinity}..z34{z4-z2}..{curl infinity}z4;
```

ändert sich die vorangegangene Kurve in

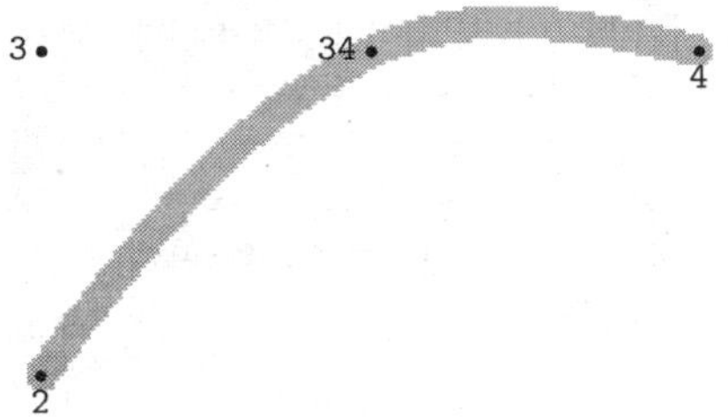

Die erste Kurve beginnt und endet als Folge von `curl0` sehr flach mit der größten Krümmung im Mittelteil. Die zweite Kurve hat dagegen als Folge von `curl infinity` eine starke Krümmung im Anfangs- und Endbereich und eine geringe im Mittelteil. Ohne Angabe der Anfangs- und Endkrümmung setzt METAFONT diese mit `curl1` fest.

Unser Bild mit dem Stahlband durch die Haltestifte kann eine Verallgemeinerung erfahren, wenn die Dicke des Stahlbandes zwischen zwei benachbarten Haltestiften verändert wird. Eine Verstärkung des Stahlbandes zwischen zwei Haltestiften führt mechanisch zu einer größeren Spannung im Stahlband zwischen diesen Haltestiften und damit zu einer verminderten Krümmung. METAFONT gestattet die Nachbildung einer veränderten Kurven*spannung* mit der Angabe von `..tension` n`..` zwischen zwei Kurvenpunkten. Ohne explizite Angabe verwendet METAFONT als *natürliche Spannung* den Wert '1' für n. Ein Wert > 1 entspricht einer Verstärkung des Stahlbandes und $n < 1$ führt zu einer Verdünnung.

Die Spannung des Stahlbands kann zwischen zwei Haltepunkten auch kontinuierlich verändert werden. METAFONT stellt hierfür den Parameter `tension` in der allgemeineren Form

`..tension` n_i `and` n_k`..` zwischen den Punkten z_i und z_k

bereit. Das bereits mehrfach dargestellte bohnenartige Gebilde erscheint mit

```
draw z1..z2..z3..tension1.2..z4..z5..cycle                (links) bzw.
draw z1..z2..tension 1 and 1.5..z3..tension 1.5
     and 1..z4..z5..cycle                                 (rechts)
```

als

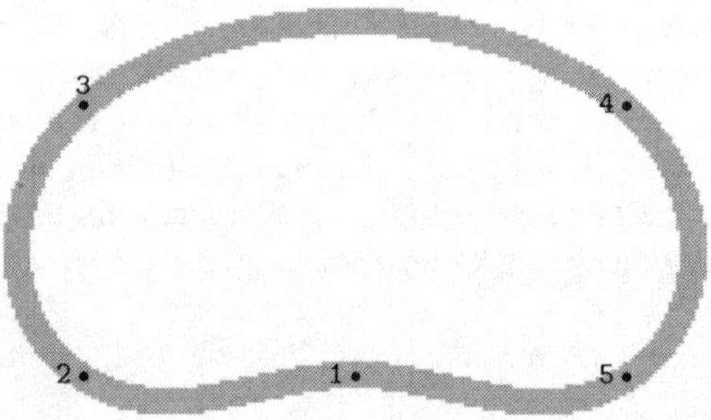

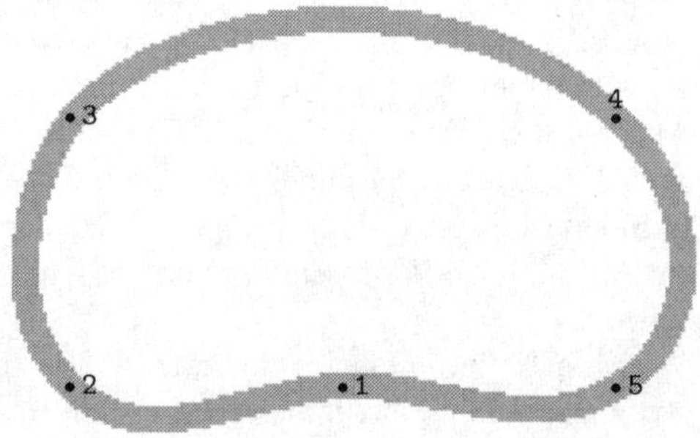

7.3.4 Spezielle Kurven

Mit den vorgestellten Mitteln lassen sich Kurven durch vorgegebene Kontrollpunkte erzeugen. Dabei kann der Anwender eine Feinsteuerung durch Vorgabe der Richtung an den Kontrollpunkten, der Kurvenspannung zwischen den Kontrollpunkten und der Anfangs- und Endkrümmung vornehmen.

Für einige häufig verwendete Kurvenformen stellt METAFONT eigene Kurvenbefehle bereit. Hierzu zählen Viertel-, Halb- und Ganzkreise, Quadrate und Rechtecke sowie verallgemeinerte Ellipsen. Die Syntax für die Kreiselemente lautet

teil`circle [rotated` *winkel*`] [scaled` *maß*`] [shifted (`*punkt*`)]`

Hierin steht *teil* für `quarter`, `half` oder `full`, deren Bedeutung selbsterklärend ist. Die weiteren Angaben sind optional. Ohne die Angabe `scaled` *maß* wird ein Kreiselement mit dem Durchmesser von einer Pixeleinheit erzeugt. Mit `scaled 10pt` entsteht ein Kreiselement, dessen zugehöriger Durchmesser 10pt beträgt.

Der Mittelpunkt eines Kreiselements (bezogen auf den zugehörigen Vollkreis) kann mit `shifted (`*`punkt`*`)` gewählt werden. Ohne diese Angabe wird dieser bei `(0,0)` eingerichtet. Mit `shifted (a,b)` entspricht er dem Punkt mit den Koordinaten `(a,b)`.

Mit `rotated` *`winkel`* wird das Kreiselement um den vorgegebenen Winkelbetrag *winkel* um den zugehörigen Kreismittelpunkt gedreht. Ein positiver Wert für *winkel* entspricht einer Drehung gegen den Uhrzeigersinn. Bei einem Vollkreis ist eine Drehung überflüssig, da ein in sich gedrehter Kreis der gleiche Kreis bleibt. Die Option `rotated` sollte stets *vor* einer evtl. Skalierung oder Verschiebung stehen, um ungewollte Fehlpositionierungen zu vermeiden.

Die Skalierungsangabe kann auch lauten `xscaled` *`x_maß`* `yscaled` *`y_maß`*. Dies führt zu einer Teil- oder Vollellipse mit der x-Achse vom Betrag *x_maß* und der y-Achse von *y_maß*. Bei einer Vollellipse führt eine Drehung, anderes als beim Kreis, zu einer geänderten Figur. Die folgenden Beispiele brauchen nicht näher erläutert werden[4]:

```
draw halfcircle rotated 90 scaled 3pt shifted (1.5,0);
draw quartercircle rotated 45 scaled 2pt shifted (3,0);
draw quartercircle rotated -135 scaled 3pt shifted (3,0);
draw fullcircle xscaled 4pt yscaled 2.5pt shifted 7pt;
```

Ein Vollkreis kann statt mit `fullcircle` auch angenähert mit der Angabe von zwei Punkten und der Rückführung mit `cycle` beim `draw`-Befehl erreicht werden. Man vergleiche z. B.

```
draw fullcircle scaled 3pt shifted 1.5pt;
draw z1..z2..cycle;
```

mit `z1=(a,0); z2=(a+d,0);` und `d#:=3pt#`

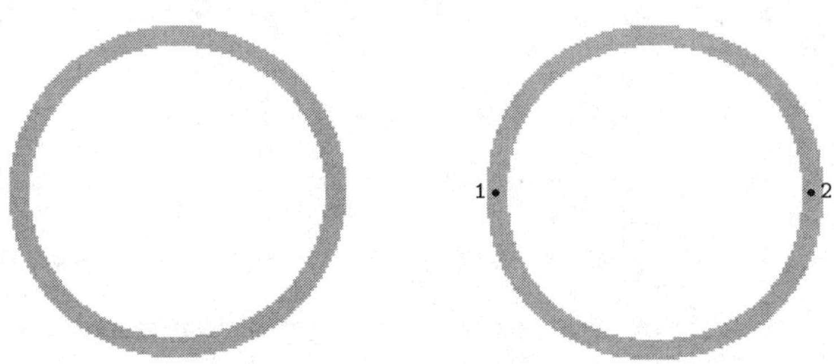

[4] Die abgedruckten Bildergebnisse sind auch hier das Ergebnis von `mode=proof`. Die Bildelemente in ihrer Entwurfsgröße sind wegen ihrer Kleinheit und der begrenzten Druckerauflösung kaum richtig erkennbar.

Für ein Quadrat stellt `plain.mf` den Kurvenzug `unitsquare` bereit, der ein Quadrat mit der Kantenlänge von einem Pixel erzeugt. Der Bezugspunkt für die Positionierung dieses Quadrates ist seine linke untere Ecke. Wie bei Kreis kann auch `unitsquare` mit `scaled`, `shifted` und `rotated` vergrößert, verschoben und gedreht werden. Verschiebung und Drehung beziehen sich dabei jeweils auf die untere linke Ecke.

METAFONT kennt als spezielle Kurve die Funktion `superellipse`. Ihre Syntax lautet

`superellipse(`*rechts,oben,links,unten,sup*`)`

Die Angaben *rechts*, *oben*, *links* und *unten* stehen für vier Kontrollpunkte für den rechten, oberen, linken und unteren Ellipsenrand. Der Parameter *sup* steht für eine Zahlenangabe, die die Abweichung von der Ellipse, also die Superellipse bestimmt. Dieser Wert sollte zwischen $0.5 \leq \sigma \leq 1.0$ liegen (mit σ für den Parameter *sup*). Mit einem Wert $\sigma = \sqrt{2}$ entsteht eine normale Ellipse, die für $\sigma = .5$ in $\diamond$ und für $\sigma = 1.0$ in $\square$ verzerrt wird. Die folgenden Figuren

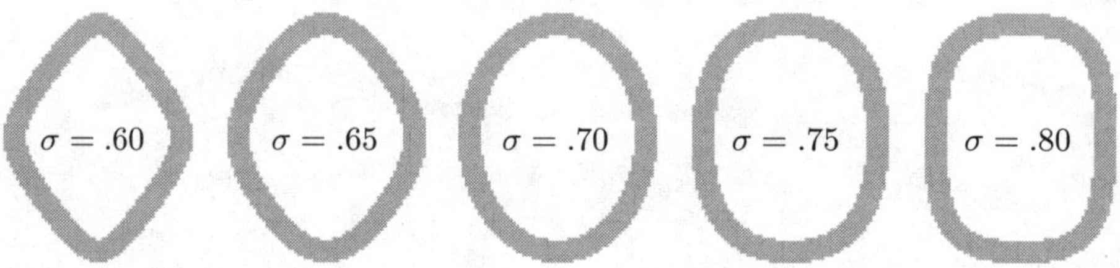

entstanden mit `draw superellipse(`$z_r, z_o, z_l, z_u, \sigma$`)` und den Werten für σ von nacheinander 0.60, 0.65, 0.70, 0.75 und 0.80. Die vier Punkte standen hierbei für die Koordinatenpaare

```
z1r=(w,.5h);  z1o=(.5w,h);  z1l=(0,.5h);  z1u=(.5w,0);
```

Mathematisch wird die Superellipse durch die Gleichung $|x/a|^\beta + |y/b|^\beta = 1$ beschrieben. Mit $\beta = 2$ entsteht die normale Ellipse. Zwischen der obigen Angabe mit *sup* $= \sigma$ und β besteht die Beziehung $\sigma = 2^{-1/\beta}$, was mit $\beta = 2$ zu $\sigma = 1\sqrt{2}$ für die normale Ellipse führt. Die Superellipse hat Extrempunkte bei $(\pm a, 0)$ und $(0, \pm b)$ und sog. Eckpunkte bei $(\pm\sigma a, \pm\sigma b)$. Die Tangenten in den Eckpunkten haben die Richtungsvektoren $(\pm a, \pm b)$.

Kurvenangaben der Form $z_a \, . \, . \, z_i\{z_e - z_a\} \, . \, . \, z_e$ sind relativ häufig. Für solche Angaben im `draw`-Befehl stellt METAFONT die spezielle Funktion `flex(`z_a, z_i, z_e`)` bereit, die auch verallgemeinert als `flex(`$z_1, z_2, \ldots, z_{n-1}, z_n$`)` aufgerufen werden kann. Die letztere steht für die Angabe des Kurvenweges

$$z_1 \, . \, . \, z_2\{z_n - z1\} \, . \, . \cdots . \, . \, z_{n-1}\{z_n - z1\} \, . \, . \, z_n$$

Die zugehörige Kurve hat an allen inneren Kontrollpunkten $z_2, \ldots, z_{n-1}$ die Richtung des Verbindungsvektors von z_1 nach z_n.

Häufig sollen Kurven, bei denen der Endpunkt der ersten Kurve mit dem Anfangspunkt der zweiten Kurve zusammenfällt, zusammengefügt werden, ohne daß die beiden Kurven sich wechselseitig beeinflussen. Dies kann natürlich mit getrennten `draw`-Befehlen erreicht werden:

`draw` $z_1 \, . \, . \, z_2 \, . \, . \cdots . \, . \, z_i$`;` `draw` $z_i \, . \, . \, z_{i+1} \, . \, . \cdots . \, . \, z_k$`;` `draw` $z_k \, . \, . \, z_{k+1} \, . \, . \cdots . \, . \, z_n$`;`

Dasselbe Ergebnis kann mit einem `draw`-Befehl erreicht werden, indem die jeweiligen End- und Anfangspunkte mit dem METAFONT-Kurvenoperator & verbunden werden:

draw $z_1 .. z_2 .. \cdots .. z_i$ & $z_i .. z_{i+1} .. \cdots .. z_k$ & $z_k .. z_{k+1} .. \cdots .. z_n$

Mit einem `draw`-Befehl dürfen mehrere `flex`-Funktionen sowohl mit dem Verbindungsoperator `..` als auch mit & zusammengefügt werden. Dabei ist

```
draw flex(z1,z2,z3)..flex(z4,z5,z6)
```
gleichwertig mit
```
draw z1..z2{z3-z1}..z3..z4..z5{z6-z4}..z6
```

und

```
draw flex(z1,z2,z3) & flex(z3,z4,z5) & flex(z5,z6,z7,z1)
```
entspricht
```
draw z1..z2{z3-z1}..z3;  draw z3..z4{z5-z3}..z5;
draw z5..z6{z1-z5}..z7{z1-z5}..z1
```

7.3.5 Der METAFONT-Kurvenalgorithmus

Dieser Abschnitt wendet sich an mathematisch interessierte Leser. Für die praktische Nutzung von METAFONT kann er ohne Verlust an Gestaltungsmöglichkeiten übersprungen werden. Allenfalls der vorletzte Absatz kann für zusätzliche Steuerungsmöglichkeiten gelegentlich in Betracht kommen.

Ein Kurvenbogen durch einen Anfangs- und Endpunkt z_1 und z_4 und zwei intern vorgegebene Hilfspunkte z_3 und z_4 wird iterativ nach dem folgende Schema konstruiert:

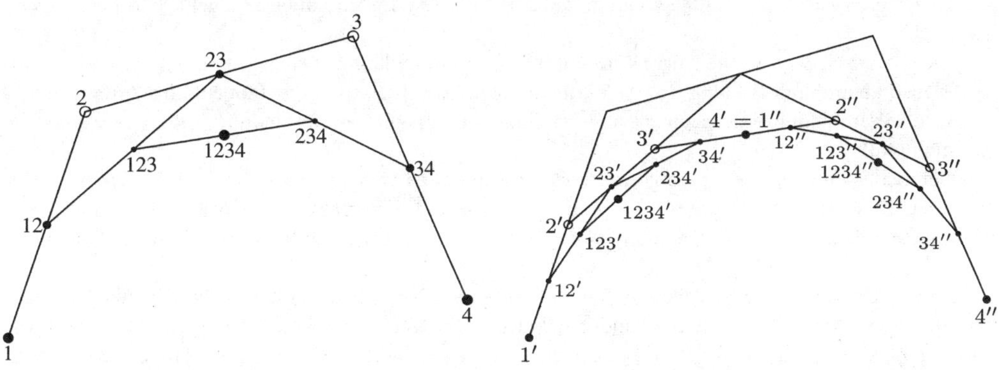

Für die Punktefolge z_1 bis z_4 werden zunächst die Mittelpunkte der verbindenden Linien mit $z_{12} = .5[z_1, z_2]$, $z_{23} = .5[z_2, z_3]$ und $z_{34} = .5[z3, z4]$ ermittelt und dann die Punktefolge z_{12}, z_{23} und z_{34} durch Gerade miteinander verbunden. Die Mittelpunkte dieser Verbindungslinien sind $z_{123} = .5[z_{12}, z_2 3]$ bzw. $z_{234} = .5[z_{23}, z_{34}]$. Der Mittelpunkt für die Verbindungslinie der beiden letzten Punkte ergibt schließlich $z_{1234} = .5[z_{123}, z_{234}]$.

Der Punkt z_{1234} ist ein weiterer Punkt auf der Kurve, der den ursprünglichen Kurvenbogen von z_1 nach z_4 in zwei Teilbögen aufteilt. Der erste Teilbogen beginnt bei z_1 und endet bei z_{1234}, der zweite beginnt umgekehrt bei z_{1234} und endet bei z_4. Die ermittelten Zwischenpunkte z_{12} und z_{123} einerseits sowie z_{234} und z_{34} anderseits stellen die Konstruktionshilfspunkte für die beiden Teilbögen dar, so wie vorher z_2 und z_3 diese Rolle für den Gesamtbogen von z_1 nach z_4 spielten.

Im rechten Teilbild wurden die Punkte umbenannt in $z_1' = z_1$, $z_2' = z_{12}$, $z_3' = z_{123}$ und $z_4' = z_{1234}$ sowie $z_1'' = z_{1234}$, $z_2'' = z_{234}$, $z_3'' = z_{34}$ und $z_4'' = z_4$ und das Verfahren für die jeweiligen

Punktequadrupel wiederholt, wobei der Endpunkt des ersten Teilbogens mit dem Anfangspunkt des zweiten Teilbogens $z'_4 = z''_1$ übereinstimmt. Die beiden neu ermittelten Punkte z'_{1234} und z''_{1234} stellen zwei weitere Punkte der Kurve dar, die nunmehr die zwei Teilbögen in vier Unterteilbögen aufteilen, mit denen das Verfahren wiederholt werden kann.

Im rechten Bild ist die nächste Iterationsstufe dargestellt, wobei nur die Verbindungslinien ohne Kennzeichnung der Kurven- und Hilfspunkte angegeben sind. Das Ergebnis ist im Rahmen der Druckerauflösung mit seiner *Umhüllenden* von einer kontinuierlichen Kurve kaum noch zu unterscheiden.

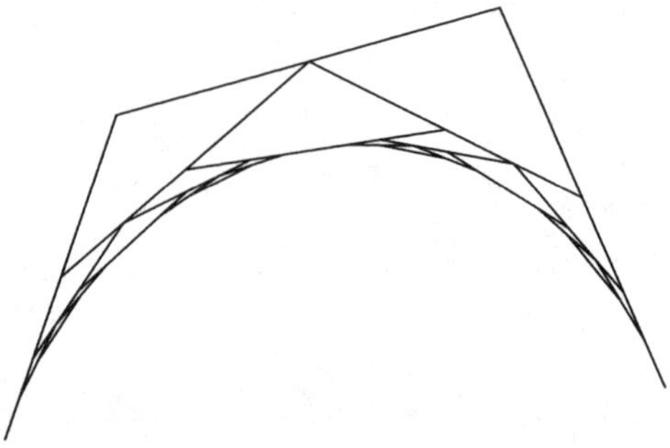

Mit einer oder höchstens zwei weiteren Iterationsstufen wird die Auflösungsgenauigkeit eines Druckers mit 300 Pixel/Zoll sicherlich erreicht. Höhere Druckerauflösungen mögen einige Iterationsstufen mehr benötigen, insgesamt konvergiert der Prozeß aber schnell gegen das endgültige Ergebnis.

Das dargestellte grafische Verfahren erzeugt eine *umhüllende* Begrenzungslinie, die mathematisch mit der Gleichung

$$z(t) = (1-t)^3\, z_1 + 3(1-t)^2 t\, z_2 + 3(1-t)t^2\, z_3 + t^3\, z_4$$

beschrieben wird. Die rechte Seite dieser Gleichung stellt das sog. *Bernstein Polynom 3. Ordnung* dar. Es wurde von Sergeĭ N. Bernstein 1912 im Rahmen einer grundlegenden mathematischen Arbeit über Approximationstheorie behandelt. Eine Kurve für Bernsteinsche Polynome wird auch als *Bezier*-Kurve bezeichnet, nachdem Pierre Bezier diese Darstellungsform für die Kurvendarstellung mittels Rechner in den 60er Jahre systematisch untersucht und dabei die dargestellte umhüllende Eigenschaft beschrieben hatte.

Die analytisch dargestellte Kurve wird mit $0 \leq t \leq 1$ durchlaufen. Dabei gilt $z(0) = z_1$ und $z(1) = z_4$. Ebenso kann durch Bildung der Ableitungen gezeigt werden, daß die Tangente im Anfangspunkt z_1 mit der Verbindungslinie nach x_2 und im Endpunkt z_4 mit der Verbindungsline $z_4 - z_3$ von z_3 zusammenfällt.

Der bereits in [3a, 6.4.8] vorgestellte LaTeX-File `bezier.sty` realisiert eine Bezier-Kurve 2. Ordnung. Das grafische Verfahren für den Anfangs- und Endpunkt sowie *einen* Hilfspunkt kann leicht nachvollzogen werden. Die analytische Darstellung für die 2. Ordnung führt auf die Gleichung $z(t) = (1-t)^2\, z_1 + 2(1-t)t\, z_2 + t^2\, z_3$.

Bei der Definition einer Kurve mit den Anfangs- und Endpunkten z_1 und z_4 bestimmen diese und die Hilfspunkte z_2 und z_3 den vollständigen Verlauf der Kurve, da nach der obigen Darstellung die Zwischenpunkte z_{12}, z_{23} und z_{34} und daraus z_{123} und z_{234} sowie schließlich z_{1234} eindeutig bestimmt sind. Ebenso sind alle weiteren Anfangs- und Endpunkte zusammen mit den internen Hilfspunkten der anschließenden Teilbögen eindeutig berechenbar. Dies ist der analytischen Darstellung unmittelbar zu entnehmen, da sie als Koeffizienten nur die vier Punkte z_1 bis z_4 enthält.

METAFONT gestattet als allgemeinste Kurvendefinition die Form

`draw` z_a`..control` z_α `and` z_ϵ`..`z_e

in der z_a und z_e für den Anfangs- und Endpunkt des Kurvenbogens stehen und z_α, z_ϵ die Rolle der Hilfspunkte z_2 und z_3 der vorangegangenen Erläuterungen annehmen und z_a und z_e mit z_1 bzw. z_4 übereinstimmen.

Bei der Angabe von mehr als zwei Kurvenpunkten oder mit zusätzlichen Richtungs- und/oder Krümmungsangaben errechnet METAFONT selbst geeignete Hilfspunkte zur Kurvenkonstruktion. Die Lage dieser Hilfspunkte kann mit `..tension` n_i `and` n_k`..` zusätzlich beeinflußt werden, sodaß eine explizite Angabe von Hilfspunkten durch den Anwender nur selten notwendig wird.

7.3.6 Zeichenstifte

Ein kreisförmiger Zeichenstift mit den Abmessungen eines Pixels wird mit der Befehlsfolge

```
pickup pencircle
```

bereitgestellt. Zeichenstifte können allgemein oder getrennt in x- und y-Richtung skaliert und zusätzlich gedreht werden. Die allgemeine Syntax lautet demzufolge

`pickup pencircle [scaled` *maß*`]` und allgemeiner
`pickup pencircle [xscaled` *x_maß* `yscaled` *y_maß*`][rotated` *winkel*`]`

Bei den vorangegangen Beispielen war stets ein kreisförmiger Zeichenstift der Form `pencircle scaled .2pt` benutzt worden, ohne daß dies bei den Beispielen explizit erwähnt wurde. Die mf-Bearbeitung der Beispiele erfolgte stets mit `mode=proof` und die ausgegebene Strichstärke der grauen Linien entspricht dem eingestellten dünnen Zeichenstift von .2pt für diesen Bearbeitungsmodus. Die beiden geschlossenen Kurven aus

`draw z1..z2..z3..z4..z5..1` bzw. `draw z1..z2..z3..z3..z5..cycle`

von Seite 358 erscheinen mit den Zeichenstiften

`pencircle xscaled 0.5pt yscaled 0.1pt rotated 30` bzw.
`pencircle xscaled 0.15pt yscaled 0.45pt rotated 30`

nunmehr als

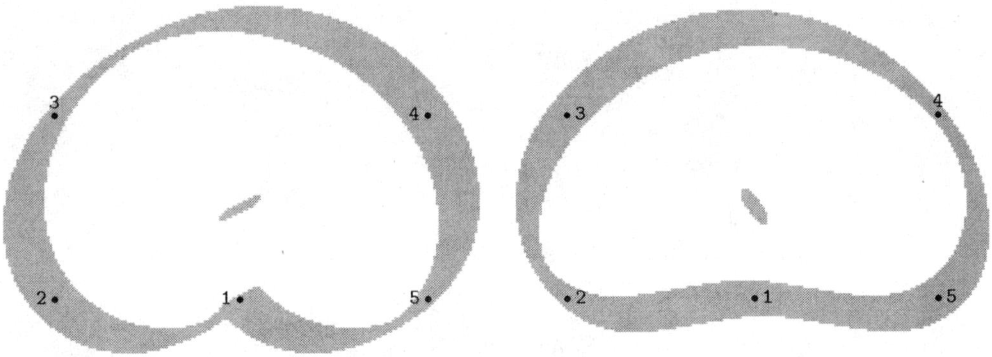

Der jeweilige Einzelpunkt des zugehörigen Zeichenstiftes ist im Innern der Kurve zusätzlich dargestellt. Hierfür stellt METAFONT den Befehl

`drawdot` (ξ,η) oder `drawdot` z_i

bereit. Der Mittelpunkt dieses realen Einzelpunktes liegt bei dem mathematischen Punkt (ξ,η) bzw. z_i, wenn letzterer nicht mit `lft`, `rt`, `bot` oder `top` verschoben definiert wurde. Eine verschobene Punktdefinition wirkt auf einen nichtkreisförmigen Zeichenstift in analoger Weise, wie für kreisförmige Punkte in 7.2.4 ausführlich dargestellt.

Neben den verformbaren *kreisförmigen* Zeichenstiften `pencircle` stellt METAFONT entsprechend verformbare *quadratische* Zeichenstifte bereit. Die Syntax für diese Zeichenstifte entspricht der für kreisförmige Stifte:

`pickup pensquare [scaled` *maß*`] [rotated` *winkel*`]` und allgemeiner
`pickup pensquare [xscaled` *x_maß* `yscaled` *y_maß*`] [rotated` *winkel*`]`

Das Beispiel mit den fünf Superellipsen von Seite 364 erscheint mit dem rechteckigen Zeichenstift

`pensquare xscaled 4pt yscaled 1pt rotated 45`

als  für den Zeichenstift und damit als

METAFONT stellt noch zwei weitere spezielle Zeichenstifte `penspeck` und `penrazor` bereit. Der erste wird beim Makro `drawdot` verwendet und stellt einen quadratischen Zeichenstift mit der sehr kleinen Abmessung `eps=.00049` dar. Der Zeichenstift `penrazor` ist ein linienartiger Zeichenstift mit der Ausdehnung von einem Pixel in y-Richtung. Eine Skalierung

`pickup penrazor scaled` n

beeinflußt nur die Ausdehnung in der x-Richtung. In y-Richtung bleibt die Strichstärke von einem Pixel erhalten. Für die folgenden drei Kreise

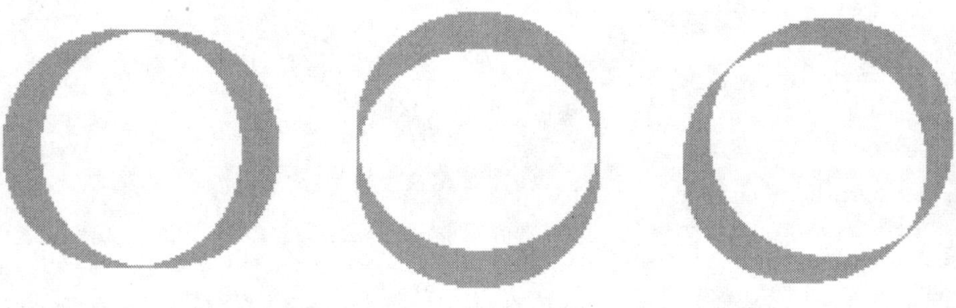

wurde beim linken Kreis der Zeichenstift `penrazor scaled .4pt`, beim mittleren `penrazor scaled .4pt rotated 90` und beim rechten schließlich `penrazor scaled .4pt rotated 45` verwendet.

Bei den Zeichenstiftbefehlen kann die Skalierung auch in der Form `scaled` *zahl* statt `scaled` *maß* erfolgen. Bei der Skalierung mit einer reinen Zahl entsteht ein Zeichenstift mit der entsprechenden Anzahl von Pixel in x- und y-Richtung. Ein so definierter Zeichenstift erzeugt auf einem Drucker mit höherer Auflösung einen kleineren Punkt als auf einem Drucker mit niedriger Auflösung und ist darum weniger gebräuchlich.

METAFONT gestattet mit dem Befehl `makepen` neue Zeichenstifte einzuführen. Die Syntax für diesen Befehl lautet

`makepen(`*cyclic_convex_polygon*`)`

bei dem *cyclic_convex_polygon* für einen Linienzug steht, der ein geschlossenes konvexes Polygon bildet. Bei einem konvexen Polygon sind die Winkel zwischen den benachbarten Geraden im Innern des geschlossenen Lininezuges stets $\leq 180°$.

Die nebenstehende Zeichenstiftform kann mit

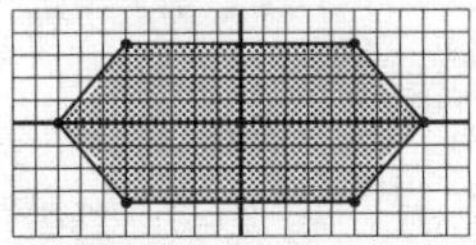

```
makepen((-8,0)--(-5,3.5)--(5,3.5)--(8,0)--(5,-3.5)
        --(-5,-3.5)--cycle)
```

eingerichtet werden. Zu beachten ist, daß die Polygonpunkte nur ganz- oder halbzahlige Koordinatenwerte annehmen dürfen!

Einem mit makepen eingerichteten neuen Zeichenstift kann ein symbolischer Namen zugewiesen werden, unter dem er mit dem pickup-Befehl aktiviert werden kann. Dazu ist eine Variable vom Typ pen einzurichten und diese mit der Funktion makepen gleichzusetzen. Angenommen das vorangegangene Beispiel soll unter dem Namen penpoly bereitgestellt werden. Dies geschieht durch die Befehlsfolge

```
pen penpoly; penpoly=makepen((-8,0)--(-5,3.5)-- ··· --cycle);
```

Der so eingerichtete Zeichenstift penpoly ist absolut, d. h. er kann nicht skaliert und/oder gedreht werden. In plain.mf wird deshalb das Makro capsule_def bereitgestellt, mit dem diese Einschränkung überwunden werden kann. Mit

```
capsule_def(penpoly) makepen((-8,0)--(-5,3.5)-- ··· --cycle);
```

wird der Zeichenstift penpoly eingerichtet, der nunmehr auch dreh- und skalierbar ist. Man beachte, daß zwischen dem Befehl capsule_def und dem anschließenden makepen *kein* Semikolon steht. Der capsule_def-Befehl schießt erst mit dem Semikolon *nach* dem makepen-Befehl ab!

Der Befehl pickup mit einer der nachfolgenden Zeichenstiftdefinitionen pencircle, pensquare oder penrazor (sowie das capsule_def-makepen-Paar) bewirkt für die eingerichteten Stifte eine Reihe interner Berechnungen. So werden z. B. die internen Variablen top, bot, lft und rt mit Werten versehen, die dem gewählten Zeichenstift entsprechen und die ggf. bei verschobenen Punktdefinitionen benutzt werden. Der jeweils letzte pickup-Befehl bestimmt den aktuellen Zeichenstift, der intern unter der Variablen currentpen geführt wird und einen Zeiger auf die komplexe Datenstruktur des aktuellen Zeichensatzes enthält.

METAFONT gestattet den aktuellen Wert von currentpen unter einem Variablennamen mit

pen_name :=savepen

abzuspeichern. Dies hat gleichzeitig zur Folge, daß die zugehörige Datenstruktur des aktuellen Zeichenstiftes auch nach einem weiteren pickpup-Befehl erhalten bleibt. Soll dieser Stift später wieder aktiviert werden, so genügt der Aufruf "pickup *pen_name*;", ohne daß die umfangreichen Zeichenstiftberechnungen jeweils neu erfolgen müssen.

Der Vorteil der schnelleren Zeichenstiftzugriffe ist mit dem Nachteil der Speicherplatzbelegung erkauft. Bei einer größeren Zahl von Zeichenstiftspeicherungen kann dies zu Speicherüberläufen für die weitere Bearbeitung führen. Mit clear_pen_memory können deshalb *alle* vorangegangenen Zeichenstiftspeicherungen aufgehoben und der belegte Rechenspeicher freigegeben werden.

7.3.7 Gefüllte Flächen

Ganz- oder teilweise gefüllte Flächen sind neben den Punkten, Linien und Kurven ein weiteres grafisches Element, das METAFONT bereitstellt. Dies verlangt lediglich die Vorgabe eines geschlossenen Linie- oder Kurvenzuges zur Begrenzung der Fläche. Die Syntax für diesen Kurvenzug zur Flächenbegrenzung entspricht ganz genau der Syntax für einen geschlossenen Linien- oder Kurvenzug mit dem draw-Befehl. Der einzige Unterschied liegt lediglich in der Verwendung des Befehlsnamens fill statt draw. Mit

```
fill z1..z2..z3..z4..z5..cycle; fill z21--z22--z23--cycle;
```

entsteht nunmehr

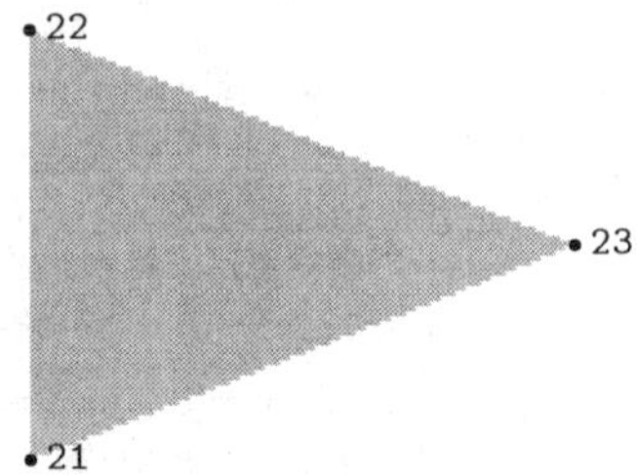

Die Umrandungskurve durch die Kontrollpunkte erscheint als mathematische Kurve, also ohne Berücksichtigung einer aktuellen Zeichenstiftstärke. Die Definition der Umrandungskurve muß zwingend mit dem Befehlswort `cycle` enden. Eine Kurvendefinition wie $z_1 \mathtt{..} z_2 \mathtt{..} z_3 \mathtt{..} z_4 \mathtt{..} z_5 \mathtt{..} z_1$, die zwar auch eine geschlossenen Kurve mit einer Spitze beim Punkt z_1 liefert, wird als Randdefinition beim `fill`-Befehl nicht akzeptiert. Soll eine solche Fläche gefüllt werden, so muß geschrieben werden

```
fill z1..z2..z3..z4..z5..z1..cycle
```

Nach dem zweiten Auftreten von z_1 ist die Kurve bereits zu ihrem Anfangspunkt zurückgekehrt. Die anschließende nochmalige Rückführung mit `..cycle` erfüllt lediglich die Syntaxforderung des `fill`-Befehls. Für die Form des Flächenrandes hat dieser keine gestaltende Wirkung mehr.

Den entgegengesetzen Befehl zu `fill` stellt METAFONT mit `unfill` bereit. Damit kann im Innern einer gefüllten Fläche eine Teilfläche gelöscht, also mit weißen Pixeln versehen werden.

```
fill z1..z2..z3..z4..z5..cycle; z34=.5[z3,z4];
unfill 0.25[z2,z34]..0.75[z2,z34]..cycle;
unfill 0.25[z5,z34]..0.75[z5,z34]..cycle;
```

ergibt das anschließende linke Bild und derselbe `fill`-Befehl in Verbindung mit

```
unfill fullcircle xscaled 0.75abs(z5-z2)
            yscaled 0.75abs(z3-z2) shifted .5[z2,z4]
```

führt zum rechten Bild. Der Befehl `abs` liefert den Absolutbetrag des eingeschlossenen Vektors, also seine Länge, zurück und war bereits in 7.2.5 vorgestellt worden.

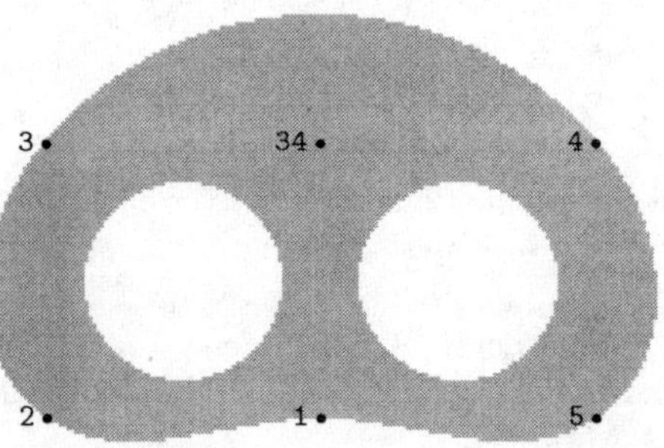

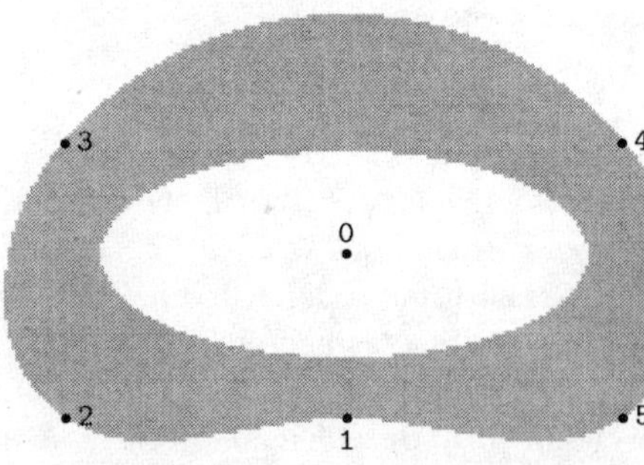

Die nächsten Beispiele demonstrieren einen optischen Täuschungseffekt über Höhe oder Breite bestimmter Flächenstrukturen im Vergleich zueinander.

```
fill (0,0)--(.5a,a)--(a,0)--cycle;
fill unitsquare scaled a; fill fullcircle scaled a;

fill unitsquare scaled a;
unfill fullcircle scaled a shifted (.5a,.5a)

s:= (1 - 1/(sqrt 2))/2 * a; k:=1.05;
fill fullcircle scaled k*a shifted k*(.5a,.5a);
unfill unitsquare scaled (k*a)/(sqrt 2) shifted k*(s,s);
```

Obwohl die Basislänge des Dreiecks und der Durchmesser des Kreises mit der Kantenlänge des Quadrates übereinstimmen, erscheint das Dreieck schmaler und der Kreisdurchmesser kleiner als die Kantenlänge des Quadrates. Dies muß bei der Konstruktion und Nutzung solcher Strukturen berücksichtigt werden, wie bei den beiden teilgefüllten Flächen versucht. Der Durchmesser des Kreises bei der letzten Figur ist um den Faktor $k = 1.05$ größer gewählt als die Kantenlänge des nebenstehenden teilgefüllten Quadrats, ohne daß dies bei der Betrachtung empfunden wird. Vielmehr scheinen jetzt beide Figuren gleich groß auszufallen.

Bei diesem Beispiel war der Korrekturfaktor k durch explizite Zuweisung eingestellt worden. Es ist möglich, k in eine METAFONT-Programmschleife einzubauen und für eine Serie von unterschiedlichen Korrekturwerten in einem Bearbeitungslauf die entsprechende Bildserie zu erzeugen, um anschließend durch optische Begutachtung den endgültigen Korrekturwert festzulegen. Das nächste Beispiel demonstriert übrigens die Konstruktion einer METAFONT-Programmschleife.

Das abschließende nebenstehende Beispiel demonstriert gleichzeitig die Nutzung von Programmschleifen. Es entspricht mit geringer Modifikation dem Übungsbeispiel 4.6 aus [7c]. Der zusätzliche Punkt z_0 hat die Koordinaten

$$z_0 = (\tfrac{1}{3}[x_1, x_5], \tfrac{1}{2}[y_5, y_4])$$

und die gestrichenen inneren Punkte z_i' sind als $z_i' = .2[z_i, z_0]$ definiert.

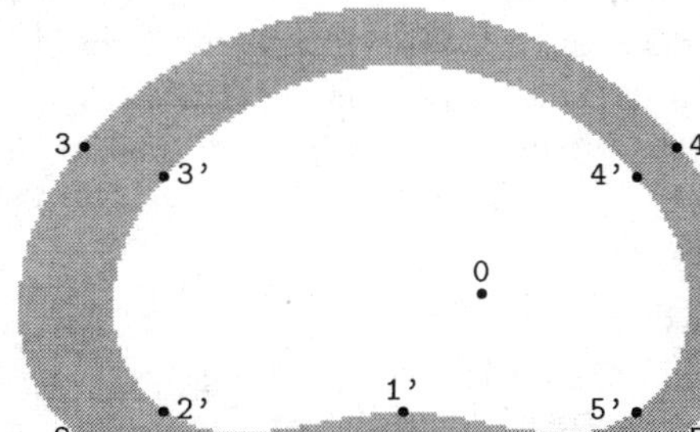


```
fill x1..x2..x3..x4..x5..cycle; x0=(1/3[x1,x5],.5[y5,y4]);
for k=1 upto 5: z[k]'=.2[z[k],z0]; endfor
unfill z1'..z2'..z3..z4'..z5'..cycle;
```

Jedem Anwender mit geringen Pascal-Programmierkenntnissen wird der Schleifenbefehl `for ... upto` geläufig sein. Auch die Notation `z[k]` für den Aufruf eines Punktes aus einem Punktefeld ist verständlich. Tatsächlich kann jeder Punkt zi, bei dem i eine Zahl ist, auch als `z[i]` aufgerufen oder definiert werden. Die METAFONT-Schreibweise zi ist nur eine *abkürzende* Konvention für `z[i]`. Bei der Verwendung eines Variablennamens wie `k` für den Index eines indizierten Punktes muß die Schreibweise `z[k]` eingehalten werden, da `zk` als eigener Variablenname interpretiert würde.

7.3.8 Flächen und Pseudozeichenstifte

Ganz- und teilweise gefüllte Flächen können durch Vorgabe einer äußeren und ggf. inneren geschlossenen Randkurve mit dem `fill`-Befehl in evtl. Verbindung mit dem `unfill` Befehl erzeugt werden. Durch Vorgabe eines Zeichenstiftes geeigneter Abmessung und Neigung und seiner Führung entlang einer vorgegebnen Kurve entsteht letztlich auch eine Fläche, deren Mittellinie eine mathematische Kurve durch die Kurvenpunkte darstellt und deren Randlinien hieraus und der Abmessung und Neigung des Zeichenstiftes bestimmt sind.

Die beiden folgenden Flächen haben eine gewisse Ähnlichkeit im Groben mit deutlichen Unterschieden im Detail. Die linke Fläche entstand aus

```
pickup penrazor scaled .5pt rotated 45;
draw z1..z2{right}..{right}z3;
```

Die rechte Fläche wurde mit

```
fill z1l..z2l{right}..{right}z3l
        --z3r{left}..{left}z2r..z1l--cycle
```

erzeugt.

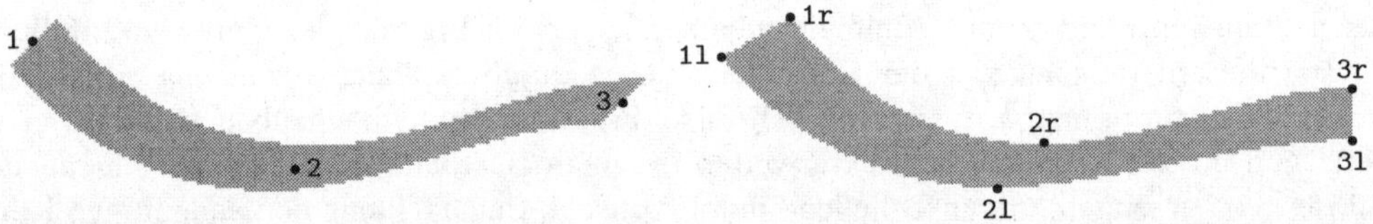

Die Einfachheit des `draw`-Befehls steht dabei in Konkurrenz zu dem größeren Detailreichtum mit dem `fill`-Befehl und seiner komplexeren Berandung. Ein Zeichner kann einen Zeichenstift *während* der Bewegung entlang einer Kurve zusätzlich drehen und eine Veränderung des Schwärzungsgrades durch Veränderung des Drucks auf den Zeichenstift erzielen. Eine Änderung des Schwärzungsgrades kann bei hinreichender Kleinheit der Zeichenstiftabmessung durch Änderung der Abmessungen nachgebildet werden.

METAFONT gestattet diese Gestaltungsmöglichkeit eines Zeichners in gewisser Weise nachzubilden. Mit den Angaben

```
penpos1(.6pt,30); penpos2(.5pt,45); penpos3(.4pt,90);
```

wird ein fiktiver Zeichenstift eingeführt, der beim Anfangspunkt z_1 wie der reale Zeichenstift `penrazor scaled .6pt rotated 30` wirkt. Bei seiner Führung entlang der Kurve ändert sich der Stift und entspricht bei z_2 `penrazor scaled .5pt rotated 45`, bis er schließlich beim Punkt z_3 als `penrazor scaled .4pt rotated 90` endet.

Dieser Zeichenstift wurde hier *fiktiv* genannt, weil solche variablen Zeichenstifte nicht existieren, auch wenn das grafische Ergebnis dies vortäuscht. Die Funktion penpos$i(b,\varphi)$ steht vielmehr für das Gleichungssystem

$$z_i = \tfrac{1}{2}[z_{il}, z_{ir}] \quad \text{und} \quad z_{ir} = z_{ir} + (b,0) \text{ rotated } \varphi$$

Zusammen mit einer dritten Gleichung, z. B. durch die Angabe $z_i = (\xi_i, \eta_i)$, ermittelt METAFONT hieraus die Werte von z_i, z_{il} und z_{ir}. Anweisungen der Form $z = (\xi, \eta)$ werden bei der Eingabe meist als einfache Punktdefinition und nicht als Gleichung empfunden. Dies ist verständlich, weil diese Gleichung von den beiden anderen entkoppelt ist und ihre Lösung die Werte annimmt, die auch mit den Zuweisungen $x := \xi$ und $y := \eta$ erreicht würde. METAFONT betrachtet sie dagegen als Gleichung, die ggf. zu einem Gleichungssystem gehört, das von METAFONT als Gesamtheit gelöst wird (s. 7.2.6).

Eine Angabe penpos*i*(b, ϕ), zusammen mit einer Bestimmungsgleichung für z_i, stellen genau genommen je zwei Gleichungssysteme für jeweils drei Unbekannte dar, nämlich für die Punktkoordinaten x_i, x_{il} und x_{ir} einerseits sowie y_i, y_{il} und y_{ir} andererseits. Statt *einer* Punktgleichung können alternativ auch stets *zwei* Koordinatengleichungen angegeben werden. Diese Zusatzgleichungen können auch mehrere Punkte miteinander verknüpfen, wodurch Gleichungssysteme für mehr als drei Unbekannte entstehen.

Für die obige, mit `fill` erzeugte Fläche, waren neben den drei penpos-Funktionen noch die Gleichungen

```
z1=(0,b); z2(2a,0); x3=4.5a; y2r=y3l;
```

angegeben, mit geeigneten Werten für a und b. (Für die Darstellung mit `mode=proof` in der abgedrucken Größe war `a#:=1pt#` und `b#:=1pt#` gewählt worden.) Die letzte Gleichung bewirkt, daß die y-Koordinaten für z_{2r} und z_{3l} denselben Wert annehmen.

Die Funktionen penpos stellen also Gleichungen für die Randpunkte bereit, wie sie aus den Kurvenpunkten entstehen würden, wenn die Kurve mit einem Zeichenstift variabler Abmessung und Drehung längs der Kurve durchfahren wird.

Hier steht nochmals das Bild zusammen mit den Kurvenpunkten z_i, die zur Konstruktion mit dem `fill`-Befehl selbst nicht verwendet werden. Sie dienen nur zur Bestimmung der Randpunkte mit den penpos-Funktionen.

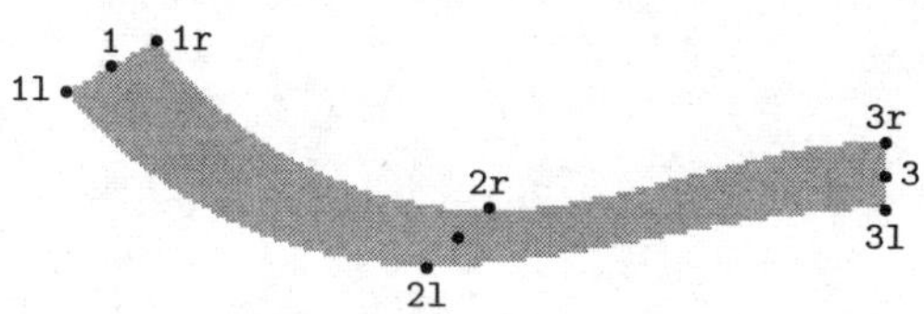

Dieses Bild hätte, wie das vorangegangene, mit dem `fill`-Befehl durch die Randpunkte erzeugt werden können, da diese nach den drei penpos-Befehlen zusammen mit den weiteren Punktgleichungen die Randpunkte unter den Namen `z1l`, `z2l`, `z3l`, `z3r`, `z2r` und `z1r` definiert und bereitgestellt wurden. Alternativ stellt METAFONT den Befehl `penstroke` bereit, der dem Bild des Zeichnens einer Kurve mit einem variablen und sich evtl. drehenden Zeichenstiftes noch näher kommt. Das letzte Bild wurde mit

```
penstroke z1e..z2e{right}..{right}z3e
```

erzeugt. Der Index '*e*' bei der Punktangabe in diesem Befehl steht in METAFONT für '*edge*' und bezieht sich auf die Enden des variablen Zeichenstiftes. Das Makro `penstroke` wandelt die übergebene Punkte- und Richtungsfolge intern in

```
z1l..z2l{right}..{right}z3l--z3r{left}..{left}z2l..z1l--cycle
```

um, die dann ebenfalls intern mit dem `fill`-Befehl aufgerufen wird.

Das beschriebene Verfahren kann auch zur Erzeugung von Grafiken mit teilgefüllten Flächen, also zur Kombination von `fill`- mit `unfill`-Befehlen genutzt werden. Mit den Befehlen

```
penpos1(.4pt,-30);   penpos2(.4pt,-120);
penpos3(.4pt,-150); penpos4(.4pt,-300);
z1=(0,.5b); z2=(.5a,b);
z3=(a,.5b); z4=(.5a,0);
```

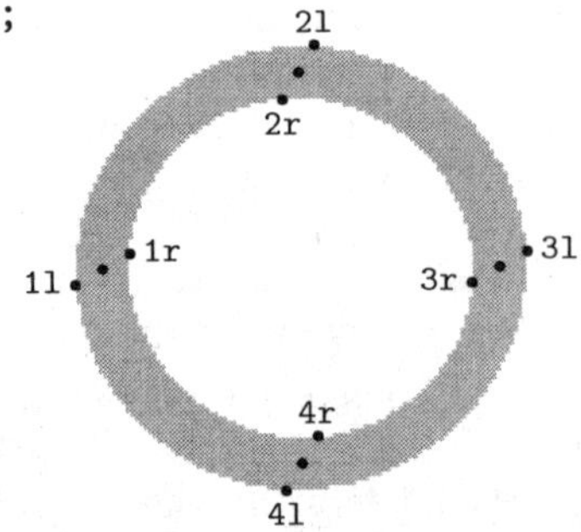

entstehen die Punkte $z_{1l}, \ldots, z_{4l}$ und $z_{1r}, \ldots, z_{4r}$, die mit

```
fill z1l..z2l..z3l..z4l..cycle;
unfill z1r..z2r..z3r..z4r..cycle;
```

die teilgefüllte Fläche erzeugen.

Auch hier kann stattdessen das `penstroke`-Makro zur Erzeugung herangezogen werden, das dem geschlossenen Kurvenzug mit dem sich drehenden fiktiven Zeichenstift in der Vorstellung näherkommt:

```
penstroke z1e..z2e..z3e..z4e..cycle;
```

Als Folge von `..cycle` am Ende des Kurvenzuges zerfällt das Makro in die beiden `fill`- und `unfill`-Befehle, wie sie vorab explizit angegeben waren. Ohne diese Angabe, also für `penstroke z1e..z2e..z3e..z4e`, wird das Makro nach der weiter oben gegebenen Erläuterung in

```
fill z1l..z2l..z3l..z4l--z4r..z3r..z2r..z1r--cycle;
```

aufgelöst, was zum linken Bild

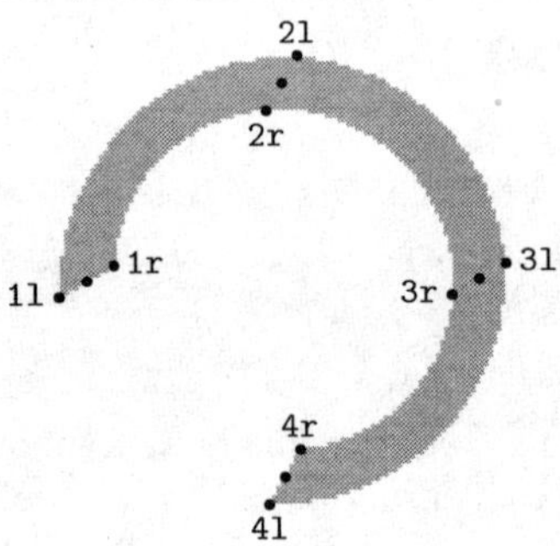

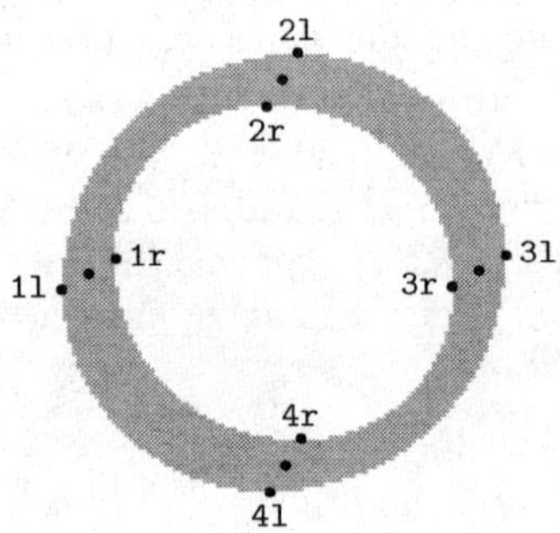

führt. Das rechte Bild hat bei z_{1l}, z_{1r}, z_{3r} und z_{3l} vertikale und bei z_{2l}, z_{2r}, z_{4r} und z_{4l} horizontale Tangenten. Dies kann mit dem Aufruf

```
penstroke z1e{up}..z2e{right}..z3e{down}..z4e{left}..cycle
```

erzwungen werden.

Bei den Neigungsangaben in den penpos-Funktionen ist Sorgfalt und Nachdenken angebracht. Ich hatte für das Beispiel der geschlossenen Kurve zunächst irrtümlich geschrieben

```
penpos1(.4pt,30);   penpos2(.4pt,60);
penpos3(.4pt,210); penpos4(.4pt,240);
```

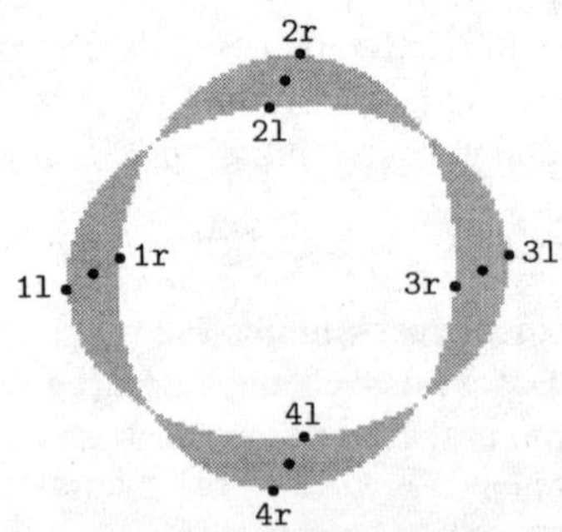

womit äußere und innere Punkte abwechselnd vertauscht wurden und das Ergebnis wie nebenstehend entstand.

7.4 Die Erzeugung von Zeichensätzen

Die beiden vorangegangenen Abschnitte stellten die METAFONT-Grundelemente vor, aus denen alle Zeichen und Grafiken aufgebaut, positioniert und errechnet werden können. Die einzelnen Bilder, Grafiken oder Zeichen sollen aus TEX oder LATEX wie ein Buchstabe oder sonstiges Symbol aufgerufen und in den umgebenden Text eingebunden werden. Dies verlangt, daß METAFONT das konstruierte Symbol wie einen Buchstabe kodieren und ablegen muß.

Für jedes Zeichen muß die TFM-Information berechnet und im zugehörigen `tfm`-File unter der Symbolnummer abgelegt werden, damit bei der TEX-Bearbeitung der erforderliche Platz und die Positionierung bezüglich des umgebenden Textes korrekt erfolgt. Für die Druckausgabe muß der Druckertreiber im zugehörigen `pk`-File mit den zeichenspezifischen gepackten Pixelmustern die entsprechenden Zeicheninformationen finden und verwerten.

Die Mechanismen und Makros, mit denen METAFONT dieses bewerkstelligt, waren bisher noch nicht vorgestellt worden, und dies war auch der Grund, warum bisher noch kein Beispiel vorgestellt wurde, das der Leser als praktische Aufgabe nachvollziehen konnte, um tatsächlich auf seinem Drucker das entsprechende Zeichen auszugeben.

7.4.1 Das Buchstaben- oder Zeichenmakro

Jedes reale Zeichen mit seiner TFM- und Pixelinformation wird mit dem METAFONT-Zeichenmakro (auch Buchstabenmakro genannt) erzeugt. Dieses hat die Syntax

`beginchar(`*symbol*`,` *breite*`#,`*höhe*`#,`*tiefe*`#);`
    grafische Anweisungen und Berechnungen;
`endchar;`

Die erste Angabe der Parameterliste *symbol* steht für den Symbolkode, unter dem das Zeichen abgelegt und aus TEX aufgerufen werden kann. Dies kann eine Zahl $0, \ldots, 255$ sein. Für die Zahl n kann das zugehörige Zeichen dann aus LATEX mit `\symbol{`n`}` aufgerufen werden. Alternativ kann für *symbol* auch ein in Anführungstriche gesetztes Zeichen stehen, und zwar ein Klein- oder Großbuchstabe, eine Ziffer oder ein Satzzeichen. Mit der Angabe `"A"` wird das Zeichen dort abgelegt, wo TEX das 'A' erwartet.

Dem TEX-Anwender ist der Begriff der Zeichenbox geläufig. Sie umschließt das einzelne Zeichen und ist durch ihre Breite, Höhe und Tiefe (width, height, depth) gekennzeichnet. Die 'Höhe' kennzeichnet die Abmessung des Zeichens oberhalb der Grundlinie, die 'Tiefe' sagt, wie weit es ggf. unter die Grundline ragt, wie bei 'g' oder 'y'. Die Breite stellt die Gesamtbreite des Zeichens dar, einschließlich eines evtl. vorangehenden oder nachfolgenden kleinen Leerraums mit dem die einzelnen Zeichen nebeneinandergestellt werden.

Diese Boxmaße müssen jedem Zeichen explizit zugewiesen werden, und zwar in Form von *absoluten* Maßen oder Maßvariablen, d. h. der Maßeinheit oder dem Variablennamen ist ein `#` anzuhängen. Die Reihenfolge der zu übergebenden Boxparameter ist, wie bei der Syntax angegeben, einzuhalten. Als Merkregel kann gelten, daß die englischen Namen für diese Parameter *width*`#`, *height*`#` und *depth*`#` in umgekehrter alphabetischer Folge auftreten.

Die Boxabmessungen stehen innerhalb des `beginchar`-Makros unter den von METAFONT vorbestimmten Namen `w`, `h` und `d` als Pixelmaße zur Verfügung, d. h. sie enthalten die Zahl von Pixeln, die den übergebenen absoluten Maßen von *width*`#`, *height*`#` und *depth*`#` entsprechen. Im Sinne einer Programmiersprache stellen die vorbestimmten Symbolnamen `w`, `h` und `d` *lokale* Größen dar, die nur innerhalb des `beginchar`-Makros existieren.

Daneben können *globale* Varible und symbolische Konstante eingerichtet werden. Dies sind alle Variablendefinitionen und Wertzuweisungen, die außerhalb des `beginchar`-Makros erfolgen. Solche globalen Größen können in allen darauffolgenden `beginchar`-Makros ebenfalls verwendet werden.

Globale Größen mit absoluten Maßen, also Maßeinheiten und Variablennamen mit dem anhängenden #-Zeichen, sollten außerhalb des Zeichenmakros mit `define_pixels` (s. 7.2.8) in ihre Pixeläquivalente umgewandelt werden. Sie stehen danach ebenfalls als globale Pixelgrößen zur Verfügung.

Das Zeichenmakro kann mit einem beliebigen Text, der mit Anführungszeichen " einzuschließen ist, als erste Anweisung beginnen. Dieser Text erscheint während der METAFONT-Bearbeitung auf dem Bildschirm, wenn `tracingtitles:=1` beim Programmaufruf oder im Gerätemakro gesetzt wird. Auf diesen Text folgt bei der Bearbeitung auf dem Bildschirm der zugehörige Zeichenkode als Dezimalzahl. Das Zeichenmakro für den Buchstaben 'A' aus den CM-Zeichensätzen könnte mit

```
beginchar("A",13u#,cap_height#,0); "The letter A"; ...;
```

beginnen[5]. Dieses Beispiel enthält gleichzeitig eine Besonderheit. Ist eine der charakteristischen Größen für die Zeichenbox `0pt#`, so genügt die Angabe einer '0', ohne nachgestellte absolute Maßeinheit, wie hier für die Tiefe der Box.

7.4.2 Der Zeichensatzfile für die Demonstrationsbeispiele

Die einzelnen grafischen Demonstrationsbeispiele in den vorangegangenen Abschnitten wurden als Zeichen mit dem Zeichenmakro eines gemeinsamen Zeichensatzfiles `examples.mf` erzeugt. Sie können als Muster für beliebige Grakiksymbole betrachtet werden, die in ähnlicher Weise erzeugt und bereitgestellt werden können.

Jeder Zeichensatzfile beginnt mit dem Makro `mode_setup`. Hiermit werden das beim METAFONT-Programmaufruf unter `mode` bereitgestellte Gerätemakro ausgeführt, bzw. seine Einstellwerte aktiviert. Hierauf folgen einige globale Einstellungen, wie für bestimmte gemeinsame Maße der nachfolgenden grafischen Zeichen oder häufig verwendete Zeichenstifte. Für die Grafikbeispiele waren dies:

```
full_wd#:=10pt#;  symb_ht#:=2pt#;   symb_dp#:=2pt#;
nib_dia#:=.2pt#;  define_pixels(nib_dia);
pickup pencircle scaled nib_dia; nib:=savepen;
```

Die eingestellte Breite von `10pt#` für `full_width` führt beim Bearbeitungsmodus `proof` dazu, daß ein Zeichen mit dieser Breite ungefähr der Textbreite dieses Buches entspricht. Das erste grafische Beispiel aus 7.3 auf Seite 356 wurde als Zeichen mit Zeichenmakro unter dem Zeichenkode '0' erzeugt:

```
beginchar(0,full_wd#,symb_ht#,0); "cross and triangle";
  a = .2w;  b =.6w;   pickup nib;
  z11=(0,0);  z12=(2a,0);  z13=(0,h);  z14=(2a,h)
  z21=(b,0);  z22=(b,h);  z23=(b+1.5a,.5h);
```

[5] Bei den CM-Programmfiles ist den einzelnen Zeichenmakros das Textmakro `cmchar` vorangestellt, dem der ensprechenden Text übergeben wird, z. B. als `cmchar "The letter A";`. Im Ergebnis wirkt dies so, als wäre der Text im Zeichenmakro angebracht.

```
  draw z11..z14;  draw z13..z12;   draw z21--z22--z23--z21;
  proofrulethickness -1pt#;
  labels(11,13,23);  labels.bot(12,21);  labels.top(14,22);
endchar;
```

Die ersten fünf Zeilen dieses Makros bedürfen keiner Erläuterung. Die Einstellung `proofrulethickness -1pt#` und die anschließenden `labels`-Befehle sind dagegen neu. Eine negative Maßzuweisung für `proofrulethickness` unterdrückt das sonst standardmäßig unterlegte Gitternetz beim Bearbeitungsmodus `proof`. Der Befehl `labels(`ik`)` bewirkt die Markierung des zugehörigen Punktes z_{ik}. Mehrere Markierungsangaben im `labels`-Befehl sind durch Kommata zu trennen. Die Positionierung der Markierungen erfolgt beim Befehl `labels` nach internen Regeln des Programms gftodvi. Sie kann oberhalb, unterhalb, links oder rechts des zugehörigen Punktsymbols • erfolgen. Mit den Varianten

```
labels.top(...)  labels.bot(...)  labels.lft(...)  labels.rt(...)
```

des `labels`-Befehls kann eine entsprechende Positionierung erzwungen werden.

Damit sind auch die beiden letzten Zeilen dieses Zeichenmakros hinreichend erläutert. Sie entfallten ihre Wirkung nur beim Bearbeitungsmodus `proof` als Folge von `proofing:=2`. Für alle `proofing`-Werte < 2 bleiben sie wirkungslos und könnten entfernt werden. Da der Bearbeitungsmodus `proof` bei der Entwicklung von Grafiksymbolen zur Feinkorrektur außerordentlich nützlich ist, sollten die `labels`-Befehle bei jedem Zeichenmakro verwendet werden, auch wenn sie für die Erstellung der endgültigen Zeichen keine Bedeutung mehr haben.

Das soeben dargestellte Zeichen '0' besteht aus dem Kreuz und dem danebenstehenden Dreieck. Sinnvoller wäre es, sie als zwei Zeichen mit zwei getrennten Zeichenmakros zu erstellen, z. B. unter '0' und '1'. Die Zusammenfassung zu einem Zeichen erfolgte nur, weil die Montage der einzelnen Seiten aus dem `dvi`-File der gftodvi-Bearbeitung in den umgebenden Text mühsam ist. Dies geschah also nur zu meiner Arbeitserleichterung für die endgültige Druckvorlage.

Das nächste Grafikbeispiel derselben Seite 356 demonstrierte die unverschobenen und verschobenen Punktdefinitionen. Die drei Dreiecke wurden unter dem Zeichenkode '1' wiederum als Gesamtzeichen erzeugt.

```
beginchar(1,full_wd#,symb_ht#,0); "various triangles";
  a := .3w;  b := .35w;   pickup nib;
  z21=(0,0); z22=(0,h); z23=(a,.5h);  draw z21--z22--z23--z21;
  labels(21,22,23);   z1=(a,0);  z2=(a,h); proofrule(z1,z2);
  numeric x[], y[];
  bot lft z21=(b,0);  top lft z22=(b,h);  rt z23=(b+a,.5h);
  draw z21--z22--z23--z21;    labels(21,22,23);
  z1=(b,0);    z2(b,h);          proofrule(z1,z2);
  z3=(b+a,0);  z4=(b+a,h);       proofrule(z3,z4);
  numeric x[], y[];
  bot lft z21=(2b,0); top lft z22=(2b,h); z23=(w,.5h);
  draw z21--z22--z23--z21;    labels(21,22,23);
  z1=(2b,0);  z2=(2b,h);       proofrule(z1,z2);
endchar;
```

Auch dieses Zeichenmakro enthält zwei bisher nicht vorgestellte Befehle. Vorab noch eine allgemeine Bemerkung: Bei diesem Zeichenmakro entfiel die Zuweisung eines negativen Maßes für `proofrulethickness`. Damit werden standardmäßig Bezugslinien beim Bearbeitungsmodes `proof` erzeugt. Diese bestehen aus zwei vertikalen Linien bei $x = 0$ und $x = w$ sowie zwei horizontalen Linien bei $y = 0$ und $y = h$. Eine weitere horizontale Linie wäre bei $y = -d$ entstanden, wenn der übergebene Parameter für *tiefe*# nicht null gewesen wäre. Im Ergebnis wird das Zeichen durch durch die Umrandungslinien und die Grundlinie der zugehörigen Zeichenbox gegliedert.

Mit dem ersten Befehl `proofrule(z1,z2)` wird eine weitere Linie von z_1 nach z_2 beim Bearbeitungsmodus `proof` angebracht. Die x-Koordinate beider Punkte war mit $x_1 = x_2 = a$ vorgegeben. Auch der rechte Dreieckpunkt z_{23} hat die gleiche x-Koordinate. Die so erzeugte vertikale Bezugslinie geht beim ersten Dreieck durch den Definitionspunkt von z_{23}.

Für das zweite Dreieck sollen die gleichen Punktnamen wie für das erste verwendet werden. Nachdem die Punkte z_{21}, z_{22} und z_{23} bereits durch drei Gleichungen definiert waren, können sie nicht ein zweites Mal in weiteren Gleichungen auftreten. Mit `numeric x[], y[];` werden die Koordinatenfelder $x[\,]$ und $y[\,]$ neu erklärt, sie verlieren ihre durch Gleichungen bestimmten Werte und können anschließend in neuen Gleichungssystemen verwendet werden. Da die z-Konvention einen Punktnamen z_i nur als abkürzende Schreibweise für das Koordinatenpaar (x[*i*],y[*i*]) oder kürzer (x*i*,y*i*) betrachtet, wobei i für eine Zahl steht, gilt das gleiche für Punktgleichungen.

Für das zweite Dreieck werden die Eckpunkte mit den Befehlen `top lft`, `bot lft` und `rt` verschoben definiert. Das Punktepaar z_1 und z_2 wird mit den gleichen Koordinaten wie z_{21} und z_{22}, aber unverschoben definiert. Das Punktepaar z_3 und z_4 ist unverschoben mit der gleichen x-Koordinate, wie sie `rt`-verschoben für z_{23} gilt, verknüpft. Das zweite Dreieck wird wegen der verschobenen Definitionen von dem Umrandungsfeld aus oberer und unterer Begrenzungslinien und den vertikalen Linien durch z_1 und z_2 auf seiner linken und z_3 und z_4 auf seiner rechten Seite unter Berücksichtigung der Liniendicke genau eingeschlossen.

Der Erzeugungskode für das rechte Dreieck als drittes Teilbild für das Gesamtzeichen braucht nach den vorangegangenen Erläuterungen nicht weiter erklärt werden. Als weiteres Beispiel für ein Zeichenmakro sei noch das `penstroke`-Beispiel von S. 373 oben rechts angeführt.

```
beginchar(24,.5full_wd#,symb_ht#,0); "penpos band_symbol";
  proofrulethickness -1pt#;
  penpos1(.6pt,30);  penpos2(.5pt,45);  penpos3(.4pt,90);
  z1=(0,h);  z2=(.4w,0);  x3=.9w;  y2r=y3l;
  penstroke z1e..z2e{right}..{right}z3e;
  penlabels(1,2,3);
endchar;
```

Die Funktion penlabels($i, j, \ldots$) erzeugt wie die `labels`-Funktion die Markierungen der definierenden Kurvenpunkte. Zum Unterschied zu `labels` schließen diese die linken und rechten Randpunkte z_{il} und z_{ir} aus den zugehörigen penpos*i* Funktionen ein. Beim vorstehenden Zeichenmakro entspricht `penlabels(1,2,3)` der längeren Angabe `labels(1,1l,1r,2,2l,2r,3,3l,3r)`.

Die Zeichenbox dieses Zeichens ist $w = .5$*full_wd* breit, während das Zeichen selbst nur $.9w$ weit ist. Die verbleibende Differenz von $.1w$ bleibt als Leerraum zwischen diesem und einem unmittelbar folgenden Zeichen erhalten. Grundsätzlich sollte die Zeichenboxbreite stets etwas größer ausfallen, als das eigentliche Zeichen, damit nebeneinanderstehende Zeichen sich nicht berühren.

Der Leser möge die anderen Grafikbeispiele mit dem Zeichenmakro erzeugen und den File `examples.mf` nach dem letzten `endchar` mit dem Befehl `end` abschließen. Mit seiner `mf`-Bearbeitung im Bearbeitungsmodus `proof`, also mit dem Aufruf

```
mf '\mode=proof; input examples'
```

entsteht der File `examples.2602gf`. Seine Bearbeitung mit dem Zusatzprogramm gftodvi zur Erzeugung des `examples.dvi`-Files zur Ausgabe über den Druckertreiber ist ausführlich in 7.1.6 (S. 338ff) beschrieben. Der `mf`-Aufruf darf auch beim Bearbeitungsmodus `proof` einen Vergrößerungsfaktor und/oder weitere METAFONT-Befehle enthalten, z. B.[6]

```
mf '\mode=proof; lcode_:=" /"; mag=1.2; input examples'
```

Damit entsteht `examples.3122gf`, dessen Bearbeitung mit `gftodvi examples.3122gf` nunmehr die um 1.2-fach vergrößerten Zeichen in `examples.dvi` ablegt.

Der METAFONT-Befehl `lcode_:=" /"` beim vorstehenden Bearbeitungsaufruf ist noch kurz zu erläutern. Die `labels`- und `penlabels`-Befehle in einem Zeichenmakro erzeugen neben den Kontrollpunkten auch deren Kennzeichnung. Letztere aber nur, wenn die Kennzeichnungsnamen sich nicht überschneiden. Liegen die Kontrollpunkte so dicht zusammen, daß die Markierungbezeichenungen sich überschneiden, so unterbleiben einige der Markierungen. Ersatzweise erzeugt gftodvi dafür eine kleine Tabelle am rechten Seitenrand, die die fehlenden Markierungen in Bezug auf die Nachbarpunkte definieren, wie dem Beispiel der `proof`-Darstellung für den Buchstaben 'A' auf Seite 328 zu entnehmen ist. Solche Ergänzungstabellen waren für die Grafikbeispiele des vorangegangenen Abschnitts unerwünscht. Das Unterdrücken einer evtl. Ergänzungstabelle wird mit dem Befehl `lcode_:="␣/"` erreicht. Man beachte hierbei den Unterstrich _ als Teil des Befehlsnamen und das Leerzeichen in der übergebenen Zeichenkette `" /"`.

7.4.3 Zusätzliche TFM-Information

Die Ergebnisse beim Bearbeitungsmodus `proof` wurden für die Grafikbeispiele zweckentfremdet, indem sie als eigenständige Demonstrationsobjekte mit der entsprechenden Seite aus dem `examples.dvi`-File durch Überdrucken in den umgebenden Text montiert wurden. Die zugehörigen Zeichen in ihrer Originalgröße für den Bearbeitungsmodus `localfont` oder einem anderen Druckermakro wurden bisher nicht vorgestellt. Dies sei zunächst hier nachgetragen

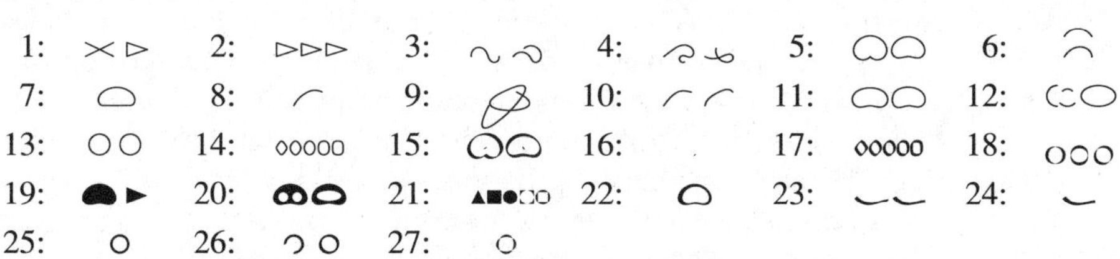

Der vorstehende Ausdruck entstand nach der Definition von

```
\newfont{\grafsymb}{examples scaled 2000}
```

[6] Die Grafikbeispiele für das laufende Kapitel dieses Buches wurden genau mit dem hier angegebenen Aufruf für den File `examples.mf` erzeugt.

und den anschließenden Aufrufen `\symbol{1}`, `\symbol{2}`, ... als Spalteneintrag einer Tabelle, wobei außerhalb der Tabelle vorab auf die Schrift `\grafsymb` umgeschaltet wurde. Entsprechend der Definition von `\grafsymb` erscheinen die Zeichen um den Faktor 2 vergrößert, da sie in der Entwurfsgröße für den Druck zu klein ausfallen würden. Dies setzt voraus, daß der Zeichensatz in dieser Vergrößerungsstufe mit

```
mf '\mode=localfont; mag=2.0; input examples'
```

erzeugt und anschließend durch `gftopk examples.600gf` in `examples.600pk` umgewandelt wurden. Als Folge von `fontmaking:=1` im zugehörigen Gerätemakro für `localfont` entsteht mit dem METAFONT-Aufruf gleichzeitig der File `examples.tfm`.

Der TFM-File enthält einmal als Standardinformation die Weiten, Höhen und Tiefen der einzelnen Zeichen. Diese werden automatisch aus den übergebenen Werten für *width*#, *height*# und *depth*# bei den Buchstabenmakros bestimmt. Diese Angaben erfolgen im TFM-File als Vielfache der sog. Entwurfsgröße (`designsize`), die ohne explizite Angabe standardmäßig als 128pt gewählt wird. Die maximalen Abmessungen der Zeichenboxen sind auf das 16-fache der Entwurfsgröße begrenzt.

Ein Zeichensatz kann bis zu 256 verschiedene Zeichen enthalten, dem im TFM-File bis zu 256 verschiedene Weiten entsprechen. In einem normalen Zeichensatz, für den die vorgestellten Demonstrationsbeispiele natürlich kein geeignetes Vorbild darstellen, haben viele Zeichen die gleiche Breite. Um Speicherplatz zu sparen, enthält ein TFM-File nur so viele Weitenangaben, wie *unterschiedliche* Weiten auftreten. Diese sind in einem Weitenfeld zusammengefaßt, und jedem Zeichenkode ist ein Weitenzeiger, der aus einem Byte besteht, zugeordnet, der auf die zugehörige Angabe im Weitenfeld verweist.

Noch häufiger stimmen die Höhen und Tiefen der Zeichen eines realen Zeichensatzes überein. Man denke dabei nur an die Kleinbuchstaben ohne Oberstriche wie 'e', 'o', 'u', 'x' und andere sowie an die Unterlängen von 'g', 'j', 'p', 'q' und 'y'. Unter Berücksichtigung dieser häufigen Übereinstimmung ist jedem Zeichen ein Höhen- und Tiefenzeiger als 4-bit-Zahl zugeordnet, der auf das Höhen- bzw. Tiefenfeld mit den *unterschiedlichen* Höhen- und Tiefenangaben verweist. Die 4-bit-Kodierung für diese Zeiger gestattet jeweils maximal 16 verschiedene Zeiger zu kennzeichnen. Damit sind für einen realen Zeichensatz nur 16 verschiedene Höhen- und Tiefenangaben für die Gesamtheit der Buchstabenmakros erlaubt. Da METAFONT stets auch einen Höhen- und Tiefenwert vom Betrag *Null* bereitstellt, bleiben nur noch 15 von Null verschiedene Höhen- bzw. Tiefenwerte übrig.

Die Einschränkung auf 15 verschiedene endliche Höhen- und Tiefenangaben für einen Zeichensatz ist weniger drastisch, als man auf den ersten Blick befürchten mag. Es handelt sich hierbei um die entsprechenden Angaben der umschließenden Zeichenbox, die TEX bei der Bearbeitung als deren Maße für die Positionierung voraussetzt. Das einzelne Zeichen kann gegegenüber seiner Zeichenbox größer oder kleiner im Zeichenmakro definiert sein. So sind die übergebenen Höhenmaße bei den CM-Zeichensätzen für 'A' und 'B' gleich, wobei das 'A' mit seiner Spitze deutlich über die vorgegebenen Höhe hinausragt.

Auch die Weitenangaben für die Zeichenbox sind üblicherweise breiter als das Zeichen selbst. Damit wird vermieden, daß nebeneinanderstehende Zeichen sich unmittelbar berühren. Die Boxweite enthält also auch den Standardzwischenraum zwischen dem Zeichen und seinem Folgezeichen. In Ausnahmefällen mag ein Zeichen auch breiter als die zugeordnete Zeichenbox sein. In diesem Fall ragt das nächste Zeichen in das laufende Zeichen herein, d. h. es findet ein partielles Überschreiben statt.

Der Standardabstand zwischen zwei Zeichen ist also durch den Leerraum am rechten Zeichenende und evtl. einen links vorangesetzten Leerraum beim Folgezeichen bestimmt. Nach- und evtl. vorangestellter Leerraum geht dabei in die Weitenangabe beim Buchstabenmakro ein. Bei gewissen Zeichenkombinationen soll von diesem Standardabstand abgewichen werden. Man denke hier an das für diesen Zweck schon mehrfach vorgestellte Beispiel 'VA' statt 'VA'. Diese Information kann nicht aus den übergebenen Boxmaßen für die einzelnen Zeichen gewonnen werden, sondern muß explizit angegeben werden. Dies geschieht mit Angaben der Form

`ligtable "`z_1`": "`z_2`": ...: "`s_1`" kern `m_1`, "`s_2`" kern `m_2`, ...;`

Hiermit wird dem TFM-File mitgeteilt: Folgt auf die Zeichen $z_1, z_2, \ldots$ als nächstes Zeichen s_1, so ist *zusätzlicher* Zwischenraum der Maßangabe von m_1 einzufügen. Ist das nächste Zeichen s_2, so ist zusätzlich m_2 einzufügen usw. Die Maßangaben für m_i dürfen auch negativ sein, was zur Verminderung des Zwischenraums um den entsprechenden Betrag führt. Diese Maßangaben müssen mit absoluten Maßen, also mit dem nachgestellten # erfolgen.

Die `ligtable`-Anweisungen müssen außerhalb der Zeichenmakros vorgenommen werden. Dabei ist es gleichgültig ob sie vor, zwischen oder nach den Zeichenmakros erfolgen. Die Zeichen z_i und s_i wurden hier mit ihrem Zeichensymbol verwendet, wie `"x"` oder `"!"`. Sie können auch mit ihren oktalen oder hexadezimalen Zeichenkodewerten erfolgen. Die Angaben `"x"`, `oct"170"` und `hex"78"` sind erlaubt und kennzeichnen das Zeichen 'x'.

Andere Zeichenkombinationen werden als Ligaturen realisiert. Die Information, welche Zeichenkombinationen als eigenständige Ligatur bereitgestellt werden, erfolgt ebenfalls über den `ligtable`-Befehl, und zwar diesmal in der Form:

```
ligtable "f": "i" =: oct"014", "f" =: oct"013", "l" =: oct"015";
ligtable "013": "i" =: oct"016",  "l" =: oct"017";
```

Dieses Beispiel gilt z. B. für die Ligaturen der Roman-Zeichensätze. Folgt auf ein 'f' ein 'i', so wird diese Zeichenkombination durch ein eigenes Zeichen mit dem oktalen Zeichenkode[7] '14 (=dezimal 12) ersetzt. Ist das nächste Zeichen ein weiteres 'f', so wird das Zeichenpaar durch das als '13 kodierte Zeichen ersetzt und entsprechend für 'f','l' durch '15. Bei der TeX-Bearbeitung werden die ursprünglich zwei Zeichentoken entfernt und durch den zugehörigen Ligaturtoken ersetzt.

Damit wird auch die zweite Zeile verständlich. Nachdem die Buchstabenfolge 'ff' durch die Ligatur 'ff', also den Zeichentoken mit der Kodierung '13 ersetzt wurde, wird nunmehr gesagt: Folgt auf das Zeichen 'ff' ein 'i', so wird diese Kombination durch das Zeichen '16 und 'ff', 'l' durch '17 ersetzt.

Die zweite Syntaxform `ligtable` z_a`:` z_e `=:` z_i kennt eine Reihe von Varianten, bei denen der Zuweisungsoperator `=:` mit `/=:`, `=:/`, `/=:/`, `=:/>`, `/=:/>` oder `=:/>>` erweitert wird. Die Wirkung kann mit einer allgeineren Beschreibung für die Ligaturanweisung erläutert werden:

> Folgt auf das in der Ligaturanweisung mit z_a : gekennzeichnete Zeichen z_a das Zeichen z_e, so wird das Zeichen z_i dazwischengestellt. Die äußeren Zeichen z_a und z_e werden entfernt, wenn sie nicht durch `/=:` für das vorangehende, durch `=:/` für das nachfolgende oder durch `/=:/` für beide ausdrücklich gekennzeichnet werden.
>
> Ein nachgestelltes > führt dazu, daß zunächst nach einer weiteren Ligaturanweisung für das verbleibende Zeichen gesucht wird. `ligtable f: ! /=:> i  i =: oct"014"`

[7] Im laufenden Text wird hierfür häufig die TeX-Notation mit einem vorangestellten ' für Oktalzahlen als 'nnn statt der umständlicheren Schreibweise `oct"`nnn`"` verwendet.

bedeutet: Folgt auf ein 'f' ein '!', so wird ein 'i' zwischengestellt und dann das !-Zeichen entfernt. Anschließend wird nach einer weiteren Ligaturanweisung für das verbleibende Anfangs-f gesucht. Mit letzterer wird wie, bereits beim ersten Beispiel `fi` durch 'fi' ersetzt. Da aber `f!` durch `fi` ersetzt wurde, erscheint dann `f!` ebenfalls als 'fi' und nicht als 'fi'. Mit `/=/>>` wird entsprechend nach Folgeligaturen für beide verbleibenden Eingangszeichen gesucht.

Enthält die Folgeliste einer `ligtable`-Anweisung mehrere Folgezeichen, wie bei den f-Ligaturen, so sollten die Zeichen dieser Liste entsprechend der Häufigkeit der Zeichenkombination geordnet werden und zwar in abnehmender Reihenfolge ihrer Wahrscheinlichkeit. Dies erhöht die TEX-Bearbeitungsgeschwindigkeit. Bei den CM-Zeichensätzen wurde hierzu erwartungsgemäß die englische Sprache zugrunde gelegt.

Bei der Umschaltung von geneigten auf aufrechte Schriften ragt das letzte geneigte Zeichen mit seinem oberen Teil zu nahe an das nachfolgende senkrechte Zeichen heran. Für die TEX-Bearbeitung wird an solchen Stellen mit dem Befehl `\/` die sog. *Italic*-Korrektur eingefügt. Dieser entspricht in METAFONT der Befehl

`italcorr` *maß*`#`

der innerhalb des Zeichenmakros zu verwenden ist und mit dem für das entsprechende Zeichen der zugehörige Zusatzzwischenraum für eine evtl. Italic-Korrektur eingestellt wird. Statt eines absoluten Maßangabe in Form einer Konstanten wie z. B. `1.5u#` (mit `u#` als Maßeinheit für $\frac{1}{18}$`em#`) wird diese Größe bei den geneigten CM-Zeichensätzen häufig aus einer Kombination eines festen Anteils *und* einer Formel mit der Zeichengröße errechnet. Die Italic-Korrektur für das *f* bei den `\it`-Schriften bestimmt sich gemäß

```
asc_height# * slant + .75u#
```

Hierin ist `asc_height#` die Höhe der umschließenden Zeichenbox und `slant` ist der Neigungsfaktor für den geneigten Zeichensatz.

Auch die Beträge der möglichen Italic-Korrekturen werden im TFM-File in einem eigenen Zahlenfeld angeordnet, auf die für jedes Zeichen mit einem 6-bit-Zeiger verwiesen wird. Demzufolge sind für den gesamten Zeichensatz bis zu 64 verschiedene Werte (unter Einschluß der Null) für die Italic-Korrektur möglich. Ohne Angabe einer `italcorr`-Zuweisung innerhalb eines Zeichenmakros wird diese standardmäßig zu `0pt#` eingestellt.

Jedem TEX-Zeichensatz sind mindestens 7 Register mit der Bezeichnung `\fontdimen1` bis `\fontdimen7` zugeordnet, deren Bedeutung aus den nachfolgend vorgestellten äquivalenten Registernamen selbsterklärend ist. Die Werte für diese Register entnimmt TEX ebenfalls dem zugehörigen TFM-File. In METAFONT können sie mit

`fontdimen` i`:` m_i`#,` m_{i+1}`#,` m_{i+2}`#,` ...

für $i \geq 2$ eingerichtet und mit Werten versehen werden. Dabei wird das vor dem Doppelpunkt stehende Register `fontdimen` i mit dem Wert von m_i`#` versehen und den darauffolgenden Registern mit den Nummern $i + 1$, $i + 2$, usw. die Werte m_{i+1}`#`, m_{i+2}`#`, ... zugewiesen. Insgesamt werden so viele aufeinanderfolgende Register eingerichtet, wie rechts in der Liste durch Kommata getrennte Maßangaben stehen. Das nachgestellte `#` macht deutlich, daß hierbei absolute Maßangaben oder Maßvariable verwendet werden müssen.

Das erste Zeichensatzregister `fontdimen1` enthält den Neigungsfaktor des Zeichensatzes. Dieser ist eine reine Zahl und kein Maß. Es kann z. B. mit `fontdimen 1: 1/6` belegt werden. Neben diesen anonymen Registerzuweisungen gestattet METAFONT auch deren

Einrichtung und Wertzuweisung mit eigenen Registernamen. Die Register können alternativ mit den Namen

`font_slant`	statt	`fontdimen 1`
`font_normal_space`	"	`fontdimen 2`
`font_normal_stretch`	"	`fontdimen 3`
`font_normal_shrink`	"	`fontdimen 4`
`font_x_height`	"	`fontdimen 5`
`font_quad`	"	`fontdimen 6`
`font_extra_space`	statt	`fontdimen 7`

angesprochen und belegt werden. Die Wertzuweisung erfolgt einfach durch Anhängen einer Zahl bzw. eines absoluten Maßes, z. B. `font_slant 1/4` oder `font_quad 10pt#`. Die Belegung der Zeichensatzregister erfolgt naturgemäß außerhalb der Zeichenmakros. Dabei ist es gleichgültig, ob die Zuweisungen vor, zwischen oder nach den Zeichenmakros im Zeichensatzfile erfolgt. Register, für die keine explizite Zuweisung erfolgen, erhalten standardmäßig den Wert oder das Maß Null.

TEX ist in der Lage, bestimmte mathematische Symbole, wie die verschiedenen Klammern oder Wurzelzeichen, in beliebiger Größe zu erzeugen. Schaut man sich den Zeichensatz `cmex10` näher an (siehe z. B. Tabelle 8 aus [3, Anh. C.6]), so stellt man fest, daß das Zeichen für die öffnende geschweifte Klammer in vier verschiedenen Größen unter dem Oktalkode '010, '156, '032 und '050 auftritt. Bei genauerem Hinsehen erkennt man, daß die Zeichen '070, '074 und '072 den Ober-, Mittel- und Unterteil einer solchen Klammer bilden können, und daß durch Einfügen des Zeichens '076 zwischen Ober- und Mittelteil bzw. Mittel- und Unterteil beliebig große Klammern gebildet werden können.

Auch die Information über Symbole in verschiedenen Größen sowie über Symbole, die aus mehreren Teilsymbolen zusammenzusetzen sind, entnimmt TEX während der Bearbeitung dem TFM-File. Diese Information wird in METAFONT mit den Befehlen `charlist` bzw. `extensible` erzeugt. Der erste Befehl faßt die Symbole in aufsteigender Größe durch ihren Zeichenkode zusammen, z. B. für die betrachtete öffnende geschweifte Klammer als

```
charlist oct"010": oct"156": oct"032": oct"050": oct"070";
```

Der eingegebene Text enthält das Zeichen nur in der Form des Befehlstoken `\{` und TEX ordnet diesem Token bei der Bearbeitung das Zeichen mit der geigneten Größe aus der vorstehenden Liste zu.

Der letzte Kodewert der vorstehenden Liste ist '070. Unter diesem Kode ist das Oberteil der öffnenden Klammer abgelegt. Die Information, wie dieser Teil mit weiteren Teilsymbolen zusammenzusetzen ist, wird mit

`extensible` z_z`:` z_o`,` z_m`,` z_u`,` z_w`;`

bewirkt. Hiermit wird ausgesagt, daß das Zeichen mit dem Kodewert z_z ein zusammengesetztes Zeichen darstellt, dessen Oberteil aus dem Symbol mit dem Kodewert z_o, dessen Mittelteil aus dem Zeichen z_m und dessen Unterteil aus dem Zeichen z_u besteht. Zwischen Ober- und Mittelteil sowie Mittel- und Unterteil können so viele Wiederholungszeichen mit dem Kodewert z_w eingefügt werden, wie benötigt werden, um das Gesamtsymbol in der geforderten Größe zu erzeugen. Der Kodewert z_z darf mit einem der Kodewerte für z_o, z_m, z_u oder z_w übereinstimmen. Für das Beispiel der öffnenden geschweiften Klammer steht:

```
extensible oct"070": oct"070", oct"074", oct"072", oct"076";
```

womit beim Zeichenaufruf '070 ein zusammengesetztes Zeichen gebildet wird, dessen Oberteil aus dem Zeichen mit dem gleichen Kodewert '070 besteht und dessen Mittel- und Unterteil aus den Symbolen '074 und '072 gebildet werden, zwischen denen evtl. weitere Symbole '076 eingefügt werden.

Statt des Zeichenkodes für den Ober-, Mittel- und Unterteil kann auch die Zahlangabe 0 stehen. Dies hat zur Folge, daß der entsprechende Teil bei dem zusammengesetzten Zeichen entfällt. Beliebig große Wurzelzeichen werden z. B. mit der Angabe

```
extensible oct"164": oct"166", 0, oct"164", oct"165";
```

ermöglicht. Hier entfällt das Mittelteil, und zwischen dem Oberteil `oct"164"`, (der obere Haken der Wurzel) und dem Unterteil `oct"164"` (der untere Wurzelhaken mit senkrechten Aufstrich) können beliebig viele senkrechte Teilstriche `oct"165"` eingefügt werden. Mit

```
extensible oct"015": 0, 0, 0, oct"015";
```

werden beliebig lange vertikale Doppelstriche || ermöglicht. Für das Verständnis der zusammengesetzen Symbole am Beispiel des `cmex10`-Zeichensatzes sollte der Leser unbedingt die genannte Tabelle 8 von [3, S. 264] oder die ähnliche Abbildung aus [7a, S. 432] heranziehen. Zusammengesetzte Symbole variabler Größe können auch bei eigenen Grafikstrukturen sehr nützlich und leistungsfähig sein.

Der TFM-File beginnt stets mit 12 Zahlenangaben, mit denen die Länge der einzelnen TFM-Teilstrukuturen und die Filegröße insgesamt mitgeteilt werden. Diese Angaben entstehen automatisch. Danach folgt ein sog. Vorspann (header), der aus mindestens zwei 32-bit-Zahlworten besteht. Das erste Wort enthält die sog. Prüfsumme (check sum), die auch in den `gf`-Files auftritt und zur Kontrolle der Übereinstimmung zwischen angefordertem und bereitgestelltem Zeichensatz bei den Druckertreibern dienen kann. Das zweite Wort enthält die sog. Entwurfsgröße (designsize) für den Zeichensatz, und zwar als das 2^{20} fache in der Maßeinheit pt. Alle sonstigen Maßangaben im TFM-File beziehen sich auf diese Entwurfsgröße, und zwar als Festpunktzahlen mit Bruchteilen in Einheiten von 2^{-20}.

Entfällt eine explizite Angabe für die Entwurfsgröße im `.mf`-File, so setzt METAFONT hierfür den Zahlenwert 128×2^{20} ein, was dem Maßbetrag von 128pt entspricht. `plain.mf` stellt das Makro `font_size` bereit, mit dem der Wert für die Entwurfsgröße vom Anwender in der Form

`font_size` *maß*`#`

vorgegeben werden kann. Für den File `example.mf` hatte ich `font_size 2pt#` gewählt. Die Parameterfiles der CM-Files verwenden für die 10pt-Schriften naturgemäß `font_size 10pt#` bzw. die entsprechende Zuweisung für die anderen Schriftgrößen.

Der Mindestbetrag für die Angabe der Entwurfsgröße muß `1pt#` sein und als Höchstbetrag ist `2048pt#` erlaubt. Bei kleinerern oder größeren Angaben setzt METAFONT stattdessen den Standardwert von `128pt#` ein. Wird die Entwurfsgröße vom Anwender durch eine Maßzuweisung mit `font_size` vorgegeben, so sorgt METAFONT für die korrekte Umrechnung aller sonstigen TFM-Maße als Vielfache dieser Einheit.

Alle Maßangaben für die Gestaltung der einzelnen Zeichen dürfen das 16-fache der gewählten Entwurfsgröße nicht überschreiten, solange letztere $\leq$ `128pt#` ist. Für größer gewählte Entwurfsgrößen ist 2048`pt#` das absolut größte erlaubte Maß.

Auch wenn METAFONT einen Standardwert für die Entwurfsgröße kennt, wird geraten, einen realistischen Wert für den Zeichensatz bereitzustellen. Dies führt u. a. zu frühzeitiger Fehlererkennung, insbesonders wenn die Rechen- und Programmierfähigkeit von METAFONT intensiv genutzt wird. Der Standardwert von 128pt ist im Verhältnis zu den meisten Zeichensätzen sehr groß. Die Begrenzung auf das 16-fache der Entwurfsgröße für alle Maßangaben und Rechenergebnisse wird bei fehlerhafter Programmierung bei Verwendung einer realistischen Entwurfsgröße von z. B 12pt von METAFONT häufiger erkannt, als beim Standardwert, der Maßangaben bis 2048pt erlaubt.

TEX verwendet bei der Textbearbeitung von den Vorspannangaben des TFM-Files nur die beiden genannten Größen 'Prüfsumme' und 'Entwurfsgröße'. Die TFM-Files der CM-Zeichensätze enthalten im Vorspann weitere Angaben in Form von gewöhnlichem Text. Dies ist zum einem der Hinweis auf das Kodierschema, d. h. der Hinweis darauf, wie die einzelnen Zeichen in Gruppen im Zeichensatzfile angeordenet sind. Zum anderen enthält es eine Zeichensatzbezeichnung, die üblicherweise dem Grundnamen der Schrift ohne Größenzusätze entspricht, z. B. CMR.

`plain.mf` stellt zwei Textvariable `font_coding_scheme` und `font_identifier` bereit, mit denen entsprechender Text auch vom Anwender im TFM-Vorspann angebracht werden kann. Der Text für die erste Variable darf maximal aus 40 und für die zweite aus 20 Zeichen bestehen. Für den `example.mf`-File hatte ich geschrieben:

```
font_identifier:= "EXAMPLE";  font_coding_scheme:= "UNSPECIFIED";
```

In ähnlicher Weise kann der Anwender sein TFM-File im Vorspann kennzeichnen. Die Übertragung dieser Information aus dem `mf`-File in den zugehörigen TFM-File übernimmt METAFONT.

7.4.4 Zeichensatz-Feinkorrekturen

Mit den vorgestellten METAFONT-Strukturen, also seinem Koordinatensystem, der Punktarithmetik, den Grafikbefehlen zum Zeichnen von Linien und Füllen von Flächen, den verschiedenen Zeichenstiften, dem Zeichenmakro und den zusätzlichen Anweisungen für den TFM-File, lassen sich grundätzlich beliebige grafische Strukturen erzeugen und als Zeichen, wie gewöhnliche Buchstaben, abspeichern.

METAFONT kennt viele weitere Strukturen zur Vereinfachung oder Erhöhung der Leistungsfähigkeit, die nur in einem eigenen Buch über METAFONT ausreichend dargestellt werden können. Hier erfolgen stattdessen einige Hinweise, wie bei der Definition der Grafik durch ihre Kontrollpunkte eine gewisse Flexibilität erreicht wird, so daß Änderungen und Feinkorrekturen nicht die gesamte Definition berühren.

Auf Seite 371 wurden einige optische Täuschungseffekte zwischen spitzen, rechteckigen und runden Grafikstrukturen dargestellt. Die rechte kreisförmige Struktur wurde durch explizite Vergrößerung des Durchmessers gegenüber der Kantenlänge des nebenstehenden Quadrats erzeugt, um den Seheffekt der gleichen Größe zu erzielen. Wäre der Kreis durch zwei Punkte und den Füllbefehl `fill` z_1`..`z_2`..cycle` erzeugt worden, so wäre die Korrektur noch mühsamer gewesen, da beide Punkte neu errechnet werden müßten.

Hätte man die beiden Punkte durch feste Werte und eine Korrekturvariable, z. B. als `x1=x2=.5w` und `y1=-o, y2=h+o`, definiert, dann bräuchte nur die Korrekturvariable `o` verändert werden, um den Kreis zu verkleinern oder zu vergrößern. Bei positiven Werten für o ragt der Kreis um den gleichen Betrag unter die Grundlinie, wie er über die Boxhöhe h hinausragt. Bei negativen Werten vertauscht sich die Bedeutung von 'unter' und 'über'.

Bei den realen CM-Zeichensätzen werden viele der Kontrollpunkte in vergleichbarer Weise definiert. Der Variablenname `o` steht hierbei traditionell für 'Overshoot'. Bei diesen Zeichensätzen wird eine weitere vertikale Korrekturvariable `apex_o` verwendet, mit der die oberen oder unteren Spitzen von 'A', 'V', 'W', 'v' und anderen feinkorrigiert werden. Im Parameterfile für den `cmr10`-Zeichensatz sind diese Werte dann mit `o:=8/36pt#` bzw. `apex_o:=8/36pt#` vorgegeben. Im Basisfile `cmbase.mf` werden hieraus weitere Korrekturvariable gebildet, z. B. `oo#:= .5o#`, so daß mit der Änderung einer einzigen Größe gleich mehrere Korrekturwerte gleichermaßen verändert werden.

Zur Umwandlung der absoluten Korrekturgrößen in die entsprechenden Pixelmaße stellt `plain.mf` eine Reihe Umwandlungsfunktionen bereit, von denen drei bereits in 7.2.8 vorgestellt wurden. Von den dort vorgestellten Routinen ist für die Overshoot-Korrekturen `define_corrected_pixels` vorgesehen, mit der einerseits die Gerätekorrektur `o_correction` berücksichtigt und die Gesamtkorrektur in vertikaler Richtung auf ganze Pixel gerundet wird. Nach

```
define_corrected_pixels(o,apex_o,oo,apex_oo)
```

liegen die Werte von `o` bis `apex_oo` als ganzzahlige Pixel vor.

Zur Konvertierung mit gleichzeitiger Rundung stellt `plain.mf` auch die Funktionen `define_whole_pixels` und `define_whole_vertical_pixels` bereit. Die letztere hat ihre Bedeutung für Geräte mit unterschiedlicher Auflösung in horizontaler und vertikaler Richtung. Der Aufruf dieser Funktionen erfolgt in gleicher Weise wie bei den anderen in 7.2.8 beschriebenen Konvertierungsroutinen.

Der *richtigen* Rundung ist bei Geräten mit niedriger Auflösung besondere Beachtung zu widmen. Mit

```
pickup pencircle; draw (0,0)..(20,0);
```

wird ein Zeichenstift von einem Pixel Durchmesser bereitgestellt, dessen Mittelpunkt auf der Linie $y = 0$ liegt. Der vorstehende Zeichenbefehl ist, abgesehen von den halbkreisförmigen Endpunkten, gleichwertig mit

```
fill (0,1/2)--(20,1/2)--(20,-1/2)--(0,-1/2)--cycle
```

Als Folge einer zulässigen Rundung könnte dies sowohl zu

```
fill (0,1)--(20,1)--(20,0)--(0,0)--cycle    als auch zu
fill (0,0)--(20,0)--(20,-1)--(0,-1)--cycle
```

führen. Die Zweideutigkeit einer Rundung tritt bei allen Punkten der Form $(m \pm 1/2, n \pm /1/2)$ auf, bei denen m und n für ganze Zahlen stehen. Durch Addition der kleinen `plain.mf`-Korrekturgröße `eps` $= .00049$ kann die Zweideutigkeit vermieden werden. Diese Korrekturgröße wird von METAFONT häufig eigenständig verwendet, was zur bevorzugten Verschiebung einer Struktur nach oben und rechts führt.

Vor der endgültigen Ausgabe eines Pixels führt METAFONT stets eine Rundung durch, auch wenn die Koordinaten dieses Pixels mit Bruchteilen von 2^{-16} berechnet und geführt werden. Rundungen können vom Anwender mit `round(`x`)` an beliebigen Stellen selbst vorgeschrieben werden. Häufig treten Formen wie lft x_i = round(lft α) bzw. top y_j = round(β)

auf, mit denen erreicht wird, daß die vertikale bzw. horizontale Tangente an einen Zeichenstift bei einem ganzzahligen Koordinatenwert liegt, wobei $x_i \approx \alpha$ bzw. $y_j \approx \beta$ ist. Für diese Rundungsvorschrift stellt `plain.mf` eine Abkürzung als

x_i = good.x α bzw. y_j = good.y β

bereit. Zur Umwandlung von absoluten Maßen in Pixelmaße mit gleichzeitiger Rundung der dargestellten Form kennt `plain.mf` die Funktionen

define_good_x_pixels(*arg_liste*)
define_good_y_pixels(*arg_liste*)

Hier soll noch auf ein abschließendes Rundungsproblem hingewiesen werden. Beim Buchstaben T im METAFONT-Logo soll der horizontale Oberstrich aus einer ungeraden bzw. geraden Anzahl von Pixeln bestehen, wenn die Breite des vertikalen Strichs ebenfalls ungerade bzw. gerade ist, damit der Oberstrich zu gleichen Teilen über den Querstrich hinausragt. Ist die Breite des Querstrichs in Pixel vorgegeben, so muß der Oberstrich ggf. um ein Pixel vergrößert oder verkleinert werden. Da die Pixelbreite des Oberstrichs bzw. der Zeichenbox aus einer Rundung gewonnen wurde, muß diese vorangegangene Rundung berücksichtigt werden. Angenommen der Oberstrich war zunächst zu 20.65 berechnet und auf 21 Pixel gerundet worden. Soll anschließend auf eine gerade Pixelanzahl korrigiert werden, so ist diese dann als 20 und nicht als 22 zu wählen.

Dieses am Beispiel des T dargestellte Rundungsproblem tritt relativ häufig bei der endgültigen Bestimmung der Zeichenboxbreite w auf. Mit dem `plain.mf` Makroaufruf `change_width` erfolgt eine korrekte Rundung auf gerade oder ungerade Pixelanzahl. Dieser Aufruf erfolgt gewöhnlich innerhalb einer `if`-Abfrage, da er nur bei Vorliegen einer bestimmten Bedingung erforderlich wird.

In der Praxis tritt häufig das Problem auf, daß ein Grafiksymbol mit dem Zeichenmakro akzeptabel bereitgestellt wurde, zur Anpassung an die linken und rechten Nachbarsymbole aber links oder rechts von dem Symbol etwas zusätzlicher Zwischenraum gewünscht wird. Da die Boxbreite durch den übergebenen Parameter für *width*# beim Zeichenmakro bestimmt ist und innerhalb des Zeichenmakros die Kontrollpunkte in ihren x-Koordinaten häufig als Bruchteile der internen Weitengröße `w` definiert wurden, macht eine Änderung des Eingangsparameters *width*# eine Neuberechnung aller x-Koordinaten erforderlich.

Die Neuberechnung der x-Koordinaten ist fehleranfällig und generell ärgerlich, weil das eigentliche Grafikzeichen bereits akzeptiert wurde. Lediglich der zusätzlich gewünschte Anfangs- oder Endzwischenraum war zur Feinkorrektur gefordert worden. Leider liefert `plain.mf`, vom METAFONT-Grundprogramm ganz zu schweigen, hierzu keine Unterstützung. Ein geeignetes Werkzeug wird dagegen in `cmbase.mf`, das bei der Erzeugung der CM-Zeichensätze benutzt wird, bereitgestellt. Das dort definierte Makro mit der Syntax

adjust_fit(*linker_zusatz_raum*,*rechter_zusatz_raum*)

erfüllt die gestellte Forderung. Wird dieses Makro mit geeigneten Werten am Ende des Zeichenmakros aufgerufen, so wird die endgültige Zeichenbox entsprechend verbreitert, ohne daß die vorangegangenen Kontrollpunkte und die übergebene Weitenangabe *width*# verändert werden muß. Eine Vereinfachung dieses Makros, das der Anwender ggf. seinem Grafikfile beifügen kann, wird hier ohne Erläuterung angegeben:

```
def adjust_fit(expr left_adjustment,right_adjustment) =
  l := -hround(left_adjustment*hppp)
  interim xoffset := -l;
  charwd := charwd + left_adjustment + right_adjustment;
  r := l + hround(charwd*hppp);
  w := r - hround(right_adjustment*hppp);
enddef;
```

7.4.5 Ein Firmenlogo

Das Max-Planck-Institut für Aeronomie besitzt das nebenstehende Instituts-Logo. Dieses war bereits lange, bevor TeX bzw. LaTeX im Institut eingeführt wurde, von einem Grafiker gestaltet worden. Neben den vorgedruckten Briefköpfen wurde es häufig im Zeichenbüro benötigt und dort oft per Hand gezeichnet, um anschließend in verschiedenen Größen als Kopiervorlage genutzt zu werden. Selbst die feinmechanische Werkstatt stellt es in positiver und negativer Frästechnik bereit.

Mit den ersten Laserdruckern kam im Institut sehr schnell die Forderung auf, das eigene Logo für den Druck verfügbar zu machen. Die ersten Laserdrucker kannten keine eigene Grafiksprache, sondern das auszudruckende Logo mußte als Pixelfile erstellt werden. Dieses geschah zunächst für einige Größenstufen mühsam durch Auszählen der pro Zeile erforderlichen Pixel und deren bit-Kodierung. Heutzutage würde diese Arbeit an einen damals noch nicht verfügbaren Scanner zur Erzeugung des Grafikfiles übertragen.

Mit METAFONT konnte das Logo später leicht in allen erdenklichen Größenstufen und Varianten verbessert und, was besonders wichtig ist, aus der laufenden TeX-Bearbeitung wie ein ganz gewöhnliches Zeichen in den umgebenden Text eingebunden werden. Ein Zusammenfügen von Text- und Grafikfiles für den Druckauftrag erübrigt sich.

Meine erste Bekanntschaft mit METAFONT bestand, abgesehen von der Bereitstellung der CM-Schriften in einer großen Zahl von Größenstufen (s. Fußnote von S. 336), in der Erstellung dieses Logos. Mit mehr Erfahrung hätte sicher eine elegantere und evtl. auch effizientere Programmierung erfolgen können. Ich drucke das allererste METAFONT-Programm unseres Institutes hier unverändert ab, da mit den hier vermittelten Möglichkeiten der Leser vermutlich in ähnlicher Weise ein entsprechendes Programm erstellen würde.

```
mode_setup;  font_size 10pt#;
font_identifier:="MPAE LOGO"; font_coding_scheme:="UNSPECIFIED";

t:= sind 25 / cosd 25;        % slant within logo
tm:= cosd 50 / sind 50;       % additional slant in "M"
ff:= sqrt 1.2;                % scaling factor within loop
u#:=10/18pt#;  uu#:=.1u#;     % basic units
ph#:=120uu#; pw#=132uu#;      % partial width and height of logo quarter
dd#:=6uu#;                    % separations and outside margins
bar#:=36uu#;                  % length of bars
```

```
for k=0 upto 25:               % loop for 26 logo sizes
define_pixels(ph,pw,dd,bar);
beginchar(65+k,2(pw#+2dd#)+dd#,2(ph#+dd#)+bar#+2dd#, bar#+3dd#);
  "MPAE LOGO ";
  x1 = 2dd;                    y1 = y8 = y5 = y4 = 0;
  x2 - x1 = t*y2;              y2 = y3 = ph;
  x8 - x1 = 39/132 pw;         y7 = y6 = 27/120 ph;
  x4 - x1 = pw;                y12- y6 = 33/120 ph;
  x4 - x5 = 33/132 pw;         y11-y12 = 27/120 ph;
  x7 - x8 = t*y7;              y10=y11;
  x9 - x8 = t*y9;              y9 =y12;
  x10- x8 = t*y10;
  x3 = x4;
  x5 = x6 = x11 = x12;         % Now draw the "A" at bottom left
  fill z1--z2--z3--z4--z5--z6--z7--z8--cycle;
  unfill z9--z10--z11--z12--cycle;
  labels(range 1 thru 12);

  numeric x[], y[];            % clear all coordinates
  x1 = x2 = pw + 3dd;          y1 = y12 = 0;
  x12- x1 = pw;                y2 = y3  = ph;
  x10- x1 = 36/132 pw;         y10- y1 = y11-y12 = 33/120 ph;
  x5 = x6 = x9 = x10;          y9 -y10 = y8 -y11 = 12/120 ph;
  x12-x11 = t*y11;             y6 - y9 = y7 - y8 = 30/120 ph;
  x12- x8 = t*y8;              y5 - y6 = y4 - y7 = 12/120 ph;
  x12- x7 = t*y7;
  x12- x4 = t*y4;
  x12- x3 = t*y3;              % Now draw the "E" at bottom right
  fill z1--z2--z3--z4--z5--z6--z7--z8--z9--z10--z11--z12--cycle;
  labels(range 1 thru 12);

  numeric x[], y[];            % clear all coordinates
  x2 = 2dd;                    y1 = y12 = y8 = y7 = ph + dd;
  x1 - x2 = t*(y2-y1);         y2 - y1 = ph;
  x6 - x2 = pw;                y3 = y5 = y6 = y2;
  x7 = x6;                     y10-y12 = 45/120 ph;
  x7 - x8 = 33/132 pw;         y9 -y10 = 18/120 ph;
  x9 = x5 = x8;                y11-y10 = tm*(x10-x11);
  x12- x1 = 36/132 pw;         y3 - y4 = tm*(x4 - x3);
  x9 - x10= t*(y9 -y10);
  x12-x11 = t*(y11-y12);
  x5 - x4 = t*(y5 - y4);
  x3 - x2 = 54/132 pw;         % Now draw the "M" at top left
  fill z1--z2--z3--z4--z5--z6--z7--z8--z9--z10--z11--z12--cycle;
  labels(range 1 thru 12);

  numeric x[], y[];            % clear all coordinates
  x1 = x2 = pw + 3dd;          y1 = y7 = ph + dd;
  x7 - x1 = 36/132 pw;         y2 - y1 = ph;
  x3 - x2 = pw;                y3 = y2;
  x6 = x8 = x9 = x7;           y6 - y7 = 30/120 ph;
```

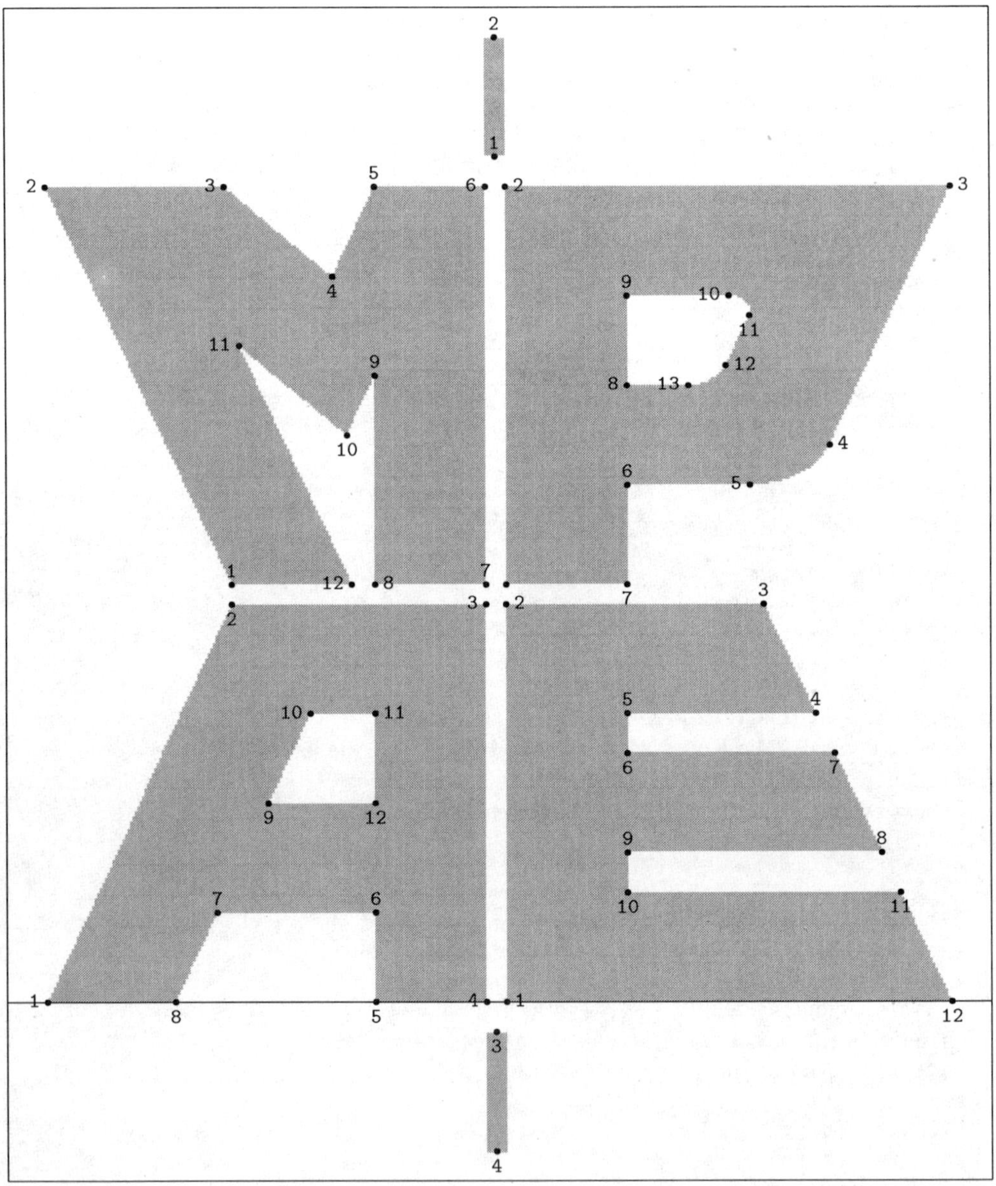

```
x5 - x6 = 36/132 pw;        y5 = y6;
x3 - x4 = t*(y3 - y4);      y4 - y5 = 12/120 ph;
x10- x9 = 30/132 pw;        y8 - y6 = 30/120 ph;
x11- x9 = 36/132 pw;        y9 - y8 = 27/120 ph;
x11-x12 = t*(y11-y12);      y13 = y8; y10= y9;
```

```
  x13- x8 = 18/132 pw;      y12-y13 = 6/120 ph;
                            y10-y11 = 6/120 ph;
                            % Now draw the "P" at top right
  fill z1--z2--z3--z4{z4-z3}..{left}z5--z6--z7--cycle;
  unfill z8--z9--z10{right}..{z12-z11}z11--z12{z12-z11}..{left}z13--cycle;
  labels(range 1 thru 13);

  numeric x[], y[];          % clear all coordinates
  z1 = (.5w, 2(ph+dd)+.5dd);  z2 = z1 + (0,bar);
  z3 = (.5w,-1.5dd);          z4 = z3 + (0,-bar);
  pickup penrazor scaled dd ;
  draw z1--z2;  draw z3--z4;    % Draw the bars
  labels(1,2,3,4);
endchar;

pw#:=ff*pw#; ph#:=ff*ph#; dd#:=ff*dd#; bar#:=ff*bar#;
endfor;                      % end of loop

font_normal_space 4pt#;   font_normal_stretch 2pt#;
font_normal_shrink 1pt#;  font_x_height 5pt#;
font_quad 10pt#;          font_extra_space 1pt

end;
```

Dieses Beispiel ist durch seine vielfache Verwendung von Koordinatengleichungen von Interesse. Für die fünf Teilstrukturen des Logos, nämlich die vier Buchstaben und den vertikalen Balken, wurden die Koordinaten mit `numeric x[], y[]` jeweils neu freigegeben, wie dies bei den vorausgegangenen Beispielen bereits erläutert wurde (S. 378). Dies hat lediglich zur Folge, daß für die Teilsymbole die gleichen Variablen neu verwendet werden können. Anderenfalls hätten die Punkte als $z_{1i}, z_{2i}, \ldots, z_{5i}$ definiert und parallel vorgehalten werden müssen.

Bei den vorgestellten Koordinatengleichungen ist der Buchstabe 'M' von besonderem Interesse. Bei diesem sind die Punkte z_4 und z_{11} nur aus Richtungsgleichungen der Nachbarpunkte bestimmt. Auf den Nutzen von Punktdefinitionen durch Gleichungsbeziehungen wurde im vorangehenden Text zwar mehrfach hingewiesen, aber ein reales Beispiel wurde nicht gegegeben. Dies ist mit unserem Logo nunmehr nachgetragen.

Das Logo wird in 26 verschiedenen Größen in feiner Abstufung unter dem Namen `mpae` bereitgestellt und kann nach `\newfont{\mpae}{mpae}` unter den Buchstabenkodierungen 'A' bis 'Z' als Folge der Kodezuordnung $65 + k$ aufgerufen werden. Nach dem Aufruf `\mpae` erzeugt `A B C D E F G H I J K`

und für `R S T` erscheint aus diesem Zeichensatz

Das gleiche Logo ist in den angeführten Größen unter den Kleinbuchstaben auch invers, also in weiß auf schwarzem Untergrund abrufbar. Hierzu war das Zeichenmakro nur um die Angaben

```
beginchar(97+k,2(pw#+2dd#)+dd#,2(ph#+dd#)+bar#+2dd#, bar#+3dd#);
  fill (0,-d)--(0,h)--(w,h)--(w,-d)--cycle;
  . . . . . . . . . . . . . . . . . . . . . . . .
  penpos1(dd,0);  penpos2(dd,0);  penpos3(dd,0); penpos4(dd,0);
  z1 = (.5w,2ph+.5dd); . . . .
  unfill z1l--z2l--z2r--z1r--cycle;  unfill z3r--z4r--z4l--z3l--cycle;
  penlabels(1,2,3,4);
endchar;
```

zu ergänzen bzw. abzuändern und bei den Teilsymbolen für die vier Buchstaben 'A', 'E', 'M' und 'P' ist der jeweilige `fill`-Befehl in `unfill` zu ändern und umgekehrt bei 'A' und 'P' der dortige zusätzliche `unfill`-Befehl in `fill` umzuwandeln.

Mit dem zugefügten `fill`-Befehl unmittelbar zu Beginn des Zeichenmakros wird die gesamte Zeichenbox mit schwarzen Pixeln gefüllt. Mit den anschließenden `unfill`-Befehlen bei den Teilsymbolen werden die Buchstabenflächen geleert, d. h. sie erscheinen weiß. Die inneren Teile im 'A' bzw. 'P' werden anschließend dann wieder geschwärzt.

Lediglich die Anweisungen für die vertikalen Striche oberhalb und unterhalb der Buchstabengruppe mußten geringfügig geändert werden. Beim Schwarz-Logo wurden sie mit dem Zeichenstift `penrazor` und dem `draw`-Befehl erzeugt. Beim Weiß-Logo wird ein Pseudozeichenstift (s. 7.3.8) verwendet und die mit `penpos`-Befehlen erzeugten Randpunkte für die beiden Rechtecke werden anschließend mit `unfill` geleert.

Eine weitere Variante, bei der die Logo-Umrisse mit `draw`-Befehlen und einem kreisförmigen Zeichenstift erzeugt werden, entstand aus dem schwarzen Logo einfach dadurch, daß alle `fill`- und `unfill`-Befehle durch `draw` ersetzt wurden, wobei die benachbarten Linien der vier Teilbuchstaben mit `lft`, `rt`, `bot` und `top` verschoben wurden (s. 7.2.4). Die äußere Umrißline beim A entstand z. B. aus: `draw z1--bot z2--bot lft z3 lft z4--z5--z6--z7--z8--cycle`.

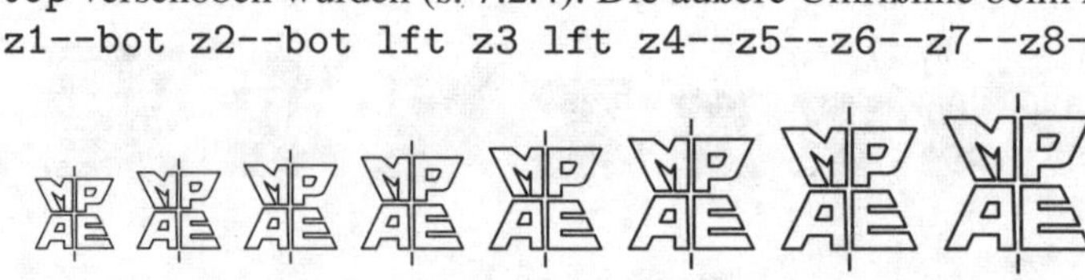

7.5 METAFONT-Programmstrukturen

Auch dieser Abschnitt kann die zugehörigen METAFONT-Eigenschaften nur kurz streifen. Programmierfähigkeiten von METAFONT über diejenigen der gebräuchlichen Programmsprachen hinausgehen, kann eine solide Darstellung nur mit einem eigenen Buch über METAFONT geleistet werden. Andererseits ähneln die METAFONT-Programmierstrukturen denjenigen von Pascal und ein Programmierer mit Pascal-Kenntnissen wird METAFONT als Programmiersprache unter Berücksichtigung der Aufgaben und der speziellen Datenstrukturen recht schnell erlernen.

Dem TEX- oder LATEX-Anwender wird sicher aufgefallen sein, daß alle der vorgestellten METAFONT-Grafikbefehle und sonstige Strukturen ohne einen vorangestellten Backslash auftraten, während nahezu alle TEX-Befehle diesen \ zwingend verlangten. Falls ihm sonstige Programmiersprachen bekannt sind, weiß er, daß Programmiersprachen eine spezielle Kennzeichnung für die Befehle nicht erforderlich machen. Vielmehr wird gewöhnlicher Text speziell gekennzeichnet, z. B. durch Einfassung in Anführungszeichen.

Der Grund für die Besonderheit der Befehlskennung bei TEX und LATEX liegt darin, daß sie Texte bearbeiten und normale Texte damit die *Eingabedaten* dieser Programme darstellen. Angesichts des überwiegenden Anteils an Textteilen im Vergleich zu Befehlen und Steuerstrukturen wäre es unrationell und unnatürlich, Texte als Eingabedaten speziell zu kennzeichnen. Dafür müssen dann aber die Befehle und Steuerstrukturen besonders gekennzeichnet werden, um sie vom Text zu unterscheiden.

Bei den meisten Programmiersprachen ist das Verhältnis zwischen Befehlen, Steuerstrukturen, sonstigen Sprachelementen und gewöhnlichem Text genau umgekehrt. Häufig spielt der im Programm auftretende Text nur die Rolle von erläuternden Kommentaren, der darum besonders zu kennzeichnen ist. Die eigentlichen Sprachelemente werden aus ihren Namen und der Syntax erkannt und vom Compiler oder Interpreter der Programmiersprache in die zugehörigen Maschinenanweisungen umgesetzt. Bei vielen Programmiersprachen sind bestimmte Namen reserviert. Diese dürfen dann nur für den vorgeschriebenen Zweck verwendet werden.

METAFONT entspricht in diesem Sinne einer Programmiersprache. Ihre Aufgabe liegt in der Erzeugung von Pixelgrafiken und die wichtigsten Befehle und Strukturen zur Erzeugung solcher Grafiken waren bereits vorgestellt worden. Im folgenden werden einige zusätzliche Strukturen etwas systematischer zusammengefaßt.

7.5.1 Einfache METAFONT-Datentypen

Für jede Programmiersprache sind Zahlen zulässige, und meistens auch die wichtigsten, Datentypen. Häufig wird zwischen Ganzzahlen und Gleitkommazahlen unterschieden (*integer* und *float* oder *real*). Ebenfalls kann die Genauigkeit und damit die verwendete Speichergröße unterschiedlich gewählt werden. METAFONT verwendet Zahlen intern nur als sog. Festkommazahlen, bei denen alle Zahlen in der Form $g.n \times 2^{-16}$ abgebildet werden. Bei einer ganzzahligen Zahleneingabe werden die 16 binären Stellen nach dem Dezimalpunkt, d. h. die 16 niederwertigsten bit-Stellen auf Null gesetzt. Eine Zahlenangabe mit mehr Stellen nach dem Dezimalpunkt, als es 16 bit entspricht, wird auf diese Genauigkeit abgeschnitten. Für weitere Einzelheiten wird auf 7.2.5 verwiesen und die dortigen Erläuterungen werden hier nicht mehr wiederholt.

Zahlen können in Zahlvariablen gespeichert werden und mit den Variablen kann anschließend wie mit gewöhnlichen Zahlen gerechnet werden. Eine Zahlvariable wird einfach durch Vorgabe eines Namens eingerichtet, der unmittelbar ein Wert zugewiesen werden kann, z. B. wie `pi:=3.14159`. Eine explizite Erklärung für die Einführung einer Zahlvariablen, wie sie in Pascal oder C zwingend vorgeschrieben ist, wird in METAFONT nicht benötigt. Hierin ähnelt METAFONT der Programmiersprache FORTRAN, in der eine explizite Erklärung für Variable (von einigen Ausnahmen abgesehen) ebenfalls nicht zwingend ist.

METAFONT gestattet, Zahlvariable explizit zu erklären. Dies geschieht mit der Erklärungsanweisung `numeric`. Mit

```
numeric a, b, c, eins, zwei, drei;
```

werden die Zahlvariablen `a`, `b`, `c`, `eins`, `zwei` und `drei` eingerichtet, denen an beliebiger Stelle im Programm Zahlen zugewiesen werden können. Ohne explizite Erklärung wird eine Zahlvariable mit dem erstmaligen Aufruf ihres Namens implizit eingerichtet.

War einer Variablen ein Wert mit dem Zuweisungsoperator `:=` zugewiesen worden, so kann an späterer Stelle eine neue Zuweisung erfolgen, womit die Variable ihren Wert ändert. Nach `pi:=5` steht `pi` nunmehr für den Zahlenwert 5, während sie bis zu diesem Zeitpunkt nach der vorangegangenen Zuweisung gleichwertig mit 3.14159 war. Dies ist jedem Anwender mit etwas Basic-, Pascal- oder C-Kenntnissen völlig selbstverständlich, so daß ihm diese Erläuterung überflüssig vorkommen muß.

Zahlvariablen können aber auch durch Gleichungen miteinander verknüpft werden. Tritt ein Variablenname ohne vorherige Erklärung zum ersten Mal in einer Gleichung auf, so wird die zugehörige Zahlvariable gleichzeitig eingerichtet. Insgesamt können so viele Gleichungen auftreten, wie unterschiedliche Variable in ihnen verwendet werden. Ist ein System von Variablen vollständig durch Gleichungen bestimmt worden, so können sie in weiteren Gleichungen *nicht* mehr auftreten, da das Gleichungssystem sonst überbestimmt würde[8].

Hier erhält die explizite Erklärung mit `numeric` nun ihre wirkliche Bedeutung. War eine Gruppe von Variablen durch Gleichungen vollständig bestimmt und deren Werte in einem Teilbild vollständig genutzt worden, so können normalerweise die gleichen Variablennamen nicht mehr in Gleichungen für weitere Teilbilder verwendet werden, da das Gleichungssystem abgeschlossen ist. Werden nun diese Variablen mit einem `numeric` Befehl neu erklärt, so stehen sie wiederum zur Verfügung, wobei sie ihre bisherigen Werte verloren haben.

Die meisten Programmiersprachen kennen zusammengesetzte Variablentypen für Zahlen, wie Felder (array) und Strukturen (record). Dies ist auch bei METAFONT der Fall. Die METAFONT-Syntax für solche Felder ist jedoch viel flexibler und *redundanter* (was die meisten Programmiersprachen gar nicht kennen), so daß hierfür der nächste Unterabschnitt zur Erläuterung bereitgestellt wird.

Bei der Kennzeichnung von Punkten und Richtungen wurden Zahlenpaare in der Form (x_i, y_i) oder (a, b) oder auch $(\xi a, \eta b)$ verwendet, in der x_i und y_i oder a und b für numerische Variable oder einfache Zahlen standen bzw. ξa und ξb für eine multiplikative Verknüpfung von Zahlen mit Variablen, wie $1.5a$ oder $1/2b$.

Zahlenpaare, also Punkte und Richtungen, können ihrerseits in *Paarvariablen* abgespeichert werden und Paarvariable können durch Gleichungen miteinander verknüpft werden.

[8]Dies setzt natürlich voraus, daß die einzelnen Bestimmungsgleichungen linear unabhängig sind. So stellen $a + b = c$ und $2(a + b) = 2c$ keine unabhängigen Gleichungen dar, da die zweite unmittelbar aus der ersten durch Multiplikation mit 2 folgt und damit keine zusätzlich Beziehung darstellt. Auf die mathematischen Details muß verzichtet werden. METAFONT erkennt solche Abhängigkeiten und meldet dies als Fehler.

Paarvariable müssen aber stets, anders als numerische Variable, vor ihrer Verwendung *erklärt* werden. Dies geschieht mit der Erklärungsanweisung

`pair` *paarvar_a*, *paarvar_b*, ...;

Die METAFONT-Richtungsvariablen `left`, `right`, `up` und `down` sind nichts anderes als Paarvariable, die mit

```
pair left, right, up, down
```

erklärt und denen dann die Werte (-1,0), (1,0) usw. zugewiesen wurden. Statt den Zuweisungen wie `right:=(1,0)` können die Werte der Paare auch durch Gleichungen bestimmt werden, z. B. als

```
right = -left = (1,0)  bzw.  up = -down = (0,1)
```

Paarvariable, die durch Gleichungsbeziehungen vollständig bestimmt sind, können anschließend nicht in weiteren Gleichungen auftreten, wie dies auch für Zahlvariable galt. Wird die Lösung eines Gleichungssystems von Paarvariablen nicht mehr benötigt, so können diese Variable mit einer erneuten Erklärung durch `pair` freigegeben und für weitere Gleichungen genutzt werden.

Die z-Konvention, nach der ein Name wie `z3` als Abkürzung für `(x3,y3)` steht, stellt *keine* Paarvariable dar. Ein Aufruf `z3` wird intern durch seine Definition ersetzt, d. h. durch die Angabe `(x3,y3)`, was zwei Zahlvariable darstellt, die in Klammern eingeschlossen und durch ein Komma getrennt sind. Nach `pair punkt` kann dagegen eine Zuweisung der Form `punkt:=z3` erfolgen, weil dies `punkt:=(x3,y3)` bedeutet.

Die Einrichtung von Paarfeldern (array) oder Strukturen (record) und deren Namenssyntax wird, wie für die Zahlfelder, im nächsten Unterabschnitt beschrieben. Das gleiche gilt auch für die Namenssyntax zusammengesetzter Strukturen, deren einfache Typen zunächst hier folgen.

Ein Linien- oder Kurvenzug besteht aus einer Reihe von Punkten, die mit den Verbindungsoperatoren `-`, `..` und ggf. `&` verknüpft sind (s. hierzu auch 7.3.4). Eine solche mit Verbindungsoperatoren verknüpfte Punktefolge, wie sie in `draw`-, `fill`- und ähnlichen Befehlen auftritt, kann ebenfalls in einer *Pfadvariablen* abgespeichert werden. Pfadvariable werden mit

`path` *pfad_a*, *pfad_b*, ... ;

eingerichtet. Anschließend kann ihnen mit dem Zuweisungsoperator `:=` ein Linien- oder Kurvenzug zugewiesen werden. Pfadvariable können dann ihrerseits mit `draw`- oder `fill`-Befehlen aufgerufen werden. Außerdem können mehrere Pfadvariable mit den Verbindungsoperatoren `-` oder `..` zur Bildung komplexerer Kurven verknüpft werden. Enthält `pfada` einen Kurvenzug aus den Punkten z_1 bis z_9 und ist `pfadb` eine weitere Pfadvariable, so enthält diese nach

```
pfadb:=z11..z12..z13--pfada..z21..22;
```

den zusammengesetzten Kurvenzug z_{11} .. z_{12} .. z_{13}--$\texttt{pfad}_a$ .. z_{21} .. z_{22}.

Der nächste Variablentyp ist `pen` zur Abspeicherung von Zeichenstiften. Wurden mit

```
pen thin_pen, thick_pen;
```

zwei Zeichenstiftvariable `thin_pen` und `thick_pen` eingerichtet, so könnten nach

```
thin_pen:= pencircle scaled 0.2pt;
thick_pen:= pencircle scaled 0.5pt;
```

diese Zeichenstifte mit `pickup thin_pen` bzw. `pickup thick_pen` jederzeit aktiviert werden. Unter den Zeichenstiftvariablen können alle Formen von Zeichenstiften in beliebiger Skalierung und Drehung abgespeichert werden, was keiner weiteren Erläuterung bedarf.

Zeichenstifte, insbesonders aber auch grafische Teilstrukturen wie Linien- oder Kurvenstücke, können gedreht, skaliert, verschoben, gespiegelt und geneigt werden. Punkten und Pfadvariablen p können die folgendenen Operatoren mit der dargestellten Wirkung nachgestellt werden

$$
\begin{array}{ll}
p\ \texttt{shifted}\ (a,b) & = (p_x + a, p_y + b) \\
p\ \texttt{scaled}\ s & = (s\,p_x, s\,p_y) \\
p\ \texttt{xscaled}\ s & = (s\,p_x, p_y) \\
p\ \texttt{yscaled}\ s & = (p_x, s\,p_y) \\
p\ \texttt{slanted}\ s & = (p_x + s\,p_y, p_y) \\
p\ \texttt{rotated}\ \theta & = (p_x \cos\theta, p_y \sin\theta) \\
p\ \texttt{zscaled}\ (u,v) & = (up_x - vp_y, vp_x + up_y)
\end{array}
$$

Ist p ein einzelner Punkt, so bedeutet die rechts stehende Formel die Koordinaten des Punktes nach der Transformation (Operation). Ist p dagegen eine Pfadvariable, so stehen die rechten Angaben für entsprechend viele Formeln aller Punkte (p_x, p_y) der zugehörigen Kurve. Der kleine in 7.2.5 beschriebene File `expr.mf` sollte genutzt werden, um die vorstehenden Transformationsoperatoren mit METAFONT interaktiv auszutesten und um mit ihnen vertraut zu werden.

Die Transformationsoperatoren können miteinander kombiniert werden. Die Angabe p `xscaled` s_x `yscaled` s_y sollte ohne Erläuterung verständlich sein. Ihr Ergebnis ist $(s_x\,p_x, s_y\,p_y)$, d. h. die x- und y-Koordinaten werden gleichzeitig, aber unterschiedlich, skaliert. Bei kombinierten Transformationen ist häufig auf die Reihenfolge zu achten, da einige Kombinationen nicht kommutativ sind. Hat p z. B. die Koordinaten (2,3) so führt

`p scaled 5 shifted (1,2)` zu `(11,18)`, dagegen
`p shifted (1,2) scaled 5` zu `(15,25)`

Transfomationen, also Anweisungen wie t `scaled` s `rotated` θ `shifted` (a,b), in der t für eine beliebige vorangestellte Teiltransformation steht, können ebenfalls als *Transformationsvariable* abgespeichert werden. Diese sind vorab mit

`transform` *trans_a*, *trans_b*, `...;`

zu erklären. Anschließend kann jede zulässige Transformationskombination mit dem Zuweisungs- oder Gleichheitsoperator unter den Variablennamen *trans_i* abgespeichert werden.

Bei diesem Beispiel begann die Transfomation mit t `scaled` s ..., und es wurde gesagt, daß t für eine vorangehende Teiltransformation steht. Beim Versuch eine Zuweisung der Form

```
transform txy; txy:= scaled 3 rotated 30;
```

vorzunehmen, meldet sich METAFONT mit einer Fehlermeldung zurück, die besagt, daß ein Ausdruck nicht mit einer isolierten Anweisung `scaled` beginnen darf. Dies ist zunächst verwirrend, denn was ist `scaled 3` anderes als eine Teiltransformation. Unterstellt, es gäbe bereits eine Transformationsvariable `tsc` mit der Bedeutung `scaled 3`, dann würde die Anweisung `txy:= tsc rotated 30` ordnungsgemäß ausgeführt. Was also ist falsch?

Die tiefere Bedeutung für den Syntaxverstoß kann ich hier nicht darstellen. METAFONT kennt die spezielle Transformation `identity`, die einen Punkt oder eine Kurve in sich selbst zurücktransformiert, was einer Leertransformation gleichkommt. Aus syntaktischen Gründen verlangt die Abspeicherung einer Transformation den Beginn mit einer bereits akzeptierten Transformationsvariablen. Wird diese als `identity` gewählt, so ist die Syntaxforderung erfüllt, die Wirkung aber so, als begänne die Transformation mit der darauffolgenden Operation. Beim angeführten Beispiel hätte also geschrieben werden können

```
txy:= identity scaled 3 rotated 30;
```

Sind Transformationsvariablen eingerichtet und definiert, also mit Anweisungen versehen, so können die entpsrechenden Transformationen mit

p_i `transformed` t_k`;` p_j `transformed` t_l`; ...`

ausgeführt werden, wobei p_i, p_j, ... für beliebige Punkte oder Pfadvariable und t_k, t_l, ... für definierte Transformationsvariable stehen. Sollen verschiedene Punkte oder Kurven mit der gleichen Transformation behandelt werden, so ist die Verwendung von Transformationsvariablen in der vorstehenden Form effizienter und schneller als die wiederholte explizite Transformationsangabe.

Intern entspricht eine Transformationsvariable einem Sextupel von Zahlen der Form $(t_x, t_y, t_{xx}, t_{xy}, t_{yx}, t_{yy})$, mit denen aus einem Punkt (x, y) der Punkt $(t_x + xt_{xx} + yt_{xy}, t_y + xt_{yx} + yt_{yy})$ gebildet wird. Die Multiplikation und Addition dieser Komponenten mit den ursprünglichen Koordinaten ist sehr viel schneller, als die Gewinnung dieser Koordinaten aus der Transformationsanweisung. Bei mehrfacher Verwendung brauchen die Komponenten nicht nochmals errechnet zu werden, wie das bei der expliziten Transformationsangabe geschieht.

Ist t der Name einer Transformationsvariablen, dann können ihre Komponenten auch einzeln mit `xpart` t, `ypart` t, `xxpart` t, `xypart` t, `yxpart` t und `yypart` t abgerufen und in weiteren Ausdrücken bereitgestellt werden. Die ersten beiden Befehle können auch mit Paarvariablen p verknüpft werden. Damit liefen `xpart` p und `ypart` p die x- bzw. y-Komponente der Paarvariablen zurück.

Die vorgestellten Einzeltransformationen sind METAFONT-Grundbefehle. Zusätzlich stellt `plain.mf` weitere Transformationen bereit, und zwar

p `rotatedaround (`z`,`θ`)` bzw. p `rotatedaround ((`x`,`y`),`θ`)`
p `reflectedabout (`z_i`,`z_j`)` bzw. p `reflectedabout ((`x_i`,`y_i`),(`x_j`,`y_j`))`

Mit dem ersten Befehl wird eine Drehung um den Punkt z um den Winkel θ bewirkt. Der Grundbefehl `rotated` verwendet statt dessen stets den Koordinaten-Nullpunkt $(0, 0)$ als Drehpunkt. Die Transformation `rotatedaround (`z`,`θ`)` ist gleichbedeutend mit der kombinierten Transformation

p `shifted` $-z$ `rotated` θ `shifted` z

Die andere Transformation p `reflectedabout` z_i, z_j bewirkt eine Spiegelung der Grafikstruktur p gegenüber der Linie durch z_i und z_j.

Als spezielle Transformation stellt METAFONT schließlich noch die Umkehrungstransformation `inverse` bereit. War p_t das Ergebnis einer Transformation t auf die Struktur p, so entsteht aus p_t `inverse` t wiederum das Original p.

Bilder oder Teilbilder bestehen im allgemeinen aus einer Reihe von `draw`-, `fill`- und `unfill`-Befehlen oder aus Makros, die auf diesen Befehlen aufbauen. Solche Teilbilder können ebenfalls in *Bildvariablen* zwischengespeichert werden. Bildvariable werden mit

`picture` *bild_a*`,` *bild_b*`, ...;`

erklärt. Anschließend können Teilbilder mit dem Zuweisungsoperator abgespeichert werden:

```
picture teilbild; teilbild:= fill pfad_a;
```

wobei `pfad_a` als definierte Pfadvariable mit einer geschlossenen Berandung vorausgesetzt wurde. Hier erhebt sich sogleich die Frage, wie ein Teilbild aus mehreren `draw`-, `fill`- und `unfill`-Befehlen zugewiesen werden kann, da jeder dieser Befehl mit dem Endoperator '`;`' abschließt und dieser gleichzeitig die Zuweisung an die Bildvariable nach dem ersten Semikolon, also nach dem ersten Grafikbefehl beendet.

Dieses Problem kann in verschiedener Weise gelöst werden. In `plain.mf` wird die Bildvariable `currentpicture` bereitgestellt, die das momentane Teilbild aller vorangegangenen Grafikbefehle innerhalb eines Zeichenmakros enthält. Eine Zuweisung der Form

```
teilbild_a:= currentpicture;
```

speichert das bis dahin entstandene Bild unter `teilbild_a` ab. Wird nach weiteren Grafikbefehlen `teilbild_b:=currentpicture` geschrieben, dann enthält `teilbild_b` das zu diesem Zeitpunkt bestehende Teilbild, das aus dem ersten *teilbild_a* und weiteren Bildstrukturen besteht.

Häufig will man nach der Abspeicherung des ersten Teilbildes für ein weiteres Teilbild *nur* die *danach* zugefügten Grafikstrukturen abspeichern. Das momentane Ergebnis von `currentpicture` kann jederzeit auf Null zurückgesetzt werden, das Teilbild also geleert werden. Wird *nach* der Abspeicherung des ersten Teilbildes, also nach `teilbild_a:= currrentpicture`, geschrieben

`currentpicture:=nullpicture;` oder `clearit;`

so ist `currentpicture` leer. Anschließend wird erneut, dann aber nur mit den nachfolgenden Zeichenbefehlen, wieder aufgebaut. Bei einer späteren Zuweisung `teilbild_b:= currentpicture` enthält dieses nur die nach der ersten Leerung zugefügten Bildstrukturen.

Der alternative Befehl `clearit` steht nur als Abkürzung für die Zuweisung von `nullpicture` an `currentpicture`. Dieser Befehl wird intern stets zu Beginn des Zeichenmakros `beginchar ... endchar` ausgefürt, mit der Folge daß `beginchar` zu Beginn stets mit einem leeren Zustand von `currentpicture` startet.

Eine andere Möglichkeit zur Ergänzung von Teilbildern liegt in der Verwendung von METAFONT-Grundbefehlen. Mit

`addto` *teilbild* `also` *graf_befehl*;

kann einer Bildvariablen *teilbild* eine weitere Grafikstruktur *graf_befehl* zugefügt werden. Dieser Befehl kann beliebig wiederholt werden, so daß das Teilbild mit weiteren Grafikstrukturen angereichert werden kann.

Die `plain.mf`-Befehle `draw`, `fill` und `unfill` und einige weitere Zeichenbefehle werden übrigens aus solchen `addto`-Grundbefehlen aufgebaut. Sie stehen nur als Abkürzung für

plain-Struktur	äquivalente Grundstruktur
`fill` *c*	`addto` *B* `contour` *c*
`unfill` *c*	`addto` *B* `contour` *c* `withweight -1`
`draw` *p*	`addto` *B* `doublepath` *p* `withpen` *q*
`undraw` *p*	`addto` *B* `doublepath` *p* `withpen q withweight -1`
`filldraw` *c*	`addto` *B* `contour` *c* `withpen` *q*
`unfilldraw` *c*	`addto` *B* `contour` *c* `withpen` *q* `withweight -1`

Hierin steht c für eine geschlossene Berandung (contour), p für einen allgemeinen Kurvenzug, q für einen Zeichenstift und B für ein Teilbild, z. B. `currentpicture`. Diese Argumente können explizit oder als Variable entsprechenden Typs angegeben werden. Von einer weiteren Erläuterung muß in der Kurzeinführung abgesehen werden.

Neben den bekannten Zeichenbefehlen `fill`, `unfill` und `draw` wurden hier die weiteren `plain`-Befehle `undraw`, `filldraw` und `unfilldraw` angeführt. Ihre Bedeutung geht teilweise aus ihrem Namen hervor: `undraw` p *radiert* gewissermaßen den angegeben Kurvenzug p wieder aus. `filldraw` c füllt die geschlossene Randkurve c *und* zeichnet diese Randkurve zusätzlich mit dem aktuellen Zeichenstift nach. Die gefüllte Fläche ragt damit über die ursprüngliche Berandung hinaus. `unfilldraw` *radiert* die nachgezogene Randkurve und ihr gefülltes Inneres wieder aus.

Neben den vorgestellten Zahlen- und Grafikvariablen kennt METAFONT noch zwei *nichtnumerische* Typen, und zwar mit den Erklärungen

```
boolean log_a, log_b, ...;
string  text_,a, text_b, ...;
```

Variable vom Typ `boolean` sind sog. *logische* Variable, die nur die Werte '*wahr*' (`true`) oder '*falsch*' (`false`) annehmen können. Variable vom Typ `string` können beliebigen Text aufnehmen. Dieser ist bei der Zuweisung in Anführungsstriche zu setzen, z. B.

```
string text;  text:="Dies ist ein Text";
```

Zum Abschluß sei nochmals darauf hingewiesen, daß mit Ausnahme des Typs `numeric` alle Variablen der Typen `pair`, `path`, `pen`, `transform`, `picture`, `boolean` und `string` vor ihrer ersten Verwendung mit dem entsprechenden Typ-Befehl vorab erklärt werden müssen.

7.5.2 Zusammengesetzte Datentypen

Die meisten Programmiersprachen kennen zusammengesetzte Datenypen in Form von Feldern (array) und/oder Strukturen (record). Das erstere sind Gruppen von Daten gleichen Typs, die unter einem gleichen Namen und einem sog. Index in der Form *data*[i] aufgerufen werden. Hierin steht *data* für den Namen des Feldes und i steht für eine Zahl oder eine numerische Variable oder einen numerischen Ausdruck. Ist `xx` der Name des Feldes, so sind `xx[3]`, `xx[k]` oder `xx[k+1]` zulässige Aufrufe und bedeuten die dritte, k-te oder $(k+1)$-te Variable aus dem Feld `xx`.

In gleicher Weise können auch in METAFONT Datenfelder eingerichtet werden. Nach der Erkärung

```
numeric x[], y[];
```

können Zahlvariable der Form `x[3]`, `y[0]`, `x[k]`, `y[2n+5]` u. ä. mit Werten belegt oder in Gleichungen verknüpft und später unter diesen Namen und Indizes abgerufen werden. Ist der Index eine reine Zahl, so gestattet METAFONT eine abkürzende Schreibweise als `x3` oder `y0`. Dies überrascht einen Pascal- oder C-Programmierer zunächst, da für beide die allgemeine Feldsyntax vertraut erscheint. In beiden Sprachen sind auch Variablennamen wie `x3` oder `y0` erlaubt, doch stellen sie dort einfache Variable dar, die etwas völlig anderes bedeuten als `x[3]` und `y[0]`. Man muß sich in METAFONT daran gewöhnen, daß `x3` und `y0` das gleiche bedeuten wie `x[3]` und `y[0]`.

Wird als Index für eine Feldvariable eine Zahlvariable verwendet, so muß aber auch in METAFONT die vollständige Form wie `x[k]` oder `y[l]` verwendet werden. Auch eine Abkürzung `x1+k` für `x[1+k]` ist nicht erlaubt, vielmehr würde dies als Summe aus `x[1]` und `k` interpretiert.

Felderklärungen sind für alle METAFONT-Datentypen möglich. Die Syntax ist stets gleich: an den Namen wird in der Erklärung lediglich das leere Klammerpaar `[]` angehangen. Für die Feldvariablen aller Datentypen gilt gleichfalls die abkürzende Schreibweise *feldname zahl*, wenn der Index eine reine Zahl darstellt. Die abkürzende Schreibweise ist stets gleichbedeutend mit *feldname* `[`*zahl*`]`.

Die meisten Programmiersprachen lassen als Index nur ganze Zahlen oder Variable vom Typ 'integer' zu. Dies gilt nicht für METAFONT. Hier sind als Indizes beliebige Dezimalzahlen oder Brüche erlaubt. Auch die Erklärung von Feldern durch Anhängen des leeren Klammerpaares `[]` ist flexibler als in C oder Pascal, die beide die Vorgabe der maximalen Feldweite und damit die Festlegung der maximalen Anzahl der möglichen Variablen für das entsprechende Feld verlangen. In METAFONT wird ein Feld *dynamisch* verwaltet. Zu Beginn hat es die Weite *Null*. Erst mit dem jeweils ersten Auftreten der Indizes wird die Feldweite vergrößert und dem geforderten Bedarf angepaßt.

Der andere zusammengesetze Datentyp heißt in Pascal 'record' und in C 'structure'. Darunter versteht man Gruppen von Variablen von ggf. unterschiedlichen Datentypen, die unter einem gleichen Grundnamen und einem unterschiedlichen Anhang in der Form

grundname `.` *anhang*

gekennzeichnet werden. Dies ist auch in METAFONT möglich. So könnten z. B. Variable mit dem Grundnamen `graf` als

```
numeric graf.n;  pair graf.d;  path graf.p;
pen graf.z;  transform graf.t;  picture graf.B;
boolean graf.b;  string graf.s
```

eingeführt werden. Dabei stellen `graf.B` und `graf.b` als Folge der Groß- bzw. Kleinschreibung des Anhangs unterschiedliche Variable dar. Für den Anhang können selbstverständlich auch längere Buchstabengruppen gewählt werden. Die Verwendung solcher Strukturen ist nützlich innerhalb bestimmter METAFONT-Schleifen, die als Schleifenvariable z. B. auch den Namen von Anhängen erlauben.

Felder und Strukturen lassen sich kombinieren. Hierzu ist in der Erklärung lediglich ein Klammerpaar `[]` zwischen Grundnamen und Anhang einzufügen. Mit

```
numeric graf[].n;  pair graf[].d;  pen graf[].z;
```

stehen nun die drei Felder `graf[].n`, `graf[].d` und `graf[].z` bereit, wobei das erste vom Typ `numeric`, das zweite vom Typ `pair` und das dritte vom Typ `pen` ist. Wird bei diesen zusammengesetzten Typen für den Index wiederum eine reine Zahl verwendet, so existiert ebenfalls eine einfachere Schreibweise. Wurden z. B. numerische Koodinatenfelder `x[].l` und `x[].r` eingerichtet, so kann statt `x[2].l` oder `x[1].r` auch kurz `x2l` bzw. `x1r` geschrieben werden. Man denke aber bei solchen Angaben stets daran, daß die nach der Zahl auftretenden Buchstaben oder Zeichen stets auf das Element einer Struktur verweisen. Auch eine Angabe wie `y3"` ist nur eine Abkürzung für `y[3]."`.

Zahlenfelder brauchen wie die einfachen Zahlvariablen nicht explizit mit `numeric` erklärt werden. Sie werden mit dem ersten Auftreten einer Angabe wie `x3` oder `y0anfang` als `x[]`

bzw. `y[].anfang` eingerichtet. Explizite Erklärungen mit `numeric` sind dann sinnvoll, wenn bereits durch Gleichungen belegte numerische Variable neu verwendet werden sollen. Nach einer solchen Neuerklärung haben alle Variablen des Feldes oder der Struktur ihre durch Gleichungen bestimmten Werte verloren und können in neuen Gleichungsbeziehungen erneut auftreten.

Felder und Strukturen für andere Datentypen als `numeric` müssen dagegen *stets* vor ihrer ersten Verwendung explizit erklärt werden. Bei wiederholten Erklärungen für die gleichen Feld- oder Strukturnamen gilt auch hier, daß die zugehörigen Variablen ihre bisherigen Werte verlieren und anschließend erneut durch Gleichungen verbunden werden können.

Für die oben eingeführten zusammengesetzten Strukturen `graf[].n`, `pair[].d` und `pen graf[].z` gilt nach den neuen Erklärungen

```
numeric graf[].n;   pen graf[].z;
```

daß die Felder `graf[].n` und `pen[].z` für alle zugehörigen indizierten Variablen ihre Werte verloren haben und mit der Anfangswerte Null erneut bereitgestellt werden. Das Feld `pair graf[].d` bleibt dagegen erhalten. Zu den bisherigen indizierten `graf[`*i*`].d` können weitere zugefügt werden, ohne die vorangegangenen zu beeinflussen.

Zum Abschluß sei noch darauf verwiesen, daß METAFONT auch die Einrichtung mehrdimensionaler Datenfelder mit Erklärungen der Form *typ name*`[][]` oder allgemein *typ name*`[][]...[]` erlaubt, wovon, ähnlich wie bei C-Programmen, relativ selten Gebrauch gemacht wird. Der Aufruf mehrdimensionaler Feldvariablen, z. B. `x[1][2][3]` darf aber nicht als `x123` abgekürzt werden.

7.5.3 METAFONT-Makrodefinitionen

Wie TeX gestattet auch METAFONT die Definition von Makros als Abkürzung für häufig wiederkehrende Befehlssequenzen und sonstigen METAFONT-Strukturen. Die METAFONT-Makrodefinitionen sind jedoch einfacher und durchsichtiger als diejenigen von TeX, so daß der Anwender schnell mit ihnen vertraut wird.

Im einfachsten Fall steht ein Makro lediglich als Abkürzung für bestimmte feste METAFONT-Befehle und -Strukturen. Es wird mit

`def` *befehls_name* `=` *ersetzungs_text* `enddef`

erzeugt. Hierin steht *ersetzungs_text* für eine beliebige Folge von METAFONT-Anweisungen, die ablaufen, wenn das Makro mit seinen Namen *befehls_name* aufgerufen wird. Für *befehls_name* dürfen beliebige Zeichenfolgen, also auch Nichtbuchstaben stehen, bei deren Aufruf dann die rechts vom Gleichheitzeichen stehenden Anweisungen eingesetzt werden und ihre Wirkung entfallten. Der Verbindungsoperator `-` zur geradlinigen Verbindung von Kurven ist z. B. in `plain.mf` als

```
def -- = {curl 1}..{curl 1} enddef;
```

definiert. Damit steht ein `draw`-Befehl der Form `draw z1-z2-z3` nur als Abkürzung für `draw z1{curl 1}..{curl 1}z2{curl 1}..{curl 1}z3`. In der Mehrzahl der Fälle wird für *befehls_name* aber ein Wort stehen, dessen Wortbedeutung gleich die Aufgabe des Makros erkennen läßt. Mehrere Wörter können zu einem Befehlsnamen zusammgegefaßt werden, wenn die Einzelwörter mit dem Unterstrich _ miteinander verbunden werden. Solche zusammengesetzen Befehlsnamen traten im vorangegangenen Text gelegentlich auf, z. B. `define_good_x_pixels`.

In `plain.mf` werden noch zwei weitere Verbindungsoperatoren zur Erzeugung von Kurven definiert, die bisher nicht erwähnt wurden. Die Definition sollte ohne Erläuterung verständlich sein

```
def --- = .. tension infinity .. enddef
def ... = .. tension atleast 1 .. enddef
```

`atleast` ist eine METAFONT-Grundoption zu `tension`, deren Bedeutung aus dem Namen hervorgeht. Die Bedeutung dieser Verbingungsoperatoren wird sofort klar, wenn sie in `draw z1---z2---z3` oder `draw z1...z2...z3` durch ihre Definitionen ersetzt werden.

Makrodefinitionen dürfen frei wählbare Parameter enthalten, sodaß beim Makroaufruf an Stelle der Paramter beliebige Argumente übergeben werden können, die innerhalb des Makros dann mit METAFONT-Befehlen verknüpft werden. Makrodefinitionen mit Parametern entsprechen sehr viel mehr den C- und Pascal-Funktionsdefinitionen, als das bei TEX der Fall ist. Auch dies macht es dem Anwender mit etwas Programmiererfahrung leichter, solche METAFONT-Makros zu schreiben. Die formale Syntax für Makrodefinitionen mit Parametern lautet

> `def` *befehls_name*`(expr` $i,j,\ldots$`)` = *ersetzungs_text*
> *vermischt mit* i, j, … `enddef`

Bei einem Aufruf *befehls_name*(a,b,c) werden die Größen a im Ersetzungstext überall dort eingesetzt, wo das i auftritt, b wird an den Stellen von j und c an den Stellen des dritten Parameters eingesetzt usw. Beim Aufruf dürfen die Größen a, b, c, … Zahlen, Variable sowie beliebige arithmetische Verknüpfungen aus beiden, d. h. beliebige *Ausdrücke* (expressions) sein. Dies ist eine Folge der Kennung `expr` vor der Liste der Parameter in den runden Klammern vor dem Gleichheitszeichen in der Definition.

Der Begriff 'Ausdruck' oder 'expression' einer Programmiersprache wird hier als bekannt vorausgesetzt. Soweit das nicht der Fall ist, kann hierunter etwas unpräzis eine beliebige arithmetische, logische oder sonstige Verknüpfung der erlaubten Datentypen verstanden werden, wobei die zulässigen Verknüpfungen von den Datentypen abhängen.

Als Beispiel für eine Makrodefinition mit Ausdrucksparametern sei hier das in 7.5.1 angeführte Makro aus `plain.mf` angegeben

```
def rotatedaround(expr z,theta)=
     shifted -z rotated theta shifted z enddef;
```

Hier sind die freien Parameter `z` und `theta`. Lautet der Aufruf für dieses Makro `z1 rotatedaround (z2-z3,45)`, so wird an allen Stellen, wo im Ersetzungstext `z` auftritt, `z2-z3` eingesetzt und dort, wo `theta` erscheint, `45` eingetragen. Im Ersetzungstext erscheint `z` zunächst in der Form `-z`. Damit würde ein unmittelbares Ersetzen `-z2-z3` bedeuten, was sicherlich nicht beabsichtigt war. Tatsächlich wird im Ersetzungstext an die Stelle von `z` der übergebene Ausdruck `z2-z3` wie eine geschlossene Kapsel (engl. capsule) übertragen, oder mehr mathematisch, `z2-z3` wird so übergeben, als stände dieser Ausdruck in Klammern. Mit der Einsetzung an Stelle von `-z` durch `-(z2-z3)` wird klar, daß dies endgültig zur Auflösung nach `-z2+z3` führt.

Häufig sollen in einem Makro die übergebenen Argumente Indizes oder Anhänge sein, die sich auf die Indizes oder Anhänge von Feld- bzw. Strukturvariablen oder auf beide bei kombinierten Datenstrukturen beziehen. Dies ist in der vorgestellten Syntaxform für Makrodefinitionen mit der Parameterkennung `expr` zwar möglich, wenn im Ersetzungstext diese Parameter nur als Variablenindex oder Variablenanhang auftreten. Es ist aber für die internen Abläufe effizienter, solche Parameter mit `suffix` zu kennzeichnen.

```
def half_oval(suffix i,j,k) = draw
    z.i{up} .. (.8[x.j,x.i],.8[y.i,y.j]){z.j-z.i} ..
    z.j{right} .. (.8[x.j,x.k],.8[y.k,y.j]){z.k-z.j} ..
    z.k{down}  endef
```

Lautet der Makroaufruf `half_oval(2,1,3)`, dann wird ausgeführt:

```
draw z2{up} .. (.8[x1,x2],.8[y2,y1]){z1-z2} .. z1{right} ..
   (.8[x1,x3],.8[y3,y1]){z3-z1} .. z3{down}
```

Hier überrascht zunächst, daß in der Makrodefinition Angaben wie `z.i` oder `z.k` stehen, nach der Übergabe der Werte für `i` und `k` als 2 und 3 in dem aufgelösten Makro aber `z2` bzw. `z3`, also eigentlich `z[2]` und `z[3]` stehen. Aufgrund der Definition hätte man zunächst erwartet: `z.2` und `z.3`.

Der Grund liegt darin, daß die Parameterkennung `suffix` sowohl Indizes (und damit Variablenfelder) als auch Anhänge (also Variablenstrukturen) abdeckt. Innerhalb der Makrodefinition werden beide durch einen Punkt vom Grundnamen abgetrennt. Wird beim Makroaufruf ein Zahl übergeben, so wird diese als Index interpretiert und die zugehörige Variable als Feldvariable betrachtet. Bei der Übergabe einer Buchstaben- oder Zeichengruppe, die keine Zahl darstellt, wird dies als Anhang für die zugehörige Variablenstruktur angesehen. Hätte der Aufruf z. B. gelautet `half_oval(l,t,r)`, so wäre bei der Auflösung `z.l`, `z.t`, `z.r` usw. entstanden und `half_oval(left,top,right)` hätte `z.left`, `z.top` und `z.right` erzeugt.

Auch eine Kombination aus Index *und* Strukturanhang ist als Argument für die Parameterkennung `suffix` erlaubt. Mit `half_oval(2l,1t,3r)` werden Variable der Form `z2l`, `z1t`, `z3r` und entsprechende Koordinatenbezeichnungen angesprochen, die als Kurzform für `z[2].l`, `z[1].t`, `z[3].r` stehen.

Eine dritte Form der Parameterkennung erfolgt mit dem Schlüsselwort `text`. Hiermit werden die übergebenen Argumente als *Text* weitergereicht. Dies wird häufig ein Variablen- oder Befehlsname sein. Tritt bei der Parameterkennung `expr` als Argument ein Variablenname auf, so wird ans Makroinnere der Inhalt dieser Variablen übergeben, mit `text` dagegen der Variablenname selbst.

In 7.2.8 wurde gesagt, daß `define_pixels(xxx)` als Abkürzung für `xxx:=xxx# * hppp` steht. Dies könnte mit

```
def define_pixels(text t) = t:= t# * hppp enddef;
```

erreicht werden. Mit dieser Definition wird der Aufruf `define_pixels(xxx)` genau nach `xxx:= xxx# * hppp` aufgelöst. In dieser Form kann aber nur jeweils ein Argument übergeben werden, das in der beschriebenen Form umgewandelt wird. Die Definition lautet in `plain.mf` dagegen

```
def define_pixels(text t) =
    forsuffixes a=t: a:= a# * hppp; endfor enddef;
```

Dies hat zur Folge, daß der Makroaufruf beliebig viele Argumente erlaubt. Die hier benutzte Schleife `forsuffixes ... endfor` wird im nächsten Unterabschnitt kurz erläutert.

Eine Makrodefinition kann Parameter mit unterschiedlichen Kennungen enthalten. In diesem Fall ist die jeweilige Kennzeichnung mit ihrer folgenden Parameterliste in ein eigenes Klammerpaar `(...)` zu fassen. Die vollständige Syntax einer Makrodefinition lautet damit

> `def` *befehls_name*[`(`*kennung par_liste*`)`] [`(`*kennung par_liste*`)`] [...] `=`
> *Ersetzungstext und Parameter* `enddef`

Für *kennung* sind die Schlüsselwörter `expr`, `suffix` und `text` erlaubt. Vor jeder Parameterliste *par_liste muß* zwingend genau eines dieser Kennworte stehen. Die in eckigen Klammern [ ] stehenden Teile weisen daraufhin, daß sie optional sind. Parameter können im Ersetzungstext aber nur auftreten, wenn sie links vom Gleichheitszeichen durch eine Parameterliste erklärt worden waren.

In `plain.mf` tauchen Definitionen auf, die scheinbar gegen diese Syntax verstoßen. Enthält die Definition nur *eine* Parameterliste einer bestimmten Kennung, so kann der Einschluß in runden Klammern entfallen. Dasselbe gilt für die *letzte* Parameterliste bei mehreren solchen Listen. Die genaue Syntax der Ausdrücke unterscheidet zwischen `primary`-, `secondary`- und `tertiary`-expressions. Die entsprechenden Schlüsselwörter können ebenfalls in der letzten ungeklammerten Liste verwendet werden. Für weitere Details muß auf [7c] verwiesen werden.

Der Ersetzungstext eines Makros darf aus mehr als einer Anweisung bestehen. Die einzelnen Anweisungen sind durch Semikolons zu trennen, wie das auch zur Kennzeichnung des Anweisungsendes ganz allgemein gilt. Eine Gruppe von Einzelanweisungen kann durch `begingroup ... endgroup` eingeschachtelt werden. Eine solche Gruppe verhält sich nach außen wie eine Einzelanweisung, obwohl sie im Innern aus mehreren Anweisungen besteht. Weiterhin können im Innern einer Gruppe Variable erklärt und definiert werden, die nur im Innern gelten und evtl. gleichnamige Variable außerhalb der Gruppe *nicht* beeinflussen. Das gleichartige Verhalten ist dem Pascal-Programmierer mit `begin ... end` und dem C-Programmierer durch Einschluß in `{ ... }` bekannt und vertraut.

METAFONT kennt einige weitere Makrodefinitionen mit `vardef`, `primarydef`, `secondarydef` und `tertiarydef`, deren Syntax weitgehend, aber nicht vollständig, derjenigen von `def` entspricht. Die Erläuterung dieser Definitionen verlangt vertiefte METAFONT-Kenntnisse, die hier nicht vermittelt werden können. Mit `vardef` können gewissermaßen weitere Variablentypen in Ergänzung zu den METAFONT-Typen `numeric`, `pair`, ... eingeführt werden.

7.5.4 METAFONT-Steuerstrukturen

METAFONT kennt zwei Programm-Steuerstrukturen, nämlich bedingte Verzweigungen und Schleifen. Einem Pascal- oder C-Anwender werden sie keine Schwierigkeiten bereiten. Die bedingten Verzweigungen haben die allgemeine Syntax

> `if` *log_ausdr_1*`:` *programm_text_1*
> `elseif` *log_ausdr_2*`:` *programm_text_2*
> . . . .
> `elseif` *log_ausdr_n*`:` *programm_text_i n*
> `else` *alt_programm_text* `fi`

Hierin steht *log_ausdr* für einen logischen Ausdruck. Dieser ist im einfachsten Fall eine Variable vom Typ `boolean`. Ist ihr Inhalt *wahr*, so wird der nach dem Doppelpunkt stehende *programm_text*, der im allg. aus einer Reihe von METAFONT-Anweisungen besteht, ausgeführt. Ist er dagegen *falsch*, so wird der folgende Programmtext übersprungen. In einer `if`-Struktur können beliebig viele `elseif`-Unterzweige stehen. Dies schließt den Fall ein, daß gar kein `elseif`-Unterzweig auftritt.

Erweist sich keiner der logischen Ausdrücke im `if`-Zweig oder in den evtl. `elseif`-Zweigen als wahr, so werden die alternativen Anweisungen aus *alt_programm_text* ausgeführt. Auch der `else`-Zweig einer `if`-Struktur ist optional. Im einfachsten Fall besteht eine `if`-Struktur damit aus:

`if` *log_ausdr*`:` *programm_text* `fi`

Hier werden die Anweisungen aus *programm_text* ausgeführt, wenn der Wert von *log_ausdr* wahr ist, anderenfalls werden diese Anweisungen übersprungen.

Weiter oben war zunächst gesagt worden, daß der einfachste logische Ausdruck aus einer Variablen vom Typ `boolean` besteht. Mit logischen Variablen können durch Verbindungen mit `and` und `or` und durch Voranstellen von `not` umfangreichere logische Ausdrücke gebildet werden. Allen logischen Ausdrücken ist gemeinsam, daß ihr Ergebnis nur die Werte *wahr* oder *falsch* annehmen kann. Hierfür gibt es in METAFONT auch die logischen Konstanten `true` und `false`. Weitere logische Ausdrücke stellt METAFONT mit

typ var, `cycle` *pfad_var*, `known` *var* und `odd` *num_var*

bereit. Die Angabe `pair left` als logische Abfrage ergibt *wahr*, wenn die Variable `left` als Typ `pair` erklärt war, anderenfalls, also wenn die Variable `left` gar nicht oder von einem anderen Typ erklärt war, ist das Ergebnis *falsch*. Für *typ* kann in dieser Abfrage jeder der zulässigen METAFONT-Datentypen stehen. Die Abfrage `cycle` *pfad_var* ergibt *wahr*, wenn die nachgestellte Pfadvariable einen geschlossenen Kurvenzug enthält, anderenfalls *falsch*.

Die Abfrage `known` *var* ergibt nur dann *wahr*, wenn der Wert der Variablen *var* vollständig bestimmt ist. Dies ist z. B. nach einer Zuweisung der Fall. Innerhalb eines Gleichungssystems gilt das erst, wenn die Gleichungen den Variablenwert eindeutig bestimmen. Die letzte Abfrage `odd` *num_var* erklärt sich selbst. Sie ergibt *wahr*, wenn der Wert der Zahlvariablen *num_var* ungerade ist und *falsch*, wenn er gerade ist. Da jedem logischen Ausdruck der Umkehrungsoperator `not` vorangesetzt werden kann, ist `not odd` *num_var wahr*, wenn der Zahlenwert gerade ist und *falsch*, wenn er ungerade ist. Damit erübrigt sich ein eigener Abfragebefehl `even`.

Die dritte Form von logischen Ausdrücken stellen die Vergleichsabfragen dar. Mit ihnen werden beliebige Ausdrücke auf *gleich, ungleich, kleiner, kleiner oder gleich, größer* und *größer oder gleich* verglichen. Sind ϵ_1 und ϵ_2 zwei Ausdrücke, so lauten die entsprechenden Vergleichsabfragen

ϵ_1 `=` ϵ_2 ϵ_1 `<>` ϵ_2 ϵ_1 `<` ϵ_2 ϵ_1 `<=` ϵ_2 ϵ_1 `>` ϵ_2 ϵ_1 `>=` ϵ_2

Neben den Verzweigungen kennt METAFONT als zweite Steuerstruktur Schleifenanweisungen. Diese stehen in vier Varianten zur Verfügung. Die einfachste und gleichzeitig universellste Variante ist

`for` x `=` $\epsilon_1, \epsilon_2, \epsilon_3, \ldots$`:` *befehls_text*$(x)$ `endfor`

Hierin bedeutet x die sog. Lauf- oder Schleifenvariable. Dies kann ein beliebiger Variablenname sein, dessen Typ mit den Datentypen der rechts vom Gleichheitszeichen stehenden Ausdrücke $\epsilon_1, \epsilon_2 \ldots$ übereinstimmen muß. Diese Struktur bewirkt zunächst, daß die Schleifenvariable den Wert von ϵ_1 annimmt und anschließend alle Befehlsfolgen *befehls_text* ausführt, wobei innerhalb dieser Befehlsfolgen jedes Auftreten der Schleifenvariablen x wie ein übergebenes Argument in einem Makro eingesetzt wird. Danach wird der nächste Ausdruck ϵ_2 in die Schleifenvariable eingesetzt und die gesamte Befehlsfolge aus *befehls_text* mit den neuen Werten für x wiederholt. Die Schleife wird solange wiederholt, bis alle Angaben aus der Liste nach dem Gleichheitszeichen und vor dem Doppelpunkt abgearbeitet sind.

Die METAFONT-Schleife in dieser Form ist darum die universellste, weil als Schleifenvariable und für die nach dem Gleichheitszeichen auftretenden Ausdrücke beliebige Datentypen verwendet werden können. Dies kann z. B. der umfangreichste METAFONT-Datentyp `picture` sein, für den nach dem Gleichheitszeichen entweder verschiedene Variable vom Typ `picture` stehen oder ein Teilbild nacheinander mit verschiedenen Transformationsbefehlen auftritt.

Die nächste Schleifenversion hat die Syntax

`for` x `=` ν_1 `step` ν_2 `until` nu_3 *befehls_text*(ν)) `endfor`

Diese Form ist einem Pascal-Anwender ohne weitere Erläuterung verständlich. Die Schleifenvariable nimmt nacheinander die Werte $\nu_1, \nu_1 + \nu_2, \nu_1 + 2\nu_2, \ldots$ an und führt mit diesen die Befehlsfolgen aus *befehls_text* aus. Die Schleife endet, wenn bei der fortlaufenden Inkrementierung $x > \nu_3$ wird. Ein negativer Wert für ν_2 führt zu einer fortlaufenden Dekrementierung, wobei die Schleife endet, wenn $x < \nu_3$ wird. METAFONT stellt für diese Schleifenversion zwei spezielle Formen mit

`for` x `=` ν_a `upto` ν_e`: ... endfor` und
`for` x `=` ν_a `downto` ν_e`: ... endfor`

bereit, die als Abkürzung für

`for` x `=` ν_a `step 1 until` ν_e`: ... endfor` und
`for` x `=` ν_a `step -1 until` ν_e`: ... endfor`

stehen und keiner weiteren Erläuterungen bedürfen.

Die nächste Schleifenversion ist

`forsuffixes` s `=` σ_1`,`σ_2`,`σ_3`,... :` *befehls_text*(s) `endfor`

Die Schleifenvariable s wird hierbei als Index oder Variablenanhang oder eine Kombination aus beiden interpretiert und setzt diesen im Befehlstext überall dort ein, wo *var.s*-Formen auftreten, d. h. die Variablen *var* werden mit einem Index oder Anhang versehen. Die Schleifenvariable nimmt dabei nacheinander die Werte von $\sigma_1, \sigma_2, \ldots$ an und führt mit diesen die Anweisungen aus *befehls_text* aus.

Im Befehlstext darf die Schleifenvariable statt *var.s* auch isoliert als s auftreten. In diesem Fall wird der Inhalt von s als eigener Variablenname betrachtet, und in dieser Form fand die `forsuffix`-Schleife bei der Definition von `define_pixels` Anwendung (s. S. 403).

Die letzte Schleifenversion ist schließlich eine Endlosschleife mit der Syntax

`forever:` *befehls_text* `endfor`

Diese Form erscheint auf den ersten Blick unvernünftig, da diese Schleife nie endet. Alle vier Versionen gestatten jedoch den Befehl `exit` innerhalb von *befehls_text*, bei dessen Erreichen die Schleife verlassen wird. Der Befehl `exit` wird meistens innerhalb einer `if`-Abfrage stehen. Steht diese Abfrage als erste Anweisung in *befehls_text*, so entspricht die endlose Schleifenstruktur der Pascalstruktur `while`. Ist sie die letzte Anweisung, so entpricht dies in Pascal `repeat until`.

Literaturverzeichnis

[1] Leslie Lamport. *LaTeX – A Document Preparation System.* Addison-Wesley Co., Inc., Reading, MA, 1985

[2] R. Wonneberger. *Kompaktführer LaTeX*, 3., durchgesehene und erweiterte Auflage. Addison-Wesley (Deutschland) GmbH, Bonn, 1993

[3] Helmut Kopka. *LaTeX, Band 1–3*, AddisonWesley (Deutschland) GmbH, Bonn, 1993

[3a] Band 1: *LaTeX-Einführung*, 1993

[3b] Band 2: *LaTeX-Ergänzungen*, 1994

[3c] Band 3: *LaTeX-Erweiterungen — mit einer Einführung in METAFONT*, 1994

[3u] *LaTeX– Eine Einführung*, 1.–4. Aufl., Bonn 1988–1993, Vorläufer zu Band 1.

[3v] *LaTeX-Erweiterungsmöglichkeiten*, 1.–3. Aufl., Bonn 1990–1992, Vorläufer zu Band 2 und Band 3

[4] Helmut Kopka and Patrick W. Daly. *A Guide to LATeX — Document Preparation for Beginners and Advanced Users.* Addison-Wesley Publishing Company, Workingham, 2. ed. 1994

[5] Rames Abdelhamid. *Das Vieweg LaTeX-Buch.* Vieweg, Braunschweig, 1993

[6] Hubert Partl u. a. *LaTeX-Kurzbeschreibung.* EDV-Zentrum der TU Wien, Handbuch-Nummer H30, 1987

[7] Michel Goossens, Frank Mittelbach, Alexander Samarin. *The LaTeX Companion.* Addison-Wesley Co., Inc., Reading, MA, 1994

[8] Donald E. Knuth. *Computers and Typesetting Vol. A–E.* Addison-Wesley Co., Inc., Reading, MA, 1987–1991

[8a] Vol. A: *The TeXbook*, 11. ed. 1991

[8b] Vol. B: *TeX: The Program*, 4. ed. 1991

[8c] Vol. C: *The METAFONTbook*, 4. ed. 1991

[8d] Vol. D: *METAFONT: The Program*, 4. ed. 1991

[8e] Vol. E: *Computer Modern Typefaces*, 3. ed. 1987

[9] Norbert Schwarz. *Einführung in TeX*, 3., überarbeitete Auflage. Addison-Wesley (Deutschland) GmbH, Bonn, 1991

[10] Wolfgang Appelt. *TEX für Fortgeschrittene.* Addison-Wesley (Deutschland) GmbH, Bonn, 1988

[11] Stephan von Bechtolsheim. *TEX in Practice, Vol. I–IV*, Springer-Verlag, New York, 1993

[10a] Vol. I: Basics

[10b] Vol. II: Paragraphs, Math, and Fonts

[10c] Vol. III: Tokens, Macros

[10d] Vol. IV: Output Routines, Tables

[12] Paul W. Abramhams. *TEX for the Impatient*, Addison-Wesley Publishing Company, Reading, MA, 1990

[13] Victor Eijkhout. *TEX by Topic*, Addison-Wesley Publishing Company, Workingham, UK, 1992

[14] Wynter Snow. *TEX for the Beginner*, Addison-Wesley Publishing Company, Reading, MA, 1992

[15] Michael Urban. *An Introduction to* LATEX. Originally prepared for TRW Software Productivity Project 1986; reprinted with permission and distributed by TUG, Providence, RI.

[16] L. Botway and C. Biemesderfer. *LATEX Command Summary.* Originally prepared for internal use at Space Telescope Science Institute, Baltimore, MD, 1985; reprinted with permission and distributed by TUG, Providence, RI.

[17] Arthur L. Samuel. *First Grade TEX: A Beginner's TEX Manual.* Originally published as Stanford Computer Science Report No. STAN-CS-83-985; reprinted with permission and distributed by TUG, Providence, RI.

[18] Michael Spivak. *The Joy of TEX.* American Mathematical Society, Providence, RI., 1986

[19] Michael J. Wichura. *The PiCTeX Manual.* TEX Users Group, Providence, RI., 1987

[20] Adobe Systems Incorporated. *PostScript Language Turorial and Cookbook.* Addison Wesley Co., Inc., Reading, MA, 1985

[21] Adobe Systems Incorporated. *PostScript Language Reference Manual.* Addison Wesley Co., Inc., Reading, MA, 2. ed., 1990

[22] TUGboat. *The TEX Users Group Newsletter.* TUG, Providence, RI, Vol. 1, 1980 – Vol. 14, 1993. (Ab 1985 jährlich 3 Ausgaben, vorher 2)

Anschrift: TEX Users Group
Post Office Box 869
Santa Barbara, CA 93 102
U.S.A

Telefon: +1(805) 963-1338
Fax: +1(805) 963-8358
Internet: `tug@math.ams.org`

Index

Das Stichwortverzeichnis ist vielfach in Haupt– und zweistufige Unterbegriffe gegliedert. Die im Buch auftretenden Befehle aus METAFONT, MusicTEX, PICTEX und dem $\mathcal{AMS}$-Paket sind nicht über das ganze Verzeichnis verstreut, sondern erscheinen jeweils unter den gleichnamigen Oberberiffen gesammelt. Tritt ein Stichwort nicht bei den Hauptbegriffen auf, so sollte zunächst nach einem geeigneten Oberbegriff gesucht werden, unter dem das gesuchte Wort evtl. als Untereintrag zu finden ist.